ポケット農林水産統計 －令和5年版－

令和6年1月 発行　　　　　　定価は表紙に表示してあります。

編　集　　農林水産省大臣官房統計部
〒100-8950　東京都千代田区霞が関1丁目2番1号
TEL. 03(3502)8111 (代表)

発　行　　一般財団法人 農 林 統 計 協 会
〒141-0022　東京都品川区東五反田5-27-10　野村ビル
電話 (03)6450-2851　　振替 00190-5-70255

ISBN978-4-541-04451-8　C3061

農林水産統計

―令和5年版―

2023

大臣官房統計部

令和 5 年 12 月

農林水産省

総目次

統計表目次

〔概況編〕

〔食料編〕

Ⅰ　食料消費と食料自給率

〔農業編〕

I　農用地及び農業用施設

II　農業経営体数

Ⅶ　農業生産資材

〔農山村編〕

〔林業編〕

Ⅰ　森林資源

Ⅱ　林業経営

〔水産業編〕

〔東日本大震災からの復旧・復興状況編〕

〔付表〕

利 用 者 の た め に

1　本統計書は、国内外の農林水産業の現状を概観できるよう農林水産統計調査結果のみならず農林水産省の各種データのほか、他府省の統計をも広範囲に収録した総合統計書です。出先で利用できるよう携帯性を優先したＢ６サイズで製本し、速報値等も掲載しています。

　　なお、サイズに合わせて抜粋して掲載しているデータもありますが、原則7月末までに公表された統計データを編集しました。掲載している統計データは、本書発刊後、確定又は訂正される場合がありますので、利用に当たっては、各統計表の出典資料において確認の上、御利用ください。

2　統計表表示上の約束について

(1)　統計数値の四捨五入

　　　原則として、統計表の表示単位未満の数値は、四捨五入しました。したがって、計と内訳が一致しない場合や構成比の内訳の計が 100％にならない場合があります。

　　　なお、農林水産省統計部による耕地面積、農産物の生産量及び畜産の戸数に関する統計数値については、次表の四捨五入基準によって表示しました（ただし、表章上、単位を千 ha 等で丸めた場合は除く。）。

原数	7桁以上	6桁	5桁	4桁	3桁以下
四捨五入する桁 （下から）	3桁	2桁	2桁	1桁	四捨五入 し な い
（例） 四捨五入する数値 （原数）	1,234,567	123,456	12,345	1,234	123
四捨五入した数値 （統計数値）	1,235,000	123,500	12,300	1,230	123

(2)　表中の記号

　　「0」、「0.0」、「0.00」：　単位に満たないもの

　　　　（例：0.4t→0t、0.04 千戸→0.0 千戸、0.004 人→0.00 人）

　　「－」：　事実のないもの

　　「…」：　事実不詳又は調査を欠くもの

　　「‥」：　未発表のもの

　　「x」：　個人又は法人その他の団体に関する秘密を保護するため、統計数値を公表しないもの（(3)も参照）

　　「△」：　負数又は減少したもの

　　「nc」：　計算不能

(3) 秘匿措置について

　　統計調査結果について、調査対象者数が2以下の場合には調査結果の秘密保護の観点から、当該結果を「x」表示とする秘匿措置を施しています。

　　なお、全体（計）からの差引きにより、秘匿措置を講じた当該結果が推定できる場合には、本来秘匿措置を施す必要のない箇所についても「x」表示としています。

(4) 統計数値の出典

　　各統計表の脚注に作成機関名、資料名の順で表示しました。

　　なお、出典が団体等の場合、法人の種類名は原則省略しています。

(5) 年又は年次区分の表示

　　年又は年次区分を表章する場合、暦年にあっては年（令和5年、2023年）、会計年度にあっては年度（令和5年度）とし、これら以外の年度にあっては、具体の年度区分の名称を付しました。

年度の種類

年又は年度区分	期間	備考
暦年	1月〜12月	
会計年度	4月〜3月	始まる月の属する年をとる。
肥料年度	7月〜6月	〃
農薬年度	10月〜9月	終わる月の属する年をとる。
砂糖年度	10月〜9月	始まる月の属する年をとる。
でん粉年度	10月〜9月	〃

(6) その他

ア　累年数値で前年版までに掲載した数値と異なる数値を掲載した場合がありますが、これは修正された数値です。

イ　貿易統計の金額

　　財務省関税局「貿易統計」の金額については、輸出がFOB価格、輸入は原則としてCIF価格です。

　　FOB（free on board）価格：
　　　　本船渡し価格（本船に約定品を積み込むまでの費用を売り手が負担する取引条件）

　　CIF（cost, insurance and freight）価格：
　　　　保険料・運賃込み価格（本船に約定品を積み込むまでの費用、仕向け港までの運賃及び保険料を売り手が負担する取引条件）

ウ　諸外国の国名については、出典元の表記に準じています。

　　なお、掲載スペースの都合で簡略な表記としている場合があります。

3 地域区分

(1) 全国農業地域

全国農業地域名	所属都道府県
北海道	北海道
東北	青森、岩手、宮城、秋田、山形、福島
北陸	新潟、富山、石川、福井
関東・東山	茨城、栃木、群馬、埼玉、千葉、東京、神奈川、山梨、長野
東海	岐阜、静岡、愛知、三重
近畿	滋賀、京都、大阪、兵庫、奈良、和歌山
中国	鳥取、島根、岡山、広島、山口
四国	徳島、香川、愛媛、高知
九州	福岡、佐賀、長崎、熊本、大分、宮崎、鹿児島
沖縄	沖縄

(2) 地方農政局等管轄区域

地方農政局等名	管轄区域
北海道	北海道
東北	(1)の東北と同じ
関東	茨城、栃木、群馬、埼玉、千葉、東京、神奈川、山梨、長野、静岡
北陸	(1)の北陸と同じ
東海	岐阜、愛知、三重
近畿	(1)の近畿と同じ
中国四国	鳥取、島根、岡山、広島、山口、徳島、香川、愛媛、高知
九州	(1)の九州と同じ
沖縄	沖縄

4 農林業経営体の分類

用語	定義
農林業経営体	農林産物の生産を行うか又は委託を受けて農林業作業を行い、生産又は作業に係る面積・頭羽数が、次の規定のいずれかに該当する事業を行う者をいう。 (1) 経営耕地面積が30a以上の規模の農業 (2) 農作物の作付面積又は栽培面積、家畜の飼養頭羽数又は出荷羽数、その他の事業の規模が次の農林業経営体の基準以上の農業 　①露地野菜作付面積　　　　　15a 　②施設野菜栽培面積　　　　　350㎡ 　③果樹栽培面積　　　　　　　10a 　④露地花き栽培面積　　　　　10a 　⑤施設花き栽培面積　　　　　250㎡ 　⑥搾乳牛飼養頭数　　　　　　1頭 　⑦肥育牛飼養頭数　　　　　　1頭 　⑧豚飼養頭数　　　　　　　　15頭 　⑨採卵鶏飼養羽数　　　　　　150羽 　⑩ブロイラー年間出荷羽数　　1,000羽 　⑪その他　　　調査期日前1年間における農業生産物の総販売額50万円に相当する事業の規模 (3) 権原に基づいて育林又は伐採（立木竹のみを譲り受けてする伐採を除く。）を行うことができる山林（以下「保有山林」という。）の面積が3ha以上の規模の林業（調査実施年を計画期間に含む「森林経営計画」を策定している者又は調査期日前5年間に継続して林業を行い、育林若しくは伐採を実施した者に限る。 (4) 農作業の受託の事業 (5) 委託を受けて行う育林若しくは素材生産又は立木を購入して行う素材生産の事業（ただし、素材生産については、調査期日前1年間に200㎡以上の素材を生産した者に限る。）
農業経営体	「農林業経営体」のうち、(1)、(2)又は(4)のいずれかに該当する事業を行う者をいう。
林業経営体	「農林業経営体」のうち、(3)又は(5)のいずれかに該当する事業を行う者をいう。
個人経営体	個人（世帯）で事業を行う経営体をいう。 なお、法人化して事業を行う経営体は含まない。
団体経営体	個人経営体以外の経営体をいう。

資料：農林水産省統計部「2020年農林業センサス」（以下5まで同じ。）

5 農家等の分類

用語	定義
農家	調査期日現在で、経営耕地面積が10 a 以上の農業を営む世帯又は経営耕地面積が10 a 未満であっても、調査期日前1年間における農産物販売金額が15万円以上あった世帯をいう。 　なお、「農業を営む」とは、営利又は自家消費のために耕種、養畜、養蚕、又は自家生産の農産物を原料とする加工を行うことをいう。
販売農家	経営耕地面積が30 a 以上又は調査期日前1年間における農産物販売金額が50万円以上の農家をいう。
自給的農家	経営耕地面積が30 a 未満かつ調査期日前1年間における農作物販売金額が50万円未満の農家をいう。

6 大海区区分図

　　漁業の実態を地域別に明らかにするとともに、地域間の比較を容易にするため、海況、気象等の自然条件、水産資源の状況等を勘案して定めた区分（水域区分ではなく地域区分）をいいます。

① 北海道斜里郡斜里町と目梨郡羅臼町の境界
② 北海道松前郡松前町と福島町の境界
③ 青森県下北郡佐井村とむつ市の境界
④ 千葉県と茨城県の境界
⑤ 和歌山県と三重県の境界
⑥ 和歌山県日高郡美浜町と日高町の境界
⑦ 徳島県海部郡美波町と阿南市の境界
⑧ 愛媛県八幡浜市八幡浜漁業地区と川之石漁業地区の境界
⑨ 大分県大分市佐賀関漁業地区と神崎漁業地区の境界
⑩ 鹿児島県と宮崎県の境界
⑪ 福岡県北九州市旧門司漁業地区と田野浦漁業地区の境界
⑫ 山口県下関市下関漁業地区と壇ノ浦漁業地区の境界
⑬ 山口県と島根県の境界
⑭ 石川県と富山県の境界

注：　市町村については、平成31年1月1日現在である。

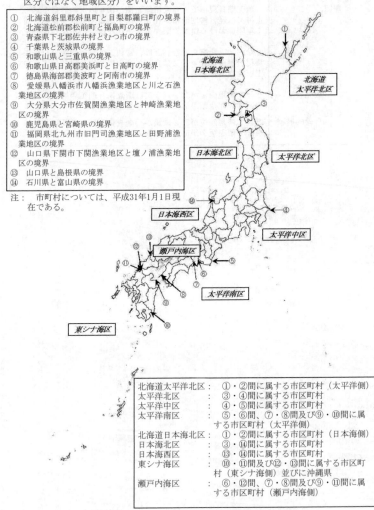

北海道太平洋北区　：　①・②間に属する市区町村（太平洋側）
太平洋北区　　　　：　③・④間に属する市区町村
太平洋中区　　　　：　④・⑤間に属する市区町村
太平洋南区　　　　：　⑤・⑥間、⑦・⑧間及び⑨・⑩間に属する市区町村（太平洋側）
北海道日本海北区　：　①・②間に属する市区町村（日本海側）
日本海北区　　　　：　③・⑭間に属する市区町村
日本海西区　　　　：　⑬・⑭間に属する市区町村
東シナ海区　　　　：　⑩・⑪間及び⑫・⑬間に属する市区町村（東シナ海側）並びに沖縄県
瀬戸内海区　　　　：　⑥・⑫間、⑦・⑧間及び⑨・⑪間に属する市区町村（瀬戸内海側）

7 漁業経営体の分類

用語	定義
漁業経営体	過去１年間に利潤又は生活の資を得るために、生産物を販売することを目的として、海面において水産動植物の採捕又は養殖の事業を行った世帯又は事業所をいう。 　ただし、過去１年間における漁業の海上作業従事日数が30日未満の個人経営体は除く。
個人経営体	個人で漁業を営んだものをいう。
団体経営体	個人経営体以外の漁業経営体をいう。
会社	会社法（平成17年法律第86号）第２条第１項に基づき設立された株式会社、合名会社、合資会社及び合同会社をいう。 　なお、特例有限会社は株式会社に含む。
漁業協同組合	水産業協同組合法（以下「水協法」という。）に基づき設立された漁協及び漁連をいう。 　なお、内水面組合（水協法第18条第２項に規定する内水面組合をいう。）は除く。
漁業生産組合	水協法第２条に規定する漁業生産組合をいう。
共同経営	二人以上の漁業経営体（個人又は法人）が、漁船、漁網等の主要生産手段を共有し、漁業経営を共同で行うものであり、その経営に資本又は現物を出資しているものをいう。 　これに該当する漁業経営体の調査は、代表者に対してのみ実施した。
その他	都道府県の栽培漁業センターや水産増殖センター等、上記以外のものをいう。

資料：農林水産省統計部「2018年漁業センサス」

8 本統計書についてのお問合せ先

　　　　　　　農林水産省大臣官房統計部統計企画管理官　統計広報推進班
　　　　　　　　　　　　電話　（代表）03-3502-8111（内線 3589）
　　　　　　　　　　　　　　　（直通）03-6744-2037

※　本書に関するご意見・ご要望は、上記問合せ先のほか、当省ホームページでも受け付けております。

　【　https://www.contactus.maff.go.jp/j/form/tokei/kikaku/160815.html　】

概　況　編

I 国内

1 土地と人口

(1) 総面積、耕地面積、林野面積及び排他的経済水域面積

区分	単位	平成17年	22	27	令和2	4
1) 総面積	千ha	37,791	37,795	37,797	37,798	37,797
耕地面積	〃	4,692	4,593	4,496	4,372	4,325
2) 耕地率	％	12.6	12.3	12.1	11.7	11.6
林野面積	千ha	24,861	24,845	24,802	24,770	…
3) 林野率	％	66.7	66.6	66.5	66.4	…
4) 排他的経済水域面積（領海を含む。）	万km²	447	447	447	447	447

資料：総面積は国土交通省国土地理院「全国都道府県市区町村別面積調」（各年10月1日現在）
　　　耕地面積及び耕地率は農林水産省統計部「耕地及び作付面積統計」（各年7月15日現在）
　　　林野面積及び林野率は農林水産省統計部「農林業センサス」（各年2月1日現在）
　　　排他的経済水域面積（領海を含む。）は国土交通省海上保安庁「日本の領海等概念図」
注：1)は、北方四島及び竹島を含み、河川・湖沼も含む。
　　2)は、総土地面積（北方四島及び竹島を除く。）に占める耕地面積の割合である。
　　3)は、総土地面積（北方四島及び竹島を除く。）に占める林野面積の割合である。
　　4)は、領海（領海の基線の陸地側水域を含む。）＋排他的経済水域（接続水域を含む。）

(2) 総世帯数、総農家数、林家数及び海面漁業経営体数（個人経営体）

区分	単位	平成17年	22	27	令和2	4
総世帯数	千戸	49,566.3	51,950.5	53,448.7	55,830.2	…
総農家数	〃	2,848.2	2,527.9	2,155.1	1,747.1	…
販売農家数	〃	1,963.4	1,631.2	1,329.6	1,027.9	…
自給的農家数	〃	884.7	896.7	825.5	719.2	…
林家数	〃	919.8	906.8	829.0	690.0	…
海面漁業経営体数（個人経営体）	千経営体	118.9	98.3	80.6	65.3	57.4

資料：総世帯数は、総務省統計局「国勢調査」（各年10月1日現在）
　　　総農家数及び林家数は、農林水産省統計部「農林業センサス」（各年2月1日現在）
　　　海面漁業経営体数（個人経営体）は、平成17年から27年は農林水産省統計部「漁業就業動向調査」
　　　（各年11月1日現在）、令和2年及び4年は「漁業構造動態調査」（各年11月1日現在）
注：海面漁業経営体数（個人経営体）の令和4年は概数値

(3) 総人口と個人経営体の世帯員数

単位：千人

区分	平成17年	22	27	令和2	4
総人口	127,768	128,057	127,095	126,146	124,947
個人経営体の世帯員数	8,370	6,503	4,880	3,490	3,043
うち65歳以上の個人経営体の世帯員数	2,646	2,231	1,883	1,557	1,407

資料：総人口は総務省統計局「国勢調査」（各年10月1日現在）
　　　ただし、令和4年は、総務省統計局「人口推計」（各年10月1日現在）
　　　個人経営体の世帯員数（平成27年以前は販売農家の世帯員数）は、農林水産省統計部「農林業センサス」
　　　（各年2月1日現在）
　　　ただし、令和4年は、農林水産省統計部「農業構造動態調査」（2月1日現在）

1 土地と人口（続き）
(4) 都道府県別総世帯数・総人口・総面積

都道府県	令和2年 総人口			令和4年 総人口			令和2年 総世帯数	令和4年 総面積
	計	男	女	計	男	女		
	千人	千人	千人	千人	千人	千人	千戸	km²
全国	126,146	61,350	64,797	124,947	60,758	64,189	55,830	377,973
北海道	5,225	2,465	2,760	5,140	2,427	2,714	2,477	83,424
青森	1,238	583	655	1,204	568	636	512	9,646
岩手	1,211	583	628	1,181	570	611	492	15,275
宮城	2,302	1,123	1,179	2,280	1,112	1,168	983	1) 7,282
秋田	960	452	507	930	439	491	385	11,638
山形	1,068	516	552	1,041	505	536	398	1) 9,323
福島	1,833	904	929	1,790	884	906	743	13,784
茨城	2,867	1,431	1,436	2,840	1,418	1,422	1,184	6,098
栃木	1,933	965	968	1,909	952	956	797	6,408
群馬	1,939	959	980	1,913	947	966	805	6,362
埼玉	7,345	3,652	3,693	7,337	3,643	3,694	3,163	1) 3,798
千葉	6,284	3,118	3,166	6,266	3,104	3,162	2,774	1) 5,157
東京	14,048	6,898	7,149	14,038	6,889	7,149	7,227	1) 2,194
神奈川	9,237	4,588	4,649	9,232	4,579	4,653	4,224	2,416
新潟	2,201	1,069	1,133	2,153	1,046	1,107	865	1) 12,584
富山	1,035	503	532	1,017	495	522	404	1) 4,248
石川	1,133	550	583	1,118	543	575	470	4,186
福井	767	374	393	753	368	385	292	4,191
山梨	810	397	413	802	394	408	339	1) 4,465
長野	2,048	1,000	1,048	2,020	988	1,032	832	1) 13,562
岐阜	1,979	960	1,018	1,946	945	1,001	781	1) 10,621
静岡	3,633	1,791	1,842	3,582	1,766	1,816	1,483	1) 7,777
愛知	7,542	3,762	3,781	7,495	3,734	3,761	3,238	1) 5,173
三重	1,770	864	906	1,742	851	891	743	1) 5,774
滋賀	1,414	697	716	1,409	695	714	571	1) 4,017
京都	2,578	1,231	1,347	2,550	1,217	1,333	1,191	4,612
大阪	8,838	4,236	4,602	8,782	4,202	4,580	4,136	1,905
兵庫	5,465	2,600	2,865	5,402	2,567	2,835	2,402	8,401
奈良	1,324	624	701	1,306	614	691	545	3,691
和歌山	923	435	488	903	426	477	394	4,725
鳥取	553	264	289	544	260	284	220	3,507
島根	671	324	347	658	318	340	270	6,708
岡山	1,888	908	980	1,862	896	966	801	1) 7,115
広島	2,800	1,357	1,443	2,760	1,338	1,422	1,244	8,479
山口	1,342	637	705	1,313	624	689	599	6,113
徳島	720	343	376	704	336	368	308	4,147
香川	950	459	491	934	451	483	407	1) 1,877
愛媛	1,335	633	702	1,306	620	686	601	5,676
高知	692	327	365	676	320	356	315	7,103
福岡	5,135	2,431	2,704	5,116	2,423	2,693	2,323	1) 4,988
佐賀	811	384	427	801	380	421	313	2,441
長崎	1,312	617	695	1,283	604	679	558	4,131
熊本	1,738	822	916	1,718	814	904	719	1) 7,409
大分	1,124	533	590	1,107	526	581	489	1) 6,341
宮崎	1,070	505	565	1,052	497	555	470	1) 7,734
鹿児島	1,588	748	840	1,563	738	825	728	1) 9,186
沖縄	1,467	723	745	1,468	723	746	615	2,282

資料：令和2年の総人口及び総世帯数は、総務省統計局「国勢調査」（10月1日現在）
　　　令和4年の総人口は、総務省統計局「人口推計」（10月1日現在）
　　　総面積は、国土交通省国土地理院「全国都道府県市区町村別面積調」（令和4年10月1日現在）
注：総面積には河川・湖沼を含む。
　　1)は、都県にまたがる境界未定地域があり、参考値である。

(5) 人口動態（出生・死亡）

年次	出生数	死亡数	自然増減数	1)人口動態率（1,000分比）		
				出生率	死亡率	自然増減率
	千人	千人	千人			
平成30年	918	1,362	△ 444	7.4	11.0	△ 3.6
令和元	865	1,381	△ 516	7.0	11.2	△ 4.2
2	841	1,373	△ 532	6.8	11.1	△ 4.3
3	812	1,440	△ 628	6.6	11.7	△ 5.1
4 (概数)	771	1,569	△ 798	6.3	12.9	△ 6.5

資料：厚生労働省「人口動態統計」
注：本表は、日本における日本人の事象（出生・死亡）を集計したものである。
　　1)は、年間出生数、死亡数及び自然増減数をそれぞれ10月1日現在の日本人人口で
　　除した1,000分比である。

(6) 日本の将来推計人口

年次	人口				割合		
	計	0～14歳	15～64歳	65歳以上	0～14歳	15～64歳	65歳以上
	千人	千人	千人	千人	%	%	%
令和2年 (2020)	126,146	15,032	75,088	36,027	11.9	59.5	28.6
7 (2025)	123,262	13,633	73,101	36,529	11.1	59.3	29.6
12 (2030)	120,116	12,397	70,757	36,962	10.3	58.9	30.8
17 (2035)	116,639	11,691	67,216	37,732	10.0	57.6	32.3
22 (2040)	112,837	11,419	62,133	39,285	10.1	55.1	34.8
27 (2045)	108,801	11,027	58,323	39,451	10.1	53.6	36.3
32 (2050)	104,686	10,406	55,402	38,878	9.9	52.9	37.1
37 (2055)	100,508	9,659	53,070	37,779	9.6	52.8	37.6
42 (2060)	96,148	8,930	50,781	36,437	9.3	52.8	37.9
47 (2065)	91,587	8,360	48,093	35,134	9.1	52.5	38.4
52 (2070)	86,996	7,975	45,350	33,671	9.2	52.1	38.7

資料：国立社会保障・人口問題研究所「日本の将来推計人口（令和5年推計）」（出生中位（死亡中位）推計）
注：　各年10月1日現在の総人口（日本における外国人を含む。）。令和2（2020）年は、総務省統計局
　　「令和2年国勢調査　参考表：不詳補完結果」による。

2　雇用
(1) 労働力人口（15歳以上）

年次	15歳以上人口 (A)	労働力人口			就業者			完全失業者	非労働力人口	労働力人口比率 (B)/(A)
		計								
		計 (B)	男	女	計	男	女			
	万人	万人	万人	万人	万人	万人	万人	万人	万人	%
平成30年	11,101	6,830	3,817	3,014	6,664	3,717	2,946	166	4,263	61.5
令和元	11,092	6,886	3,828	3,058	6,724	3,733	2,992	162	4,197	62.1
2	11,080	6,868	3,823	3,044	6,676	3,709	2,968	191	4,204	62.0
3	11,044	6,860	3,803	3,057	6,667	3,687	2,980	193	4,175	62.1
4	11,038	6,902	3,805	3,096	6,723	3,699	3,024	179	4,128	62.5

資料：総務省統計局「労働力調査結果」（以下(3)まで同じ。）
注：1　毎月末日に終わる1週間（12月は20日から26日までの1週間）の活動状態を調査したものであり、
　　　月別数値（1月～12月）の単純平均値である（以下(3)まで同じ。）。
　　2　労働力人口は、15歳以上人口のうち、就業者と完全失業者との合計である。

2 雇用（続き）

(2) 産業別就業者数（15歳以上）

単位：万人

産業分類	平成30年	令和元	2	3	4
全産業	6,664	6,724	6,676	6,667	6,723
農業、林業	210	207	200	195	192
農業	203	200	194	189	185
林業	7	8	6	6	7
非農林業	6,454	6,517	6,477	6,472	6,531
漁業	18	15	13	13	13
鉱業、採石業、砂利採取業	3	2	2	3	2
建設業	503	499	492	482	479
製造業	1,060	1,063	1,045	1,037	1,044
電気・ガス・熱供給・水道業	28	28	32	34	32
情報通信業	220	229	240	256	272
運輸業、郵便業	341	347	347	350	351
卸売業、小売業	1,072	1,059	1,057	1,062	1,044
金融業、保険業	163	166	166	166	160
不動産業、物品賃貸業	130	129	140	141	141
学術研究、専門・技術サービス業	239	240	244	252	254
宿泊業、飲食サービス業	416	420	391	369	381
生活関連サービス業、娯楽業	236	242	235	225	225
教育、学習支援業	321	334	339	346	349
医療、福祉	831	843	862	884	908
複合サービス事業	57	54	51	50	50
サービス業（他に分類されないもの）	445	455	452	449	463
公務（他に分類されるものを除く）	232	241	247	248	251

(3) 農林業・非農林業、従業上の地位別就業者数（15歳以上）

単位：万人

| 年次 | 就業者 | 農業、林業 | | | | | | | | 非農林業 | | | | |
| | | 計 | 農業 | | | | 林業 | | | | 漁業 | | | |
			小計	自営業主	家族従業者	雇用者		雇用者			小計	自営業主	家族従業者	雇用者
平成30年	6,664	210	203	94	57	52	7	6		6,454	18	7	4	7
令和元	6,724	207	200	90	55	55	8	7		6,517	15	6	3	6
2	6,676	200	194	87	54	53	6	5		6,477	13	5	2	6
3	6,667	195	189	84	52	52	6	5		6,472	13	5	2	6
4	6,723	192	185	82	50	53	7	5		6,531	13	6	2	5

(4) 産業別従業者数規模別民営事業所数（令和3年6月1日現在）

単位：事業所

産業分類	計	1〜4人	5〜9	10〜29
1) 全産業	5,156,063	2,898,710	999,954	883,837
2) 農林漁業	42,458	15,174	12,072	12,053
2) 農業，林業	38,642	13,953	10,985	10,788
2) 漁業	3,800	1,213	1,086	1,261
非農林漁業	5,113,605	2,883,536	987,882	871,784
鉱業，採石業，砂利採取業	1,865	677	545	499
建設業	485,135	269,452	118,560	78,852
製造業	412,617	185,991	83,244	87,538
電気・ガス・熱供給・水道業	9,139	4,907	1,053	1,488
情報通信業	76,559	38,038	12,693	13,539
運輸業、郵便業	128,224	33,726	23,221	41,333
卸売業、小売業	1,228,920	662,206	265,776	229,656
金融業、保険業	83,852	30,390	16,167	25,313
不動産業、物品賃貸業	374,456	304,834	41,669	19,516
学術研究、専門・技術サービス業	252,340	172,660	43,062	25,531
宿泊業、飲食サービス業	599,058	350,906	118,436	103,395
生活関連サービス業、娯楽業	434,209	339,730	47,869	32,646
教育、学習支援業	163,357	98,959	24,073	26,010
医療、福祉	462,531	147,783	126,041	134,322
複合サービス事業	32,131	13,693	11,364	5,238
サービス業（他に分類されないもの）	369,212	229,584	54,109	46,908

産業分類	30〜49	50〜99	100〜299	300人以上	出向・派遣従業者のみ
1) 全産業	167,236	105,274	52,541	13,199	35,312
2) 農林漁業	1,820	710	179	9	441
2) 農業，林業	1,672	661	165	9	409
2) 漁業	147	47	14	–	32
非農林漁業	165,416	104,564	52,362	13,190	34,871
鉱業，採石業，砂利採取業	68	21	12	1	42
建設業	10,851	4,813	1,589	252	766
製造業	22,485	17,611	11,220	3,306	1,222
電気・ガス・熱供給・水道業	411	453	271	76	480
情報通信業	4,351	3,690	2,659	903	686
運輸業、郵便業	13,721	9,836	4,546	708	1,133
卸売業、小売業	33,078	19,287	8,820	1,347	8,750
金融業、保険業	5,845	2,969	1,070	370	1,728
不動産業、物品賃貸業	2,788	1,516	803	230	3,100
学術研究、専門・技術サービス業	4,421	2,920	1,685	595	1,466
宿泊業、飲食サービス業	15,207	7,630	1,469	239	1,776
生活関連サービス業、娯楽業	6,167	3,503	1,079	131	3,084
教育、学習支援業	7,171	3,527	1,429	560	1,628
医療、福祉	26,152	16,713	7,721	2,217	1,582
複合サービス事業	413	477	709	147	90
サービス業（他に分類されないもの）	12,287	9,598	7,280	2,108	7,338

資料：総務省・経済産業省「令和3年経済センサス－活動調査」
注： 1 事業所とは、経済活動が行われている場所ごとの単位で、原則として、一定の場所（1区画）を占めて、単一の経営主体のもとで経済活動が行われていること、従業者と設備を有して、物の生産や販売、サービスの提供が継続的に行われていることが要件である。
　 1)は、公務を除く。
　 2)は、個人経営の事業所を除く。
　 2 産業分類の格付が十分に行えなかった事業所については、上位分類に含めて集計しているため、内訳の計と上位分類の数値が一致しない場合がある。

2 雇用（続き）

(5) 産業別月間給与額及び農畜産物の家族労働報酬

ア 産業別常用労働者一人平均月間現金給与額

単位：円

産業別	平成30年	令和元	2	3	4
調査産業計	323,553	322,612	318,387	319,461	325,817
建設業	405,221	416,315	417,398	416,278	431,562
製造業	392,305	391,044	377,584	384,765	391,169
電気・ガス	557,255	563,261	566,175	572,188	556,322
情報通信業	498,273	492,792	491,153	487,110	498,722
運輸業、郵便業	356,637	361,528	343,692	344,926	362,988
卸売業、小売業	286,188	282,477	282,486	288,500	293,213
金融業、保険業	482,054	481,413	486,467	476,589	481,234
飲食サービス業等	126,227	125,083	117,574	117,182	128,899

資料：厚生労働省「毎月勤労統計調査年報」
注：1 調査産業は日本標準産業分類に基づく産業大分類のうち「A－農業、林業」、「B－漁業」、「S－公務」及び「T－分類不能の産業」を除く産業について調査したものであり、常用労働者5人以上の事業所におけるものである。
　　2 現金給与額は、所得税、社会保険料、組合費、購売代金等を差し引く前の金額である。

イ 主要農畜産物の生産に係る1日当たり家族労働報酬

単位：円

区分	平成29年産 （平成29年度）	30	令和元 （令和元年）	2	3
農作物					
米	5,875	6,210	7,126	5,425	nc
小麦	nc	nc	nc	nc	nc
原料用かんしょ	2,708	1,865	2,370	nc	943
原料用ばれいしょ	2,150	nc	nc	nc	nc
てんさい	nc	nc	nc	nc	nc
さとうきび	5,249	4,038	6,000	7,885	8,540
大豆	nc	nc	nc	nc	nc
畜産物					
牛乳	25,604	25,219	25,081	24,464	19,106
子牛	19,764	17,538	17,272	11,917	12,461
去勢若齢肥育牛	20,436	8,143	11,649	nc	10,894
乳用雄育成牛	41,777	38,564	29,718	10,571	32,053
乳用雄肥育牛	nc	nc	nc	nc	nc
交雑種育成牛	13,692	66,738	52,066	29,128	41,897
交雑種肥育牛	nc	221	15,591	nc	nc
肥育豚	38,841	23,156	22,091	30,705	12,680

資料：農作物は、農林水産省統計部「農業経営統計調査　農産物生産費統計」。
　　　畜産物は、農林水産省統計部「農業経営統計調査　畜産物生産費統計」。
注：1 農作物及び、畜産物の平成30年までは年度、令和元年からは暦年の数値である。
　　2 1日当たり家族労働報酬は、家族労働報酬÷家族労働時間×8時間（1日換算）。
　　　ただし、家族労働報酬＝粗収益－（生産費総額－家族労働費）。
　　　なお、算出の結果、当該項目がマイナスになった場合は「nc」表章としているので、利用に当たっては留意されたい。

3 食料自給率の推移

単位：%

年度	穀物（飼料用も含む。）自給率	主食用穀物自給率	1) 供給熱量ベースの総合食料自給率	2) 生産額ベースの総合食料自給率	3) 飼料自給率	4) 供給熱量ベースの食料国産率	5) 生産額ベースの食料国産率
昭和40年度	62	80	73	86	55	76	90
50	40	69	54	83	34	61	87
60	31	69	53	82	27	61	85
平成7	30	65	43	74	26	52	76
12	28	60	40	71	26	48	74
13	28	60	40	70	25	48	73
14	28	61	40	70	25	49	73
15	27	60	40	71	23	48	74
16	28	60	40	70	25	48	74
17	28	61	40	70	25	48	73
18	27	60	39	69	25	48	73
19	28	60	40	67	25	48	72
20	28	61	41	66	26	50	71
21	26	58	40	70	25	49	74
22	27	59	39	70	25	47	74
23	28	59	39	67	26	47	71
24	27	59	39	68	26	47	72
25	28	59	39	66	26	47	71
26	29	60	39	64	27	48	69
27	29	61	39	66	28	48	70
28	28	59	38	68	27	46	71
29	28	59	38	66	26	47	70
30	28	59	37	66	25	46	69
令和元	28	61	38	66	25	46	70
2	28	60	37	67	25	46	71
3	29	61	38	63	26	47	69
4（概算）	29	61	38	58	26	47	65

資料：農林水産省大臣官房政策課食料安全保障室「食料需給表」
注：1) の算出は次式による。ただし、自給率では、畜産物に飼料自給率を、加工品に原料自給率を乗じる。
　　一方、4) の国産率では、加工品には原料自給率を乗じるが、畜産物には飼料自給率を乗じない。
　　　　自給率＝国産供給熱量／供給熱量×100（供給熱量ベース）
　　2) の算出は次式による。ただし、自給率では、畜産物は飼料輸入額を、加工品は原料輸入額を控除する。
　　一方、5) の国産率では、加工品は原料輸入額を控除するが、畜産物は飼料輸入額を控除しない。
　　　　自給率＝食料の国内生産額／食料の国内消費仕向額×100（生産額ベース）
　　3) は、TDN（可消化養分総量）に換算した数量を用いて算出している。
　　4) 平成28年度以前の食料国産率の推移は、令和2年8月に、遡及して算定を行った。

4 物価・家計

(1) 国内企業物価指数

令和2年＝100

類別	平成30年	令和元	2	3	4
総平均	101.0	101.2	100.0	104.6	114.7
工業製品	100.7	100.8	100.0	104.7	113.6
飲食料品	98.2	99.3	100.0	101.9	107.7
繊維製品	97.6	99.4	100.0	100.5	104.6
木材・木製品	101.2	100.8	100.0	131.8	170.7
パルプ・紙・同製品	93.2	98.4	100.0	99.8	106.2
化学製品	107.9	104.6	100.0	105.9	116.6
石油・石炭製品	125.4	119.4	100.0	128.6	151.7
プラスチック製品	98.9	98.4	100.0	100.0	107.6
窯業・土石製品	95.0	98.0	100.0	100.7	107.1
鉄鋼	98.5	100.7	100.0	114.8	145.3
非鉄金属	104.2	98.9	100.0	128.6	148.1
金属製品	95.7	98.2	100.0	101.5	112.4
はん用機器	96.3	97.9	100.0	100.4	102.6
生産用機器	97.4	99.0	100.0	100.1	103.9
業務用機器	99.0	99.4	100.0	100.9	101.7
電子部品・デバイス	99.3	99.2	100.0	101.1	103.5
電気機器	99.7	99.0	100.0	100.0	103.1
情報通信機器	101.2	99.6	100.0	98.9	102.7
輸送用機器	98.7	98.7	100.0	100.0	103.8
その他工業製品	96.6	97.8	100.0	100.3	104.4
農林水産物	101.8	101.0	100.0	100.1	99.0
鉱産物	98.4	102.2	100.0	101.6	129.8
電力・都市ガス・水道	101.7	106.0	100.0	100.2	136.4
スクラップ類	130.2	108.8	100.0	166.3	185.4

資料：日本銀行調査統計局「企業物価指数」（以下(2)まで同じ。）
注： 国内で生産した国内需要家向けの財を対象とし、生産者段階における出荷時点の価格を調査したものである。

(2) 輸出・輸入物価指数

令和2年＝100

類別	平成30年	令和元	2	3	4
輸出総平均	107.4	103.3	100.0	108.3	125.8
繊維品	104.1	102.9	100.0	102.7	117.0
化学製品	129.1	113.5	100.0	117.2	141.0
金属・同製品	106.1	101.0	100.0	133.2	157.9
はん用・生産用・業務用機器	101.8	100.7	100.0	102.5	111.9
電気・電子機器	106.0	101.8	100.0	100.8	115.6
輸送用機器	103.4	100.9	100.0	104.3	117.8
その他産品・製品	115.4	112.5	100.0	110.9	147.0
輸入総平均	117.8	111.5	100.0	121.6	169.0
飲食料品・食料用農水産物	104.2	101.4	100.0	117.5	150.2
繊維品	102.5	101.2	100.0	103.1	116.2
金属・同製品	101.0	98.3	100.0	145.5	166.7
木材・木製品・林産物	111.4	106.4	100.0	136.9	188.1
石油・石炭・天然ガス	154.1	139.8	100.0	152.9	302.9
化学製品	120.5	111.2	100.0	108.5	122.6
はん用・生産用・業務用機器	102.3	102.0	100.0	103.6	118.4
電気・電子機器	113.2	106.3	100.0	105.6	125.6
輸送用機器	100.7	100.1	100.0	104.1	119.0
その他産品・製品	104.2	102.6	100.0	109.9	125.2

注： 輸出物価指数は輸出品の通関段階における船積み時点の価格を、輸入物価指数は輸入品の通関段階における荷降ろし時点の価格を調査したものである。なお、指数は円ベースである。

(3) 農業物価指数
ア 農産物価格指数

令和 2 年＝100

類別	平成30年	令和元	2	3	4
総合	100.7	98.5	100.0	100.8	102.2
米	101.2	101.7	100.0	88.6	82.0
麦	99.0	96.1	100.0	106.1	118.4
雑穀	206.4	156.1	100.0	126.0	161.6
豆	89.5	98.3	100.0	99.8	105.0
いも	78.9	82.2	100.0	113.9	103.7
野菜	108.8	95.9	100.0	96.7	106.2
果菜	97.7	92.6	100.0	92.1	98.4
葉茎菜	120.3	101.4	100.0	100.6	115.5
根菜	117.6	90.6	100.0	98.6	105.3
まめ科野菜	103.0	95.7	100.0	103.0	105.6
果実	86.0	87.5	100.0	100.9	101.4
工芸農作物	108.2	104.7	100.0	113.4	113.1
花き	102.7	107.9	100.0	107.8	117.2
畜産物	101.7	102.2	100.0	105.6	105.3
鶏卵	105.0	98.6	100.0	125.9	128.7
生乳	97.7	99.5	100.0	99.4	99.9
肉畜	99.2	99.8	100.0	102.5	106.7
子畜	113.4	112.8	100.0	105.4	88.7
成畜	117.8	112.1	100.0	105.6	97.2

資料：農林水産省統計部「農業物価統計」（以下イまで同じ。）
注：1　農業物価指数は、農業経営体が販売する農産物の生産者価格及び農業経営体が購入する農業生産資材価格を毎月把握し、農業における投入・産出の物価変動を測定するものであり、農産物価格指数及び農業生産資材価格指数からなっている（以下イまで同じ。）。
　　2　指数の基準時は、令和2年（2020年）の1年間であり、指数の算定に用いるウエイトは、令和2年農業経営統計調査の「経営形態別経営統計（全農業経営体）」結果による全国1農業経営体当たり平均を用いて、農産物については農業粗収益から作成し、農業生産資材については農業経営費から作成した（以下イまで同じ。）。
　　3　指数採用品目は、農産物112品目、農業生産資材150品目である（以下イまで同じ。）。
　　4　指数の算式は、ラスパイレス式（基準時加重相対法算式）である（以下イまで同じ。）。
　　5　令和元年以前の指数については、リンク係数を用いて接続した。（以下イまで同じ。）。
　　（例）令和元年の農産物価格指数総合の場合

$$\underset{\text{98.5}}{\text{令和元年平均（令和2年基準）}} = \underset{\text{109.3}}{\text{令和元年平均（平成27年基準）}} \div \boxed{\dfrac{\underset{\text{111.0}}{\text{令和2年平均（平成27年基準）}}}{\underset{\text{100.0}}{\text{令和2年平均（令和2年基準）}}}}$$

リンク係数

イ 農業生産資材価格指数

令和 2 年＝100

類別	平成30年	令和元	2	3	4
総合	98.9	100.1	100.0	106.7	116.6
種苗及び苗木	96.2	97.4	100.0	101.5	104.0
畜産用動物	111.2	111.5	100.0	105.9	96.2
肥料	95.4	99.2	100.0	102.7	130.8
無機質	95.3	99.2	100.0	102.7	131.2
有機質	98.0	99.0	100.0	104.4	115.3
飼料	98.2	99.4	100.0	115.6	138.0
農業薬剤	97.2	98.2	100.0	100.2	102.9
諸材料	93.7	96.9	100.0	100.1	103.3
光熱動力	108.0	107.8	100.0	112.3	127.3
農機具	97.9	98.4	100.0	99.9	100.9
小農具	97.2	98.2	100.0	100.4	102.7
大農具	98.0	98.4	100.0	99.9	100.7
自動車・同関係料金	96.9	98.1	100.0	100.4	101.0
建築資材	96.5	98.4	100.0	113.0	133.3
農用被服	95.4	96.8	100.0	100.3	103.0
賃借料及び料金	97.1	97.9	100.0	100.8	102.3

4 物価・家計（続き）
(4) 消費者物価指数（全国）

令和2年=100

種別	平成30年	令和元	2	3	4
総合	99.5	100.0	100.0	99.8	102.3
生鮮食品を除く総合	99.5	100.2	100.0	99.8	102.1
持家の帰属家賃を除く総合	99.5	100.0	100.0	99.7	102.7
生鮮食品及びエネルギーを除く総合	99.2	99.8	100.0	99.5	100.5
食料(酒類を除く)及びエネルギーを除く総合	99.7	100.1	100.0	99.2	99.4
食料	98.2	98.7	100.0	100.0	104.5
1)生鮮食品	99.9	96.8	100.0	98.8	106.7
生鮮食品を除く食料	97.9	99.0	100.0	100.2	104.1
穀類	99.0	99.9	100.0	98.8	103.7
米類	99.7	99.9	100.0	96.8	92.6
パン	99.5	100.3	100.0	99.5	109.6
麺類	96.9	99.1	100.0	99.7	107.1
他の穀類	100.2	100.8	100.0	100.0	105.2
魚介類	98.9	100.4	100.0	101.1	112.1
うち生鮮魚介	100.5	101.0	100.0	101.6	115.6
肉類	98.2	99.0	100.0	100.9	104.8
うち生鮮肉	97.3	98.6	100.0	101.3	105.4
乳卵類	97.6	99.7	100.0	99.9	102.2
牛乳・乳製品	96.8	99.7	100.0	99.3	101.4
卵	100.5	99.6	100.0	102.4	105.3
野菜・海藻	101.6	96.7	100.0	98.3	102.3
うち生鮮野菜	103.7	95.5	100.0	97.2	102.3
果物	93.0	94.3	100.0	98.3	104.2
うち生鮮果物	92.7	94.0	100.0	98.6	105.1
油脂・調味料	100.8	100.6	100.0	100.2	106.9
菓子類	96.0	97.9	100.0	101.0	105.4
調理食品	98.4	99.3	100.0	100.3	104.8
飲料	100.2	100.5	100.0	100.3	103.0
うち茶類	101.3	100.8	100.0	99.3	98.2
酒類	99.8	99.3	100.0	99.8	100.9
外食	96.5	97.9	100.0	100.3	103.4
住居	99.2	99.4	100.0	100.6	101.3
光熱・水道	100.2	102.5	100.0	101.3	116.3
家具・家事用品	95.7	97.7	100.0	101.7	105.5
被服及び履物	98.5	98.9	100.0	100.4	102.0
保健医療	99.0	99.7	100.0	99.6	99.3
交通・通信	100.9	100.2	100.0	95.0	93.5
教育	110.1	108.4	100.0	100.0	100.9
教養娯楽	99.0	100.6	100.0	101.6	102.7
諸雑費	102.1	102.1	100.0	101.1	102.2
2)エネルギー	103.0	104.4	100.0	103.9	121.7
教育関係費	107.2	106.2	100.0	100.1	101.0
教養娯楽関係費	99.1	100.6	100.0	101.5	102.7
情報通信関係費	101.2	99.4	100.0	81.8	71.4

資料：総務省統計局「消費者物価指数」
注：1)は、生鮮魚介、生鮮野菜及び生鮮果物である。
　　2)は、電気代、都市ガス代、プロパンガス、灯油及びガソリンである。

5 国民経済と農林水産業の産出額
(1) 国民経済計算
  ア 国内総生産勘定 (名目)

単位：10億円

項目	令和元年	2	3
国内総生産（生産側）	557,910.8	539,082.4	549,379.3
雇用者報酬	286,784.6	283,079.0	288,639.8
営業余剰・混合所得	92,766.6	74,752.0	76,579.8
固定資本減耗	134,468.5	135,644.2	138,700.0
生産・輸入品に課される税	46,470.3	47,931.9	50,527.8
（控除）補助金	3,024.3	3,228.7	3,597.7
統計上の不突合	445.1	904.0	△ 1,470.4
国内総生産（支出側）	557,910.8	539,082.4	549,379.3
民間最終消費支出	304,365.9	291,149.0	293,986.4
政府最終消費支出	111,275.9	113,193.9	117,710.6
総固定資本形成	142,532.7	137,560.1	140,608.1
在庫変動	1,350.8	△ 1,369.8	26.4
財貨・サービスの輸出	97,430.9	83,824.2	99,995.7
（控除）財貨・サービスの輸入	99,045.3	85,275.0	102,947.9
（参考）			
海外からの所得	34,404.4	29,961.3	38,176.9
（控除）海外に対する所得	12,547.9	10,385.0	11,508.2
国民総所得	579,767.3	558,658.8	576,048.0

資料：内閣府経済社会総合研究所「国民経済計算」（以下エまで同じ。）
注： この数値は、平成23年に国際連合によって勧告された国際基準（2008SNA）に基づき推計された結果
    である（以下エまで同じ。）。

5 国民経済と農林水産業の産出額（続き）
(1) 国民経済計算（続き）
  イ 国内総生産（支出側、名目・実質：連鎖方式）

単位：10億円

項目	令和元年		2		3	
	名目	実質	名目	実質	名目	実質
国内総生産（支出側）	557,910.8	552,535.4	539,082.4	528,894.6	549,379.3	540,226.1
民間最終消費支出	304,365.9	300,738.3	291,149.0	286,740.4	293,986.4	287,893.8
家計最終消費支出	297,121.4	293,515.7	282,894.8	278,481.5	285,751.6	279,719.5
国内家計最終消費支出	299,731.7	295,901.4	283,404.3	278,802.4	285,947.6	279,757.6
居住者家計の海外での直接購入	1,961.3	2,092.3	529.9	566.0	299.7	294.2
（控除）非居住者家計の国内での直接購入	4,571.6	4,470.8	1,039.4	1,016.5	495.7	487.3
対家計民間非営利団体最終消費支出	7,244.5	7,223.4	8,254.2	8,272.4	8,234.7	8,185.7
政府最終消費支出	111,275.9	110,489.3	113,193.9	113,108.5	117,710.6	117,047.4
総資本形成	143,883.5	141,056.6	136,190.3	133,477.2	140,634.5	134,412.2
総固定資本形成	142,532.7	139,688.0	137,560.1	134,621.6	140,608.1	134,495.4
民間	113,368.8	111,577.2	107,173.7	105,504.8	110,098.1	105,931.7
住宅	21,516.9	20,649.5	20,017.4	19,012.4	20,827.7	18,797.0
企業設備	91,851.9	90,933.1	87,156.3	86,513.7	89,270.4	87,169.3
公的	29,163.9	28,105.9	30,386.4	29,070.1	30,510.1	28,531.8
住宅	575.8	551.8	567.7	538.3	495.6	453.0
企業設備	6,726.3	6,549.3	6,825.4	6,642.2	6,873.2	6,539.1
一般政府	21,861.8	21,003.4	22,993.3	21,886.3	23,141.3	21,537.3
在庫変動	1,350.8	1,388.9	△ 1,369.8	△ 1,166.4	26.4	△ 40.0
民間企業	1,400.9	1,476.1	△ 1,300.3	△ 1,103.3	134.8	42.7
原材料	27.7	34.3	△ 85.9	16.8	△ 370.0	△ 218.8
仕掛品	245.8	274.6	△ 447.9	△ 463.7	167.3	190.1
製品	420.6	427.5	△ 481.7	△ 480.4	721.1	656.8
流通品	706.9	754.4	△ 284.8	△ 178.7	△ 383.6	△ 578.8
公的	△ 50.1	△ 57.0	△ 69.5	△ 67.1	△ 108.4	△ 83.7
公的企業	22.3	22.7	17.9	18.9	△ 13.7	△ 6.6
一般政府	△ 72.5	△ 74.8	△ 87.4	△ 82.1	△ 94.7	△ 77.3
財貨・サービスの純輸出	△ 1,614.5	323.6	△ 1,450.8	△ 4,732.2	△ 2,952.2	1,122.3
財貨・サービスの輸出	97,430.9	103,927.0	83,824.2	91,877.0	99,995.7	102,619.5
財貨の輸出	75,775.3	81,639.5	67,262.9	74,659.5	82,283.7	85,283.7
サービスの輸出	21,655.6	22,277.2	16,561.3	17,320.8	17,712.0	17,560.5
（控除）財貨・サービスの輸入	99,045.3	103,603.5	85,275.0	96,609.2	102,947.9	101,497.1
財貨の輸入	75,625.0	80,046.7	64,485.1	75,096.4	80,613.6	79,699.6
サービスの輸入	23,420.4	23,573.2	20,789.9	21,550.4	22,334.3	21,925.3

注：1 実質値は、平成27暦年連鎖価格である。
　　2 「財貨・サービスの純輸出」の実質値は、連鎖方式での計算ができないため
　　　「財貨・サービスの輸出」－「財貨・サービスの輸入」により求めている。

ウ 国民所得の分配(名目)

単位:10億円

項目	令和元年	2	3
国民所得(要素費用表示)	401,407.7	377,407.3	391,888.3
雇用者報酬	286,892.4	283,186.5	288,745.7
賃金・俸給	243,182.6	239,763.3	244,335.7
雇主の社会負担	43,709.8	43,423.1	44,410.0
雇主の現実社会負担	41,852.4	42,025.1	43,110.3
雇主の帰属社会負担	1,857.4	1,398.1	1,299.7
財産所得(非企業部門)	25,782.8	24,940.1	27,082.0
一般政府	△ 482.1	△ 636.0	△ 441.0
利子	△ 2,628.7	△ 2,558.4	△ 2,397.1
法人企業の分配所得(受取)	2,487.4	2,280.4	2,333.9
その他の投資所得(受取)	0.4	0.3	0.4
賃貸料	△ 341.2	△ 358.3	△ 378.2
家計	25,956.9	25,278.1	27,184.5
利子	6,253.3	5,930.3	5,483.8
配当(受取)	6,479.6	6,295.0	8,190.8
その他の投資所得(受取)	10,049.7	9,755.6	10,016.8
賃貸料(受取)	3,174.2	3,297.2	3,493.2
対家計民間非営利団体	308.0	298.0	338.4
利子	106.5	95.1	88.3
配当(受取)	166.0	167.7	214.2
その他の投資所得(受取)	1.6	1.5	1.8
賃貸料	33.9	33.7	34.2
企業所得(企業部門の第1次所得バランス)	88,732.5	69,280.7	76,060.7
民間法人企業	56,093.5	38,367.4	46,974.4
非金融法人企業	45,733.4	28,993.6	34,128.1
金融機関	10,360.1	9,373.9	12,846.3
公的企業	2,008.2	1,580.3	1,085.3
非金融法人企業	288.4	△ 541.5	△ 017.2
金融機関	1,719.9	2,121.8	1,902.4
個人企業	30,630.9	29,333.0	28,001.0
農林水産業	2,007.2	1,900.5	1,665.3
その他の産業(非農林水産・非金融)	8,498.9	7,417.0	7,256.9
持ち家	20,124.8	20,015.5	19,078.9

注: 「企業所得(第1次所得バランス)」は、営業余剰・混合所得(純)に財産所得の受取を加え、
財産所得の支払を控除したものである。

5 国民経済と農林水産業の産出額（続き）
(1) 国民経済計算（続き）
　エ　経済活動別国内総生産（名目・実質：連鎖方式）

単位：10億円

項目	令和元年		2		3	
	名目	実質	名目	実質	名目	実質
国内総生産	557,910.8	552,535.4	539,082.4	528,894.6	549,379.3	540,226.1
計	554,957.8	549,892.7	536,382.1	523,617.0	547,406.8	539,811.2
農林水産業	5,796.4	5,018.1	5,542.2	4,641.7	5,224.1	4,792.7
農業	4,826.8	4,260.1	4,677.9	3,990.3	4,324.3	4,076.5
林業	247.9	218.0	231.4	205.5	262.8	211.0
水産業	721.7	542.1	633.0	455.8	637.0	508.4
鉱業	382.7	376.1	382.1	357.8	367.5	339.0
製造業	112,832.9	116,537.0	107,818.6	109,546.2	112,508.3	117,790.1
うち食料品	13,644.6	13,592.2	12,988.6	12,653.3	13,204.0	13,077.9
電気・ガス・水道・廃棄物処理業	17,051.5	16,586.1	17,289.1	15,918.9	15,166.1	16,182.1
建設業	30,434.0	29,334.4	30,809.2	29,153.0	30,156.4	28,323.8
卸売・小売業	69,324.5	67,894.4	68,730.5	64,974.5	74,917.5	69,485.9
運輸・郵便業	29,909.5	28,646.9	22,754.7	20,769.2	22,626.1	21,203.6
宿泊・飲食サービス業	13,836.6	12,771.8	8,949.7	8,211.9	7,676.9	7,300.1
情報通信業	27,178.2	27,890.1	27,412.9	28,072.1	28,043.9	28,927.7
金融・保険業	22,593.8	22,795.2	22,662.1	23,895.6	23,432.5	25,821.1
不動産業	65,710.0	66,058.0	65,782.4	65,659.4	65,567.9	65,080.5
専門・科学技術、業務支援 　サービス業	46,391.4	44,270.1	46,965.3	43,801.4	48,125.3	44,402.0
公務	27,876.2	27,084.0	27,896.9	27,232.0	28,259.3	27,359.3
教育	19,249.5	18,985.1	19,119.3	18,860.8	19,155.4	18,777.8
保健衛生・社会事業	43,784.1	43,452.2	44,093.8	43,507.9	45,647.7	45,378.5
その他のサービス	22,606.6	22,230.6	20,173.2	19,538.0	20,532.1	19,521.8
輸入品に課される税・関税	9,670.8	9,587.1	9,535.3	9,459.4	11,349.5	9,526.5
(控除)総資本形成に係る消費税	7,162.8	6,458.3	7,739.0	5,964.5	7,906.6	6,089.9
国内総生産(不突合を含まず)	557,465.7	553,030.7	538,178.5	527,139.5	550,849.7	543,298.8
統計上の不突合	445.1	△ 495.2	904.0	1,755.1	△ 1,470.4	△ 3,072.8

注：1　実質値は、平成27暦年連鎖価格である。
　　2　「統計上の不突合」の実質値は、連鎖方式での計算ができないため、
　　　「国内総生産」－「国内総生産（不突合を含まず。）」により求めている。

(2) 農業・食料関連産業の経済計算
　　ア　農業・食料関連産業の国内生産額

単位：10億円

項目	令和元年	2	3（概算）
農業・食料関連産業	118,418.5	108,825.6	108,532.1
農林漁業	12,474.8	12,405.2	12,350.2
農業	10,773.7	10,842.3	10,761.9
林業（特用林産物）	221.3	230.5	213.8
漁業	1,479.8	1,332.4	1,374.4
関連製造業	39,812.0	38,639.6	39,126.4
食品製造業	37,698.5	36,291.9	36,488.4
資材供給産業	2,113.5	2,347.7	2,638.0
関連投資	2,491.2	2,323.3	2,472.0
関連流通業	34,658.2	34,851.7	35,445.9
外食産業	28,982.4	20,605.8	19,137.7
1)（参考）全経済活動	1,047,082.6	988,709.1	1,035,059.2

資料：農林水産省統計部「農業・食料関連産業の経済計算」（以下ウまで同じ。）
注：1)は、内閣府「国民経済計算」による経済活動別の産出額の合計である。

(2) 農業・食料関連産業の経済計算
　　イ　農業・食料関連産業の国内総生産

単位：10億円

項目	令和元年	2	3（概算）
農業・食料関連産業	53,858.6	47,991.0	47,912.4
農林漁業	5,514.0	5,313.3	4,934.3
農業	4,699.5	4,554.8	4,200.0
林業（特用林産物）	102.1	105.9	98.2
漁業	712.4	652.6	636.1
関連製造業	14,198.2	13,960.2	14,108.8
食品製造業	13,722.3	13,421.4	13,511.8
資材供給産業	475.9	538.7	597.0
関連投資	1,231.7	1,173.1	1,262.9
関連流通業	22,438.2	21,538.0	22,414.0
外食産業	10,476.4	6,006.5	5,192.4
1)（参考）全経済活動	557,910.8	539,082.4	549,379.3

注：1)は、内閣府「国民経済計算」による国内総生産（GDP）の値である。

5 国民経済と農林水産業の産出額（続き）
(2) 農業・食料関連産業の経済計算（続き）
ウ 農業の経済計算
(ア) 農業生産

単位：10億円

項目	令和元年	2	3（概算）
農業生産額	10,773.7	10,842.3	10,761.9
中間投入	6,074.3	6,287.5	6,561.9
農業総生産	4,699.5	4,554.8	4,200.0
固定資本減耗	1,491.8	1,501.8	1,511.5
間接税	413.2	414.7	383.9
経常補助金（控除）	798.0	944.7	1,258.5
農業純生産	3,592.5	3,583.0	3,563.1

(イ) 農業総資本形成（名目）

単位：10億円

項目	令和元年	2	3（概算）
農業総資本形成	2,392.1	2,576.4	2,471.3
農業総固定資本形成	2,475.7	2,673.6	2,506.6
土地改良	985.4	932.2	934.2
農業用建物	292.7	481.3	376.3
農機具	1,016.2	1,089.2	1,035.6
動植物の成長	181.4	170.8	160.5
在庫純増	△ 83.6	△ 97.2	△ 35.3

(3) 農林水産業の産出額・所得

ア　農業総産出額及び生産農業所得

	部門	単位	平成29年	30	令和元	2	3
実数	農業総産出額	億円	92,742	90,558	88,938	89,370	88,384
	耕種計	〃	59,605	57,815	56,300	56,562	53,787
	米	〃	17,357	17,416	17,426	16,431	13,699
	麦類	〃	420	398	527	508	709
	雑穀	〃	93	90	106	75	78
	豆類	〃	687	623	758	690	697
	いも類	〃	2,102	1,955	1,992	2,370	2,358
	野菜	〃	24,508	23,212	21,515	22,520	21,467
	果菜類	〃	10,014	10,289	9,676	10,149	9,680
	葉茎菜類	〃	10,832	9,622	8,955	9,296	8,911
	根菜類	〃	3,662	3,301	2,885	3,074	2,876
	果実	〃	8,450	8,406	8,399	8,741	9,159
	花き	〃	3,438	3,327	3,264	3,080	3,306
	工芸農作物	〃	1,930	1,786	1,699	1,553	1,727
	その他作物	〃	620	603	614	595	587
	畜産計	〃	32,522	32,129	32,107	32,372	34,048
	肉用牛	〃	7,312	7,619	7,880	7,385	8,232
	乳用牛	〃	8,955	9,110	9,193	9,247	9,222
	うち生乳	〃	7,402	7,474	7,628	7,797	7,861
	豚	〃	6,494	6,062	6,064	6,619	6,360
	鶏	〃	9,031	8,606	8,231	8,334	9,364
	うち鶏卵	〃	5,278	4,812	4,549	4,546	5,470
	ブロイラー	〃	3,578	3,608	3,510	3,621	3,740
	その他畜産物	〃	730	731	740	787	869
	加工農産物	〃	615	615	530	436	549
	生産農業所得	〃	37,616	34,873	33,215	33,434	33,479
(参考)農業総産出額に占める	生産農業所得の割合	％	40.6	38.5	37.3	37.4	37.9
構成比	農業総産出額	％	100.0	100.0	100.0	100.0	100.0
	耕種計	〃	64.3	63.8	63.3	63.3	60.9
	米	〃	18.7	19.2	19.6	18.4	15.5
	麦類	〃	0.5	0.4	0.6	0.6	0.8
	雑穀	〃	0.1	0.1	0.1	0.1	0.1
	豆類	〃	0.7	0.7	0.9	0.8	0.8
	いも類	〃	2.3	2.2	2.2	2.7	2.7
	野菜	〃	26.4	25.6	24.2	25.2	24.3
	果菜類	〃	10.8	11.4	10.9	11.4	11.0
	葉茎菜類	〃	11.7	10.6	10.1	10.4	10.1
	根菜類	〃	3.9	3.6	3.2	3.4	3.3
	果実	〃	9.1	9.3	9.4	9.8	10.4
	花き	〃	3.7	3.7	3.7	3.4	3.7
	工芸農作物	〃	2.1	2.0	1.9	1.7	2.0
	その他作物	〃	0.7	0.7	0.7	0.7	0.7
	畜産計	〃	35.1	35.5	36.1	36.2	38.5
	肉用牛	〃	7.9	8.4	8.9	8.3	9.3
	乳用牛	〃	9.7	10.1	10.3	10.3	10.4
	うち生乳	〃	8.0	8.3	8.6	8.7	8.9
	豚	〃	7.0	6.7	6.8	7.4	7.2
	鶏	〃	9.7	9.5	9.3	9.3	10.6
	うち鶏卵	〃	5.7	5.3	5.1	5.1	6.2
	ブロイラー	〃	3.9	4.0	3.9	4.1	4.2
	その他畜産物	〃	0.8	0.8	0.8	0.9	1.0
	加工農産物	〃	0.7	0.7	0.6	0.5	0.6

資料：農林水産省統計部「生産農業所得統計」（以下イまで同じ。）

注：1　農業総産出額は、当該年に生産された農産物の生産量（自家消費分を含む。）
　　から農業に再投入される種子、飼料などの中間生産物を控除した品目別生産数量に、品目
　　別農家庭先販売価格を乗じて推計したものである。

　　2　生産農業所得は、1の農業総産出額に農業経営統計調査から得られる係数（※）を乗じ、
　　経常補助金の実額を加算したものである。

※　農業粗収益（経常補助金を除く。）　－　物的経費（減価償却費及び間接税を含む。）
　──
　　　　　　　　　農業粗収益（経常補助金を除く。）

5 国民経済と農林水産業の産出額（続き）
(3) 農林水産業の産出額・所得（続き）
イ 都道府県別農業産出額及び生産農業所得（令和3年）

都道府県		計	農業産出額										
			耕種										
			小計	米	麦類	雑穀	豆類	いも類	野菜	果実	花き	工芸農作物
		億円	億円	億円	億円	億円	億円	億円	億円	億円	億円	億円
北海道	(1)	13,108	5,456	1,041	512	27	341	722	2,094	77	131	465
青森	(2)	3,277	2,330	389	x	2	12	17	753	1,094	17	31
岩手	(3)	2,651	951	460	2	4	10	12	245	132	42	36
宮城	(4)	1,755	1,000	634	3	0	32	5	271	22	26	1
秋田	(5)	1,658	1,302	876	0	5	20	5	285	75	23	8
山形	(6)	2,337	1,943	701	x	8	11	2	455	694	60	3
福島	(7)	1,913	1,427	574	x	5	3	17	431	297	78	11
茨城	(8)	4,263	2,822	596	8	4	17	366	1,530	120	159	7
栃木	(9)	2,693	1,399	453	44	5	6	12	707	88	68	3
群馬	(10)	2,404	1,245	110	15	1	2	9	891	79	53	71
埼玉	(11)	1,528	1,263	248	11	0	1	20	743	53	158	14
千葉	(12)	3,471	2,375	466	1	0	93	215	1,280	101	187	5
東京	(13)	196	178	1	x	0	0	6	100	28	36	1
神奈川	(14)	660	508	30	0	0	2	15	332	73	47	1
新潟	(15)	2,269	1,764	1,252	0	1	12	20	309	90	69	9
富山	(16)	545	457	353	2	2	11	3	52	19	12	0
石川	(17)	480	384	226	1	0	4	14	98	33	6	1
福井	(18)	394	344	226	5	2	4	8	81	12	4	0
山梨	(19)	1,113	1,030	58	0	0	1	3	119	789	39	1
長野	(20)	2,624	2,333	371	3	7	5	23	866	870	156	1
岐阜	(21)	1,104	679	179	3	0	5	3	353	61	65	5
静岡	(22)	2,084	1,418	162	x	0	0	40	591	282	168	148
愛知	(23)	2,922	2,076	233	10	0	11	7	1,031	192	542	11
三重	(24)	1,067	597	228	7	0	7	6	150	69	33	43
滋賀	(25)	585	471	305	6	1	20	6	102	7	13	6
京都	(26)	663	488	151	0	0	9	7	248	19	10	36
大阪	(27)	296	277	56	0	0	0	3	137	64	13	0
兵庫	(28)	1,501	866	391	1	0	21	9	366	34	35	1
奈良	(29)	391	330	87	x	0	1	3	109	80	38	7
和歌山	(30)	1,135	1,094	74	0	0	0	2	136	790	59	7
鳥取	(31)	727	438	123	x	0	1	10	205	65	29	2
島根	(32)	611	339	164	1	1	2	6	99	43	17	1
岡山	(33)	1,457	768	228	8	0	8	5	203	284	25	1
広島	(34)	1,213	669	222	x	0	1	10	242	161	26	1
山口	(35)	643	432	176	3	0	2	9	149	52	30	2
徳島	(36)	930	649	91	x	0	0	85	343	81	33	4
香川	(37)	792	455	102	2	0	0	7	236	67	26	6
愛媛	(38)	1,244	966	138	1	0	1	7	187	553	34	3
高知	(39)	1,069	984	101	0	0	0	20	676	110	60	9
福岡	(40)	1,968	1,560	327	34	0	11	13	668	257	165	24
佐賀	(41)	1,206	845	223	27	0	12	5	309	204	35	21
長崎	(42)	1,551	969	105	2	0	1	154	439	151	73	33
熊本	(43)	3,477	2,135	302	9	0	5	61	1,186	362	94	89
大分	(44)	1,228	754	178	4	0	3	21	332	140	47	20
宮崎	(45)	3,478	1,139	159	x	0	1	60	661	130	69	43
鹿児島	(46)	4,997	1,580	176	x	1	2	301	545	105	118	305
沖縄	(47)	922	501	5	0	0	0	9	119	53	78	232

その他作物	畜産									加工農産物	生産農業所得	(参考)農業産出額に占める生産農業所得の割合	
	小計	肉用牛	乳用牛	生乳	豚	鶏	鶏卵	ブロイラー	その他畜産物養蚕を含む。				
億円	億円	億円	億円	億円	億円	億円	億円	億円	億円	億円	億円	%	
45	7,652	1,131	4,976	4,069	512	383	229	153	649	–	4,919	37.5	(1)
x	947	161	88	78	221	464	223	227	13	0	1,294	39.5	(2)
7	1,701	280	258	234	318	836	178	621	9	0	969	36.6	(3)
5	753	264	134	122	129	225	157	58	1	0	679	38.7	(4)
5	356	52	28	25	166	105	92	x	5	0	549	33.1	(5)
x	392	133	82	71	137	37	17	x	3	2	840	35.9	(6)
x	475	133	88	77	82	170	138	18	2	11	741	38.7	(7)
14	1,311	174	217	197	373	545	502	33	2	130	1,566	36.7	(8)
13	1,287	243	465	402	307	269	255	x	3	7	1,128	41.9	(9)
14	1,158	167	257	218	468	255	201	43	12	1	932	38.8	(10)
14	264	45	69	60	52	93	93	x	4	1	593	38.8	(11)
26	1,094	107	257	225	393	326	247	46	11	2	1,257	36.2	(12)
x	18	2	11	10	2	3	2	–	1	0	80	40.8	(13)
9	150	15	38	33	49	47	47	–	1	2	253	38.3	(14)
1	504	37	55	50	134	278	197	x	0	2	848	37.4	(15)
2	83	12	16	14	18	37	37	–	0	5	234	42.9	(16)
1	94	14	24	22	14	42	42	–	0	1	209	43.5	(17)
2	49	8	8	8	1	31	30	x	0	1	174	44.2	(18)
20	78	14	25	21	11	27	19	8	1	5	407	36.6	(19)
30	262	61	116	100	44	36	19	16	6	29	1,009	38.5	(20)
4	424	111	43	39	62	205	155	24	3	1	429	38.9	(21)
x	544	77	108	97	56	271	233	30	32	122	733	35.2	(22)
40	840	116	206	182	228	261	220	31	29	6	1,201	41.1	(23)
55	466	88	76	67	80	221	200	15	0	5	380	35.6	(24)
6	114	71	26	23	4	13	11	x	0	0	222	37.9	(25)
7	148	17	41	37	5	83	63	14	2	27	221	33.3	(26)
3	19	2	13	12	2	2	2	–	0	0	101	34.1	(27)
6	635	173	116	100	16	329	219	78	2	0	479	31.9	(28)
x	56	12	34	30	3	7	6	x	1	5	133	34.0	(29)
26	37	9	7	6	1	16	9	6	5	3	454	40.0	(30)
x	289	60	79	70	45	104	14	90	0	0	269	37.0	(31)
4	270	98	101	90	26	42	30	12	4	0	245	40.1	(32)
6	689	103	148	135	28	408	309	83	1	0	496	34.0	(33)
x	545	77	65	57	91	309	280	19	3	0	396	32.6	(34)
11	209	50	20	17	28	108	61	38	3	1	266	41.4	(35)
x	281	71	35	31	42	130	30	79	3	1	329	35.4	(36)
9	336	56	52	44	22	205	126	56	1	0	282	35.6	(37)
42	278	27	39	35	133	77	55	22	3	0	460	37.0	(38)
9	84	16	25	23	21	21	9	11	1	1	385	36.0	(39)
61	397	75	97	83	47	170	113	30	7	10	904	45.9	(40)
9	356	181	19	16	51	101	13	87	3	5	609	50.5	(41)
12	579	265	56	48	125	131	52	78	2	3	605	39.0	(42)
27	1,318	454	341	300	255	236	100	107	32	25	1,485	42.7	(43)
9	465	139	90	81	112	122	47	57	2	9	521	42.4	(44)
x	2,308	815	98	84	518	875	106	739	3	32	1,317	37.9	(45)
x	3,329	1,240	103	88	900	1,084	316	736	2	88	1,712	34.3	(46)
5	420	209	36	36	114	58	44	14	3	1	339	36.8	(47)

5 国民経済と農林水産業の産出額(続き)
(3) 農林水産業の産出額・所得(続き)
ウ 市町村別農業産出額(推計)(令和3年)

順位	都道府県	市町村	農業産出額	主要部門				(参考)令和2年	
				1位		2位		順位	農業産出額
				部門	産出額	部門	産出額		
			億円		億円		億円		億円
1	宮崎県	都城市	901.5	豚	281.7	肉用牛	215.4	1	864.6
2	愛知県	田原市	848.9	花き	331.8	野菜	304.4	2	824.7
3	北海道	別海町	666.4	乳用牛	633.9	肉用牛	20.5	3	662.6
4	茨城県	鉾田市	641.4	野菜	339.5	いも類	152.7	4	640.0
5	青森県	弘前市	523.6	果実	467.0	米	26.4	10	449.7
6	新潟県	新潟市	509.8	米	276.3	野菜	135.7	5	569.9
7	静岡県	浜松市	506.9	果実	160.6	野菜	127.1	7	471.3
8	熊本県	熊本市	460.7	野菜	241.6	果実	84.7	9	451.4
9	鹿児島県	鹿屋市	458.3	肉用牛	185.3	豚	109.3	11	439.7
10	栃木県	那須塩原市	455.7	乳用牛	232.5	鶏卵	83.4	8	456.5
11	千葉県	旭市	448.1	豚	171.4	野菜	149.4	6	489.0
12	鹿児島県	曽於市	442.0	豚	172.0	肉用牛	131.3	12	423.9
13	熊本県	菊池市	408.4	豚	120.2	肉用牛	103.9	14	383.0
14	愛知県	豊橋市	383.5	野菜	202.2	豚	46.5	13	387.1
15	群馬県	前橋市	369.8	豚	81.8	野菜	73.5	15	357.4
16	鹿児島県	大崎町	358.1	豚	140.9	ブロイラー	130.6	17	342.1
17	鹿児島県	南九州市	350.1	鶏卵	89.8	工芸農作物	61.8	19	325.1
18	岩手県	一関市	341.2	ブロイラー	95.3	豚	87.6	16	352.0
19	鹿児島県	出水市	335.6	鶏卵	117.1	ブロイラー	76.4	23	311.0
20	熊本県	八代市	326.0	野菜	235.7	米	39.2	18	341.3
21	宮崎県	小林市	323.8	肉用牛	125.8	野菜	69.9	26	304.2
22	北海道	北見市	317.7	野菜	182.8	乳用牛	42.8	28	292.8
23	宮崎県	宮崎市	309.5	野菜	169.7	肉用牛	44.2	22	315.5
24	長崎県	雲仙市	298.6	野菜	117.1	いも類	65.1	32	283.0
25	宮城県	登米市	296.7	米	106.3	肉用牛	97.1	20	324.7
26	北海道	幕別町	295.5	乳用牛	97.1	野菜	73.4	33	272.6
27	北海道	標茶町	290.6	乳用牛	232.4	肉用牛	37.0	31	283.1
28	福岡県	久留米市	289.6	野菜	122.8	花き	35.4	29	285.6
29	埼玉県	深谷市	288.8	野菜	170.4	鶏卵	29.5	24	309.0
30	山梨県	笛吹市	286.3	果実	257.7	野菜	11.6	47	241.8

資料:農林水産省統計部「市町村別農業産出額(推計)」(以下エまで同じ。)
注:農業産出額の上位30市町村を掲載した。

エ 部門別市町村別農業産出額（推計）（令和３年）

順位	米			豆類			いも類		
	都道府県	市町村	農業産出額	都道府県	市町村	農業産出額	都道府県	市町村	農業産出額
			億円			億円			億円
1	新潟県	新潟市	276.3	北海道	音更町	29.6	茨城県	鉾田市	152.7
2	新潟県	長岡市	129.6	千葉県	八街市	27.2	千葉県	成田市	89.7
3	秋田県	大仙市	127.1	北海道	帯広市	22.5	茨城県	行方市	85.8
4	新潟県	上越市	123.0	北海道	芽室町	18.1	千葉県	香取市	76.3
5	山形県	鶴岡市	120.0	北海道	幕別町	13.9	長崎県	雲仙市	65.1

順位	野菜			果実			花き		
	都道府県	市町村	農業産出額	都道府県	市町村	農業産出額	都道府県	市町村	農業産出額
			億円			億円			億円
1	茨城県	鉾田市	339.5	青森県	弘前市	467.0	愛知県	田原市	331.8
2	愛知県	田原市	304.4	山梨県	笛吹市	257.7	埼玉県	羽生市	x
3	熊本県	熊本市	241.6	山梨県	甲州市	180.1	静岡県	浜松市	64.6
4	熊本県	八代市	235.7	静岡県	浜松市	160.6	茨城県	神栖市	x
5	愛知県	豊橋市	202.2	山形県	東根市	141.5	福岡県	久留米市	35.4

順位	工芸農作物			肉用牛			乳用牛		
	都道府県	市町村	農業産出額	都道府県	市町村	農業産出額	都道府県	市町村	農業産出額
			億円			億円			億円
1	沖縄県	宮古島市	109.0	宮崎県	都城市	215.4	北海道	別海町	633.9
2	鹿児島県	南九州市	61.8	鹿児島県	鹿屋市	185.3	北海道	中標津町	240.1
3	北海道	帯広市	29.1	鹿児島県	曽於市	131.3	栃木県	那須塩原市	232.5
4	静岡県	牧之原市	26.5	宮崎県	小林市	125.8	北海道	標茶町	232.4
5	北海道	音更町	26.3	熊本県	菊池市	103.9	北海道	清水町	162.0

順位	豚			鶏卵			ブロイラー		
	都道府県	市町村	農業産出額	都道府県	市町村	農業産出額	都道府県	市町村	農業産出額
			億円			億円			億円
1	宮崎県	都城市	281.7	静岡県	富士宮市	149.1	宮崎県	日向市	226.8
2	鹿児島県	曽於市	172.0	鹿児島県	出水市	117.1	宮崎県	都城市	174.8
3	千葉県	旭市	171.4	新潟県	村上市	96.2	鹿児島県	大崎町	130.6
4	群馬県	桐生市	170.8	広島県	庄原市	92.8	鹿児島県	垂水市	112.8
5	鹿児島県	大崎町	140.9	岩手県	盛岡市	x	青森県	横浜町	x

注：農業産出額の各部門別上位５市町村を掲載した。

5 国民経済と農林水産業の産出額（続き）
(3) 農林水産業の産出額・所得（続き）
オ 林業産出額及び生産林業所得（全国）

単位：億円

区分	平成29年	30	令和元	2	3
林業産出額	4,860.2	5,017.3	4,972.8	4,830.6	5,456.6
木材生産	2,560.9	2,648.3	2,700.0	2,464.3	3,254.1
製材用素材等	2,250.0	2,289.2	2,304.3	1,953.3	2,674.5
輸出丸太	96.4	111.6	109.2	123.9	163.3
燃料用チップ素材	214.5	247.6	286.6	387.1	416.3
薪炭生産	54.4	55.4	58.1	59.6	62.3
栽培きのこ類生産	2,197.6	2,253.7	2,166.7	2,259.6	2,091.6
林野副産物採取	47.4	59.9	48.0	47.1	48.6
(参考)生産林業所得	2,694.0	2,664.5	2,643.5	2,535.7	2,864.5
うち木材生産	1,578.3	1,509.6	1,539.0	1,404.6	1,854.9

資料：農林水産省統計部「林業産出額」（以下カまで同じ。）
注：1 林業産出額は、当該年に生産された品目別生産量に、品目別の販売価格（木材生産は山元土場価格、
　　　それ以外の品目は庭先販売価格）を乗じて推計したものである。
　　2 生産林業所得は、1の林業産出額に林業経営統計調査、産業連関構造調査（栽培きのこ生産業投入
　　　調査）等から得られる所得率を乗じて推計したものである。

カ 都道府県別林業産出額（令和3年）

単位：億円

都道府県	林業産出額	部門別林業産出額				都道府県	林業産出額	部門別林業産出額			
		木材生産	薪炭生産	栽培きのこ類生産	林野副産物採取			木材生産	薪炭生産	栽培きのこ類生産	林野副産物採取
合計	4,839.4	2,665.5	35.4	2,091.6	46.8	三重	61.2	44.5	0.5	15.7	0.6
北海道	416.0	314.5	1.6	90.6	9.4	滋賀	9.2	5.7	0.0	3.3	0.2
青森	91.1	86.3	0.1	3.6	1.2	京都	27.1	16.2	0.1	9.9	0.8
岩手	193.1	149.8	3.9	36.9	2.4	大阪	3.5	x	x	2.3	0.1
宮城	92.2	53.4	0.1	37.9	0.8	兵庫	45.0	34.0	0.3	7.7	3.0
秋田	157.4	117.6	0.1	39.2	0.5	奈良	26.0	20.1	0.9	5.5	0.3
山形	69.3	31.7	0.1	36.0	1.5	和歌山	46.7	23.1	8.2	15.1	0.3
福島	119.5	85.3	0.1	33.7	0.3	鳥取	38.7	26.2	0.6	11.5	0.4
茨城	78.8	54.7	0.0	23.8	0.3	島根	56.4	38.5	1.1	16.5	0.3
栃木	124.7	85.1	0.2	39.3	0.1	岡山	89.1	72.6	0.1	15.6	0.7
群馬	68.3	28.3	0.0	39.6	0.2	広島	86.7	46.7	0.0	38.8	1.2
埼玉	15.0	6.7	0.0	8.3	0.0	山口	41.7	33.1	0.1	8.1	0.4
千葉	28.2	4.3	0.0	23.3	0.6	徳島	106.4	35.2	0.1	70.7	0.4
東京	6.0	4.1	0.0	1.8	0.0	香川	41.3	1.3	0.2	39.7	0.1
神奈川	4.0	1.3	0.0	2.6	0.0	愛媛	93.4	80.9	0.2	11.7	0.7
新潟	441.9	14.0	0.1	427.0	0.9	高知	93.3	70.2	9.2	12.6	1.4
富山	44.2	11.8	0.2	31.9	0.2	福岡	136.2	23.9	0.3	110.9	1.0
石川	22.4	13.5	0.0	8.4	0.4	佐賀	25.3	23.7	0.0	1.0	0.7
福井	16.1	11.6	0.1	4.2	0.3	長崎	68.0	19.5	0.1	47.1	1.3
山梨	15.2	12.0	0.0	3.0	0.1	熊本	190.2	168.4	1.4	20.1	0.3
長野	577.8	64.8	0.3	502.3	10.4	大分	226.8	170.9	1.1	54.1	0.6
岐阜	92.8	59.3	0.4	32.6	0.5	宮崎	372.2	321.7	1.8	47.7	1.0
静岡	137.0	63.8	0.1	72.9	0.2	鹿児島	110.0	97.0	0.7	11.5	0.8
愛知	25.7	17.1	0.1	8.4	0.1	沖縄	7.4	x	x	7.0	0.0

注：　都道府県別林業産出額には、オで推計している木材生産におけるパルプ工場へ入荷されるパルプ
　　用素材、輸出丸太及び燃料用チップ素材の産出額、薪炭生産におけるまきの産出額、林野副産物採
　　取における木ろう及び生うるしの産出額を含まない。また、全国値には含まない木材生産における
　　県外移出されたしいたけ原木の産出額を含む。
　　　このため、都道府県別林業産出額の合計は、オにおける林業産出額（全国）とは一致しない。

キ 漁業産出額及び生産漁業所得

単位：億円

区分	平成29年	30	令和元	2	3
漁業産出額計	15,714	15,396	14,686	13,178	13,783
海面漁業	9,587	9,369	8,693	7,721	8,058
海面養殖業	4,979	4,861	4,802	4,357	4,515
内水面漁業	198	185	164	165	154
1)内水面養殖業	949	982	1,027	935	1,056
生産漁業所得	8,127	7,951	7,167	6,396	6,878
(参考)					
種苗生産額（海面）	271	199	205	191	178
種苗生産額（内水面）	49	46	30	28	29

資料：農林水産省統計部「漁業産出額」（以下クまで同じ。）
注：1　漁業産出額は、当該年に漁獲（収獲）された水産物の魚種別の数量に、魚種別産地市場価格
　　　等を乗じて推計したものである。
　　2　生産漁業所得は、1の漁業産出額に漁業経営統計調査又は産業連関構造調査（内水面養殖業
　　　投入調査）から得られる所得率を乗じて漁業産出額全体の所得を推計したものである。
1)は、平成30年からにしきごいを含む。

ク 都道府県別海面漁業・養殖業産出額（令和3年）

単位：億円

都道府県	海面			都道府県	海面		
	計	漁業	養殖業		計	漁業	養殖業
合計	12,552	8,037	4,515	大阪	40	39	1
北海道	2,569	2,287	281	兵庫	412	239	173
青森	447	292	155	和歌山	168	66	102
岩手	296	217	79	鳥取	193	179	14
宮城	655	443	212	島根	162	159	3
秋田	25	24	0	岡山	56	14	42
山形	17	17	-	広島	230	63	167
福島	95	94	1	山口	133	116	16
茨城	227	x	x	徳島	97	46	51
千葉	196	181	15	香川	149	44	104
東京	103	x	x	愛媛	850	155	695
神奈川	136	132	4	高知	468	251	217
新潟	100	93	7	福岡	283	109	174
富山	121	121	0	佐賀	252	48	204
石川	132	130	2	長崎	936	571	365
福井	75	69	6	熊本	342	43	299
静岡	507	485	23	大分	356	89	267
愛知	155	135	20	宮崎	297	202	95
三重	393	237	156	鹿児島	658	187	472
京都	42	29	14	沖縄	179	99	79

注：　都道府県別海面漁業産出額には、キで推計している捕鯨業を含まない。このため、都道府県別
　　海面漁業産出額の合計は、キにおける海面漁業産出額とは一致しない。

6 農林漁業金融

(1) 系統の農林漁業関連向け貸出金残高（令和4年3月末現在）

単位：億円

金融機関	総貸出額	計	農業関連	林業関連	漁業関連
組合金融機関	536,224	26,056	21,403	75	4,578
農林中金	212,419	6,487	5,371	75	1,041
信農連	86,474	4,427	4,427	–	–
信漁連	4,643	2,757	–	–	2,757
農協	231,560	11,603	11,603	–	–
漁協	1,128	780	–	–	780

資料：農林中央金庫「農林漁業金融統計」（以下(2)まで同じ。）
注： 1 億円未満切り捨てである。
　　 2 「総貸出額」は、貸出金合計である。
　　 3 「農業関連」は、農業者、農業法人及び農業関連団体等に対する農業生産・農業経営に必要な資金、農産物の生産・加工・流通に関係する事業に必要な資金等である。
　　 4 「林業関連」の農林中金は、森林組合＋林業者＋施設法人。
　　 5 「漁業関連」には、水産業者に対する水産関係資金以外の貸出金残高（生活資金等）を含まない。
　　　 また、公庫転貸資金のうち、転貸漁協における漁業者向け貸出金を含む。
　　 6 本表の中では略称を用いており、正式名称は次のとおりである（略称：正式名称）。
　　　 農林中金：農林中央金庫、信農連：都道府県信用農業協同組合連合会
　　　 信漁連：都道府県信用漁業協同組合連合会
　　　 農協：農業協同組合、漁協：漁業協同組合

(2) 他業態の農林漁業に対する貸出金残高（令和4年3月末現在）

単位：億円

金融機関	総貸出額	計	農業・林業	漁業
民間金融機関	6,332,035	12,674	10,255	2,419
国内銀行銀行勘定	5,483,401	10,231	8,296	1,935
信用金庫	788,011	2,027	1,543	484
その他	60,623	416	416	0
政府系金融機関	631,892	35,095	32,256	2,839
日本政策金融公庫 （農林水産事業）	35,517	31,019	29,006	2,013
沖縄振興開発金融公庫	10,428	228	189	39
その他	585,947	3,848	3,061	787

注： 1 民間金融機関のその他は、国内銀行信託勘定及び国内銀行海外店勘定である。
　　 2 政府系金融機関のその他は、商工組合中央金庫、日本政策投資銀行、日本政策金融公庫（国民生活事業、中小企業事業）及び国際協力銀行である。

(3) 制度金融

ア 日本政策金融公庫農林水産事業資金

(ア) 年度別資金種目別貸付件数・金額(事業計画分類、全国)(各年度末現在)

区分	令和2年度		3		4	
	件数	金額	件数	金額	件数	金額
	件	100万円	件	100万円	件	100万円
合計	24,164	705,831	16,760	500,771	18,737	557,942
経営構造改善計	9,908	325,418	9,248	339,690	9,355	306,500
農業経営基盤強化	7,619	283,960	7,061	301,259	6,708	266,780
青年等就農	1,994	13,902	1,885	14,016	2,386	16,034
経営体育成強化	184	4,948	154	4,285	139	1,914
林業構造改善事業推進	–	–	1	8	1	50
林業経営育成	–	–	5	104	2	118
漁業経営改善支援	34	14,856	40	8,367	42	9,456
中山間地域活性化	74	7,677	99	11,571	71	11,896
振興山村・過疎地域経営改善	–	–	1	20	1	35
農業改良	3	76	2	59	5	216
基盤整備計	2,917	37,696	2,941	39,850	2,923	36,638
農業基盤整備	1,643	8,817	1,632	9,013	1,620	7,678
補助	1,518	6,837	1,509	6,420	1,507	6,045
非補助	125	1,980	123	2,594	113	1,632
畜産基盤整備	21	7,741	25	10,618	22	9,640
担い手育成農地集積	1,073	11,496	1,101	11,051	1,113	10,702
林業基盤整備	157	9,243	161	8,791	151	8,384
造林	104	3,758	108	3,361	98	3,201
林道	–	–	–	–	–	–
利用間伐推進	53	5,485	53	5,430	53	5,182
伐採調整	–	–	–	–	–	–
森林整備活性化	22	242	21	216	16	176
漁業基盤整備	1	160	1	160	1	60
一般施設計	426	75,931	405	72,766	346	66,589
農林漁業施設	265	24,884	236	32,925	204	23,903
農業施設	59	13,133	49	22,401	51	12,159
林業施設	137	9,495	134	8,935	113	8,064
水産施設	68	2,233	53	1,589	40	3,680
農山漁村経営改善	1	23	–	–	–	–
畜産経営環境調和推進	2	197	–	–	–	–
特定農産加工	67	24,107	79	16,077	44	8,366
食品産業品質管理高度化促進	19	2,701	7	972	13	3,968
水産加工	32	5,687	35	3,559	31	2,134
食品流通改善	34	9,393	42	14,513	32	15,745
食品安定供給施設整備	–	–	–	–	–	–
新規用途事業等	1	401	1	340	–	–
塩業	–	–	–	–	–	–
農業競争力強化支援	6	8,561	5	4,380	5	7,287
経営維持安定計	10,903	266,052	4,160	47,998	6,109	146,630
漁業経営安定	–	–	–	–	–	–
農林漁業セーフティネット	10,903	266,052	4,160	47,998	6,109	146,630
農業	8,144	174,739	3,617	35,548	5,955	140,205
林業	182	7,496	26	662	12	766
漁業	2,577	83,817	517	11,789	142	5,660
災害	10	735	6	467	4	1,585

資料:日本政策金融公庫農林水産事業「業務統計年報」(以下(イ)まで同じ。)
注:沖縄県を含まない。

6 農林漁業金融（続き）

(3) 制度金融（続き）

  ア 日本政策金融公庫農林水産事業資金（続き）

    (イ) 年度別資金種目別貸付金残高件数・金額（農林漁業分類、全国）

    （各年度末現在）

区分	令和2年度		3		4	
	件数	金額	件数	金額	件数	金額
	件	100万円	件	100万円	件	100万円
合計	168,581	3,485,435	169,623	3,551,732	172,754	3,670,896
農業計	133,015	2,223,131	134,578	2,308,189	138,816	2,446,166
農業経営基盤強化	65,037	1,444,816	65,183	1,515,345	65,026	1,545,956
青年等就農	12,143	60,976	13,677	69,205	15,537	78,571
経営体育成強化	2,631	37,084	2,580	36,011	2,495	33,932
農業改良	1,129	8,644	726	5,870	381	4,179
農地等取得	673	904	450	582	319	352
未墾地取得	–	–	–	–	‥	‥
土地利用型農業経営体質強化	4	2	1	0	–	–
振興山村・過疎地域経営改善	1	0	–	–	‥	‥
農業構造改善事業推進	–	–	–	–	‥	‥
農業構造改善支援	2	2	–	–	–	–
総合施設	1	2	–	–	–	–
畑作営農改善	–	–	–	–	–	–
農業基盤整備	23,405	106,631	22,091	101,106	20,767	98,269
畜産基盤整備	62	20,417	64	19,787	66	21,559
担い手育成農地集積	11,277	70,326	11,124	71,204	10,794	70,255
農林漁業施設	805	271,474	786	268,868	734	254,060
畜産経営環境調和推進	20	1,936	19	1,525	17	1,310
農林漁業セーフティネット（農業）	14,827	216,650	17,230	236,141	22,287	357,697
農業経営維持安定	1,017	3,584	699	2,281	451	1,546
自作農維持	29	11	4	5	3	4
CDS譲受債権	14	90	8	45	5	35
林業計	27,572	615,496	26,601	592,434	25,535	572,895
林業構造改善事業推進	2	67	3	70	4	108
林業経営育成	120	2,360	112	2,213	99	2,209
振興山村・過疎地域経営改善	12	721	9	710	7	651
林業基盤整備	17,754	327,290	17,054	324,977	16,345	324,641
森林整備促進活性化	2,363	25,560	2,345	23,874	2,311	22,081
農林漁業施設	806	72,919	858	72,234	886	71,155
林業経営安定	6,306	178,860	5,992	160,401	5,650	143,854
農林漁業セーフティネット（林業）	209	7,718	228	7,955	233	8,196
漁業計	5,083	197,109	5,436	201,274	5,341	200,451
漁業経営改善支援	414	79,888	412	78,762	412	77,857
漁業経営再建整備	–	–	–	–	‥	‥
振興山村・過疎地域経営改善	7	222	6	167	7	160
沿岸漁業構造改善事業推進	–	–	–	–	‥	‥
漁業基盤整備	18	1,722	14	1,504	13	1,356
農林漁業施設	449	13,793	459	13,535	451	15,359
漁船	60	4,776	47	3,776	35	2,705
漁業経営安定	1	367	1	324	1	282
沿岸漁業経営安定	16	57	8	41	8	38
農林漁業セーフティネット（漁業）	4,118	96,285	4,489	103,165	4,414	102,695
加工流通計	2,911	449,699	3,008	449,835	3,062	451,383
中山間地域活性化	1,088	94,112	1,120	94,332	1,138	94,877
特定農産加工	708	141,848	746	141,318	748	131,342
食品産業品質管理高度化促進	121	20,082	122	19,202	132	21,185
水産加工	464	44,620	477	43,283	487	40,771
食品流通改善	460	125,142	471	124,513	469	125,299
食品安定供給施設整備	28	1,760	28	1,362	22	934
新規用途事業等	3	409	3	748	3	748
塩業	13	3,029	12	2,690	12	2,353
乳業施設	5	791	4	588	4	410
農業競争力強化支援	21	17,906	25	21,797	30	28,276

イ　農業近代化資金及び漁業近代化資金の融資残高及び利子補給承認額
　　（各年度末現在）

単位：100万円

年度	農業近代化資金		漁業近代化資金	
	融資残高 （12月末）	利子補給承認額	融資残高 （12月末）	利子補給承認額
平成29年度	165,728	59,255	120,909	40,947
30	181,798	61,283	131,514	40,213
令和元	194,758	65,717	142,273	48,215
2	198,881	61,750	155,587	45,492
3	209,729	59,313	163,043	42,560

資料：農林水産省経営局、水産庁資料

ウ　農業信用基金協会、漁業信用基金協会及び農林漁業信用基金（林業）
　　が行う債務保証残高（各年度末現在）

単位：100万円

年度	農業信用基金協会	漁業信用基金協会	（独）農林漁業信用基金 （林業）
平成30年度	6,812,185	205,613	35,938
令和元	7,063,162	205,102	38,951
2	7,394,624	219,503	38,093
3	7,793,870	219,013	31,347
4	8,115,768	213,833	26,310

資料：農林水産省経営局、水産庁、農林漁業信用基金資料
注：　この制度は、農林漁業者が農業近代化資金等、必要な資金を借り入れることにより融資機関に対し
　　て負担する債務を農業信用基金協会、漁業信用基金協会及び（独）農林漁業信用基金（林業）が保証
　　するものである。

エ　林業・木材産業改善資金、沿岸漁業改善資金貸付残高
　　（各年度末現在）

単位：100万円

年度	林業・木材産業改善資金	沿岸漁業改善資金
平成29年度	4,019	4,151
30	4,125	3,375
令和元	4,017	2,762
2	3,782	2,070
3	3,392	1,595

資料：農林水産省林野庁、水産庁資料
注：　この制度は、農林漁業者等が経営改善等を目的として新たな技術の
　　導入等に取り組む際に必要な資金を、都道府県が無利子で貸付を行う
　　ものである。

6 農林漁業金融（続き）
(3) 制度金融（続き）
オ 災害資金融資状況（令和4年12月末現在）

単位：100万円

災害種類			被害見込金額	融資枠	貸付実行額
昭和62年	8月28日～9月1日	暴風雨	62,956	2,700	2,229
63	6月下旬～10月上旬	低温等	365,400	28,000	20,810
平成2	9月11日～20日	豪雨及び暴風雨	59,989	2,700	1,415
3	9月12日～28日	暴風雨及び豪雨	471,165	25,000	17,558
	7月中旬～8月中旬	低温	166,100	6,000	3,798
5	北海道南西沖地震		9,756	2,000	9
	5月下旬～9月上旬	天災	1,236,294	200,000	37,140
6	5月上旬～10月中旬	干ばつ	151,722	3,000	369
10	9月15日～10月2日	前線による豪雨及び暴風雨	107,675	3,000	789
11	9月13日～25日	豪雨及び暴風雨	98,611	7,000	745
15	7月下旬～9月上旬	低温及び日照不足	393,800	21,000	3,003
16	8月17日～9月8日	天災	171,825	8,000	1,076
23	東北地方太平洋沖地震		333,800	117,500	－

資料：農林水産省経営局資料
注： 「天災融資法」による融資であり、地震・台風・干ばつ・低温などの気象災害が政令で
災害指定された場合を対象としている。

(4) 組合の主要勘定（各年度末現在）
ア 農協信用事業の主要勘定、余裕金系統利用率及び貯貸率

年度	貸方								借方
	貯金			借入金				3) 払込済 出資金	現金
	計	1) 当座性	2) 定期性	計	信用 事業	経済 事業	共済 事業		
	億円	億円	億円	億円	億円	億円	億円	億円	億円
平成29年度	1,013,060	345,262	667,797	6,331	4,625	825	881	15,647	4,011
30	1,032,245	366,077	666,168	6,487	5,610	857	20	15,724	4,188
令和元	1,041,148	390,053	651,095	7,084	6,247	836	1	15,735	4,338
2	1,068,700	432,495	636,205	7,171	6,367	804	0	15,715	4,336
3	1,083,421	464,216	619,205	6,892	6,137	755	0	15,764	4,369

年度	借方（続き）							経済 未収金	固定 資産	外部 出資
	預け金	系統	有価証券 ・金銭の 信託	4)貸出金						
				計	短期	長期	公庫 貸付金			
	億円	億円	億円	億円	億円	億円	億円	億円	億円	億円
平成29年度	766,447	764,084	39,208	217,493	7,705	208,167	1,621	5,083	32,083	38,437
30	786,095	783,492	39,370	217,725	6,925	209,245	1,556	5,022	31,728	40,857
令和元	789,293	787,115	40,308	220,099	6,663	211,987	1,449	4,934	31,238	42,369
2	805,220	802,718	47,418	223,826	5,759	216,736	1,331	4,882	31,078	44,321
3	804,569	801,426	55,528	231,560	5,538	224,781	1,242	5,140	30,687	45,692

資料：農林中央金庫「農林漁業金融統計」（以下イまで同じ。）
注：1)は、当座・普通・購買・貯蓄・通知・出資予約・別段貯金である。
2)は、定期貯金・譲渡性貯金・定期積金である。
3)は、回転出資金を含む。
4)の短期は1年以下、長期は1年を超えるものである。

イ　漁協信用事業の主要勘定、余裕金系統利用率及び貯貸率

年度	貸方								借方
	貯金			借入金				払込済出資金	現金
	計	1)当座性	2)定期性	計	公庫	信用事業	経済事業		
	億円	億円	億円	億円	億円	億円	億円	億円	億円
平成29年度	7,779	3,529	4,249	789	8	581	208	1,060	55
30	7,784	3,531	4,252	740	8	544	196	986	58
令和元	7,629	3,416	4,213	736	6	531	205	989	66
2	7,585	3,530	4,056	713	6	504	209	982	61
3	8,060	3,842	4,218	673	5	466	207	979	62

年度	借方（続き）									
	預け金	系統	有価証券	3)貸出金				事業未収金	固定資産	外部出資
				計	公庫	短期	長期			
	億円	億円	億円	億円	億円	億円	億円	億円	億円	億円
平成29年度	7,862	7,778	4	1,418	67	387	1,031	209	679	327
30	7,846	7,764	−	1,353	58	378	975	184	695	359
令和元	7,666	7,602	−	1,308	46	365	942	171	727	360
2	7,681	7,601	−	1,232	38	341	891	182	720	398
3	8,261	8,183	−	1,129	29	310	818	194	728	390

注：水産加工業協同組合を含む。
　　1)は、当座・普通・貯蓄・別段・出資予約貯金である。
　　2)は、定期貯金・定期積金である。
　　3)の短期は1年以下、長期は1年を超えるものである。

7　財政
(1)　国家財政
ア　一般会計歳出予算

単位：億円

年度	総額	地方交付税交付金等	一般歳出	防衛関係費	社会保障関係費	中小企業対策費
平成31年度	1,014,571	159,850	599,359	52,066	340,627	1,740
令和2	1,026,580	158,093	617,184	52,625	358,121	1,723
3	1,066,097	159,489	669,023	53,145	358,343	1,726
4	1,075,964	158,825	673,746	53,687	362,735	1,713
5	1,143,812	163,992	727,317	101,686	368,889	1,704

資料：財務省資料
注：1　各年度とも当初予算額である。
　　2　計数整理の結果、異動を生じることがある。
　　3　一般会計歳出予算総額の平成31年度及び令和2年度は、「臨時、特別の措置」の金額を含む。
　　4　令和3年度は、4年度との比較対象のため組み替えてある。

7 財政 （続き）
(1) 国家財政 （続き）
　イ 農林水産関係予算

単位：億円

年度	計	公共事業費	農業農村整備事業費	非公共事業費
平成31年度	23,108	6,966	3,260	16,142
令和2	23,109	6,989	3,264	16,120
3	22,853	6,978	3,317	15,875
4	22,777	6,980	3,321	15,797
5	22,683	6,983	3,323	15,700

資料：農林水産省資料（以下カまで同じ。）。
注：1 各年度とも当初予算額である（以下ウまで同じ。）。
　　2 計数整理の結果、異動を生じることがある。
　　3 平成31年度及び令和2年度は、「臨時、特別の措置」を除いた金額。
　　4 令和3年度は、4年度との比較対象のため組み替えてある。

　ウ 農林水産省所管一般会計歳出予算（主要経費別）

単位：100万円

区分	令和4年度	5
農林水産省所管	2,846,347	2,093,668
文教及び科学振興費		
科学技術振興費	103,663	94,548
公共事業関係費		
治山治水対策事業費	85,882	62,021
農林水産基盤整備事業費	612,422	441,574
災害復旧等事業費	71,979	20,055
食料安定供給関係費	1,761,126	1,265,365
その他の事項経費	211,275	210,104

　エ 農林水産省所管特別会計

単位：億円

会計	歳入				
	決算額			当初予算額	
	令和元年度	2	3	4	5
食料安定供給	9,678	9,265	9,798	13,423	15,310
国有林野事業債務管理	3,564	3,634	3,603	3,546	3,440

会計	歳出				
	決算額			当初予算額	
	令和元年度	2	3	4	5
食料安定供給	8,507	8,210	9,135	13,406	15,280
国有林野事業債務管理	3,564	3,634	3,603	3,546	3,440

オ 農林水産関係公共事業予算

単位：億円

区分	平成31年度	令和2	3	4	5
公共事業関係費	6,966	6,989	6,995	6,980	6,983
一般公共事業費計	6,770	6,793	6,797	6,780	6,782
農業農村整備	3,260	3,264	3,333	3,321	3,323
林野公共	1,827	1,830	1,868	1,867	1,875
治山	606	607	619	620	623
森林整備	1,221	1,223	1,248	1,247	1,252
水産基盤整備	710	711	726	727	729
海岸	45	45	63	81	81
農山漁村地域整備交付金	927	943	807	784	774
災害復旧等事業費	196	196	198	200	201

注：1　各年度とも当初予算額である。
　　2　計数整理の結果、異動を生じることがある。

カ 農林水産関係機関別財政投融資計画

単位：億円

機関	平成31年度	令和2	3	4	5
計	5,379	5,268	7,061	6,336	7,727
株式会社　日本政策金融公庫	5,300	5,200	7,000	6,270	7,660
国立研究開発法人 　　森林研究・整備機構	57	56	51	49	46
食料安定供給特別会計 　（国営土地改良事業勘定）	22	12	10	8	8
全国土地改良事業団体連合会	－	－	－	9	13

注：1　各年度とも当初計画額である。
　　2　株式会社日本政策金融公庫の金額は、農林水産業者向け業務の財政投融資計画額である。

7 財政（続き）
(2) 地方財政
　　ア　歳入決算額

単位：億円

区分	令和2年度			3		
	都道府県	市町村	純計額	都道府県	市町村	純計額
歳入合計	618,941	780,341	1,300,472	683,243	705,026	1,282,911
地方税	205,246	203,010	408,256	222,039	202,051	424,089
地方譲与税	18,000	4,323	22,323	19,989	4,479	24,468
地方特例交付金	843	1,413	2,256	995	3,552	4,547
地方交付税	88,781	81,109	169,890	102,104	92,945	195,049
市町村たばこ税都道府県交付金	9	–	–	5	–	–
利子割交付金	–	190	–	–	158	–
配当割交付金	–	907	–	–	1,320	–
株式等譲渡所得割交付金	–	1,044	–	–	1,580	–
地方消費税交付金	–	27,770	–	–	30,236	–
ゴルフ場利用税交付金	–	273	–	–	315	–
特別地方消費税交付金	–	–	–	–	–	–
自動車取得税交付金	–	1	–	–	0	–
軽油引取税交付金	–	1,281	–	–	1,274	–
分担金、負担金	2,775	4,784	3,946	2,788	4,982	4,073
使用料、手数料	8,126	11,721	19,847	8,089	11,891	19,980
国庫支出金	123,493	250,531	374,024	161,757	158,449	320,206
交通安全対策特別交付金	308	226	533	294	216	510
都道府県支出金	–	45,698	–	–	45,954	–
財産収入	1,769	3,766	5,536	1,955	4,426	6,381
寄附金	384	7,131	7,514	215	8,841	9,055
繰入金	15,878	22,652	38,530	11,266	17,119	28,385
繰越金	15,348	17,682	33,031	21,187	21,472	42,659
諸収入	70,918	27,260	92,180	65,136	27,484	86,055
地方債	67,063	55,773	122,607	65,424	52,267	117,454
特別区財政調整交付金	–	9,874	–	–	10,916	–

資料：総務省自治財政局「地方財政白書」（以下イまで同じ。）

イ　歳出決算額

単位：億円

区分	令和2年度			3		
	都道府県	市町村	純計額	都道府県	市町村	純計額
歳出合計	597,063	756,335	1,254,588	663,242	675,794	1,233,677
議会費	755	3,309	4,062	756	3,285	4,035
総務費	29,971	202,302	225,346	44,959	85,522	124,318
民生費	97,297	224,856	286,942	93,398	255,592	313,130
衛生費	40,401	52,785	91,202	51,683	65,188	113,751
労働費	2,320	987	3,264	1,924	950	2,832
農林水産業費	25,061	14,077	34,106	24,390	13,380	33,045
農業費	5,270	5,660	8,978	5,108	5,429	8,746
畜産業費	1,343	670	1,745	1,235	623	1,595
農地費	9,494	4,641	12,173	9,172	4,497	11,792
林業費	6,060	1,731	7,310	6,070	1,723	7,308
水産業費	2,894	1,375	3,901	2,804	1,107	3,604
商工費	85,102	31,338	115,336	121,076	30,150	149,802
土木費	62,955	65,820	126,902	63,105	65,496	126,858
消防費	2,336	19,730	21,250	2,304	18,582	20,040
警察費	33,216	–	33,211	32,949	–	32,923
教育費	101,953	80,461	180,961	102,685	76,676	177,896
災害復旧費	5,960	4,867	10,047	4,368	3,418	7,063
公債費	66,176	54,763	120,636	70,410	56,521	126,650
諸支出金	300	1,036	1,322	335	1,034	1,333
前年度繰上充用金	–	2	2	–	2	2
利子割交付金	190	–	–	158	–	–
配当割交付金	907	–	–	1,320	–	–
株式等譲渡所得割交付金	1,044	–	–	1,580	–	–
地方消費税交付金	27,770	–	–	30,236	–	–
ゴルフ場利用税交付金	273	–	–	315	–	–
特別地方消費税交付金	–	–	–	–	–	–
自動車取得税交付金	1	–	–	0	–	–
軽油引取税交付金	1,281	–	–	1,274	–	–
特別区財政調整交付金	9,874	–	–	10,916	–	–

8 日本の貿易
(1) 貿易相手国上位10か国の推移（暦年ベース）
ア 輸出入

区分	2018（平成30年）		2019（令和元）		2020（2）		2021（3）		2022（4）	
	国名		国名		国名		国名		国名	
	金額	割合	金額	割合	金額	割合	金額	割合	金額	割合
	億円	%	億円	%	億円	%	億円	%	億円	%
輸出入総額（順位）	1,641,821	100.0	1,555,312	100.0	1,364,100	100.0	1,679,665	100.0	2,163,159	100.0
1	中国		中国		中国		中国		中国	
	350,914	21.4	331,357	21.3	325,898	23.9	383,662	22.8	438,472	20.3
2	米国		米国		米国		米国		米国	
	244,851	14.9	238,947	15.4	200,644	14.7	237,471	14.1	299,881	13.9
3	韓国		韓国		韓国		台湾		オーストラリア	
	93,430	5.7	82,709	5.3	76,082	5.6	96,663	5.8	137,844	6.4
4	台湾		台湾		台湾		韓国		台湾	
	76,767	4.7	76,162	4.9	76,021	5.6	92,908	5.5	119,546	5.5
5	オーストラリア		オーストラリア		タイ		オーストラリア		韓国	
	69,390	4.2	65,374	4.2	52,626	3.9	74,279	4.4	115,225	5.3
6	タイ		タイ		オーストラリア		タイ		タイ	
	63,332	3.9	60,557	3.9	51,267	3.8	65,177	3.9	77,717	3.6
7	ドイツ		ドイツ		ベトナム		ドイツ		アラブ首長国連邦	
	51,749	3.2	49,277	3.2	41,810	3.1	48,820	2.9	71,344	3.3
8	サウジアラビア		ベトナム		ドイツ		ベトナム		サウジアラビア	
	41,871	2.6	42,479	2.7	41,515	3.0	46,223	2.8	62,368	2.9
9	ベトナム		香港		香港		香港		ベトナム	
	41,494	2.5	38,905	2.5	35,004	2.6	40,106	2.4	59,293	2.7
10	インドネシア		アラブ首長国連邦		マレーシア		マレーシア		インドネシア	
	41,220	2.5	36,382	2.3	30,451	2.2	38,801	2.3	57,397	2.7

資料：財務省関税局「貿易統計」（以下(3)まで同じ。）
注：2022年（令和4年）値は、確々報値（暫定値）で月別値の合計である。
　　割合は総額に対する構成比である。（以下ウまで同じ。）

イ　輸出

区分	2018(平成30年)		2019(令和元)		2020(2)		2021(3)		2022(4)	
	国名		国名		国名		国名		**国名**	
	金額	割合	金額	割合	金額	割合	金額	割合	**金額**	**割合**
	億円	%	億円	%	億円	%	億円	%	億円	%
輸出総額(順位)	814,788	100.0	769,317	100.0	683,991	100.0	830,914	100.0	981,750	100.0
1	中国		米国		中国		中国		中国	
	158,977	19.5	152,545	19.8	150,820	22.0	179,844	21.6	190,038	19.4
2	米国		中国		米国		米国		米国	
	154,702	19.0	146,819	19.1	126,108	18.4	148,315	17.8	182,550	18.6
3	韓国		韓国		韓国		台湾		韓国	
	57,926	7.1	50,438	6.6	47,665	7.0	59,881	7.2	71,062	7.2
4	台湾		台湾		台湾		韓国		台湾	
	46,792	5.7	46,885	6.1	47,391	6.9	57,696	6.9	68,574	7.0
5	香港		香港		香港		香港		香港	
	38,323	4.7	36,654	4.8	34,146	5.0	38,904	4.7	43,574	4.4
6	タイ		タイ		タイ		タイ		タイ	
	35,625	4.4	32,906	4.3	27,226	4.0	36,246	4.4	42,693	4.3
7	シンガポール		ドイツ		シンガポール		ドイツ		シンガポール	
	25,841	3.2	22,051	2.9	18,876	2.8	22,791	2.7	29,349	3.0
8	ドイツ		シンガポール		ドイツ		シンガポール		ドイツ	
	23,056	2.8	21,988	2.9	18,752	2.7	22,006	2.6	25,702	2.6
9	オーストラリア		ベトナム		ベトナム		ベトナム		ベトナム	
	18,862	2.3	17,971	2.3	18,258	2.7	20,968	2.5	24,510	2.5
10	ベトナム		オーストラリア		マレーシア		マレーシア		オーストラリア	
	18,142	2.2	15,798	2.1	13,435	2.0	17,137	2.1	21,727	2.2

8 日本の貿易（続き）
(1) 貿易相手国上位10か国の推移（暦年ベース）（続き）
　　ウ　輸入

区分	2018(平成30年)		2019(令和元)		2020(2)		2021(3)		2022(4)	
	国名		国名		国名		国名		国名	
	金額	割合	金額	割合	金額	割合	金額	割合	金額	割合
	億円	%	億円	%	億円	%	億円	%	億円	%
輸入総額（順位）	827,033	100.0	785,995	100.0	680,108	100.0	848,750	100.0	1,181,410	100.0
1	中国		中国		中国		中国		中国	
	191,937	23.2	184,537	23.5	175,077	25.7	203,818	24.0	248,434	21.0
2	米国		米国		米国		米国		米国	
	90,149	10.9	86,402	11.0	74,536	11.0	89,156	10.5	117,331	9.9
3	オーストラリア		オーストラリア		オーストラリア		オーストラリア		オーストラリア	
	50,528	6.1	49,576	6.3	38,313	5.6	57,533	6.8	116,118	9.8
4	サウジアラビア		韓国		台湾		台湾		アラブ首長国連邦	
	37,329	4.5	32,271	4.1	28,629	4.2	36,782	4.3	60,188	5.1
5	韓国		サウジアラビア		韓国		韓国		サウジアラビア	
	35,505	4.3	30,158	3.8	28,416	4.2	35,213	4.1	55,690	4.7
6	アラブ首長国連邦		台湾		タイ		サウジアラビア		台湾	
	30,463	3.7	29,276	3.7	25,401	3.7	30,194	3.6	50,972	4.3
7	台湾		アラブ首長国連邦		ベトナム		アラブ首長国連邦		韓国	
	29,975	3.6	28,555	3.6	23,551	3.5	29,780	3.5	44,163	3.7
8	ドイツ		タイ		ドイツ		タイ		インドネシア	
	28,693	3.5	27,651	3.5	22,763	3.3	28,931	3.4	37,606	3.2
9	タイ		ドイツ		サウジアラビア		ドイツ		タイ	
	27,707	3.4	27,226	3.5	19,696	2.9	26,030	3.1	35,024	3.0
10	インドネシア		ベトナム		アラブ首長国連邦		ベトナム		ベトナム	
	23,789	2.9	24,509	3.1	17,502	2.6	25,255	3.0	34,784	2.9

(2)　品目別輸出入額の推移（暦年ベース）
　ア　輸出額

単位：兆円

区分	令和元年 (2019)	2 (2020)	3 (2021)	4 (2022)	備考（令和4年）
輸出総額	76.9	68.4	83.1	**98.2**	
1)食料品	0.8	0.8	1.0	**1.1**	
原料品	1.0	1.0	1.4	**1.6**	
鉱物性燃料	1.4	0.7	1.0	**2.2**	
化学製品	8.7	8.5	10.6	**11.8**	
原料別製品	8.4	7.5	9.9	**11.8**	鉄鋼　4.7兆円 非鉄金属　2.5兆円
一般機械	15.1	13.1	16.4	**18.9**	原動機　2.8兆円 半導体等製造装置　4.1兆円 ポンプ・遠心分離機　1.5兆円
電気機器	13.2	12.9	15.3	**17.3**	半導体等電子部品　5.7兆円 電気回路等の機器　2.3兆円 電気計測機器　2.0兆円
輸送用機器	18.1	14.5	16.2	**19.1**	自動車　13.0兆円 自動車の部分品　3.8兆円 船舶　1.2兆円 航空機類　0.2兆円
その他	10.2	9.3	11.3	**14.3**	科学光学機器　2.5兆円 写真用・映画用材料　0.7兆円

注：令和4年値は、確々報値（暫定値）で月別値の合計である。（以下(3)まで同じ。）
　　1)は、飲料及びたばこを含む。

8 日本の貿易 (続き)
(2) 品目別輸出入額の推移 (暦年ベース) (続き)
　イ 輸入額

単位：兆円

区分	令和元年 (2019)	2 (2020)	3 (2021)	4 (2022)	備考 (令和4年)
輸入総額	78.6	68.0	84.9	118.1	
1) 食料品	7.2	6.7	7.4	9.5	肉類 1.9兆円
原料品	4.9	4.7	6.9	8.1	非鉄金属鉱 2.5兆円
鉱物性燃料	17.0	11.3	17.0	33.5	原粗油 13.3兆円
					液化天然ガス 8.5兆円
					石炭 7.8兆円
					石油製品 2.8兆円
化学製品	8.2	7.9	9.8	13.3	医薬品 5.7兆円
原料別製品	7.1	6.6	8.3	10.3	非鉄金属 3.3兆円
一般機械	7.6	7.0	7.7	9.3	電算機類(含周辺機器) 2.7兆円
					原動機 1.3兆円
電気機器	12.0	11.4	13.6	17.3	半導体等電子部品 4.9兆円
					通信機 3.8兆円
輸送用機器	3.6	2.6	3.2	3.4	自動車 1.5兆円
その他	11.2	10.0	10.9	13.5	衣類・同付属品 3.5兆円
					科学光学機器 2.2兆円

注：1)は、飲料及びたばこを含む。

(3) 州別輸出入額

単位：10億円

年次	総額	アジア州	ヨーロッパ州	北アメリカ州	南アメリカ州	アフリカ州	大洋州
輸出							
平成30年	81,479	47,312	10,966	18,827	1,072	900	2,402
令和元	76,932	43,801	10,650	18,434	1,009	984	2,053
2	68,399	41,117	9,078	14,995	674	848	1,688
3	83,091	50,301	10,707	17,773	1,062	1,055	2,194
4	98,175	58,379	12,585	21,718	1,405	1,272	2,816
輸入							
平成30年	82,703	49,775	12,734	11,399	2,145	991	5,659
令和元	78,600	46,384	12,607	10,935	2,168	918	5,587
2	68,011	40,326	10,773	9,589	2,040	922	4,359
3	84,875	49,652	13,148	11,480	2,629	1,531	6,434
4	118,141	68,917	15,818	15,255	3,488	1,982	12,681

(4) 農林水産物輸出入概況

区分	平成30年 (2018年)	令和元 (2019)	2 (2020)	3 (2021)	4 (2022) 実数	4 (2022) 対前年 増減率
	100万円	100万円	100万円	100万円	100万円	%
1) 輸出 （FOB）						
総額 （A）	81,478,753	76,931,665	68,399,121	83,091,420	98,174,981	18.2
農林水産物計（B）	906,757	912,095	925,649	1,162,597	1,337,249	15.0
農産物	566,061	587,753	655,185	804,093	886,162	10.2
林産物	37,602	37,038	42,910	56,975	63,758	11.9
水産物	303,095	287,305	227,553	301,529	387,329	28.5
総額に対する割合 （B）／（A）（%）	1.1	1.2	1.4	1.4	1.4	–
2) 輸入 （CIF）						
総額 （C）	82,703,304	78,599,510	68,010,832	84,875,045	118,140,966	39.2
農林水産物計（D）	9,668,791	9,519,761	8,896,539	10,179,595	13,418,036	31.8
農産物	6,621,999	6,594,559	6,212,921	7,040,246	9,240,180	31.2
林産物	1,255,818	1,184,811	1,218,764	1,527,976	2,106,757	37.9
水産物	1,790,974	1,740,391	1,464,855	1,611,373	2,071,099	28.5
総額に対する割合 （D）／（C）（%）	11.7	12.1	13.1	12.0	11.4	–
貿易収支 （A－C）	△ 1,224,552	△1,667,845	388,289	△ 1,783,624	△ 19,965,985	1019.4
うち農林水産物 （B－D）	△ 8,762,033	△8,607,665	△ 7,970,891	△ 9,016,998	△ 12,080,787	34.0

資料：農林水産省輸出・国際局「農林水産物輸出入概況」（以下(6)まで同じ。）

注：財務省が発表している「貿易統計」を基に、我が国の農林水産物輸出入概況を取りまとめたものである。

1)は、FOB価格（free on board、運賃・保険料を含まない価格）である。

2)は、CIF価格（cost, insurance and freight、運賃・保険料込みの価格）である。

2018年～2021年は確定、2022年は確々報の数値である。

8 日本の貿易（続き）

(5) 農林水産物の主要国・地域別輸出入実績

ア 輸出額

順位		国・地域名		平成30年（2018年）		令和元（2019）	
令和3	4			輸出額	構成比	輸出額	構成比
				100万円	%	100万円	%
1	1	中華人民共和国	(1)	133,756	14.8	153,679	16.8
2	2	香港	(2)	211,501	23.3	203,684	22.3
3	3	アメリカ合衆国	(3)	117,644	13.0	123,785	13.6
4	4	台湾	(4)	90,342	10.0	90,384	9.9
5	5	ベトナム	(5)	45,790	5.0	45,385	5.0
6	6	大韓民国	(6)	63,479	7.0	50,144	5.5
8	7	シンガポール	(7)	28,370	3.1	30,566	3.4
7	8	タイ	(8)	43,518	4.8	39,504	4.3
10	9	フィリピン	(9)	16,546	1.8	15,384	1.7
9	10	オーストラリア	(10)	16,129	1.8	17,383	1.9
13	11	マレーシア	(11)	8,648	1.0	10,600	1.2
11	12	オランダ	(12)	13,777	1.5	14,352	1.6
14	13	カナダ	(13)	10,009	1.1	10,988	1.2
15	14	フランス	(14)	7,452	0.8	7,880	0.9
16	15	ドイツ	(15)	7,220	0.8	7,219	0.8
12	16	カンボジア	(16)	7,469	0.8	10,873	1.2
17	17	インドネシア	(17)	6,716	0.7	6,914	0.8
18	18	英国	(18)	7,202	0.8	6,787	0.7
20	19	アラブ首長国連邦	(19)	3,370	0.4	3,460	0.4
21	20	マカオ	(20)	3,665	0.4	4,005	0.4
参考		EU	(21)	47,918	5.3	49,438	5.4
		金額上位20か国計	(22)	842,604	92.9	852,975	93.5
		農林水産物計	(23)	906,757	100.0	912,095	100.0

注：EUの数値について、2018年～2020年は28か国、2021年以降は英国を除いた27か国を合計したものである。
2018年～2021年は確定、2022年は確々報の数値である。（以下イまで同じ。）

イ 輸入額

順位		国・地域名		平成30年（2018年）		令和元（2019）	
令和3	4			輸入額	構成比	輸入額	構成比
				100万円	%	100万円	%
1	1	アメリカ合衆国	(1)	1,807,695	18.7	1,647,011	17.3
2	2	中華人民共和国	(2)	1,247,749	12.9	1,190,996	12.5
5	3	オーストラリア	(3)	570,337	5.9	546,299	5.7
4	4	カナダ	(4)	587,478	6.1	569,486	6.0
4	5	タイ	(5)	571,550	5.9	566,117	5.9
6	6	インドネシア	(6)	371,431	3.8	357,090	3.8
7	7	ベトナム	(7)	276,353	2.9	296,534	3.1
9	8	ブラジル	(8)	262,507	2.7	362,068	3.8
10	9	大韓民国	(9)	277,858	2.9	289,127	3.0
8	10	イタリア	(10)	328,141	3.4	303,270	3.2
16	11	マレーシア	(11)	198,398	2.1	191,552	2.0
12	12	チリ	(12)	269,868	2.8	276,679	2.9
11	13	フィリピン	(13)	240,013	2.5	241,038	2.5
13	14	ニュージーランド	(14)	213,082	2.2	224,534	2.4
14	15	フランス	(15)	217,434	2.2	226,414	2.4
15	16	ロシア	(16)	201,263	2.1	184,216	1.9
18	17	スペイン	(17)	127,598	1.3	135,872	1.4
17	18	メキシコ	(18)	132,795	1.4	143,615	1.5
19	19	ノルウェー	(19)	106,768	1.1	110,448	1.2
20	20	台湾	(20)	103,896	1.1	101,974	1.1
参考		EU	(21)	1,376,317	14.2	1,393,506	14.6
		金額上位20か国計	(22)	8,112,217	83.9	7,964,338	83.7
		農林水産物計	(23)	9,668,791	100.0	9,519,761	100.0

2 (2020)		3 (2021)		4 (2022)			
輸出額	構成比	輸出額	構成比	輸出額	構成比	対前年増減率	
100万円	%	100万円	%	100万円	%	%	
164,476	17.8	222,346	19.1	278,230	20.8	25.1	(1)
206,625	22.3	219,026	18.8	208,567	15.6	△4.8	(2)
119,173	12.9	168,269	14.5	193,866	14.5	15.2	(3)
98,053	10.6	124,465	10.7	148,860	11.1	19.6	(4)
53,482	5.8	58,491	5.0	72,419	5.4	23.8	(5)
41,512	4.5	52,663	4.5	66,680	5.0	26.6	(6)
29,643	3.2	40,918	3.5	55,371	4.1	35.3	(7)
40,257	4.3	44,066	3.8	50,640	3.8	14.9	(8)
15,401	1.7	20,720	1.8	31,410	2.3	51.6	(9)
16,526	1.8	22,992	2.0	29,221	2.2	27.1	(10)
12,197	1.3	17,500	1.5	23,358	1.7	33.5	(11)
14,231	1.5	19,503	1.7	22,826	1.7	17.0	(12)
10,913	1.2	14,165	1.2	17,624	1.3	24.4	(13)
7,703	0.8	12,695	1.1	13,348	1.0	5.1	(14)
7,451	0.8	11,486	1.0	10,675	0.8	△7.1	(15)
10,599	1.1	19,464	1.7	10,659	0.8	△45.2	(16)
7,844	0.8	10,880	0.9	10,603	0.8	△2.5	(17)
5,589	0.6	7,242	0.6	9,471	0.7	30.8	(18)
3,584	0.4	5,748	0.5	7,599	0.6	32.2	(19)
2,412	0.3	5,350	0.5	6,153	0.5	15.0	(20)
49,296	5.3	62,857	5.4	68,021	5.1	8.2	(21)
867,669	93.7	1,097,989	94.4	1,267,579	94.8	15.4	(22)
925,649	100.0	1,162,597	100.0	1,337,249	100.0	15.0	(23)

2 (2020)		3 (2021)		4 (2022)			
輸入額	構成比	輸入額	構成比	輸入額	構成比	対前年増減率	
100万円	%	100万円	%	100万円	%	%	
1,557,937	17.5	1,868,851	18.4	2,440,298	18.2	30.6	(1)
1,190,688	13.4	1,321,179	13.0	1,650,253	12.3	24.9	(2)
454,575	5.1	545,212	5.4	823,476	6.1	51.0	(3)
519,499	5.8	679,308	6.7	809,950	6.0	19.2	(4)
519,335	5.8	559,226	5.5	735,437	5.5	31.5	(5)
333,249	3.7	420,525	4.1	604,176	4.5	43.7	(6)
342,937	3.9	380,850	3.7	564,834	4.2	48.3	(7)
339,873	3.8	309,944	3.0	557,490	4.2	79.9	(8)
278,046	3.1	276,592	2.7	352,215	2.6	27.3	(9)
311,631	3.5	372,736	3.7	327,145	2.4	△12.2	(10)
178,459	2.0	207,208	2.0	325,960	2.4	57.3	(11)
251,193	2.8	241,768	2.4	311,217	2.3	28.7	(12)
219,498	2.5	262,118	2.6	301,340	2.2	15.0	(13)
209,373	2.4	231,758	2.3	286,193	2.1	23.5	(14)
198,750	2.2	224,040	2.2	282,154	2.1	25.9	(15)
152,971	1.7	208,374	2.0	228,531	1.7	9.7	(16)
120,157	1.4	139,907	1.4	197,608	1.5	41.2	(17)
137,560	1.5	150,454	1.5	177,575	1.5	18.0	(18)
96,993	1.1	114,690	1.1	135,389	1.0	18.0	(19)
90,502	1.0	101,064	1.0	126,909	0.9	25.6	(20)
1,280,023	14.4	1,379,061	13.5	1,779,298	13.3	29.0	(21)
7,503,224	84.3	8,615,804	84.6	11,238,152	83.8	30.4	(22)
8,896,539	100.0	10,179,595	100.0	13,418,036	100.0	31.8	(23)

8 日本の貿易（続き）

(6) 主要農林水産物の輸出入実績（令和4年金額上位20品目）

ア 輸出数量・金額

農林水産物順位	区分	単位	数量	金額	農林水産物順位	区分	単位	数量	金額
				100万円					100万円
1	アルコール飲料				6	ぶり（活・生鮮・冷蔵・冷凍）（※）			
	平成30年（2018）	kl	175,495	61,827		平成30年（2018）	t	(9,000)	(15,765)
	令和元　（2019）	〃	152,983	66,083		令和元　（2019）	〃	(29,509)	(22,920)
	2　（2020）	〃	113,945	71,030		2　（2020）	〃	(37,673)	(17,262)
	3　（2021）	〃	152,717	114,658		3　（2021）	〃	(44,875)	(24,620)
	4　（2022）	〃	182,378	139,203		4　（2022）	〃	32,844	36,256
	中華人民共和国	〃	26,588	39,465		アメリカ合衆国	〃	9,777	22,205
	アメリカ合衆国	〃	20,494	26,780		大韓民国	〃	2,473	3,648
	台湾	〃	46,360	12,029		ベトナム	〃	10,832	2,229
2	ホタテ貝（生鮮・冷蔵・冷凍・塩蔵・乾燥・くん）				7	菓子（米菓を除く）			
	平成30年（2018）	t	84,443	47,675		平成30年（2018）	t	14,998	20,364
	令和元　（2019）	〃	84,004	44,672		令和元　（2019）	〃	14,423	20,156
	2　（2020）	〃	77,558	31,397		2　（2020）	〃	13,503	18,809
	3　（2021）	〃	115,701	63,943		3　（2021）	〃	16,537	24,422
	4　（2022）	〃	127,806	91,052		4　（2022）	〃	18,507	27,991
	中華人民共和国	〃	102,799	46,724		中華人民共和国	〃	5,224	8,259
	台湾	〃	3,005	11,166		香港	〃	2,697	4,241
	アメリカ合衆国	〃	1,948	7,816		アメリカ合衆国	〃	2,438	4,181
3	牛肉				8	真珠			
	平成30年（2018）	t	3,560	24,731		平成30年（2018）	Kg	31,030	34,601
	令和元　（2019）	〃	4,340	29,675		令和元　（2019）	〃	34,321	32,897
	2　（2020）	〃	4,845	28,874		2　（2020）	〃	11,620	7,604
	3　（2021）	〃	7,879	53,678		3　（2021）	〃	17,397	17,078
	4　（2022）	〃	7,454	51,347		4　（2022）	〃	24,698	23,753
	アメリカ合衆国	〃	1,073	9,135		香港	〃	16,900	17,268
	香港	〃	1,366	7,736		アメリカ合衆国	〃	1,453	2,253
	台湾	〃	1,246	7,119		タイ	〃	868	909
4	ソース混合調味料				9	緑茶			
	平成30年（2018）		60,097	32,539		平成30年（2018）	t	5,102	15,333
	令和元　（2019）		63,191	33,657		令和元　（2019）	〃	5,108	14,642
	2　（2020）		66,350	36,542		2　（2020）	〃	5,274	16,188
	3　（2021）		78,831	43,519		3　（2021）	〃	6,179	20,418
	4　（2022）		83,073	48,380		4　（2022）	〃	6,266	21,891
	アメリカ合衆国		15,067	10,490		アメリカ合衆国	〃	2,123	10,485
	台湾		14,533	8,029		台湾	〃	1,477	1,885
	香港		7,567	4,311		ドイツ	〃	438	1,756
5	清涼飲料水				10	丸太			
	平成30年（2018）	kl	109,560	28,167		平成30年（2018）	千㎥	1,137	14,800
	令和元　（2019）	〃	126,747	30,391		令和元　（2019）	〃	1,130	14,714
	2　（2020）	〃	145,238	34,164		2　（2020）	〃	1,384	16,339
	3　（2021）	〃	168,997	40,576		3　（2021）	〃	1,459	21,059
	4　（2022）	〃	187,156	48,212		4　（2022）	〃	1,324	20,559
	中華人民共和国	〃	38,079	12,356		中華人民共和国	〃	1,119	16,673
	アメリカ合衆国	〃	31,161	7,554		大韓民国	〃	116	2,101
	香港	〃	31,663	5,954		台湾	〃	80	1,499

注1：品目ごとの国（地域）は、令和4年の品目ごとの輸出金額の上位3位までを掲載した。

注2：2018年～2021年は確定、2022年は確々報の数値である。（以下 T まで同じ。）

注3：（※）「ぶり」については、2022年1月から、「生鮮・冷蔵・冷凍」に加え、「活魚」を含めた統計品目番号が
　　　新設されたことに伴い、集計対象範囲が「生鮮・冷蔵・冷凍」から「活・生鮮・冷蔵・冷凍」に拡大したことから、
　　　過去の実績との単価比較ができないため、2021年までの数値に（括弧）を付している。

農林水産物順位	区分	単位	数量	金額	農林水産物順位	区分	単位	数量	金額
				100万円					100万円
11	粉乳				16	ホタテ貝（調製）			
	平成30年(2018)	t	5,953	8,827		平成30年(2018)	t	1,435	9,588
	令和元 (2019)	〃	7,449	11,263		令和元 (2019)	〃	1,172	7,566
	2 (2020)	〃	9,524	13,714		2 (2020)	〃	899	4,645
	3 (2021)	〃	10,731	13,918		3 (2021)	〃	1,525	8,078
	4 (2022)	〃	21,374	20,002		4 (2022)	〃	4,224	16,807
	ベトナム	〃	6,865	10,833		香港	〃	1,232	9,382
	フィリピン	〃	4,099	1,823		中華人民共和国	〃	964	2,146
	マレーシア	〃	3,136	1,447		台湾	〃	811	2,078
12	さば（生鮮・冷蔵・冷凍）				17	スープ ブロス			
	平成30年(2018)	t	249,517	26,690		平成30年(2018)	t	18,667	11,510
	令和元 (2019)	〃	169,458	20,612		令和元 (2019)	〃	17,624	10,982
	2 (2020)	〃	171,739	20,444		2 (2020)	〃	16,610	10,673
	3 (2021)	〃	176,729	22,025		3 (2021)	〃	18,409	11,827
	4 (2022)	〃	125,170	18,802		4 (2022)	〃	20,659	13,390
	ベトナム	〃	40,248	6,231		台湾	〃	3,784	2,197
	タイ	〃	27,166	3,506		アメリカ合衆国	〃	2,432	2,121
	エジプト	〃	17,967	2,979		大韓民国	〃	3,320	1,510
13	りんご				18	小麦粉			
	平成30年(2018)	t	34,236	13,970		平成30年(2018)	千t	164	7,428
	令和元 (2019)	〃	35,888	14,492		令和元 (2019)	〃	168	8,266
	2 (2020)	〃	26,927	10,702		2 (2020)	〃	167	8,338
	3 (2021)	〃	37,729	16,212		3 (2021)	〃	175	10,033
	4 (2022)	〃	37,576	18,703		4 (2022)	〃	165	12,863
	台湾	〃	25,669	12,946		中華人民共和国	〃	26	3,050
	香港	〃	10,253	4,850		香港	〃	29	2,943
	タイ	〃	912	453		シンガポール	〃	40	1,886
14	なまこ（調製）				19	たばこ			
	平成30年(2018)	t	627	21,070		平成30年(2018)	t	7,170	18,513
	令和元 (2019)	〃	613	20,775		令和元 (2019)	〃	5,574	16,375
	2 (2020)	〃	671	18,117		2 (2020)	〃	6,565	14,203
	3 (2021)	〃	400	15,515		3 (2021)	〃	3,954	14,553
	4 (2022)	〃	393	18,405		4 (2022)	〃	9,290	12,710
	香港	〃	112	8,521		香港	〃	1,349	3,129
	中華人民共和国	〃	223	7,912		フィリピン	〃	2,305	2,768
	台湾	〃	44	1,524		台湾	〃	801	2,722
15	かつお・まぐろ類（生鮮・冷蔵・冷凍）				20	練り製品			
	平成30年(2018)	t	56,076	17,943		平成30年(2018)	t	12,957	10,667
	令和元 (2019)	〃	41,654	15,261		令和元 (2019)	〃	12,776	11,168
	2 (2020)	〃	63,910	20,388		2 (2020)	〃	11,639	10,382
	3 (2021)	〃	58,380	20,413		3 (2021)	〃	12,981	11,258
	4 (2022)	〃	23,019	17,850		4 (2022)	〃	13,303	12,265
	中華人民共和国	〃	1,082	4,029		アメリカ合衆国	〃	4,255	4,246
	タイ	〃	9,169	3,061		香港	〃	3,077	2,616
	香港	〃	432	2,354		中華人民共和国	〃	1,754	1,585

8 日本の貿易（続き）

(6) 主要農林水産物の輸出入実績（令和4年金額上位20品目）（続き）

イ 輸入数量・金額

農林水産物順位	区分	単位	数量	金額	農林水産物順位	区分	単位	数量	金額
				100万円					100万円
1	とうもろこし				6	生鮮・乾燥果実			
	平成30年(2018)	千t	15,802	372,183		平成30年(2018)	t	1,790,047	347,827
	令和元　(2019)	〃	15,983	384,109		令和元　(2019)	〃	1,830,003	347,049
	2　(2020)	〃	15,772	351,652		2　(2020)	〃	1,864,790	346,894
	3　(2021)	〃	15,240	520,096		3　(2021)	〃	1,915,111	357,915
	4　(2022)	〃	15,271	764,547		4　(2022)	〃	1,772,098	384,568
	アメリカ合衆国	〃	9,902	492,527		フィリピン	〃	988,390	107,631
	ブラジル	〃	3,498	174,246		アメリカ合衆国	〃	176,265	99,187
	アルゼンチン	〃	1,004	53,060		ニュージーランド	〃	115,029	50,551
2	たばこ				7	アルコール飲料			
	平成30年(2018)	t	119,339	589,391		平成30年(2018)	kl	596,358	292,552
	令和元　(2019)	〃	117,562	598,699		令和元　(2019)	〃	582,447	305,597
	2　(2020)	〃	108,990	580,976		2　(2020)	〃	522,561	256,223
	3　(2021)	〃	105,606	596,703		3　(2021)	〃	500,522	278,204
	4　(2022)	〃	110,281	623,130		4　(2022)	〃	536,303	364,576
	イタリア	〃	14,763	163,938		フランス	〃	69,971	152,271
	大韓民国	〃	25,671	128,461		英国	〃	48,275	46,240
	ギリシャ	〃	7,711	81,058		アメリカ合衆国	〃	35,783	36,388
3	豚肉				8	大豆			
	平成30年(2018)	t	924,993	486,795		平成30年(2018)	千t	3,236	170,090
	令和元　(2019)	〃	958,997	505,078		令和元　(2019)	〃	3,392	167,316
	2　(2020)	〃	891,848	475,106		2　(2020)	〃	3,163	159,160
	3　(2021)	〃	903,468	488,191		3　(2021)	〃	3,271	227,718
	4　(2022)	〃	977,200	553,608		4　(2022)	〃	3,503	339,090
	アメリカ合衆国	〃	235,034	135,512		アメリカ合衆国	〃	2,576	242,005
	カナダ	〃	211,078	124,867		ブラジル	〃	597	57,008
	スペイン	〃	186,473	101,015		カナダ	〃	309	36,460
4	牛肉				9	小麦			
	平成30年(2018)	t	608,551	384,716		平成30年(2018)	千t	5,652	181,103
	令和元　(2019)	〃	616,435	385,119		令和元　(2019)	〃	5,331	160,592
	2　(2020)	〃	601,132	357,372		2　(2020)	〃	5,374	162,764
	3　(2021)	〃	585,276	407,862		3　(2021)	〃	5,126	195,838
	4　(2022)	〃	560,789	492,511		4　(2022)	〃	5,346	329,808
	アメリカ合衆国	〃	224,677	204,279		アメリカ合衆国	〃	2,154	136,733
	オーストラリア	〃	211,297	186,942		カナダ	〃	1,881	121,233
	カナダ	〃	48,158	36,444		オーストラリア	〃	1,306	71,294
5	製材				10	鶏肉調製品			
	平成30年(2018)	千㎥	5,968	258,419		平成30年(2018)	t	513,789	267,049
	令和元　(2019)	〃	5,700	229,387		令和元　(2019)	〃	512,642	263,773
	2　(2020)	〃	4,933	184,475		2　(2020)	〃	469,734	237,907
	3　(2021)	〃	4,830	283,080		3　(2021)	〃	481,335	247,008
	4　(2022)	〃	4,895	390,462		4　(2022)	〃	526,030	324,912
	カナダ	〃	938	91,631		タイ	〃	326,755	208,004
	スウェーデン	〃	847	62,717		中華人民共和国	〃	192,738	113,116
	フィンランド	〃	842	58,558		ベトナム	〃	2,993	2,150

農林水産物順位	区分	単位	数量	金額	農林水産物順位	区分	単位	数量	金額
				100万円					100万円
11	木材チップ				16	えび（活・生鮮・冷蔵・冷凍）			
	平成30年（2018）	千t	12,449	251,996		平成30年（2018）	t	158,488	194,108
	令和元　（2019）	〃	12,171	260,013		令和元　（2019）	〃	159,079	182,774
	2　（2020）	〃	9,491	188,669		2　（2020）	〃	150,406	160,034
	3　（2021）	〃	10,996	217,103		3　（2021）	〃	158,714	178,385
	4　（2022）	〃	11,312	300,547		4　（2022）	〃	156,591	221,286
	ベトナム	〃	4,300	110,561		ベトナム	〃	27,127	44,299
	オーストラリア	〃	1,943	55,748		インド	〃	36,756	43,732
	南アフリカ共和国	〃	1,099	29,606		インドネシア	〃	25,747	37,648
12	冷凍野菜				17	コーヒー豆（生豆）			
	平成30年（2018）	t	1,053,718	195,680		平成30年（2018）	t	401,144	127,636
	令和元　（2019）	〃	1,091,248	201,473		令和元　（2019）	〃	436,546	125,290
	2　（2020）	〃	1,033,989	187,074		2　（2020）	〃	391,611	113,347
	3　（2021）	〃	1,073,907	203,845		3　（2021）	〃	402,100	131,504
	4　（2022）	〃	1,149,141	282,304		4　（2022）	〃	390,032	215,150
	中華人民共和国	〃	535,411	132,485		ブラジル	〃	112,032	57,099
	アメリカ合衆国	〃	306,602	72,188		コロンビア	〃	47,159	39,378
	タイ	〃	43,686	13,003		ベトナム	〃	105,728	29,626
13	さけ・ます（生鮮・冷蔵・冷凍）				18	鶏肉			
	平成30年（2018）	t	235,131	225,671		平成30年（2018）	t	560,321	131,260
	令和元　（2019）	〃	240,941	221,816		令和元　（2019）	〃	562,888	135,675
	2　（2020）	〃	250,762	200,760		2　（2020）	〃	534,995	117,267
	3　（2021）	〃	245,257	220,567		3　（2021）	〃	595,803	131,706
	4　（2022）	〃	229,971	278,329		4　（2022）	〃	574,512	202,646
	チリ	〃	145,063	160,813		ブラジル	〃	423,981	140,597
	ノルウェー	〃	33,287	57,715		タイ	〃	136,484	58,089
	ロシア	〃	22,583	21,455		アメリカ合衆国	〃	11,811	3,194
14	菜種				19	合板			
	平成30年（2018）	千t	2,337	124,270		平成30年（2018）	千㎥	297,231	152,049
	令和元　（2019）	〃	2,359	112,531		令和元　（2019）	〃	235,816	120,103
	2　（2020）	〃	2,252	103,038		2　（2020）	〃	209,836	92,366
	3　（2021）	〃	2,342	175,889		3　（2021）	〃	238,723	121,971
	4　（2022）	〃	2,101	256,859		4　（2022）	〃	245,605	194,044
	カナダ	〃	1,248	147,840		インドネシア	〃	128,099	89,677
	オーストラリア	〃	853	108,968		マレーシア	〃	73,353	73,684
	中華人民共和国	〃	0	39		中華人民共和国	〃	21,182	21,242
15	かつお・まぐろ類（生鮮・冷蔵・冷凍）				20	天然ゴム			
	平成30年（2018）	t	221,216	200,102		平成30年（2018）	千t	714	122,524
	令和元　（2019）	〃	219,530	190,906		令和元　（2019）	〃	734	122,641
	2　（2020）	〃	210,583	159,750		2　（2020）	〃	560	89,728
	3　（2021）	〃	198,847	186,161		3　（2021）	〃	698	145,201
	4　（2022）	〃	201,673	231,710		4　（2022）	〃	769	192,212
	台湾	〃	58,236	49,900		インドネシア	〃	516	126,272
	中華人民共和国	〃	24,888	29,589		タイ	〃	232	60,376
	大韓民国	〃	17,534	22,065		ベトナム	〃	10	2,601

Ⅱ 海外

1 農業関係指標の国際比較

項目	単位	米国	カナダ	EU-27	フランス	ドイツ	英国
基本指標							
人口	万人	33,594	3,789	44,529	6,448	8,333	6,706
国土面積	100万ha	983	988	425	55	36	24
名目GDP（暦年）	億米ドル	233,151	19,883	171,778	29,579	42,599	31,314
実質GDP成長率（暦年）	％	5.9	5.0	5.4	6.8	2.6	7.6
消費者物価上昇率	〃	4.7	3.4	2.6	2.1	3.2	2.6
失業率	〃	5.4	7.5	7.8	7.9	3.6	4.5
農業指標							
農林水産業総生産	億米ドル	2,066	353	2,785	485	362	211
名目GDP対比	％	0.9	1.8	1.6	1.6	0.9	0.7
農林水産業就業者数	万人	265	26	835	71	52	34
全産業就業者数対比	％	1.7	1.3	4.1	2.5	1.3	1.0
農用地面積	100万ha	406	58	164	29	17	17
耕地面積	〃	160	38	111	19	12	6
		(2022年)	(2021年)	(2020年)	(2020年)	(2020年)	(2021年)
農業経営体数	万戸	200.3	19.0	906.7	39.3	26.3	21.6
平均経営面積	ha／戸	180.5	327.6	17.1	69.6	63.1	80.6
国民一人当たり農用地面積	ha／人	1.21	1.52	0.37	0.44	0.20	0.26
農用地の国土面積対比	％	41.3	5.8	38.5	52.0	46.4	70.8
農産物自給率		(2020年)	(2020年)	－	(2020年)	(2020年)	(2020年)
穀物	％	116	188	－	168	103	72
うち食用	〃	153	340	－	153	117	60
小麦	〃	154	375	－	166	134	63
いも類	〃	101	145	－	139	129	87
豆類	〃	195	386	－	74	15	45
肉類	〃	114	144	－	104	117	77
牛乳・乳製品	〃	102	95	－	104	105	89
砂糖	〃	75	8	－	151	122	55
野菜	〃	83	58	－	71	40	41
果実	〃	66	23	－	67	31	14
貿易							
総輸出額	億米ドル	17,546	5,034	66,256	5,850	16,318	4,681
農産物輸出額	〃	1,737	590	6,313	765	871	272
総輸出額対比	％	9.9	11.7	9.5	13.1	5.3	5.8
総輸入額	億米ドル	29,371	4,992	64,569	7,143	14,193	6,944
農産物輸入額	〃	1,724	401	5,505	635	1,049	621
総輸入額対比	％	5.9	8.0	8.5	8.9	7.4	8.9
貿易収支	億米ドル	△ 11,825	42	1,687	△ 1,293	2,125	△ 2,263
農産物貿易収支	〃	13	189	808	130	△ 178	△ 349
農業予算額		(2021年)	(2021-22年)	(2021年)	(2021年)	(2021年)	(2021年)
		億米ドル	億加ドル	億ユーロ	億ユーロ	億ユーロ	億ポンド
各国通貨ベース	－	491	35	557	152	71	43
円ベース	億円	53,861	3,030	69,251	18,887	8,807	6,274
国家予算対比	％	0.7	0.7	－	3.6	1.3	0.4
農業生産額対比	〃	10.1	3.9	12.4	18.4	12.0	14.2
為替レート		米ドル	加ドル	ユーロ	ユーロ	ユーロ	ポンド
2022年	円	131.50	101.03	140.26	140.26	140.26	158.69
2021年	〃	109.75	87.53	124.30	124.30	124.30	147.44
2020年	〃	106.77	79.61	131.02	131.02	131.02	143.29

資料：FAO「FAOSTAT」（2023年6月10日現在）、UN「National Accounts Main Aggregates Database」（2023年6月10日現在）、
　　　IMF「World Economic Outlook Database（April 2023）」、ILO「ILOSTAT」（2023年6月10日現在）、
　　　農林水産省「農業構造動態調査」「食料需給表」「輸出・国際局資料」、内閣府「海外経済データ」、
　　　三菱UFJリサーチ＆コンサルティング「外国為替相場」。
　　　中国は、香港、マカオ及び台湾を除く。
注：耕地面積（Cropland area）は、耕作可能地面積（Arable area）と永年作物地面積（Land under permanent crops area）の合計。

豪州	ニュージーランド	中国	韓国	日本	備考（項目ごとの資料について）
2,567	506	142,493	5,184	12,524	FAOSTAT、2020年。
774	27	956	10	38	FAOSTAT、2020年。内水面を含む。
17,345	2,505	177,341	18,110	49,409	National Accounts Main Aggregates Database、2021年。
5.2	6.1	8.5	4.1	2.1	World Economic Outlook Database、2021年。各国通貨ベース。
2.8	3.9	0.9	2.5	△ 0.2	World Economic Outlook Database、2021年。
5.1	3.8	4.0	3.7	2.8	World Economic Outlook Database、2021年。
550	142	13,456	324	514	National Accounts Main Aggregates Database、2021年。
3.2	5.7	7.6	1.8	1.0	GDP（名目）における農林水産業部分である。
32	17	18,353	148	210	ILOSTAT、2021年。
2.4	6.1	24.4	5.3	3.2	ILOSTAT、2021年。
356	10	528	2	4	FAOSTAT、2020年。
31	1	135	2	4	FAOSTAT、2020年。
(2020-21年)	(2022年)	(2019年)	(2022年)	(2022年)	輸出・国際局資料、日本は農業構造動態調査。
8.7	4.7	18,757.8	102.3	97.5	
4,430.8	279.1	0.7	1.5	3.3	
13.86	2.01	0.37	0.03	0.03	
46.0	37.9	55.2	16.1	11.6	
(2020年)	–		–	– (2022年度)	食料需給表。日本は、2022年度概算値。
208	–	–	–	29	
206	–	–	–	61	
226	–	–	–	15	
84	–	–	–	70	
221	–	–	–	7	
155	–	–	–	53	
105	–	–	–	62	
362	–	–	–	34	
90	–	–	–	79	
101	–	–	–	39	
3,436	449	33,640	6,444	7,560	FAOSTAT、2021年。
429	457	614	79	71	EUは域内貿易を含む。
12.5	101.8	1.8	1.2	0.9	
2,613	495	26,875	6,151	7,690	
157	56	2,047	342	627	
6.0	11.3	7.6	5.6	8.2	
823	△ 46	6,765	293	△ 130	
272	401	△ 1,433	△ 263	△ 556	
(2021-22年)	(2021-22年)	(2021年)	(2021年)	(2021年)	輸出・国際局資料。EUは27カ国。米国・カナダ・フランス・ドイツ・英国・豪州・ニュージーランド・中国付暦年ベース。EU・韓国は当初予算ベース。日本は当初予算ベース（一般会計）。米国の農業予算は、栄養支援プログラム（フードスタンプ）を含まない。EUは共通農業政策関連予算であり、加盟各国予算の積み上げではない。フランス、ドイツ、英国の農業予算は共通農業政策関連予算であり、EUからの当該国分支出額を含む。豪州、ニュージーランド、中国、韓国は、林業・水産業を含む。
億豪ドル	億NZドル	億人民元	億ウォン	億円	
32	10	22,035	224,000	17,151	
2,905	836	375,027	22,400	17,151	
0.5	0.7	9.0	4.0	1.2	
3.2	2.7	15.0	31.7	15.9	
豪ドル	NZドル	人民元	ウォン	–	外国為替相場。
91.21	85.21	19.52	0.10	–	
82.44	79.66	17.02	0.10	–	
73.48	71.40	15.47	0.09	–	

2 土地と人口
(1) 農用地面積 (2020年)

単位：千ha

国名	1)陸地面積	2)耕地	3)永年作物地
世界	13,031,197	1,387,173	174,493
インド	297,319	155,369	13,300
アメリカ合衆国	914,742	157,737	2,700
中国	938,821	118,881	16,000
ロシア	1,637,687	121,649	1,793
ブラジル	835,814	55,762	7,756
インドネシア	187,752	26,300	25,000
ナイジェリア	91,077	35,000	6,500
カナダ	896,559	38,235	167
ウクライナ	57,940	32,924	853
アルゼンチン	273,669	32,633	1,068
日本	36,450	4,104	268

資料：総務省統計局「世界の統計 2023」（以下(2)まで同じ。）
注：1　土地利用の定義は国によって異なる場合がある。
　　2　日本を除き、耕地と永年作物地の合計が多い10か国を抜粋している。
　　1)は、内水面（主要な河川及び湖沼）及び沿岸水域を除いた総土地面積である。
　　2)は、一時的に作物の収穫が行われている土地、採草地、放牧地及び休閑地の合計。
　　3)は、ココア、コーヒーなどの収穫後の植替えが必要ない永年性作物を長期間にわ
たり栽培・収穫している土地である。

(2) 世界人口の推移

単位：100万人

年次	1)世界		2)日本	3)北アメリカ	南アメリカ	ヨーロッパ	アフリカ	オセアニア
		アジア						
1950年	2,499	1,379	84	162	168	550	228	13
2000	6,149	3,736	127	313	523	727	819	31
2015	7,427	4,459	127	360	623	742	1,201	40
2020	7,841	4,664	126	374	652	746	1,361	44
2030	8,546	4,959	119	393	698	737	1,711	49
2050	9,709	5,293	102	421	749	703	2,485	58

注：　1)は、各年7月1日現在の推計人口及び将来推計人口（中位推計値）である。
　　　2)は、各年10月1日現在の常住人口である。1950〜2020年は国勢調査人口であり、2030年及
び2050年は国立社会保障・人口問題研究所による将来推計人口（中位推計値）である。
　　　外国の軍人・外交官及びその家族を除く。
　　　3)は、アメリカ合衆国、カナダ、グリーンランド、サンピエール島・ミクロン島及び
バミューダ島のみの合計。

3　雇用
　　就業者の産業別構成比（2021年）

単位：%

国名	農林、漁業	鉱業	製造業	電気、ガス、水道	建設	6)卸売・小売	宿泊、飲食	運輸、倉庫、通信	金融、保険	7)不動産業、事業活動	8)その他
1) アメリカ	1.7	0.3	9.9	1.3	7.7	12.8	6.1	10.8	5.1	12.3	32.1
カナダ	1.7	1.4	9.2	0.7	7.5	16.4	5.1	7.1	5.0	14.6	31.4
フランス	2.4	0.1	11.0	1.5	6.4	12.5	3.5	8.6	3.6	11.7	38.7
ドイツ	1.2	0.2	19.9	1.5	5.9	12.8	2.9	8.5	3.0	10.2	33.8
1)2) イギリス	0.9	–	8.4	1.8	6.6	11.7	4.8	9.6	4.4	14.0	37.8
3)4) オーストラリア	2.8	1.9	7.4	1.2	9.2	13.9	6.3	8.6	3.8	11.8	33.1
5) ニュージーランド	6.2	0.2	9.2	0.9	10.4	13.8	5.5	7.8	3.1	12.9	29.9
韓国	5.3	0.0	15.9	0.9	7.6	12.2	7.7	9.1	2.9	11.5	26.8
3) 日本	3.1	0.0	15.9	1.0	7.2	16.3	5.5	9.5	2.8	10.6	27.9

資料：労働政策研究・研修機構「データブック国際労働比較2023」
注：1　産業分類は、国際標準産業分類（ISIC-rev. 4）によるが、カナダは国際標準産業分類
　　　　（ISIC-rev. 3）による。
　　2　15歳以上を対象とした。
　　　　1)は、16歳以上を対象とした。
　　　　2)は、「電気、ガス、水道」に「鉱業」を含み、計と内訳計の差を「その他」に計上。
　　　　3)は、自己使用のための生産労働者を除く。
　　　　4)は、軍人、徴集兵及び海外領土を除く。
　　　　5)は、分類不能な就業者数を除いて計算した値である。
　　　　6)は、自動車、オートバイ修理業を含む。
　　　　7)は、専門、科学及び技術サービス、管理・支援サービス業を含む。
　　　　8)は、その他のサービス業、雇い主としての世帯活動、並びに世帯による自家利用のための
　　分別不能な財及びサービス生産活動、治外法権機関及び団体の活動が対象。

4 食料需給

(1) 主要国の主要農産物の自給率

単位：％

国名	年次	穀類 2)	いも類	豆類	野菜類	果実類	肉類	卵類	牛乳・乳製品 3)	魚介類 4)	砂糖類	油脂類
アメリカ	2020	116	101	195	83	66	114	104	102	63	75	88
カナダ	2020	188	145	386	58	23	144	96	95	86	8	237
ドイツ	2020	103	129	15	40	31	117	75	105	27	122	92
スペイン	2020	71	60	13	227	130	157	118	90	57	27	67
フランス	2020	168	139	74	71	67	104	99	104	30	151	88
イタリア	2020	64	57	33	182	102	82	96	89	17	14	32
オランダ	2020	11	172	0	303	35	295	170	187	129	149	42
スウェーデン	2020	141	87	85	35	6	77	101	80	69	97	22
イギリス	2020	72	87	45	41	14	77	91	89	53	55	47
スイス	2020	49	93	39	48	37	84	63	98	2	56	39
オーストラリア	2020	208	84	221	90	101	155	98	105	33	362	93
日本 1）	2020	28	73	8	80	38	53	97	61	55	36	13
	2021	29	72	8	80	39	53	97	63	58	36	14
	2022	**29**	**70**	**7**	**79**	**39**	**53**	**97**	**62**	**54**	**34**	**14**

資料：農林水産省大臣官房政策課食料安全保障室「食料需給表」（以下(4)まで同じ。）
注：1 日本以外の各国の自給率は、ＦＡＯ「Food Balance Sheets」等を基に農林水産省大臣官房
政策課食料安全保障室で試算した。また、試算に必要な飼料のデータがある国に対して試算して
いる（以下(4)まで同じ。）。
　2 日本の年次は年度である。（以下(4)まで同じ。）
　1）日本の2022年度の数値は、概算値である（以下(4)まで同じ。）。
　2）のうち、米については玄米に換算している。
　3）は、生乳換算によるものであり、バターを含む。
　4）は、飼肥料も含む魚介類全体についての自給率である。

(2) 主要国の一人1年当たり供給食料

単位：kg

国名	年次	穀類 1)	いも類	豆類	野菜類	果実類	肉類	卵類	牛乳・乳製品 2)	魚介類	砂糖類 3)	油脂類
アメリカ	2020	116.1	52.5	10.3	119.3	101.5	128.6	16.1	265.8	22.8	33.2	21.2
カナダ	2020	122.5	69.8	13.1	99.6	97.2	90.6	15.1	243.7	20.7	36.0	28.6
ドイツ	2020	94.2	67.1	2.9	91.4	83.7	78.8	15.3	320.8	12.6	37.7	19.0
スペイン	2020	116.6	58.4	7.3	106.5	114.0	101.9	14.8	184.0	40.8	29.2	32.2
フランス	2020	141.7	51.1	2.9	94.8	89.5	78.2	13.9	336.4	33.2	33.7	16.2
イタリア	2020	151.3	37.7	8.4	94.6	140.6	70.2	11.3	231.7	29.2	32.9	29.7
オランダ	2020	97.1	94.3	6.3	79.1	112.8	59.1	22.2	330.2	21.9	39.7	20.4
スウェーデン	2020	112.2	56.9	3.9	88.4	63.2	68.0	13.6	327.0	32.2	33.4	9.3
イギリス	2020	130.5	66.5	5.9	86.5	87.7	79.1	11.2	238.1	17.9	24.1	16.9
スイス	2020	102.5	47.1	2.6	93.8	89.0	66.2	10.8	360.9	16.0	38.8	25.4
オーストラリア	2020	96.7	47.5	11.2	81.0	79.5	121.5	7.8	285.0	24.1	33.4	23.9
日本	2020	99.2	21.4	9.2	102.5	46.7	50.7	20.2	93.7	41.9	16.6	20.0
	2021	99.9	21.3	8.9	101.4	44.1	51.5	20.2	94.4	41.3	16.9	19.2
	2022	**99.1**	**23.4**	**9.3**	**101.4**	**45.1**	**51.5**	**19.9**	**93.9**	**40.4**	**17.3**	**18.5**

注：供給粗食料ベースの数値である。
　1）のうち、米については玄米に換算している。
　2）は、生乳換算によるものであり、バターを含む。
　3）は、日本は精糖換算数量、日本以外は粗糖換算数量である。

(3)　主要国の一人1日当たり供給栄養量

国名	年次	熱量				たんぱく質			脂質			PFC供給熱量比率		
		実数	比率			実数	動物性		実数	油脂類		たんぱく質 (P)	脂質 (F)	炭水化物 (C)
			動物性	植物性			実数	比率		実数	比率			
		kcal	%	%		g	g	%	g	g	%	%	%	%
アメリカ	2020	3,770.6	30	70		116.7	76.0	65	183.5	85.4	47	12.4	43.8	43.8
カナダ	2020	3,466.4	28	72		104.5	59.1	57	161.3	85.3	53	12.1	41.9	46.1
ドイツ	2020	3,387.0	35	65		102.8	66.7	65	164.5	73.9	45	12.1	43.7	44.2
スペイン	2020	3,164.3	28	72		107.3	68.9	64	154.6	86.4	56	13.6	44.0	42.5
フランス	2020	3,373.6	36	64		115.7	73.0	63	151.8	51.6	34	13.7	40.5	45.8
イタリア	2020	3,418.6	25	75		103.2	56.4	55	153.0	86.0	56	12.1	40.3	47.6
オランダ	2020	3,366.9	34	66		110.3	70.5	64	139.8	53.4	38	13.1	37.4	49.5
スウェーデン	2020	3,046.0	33	67		103.3	66.5	64	133.2	51.6	39	13.6	39.3	47.1
イギリス	2020	3,229.0	30	70		102.7	58.0	56	144.6	60.0	41	12.7	40.3	47.0
スイス	2020	3,221.7	34	66		94.4	59.7	63	159.6	64.5	40	11.7	44.6	43.7
オーストラリア	2020	3,241.4	33	67		108.8	70.9	65	154.6	65.3	42	13.4	42.9	43.6
日本	2020	2,270.0	22	78		78.0	43.8	56	81.9	39.4	48	13.8	32.5	53.8
	2021	2,265.7	22	78		77.6	43.6	56	81.0	38.2	47	13.7	32.2	54.1
	2022	2,260.2	22	78		77.1	42.9	56	79.4	36.9	46	13.6	31.6	54.7

注：酒類等を含まない。

(4)　主要国の供給熱量総合食料自給率の推移

単位：%

国名	1961年 昭和36年	1971 46	1981 56	1991 平成3	2001 13	2011 23	2013 25	2014 26	2015 27	2016 28	2017 29	2018 30	2019 令和元	2020 2	2021 3	2022 4
アメリカ	119	118	162	124	122	127	130	133	129	138	131	132	121	115	—	—
カナダ	102	134	171	178	142	258	264	232	255	257	255	266	233	221	—	—
ドイツ	67	73	80	92	99	92	95	100	93	91	95	86	84	84	—	—
スペイン	93	100	86	94	94	96	93	80	83	89	83	100	82	94	—	—
フランス	99	114	137	145	121	129	127	124	132	119	130	125	131	117	—	—
イタリア	90	82	83	81	69	61	60	59	62	63	59	60	58	58	—	—
オランダ	67	70	83	73	67	66	69	72	64	64	70	65	61	61	—	—
スウェーデン	90	88	95	83	85	71	69	80	77	76	78	63	81	80	—	—
イギリス	42	50	66	77	61	72	63	74	71	65	68	65	70	54	—	—
スイス	—	—	—	—	54	57	51	56	52	48	52	51	50	49	—	—
オーストラリア	204	211	256	209	265	205	223	213	214	202	233	200	169	173	—	—
日本	78	58	52	46	40	39	39	39	39	38	38	37	38	37	38	38

注：1　供給熱量総合食料自給率は、総供給熱量に占める国産供給熱量の割合である。
　　　なお、畜産物については、飼料自給率を考慮している。
　　2　酒類等を含まない。
　　3　この表における「－」は未集計である。
　　4　スイスについてはスイス農業庁「農業年次報告書」による。

5 物価

(1) 生産者物価指数 (2021年)

2010年＝100

国名	国内供給品	国内生産品	農林水産物	工業製品	輸入品
アメリカ合衆国	…	123.1	4) 131.2	122.2	…
カナダ	…	…	…	7)8) 113.5	…
フランス	3) 112.4	…	5)6) 134.2	115.5	3) 107.7
ドイツ	…	…	5) 123.6	119.2	2)11) 110.0
2) イギリス	…	…	129.6	7) 113.7	119.2
オーストラリア	118.6	…	165.4	7)9) 128.0	…
ニュージーランド	…	…	145.7	7)9)10) 119.8	…
2) 韓国	111.1	110.2	135.1	7) 110.0	…
1)2) 日本	103.6	105.1	107.7	105.4	104.0

資料：総務省統計局「世界の統計2023」（以下(3)まで同じ。）
注： 生産者物価指数（ＰＰＩ：Producer Price Index）：生産地から出荷される時点又は生産過程
に入る時点における、財・サービス価格の変化を示す指数。通常「取引価格」であり、控除できな
い間接税を含み、補助金を除く。産業の範囲は国により異なるが、農林水産業、鉱工業、製造業、
電気・ガス・水供給業などである。
ここでは次の分類による。
国内供給品
国内市場向け国内生産品
農林水産物
工業製品
輸入品
1)は、企業物価指数。日本銀行「企業物価指数（2015年基準）」による。
2)は、2015年＝100。
3)は、農林水産業を除く。
4)は、食料・飼料を除く。
5)は、農業のみである。
6)は、海外県（仏領ギアナ、グアドループ島、マルチニーク島、マヨット島及びレユニオン）を含む。
7)は、製造業のみである。
8)は、2020年1月＝100。
9)は、輸出品を含む。
10)は、サービス業を含む。
11)は、農林水産業、水供給業、下水処理並びに廃棄物管理及び浄化活動を除く。

(2) 消費者物価指数

2010年＝100

国名	2018年	2019	2020	2021
1) アメリカ合衆国	115.2	117.2	118.7	124.3
カナダ	114.5	116.8	117.6	121.6
1)2) フランス	108.8	110.0	110.6	112.4
ドイツ	111.2	112.9	113.4	117.0
イギリス	117.6	119.6	120.8	123.8
1) オーストラリア	117.9	119.8	120.8	124.3
ニュージーランド	112.4	114.2	116.2	120.8
1) 韓国	114.7	115.2	115.8	118.7
3)4) 日本	99.5	100.0	100.0	99.8

注： 消費者が購入する財・サービスを一定量に固定し、これに要する費用の変化を指数値で示したもの。
国によって、対象とする地域、調査世帯等が限定される場合がある。
1)は、一部地域を除く。
2)は、海外県（仏領ギアナ、グアドループ島、マルチニーク島及びレユニオン）を含む。
3)は、総務省統計局「2020年基準消費者物価指数」による。
4)は、2020年＝100とする。

(3)　国際商品価格指数・主要商品価格

品目（産地・取引市場など）	7)価格／単位	2010年	2013	2014	2015	2016
国際商品価格指数(2010年=100)						
一次産品(総合)(ウエイト:1,000)	—	100.0	120.3	112.9	73.0	65.7
1)エネルギーを除く一次産品	—	100.0	104.7	100.6	83.0	81.5
2)食料　　　(ウエイト:167)	—	100.0	118.0	113.1	93.7	95.7
3)飲料　　　(ウエイト:18)	—	100.0	83.7	101.0	97.9	93.0
4)農産原材料　(ウエイト:77)	—	100.0	108.8	111.0	96.0	90.5
5)金属　　　(ウエイト:107)	—	100.0	90.4	81.2	62.6	59.2
6)エネルギー(ウエイト:631)	—	100.0	130.4	120.7	66.6	55.6
主要商品価格						
米(タイ産:バンコク)	ドル／t	520.6	518.8	…	…	…
小麦(アメリカ産:カンザスシティ)	ドル／t	194.5	265.8	242.5	185.6	143.2
とうもろこし(アメリカ産:メキシコ湾岸アメリカ港)	ドル／t	186.0	259.0	192.9	169.8	159.2
大豆(アメリカ産:ロッテルダム先物取引)	ドル／t	384.9	517.2	457.8	347.4	362.7
バナナ(中央アメリカ・エクアドル産:アメリカ輸入価格)	ドル／t	881.4	926.4	931.9	958.7	1,002.4
牛肉(オーストラリア・ニュージーランド産:アメリカ輸入価格:冷凍骨なし)	セント／ポンド	152.5	183.6	224.1	200.5	178.2
羊肉(ニュージーランド産:ロンドン卸売市場:冷凍)	セント／ポンド	145.7	106.7	130.6	107.9	106.9
落花生油(ロッテルダム)	ドル／t	1,403.9	1,773.0	1,313.0	1,336.9	1,502.3
大豆油(オランダ港:先物取引)	ドル／t	924.8	1,011.1	812.7	672.2	721.2
パーム油(マレーシア産:北西ヨーロッパ先物取引)	ドル／t	859.9	764.2	739.4	565.1	639.8
砂糖(自由市場:ニューヨーク先物取引)	セント／ポンド	20.9	17.7	17.1	13.2	18.5
たばこ(アメリカ輸入価格:非加工品)	ドル／t	4,333.2	4,588.8	4,990.8	4,908.3	4,806.2
コーヒー(アザーマイルド:ニューヨーク)	セント／ポンド	194.4	141.1	202.8	160.5	164.5
茶(ケニア産:ロンドン競売価格)	セント／kg	316.7	266.0	237.9	340.4	287.4
ココア豆(ニューヨーク・ロンドン国際取引価格)	ドル／t	3,130.6	2,439.1	3,062.8	3,135.2	2,892.0
綿花(リバプールインデックスA)	セント／ポンド	103.5	90.4	83.1	70.4	74.2
原皮(アメリカ産:シカゴ卸売価格)	セント／ポンド	72.0	94.7	110.2	87.7	74.1
ゴム(マレーシア産:シンガポール港)	セント／ポンド	165.7	126.8	88.8	70.7	74.5
羊毛(オーストラリア・ニュージーランド産,イギリス:粗い羊毛)	セント／kg	820.1	1,117.0	1,034.6	927.8	1,016.4
鉄鉱石(中国産:天津港)	ドル／t	146.7	135.4	97.4	56.1	58.6
金(ロンドン:純度99.5%)	ドル／トロイオンス	1,224.7	1,411.5	1,265.6	1,160.7	1,249.0
銀(ニューヨーク:純度99.9%)	セント／トロイオンス	2,015.3	2,385.0	1,907.1	1,572.1	1,714.7
銅(ロンドン金属取引所)	ドル／t	7,538.4	7,331.5	6,863.4	5,510.5	4,867.9
ニッケル(ロンドン金属取引所)	ドル／t	21,810.0	15,030.0	16,893.4	11,862.6	9,595.2
鉛(ロンドン金属取引所)	ドル／t	2,148.2	2,139.7	2,095.5	1,787.8	1,866.7
亜鉛(ロンドン金属取引所)	ドル／t	2,160.4	1,910.2	2,161.0	1,931.7	2,090.0
すず(ロンドン金属取引所)	ドル／t	20,367.2	22,281.6	21,898.9	16,066.6	17,933.8
アルミニウム(ロンドン金属取引所)	ドル／t	2,173.0	1,846.7	1,867.4	1,664.7	1,604.2
原油(各スポットの価格平均値)	ドル／バーレル	79.0	104.1	96.2	50.8	42.8

注：国際商品価格指数：国際的に取引される主要商品の市場価格に基づき、IMFが算出したものである。
　　1)は、燃料及び貴金属を除く45品目によるものである。
　　2)は、穀類、肉類、魚介類、果実類、植物油、豆類、砂糖などである。
　　3)は、ココア豆、コーヒー及び茶である。
　　4)は、綿花、原皮、ゴム、木材及び羊毛である。
　　5)は、アルミニウム、銅、鉄鉱石、鉛、ニッケル、すず、ウラン及び亜鉛である。
　　6)は、石炭、天然ガス及び石油である。
　　7)は、取引市場で通常使用される数量単位当たりの価格である。

6　国民経済と農林水産業
(1)　各国の国内総生産

国名	2018年		2019	
	名目GDP	一人当たり	名目GDP	一人当たり
	10億米ドル	米ドル	10億米ドル	米ドル
アメリカ	20,533	62,788	21,381	65,077
カナダ	1,725	46,626	1,744	46,450
フランス	2,792	43,061	2,729	41,925
ドイツ	3,976	47,961	3,889	46,799
英国	2,882	43,378	2,859	42,797
オーストラリア	1,417	56,342	1,385	54,267
ニュージーランド	210	42,762	211	42,287
中国	13,842	9,849	14,341	10,170
韓国	1,725	33,447	1,651	31,902
日本	5,041	39,850	5,118	40,548

資料：IMF "World Economic Outlook DIMF "World Economic Outlook Datebase, April 2023"

(2)　農業生産指数

(2014～2016年＝100)

国名	1)総合			2)食料			1人当たり食料		
	2018年	2019	2020	2018年	2019	2020	2018年	2019	2020
世界	105.3	106.1	107.4	105.2	105.6	107.1	101.7	101.1	101.4
アメリカ合衆国	103.6	100.8	104.3	103.4	100.1	104.5	101.4	97.6	101.3
カナダ	109.1	110.5	113.4	109.4	110.9	113.7	106.4	106.8	108.5
フランス	97.6	98.8	92.9	97.0	97.9	92.2	96.2	96.8	91.0
ドイツ	91.6	93.6	94.6	91.6	93.7	94.7	90.1	91.7	92.5
イギリス	99.6	103.6	96.9	99.6	103.6	96.8	97.7	101.0	93.9
オーストラリア	99.6	91.6	86.3	97.4	91.4	89.0	93.6	86.7	83.5
ニュージーランド	102.1	101.7	102.8	102.2	101.7	102.9	99.4	98.1	98.5
中国	103.2	102.5	104.1	103.2	101.9	102.9	101.7	100.0	100.6
韓国	99.4	100.3	98.4	99.4	100.3	98.4	98.7	99.5	97.5
日本	99.5	100.4	99.1	99.5	100.4	99.2	100.1	101.3	100.4

資料：総務省統計局「世界の統計　2023」
注：　ラスパイレス式による。農畜産物一次産品のうち、家畜飼料、種子及びふ化用卵などを除く。
　　FAOにおける指数の作成においては、1商品1価格とし、為替レートの影響を受けないよう、
　　国際商品価格を用いて推計している。
　　1)は、全ての農作物及び畜産物である。
　　2)は、食用かつ栄養分を含有する品目であり、コーヒー、茶などを除く。

2020		2021		2022	
名目GDP	一人当たり	名目GDP	一人当たり	名目GDP	一人当たり
10億米ドル	米ドル	10億米ドル	米ドル	10億米ドル	米ドル
21,060	63,577	23,315	70,160	25,464	76,348
1,648	43,384	2,001	52,388	2,140	55,085
2,636	40,385	2,957	45,186	2,784	42,409
3,887	46,735	4,263	51,238	4,075	48,636
2,707	40,347	3,123	46,422	3,071	45,295
1,361	53,072	1,646	63,896	1,702	65,526
210	41,309	249	48,778	242	47,208
14,863	10,525	17,759	12,572	18,100	12,814
1,645	31,728	1,811	34,998	1,665	32,250
5,049	40,118	5,006	39,883	4,234	33,822

(3)　平均経営面積及び農地面積の各国比較

区分	単位	日本（概算値）	米国	EU(27)	ドイツ	フランス	英国	豪州
平均経営面積	ha	3.3	180.5	17.1	63.1	69.6	80.7	4,430.8
日本＝1	倍	1	55	5	19	21	24	1,343
農地面積	万ha	433	40,581	16,396	1,660	2,855	1,726	35,578
国土面積に占める割合	%	11.6	41.3	38.5	46.4	52.0	70.8	46.0

資料：　農林水産省統計部「令和4年農業構造動態調査」、「令和4年耕地及び作付面積統計」、
　　　　FAOSTAT、輸出・国際局資料
注：1　日本の平均経営面積及び農地面積には、採草・放牧地等を含まない。
　　2　日本の平均経営面積は1経営体当たりの経営耕地面積である（農業経営体）。
　　3　日本の「国土面積に占める割合」は、北方領土等を除いた国土面積に対する割合である。

6 国民経済と農林水産業（続き）
(4) 農業生産量（2020年）

順位	1) 穀類		2) 米		3) 小麦	
	国名	生産量	国名	生産量	国名	生産量
		千 t		千 t		千 t
	世界	2,996,142	世界	756,744	世界	760,926
1	中国	615,518	中国	211,860	中国	134,250
2	アメリカ合衆国	434,875	インド	178,305	インド	107,590
3	インド	335,035	バングラデシュ	54,906	ロシア	85,896
4	ロシア	130,038	インドネシア	54,649	アメリカ合衆国	49,691
5	ブラジル	125,568	ベトナム	42,759	カナダ	35,183
6	アルゼンチン	86,573	タイ	30,231	フランス	30,144
7	インドネシア	77,149	ミャンマー	25,100	パキスタン	25,248
8	カナダ	65,014	フィリピン	19,295	ウクライナ	24,912
9	ウクライナ	64,342	ブラジル	11,091	ドイツ	22,172
10	バングラデシュ	59,960	カンボジア	10,960	トルコ	20,500
11	フランス	56,850	アメリカ合衆国	10,323	アルゼンチン	19,777
12	ベトナム	47,321	日本	9,706	イラン	15,000
13	ドイツ	43,265	パキスタン	8,419	オーストラリア	14,480
14	パキスタン	42,541	ナイジェリア	8,172	カザフスタン	14,258
15	（日本）	10,923	ネパール	5,551	（日本）	949

順位	大麦		ライ麦		えん麦	
	国名	生産量	国名	生産量	国名	生産量
		千 t		千 t		千 t
	世界	157,031	世界	15,022	世界	25,182
1	ロシア	20,939	ドイツ	3,513	カナダ	4,576
2	スペイン	11,465	ポーランド	2,905	ロシア	4,132
3	ドイツ	10,769	ロシア	2,378	ポーランド	1,627
4	カナダ	10,741	ベラルーシ	1,051	スペイン	1,378
5	フランス	10,274	デンマーク	699	フィンランド	1,213
6	オーストラリア	10,127	中国	524	オーストラリア	1,143
7	トルコ	8,300	カナダ	488	イギリス	1,031
8	イギリス	8,117	ウクライナ	457	アメリカ合衆国	949
9	ウクライナ	7,636	スペイン	408	ブラジル	898
10	アルゼンチン	4,483	トルコ	296	スウェーデン	808
11	デンマーク	4,157	アメリカ合衆国	293	ドイツ	722
12	カザフスタン	3,659	アルゼンチン	221	アルゼンチン	600
13	イラン	3,600	オーストリア	218	中国	511
14	アメリカ合衆国	3,600	スウェーデン	190	ウクライナ	510
15	（日本）	222	ラトビア	178	（日本）	0

資料：総務省統計局「世界の統計 2023」（以下9 (4)まで同じ。）

注：1　生産量の多い15か国を掲載した。ただし、日本が16位以下で出典資料に記載されている場合
　　　には、15位の国に代えて括弧付きで掲載した。

　　2　暫定値又は推計値には「＊」を付した。

　　1)は、米、小麦、大麦、ライ麦、えん麦、とうもろこしなどである。

　　2)は、脱穀、選別後の米粒である。

　　3)には、スペルト麦を含む。

順位	とうもろこし		4)いも類		ばれいしょ	
	国名	生産量	国名	生産量	国名	生産量
		千 t		千 t		千 t
	世界	1,162,353	世界	847,622	世界	359,071
1	アメリカ合衆国	360,252	中国	133,947	中国	78,184
2	中国	260,670	ナイジェリア	118,327	インド	51,300
3	ブラジル	103,964	インド	57,529	ウクライナ	20,838
4	アルゼンチン	58,396	コンゴ民主共和国	42,761	ロシア	19,607
5	ウクライナ	30,290	ガーナ	31,736	アメリカ合衆国	18,790
6	インド	30,160	タイ	29,496	ドイツ	11,715
7	メキシコ	27,425	ブラジル	23,071	バングラデシュ	9,606
8	インドネシア	22,500	インドネシア	21,547	フランス	8,692
9	南アフリカ	15,300	ウクライナ	20,838	ポーランド	7,849
10	ロシア	13,879	アメリカ合衆国	20,349	オランダ	7,020
11	カナダ	13,563	ロシア	19,607	イギリス	5,520
12	フランス	13,419	コートジボワール	14,286	ペルー	5,467
13	ナイジェリア	12,000	マラウイ	14,095	カナダ	5,295
14	ルーマニア	10,942	タンザニア	13,075	ベラルーシ	5,231
15	（日本）	0	（日本）	3,324	（日本）	2,274

順位	かんしょ		大豆		5)落花生	
	国名	生産量	国名	生産量	国名	生産量
		千 t		千 t		千 t
	世界	89,488	世界	353,464	世界	53,639
1	中国	48,949	ブラジル	121,798	中国	17,993
2	マラウイ	6,918	アメリカ合衆国	112,549	インド	9,952
3	タンザニア	4,435	アルゼンチン	48,797	ナイジェリア	4,493
4	ナイジェリア	3,868	中国	19,600	アメリカ合衆国	2,782
5	アンゴラ	1,728	インド	11,226	スーダン	2,773
6	エチオピア	1,599	パラグアイ	11,024	セネガル	1,797
7	アメリカ合衆国	1,558	カナダ	6,359	ミャンマー	1,647
8	ウガンダ	1,536	ロシア	4,308	アルゼンチン	1,285
9	インドネシア	1,487	ボリビア	2,829	ギニア	1,074
10	ベトナム	1,373	ウクライナ	2,798	インドネシア	＊ 860
11	ルワンダ	1,276	ウルグアイ	1,990	チャド	840
12	インド	1,186	南アフリカ	1,246	タンザニア	690
13	マダガスカル	1,131	インドネシア	1,040	ブラジル	651
14	ブルンジ	950	イタリア	1,006	ニジェール	594
15	（日本）	688	（日本）	219	（日本）	13

注：4)は、ばれいしょ、かんしょ、キャッサバ、ヤム芋、タロ芋などである。
　　5)は、殻付きである。

6 国民経済と農林水産業（続き）
(4) 農業生産量（2020年）（続き）

順位	6)キャベツ		トマト		きゅうり	
	国名	生産量	国名	生産量	国名	生産量
		千t		千t		千t
	世界	70,862	世界	186,821	世界	91,258
1	中国	33,797	中国	64,768	中国	72,780
2	インド	9,207	インド	20,573	トルコ	1,927
3	ロシア	2,630	トルコ	13,204	ロシア	1,687
4	韓国	2,556	アメリカ合衆国	12,227	イラン	1,206
5	ウクライナ	1,759	エジプト	6,731	メキシコ	1,160
6	日本	1,414	イタリア	6,248	ウクライナ	1,013
7	インドネシア	1,407	イラン	5,787	ウズベキスタン	813
8	アメリカ合衆国	1,203	スペイン	4,313	スペイン	795
9	ベトナム	1,028	メキシコ	4,137	アメリカ合衆国	646
10	ケニア	944	ブラジル	3,754	エジプト	613
11	トルコ	852	ナイジェリア	3,694	日本	539
12	ポーランド	755	ロシア	2,976	カザフスタン	538
13	ドイツ	725	ウクライナ	2,250	ポーランド	443
14	ウズベキスタン	659	ウズベキスタン	1,929	インドネシア	441
15	北朝鮮	653	（日本）	706	オランダ	430

順位	たまねぎ		オレンジ		りんご	
	国名	生産量	国名	生産量	国名	生産量
		千t		千t		千t
	世界	104,554	世界	75,459	世界	86,443
1	インド	26,738	ブラジル	16,708	中国	40,500
2	中国	23,660	インド	9,854	アメリカ合衆国	4,651
3	アメリカ合衆国	3,821	中国	7,500	トルコ	4,300
4	エジプト	3,156	アメリカ合衆国	4,766	ポーランド	3,554
5	トルコ	2,280	メキシコ	4,649	インド	2,734
6	パキスタン	2,122	スペイン	3,344	イタリア	2,462
7	イラン	2,064	エジプト	3,158	イラン	2,207
8	バングラデシュ	1,954	インドネシア	2,723	ロシア	* 2,041
9	スーダン	1,950	イラン	2,226	フランス	1,620
10	インドネシア	1,815	イタリア	1,773	チリ	1,620
11	ロシア	1,738	パキスタン	1,625	ウズベキスタン	1,148
12	オランダ	1,701	南アフリカ	1,555	ウクライナ	1,115
13	アルジェリア	1,666	トルコ	1,334	ドイツ	1,023
14	メキシコ	1,500	アルジェリア	1,175	南アフリカ	993
15	（日本）	1,263	（日本）	28	（日本）	720

注 : 6)には、白菜、赤キャベツ、芽キャベツ、ちりめんキャベツなどを含む。

順位	7)ぶどう		8)バナナ		9)コーヒー豆	
	国名	生産量	国名	生産量	国名	生産量
		千t		千t		千t
	世界	78,034	世界	119,834	世界	10,688
1	中国	14,769	インド	31,504	ブラジル	3,700
2	イタリア	8,222	中国	11,513	ベトナム	1,763
3	スペイン	6,818	インドネシア	8,183	コロンビア	833
4	フランス	5,884	ブラジル	6,637	インドネシア	773
5	アメリカ合衆国	5,389	エクアドル	6,023	エチオピア	585
6	トルコ	4,209	フィリピン	5,955	ペルー	377
7	インド	3,125	グアテマラ	4,477	ホンジュラス	365
8	チリ	2,773	アンゴラ	4,115	インド	298
9	アルゼンチン	2,056	タンザニア	3,419	ウガンダ	291
10	南アフリカ	2,028	コスタリカ	2,529	グアテマラ	225
11	イラン	1,991	メキシコ	2,464	ラオス	186
12	ウズベキスタン	1,607	コロンビア	2,435	メキシコ	176
13	エジプト	1,586	ペルー	2,315	ニカラグア	159
14	オーストラリア	1,475	ベトナム	2,191	中国	114
15	（日本）	163	（日本）	0	コスタリカ	76

順位	10)ココア豆		11)茶		葉たばこ	
	国名	生産量	国名	生産量	国名	生産量
		千t		千t		千t
	世界	5,757	世界	7,024	世界	5,886
1	コートジボワール	2,200	中国	2,970	中国	2,134
2	ガーナ	800	インド	1,425	インド	761
3	インドネシア	739	ケニア	570	ブラジル	702
4	ナイジェリア	340	アルゼンチン	335	ジンバブエ	203
5	エクアドル	328	スリランカ	278	インドネシア	200
6	カメルーン	290	トルコ	255	アメリカ合衆国	177
7	ブラジル	270	ベトナム	240	モザンビーク	159
8	シエラレオネ	193	インドネシア	138	パキスタン	133
9	ペルー	160	ミャンマー	126	アルゼンチン	109
10	ドミニカ共和国	78	タイ	98	マラウイ	94
11	コロンビア	63	バングラデシュ	90	タンザニア	91
12	パプアニューギニア	38	イラン	85	バングラデシュ	86
13	ウガンダ	35	日本	70	北朝鮮	83
14	メキシコ	29	ウガンダ	63	トルコ	77
15	インド	26	マラウイ	48	（日本）	14

注：7)には、ワイン用を含む。
　　8)は、料理用を除く。
　　9)は、生の豆である。
　　10)は、生の豆及び焙煎済みの豆である。
　　11)は、緑茶、紅茶などである。

6　国民経済と農林水産業（続き）
(4)　農業生産量（2020年）（続き）

順位	12)牛		12)豚		12)羊	
	国名	飼養頭数	国名	飼養頭数	国名	飼養頭数
		千頭		千頭		千頭
	世界	1,525,939	世界	952,632	世界	1,263,137
1	ブラジル	218,150	中国	406,500	中国	173,095
2	インド	194,482	アメリカ合衆国	77,312	インド	68,100
3	アメリカ合衆国	93,793	ブラジル	41,124	オーストラリア	63,529
4	エチオピア	70,292	スペイン	32,796	ナイジェリア	47,744
5	中国	60,976	ドイツ	26,070	イラン	46,587
6	アルゼンチン	54,461	ロシア	25,163	エチオピア	42,915
7	パキスタン	49,624	ベトナム	22,028	トルコ	42,127
8	メキシコ	35,639	ミャンマー	19,193	スーダン	40,946
9	チャド	32,237	メキシコ	18,788	チャド	38,705
10	スーダン	31,757	カナダ	13,970	イギリス	32,697
11	タンザニア	28,335	フランス	13,737	パキスタン	31,225
12	コロンビア	28,245	デンマーク	13,391	アルジェリア	30,906
13	バングラデシュ	24,391	フィリピン	12,796	モンゴル	30,049
14	オーストラリア	23,503	ポーランド	11,727	ニュージーランド	26,029
15	（日本）	3,907	（日本）	9,124	（日本）	15

順位	12)鶏		牛乳		13)鶏卵	
	国名	飼養羽数	国名	生産量	国名	生産量
		100万羽		千t		千t
	世界	33,097	世界	718,038	世界	86,670
1	アメリカ合衆国	9,222	アメリカ合衆国	101,251	中国	＊ 29,825
2	中国	4,748	インド	87,822	アメリカ合衆国	6,608
3	インドネシア	3,560	ブラジル	36,508	インド	6,292
4	ブラジル	1,479	中国	34,400	インドネシア	5,044
5	パキスタン	1,443	ドイツ	33,165	ブラジル	3,261
6	イラン	1,009	ロシア	31,960	メキシコ	3,016
7	インド	791	フランス	25,147	日本	2,633
8	メキシコ	592	パキスタン	22,508	ロシア	2,492
9	ロシア	497	ニュージーランド	21,871	トルコ	1,237
10	ベトナム	410	トルコ	＊ 20,000	フランス	985
11	トルコ	379	イギリス	15,558	コロンビア	983
12	ミャンマー	349	ポーランド	14,822	パキスタン	946
13	日本	320	オランダ	14,522	ウクライナ	924
14	バングラデシュ	297	イタリア	12,712	スペイン	913
15	マレーシア	296	（日本）	7,438	アルゼンチン	873

注：12)は、家畜・家きんである。
　　13)には、ふ化用を含む。

順位	はちみつ		生繭		実綿	
	国名	生産量	国名	生産量	国名	生産量
		t		t		千 t
	世界	1,770,119	世界	663,083	世界	83,113
1	中国	458,100	中国	* 400,000	中国	29,500
2	トルコ	104,077	インド	* 200,000	インド	17,731
3	イラン	79,955	ウズベキスタン	20,942	アメリカ合衆国	9,737
4	アルゼンチン	74,403	ベトナム	14,937	ブラジル	7,070
5	ウクライナ	68,028	タイ	* 11,400	パキスタン	3,454
6	アメリカ合衆国	66,948	イラン	* 6,000	ウズベキスタン	3,064
7	ロシア	66,368	北朝鮮	* 2,857	トルコ	1,774
8	インド	62,132	ブラジル	2,742	アルゼンチン	1,046
9	メキシコ	54,165	タジキスタン	1,429	ブルキナファソ	783
10	ブラジル	51,508	インドネシア	857	ベナン	728
11	カナダ	37,601	アフガニスタン	500	メキシコ	675
12	タンザニア	31,405	アゼルバイジャン	447	トルクメニスタン	636
13	スペイン	30,513	キルギス	* 357	コートジボワール	490
14	韓国	29,375	カンボジア	* 280	カメルーン	446
15	(日本)	2,932	(日本)	80	タジキスタン	401

順位	14) 亜麻		15) ジュート		16) 天然ゴム	
	国名	生産量	国名	生産量	国名	生産量
		t		t		千 t
	世界	976,113	世界	2,688,912	世界	14,845
1	フランス	745,570	インド	1,807,264	タイ	4,703
2	ベルギー	81,660	バングラデシュ	804,520	インドネシア	3,366
3	ベラルーシ	47,778	中国	36,510	ベトナム	1,226
4	ロシア	39,262	ウズベキスタン	19,122	インド	963
5	中国	23,646	ネパール	10,165	コートジボワール	936
6	イギリス	14,773	南スーダン	3,677	中国	688
7	エジプト	7,768	ジンバブエ	2,656	マレーシア	515
8	オランダ	7,350	エジプト	2,276	グアテマラ	436
9	チリ	3,078	ブラジル	1,185	フィリピン	422
10	アルゼンチン	2,601	ブータン	342	カンボジア	349
11	イタリア	1,220	ベトナム	331	ミャンマー	260
12	ポーランド	790	カンボジア	267	ブラジル	226
13	台湾	263	ペルー	263	ラオス	154
14	ラトビア	200	エルサルバドル	170	ナイジェリア	148
15	ウクライナ	110	カメルーン	100	メキシコ	93

注 : 14)は、茎から取り出した繊維であり、麻くずを含む。
　　15)には、ジュート類似繊維を含む。
　　16)には、安定化又は濃縮したラテックス及び加硫ゴムラテックスを含む。

6 国民経済と農林水産業（続き）
(5) 工業生産量

順位	食品								
	1)牛肉			1)豚肉			4)鳥肉		
	国名	年次	生産量	国名	年次	生産量	国名	年次	生産量
			千 t			千 t			千 t
1	ブラジル	2015	8,471	ドイツ	2016	8,387	ブラジル	2015	10,843
2	イタリア	2016	1,597	スペイン	2016	4,882	ロシア	2016	4,444
3	2) スーダン	2014	1,476	ブラジル	2015	2,760	ポーランド	2016	2,627
4	ドイツ	2016	1,242	オランダ	2016	2,157	ドイツ	2016	1,928
5	フランス	2016	1,113	イタリア	2016	2,098	トルコ	2016	1,916
6	スペイン	2016	777	ロシア	2016	2,042	オランダ	2016	1,890
7	イギリス	2016	758	ポーランド	2016	1,645	スペイン	2016	1,830
8	アイルランド	2016	659	3) 日本	2016	1,279	イギリス	2014	1,667
9	3) ニュージーランド	2016	648	デンマーク	2016	1,241	ペルー	2016	1,514
10	3)（日本）	2016	464	ベルギー	2016	505	メキシコ	2016	1,333

順位	食品（続き）								
	5)冷凍魚類			8)塩干魚類			9)大豆油		
	国名	年次	生産量	国名	年次	生産量	国名	年次	生産量
			千 t			千 t			千 t
1	6) ロシア	2016	4,029	日本	2016	484	10) 中国	2014	* 11,700
2	ベトナム	2016	1,763	ポーランド	2016	113	10) アメリカ合衆国	2014	9,706
3	7) 日本	2016	1,402	イギリス	2016	79	アルゼンチン	2016	8,670
4	ペルー	2016	275	アイスランド	2016	63	ブラジル	2015	6,575
5	アイスランド	2016	257	ポルトガル	2016	42	10) インド	2014	* 1,247
6	チリ	2016	211	スペイン	2016	34	10) パラグアイ	2014	* 713
7	イギリス	2016	155	リトアニア	2016	34	ロシア	2016	640
8	トルコ	2016	100	デンマーク	2016	31	スペイン	2015	524
9	ポルトガル	2016	95	ドイツ	2016	28	10) ボリビア	2014	475
10	スーダン	2014	91	エクアドル	2016	27	10) 日本	2016	442

注：1　生産量の多い10か国を掲載した。ただし、日本が11位以下で出典資料に記載
　　　されている場合には、10位の国に代えて( )付きで掲載した。
　　2　暫定値又は推計値には「＊」を付した。
　　1)は、生鮮、冷蔵又は冷凍の肉である。
　　2)は、牛肉以外を含む。
　　3)は、枝肉としての重量である。
　　4)は、生鮮、冷蔵又は冷凍の家きんの肉であり、食用くず肉を含む。
　　5)は、冷凍の魚類及び魚類製品である。
　　6)は、魚の缶詰を含む。
　　7)は、魚のすり身を含む。
　　8)は、乾燥・塩漬・燻製の魚及び魚粉である。
　　9)は、未精製のものである。
　　10)は、精製されたものを含む。

順位	食品（続き）								
	11)マーガリン			12)バター			13)チーズ		
	国名	年次	生産量	国名	年次	生産量	国名	年次	生産量
			千 t			千 t			千 t
1	ブラジル	2015	809	ドイツ	2016	528	フランス	2016	2,021
2	ロシア	2016	495	フランス	2016	426	イタリア	2016	1,424
3	ドイツ	2016	349	ロシア	2016	253	ロシア	2016	1,390
4	エジプト	2015	288	イギリス	2016	221	ブラジル	2015	1,063
5	オランダ	2016	227	ポーランド	2016	193	ポーランド	2016	851
6	日本	2016	225	イタリア	2016	133	オランダ	2016	613
7	ベルギー	2016	181	ベラルーシ	2016	118	トルコ	2016	611
8	メキシコ	2016	143	ブラジル	2015	108	イギリス	2016	552
9	ウクライナ	2016	135	ウクライナ	2016	103	スペイン	2016	495
10	イタリア	2016	127	（日本）	2016	66	（日本）	2016	144

順位	食品（続き）							
	14)小麦粉			15)粗糖			18)蒸留酒		
	国名	年次	生産量	国名	年次	生産量	国名	年次	生産量
			千 t			千 t			100kL
1	アメリカ合衆国	2016	19,933	16)ブラジル	2016	38,987	日本	2016	33,868
2	トルコ	2016	9,383	16)インド	2016	24,794	ブラジル	2015	18,747
3	ロシア	2016	9,124	16)タイ	2016	9,258	イギリス	2014	8,403
4	ブラジル	2016	8,285	16)アメリカ合衆国	2016	7,752	19)ロシア	2016	8,125
5	パキスタン	2015	6,003	17)ロシア	2016	6,045	ボスニア・ヘルツェゴビナ	2016	7,876
6	インドネシア	2016	5,841	16)パキスタン	2016	5,612	ドイツ	2016	3,738
7	ドイツ	2016	5,461	メキシコ	2016	5,597	ウクライナ	2016	2,493
8	イタリア	2016	5,382	16)オーストラリア	2016	4,619	メキシコ	2016	2,275
9	日本	2016	4,860	16)グアテマラ	2016	2,904	スペイン	2016	1,522
10	フランス	2016	4,220	16)インドネシア	2016	2,225	アルゼンチン	2016	1,510

注：11)は、液体マーガリンを除く。
　　12)は、ミルクから得たバターその他の油脂及びデイリースプレッドである。
　　13)は、凝乳（カード）を含む。
　　14)は、小麦又はメスリン（小麦とライ麦を混合したもの。）から製造されたものである。
　　15)は、てん菜糖及び甘しょ糖であり、香味料又は着色料を添加したものを除く。
　　16)は、精製糖を含む。
　　17)は、グラニュー糖である。
　　18)は、ウィスキー、ラム酒、ジン、ウォッカ、リキュール、コーディアルなどである。
　　19)は、ウォッカ及びリキュールである。

6 国民経済と農林水産業（続き）
(5) 工業生産量 （続き）

順位	食品（続き）								
	20）ワイン			22）ビール			23）ミネラルウォーター		
	国名	年次	生産量	国名	年次	生産量	国名	年次	生産量
			100kL			100kL			100kL
1	スペイン	2016	41,878	中国	2016	450,644	ドイツ	2014	128,128
2	ポルトガル	2016	11,287	ブラジル	2015	140,274	トルコ	2016	119,805
3	アルゼンチン	2016	9,416	メキシコ	2016	104,422	スペイン	2016	74,899
4	21) ロシア	2016	8,867	ドイツ	2016	83,139	ロシア	2016	59,867
5	チリ	2016	7,222	ロシア	2016	78,274	ブラジル	2015	53,569
6	ドイツ	2016	7,130	イギリス	2016	51,470	ポーランド	2016	43,200
7	21) 日本	2016	3,798	ポーランド	2016	40,498	日本	2016	31,762
8	ブラジル	2015	3,276	ベトナム	2016	38,451	韓国	2015	27,606
9	ウクライナ	2016	2,881	スペイン	2016	37,005	ルーマニア	2016	19,292
10	ハンガリー	2016	1,866	日本	2016	26,659	ウクライナ	2016	17,715

順位	食品（続き）			繊維					
	24）ソフトドリンク			25）毛糸			26）綿糸		
	国名	年次	生産量	国名	年次	生産量	国名	年次	生産量
			100kL			t			千 t
1	メキシコ	2016	197,600	トルコ	2016	68,049	パキスタン	2015	3,360
2	日本	2016	170,734	イタリア	2016	42,328	トルコ	2016	1,248
3	ブラジル	2015	162,452	イギリス	2014	15,566	ブラジル	2015	486
4	ドイツ	2016	121,886	日本	2016	11,050	ウズベキスタン	2016	367
5	イギリス	2015	83,405	リトアニア	2016	10,666	韓国	2015	254
6	ロシア	2016	61,025	ポーランド	2016	5,591	スペイン	2016	69
7	フランス	2016	55,332	チェコ	2016	5,518	ロシア	2016	58
8	スペイン	2016	51,126	ロシア	2016	5,118	メキシコ	2016	58
9	ポーランド	2016	42,937	ポルトガル	2016	3,545	日本	2016	55
10	トルコ	2016	40,350	スペイン	2015	3,538	イタリア	2016	37

注：20)は、グレープマスト、スパークリングワイン、ベルモット酒及び香味付けしたワインを含む。
　　21)は、その他の果実酒を含む。
　　22)は、麦芽から製造されたものである。
　　23)は、無加糖・無香料のミネラルウォーター及び炭酸水である。
　　24)は、水及びフルーツジュースを除く。
　　25)は、紡毛糸、梳毛糸及び獣毛糸である。
　　26)は、縫糸以外である。

順位	木材・パルプ・紙								
	27)製材			29)合板			30)木材パルプ		
	国名	年次	生産量 千㎥	国名	年次	生産量 千㎥	国名	年次	生産量 千t
1	アメリカ合衆国	2016	55,627	中国	2016	* 117,317	アメリカ合衆国	2016	* 42,242
2	カナダ	2016	* 48,161	アメリカ合衆国	2016	9,398	ブラジル	2016	18,210
3	中国	2016	34,375	ロシア	2016	3,812	カナダ	2016	8,914
4	28)ロシア	2016	23,736	インドネシア	2016	* 3,800	日本	2016	8,030
5	スウェーデン	2016	21,449	日本	2016	3,063	中国	2016	* 7,479
6	ドイツ	2016	* 21,109	ブラジル	2016	* 2,700	インドネシア	2016	* 6,400
7	フィンランド	2016	11,370	インド	2016	* 2,521	ロシア	2016	5,555
8	オーストリア	2016	9,256	マレーシア	2016	2,484	フィンランド	2016	5,119
9	ブラジル	2016	* 8,600	トルコ	2016	2,395	チリ	2016	4,238
10	日本	2016	8,419	カナダ	2016	2,205	スウェーデン	2016	3,816

順位	化学・石油・セメント						機械器具		
	窒素質肥料			33)カリ質肥料			34)コンバイン		
	国名	年次	生産量 千t	国名	年次	生産量 t	国名	年次	生産量 台
1	中国	2016	41,055	31)ロシア	2016	7,770,000	日本	2016	20,867
2	31)ロシア	2016	9,475	中国	2016	6,650,200	ロシア	2016	6,057
3	ポーランド	2016	4,752	ベラルーシ	2016	6,180,050	メキシコ	2016	4,437
4	ブラジル	2014	3,376	韓国	2016	717,634	ブラジル	2015	1,894
5	32)パキスタン	2015	2,626	ポーランド	2015	57,956	ポーランド	2016	1,135
6	エジプト	2015	2,384	ウクライナ	2016	4,767	アルゼンチン	2016	649
7	オランダ	2016	2,290	カザフスタン	2016	1,455	アルジェリア	2015	603
8	トルコ	2016	1,771	チリ	2016	474	カザフスタン	2016	544
9	ウクライナ	2016	1,670	ポルトガル	2016	1	クロアチア	2016	381
10	ドイツ	2016	1,339				フィンランド	2016	367

注：27)は、針葉樹の木材を加工したものであり、厚さ6ミリメートルを超えるものである。
　　28)は、非針葉樹の木材を加工したものを含む。
　　29)は、合板、ベニヤパネルと同様の集成材である。
　　30)は、化学パルプ（ソーダパルプ及び硫酸塩パルプ）である。
　　31)は、有効成分100%である。
　　32)は、窒素100%である。
　　33)は、カーナライト、カリ岩塩及び天然カリウム塩を除く。
　　34)は、収穫脱穀機である。

6 国民経済と農林水産業（続き）
(6) 肥料使用量

単位：千 t

国名	1)窒素質肥料			2)りん酸質肥料			3)カリ質肥料		
	2018年	2019	2020	2018年	2019	2020	2018年	2019	2020
世界	108,408	108,458	113,292	44,261	43,828	48,121	39,005	37,346	39,158
中国	28,141	26,738	25,742	10,930	10,221	9,804	10,779	10,245	9,880
インド	17,628	*18,864	*20,404	6,968	*7,465	*8,978	2,779	*2,641	*3,154
ブラジル	4,594	4,912	5,911	5,107	4,860	7,234	6,686	6,774	7,222
アメリカ合衆国	11,627	11,672	11,621	3,983	3,974	3,974	4,409	4,305	4,305
インドネシア	3,237	2,928	3,541	1,527	1,235	1211	2,165	1,733	1,775
カナダ	2,769	2,520	3,083	1,130	1,120	1,194	427	427	784
パキスタン	3,447	3,505	3,534	1,258	1,100	1,204	54	47	61
ベトナム	1,573	1,494	1,814	750	731	740	579	511	619
ロシア	1,542	1,727	1,916	600	601	686	390	419	478
フランス	2,185	2,025	2,078	440	400	453	489	406	503
日本	369	369	369	338	338	338	270	270	270

注：1　日本を除き、2020年の窒素質肥料、りん酸質肥料及びカリ質肥料の合計が多い10か国
　　　を抜粋している。
　　2　植物栄養素（N、P、K）の成分量である。
　　3　暫定値又は推計値には「*」を付した。
1)は、硫酸アンモニア、硝酸アンモニア、尿素などである。
2)は、過りん酸石灰、熔成りん肥などである。
3)は、硫酸カリ，塩化カリなどである。

7　林業

(1)　森林の面積

国名	2)陸地面積	3)森林面積（2020年）			人工林
		総面積	陸地に占める割合		
	千ha	千ha	%		千ha
ロシア	1,637,687	815,312	49.8		18,880
ブラジル	835,814	496,620	59.4		11,224
カナダ	909,351	346,928	38.2		18,163
アメリカ合衆国	914,742	309,795	33.9		27,521
1) 中国	942,470	219,978	23.3		84,696
オーストラリア	768,230	134,005	17.4		2,390
コンゴ民主共和国	226,705	126,155	55.6		58
インドネシア	187,752	92,133	49.1		4,526
ペルー	128,000	72,330	56.5		1,088
インド	297,319	72,160	24.3		13,269
日本	**36,456**	**24,935**	**68.4**		**10,184**

注：日本を除き、2020年の森林面積が多い10か国を抜粋している。
　　1)は、香港、マカオ及び台湾を含む。
　　2)は、内水面（主要な河川及び湖沼）を除いた総土地面積である。
　　3)は、高さ5メートル以上の樹木で覆われた0.5ヘクタール以上の土地で、林地に対する
　　樹冠面積が10パーセント以上のものである（現在、幼木であっても、将来樹幹面積10パー
　　セント、高さ5メートル以上に達すると予想されるものを含む。）。人工林を含む。
　　国立公園、自然保護地域、各種保護地域、防風林、ゴム園などを含み、果樹林などのように、
　　農林業としての利用目的が明確なものを除く。

(2)　木材生産量（2020年）

単位：千m³

国名	1)総量	薪炭材	2)用材	製材・ベニヤ材
世界	**3,911,952**	**1,928,264**	**1,983,688**	**1,136,671**
アメリカ合衆国	429,700	60,525	369,175	180,237
インド	350,667	301,150	49,517	47,804
中国	337,140	156,903	180,237	96,352
ブラジル	266,288	123,299	142,989	55,421
ロシア	217,000	15,109	201,891	135,325
カナダ	132,180	1,750	130,430	116,298
インドネシア	121,950	38,604	83,346	33,114
エチオピア	117,374	114,439	2,935	11
コンゴ民主共和国	92,412	87,801	4,611	329
ドイツ	84,051	22,261	61,790	48,213
ナイジェリア	76,905	66,883	10,022	7,600
スウェーデン	76,060	5,460	70,600	38,200
フィンランド	60,233	8,937	51,296	22,279
チリ	59,487	15,924	43,563	18,585
ベトナム	57,335	20,000	37,335	16,300
ガーナ	52,380	50,166	2,214	1,464
ウガンダ	49,961	44,631	5,330	3,553
フランス	47,703	23,444	24,259	15,965
メキシコ	46,090	38,439	7,651	6,671
ミャンマー	42,648	38,288	4,360	2,560
日本	**30,349**	**6,932**	**23,417**	**17,620**

注：1　加工前の生産量である。
　　2　日本を除き、木材生産量が多い20か国を抜粋している。
　　1)は、森林及び森林外から伐採・回収されたすべての樹木であり、倒木を含む。
　　2)は、製材・ベニヤ材、パルプ材などの産業用素材である。

8 水産業
(1) 水産物生産量－漁獲・養殖 (2020年)

単位：千 t

国名	水産物			魚類・甲殻類・軟体類			藻類		
	合計	漁獲・採集	2)養殖	合計	漁獲	2)養殖	合計	採集	2)養殖
世界	213,989	91,411	122,579	177,757	90,256	87,501	36,232	1,155	35,078
世界（海洋）	148,068	79,938	68,130	111,902	78,785	33,117	36,165	1,152	35,013
中国	51,525	11,986	39,538	30,507	11,769	18,738	21,018	217	20,800
インドネシア	17,948	6,494	11,454	8,266	6,430	1,836	9,682	64	9,618
ペルー	5,742	5,659	83	5,693	5,610	83	49	49	–
ベトナム	4,954	3,273	1,680	4,940	3,273	1,667	14	…	14
ロシア	4,903	4,801	102	4,874	4,792	81	30	9	21
インド	4,804	3,727	1,077	4,781	3,709	1,072	23	18	5
アメリカ合衆国	4,446	4,241	205	4,439	4,234	205	7	7	0
日本	4,160	3,193	967	3,700	3,130	570	460	63	397
ノルウェー	4,094	2,603	1,490	3,940	2,451	1,490	153	153	0
フィリピン	3,803	1,765	2,038	2,334	1,764	569	1,469	0	1,469
1) **世界（内水面）**	65,921	11,473	54,449	65,855	11,471	54,384	67	2	64
中国	32,405	1,460	30,945	32,339	1,457	30,882	65	2	63
インド	9,360	1,796	7,564	9,360	1,796	7,564	…	…	…
インドネシア	3,886	495	3,391	3,886	495	3,391	…	…	…
バングラデシュ	3,601	1,248	2,352	3,601	1,248	2,352	…	…	…
ベトナム	3,083	148	2,934	3,083	148	2,934	…	…	…
ミャンマー	1,924	843	1,081	1,924	843	1,081	…	…	…
エジプト	1,557	317	1,240	1,557	317	1,240	…	…	…
カンボジア	790	410	380	790	410	380	…	…	…
ブラジル	777	225	552	777	225	552	…	…	…
ウガンダ	690	566	124	690	566	124	…	…	…
日本	51	22	29	51	22	29	…	…	…

注：1 海洋及び内水面の水産物合計が多い10か国と内水面の日本を抜粋している。
　　2 ＦＡＯ水棲（すいせい）動植物国際標準統計分類（ISSCAAP）による。漁獲・採集及び
　　養殖による水産物の生体重量である。食用以外の商業用・産業用・レクリエーション用を
　　含むが、鯨、アザラシ、ワニ、さんご、真珠、海綿などを除く。
　　1)は、湖沼、河川、池など陸地内の水面での漁業である。
　　2)は、所有権を明確にして人工的に魚介類や藻類の発生・生育を図る給餌養殖、広い海域
　　へ種苗（稚魚）をまいて成長させ、成魚にして捕獲する栽培漁業などである。

(2) 水産物生産量－種類別 (2020年)

単位：t

国名	計	養殖	漁獲			
			計	魚類		
				さけ・ます類	ひらめ・かれい類	たら類
世界	213,989,041	122,578,505	90,255,908	712,795	934,234	8,977,798
中国	83,929,065	70,483,082	13,226,203	…	…	…
インドネシア	21,834,094	14,845,014	6,925,050	…	12,206	…
インド	14,164,000	8,641,286	5,504,713	…	59,000	13,000
ベトナム	8,036,572	4,614,692	3,421,880	…	…	…
ペルー	5,819,039	143,830	5,626,542	82	541	31,360
ロシア	5,372,211	291,194	5,072,094	344,591	136,569	2,691,929
アメリカ合衆国	4,701,654	448,535	4,246,059	227,278	256,039	1,907,578
バングラデシュ	4,503,371	2,583,866	1,919,505	…	…	…
フィリピン	4,235,157	2,322,831	1,911,941	…	639	…
日本	4,211,411	996,281	3,151,730	100,120	47,428	216,342

国名	漁獲（続き）						採集
	魚類（続き）		甲殻類		軟体類	その他	藻類
	にしん・いわし類	かつお・まぐろ類	1)かに類	えび類	いか・たこ類		
世界	17,395,996	7,814,592	1,383,319	3,489,238	3,741,935	45,806,002	1,154,628
中国	761,424	470,947	604,473	1,000,337	999,901	9,389,121	219,780
インドネシア	324,104	1,402,165	104,638	260,046	230,351	4,591,539	64,030
インド	551,000	138,835	32,000	507,735	164,000	4,039,143	18,001
ベトナム	…	471,006	50,942	153,556	359,943	2,386,432	…
ペルー	4,399,462	149,536	1,463	37,589	495,233	511,276	48,668
ロシア	930,209	3,917	54,203	37,414	125,570	747,692	8,923
アメリカ合衆国	618,551	220,576	104,981	184,312	62,663	664,081	7,060
バングラデシュ	…	4,130	…	…	…	1,915,375	…
フィリピン	439,131	380,058	33,545	37,900	49,086	971,581	385
日本	956,900	356,844	20,243	11,900	112,200	1,329,753	63,400

注：1 水産物生産量が多い10か国を抜粋している。
　　1)は、タラバガニ（ヤドカリ類に属する。）を除く。

8 水産業 (続き)
(3) 水産物生産量−海域別漁獲量 (2020年)

単位：千 t

海域・国 (地域)	漁獲量	海域・国 (地域)	漁獲量	海域・国 (地域)	漁獲量
世界	78,785	地中海、黒海		太平洋北西部	
		トルコ	331	中国	11,111
北極海		イタリア	130	ロシア	3,589
ロシア	0	チュニジア	103	**日本**	**2,909**
				韓国	963
大西洋北西部				台湾	259
アメリカ合衆国	744	大西洋南西部		北朝鮮	197
カナダ	537	アルゼンチン	818	香港	119
グリーンランド	182	ブラジル	465	太平洋北東部	
(日本)	**2**	スペイン	118	アメリカ合衆国	2,687
		(日本)	**0**	カナダ	171
大西洋北東部		大西洋南東部		太平洋中西部	
ノルウェー	2,203	南アフリカ	593	インドネシア	4,738
アイスランド	1,020	アンゴラ	368	ベトナム	3,273
ロシア	1,011	ナミビア	327	フィリピン	1,764
デンマーク	730	**(日本)**	**7**	タイ	1,050
フェロー諸島	644			マレーシア	633
イギリス	619	大西洋南氷洋		韓国	258
フランス	294	ノルウェー	245	キリバス	213
オランダ	275	中国	114	パプアニューギニア	204
スペイン	271	**(日本)**	**0**	ミクロネシア連邦	194
ポーランド	186			台湾	167
アイルランド	179	インド洋西部		**日本**	**157**
ドイツ	176	インド	2,157	カンボジア	123
スウェーデン	171	オマーン	793		
ポルトガル	120	イラン	699		
フィンランド	116	パキスタン	345		
(日本)	**3**	モザンビーク	303		
		スペイン	150	太平洋中東部	
大西洋中西部		モルディブ	149	メキシコ	1,114
アメリカ合衆国	564	セーシェル	132	アメリカ合衆国	172
メキシコ	237	イエメン	131	パナマ	119
ベネズエラ	205	**(日本)**	**7**	**(日本)**	**4**
(日本)	**2**				
				太平洋南西部	
大西洋中東部		インド洋東部		ニュージーランド	362
モロッコ	1,320	インドネシア	1,692	**(日本)**	**11**
モーリタニア	663	インド	1,552		
ナイジェリア	429	ミャンマー	1,010	太平洋南東部	
セネガル	418	マレーシア	748	ペルー	5,610
ガーナ	275	バングラデシュ	671	チリ	1,750
ギニア	270	タイ	473	エクアドル	555
カメルーン	251	スリランカ	313	中国	344
シエラレオネ	199	オーストラリア	108	**(日本)**	**8**
ベリーズ	180	**(日本)**	**9**		
ジョージア	141			太平洋南氷洋	
ロシア	100	インド洋南氷洋		韓国	1
(日本)	**10**	フランス	6		
		(日本)	**−**		

注： 1 水産物生産量−漁獲・養殖のうち、魚類、甲殻類及び軟体類の海洋における漁獲量
10万トン以上の国 (漁獲量10万トン以上の国がない海域については漁獲量第1位の国)
について、海域ごとに掲載した。日本については漁獲量が10万トン未満であっても
括弧付きで掲載した。

9 貿易

(1) 国際収支 (2021年)

単位：100万米ドル

国（地域）	経常収支	1)貿易・サービス収支	2)第一次所得収支	3)第二次所得収支
アメリカ合衆国	△ 846,354.0	△ 845,050.0	139,496.0	△ 140,800.0
カナダ	826.7	1,889.5	2,125.0	△ 3,187.8
ユーロ圏	346,582.4	459,075.1	74,392.8	△ 186,886.6
フランス	9,946.5	△ 36,853.2	96,189.8	△ 49,390.0
ドイツ	313,753.9	228,572.7	149,098.9	△ 63,920.1
イギリス	△ 82,534.1	△ 39,929.0	△ 16,620.4	△ 25,984.7
オーストラリア	56,260.9	91,081.9	△ 32,354.3	△ 2,466.6
中国	317,301.0	462,807.9	△ 162,030.7	16,523.8
韓国	88,302.2	73,098.9	19,328.2	△ 4,124.9
日本	**142,490.9**	**△ 22,513.5**	**187,197.2**	**△ 22,192.9**

国（地域）	4)資本移転等収支	5)金融収支	外貨準備	誤差脱漏
アメリカ合衆国	△ 2,475.0	△ 740,586.8	114,257.7	108,242.2
カナダ	△ 29.9	4,661.4	20,508.8	3,864.7
ユーロ圏	47,928.9	521,227.0	153,232.5	126,716.8
フランス	13,905.2	3,411.4	27,009.3	△ 20,440.6
ドイツ	△ 1,643.7	373,059.8	37,469.8	60,950.7
イギリス	△ 3,700.8	△ 63,370.0	23,363.6	22,864.9
オーストラリア	△ 488.4	51,807.3	17,438.3	△ 3,965.2
中国	91.5	151,351.7	189,512.9	△ 166,040.8
韓国	△ 154.3	76,734.6	14,386.9	△ 11,413.3
日本	**△ 3,825.0**	**99,582.7**	**62,766.6**	**△ 39,083.2**

注： 一定期間における当該国のあらゆる対外経済取引を体系的に記録したもの（国際通貨基金（ＩＭＦ）の国際収支マニュアル第6版による。）。
　　1)は、生産活動の成果である諸品目の取引を計上。貿易収支は、財貨の取引（輸出入）を計上する項目で、一般商品、仲介貿易商品及び非貨幣用金に区分。輸出、輸入ともにＦＯＢ価格。サービス収支は、輸送、旅行及びその他サービスに区分される。
　　2)は、生産過程に関連した所得及び財産所得を計上。雇用者報酬、投資収益及びその他第一次所得に区分される。
　　3)は、経常移転による所得の再配分を計上。「移転」とは、「交換」と対比させる取引の概念であり、当事者の一方が経済的価値のあるものを無償で相手方に提供する取引である。
　　4)は、資本移転及び非金融非生産資産の取得処分を計上。
　　5)は、直接投資、証券投資、金融派生商品、その他投資及び外貨準備から構成される。資産・負債が増加した場合は「プラス」、減少した場合は「マイナス」となる。

9　貿易（続き）
(2)　商品分類別輸出入額（2021年）

単位：100万米ドル

商品分類	1) アメリカ合衆国（一般貿易方式）		カナダ（一般貿易方式）		3) フランス（特別貿易方式）	
	輸出	輸入	輸出	2) 輸入	輸出	輸入
総額	1,753,137	2,932,976	501,463	489,391	585,148	714,842
食料品及び動物（食用）	129,449	148,743	50,244	35,677	53,214	58,678
飲料及びたばこ	6,851	32,991	1,438	5,017	22,182	6,484
非食品原材料	97,640	51,726	52,759	12,760	15,681	16,747
鉱物性燃料	239,634	223,738	119,708	30,230	18,683	71,504
動植物性油脂	3,882	9,949	5,187	1,116	2,262	2,768
化学製品	270,499	329,956	45,618	62,635	122,106	103,833
工業製品	145,291	344,172	61,632	67,425	62,494	91,302
機械類、輸送用機器	532,575	1,151,221	100,783	192,814	192,442	238,596
雑製品	165,624	505,437	26,977	60,213	75,864	111,785
その他	161,692	135,043	37,118	21,503	20,220	13,145

商品分類	中国（一般貿易方式）		韓国（一般貿易方式）		日本（一般貿易方式）	
	輸出	輸入	輸出	輸入	輸出	輸入
総額	3,362,302	2,684,363	644,411	615,014	757,066	772,276
食料品及び動物（食用）	70,787	123,023	7,549	32,591	7,466	59,052
飲料及びたばこ	2,751	7,625	1,818	1,598	1,559	8,339
非食品原材料	21,357	426,181	9,340	42,942	13,050	62,946
鉱物性燃料	41,678	402,518	40,015	137,563	10,228	154,728
動植物性油脂	2,331	14,577	109	2,136	274	1,653
化学製品	264,241	264,079	101,023	65,632	94,747	88,594
工業製品	543,361	210,818	79,551	62,613	90,684	73,110
機械類、輸送用機器	1,618,638	1,005,704	356,063	207,527	419,211	215,826
雑製品	756,725	169,424	48,194	59,727	61,820	95,312
その他	40,432	60,413	750	2,685	58,026	12,716

注：1　商品分類は、標準国際貿易分類（SITC：Standard International Trade Classification）
　　　　第4版の大分類による。
　　2　貿易方式は、保税倉庫の品物の記録方法により、一般的に「一般貿易方式」又は「特別貿易方
　　　式」が用いられる。各方式の定義は次のとおりである。輸送途中で通過した国、商品の積替えは
　　　計上されない。
　　　一般貿易方式：輸出…(1)　国産品（全部又は一部が国内で生産・加工された商品）の輸出。
　　　　　　　　　　　　　(2)　市場に流通していた外国商品の再輸出。
　　　　　　　　　　　　　(3)　保税倉庫に保管されていた外国商品の再輸出の合計。
　　　　　　　　　輸入…(1)　国内での消費・加工を目的とする商品の輸入。
　　　　　　　　　　　　　(2)　外国商品の保税倉庫への搬入の合計。
　　　特別貿易方式：輸出…(1)　国産品（全部又は一部が国内で生産・加工された商品）の輸出。
　　　　　　　　　　　　　(2)　市場に流通していた外国商品の再輸出の合計。
　　　　　　　　　輸入…(1)　国内での消費・加工を目的とする商品の輸入。
　　　　　　　　　　　　　(2)　国内での消費を目的とする外国商品の保税倉庫からの搬入の合計。
　　3　輸出額は、FOB価格（free on board：本船渡し価格）である。
　　4　輸入額は、CIF価格（cost, insurance and freight：保険料・運賃込み価格）である。
1)は、プエルトリコ及び米領バージン諸島を含む。
2)は、FOB価格である。
3)は、モナコを含む。
4)は、CIF価格及びFOB価格である。

単位：100万米ドル

ドイツ（特別貿易方式）		イギリス（一般貿易方式）		オーストラリア（一般貿易方式）		ニュージーランド（一般貿易方式）	
輸出	輸入	輸出	輸入	輸出	2) 輸入	輸出	4) 輸入
1,635,600	1,424,675	470,548	688,237	342,036	261,586	73,366	49,882
75,073	87,415	18,266	51,754	32,887	13,311	43,242	4,642
9,713	11,578	9,684	8,797	1,901	2,740	2,729	736
32,063	58,514	12,682	20,157	148,508	3,474	9,095	954
42,551	124,241	37,419	70,265	94,765	26,858	781	3,992
3,999	4,684	835	2,234	820	662	336	290
291,010	209,743	70,165	80,957	7,576	29,425	3,427	5,792
204,548	182,891	48,404	83,346	12,600	30,450	3,837	6,158
733,162	498,341	151,065	209,854	11,095	105,812	4,602	19,425
187,784	183,733	51,607	94,329	6,044	40,220	2,961	7,082
55,697	63,535	70,420	66,543	25,840	8,635	2,356	811

(3) 貿易依存度

単位：%

国（地域）	輸出依存度					輸入依存度				
	2013年	2014	2015	2016	2017	2013年	2014	2015	2016	2017
アメリカ合衆国	9.4	9.3	8.2	7.8	7.9	13.9	13.8	12.7	12.0	12.3
カナダ	25.2	26.5	26.3	25.7	25.7	25.6	26.3	27.6	27.0	26.8
ユーロ圏	19.1	19.1	19.4	19.0	19.7	17.6	17.3	17.2	16.5	17.6
フランス	20.7	20.4	20.8	20.4	20.7	24.3	23.8	23.6	23.2	24.1
ドイツ	38.4	38.3	39.3	38.4	39.2	31.4	30.9	31.2	30.4	31.5
イギリス	17.4	15.8	15.2	15.2	16.6	23.5	21.9	21.4	22.0	23.3
オーストラリア	16.7	16.5	15.2	15.2	16.7	16.0	16.3	16.9	15.5	16.5
中国	22.9	22.2	20.4	19.1	18.9	20.2	18.6	15.0	14.2	15.3
韓国	40.8	38.6	35.9	33.0	35.3	37.6	35.4	29.8	27.1	29.4
日本	**13.9**	**14.2**	**14.2**	**13.1**	**14.3**	**16.1**	**16.7**	**14.8**	**12.3**	**13.8**

注：国内総生産（ＧＤＰ）に対する輸出額（FOB価格）及び輸入額（CIF価格）の割合である。

(4) 主要商品別輸出入額

単位：100万米ドル

区分	米			3) 小麦、メスリン			5) とうもろこし		
	国名	2020年	2021	国名	2020年	2021	国名	2020年	2021
輸出									
1	インド	7,980	9,624	ロシア	7,918	7,302 1)	アメリカ合衆国	9,575	19,112
2	タイ	3,710	3,342 1)	アメリカ合衆国	6,318	7,287	アルゼンチン	6,047	8,380
3	ベトナム	2,791	3,006	オーストラリア	2,698	7,106	ウクライナ	4,885	5,855
4	パキスタン	2,101	2,153	カナダ	6,299	6,640	ブラジル	5,853	4,189
5	1) アメリカ合衆国	1,889	1,929	ウクライナ	3,594	4,723	ルーマニア	1,226	1,936
6	中国	916	1,036 2)	フランス	4,544	4,536 2)	フランス	1,717	1,922
7	イタリア	723	728	アルゼンチン	2,029	2,454	ハンガリー	1,016	1,039
8	ミャンマー	773	671	ドイツ	2,119	1,989	インド	389	936
9	カンボジア	471	423	ルーマニア	949	1,820	南アフリカ	566	809
10	（日本）	59	63	インド	243	1,723	（日本）	0	0
輸入									
1	中国	1,459	2,187	インドネシア	2,616	3,548	中国	2,481	8,023
2	フィリピン	922	1,197	中国	2,262	3,039 6)	メキシコ	3,090	5,124
3	サウジアラビア	1,404	1,095	ナイジェリア	2,151	2,723	日本	3,293	4,739
4	1) アメリカ合衆国	1,284	1,018 4)	トルコ	2,335	2,693	韓国	2,371	3,224
5	ベトナム	127	719	エジプト	2,694	2,465	ベトナム	2,402	2,853
6	エチオピア	317	687	イタリア	2,026	2,303	エジプト	1,881	2,411
7	ベナン	393	640	フィリピン	1,628	1,951	スペイン	1,653	2,199
8	マレーシア	589	576	ブラジル	1,459 4)	1,851	コロンビア	1,222	1,776
9	イギリス	625	575	日本	1,525	1,784	オランダ	1,290	1,530
10	（日本）	503	520	モロッコ	1,422	1,590	イタリア	1,214	1,436

区分	7) 野菜、いも、豆類			8) 果実、ナッツ			茶、マテ茶		
	国名	2020年	2021	国名	2020年	2021	国名	2020年	2021
輸出									
1	スペイン	7,871	8,822 1)	アメリカ合衆国	14,057	14,812	中国	2,169	2,529
2	中国	8,065	8,536	スペイン	10,783	11,855	スリランカ	1,354	1,420
3	メキシコ	8,380	8,507	オランダ	7,759	8,288	ケニア	1,241	1,213
4	オランダ	7,891	8,414	メキシコ	6,749	7,781	インド	747	751
5	カナダ	5,508	5,408	チリ	6,061	6,253	アラブ首長国連邦	322	344
6	1) アメリカ合衆国	4,820	4,977	中国	6,827	6,057	ドイツ	312	343
7	ベルギー	2,386	2,533	タイ	3,927	5,808	オランダ	247	311
8	2) フランス	2,369	2,482	ベトナム	4,955	5,330 1)	アメリカ合衆国	257	274
9	イタリア	1,822	2,113	トルコ	4,709	5,221	ポーランド	274	274
10	（日本）	81	75	（日本）	211	290	日本	177	210
輸入									
1	1) アメリカ合衆国	12,724	13,388 1)	アメリカ合衆国	18,330	20,776 1)	アメリカ合衆国	686	761
2	ドイツ	7,097	7,700	中国	11,647	15,234	パキスタン	590	595
3	イギリス	4,357	4,244	ドイツ	11,566	11,688	ロシア	438	470
4	2) フランス	3,516	3,788	オランダ	7,916	8,137	イギリス	373	333
5	6) カナダ	3,326	3,464 2)	フランス	5,876	6,315	ドイツ	242	293
6	オランダ	2,785	3,170	イギリス	6,176	6,141	香港	242	278
7	中国	2,126	3,029	ロシア	5,083	5,301 2)	フランス	263	269
8	ベルギー	2,066	2,249 6)	カナダ	4,655	5,105	エジプト	197	221
9	日本	2,094	2,192	香港	4,025	4,791	モロッコ	202	208
10	イタリア	1,900	2,161	（日本）	3,249	3,261	（日本）	182	199

注：1　商品名は標準国際貿易分類（ＳＩＴＣ）による。
　　2　主要商品の輸出入額上位10か国を掲載した。ただし、日本が11位以下の場合は、10位の国
　　　に代えて括弧付きで掲載した。
　　1)は、プエルトリコ及び米領バージン諸島を含む。　　2)は、モナコを含む。
　　3)は、未製粉のもの。メスリンは、小麦とライ麦を混合したものである。
　　4)は、ＣＩＦ価格及びＦＯＢ価格である。
　　5)は、未製粉のもの。種子を含み、スイートコーンは除く。
　　6)は、ＦＯＢ価格である。
　　7)は、生鮮、冷蔵、冷凍又は簡単な保存状態にしたものであり、いも、豆類は乾燥品を含む。
　　8)は、生鮮又は乾燥品であり、採油用ナッツを除く。

単位：100万米ドル

区分	コーヒー、代用品			アルコール飲料			採油用種子		
	国名	2020年	2021	国名	2020年	2021	国名	2020年	2021
輸出									
1	ブラジル	5,530	6,373 2)	フランス	15,039	19,730	ブラジル	28,961	39,061
2	ドイツ	3,424	3,803	イタリア	9,145	10,872 1)	アメリカ合衆国	26,884	28,440
3	9) スイス	3,056	3,796	イギリス	7,537	8,942	カナダ	6,803	7,691
4	コロンビア	2,802	3,491	メキシコ	7,115	8,439	アルゼンチン	3,160	3,067
5	ベトナム	2,444	2,638	スペイン	4,167	4,919	パラグアイ	2,216	3,047
6	イタリア	1,793	2,159	ドイツ	3,474	4,119	オーストラリア	805	2,360
7	2) フランス	1,622	1,642 1)	アメリカ合衆国	3,959	4,098	ウクライナ	1,775	2,033
8	インドネシア	1,346	1,448	オランダ	3,467	3,928	オランダ	1,641	1,904
9	ホンジュラス	872	1,292	シンガポール	2,227	2,937	ルーマニア	1,046	1,724
10	（日本）	140	160	（日本）	666	1,045	（日本）	15	18
輸入									
1	1) アメリカ合衆国	6,177	7,427 1)	アメリカ合衆国	21,474	25,500	中国	43,098	57,774
2	ドイツ	3,831	4,267	イギリス	6,299	6,947	ドイツ	4,824	5,959
3	2) フランス	3,100	3,316	ドイツ	5,118	5,836	日本	2,886	3,992
4	イタリア	1,600	1,851	中国	4,125	5,061	オランダ	3,734	3,986
5	6) カナダ	1,371	1,586 6)	カナダ	3,420	3,749 6)	メキシコ	3,008	3,514
6	オランダ	1,344	1,526 2)	フランス	3,151	3,516	アルゼンチン	1,989	2,630
7	日本	1,342	1,507	インド	2,867	3,350	スペイン	1,673	2,485
8	スペイン	1,094	1,225	ロシア	2,516	2,939	タイ	1,713	2,370
9	イギリス	1,336	1,175	シンガポール	2,161	2,797 4)	トルコ	2,175	2,323
10	ロシア	1,037	1,175	日本	2,400	2,535	エジプト	1,796	2,284

区分	綿花			牛肉			10) 肉類（牛肉以外）		
	国名	2020年	2021	国名	2020年	2021	国名	2020年	2021
輸出									
1	1) アメリカ合衆国	6,030	5,770 1)	アメリカ合衆国	6,554	9,265 1)	アメリカ合衆国	11,303	12,597
2	ブラジル	3,246	3,428	ブラジル	7,447	7,967	ブラジル	8,115	9,905
3	インド	1,560	2,854	オーストラリア	6,615	6,844	スペイン	7,962	8,444
4	ギリシャ	453	1,625	ニュージーランド	2,399	4,612	オランダ	6,425	7,007
5	オーストラリア	309	1,440	オランダ	2,555	3,189	ドイツ	6,614	5,530
6	ベナン	462	626	カナダ	2,203	3,147	ニュージーランド	2,856	5,395
7	ブルキナファソ	262	455	インド	2,795	3,001	ポーランド	3,785	4,382
8	トルコ	219	409	アルゼンチン	2,707	2,733	オーストラリア	3,436	4,232
9	エジプト	162	220	アイルランド	2,201	2,546	カナダ	3,788	4,059
10	（日本）	8	7	（日本）	271	489	（日本）	36	30
輸入									
1	中国	3,591	4,187	中国	10,178	12,488	中国	19,928	18,809
2	ベトナム	2,215	3,062 1)	アメリカ合衆国	6,430	7,613	日本	6,783	7,159
3	4) トルコ	1,673	2,475	日本	3,343	3,713 1)	アメリカ合衆国	2,745	3,995
4	パキスタン	1,318	1,771	韓国	2,896	3,560 6)	メキシコ	2,717	3,929
5	インドネシア	777	1,110	インド	2,107	2,313	ドイツ	4,020	3,907
6	インド	369	541	イタリア	1,994	2,257 2)	フランス	2,825	3,466
7	タイ	228	335	オランダ	1,680	1,922	香港	3,399	3,094
8	韓国	191	264	チリ	1,095	1,718	イギリス	2,907	2,749
9	6) メキシコ	214	262	香港	1,834	1,555	イタリア	2,552	2,594
10	（日本）	96	110	イギリス	1,273	1,534	韓国	2,035	2,453

注：9）は、リヒテンシュタインを含む。
　　10）は、生鮮、冷蔵又は冷凍したものであり、牛肉その他のくず肉を含む。

9 貿易（続き）
(4) 主要商品別輸出入額（続き）

単位：100万米ドル

区分	11) 羊毛			製材、まくら木			パルプ、くず紙		
	国名	2020年	2021	国名	2020年	2021	国名	2020年	2021
輸出									
1	オーストラリア	1,529	2,339	カナダ	7,893	13,657 1)	アメリカ合衆国	7,627	9,677
2	中国	584	786	ロシア	4,349	6,292	ブラジル	5,987	6,731
3	ニュージーランド	243	518	スウェーデン	3,443	5,440	カナダ	4,981	6,111
4	南アフリカ	308	412	ドイツ	2,828	4,728	インドネシア	2,536	3,285
5	モンゴル	232	324 1)	アメリカ合衆国	2,920	3,835	スウェーデン	2,508	3,169
6	ドイツ	135	204	フィンランド	1,842	3,149	フィンランド	2,155	3,082
7	チェコ	148	183	オーストリア	1,586	2,745	チリ	2,101	2,771
8	イタリア	131	173	ブラジル	1,277	1,658	オランダ	1,144	1,474
9	ウルグアイ	94	166	ラトビア	842	1,539	ドイツ	1,049	1,416
10	（日本）	0	0	（日本）	66	94	（日本）	592	771
輸入									
1	中国	1,908	2,715 1)	アメリカ合衆国	9,795	16,202	中国	16,860	20,188
2	イタリア	588	885	中国	7,804	8,114	ドイツ	3,184	4,699
3	インド	158	215	イギリス	2,235	4,012 1)	アメリカ合衆国	3,114	4,184
4	ドイツ	162	203	日本	1,936	2,799	インド	1,809	3,218
5	チェコ	171	195	ドイツ	1,737	2,752	インドネシア	1,723	2,350
6	イギリス	81	139	オランダ	1,337	2,175	イタリア	1,250	2,000
7	韓国	114	132	イタリア	1,247	1,912	オランダ	1,291	1,762
8	ルーマニア	107	104 2)	フランス	1,213	1,878	韓国	1,306	1,734
9	ポーランド	81	104	ベルギー	758	1,212 2)	フランス	1,080	1,397
10	（日本）	79	66	オーストリア	666	1,196	日本	1,062	1,275

区分	12) 魚類			14) 甲殻類、軟体動物			15) 真珠、貴石、半貴石		
	国名	2020年	2021	国名	2020年	2021	国名	2020年	2021
輸出									
1	13) ノルウェー	9,740	12,281	インド	4,323	5,843	インド	16,031	26,741
2	中国	6,574	6,494	エクアドル	3,829	5,326	香港	12,561	18,125
3	チリ	4,654	5,536	中国	3,295	3,662	アラブ首長国連邦	8,918	17,095
4	スウェーデン	3,870	4,369	ベトナム	2,475	2,834 1)	アメリカ合衆国	11,651	16,704
5	1) アメリカ合衆国	2,912	3,283	インドネシア	1,946	2,163	ベルギー	8,333	12,662
6	ベトナム	2,703	3,048	スペイン	1,094	1,663	イスラエル	5,514	8,985
7	ロシア	2,798	3,035	アルゼンチン	1,211	1,378	ボツワナ	3,749	6,714
8	オランダ	2,353	2,806	モロッコ	822	1,244	ロシア	3,264	4,561
9	デンマーク	2,153	2,581	タイ	876	942	中国	1,582	3,111
10	（日本）	926	1,044	（日本）	401	754	（日本）	145	256
輸入									
1	1) アメリカ合衆国	8,774	11,126 1)	アメリカ合衆国	5,620	7,613	インド	16,891	29,080
2	日本	6,422	7,116	中国	4,643	5,843 1)	アメリカ合衆国	14,021	22,615
3	中国	5,002	4,815	スペイン	2,687	3,660	香港	13,135	18,275
4	スウェーデン	4,201	4,712	日本	2,826	2,855	アラブ首長国連邦	8,757	15,139
5	2) フランス	3,277	3,919	イタリア	1,531	2,277	ベルギー	8,153	11,692
6	スペイン	2,960	3,393	韓国	1,446	1,513	中国	6,480	11,630
7	イタリア	2,223	2,820 2)	フランス	1,152	1,473	イスラエル	2,891	6,318
8	ドイツ	2,634	2,720	香港	925	1,078	ボツワナ	1,998	2,962
9	韓国	2,327	2,644	オランダ	579	734 9)	スイス	1,953	2,538
10	ポーランド	2,308	2,627	タイ	654	705	（日本）	748	997

注：11)は、羊以外の獣毛及びウールトップを含む。
　　12)は、生鮮、冷蔵又は冷凍したものである。
　　13)は、スヴァールバル諸島及びヤンマイエン島を含む。
　　14)は、生鮮、冷蔵又は冷凍であり、塩漬けなどを含む。
　　15)は、未加工品、合成品及び再生品を含む。製品は除く。

食　料　編

I　食料消費と食料自給率

1　食料需給

(1)　令和4年度食料需給表（概算値）

品目	2)国内生産量	3)外国貿易 輸入量	3)外国貿易 輸出量	4)在庫の増減量	国内消費仕向量	国内消費仕向量 加工用	国内消費仕向量 5)純食料	一人1年当たり供給量	一人1日当たり供給量
	千t	千t	千t	千t	千t	千t	千t	kg	g
穀類	9,340	23,641	89	△ 11	32,068	4,535	10,502	84.1	230.3
米	8,073	832	89	△ 255	8,236	229	6,354	50.9	139.3
小麦	994	5,512	0	37	6,469	282	3,955	31.7	86.7
大麦	216	1,830	0	81	1,965	810	28	0.2	0.6
はだか麦	17	11	0	△ 3	31	7	13	0.1	0.3
1)雑穀	40	15,456	0	129	15,367	3,207	152	1.2	3.3
いも類	2,995	1,307	30	0	4,272	1,047	2,634	21.1	57.8
でん粉	2,296	147	0	△ 19	2,462	504	1,956	15.7	42.9
豆類	313	3,969	0	3	4,279	2,943	1,122	9.0	24.6
野菜	11,237	2,970	35	0	14,172	0	11,009	88.1	241.4
果実	2,645	4,233	86	9	6,783	18	4,144	33.2	90.9
肉類	3,473	3,191	16	78	6,570	0	4,253	34.0	93.3
鶏卵	2,537	117	27	0	2,627	0	2,115	16.9	46.4
牛乳及び乳製品	7,532	4,450	137	△ 361	12,206	0	11,736	93.9	257.3
魚介類	3,477	3,781	789	44	6,425	0	2,749	22.0	60.3
海藻類	76	39	2	0	113	18	95	0.8	2.1
砂糖類							2,158	17.3	47.3
粗糖	148	1,060	0	20	1,188	1,188	0	0.0	0.0
精糖	1,789	411	2	30	2,168	21	2,125	17.0	46.6
含みつ糖	28	7	0	7	28	0	28	0.2	0.6
糖みつ	79	125	0	△ 6	210	64	5	0.0	0.1
油脂類	1,955	948	24	△ 13	2,892	472	1,681	13.5	36.9
植物油脂	1,630	929	22	△ 52	2,589	341	1,627	13.0	35.7
動物油脂	325	19	2	39	303	131	54	0.4	1.2
みそ	467	0	21	0	446	0	444	3.6	9.7
しょうゆ	695	3	47	△ 1	652	0	649	5.2	14.2

資料：農林水産省大臣官房政策課食料安全保障室「食料需給表」（以下(4)まで同じ。）

注：1　この食料需給表は、FAOの作成手引に準拠して作成したものである。
　2　計測期間は、原則、令和4年4月から令和5年3月までの1年間である。
　3　一人当たりの供給量算出に用いた総人口は、総務省統計局による推計人口（令和4年10月1日現在）である。
　4　「事実のないもの」及び「単位に満たないもの」は、全て「0」と表示した。
　　1)は、とうもろこし、こうりゃん、その他の雑穀の計である。
　　2)は、輸入した原材料により国内で生産された製品を含む。
　　3)のうち、いわゆる加工食品は、生鮮換算して計上している。なお、全く国内に流通しないものや、全く食料になり得ないものなどは計上していない。
　　4)は、当年度末繰越量と当年度始め持越量との差である。
　　5)は、粗食料に歩留率を乗じたもので、人間の消費に直接に利用可能な食料の実際の数量を表している。

1 食料需給（続き）

(2) 国民一人1日当たりの熱量・たんぱく質・脂質供給量

品目	令和2年度			3			4 （概算値）		
	熱量	たんぱく質	脂質	熱量	たんぱく質	脂質	熱量	たんぱく質	脂質
	kcal	g	g	kcal	g	g	kcal	g	g
計	2,270.0	78.0	81.9	2,265.7	77.6	81.0	2,260.2	77.1	79.4
穀類	789.1	18.0	2.9	794.5	18.1	2.9	790.1	18.0	2.9
米	475.6	8.5	1.3	481.8	8.6	1.3	476.5	8.5	1.3
小麦	300.2	9.1	1.6	298.7	9.1	1.6	299.2	9.1	1.6
大麦	1.6	0.0	0.0	1.9	0.0	0.0	2.0	0.0	0.0
はだか麦	1.2	0.0	0.0	1.2	0.0	0.0	0.9	0.0	0.0
1)雑穀	10.6	0.3	0.0	11.0	0.3	0.1	11.4	0.3	0.1
いも類	37.6	0.9	0.1	37.4	0.9	0.1	41.1	1.0	0.1
でん粉	146.9	0.0	0.2	149.3	0.0	0.3	154.5	0.0	0.3
豆類	97.4	7.6	5.1	93.9	7.3	4.9	96.8	7.5	4.9
野菜	67.0	3.0	0.5	66.1	3.0	0.5	66.4	3.0	0.5
果実	64.9	0.9	1.4	67.0	0.9	1.8	66.2	0.9	1.6
肉類	178.1	17.1	12.9	180.0	17.4	12.9	180.0	17.4	12.9
鶏卵	66.8	5.7	4.8	67.0	5.8	4.8	65.9	5.7	4.7
牛乳及び乳製品	161.7	8.2	9.5	162.9	8.3	9.6	162.1	8.2	9.5
魚介類	83.7	12.7	3.9	81.2	12.2	4.0	77.9	11.6	3.9
海藻類	5.6	0.7	0.1	4.9	0.6	0.1	4.7	0.5	0.1
砂糖類	177.5	0.0	0.0	180.4	0.0	0.0	184.6	0.0	0.0
精糖	175.4	0.0	0.0	178.1	0.0	0.0	182.2	0.0	0.0
含みつ糖	1.9	0.0	0.0	2.1	0.0	0.0	2.2	0.0	0.0
糖みつ	0.1	0.0	0.0	0.1	0.0	0.0	0.3	0.0	0.0
油脂類	349.3	0.0	39.4	338.5	0.0	38.2	326.8	0.0	36.9
植物油脂	335.9	0.0	37.9	327.6	0.0	36.9	316.3	0.0	35.7
動物油脂	13.4	0.0	1.5	10.9	0.0	1.2	10.4	0.0	1.2
みそ	18.1	1.2	0.6	17.7	1.2	0.6	17.7	1.2	0.6
しょうゆ	10.9	1.1	0.0	10.9	1.1	0.0	10.8	1.1	0.0

注：1 一人当たり算出に用いた各年度の総人口（各年10月1日現在）は、次のとおりである。
　　　令和2年度：1億2,615万人、3年度：1億2,550万人、4年度：1億2,495万人
　　2 令和元年度以降の供給熱量は、「日本食品標準成分表2020年版（八訂）」を参照しているが、単位熱量の
　　　算定方法が大幅に改訂されているため、それ以前と比較する場合は留意されたい。
　　1)は、とうもろこし、こうりゃん、その他の雑穀の計である。

(3) 国民一人1年当たり供給純食料

単位：kg

品目	平成30年度	令和元	2	3	4 （概算値）
穀類	87.4	87.2	84.0	84.5	84.1
うち米	53.5	53.2	50.8	51.4	50.9
小麦	32.2	32.3	31.8	31.6	31.7
いも類	19.6	20.6	19.3	19.2	21.1
でん粉	16.0	16.5	14.9	15.1	15.7
豆類	8.8	8.9	8.9	8.7	9.0
野菜	90.3	89.9	89.1	88.1	88.1
果実	35.5	34.0	34.1	32.4	33.2
肉類	33.3	33.5	33.5	34.0	34.0
鶏卵	17.4	17.6	17.2	17.2	16.9
牛乳及び乳製品	95.2	95.5	93.7	94.4	93.9
魚介類	23.7	25.3	23.6	22.7	22.0
海藻類	0.9	0.8	0.9	0.8	0.8
砂糖類	18.1	17.9	16.6	16.9	17.3
油脂類	14.1	14.5	14.4	13.9	13.5
みそ	3.7	3.7	3.6	3.5	3.6
しょうゆ	5.6	5.5	5.2	5.3	5.2

注：純食料は、粗食料に歩留率を乗じたもので、人間の消費に直接利用可能な食料の実際の数量である。

(4)　食料の自給率（主要品目別）

単位：％

品目	平成30年度	令和元	2	3	4 （概算値）
1)米	97	97	97	98	99
小麦	12	16	15	17	15
豆類	7	7	8	8	7
うち大豆	6	6	6	7	6
野菜	78	80	80	79	79
果実	38	38	38	39	39
2)肉類（鯨肉を除く。）	51	52	53	53	53
	(7)	(7)	(7)	(8)	(8)
2)うち牛肉	36	35	36	38	39
	(10)	(9)	(9)	(10)	(11)
2)鶏卵	96	96	97	97	97
	(12)	(12)	(11)	(13)	(13)
2)牛乳及び乳製品	59	59	61	63	62
	(25)	(25)	(26)	(27)	(27)
3)魚介類	55	53	55	57	54
砂糖類	34	34	36	36	34
4)穀物(飼料用も含む。) 自給率	28	28	28	29	29
5)主食用穀物自給率	59	61	60	61	61
6)供給熱量ベースの 　総合食料自給率	37	38	37	38	38
	(35)	(35)	(34)	(35)	‥
7)生産額ベースの総合食料自給率	66	66	67	63	58
8)供給熱量ベースの食料国産率	46	46	46	47	47
9)生産額ベースの食料国産率	69	70	71	69	65

注：　1)については、国内生産と国産米在庫の取崩しで国内需要に対応している実態を踏まえ、平成10年
　　度から国内生産量に国産米在庫取崩し量を加えた数量を用いて、次式により品目別自給率、穀物自給
　　率及び主食用穀物自給率を算出した。
　　　自給率＝国内供給量（国内生産量＋国産米在庫取崩し量）／国内消費仕向量×100（重量ベース）
　　　2)の（　）書きは、飼料自給率を考慮した値である。
　　　3)は、飼肥料も含む魚介類全体についての自給率である。
　　　4)の自給率＝穀物の国内生産量／穀物の国内消費仕向量×100（重量ベース）
　　　5)の自給率＝主食用穀物の国内生産量／主食用穀物の国内消費仕向量×100（重量ベース）
　　　6)の自給率＝国産供給熱量／供給熱量×100（供給熱量ベース）
　　　ただし、自給率では、畜産物に飼料自給率を、加工品に原料自給率を乗じる。一方、8)の
　　国産率では加工品には原料自給率を乗じるが、畜産物には飼料自給率を乗じない。
　　　下段の（　）書きは、参考として、酒類を含む供給熱量総合食料自給率を示したものである。
　　　ただし、算出に当たっては、国産供給熱量について把握可能な国産原料を基に試算した。
　　　7)の自給率＝食料の国内生産額／食料の国内消費仕向額×100（生産額ベース）
　　　ただし、自給率では、畜産物は飼料輸入額を、加工品は原料輸入額を控除する。一方、9)の
　　国産率では、加工品は原料輸入額を控除するが、畜産物は飼料輸入額を控除しない。

1 食料需給（続き）
〔参考〕カロリーベースと生産額ベースの食料自給率(図)

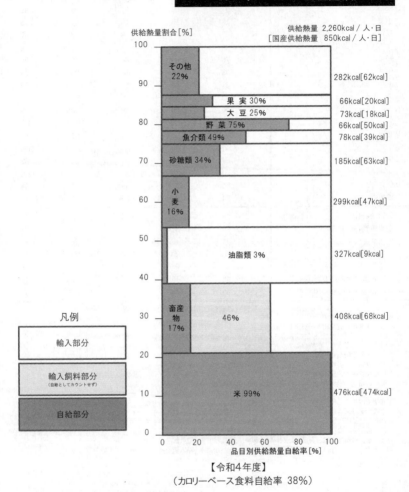

カロリーベースと生産額ベース

供給熱量割合[%]

供給熱量 2,260kcal／人・日
[国産供給熱量 850kcal／人・日]

品目	右側kcal
その他 22%	282kcal[62kcal]
果 実 30%	66kcal[20kcal]
大 豆 25%	73kcal[18kcal]
野 菜 75%	66kcal[50kcal]
魚介類 49%	78kcal[39kcal]
砂糖類 34%	185kcal[63kcal]
小麦 16%	299kcal[47kcal]
油脂類 3%	327kcal[9kcal]
畜産物 17% 46%	408kcal[68kcal]
米 99%	476kcal[474kcal]

凡例

輸入部分

輸入飼料部分
(自給としてカウントせず)

自給部分

品目別供給熱量自給率[%]
0　20　40　60　80　100

【令和4年度】
（カロリーベース食料自給率 38%）

※ラウンドの関係で合計と内訳が一致しない場合がある。
資料：農林水産省大臣官房政策課食料安全保障室資料

の食料自給率（令和4年度）

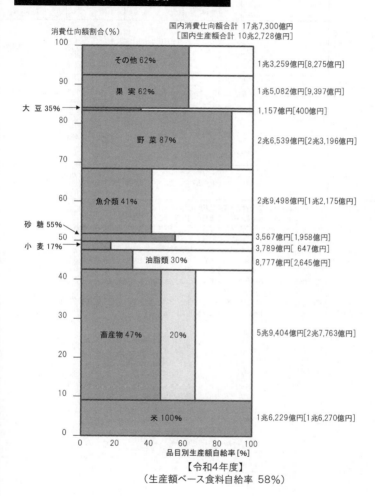

消費仕向額割合（%）

国内消費仕向額合計 17兆7,300億円
［国内生産額合計 10兆2,728億円］

1兆3,259億円[8,275億円]

1兆5,082億円[9,397億円]

1,157億円[400億円]

2兆6,539億円[2兆3,196億円]

2兆9,498億円[1兆2,175億円]

3,567億円[1,958億円]

3,789億円[647億円]

8,777億円[2,645億円]

5兆9,404億円[2兆7,763億円]

1兆6,229億円[1兆6,270億円]

その他62%
果実62%
大豆35%
野菜87%
魚介類41%
砂糖55%
小麦17%
油脂類30%
畜産物47%　20%
米100%

品目別生産額自給率 [%]

【令和4年度】
（生産額ベース食料自給率 58%）

1 食料需給（続き）
(5) 食料自給力指標の推移（国民一人1日当たり）

単位：kcal

区分		昭和40年度	50	60	平成7	17	27	30	令和元	2	3	4（概算値）
米・小麦中心の作付け	再生利用可能な荒廃農地においても作付けする場合	–	–	–	–	–	1,744	1,727	1,761	1,755	1,746	1,720
	現在の農地で作付けする場合	2,056	1,976	2,020	1,847	1,773	1,698	1,691	1,726	1,718	1,708	1,682
いも類中心の作付け	再生利用可能な荒廃農地においても作付けする場合	–	–	–	–	–	2,598	2,546	2,562	2,490	2,421	2,368
	現在の農地で作付けする場合	3,141	2,836	2,877	2,790	2,730	2,538	2,500	2,516	2,442	2,375	2,332

資料：農林水産省大臣官房政策課食料安全保障室資料（以下（6）まで同じ。）
注：1　食料自給力は、「我が国農林水産業が有する食料の潜在生産能力」を表す。
　　2　食料自給力指標とは、国内の農地等をフル活用した場合、国内生産のみでどれだけの食料を生産することが可能か（食料の潜在生産能力）を試算した指標である。
　　　　なお、食料自給力指標については、次の2パターンを示すこととしている。
　　　　米・小麦中心の作付け：　栄養バランスを考慮しつつ、米・小麦を中心に熱量効率を最大化して作付けする場合
　　　　いも類中心の作付け　：　栄養バランスを考慮しつつ、いも類を中心に熱量効率を最大化して作付けする場合
　　3　「再生利用可能な荒廃農地においても作付けする場合」については、再生利用可能な荒廃農地面積のデータが存在する平成21年度以降について試算している。

(6)　都道府県別食料自給率

単位：％

区分	カロリーベース		生産額ベース		区分	カロリーベース		生産額ベース	
	令和2年度	令和3年度（概算値）	令和2年度	令和3年度（概算値）		令和2年度	令和3年度（概算値）	令和2年度	令和3年度（概算値）
全国	37	38	67	63	三重	38	40	60	59
北海道	217	223	217	220	滋賀	47	49	36	34
青森	125	120	250	240	京都	11	12	19	18
岩手	105	108	216	197	大阪	1	1	6	5
宮城	72	72	92	82	兵庫	15	16	34	32
秋田	201	204	158	138	奈良	13	14	23	21
山形	143	147	190	175	和歌山	27	29	119	119
福島	77	75	95	84	鳥取	60	61	142	129
茨城	68	70	125	113	島根	60	63	105	100
栃木	71	71	112	99	岡山	35	36	64	61
群馬	32	33	99	88	広島	21	22	39	38
埼玉	10	10	17	15	山口	24	31	42	43
千葉	24	24	54	46	徳島	41	40	118	110
東京	0	0	3	2	香川	33	33	86	81
神奈川	2	2	12	11	愛媛	34	37	111	115
新潟	111	109	111	100	高知	43	46	170	169
富山	75	77	59	53	福岡	17	20	36	34
石川	46	46	48	43	佐賀	85	95	151	140
福井	64	65	54	48	長崎	38	41	142	142
山梨	18	19	89	99	熊本	55	58	162	159
長野	51	52	129	120	大分	40	46	108	106
岐阜	24	25	44	43	宮崎	61	64	302	286
静岡	15	16	52	52	鹿児島	77	79	283	271
愛知	11	12	31	28	沖縄	32	32	64	52

2　国民栄養

(1)　栄養素等摂取量の推移　（総数、一人1日当たり）

栄養素	単位	平成27年	28	29	30	令和元
エネルギー	kcal	1,889	1,865	1,897	1,900	1,903
たんぱく質	g	69.1	68.5	69.4	70.4	71.4
うち動物性	〃	37.3	37.4	37.8	38.9	40.1
脂質	〃	57.0	57.2	59.0	60.4	61.3
うち動物性	〃	28.7	29.1	30.0	31.8	32.4
炭水化物	〃	258	253	255	251	248
カルシウム	mg	517	502	514	505	505
鉄	〃	7.6	7.4	7.5	7.5	7.6
ビタミンA	2) μgRAE	534	524	519	518	534
〃　B₁	mg	0.86	0.86	0.87	0.90	0.95
〃　B₂	〃	1.17	1.15	1.18	1.16	1.18
〃　C	〃	98	89	94	95	94
1) 穀類エネルギー比率	％	41.2	40.9	40.4	40.0	39.5
1) 動物性たんぱく質比率	〃	52.3	52.8	52.7	53.5	54.3

資料：厚生労働省健康局「令和元年　国民健康・栄養調査報告」（以下(3)まで同じ。）
注：1　平成28年は抽出率等を考慮した全国補正値である。
　　2　令和2、3年は新型コロナウイルス感染症の影響により調査中止（以下(3)まで同じ。）。
　　1)は、個々人の計算値を平均したものである。
　　2)RAEとは、レチノール活性当量である。

2　国民栄養（続き）

(2)　食品群別摂取量（1歳以上、年齢階級別、一人1日当たり平均値）（令和元年）

単位：g

食品群	摂取量										
	計	1〜6歳	7〜14	15〜19	20〜29	30〜39	40〜49	50〜59	60〜69	70〜79	80歳以上
穀類	410.7	257.9	429.1	524.5	448.8	432.4	433.6	413.1	401.7	388.7	388.1
いも類	50.2	36.1	52.9	61.3	41.3	42.5	48.2	42.6	51.1	61.3	51.9
砂糖・甘味料類	6.3	4.0	5.7	6.1	5.8	5.5	5.9	6.0	6.7	7.3	7.4
豆類	60.6	31.0	43.9	40.8	46.8	44.8	51.7	64.6	76.7	76.1	65.1
種実類	2.5	1.5	1.7	1.3	1.3	2.9	2.1	3.0	3.2	3.2	2.2
野菜類	269.8	129.0	241.1	243.4	222.6	239.5	246.8	268.6	307.1	323.1	284.2
果実類	96.4	93.2	73.9	66.3	46.9	43.9	55.2	70.6	118.6	159.4	141.7
きのこ類	16.9	8.3	14.6	13.9	14.2	15.8	15.1	15.1	22.4	19.6	16.4
藻類	9.9	5.8	5.8	7.7	7.0	8.0	8.8	10.5	11.4	12.5	12.8
魚介類	64.1	29.7	45.2	43.3	50.8	50.8	52.8	59.2	77.7	88.9	73.8
肉類	103.0	63.1	110.1	168.3	130.7	116.1	130.3	106.9	94.5	81.5	66.5
卵類	40.4	19.6	33.5	54.7	38.9	37.7	40.4	40.1	43.7	44.5	38.4
乳類	131.2	211.7	302.7	149.1	111.9	77.5	96.0	101.3	117.3	127.8	127.5
油脂類	11.2	6.4	9.0	15.3	12.4	12.3	12.8	12.1	11.4	10.3	8.8
菓子類	25.7	23.5	35.9	34.6	21.9	26.5	22.6	24.3	25.2	25.1	24.3
嗜好飲料類	618.5	235.6	315.5	442.3	523.4	629.6	702.9	727.8	753.5	662.2	551.3
調味料・香辛料類	62.5	32.4	53.1	59.1	63.5	64.1	60.6	62.8	71.2	67.8	57.2

(3)　朝食欠食率の推移　（20歳以上、性・年齢階級別）

単位：%

区分		平成27年	28	29	30	令和元
男性	計	12.9	14.2	13.6	13.9	14.3
	20〜29歳	24.0	37.4	30.6	29.9	27.9
	30〜39	25.6	26.5	23.3	28.3	27.1
	40〜49	23.8	25.6	25.8	24.5	28.5
	50〜59	16.4	18.0	19.4	18.0	22.0
	60〜69	8.0	6.7	7.6	8.2	9.6
	70歳以上	4.2	3.3	3.4	3.7	3.4
女性	計	9.6	10.4	9.7	8.6	10.2
	20〜29歳	25.3	23.1	23.6	18.9	18.1
	30〜39	14.4	19.5	15.1	12.7	22.4
	40〜49	13.7	14.9	15.3	12.6	17.1
	50〜59	11.8	11.7	11.4	13.0	14.4
	60〜69	6.7	6.2	8.1	5.3	6.8
	70歳以上	3.8	4.1	3.7	3.7	4.5

注：平成28年は抽出率等を考慮した全国補正値である。

3 産業連関表からみた最終消費としての飲食費
〔参考〕 飲食費のフロー（平成27年）

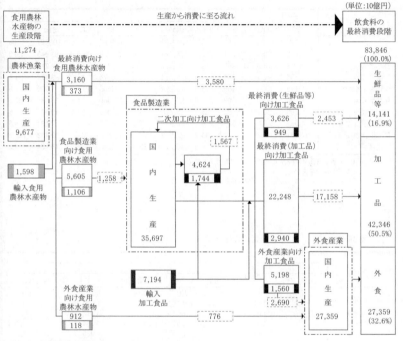

（単位：10億円）

資料： 農林水産省統計部「平成27年（2015年）農林漁業及び関連産業を中心とした産業連関表
（飲食費のフローを含む。）」
注：1 総務省等10府省庁「平成27年産業連関表」を基に農林水産省で推計。
　　2 旅館・ホテル、病院、学校給食等での食事は「外食」に計上するのではなく、使用され
た食材費を最終消費額として、それぞれ「生鮮品等」及び「加工品」に計上している。
　　3 加工食品のうち、精穀（精米・精麦等）、食肉（各種肉類）及び冷凍魚介類は加工度が
低いため、最終消費においては「生鮮品等」として取り扱っている。
　　4 「　」内は、各々の流通段階で発生する流通経費（商業マージン及び運賃）である。
　　5 　は食用農林水産物の輸入、　は加工食品の輸入を表している。

3　産業連関表からみた最終消費としての飲食費（続き）
(1)　飲食費の帰属額及び帰属割合の推移

区分	平成7年		12		17		23		27	
	金額	構成比	金額	構成比	金額	構成比	金額	構成比	金額	構成比
	10億円	％	10億円	％	10億円	％	10億円	％	10億円	％
合計	82,455	100.0	80,611	100.0	78,374	100.0	76,204	100.0	83,846	100.0
農林漁業	12,798	15.5	11,405	14.1	10,582	13.5	10,477	13.7	11,274	13.4
国内生産	11,655	14.1	10,245	12.7	9,374	12.0	9,174	12.0	9,677	11.5
輸入食用農林水産物	1,143	1.4	1,160	1.4	1,208	1.5	1,303	1.7	1,598	1.9
食品製造業	24,995	30.3	25,509	31.6	24,346	31.1	23,966	31.5	26,986	32.2
国内生産	20,398	24.7	20,681	25.7	18,876	24.1	18,051	23.7	19,792	23.6
輸入加工食品	4,597	5.6	4,829	6.0	5,471	7.0	5,916	7.8	7,194	8.6
食品関連流通業	27,587	33.5	27,397	34.0	27,868	35.6	26,615	34.9	29,482	35.2
外食産業	17,075	20.7	16,299	20.2	15,577	19.9	15,146	19.9	16,104	19.2

資料：　農林水産省統計部「平成27年（2015年）農林漁業及び関連産業を中心とした産業連関表
　　　　（飲食費のフローを含む。）」（以下(2)まで同じ。）
注：　平成23年以前については、最新の「平成27年産業連関表」の概念等に合わせて再推計した
　　　数値である（以下(2)まで同じ。）。

(2)　食用農林水産物・輸入加工食品の仕向額

区分	仕向額			
	平成23年			
	計	国産食用農林水産物	輸入食用農林水産物	輸入加工食品
	10億円	10億円	10億円	10億円
合計	16,393	9,174	1,303	5,916
（構成比％）	(100.0)	(56.0)	(7.9)	(36.1)
最終消費向け	6,488	2,920	264	3,304
食品製造業向け	7,789	5,407	926	1,456
外食産業向け	2,116	847	113	1,156

区分	仕向額（続き）			
	27			
	計	国産食用農林水産物	輸入食用農林水産物	輸入加工食品
	10億円	10億円	10億円	10億円
合計	18,468	9,677	1,598	7,194
（構成比％）	(100.0)	(52.4)	(8.7)	(39.0)
最終消費向け	7,423	3,160	373	3,889
食品製造業向け	8,455	5,605	1,106	1,744
外食産業向け	2,590	912	118	1,560

区分	増減率			
	計	国産食用農林水産物	輸入食用農林水産物	輸入加工食品
	％	％	％	％
合計	12.7	5.5	22.6	21.6
（構成比％）	…	…	…	…
最終消費向け	14.4	8.2	41.3	17.7
食品製造業向け	8.6	3.7	19.4	19.8
外食産業向け	22.4	7.7	4.4	34.9

4 家計消費支出
(1) 1世帯当たり年平均1か月間の支出（二人以上の世帯）

単位：円

区分	平成30年	令和元	2	3	4
消費支出	287,315	293,379	277,926	279,024	290,865
食料	73,977	75,258	76,440	75,761	77,474
穀類	6,266	6,345	6,670	6,389	6,343
米	1,948	1,857	1,929	1,763	1,592
パン	2,511	2,643	2,591	2,576	2,665
麺類	1,374	1,411	1,654	1,585	1,614
他の穀類	432	435	496	465	473
魚介類	5,870	5,884	6,224	6,031	5,846
生鮮魚介	3,357	3,349	3,552	3,461	3,243
塩干魚介	1,052	1,044	1,099	1,035	1,025
魚肉練製品	647	663	690	685	712
他の魚介加工品	813	828	884	850	865
肉類	7,408	7,272	8,102	7,901	7,877
生鮮肉	6,038	5,876	6,583	6,422	6,409
加工肉	1,369	1,396	1,519	1,478	1,468
乳卵類	3,785	3,811	4,107	4,022	3,960
牛乳	1,244	1,263	1,323	1,245	1,248
乳製品	1,762	1,791	1,946	1,927	1,866
卵	779	758	838	850	847
野菜・海藻	8,894	8,491	9,237	8,793	8,704
生鮮野菜	5,985	5,621	6,213	5,893	5,861
乾物・海藻	719	720	748	703	688
大豆加工品	1,108	1,093	1,147	1,099	1,082
他の野菜・海藻加工品	1,083	1,057	1,128	1,098	1,072
果物	2,826	2,869	3,024	3,035	2,958
生鮮果物	2,569	2,603	2,726	2,735	2,670
果物加工品	257	266	298	300	288
油脂・調味料	3,529	3,554	3,907	3,823	3,825
油脂	361	375	415	405	441
調味料	3,168	3,179	3,492	3,418	3,384
菓子類	5,664	6,027	6,260	6,469	6,760
調理食品	9,917	10,397	10,757	11,363	11,744
主食的調理食品	4,094	4,354	4,490	4,802	5,024
他の調理食品	5,822	6,043	6,266	6,561	6,721
飲料	4,435	4,698	4,864	4,953	5,077
茶類	1,041	1,095	1,112	1,101	1,085
コーヒー・ココア	894	945	984	1,014	1,033
他の飲料	2,500	2,658	2,768	2,838	2,959
酒類	3,138	3,184	3,700	3,601	3,499
外食	12,247	12,726	9,587	9,380	10,881
一般外食	11,407	11,875	8,853	8,536	10,082
学校給食	840	850	734	844	799
住居	16,915	17,094	17,365	18,329	18,645
光熱・水道	22,019	21,951	21,836	21,530	24,522
家具・家事用品	10,839	11,486	12,538	11,932	12,121
被服及び履物	10,791	10,779	8,799	8,709	9,106
保健医療	13,227	13,933	14,211	14,238	14,705
交通・通信	42,107	43,632	39,910	39,702	41,396
教育	11,785	11,492	10,290	11,902	11,436
教養娯楽	27,581	29,343	24,285	24,545	26,642
その他の消費支出	58,074	58,412	52,251	52,377	54,817

資料：総務省統計局「家計調査結果」（以下(2)まで同じ。）

4 家計消費支出（続き）
(2) 1世帯当たり年間の品目別購入数量（二人以上の世帯）

区分	単位	平成30年	令和元	2	3	4
食料						
穀類						
米	kg	65.75	62.20	64.53	60.80	57.38
パン	g	44,526	46,011	45,857	44,345	43,571
麺類	〃	33,867	33,169	38,021	36,208	35,557
他の穀類	〃	8,450	8,281	9,455	8,730	8,472
魚介類						
生鮮魚介	〃	23,465	22,966	23,910	22,964	19,516
塩干魚介	〃	6,946	6,719	7,238	6,616	6,152
他の魚介加工品						
かつお節・削り節	〃	227	220	223	209	187
肉類						
生鮮肉	〃	49,047	48,694	53,573	52,227	51,089
加工肉						
ソーセージ	〃	5,301	5,322	5,742	5,544	5,439
乳卵類						
牛乳	L	76.24	75.80	78.17	74.19	73.30
乳製品						
チーズ	g	3,488	3,548	4,051	4,074	3,799
卵	〃	31,933	31,746	34,000	32,860	31,933
野菜・海藻						
生鮮野菜	〃	165,301	164,507	175,433	169,692	160,388
乾物・海藻						
わかめ	〃	865	861	866	745	694
大豆加工品						
豆腐	丁	83.66	80.83	84.41	83.74	82.04
他の野菜・海藻加工品						
だいこん漬	g	1,300	1,282	1,340	1,368	1,288
果物						
生鮮果物	〃	71,231	71,998	71,697	71,287	67,648
油脂・調味料						
油脂	〃	9,206	9,422	9,969	9,839	8,892
調味料						
しょう油	mL	4,981	4,708	4,832	4,963	4,151
飲料						
茶類						
緑茶	g	798	791	827	759	701
紅茶	〃	173	186	189	193	191
コーヒー・ココア						
コーヒー	〃	2,478	2,515	2,756	2,835	2,659
酒類						
発泡酒・ビール風アルコール飲料	L	26.43	27.15	31.35	27.06	25.25

注：数量の公表があるもののうち、(1)の品目に準じて抜粋して掲載した。

Ⅱ　6次産業化等
1　六次産業化・地産地消法に基づく認定事業計画の概要
(1)　地域別の認定件数（令和5年6月30日時点）

単位：件

地方農政局等	総合化事業計画の認定件数	農畜産物関係	林産物関係	水産物関係	研究開発・成果利用事業計画の認定件数
合計	2,634	2,332	105	197	29
北海道	163	154	3	6	1
東北	380	344	12	24	4
関東	460	420	18	22	12
北陸	127	121	2	4	1
東海	254	217	15	22	0
近畿	388	352	13	23	3
中国四国	332	274	13	45	2
九州	469	395	28	46	6
沖縄	61	55	1	5	0

資料：農林水産省農村振興局資料（以下(3)まで同じ。）
注：令和5年6月30日時点での累計である（以下(3)まで同じ。）。

(2)　総合化事業計画の事業内容割合（令和5年6月30日時点）

単位：%

内容	割合
加工	18.1
直売	2.9
輸出	0.4
レストラン	0.4
加工・直売	68.9
加工・直売・レストラン	7.1
加工・直売・輸出	2.2

(3)　総合化事業計画の対象農林水産物割合（令和5年6月30日時点）

単位：%

内容	割合
野菜	31.6
果樹	18.6
畜産物	12.6
米	11.7
水産物	5.6
豆類	4.4
その他	3.8
林産物	3.8
麦類	2.4
茶	2.0
そば	1.7
花き	1.6
野生鳥獣	0.2

注：　複数の農林水産物を対象としている総合化事業計画については、その対象となる農林水産物全てを重複して対象とした。

2　農業及び漁業生産関連事業の取組状況
(1)　年間販売（売上）金額及び年間販売（売上）金額規模別事業体数割合

区分	総額	1事業体当たり年間販売（売上）金額	事業体数	計
	100万円	万円	事業体	％
令和2年度 農業生産関連事業計	2,032,947	3,169	64,160	100.0
令和3	2,066,615	3,408	60,650	100.0
農産加工	953,268	3,120	30,550	100.0
農産物直売所	1,046,385	4,613	22,680	100.0
観光農園	32,634	655	4,990	100.0
農家民宿	3,992	340	1,180	100.0
農家レストラン	30,336	2,417	1,260	100.0
令和2年度 漁業生産関連事業計	212,102	5,905	3,590	100.0
令和3	217,792	6,184	3,520	100.0
水産加工	170,100	11,540	1,470	100.0
水産物直売所	32,443	3,961	820	100.0
漁家民宿	5,553	697	800	100.0
漁家レストラン	9,696	2,244	430	100.0

資料：農林水産省統計部「6次産業化総合調査」（以下2(5)まで同じ。）
注：事業体数は、1の位を四捨五入している。

(2)　従事者数及び雇用者の男女別割合

区分	計	役員・家族	雇用者	
			小計	常雇い
	100人	100人	100人	100人
令和2年度 農業生産関連事業計	4,019	1,650	2,369	1,375
令和3	4,227	1,843	2,384	1,343
農産加工	1,888	868	1,020	541
農産物直売所	1,747	713	1,034	675
観光農園	426	199	227	55
農家民宿	45	34	11	3
農家レストラン	121	29	92	69
令和2年度 漁業生産関連事業計	291	102	189	126
令和3	275	97	178	118
水産加工	146	42	103	71
水産物直売所	61	25	36	26
漁家民宿	31	19	12	4
漁家レストラン	37	10	27	18

(3)　産地別年間仕入金額（農産物直売所は販売金額）（令和3年度）

単位：100万円

区分	計	自家生産物	購入農産物（農産物直売所は他の農家の農産物等）		
			自都道府県産	他都道府県産	輸入品
農産加工	389,441	111,349	201,319	60,939	15,835
農産物直売所	921,030	128,344	686,061	103,493	3,132

注：1　産地別年間仕入金額は、農産物の仕入金額の合計である。
　　　なお、農産物直売所は、生鮮食品、農産加工品及び花き・花木の販売金額の合計である。
　　2　「自家生産物」は、農業経営体のみの結果である。

年間販売（売上）金額規模別事業体数割合					
100万円未満	100〜500	500〜1,000	1,000〜5,000	5,000万〜1億	1億円以上
％	％	％	％	％	％
38.2	27.9	12.0	12.7	3.0	6.2
35.8	**28.9**	**11.2**	**14.2**	**3.3**	**6.7**
45.2	31.8	6.9	11.2	1.9	3.0
22.7	25.6	15.4	17.2	5.5	13.5
36.9	30.8	16.2	14.9	0.6	0.7
64.5	18.5	8.2	7.7	0.9	0.1
11.8	21.7	18.9	34.9	7.8	5.0
18.7	30.7	13.9	22.5	7.0	7.2
14.8	**31.7**	**17.0**	**23.8**	**4.9**	**7.8**
17.5	30.0	18.5	16.4	5.2	12.5
10.5	30.7	9.5	32.5	7.1	9.7
16.4	39.9	21.5	21.4	0.8	0.1
11.2	24.4	17.7	37.0	7.2	2.6

	雇用者の男女別割合				
臨時雇い	常雇い		臨時雇い		
	男性	女性	男性	女性	
100人	％	％	％	％	
994	31.0	69.0	30.9	69.1	
1,042	**29.4**	**70.6**	**30.8**	**69.2**	
480	40.4	59.6	34.5	65.5	
359	20.2	79.8	28.3	71.7	
171	38.0	62.0	27.5	72.5	
8	36.7	63.3	21.0	79.0	
23	25.3	74.7	18.8	81.2	
63	40.7	59.3	34.8	65.2	
60	**39.0**	**61.0**	**38.6**	**61.4**	
32	41.2	58.8	44.5	55.5	
11	39.9	60.1	30.2	69.8	
8	25.6	74.4	21.2	78.8	
9	31.8	68.2	43.1	56.9	

2　農業及び漁業生産関連事業の取組状況（続き）

(4)　都道府県別農業生産関連事業の年間販売（売上）金額及び事業体数（令和3年度）

区分	農業生産関連事業計		農産加工						総額
	総額	事業体数	総額	事業体数	農業経営体		農業協同組合等		
					総額	農業経営体数	総額	事業体数	
	100万円	事業体	100万円	事業体	100万円	経営体	100万円	事業体	100万円
全国	2,066,615	60,650	953,268	30,550	406,582	29,110	546,686	1,450	1,046,385
北海道	149,300	2,720	115,298	1,080	26,108	990	89,190	100	30,128
青森	28,385	1,210	13,624	770	7,575	750	6,050	30	14,215
岩手	33,050	1,490	11,792	980	11,626	960	167	10	19,862
宮城	25,523	1,230	8,263	690	5,476	670	2,787	20	16,208
秋田	17,600	1,300	7,514	800	6,982	750	532	40	9,406
山形	33,016	1,620	9,033	750	6,592	720	2,440	30	22,382
福島	47,891	2,160	17,988	1,250	6,393	1,170	11,595	80	28,454
茨城	57,187	2,210	13,844	1,320	10,268	1,270	3,576	50	41,636
栃木	58,443	1,390	26,337	640	11,818	600	14,518	40	29,781
群馬	59,064	1,870	25,395	620	6,306	600	19,089	20	31,188
埼玉	57,538	1,690	10,767	610	9,555	600	1,212	10	44,741
千葉	74,429	2,600	24,706	840	8,030	810	16,676	30	46,615
東京	59,359	960	43,723	190	x	x	x	x	14,330
神奈川	34,586	1,520	5,826	420	3,939	400	1,886	20	27,497
新潟	34,352	1,800	11,138	940	7,008	910	4,130	40	21,610
富山	9,422	660	2,080	410	1,782	390	298	20	6,430
石川	21,500	600	7,066	400	4,074	370	2,992	30	13,628
福井	14,413	660	3,952	470	3,025	440	927	30	9,929
山梨	55,780	1,880	35,591	490	x	x	x	x	17,052
長野	76,415	4,040	31,967	2,330	17,805	2,260	14,162	70	40,226
岐阜	45,813	1,200	19,943	620	12,715	600	7,228	20	24,855
静岡	104,747	2,410	60,279	1,130	19,401	1,070	40,878	70	42,154
愛知	61,234	1,400	9,370	650	5,367	630	4,003	20	48,598
三重	48,559	1,070	26,343	620	14,789	580	11,554	30	19,693
滋賀	15,685	750	3,970	480	3,334	450	636	30	10,857
京都	19,700	950	7,075	500	6,491	470	584	30	11,875
大阪	21,659	520	1,383	180	1,225	170	158	10	19,410
兵庫	35,163	1,740	6,993	880	6,385	860	609	20	26,058
奈良	16,129	440	3,220	170	3,204	160	15	10	12,213
和歌山	36,957	1,500	19,481	1,220	13,384	1,200	6,097	20	16,868
鳥取	35,116	650	21,107	380	2,778	360	18,330	20	13,599
島根	14,055	950	4,705	610	3,515	590	1,191	20	8,799
岡山	24,409	1,130	4,150	730	2,241	680	1,909	50	19,130
広島	28,263	1,160	12,325	570	3,429	550	8,896	20	14,868
山口	48,865	1,100	31,990	450	4,825	380	27,165	60	15,679
徳島	20,204	530	7,718	320	6,418	300	1,300	20	12,166
香川	31,470	370	21,318	230	10,283	220	11,035	10	9,888
愛媛	77,444	870	49,853	520	8,372	510	41,482	10	26,903
高知	36,213	660	13,475	330	2,243	280	11,232	50	22,284
福岡	77,710	1,510	30,670	650	4,606	600	26,065	50	45,477
佐賀	28,838	500	13,906	260	2,991	240	10,914	20	13,887
長崎	24,220	630	7,992	330	2,099	320	5,893	20	15,626
熊本	78,788	1,530	40,770	860	14,535	800	26,235	60	36,514
大分	31,360	910	11,254	460	4,928	450	6,326	20	19,153
宮崎	71,106	1,020	51,736	600	25,542	580	26,195	20	17,836
鹿児島	66,110	1,220	41,091	630	13,920	580	27,171	50	23,285
沖縄	19,544	350	5,248	190	3,575	170	1,673	10	13,397

注：事業体数及び農業経営体数は、1の位を四捨五入している。

事業体数	農産物直売所				観光農園		農家民宿		農家レストラン	
	農業経営体		農業協同組合等							
	総額	農業経営体数	総額	事業体数	総額	農業経営体数	総額	農業経営体数	総額	事業体数
事業体	100万円	経営体	100万円	事業体	100万円	経営体	100万円	経営体	100万円	事業体
22,680	180,496	12,690	865,889	10,000	32,634	4,990	3,992	1,180	30,336	1,260
1,220	12,097	800	18,031	420	1,722	210	211	110	1,942	110
290	2,259	120	11,956	160	215	80	25	60	305	10
420	3,324	160	16,538	260	703	30	191	30	502	40
450	2,617	200	13,591	250	124	40	9	10	919	40
410	1,754	200	7,652	220	236	40	48	30	396	20
620	5,594	450	16,788	170	728	200	17	10	857	40
610	4,508	370	23,946	240	419	120	267	140	762	50
650	4,373	370	37,263	280	1,179	210	x	x	x	x
560	3,690	320	26,091	250	1,251	140	25	20	1,050	30
950	6,056	740	25,132	210	1,570	260	192	20	719	30
840	7,285	610	37,456	220	1,453	220	11	10	565	20
1,400	8,967	1,100	37,648	300	2,002	310	51	20	1,054	30
620	1,918	490	12,412	130	401	130	68	0	838	20
860	5,151	630	22,346	230	888	230	x	x	x	x
690	7,098	320	14,513	380	620	70	336	50	648	40
200	2,219	80	4,211	120	97	20	28	0	787	30
160	2,653	40	10,975	110	184	20	56	20	566	10
130	1,141	30	8,788	90	136	20	79	20	317	10
830	6,406	720	10,646	110	2,584	540	79	10	475	20
990	4,381	560	35,845	440	1,896	470	870	180	1,456	70
510	3,137	250	21,717	260	640	50	138	20	238	20
1,050	9,347	640	32,807	410	1,577	170	45	10	693	40
610	5,818	320	42,779	280	2,052	100	9	0	1,206	40
370	7,689	200	12,004	170	1,024	50	140	10	1,359	20
180	3,176	80	7,682	100	237	50	122	10	498	20
350	1,881	150	9,994	200	341	60	57	20	352	20
260	1,182	110	18,228	150	523	70	x	x	x	x
580	2,990	180	23,068	410	1,208	180	225	40	679	50
220	2,483	90	9,730	130	303	30	x	x	x	x
210	1,362	70	15,506	140	261	60	40	10	308	10
190	840	90	12,759	100	245	50	3	20	162	10
280	1,025	100	7,774	180	235	40	18	10	298	20
310	4,563	140	14,567	180	689	50	19	10	421	20
470	1,893	210	12,975	260	740	70	38	30	292	20
530	3,350	280	12,329	250	796	100	4	10	395	20
160	1,058	50	11,107	110	68	20	10	20	242	20
110	960	30	8,928	80	72	10	1	0	192	10
260	1,467	70	25,435	190	308	60	7	10	373	20
290	2,825	80	19,458	210	275	10	23	10	157	20
660	5,147	370	40,330	290	744	160	9	10	810	30
180	1,369	50	12,518	140	179	30	28	10	838	20
220	1,734	70	13,893	160	83	20	92	40	427	20
570	9,326	280	27,187	290	389	50	39	20	1,077	40
330	2,304	80	16,848	260	201	40	100	50	652	20
320	4,030	160	13,805	160	297	50	31	30	1,206	30
480	4,860	190	18,424	280	397	50	24	20	1,315	40
100	1,188	50	12,209	50	341	20	104	30	454	10

2 農業及び漁業生産関連事業の取組状況(続き)
(5) 都道府県別漁業生産関連事業の年間販売(売上)金額及び事業体数(令和3年度)

区分	漁業生産関連事業計		水産加工		水産物直売所		漁家民宿		漁家レストラン	
	総額	事業体数	総額	事業体数	総額	事業体数	総額	漁業経営体数	総額	事業体数
	100万円	事業体	100万円	事業体	100万円	事業体	100万円	経営体	100万円	事業体
全国	217,792	3,520	170,100	1,470	32,443	820	5,553	800	9,696	430
北海道	56,059	380	48,701	230	6,573	90	283	40	502	20
青森	11,377	90	10,497	40	659	20	83	10	138	10
岩手	2,621	60	2,387	30	96	10	51	10	88	10
宮城	5,838	100	4,982	40	527	30	297	30	32	0
秋田	814	20	261	10	506	10	x	x	x	x
山形	345	20	143	10	x	x	59	10	x	x
福島	632	10	x	x	x	x	28	0	x	x
茨城	4,880	10	x	x	x	x	x	x	x	x
千葉	3,977	60	2,027	10	972	20	45	10	932	10
東京	303	40	88	0	36	0	152	30	27	0
神奈川	2,596	140	1,081	70	832	50	13	10	671	20
新潟	1,594	90	676	20	586	20	205	40	126	10
富山	949	20	689	10	177	0	-	-	83	10
石川	1,572	80	521	20	584	20	164	20	303	20
福井	2,308	200	278	30	325	10	1,588	150	117	10
静岡	2,973	190	1,004	50	1,037	40	428	70	505	40
愛知	779	40	424	10	x	x	263	30	x	x
三重	15,020	130	12,782	40	1,347	20	479	50	412	30
京都	2,181	50	1,792	10	88	10	246	30	56	10
大阪	1,001	20	162	10	746	10	-	-	93	0
兵庫	4,529	110	2,731	30	1,349	50	174	20	274	10
和歌山	5,594	40	2,751	10	2,310	10	79	10	454	10
鳥取	2,951	20	2,424	10	468	10	x	x	x	x
島根	677	40	538	30	x	x	21	10	x	x
岡山	2,018	40	1,126	10	812	20	51	10	29	10
広島	9,512	150	7,413	50	1,923	80	9	10	167	20
山口	1,460	90	1,019	40	353	30	22	10	66	10
徳島	3,926	60	3,595	40	288	10	22	0	20	0
香川	5,509	50	5,246	30	181	10	9	0	72	10
愛媛	4,764	120	3,965	80	488	20	160	20	150	10
高知	1,157	30	897	10	19	0	18	10	223	10
福岡	2,518	140	339	40	1,240	40	37	10	902	40
佐賀	4,100	40	3,528	20	447	10	51	10	74	10
長崎	8,559	300	6,263	200	2,074	40	103	50	120	10
熊本	4,204	100	3,510	60	215	20	35	10	444	10
大分	5,876	60	5,278	20	503	10	18	10	78	10
宮崎	11,032	50	9,355	20	788	10	35	10	854	10
鹿児島	16,982	200	13,993	100	2,124	40	189	30	676	30
沖縄	4,604	140	2,486	30	1,294	40	89	30	735	30

注:事業体数及び漁業経営体数は、1の位を四捨五入している。

3　農業生産関連事業を行っている経営体の事業種類別経営体数
　　(令和2年2月1日現在)

(1)　農業経営体

単位：経営体

全国・農業地域	農業生産関連事業を行っている実経営体数	事業種類別								
		農産物の加工	小売業	観光農園	貸農園・体験農園等	農家民宿	農家レストラン	海外への輸出	再生可能エネルギー発電	その他
全国	88,700	29,950	56,220	5,275	1,533	1,215	1,244	412	1,588	7,255
北海道	2,740	1,165	1,346	207	103	117	115	39	154	217
都府県	85,960	28,785	54,874	5,068	1,430	1,098	1,129	373	1,434	7,038
東北	12,092	4,517	7,372	566	119	209	181	70	141	883
北陸	5,916	2,269	3,757	151	51	80	85	49	31	393
関東・東山	22,499	6,968	13,639	2,576	650	279	266	113	456	2,412
東海	11,275	3,030	8,325	385	130	46	116	38	222	789
近畿	10,001	3,945	5,807	483	250	105	144	34	152	854
中国	9,621	2,642	6,952	344	77	91	88	13	119	560
四国	4,411	1,567	2,952	106	32	47	61	13	79	291
九州	9,753	3,696	5,857	436	109	201	175	41	230	820
沖縄	392	151	213	21	12	40	13	2	4	36

資料：農林水産省統計部「2020年農林業センサス」（以下(2)まで同じ。）

(2)　農業経営体のうち団体経営体

単位：経営体

全国・農業地域	農業生産関連事業を行っている実経営体数	事業種類別								
		農産物の加工	小売業	観光農園	貸農園・体験農園等	農家民宿	農家レストラン	海外への輸出	再生可能エネルギー発電	その他
全国	7,971	4,027	4,247	717	301	87	462	180	286	777
北海道	670	362	293	50	25	29	67	14	47	68
都府県	7,301	3,665	3,954	667	276	58	395	166	239	709
東北	1,021	567	507	91	24	12	53	28	26	103
北陸	739	371	433	46	20	5	43	29	10	53
関東・東山	1,528	724	788	201	89	16	86	38	63	187
東海	843	376	515	73	28	1	42	14	37	84
近畿	779	374	423	81	51	8	54	17	20	75
中国	783	380	446	82	24	5	32	6	16	62
四国	363	206	188	23	6	2	18	7	12	36
九州	1,125	612	582	63	26	5	59	25	55	100
沖縄	120	55	72	7	8	4	8	2	−	9

Ⅲ 食品産業の構造

1 食品製造業の構造と生産状況

(1) 事業所数（従業者4人以上の事業所）

単位：事業所

区分	平成28年	29	30	令和元	2
製造業計	191,339	188,249	185,116	181,877	176,858
うち食料品製造業	25,466	24,892	24,440	23,648	21,624
畜産食料品製造業	2,452	2,477	2,446	2,419	2,517
水産食料品製造業	5,324	5,154	5,060	4,824	4,321
野菜缶詰・果実缶詰・農産保存食料品製造業	1,588	1,545	1,501	1,448	1,399
調味料製造業	1,442	1,430	1,424	1,401	1,340
糖類製造業	125	128	128	129	114
精穀・製粉業	649	641	645	639	691
パン・菓子製造業	5,018	4,932	4,823	4,669	3,948
動植物油脂製造業	190	186	191	190	193
その他の食料品製造業	8,678	8,399	8,222	7,929	7,101
飲料・たばこ・飼料製造業	3,996	3,975	3,967	3,898	4,093
うち清涼飲料製造業	527	540	546	540	596
酒類製造業	1,466	1,464	1,459	1,455	1,480
茶・コーヒー製造業（清涼飲料を除く。）	1,103	1,088	1,055	1,003	952

資料： 経済産業省「工業統計調査」。ただし、令和2年は「経済センサス－活動調査」による。
以下(3)まで同じ。

(2) 従業者数（従業者4人以上の事業所）

単位：人

区分	平成28年	29	30	令和元	2
製造業計	7,571,369	7,697,321	7,778,124	7,717,646	7,465,556
うち食料品製造業	1,130,444	1,138,973	1,145,915	1,136,951	1,094,454
畜産食料品製造業	158,331	162,992	163,941	162,897	165,004
水産食料品製造業	142,620	139,355	139,372	137,979	128,056
野菜缶詰・果実缶詰・農産保存食料品製造業	46,371	45,571	44,784	44,066	42,096
調味料製造業	53,293	52,236	52,383	53,940	51,549
糖類製造業	6,455	6,656	6,723	6,785	6,346
精穀・製粉業	14,934	14,772	15,267	15,279	15,606
パン・菓子製造業	254,702	258,413	257,049	253,250	239,829
動植物油脂製造業	10,376	10,012	10,254	10,257	10,445
その他の食料品製造業	443,362	448,966	456,142	452,498	435,523
飲料・たばこ・飼料製造業	101,827	102,129	103,561	103,462	102,880
うち清涼飲料製造業	29,308	28,873	30,533	30,938	31,442
酒類製造業	35,196	35,490	35,248	34,595	33,839
茶・コーヒー製造業（清涼飲料を除く。）	18,524	18,875	18,668	18,611	17,099

(3) 製造品出荷額等（従業者4人以上の事業所）

単位：100万円

区分	平成28年	29	30	令和元	2
製造業計	302,185,204	319,035,840	331,809,377	322,533,418	302,003,273
うち食料品製造業	28,426,447	29,055,931	29,781,548	29,857,188	29,605,781
畜産食料品製造業	6,535,162	6,749,891	6,875,274	6,850,275	7,032,007
水産食料品製造業	3,399,052	3,383,333	3,362,009	3,355,362	3,240,678
野菜缶詰・果実缶詰・農産保存食料品製造業	766,849	818,220	858,195	821,962	879,459
調味料製造業	1,980,981	2,041,406	2,039,633	2,058,869	1,900,512
糖類製造業	529,719	549,169	547,044	531,232	525,725
精穀・製粉業	1,311,420	1,358,701	1,442,742	1,459,327	1,512,738
パン・菓子製造業	5,149,542	5,248,559	5,443,131	5,475,803	5,338,125
動植物油脂製造業	958,875	969,020	1,020,948	1,002,124	951,890
その他の食料品製造業	7,794,848	7,937,631	8,192,572	8,302,235	8,224,647
飲料・たばこ・飼料製造業	9,773,607	9,515,514	9,781,259	9,601,994	9,275,727
うち清涼飲料製造業	2,148,023	2,228,200	2,465,110	2,462,333	2,317,667
酒類製造業	3,511,912	3,397,399	3,334,467	3,270,412	3,129,127
茶・コーヒー製造業（清涼飲料を除く。）	581,248	613,863	592,985	569,935	545,843

2 海外における現地法人企業数及び売上高（農林漁業、食料品製造業）

(1) 現地法人企業数（国・地域別）（令和3年度実績）

単位：社

区分	全地域	北米			中南米				アジア	
			アメリカ	カナダ		ブラジル	メキシコ	アルゼンチン		中国
計	25,325	3,201	2,971	230	1,341	282	404	32	17,136	7,281
製造業	10,902	1,118	1,046	72	390	128	211	11	8,382	3,737
1)うち食料品	529	79	75	4	17	8	2	1	359	160
非製造業	14,423	2,083	1,925	158	951	154	193	21	8,754	3,544
うち農林漁業	78	9	7	2	15	7	1	–	30	11

区分	アジア（続き）									
	中国（続き）		ASEAN4					NIEs3		
	中国本土	香港		フィリピン	マレーシア	タイ	インドネシア		台湾	韓国
計	6,155	1,126	4,902	604	789	2,370	1,139	2,821	952	767
製造業	3,547	190	2,694	314	402	1,318	660	867	375	318
1)うち食料品	151	9	110	5	16	54	35	44	13	11
非製造業	2,608	936	2,208	290	387	1,052	479	1,954	577	449
うち農林漁業	11		12	1	2	2	7	2	2	

資料：経済産業省「第52回 海外事業活動基本調査」（以下（2）まで同じ。）

注：1)は、食料品製造業、飲料製造業、たばこ製造業及び飼料・有機質肥料製造業である。

2　海外における現地法人企業数及び売上高（農林漁業、食料品製造業）（続き）

(1)　現地法人企業数（国・地域別）（令和3年度実績）（続き）

単位：社

| 区分 | アジア（続き） | | | 中東 | 欧州 | EU | | | | |
	NIEs3(続き) シンガポール	インド	ベトナム				フランス	ドイツ	イタリア	オランダ
計	1,102	604	1,230	165	2,812	1,977	270	568	150	355
製造業	174	292	690	25	845	617	100	142	50	65
1) うち食料品	20	7	36	−	50	31	9	7	3	5
非製造業	928	312	540	140	1,967	1,360	170	426	100	290
うち農林漁業		1	4	2	6	3	−	−	1	

| 区分 | 欧州（続き） | | | | | オセアニア | | | アフリカ | BRICs | ASEAN 10 |
	EU（続き） ベルギー	スペイン	イギリス	スイス	ロシア		オーストラリア	ニュージーランド			
計	104	96	545	61	122	502	393	64	168	7,163	7,435
製造業	37	37	150	9	29	92	67	19	50	3,996	3,615
1) うち食料品	2	−	17	2	−	22	15	6	2	166	167
非製造業	67	59	395	52	93	410	326	45	118	3,167	3,820
うち農林漁業	−			1	−	14	9	4	2	19	16

(2)　現地法人の売上高（令和3年度実績）

単位：100万円

| 区分 | 計 | 日本向け輸出額 | | |
			親企業向け	その他の企業向け
計	303,238,178	25,696,629	21,469,246	4,227,383
製造業	139,441,614	14,360,365	12,675,947	1,684,418
1) うち食料品	5,672,866	487,228	395,952	91,276
非製造業	163,796,564	11,336,264	8,793,299	2,542,965
うち農林漁業	401,693	127,563	122,883	4,680

区分	現地販売額	日系企業向け	地場企業向け	その他の企業向け
計	186,292,158	50,418,706	110,629,553	25,243,899
製造業	79,315,493	32,716,047	40,191,103	6,408,343
1) うち食料品	4,165,678	250,595	3,876,358	38,725
非製造業	106,976,665	17,702,659	70,438,450	18,835,556
うち農林漁業	213,023	97,376	113,501	2,146

| 区分 | 第三国向け輸出額 | | | | |
		北米	アジア	欧州	その他の地域
計	91,249,391	28,439,719	33,200,943	17,482,161	12,126,568
製造業	45,765,756	10,994,600	21,149,826	8,647,347	4,973,983
1) うち食料品	1,019,960	452,363	153,749	344,842	69,006
非製造業	45,483,635	17,445,119	12,051,117	8,834,814	7,152,585
うち農林漁業	61,107	11,620	31,458	17,723	306

注：1) は、食料品製造業、飲料製造業、たばこ製造業及び飼料・有機質肥料製造業である。

(1)　事業所数

単位：事業所

区分	平成19年	24	26	28	令和3
卸売業計	334,799	371,663	382,354	364,814	348,889
うち各種商品卸売業	1,200	1,619	1,490	1,410	1,694
管理、補助的経済活動を行う事業所	…	10	26	58	21
従業者が常時100人以上の各種商品卸売業	26	30	23	29	24
その他の各種商品卸売業	1,174	1,579	1,441	1,323	1,375
飲食料品卸売業	76,058	73,006	76,653	70,613	64,123
管理、補助的経済活動を行う事業所	…	1,016	1,171	1,480	1,465
農畜産物・水産物卸売業	37,844	35,066	36,480	33,461	30,635
うち米麦卸売業	2,837	2,263	2,488	2,375	1,732
雑穀・豆類卸売業	972	811	818	817	598
米麦卸売業、雑穀・豆類卸売業 　　（格付不能）	…	714	749	…	…
野菜卸売業	8,277	7,119	7,286	7,542	5,026
果実卸売業	2,224	1,637	1,671	1,692	1,182
野菜卸売業、果実卸売業 　　（格付不能）	…	2,071	2,202	…	…
食肉卸売業	7,438	6,445	7,077	6,368	3,709
生鮮魚介卸売業	10,682	10,660	11,090	10,390	5,743
その他の農畜産物・水産物卸売業	5,414	3,346	3,099	2,732	1,881
食料・飲料卸売業	38,214	36,924	39,002	35,672	32,023
うち砂糖・味そ・しょう油卸売業	1,421	1,156	963	1,070	660
酒類卸売業	3,031	2,561	2,502	2,720	2,141
乾物卸売業	3,553	2,247	2,253	2,424	1,415
菓子・パン類卸売業	6,004	4,364	4,579	4,364	2,937
飲料卸売業	2,934	1,941	1,913	2,100	1,558
茶類卸売業	2,322	1,635	1,607	1,822	1,034
牛乳・乳製品卸売業	…	2,621	2,678	2,392	1,473
その他の食料・飲料卸売業	18,949	11,607	12,249	13,880	10,788
食料・飲料卸売業（格付不能）	…	8,792	10,258	…	…

資料：　経済産業省「商業統計」（平成24年、平成28年及び令和3年の数値は、平成24年、平成28年
　　　　及び令和3年経済センサス活動調査の数値である。（以下4(3)まで同じ。）

3 食品卸売業の構造と販売状況（続き）
(2) 従業者数

単位：千人

区分	平成19年	24	26	28	令和3
卸売業計	3,526	3,822	3,932	3,942	3,857
うち各種商品卸売業	33	41	37	39	41
管理、補助的経済活動を行う事業所	…	0	1	0	0
従業者が常時100人以上の各種商品卸売業	20	24	20	25	23
その他の各種商品卸売業	13	16	16	14	16
飲食料品卸売業	820	759	797	772	730
管理、補助的経済活動を行う事業所	…	13	11	12	14
農畜産物・水産物卸売業	393	348	364	346	332
うち米麦卸売業	26	16	19	18	16
雑穀・豆類卸売業	7	7	6	7	6
米麦卸売業、雑穀・豆類卸売業 　　（格付不能）	…	8	5	…	…
野菜卸売業	105	89	92	101	87
果実卸売業	22	17	18	18	18
野菜卸売業、果実卸売業 　　（格付不能）	…	22	24	…	…
食肉卸売業	74	60	67	66	50
生鮮魚介卸売業	106	98	102	95	64
その他の農畜産物・水産物卸売業	53	31	32	27	23
食料・飲料卸売業	427	397	422	414	383
うち砂糖・味そ・しょう油卸売業	11	9	7	8	7
酒類卸売業	42	34	31	39	30
乾物卸売業	26	17	15	18	11
菓子・パン類卸売業	58	42	47	48	41
飲料卸売業	43	32	24	36	28
茶類卸売業	19	12	10	14	8
牛乳・乳製品卸売業	…	28	23	28	24
その他の食料・飲料卸売業	228	140	152	176	163
食料・飲料卸売業 　　（格付不能）	…	84	112	…	…

注： 従業者数とは、「個人業主」、「無給家族従業者」、「有給役員」及び「常用雇用者」の計
　　であり、臨時雇用者は含まない。

(3) 年間商品販売額

単位：10億円

区分	平成19年	24	26	28	令和3
卸売業計	413,532	365,481	356,652	436,523	401,634
うち各種商品卸売業	49,042	30,740	25,890	30,127	20,344
従業者が常時100人以上の各種商業卸売業	46,827	27,760	23,869	27,580	18,037
その他の各種商品卸売業	2,216	2,980	2,021	2,546	2,289
飲食料品卸売業	75,649	71,452	71,553	88,897	85,877
うち農畜産物・水産物卸売業	34,951	29,196	30,695	36,837	34,518
うち米麦卸売業	3,476	1,948	2,741	3,335	3,334
雑穀・豆類卸売業	650	1,131	957	1,033	1,143
野菜卸売業	7,985	7,480	8,459	9,650	8,841
果実卸売業	1,817	1,286	1,587	1,765	1,949
食肉卸売業	6,389	4,827	5,590	8,368	7,864
生鮮魚介卸売業	9,709	7,200	8,163	9,138	7,064
その他の農畜産物・水産物卸売業	4,925	2,520	3,195	3,289	3,270
食料・飲料卸売業	40,698	42,256	40,859	52,059	51,359
うち砂糖・味そ・しょう油卸売業	1,200	1,253	1,090	1,311	1,351
酒類卸売業	7,909	7,981	7,331	8,976	6,717
乾物卸売業	1,259	1,001	711	963	743
菓子・パン類卸売業	3,696	3,294	3,850	4,286	3,870
飲料卸売業	4,214	3,772	3,384	4,366	3,657
茶類卸売業	764	659	458	820	389
牛乳・乳製品卸売業	…	3,324	2,404	3,725	3,756
その他の食料・飲料卸売業	21,657	19,948	21,629	26,088	29,753

注：平成19年の数値は、調査年の前年4月1日から調査年3月31日までの1年間の数値である。

4　食品小売業の構造と販売状況
(1)　事業所数

単位：事業所

区分	平成19年	24	26	28	令和3
小売業計	1,137,859	1,033,358	1,024,881	990,246	880,031
うち各種商品小売業	4,742	3,014	4,199	3,275	2,870
管理、補助的経済活動を行う事業所	…	105	117	149	121
百貨店、総合スーパー	1,856	1,427	1,706	1,590	1,097
その他の各種商品小売業 　　（従業者が常時50人未満のもの）	2,886	1,482	2,376	1,536	1,652
飲食料品小売業	389,832	317,983	308,248	299,120	258,910
管理、補助的経済活動を行う事業所	…	1,477	1,507	1,884	2,020
各種食料品小売業	34,486	29,504	26,970	27,442	23,860
野菜・果実小売業	23,950	20,986	19,443	18,397	14,379
食肉小売業	13,682	12,534	11,604	11,058	9,322
鮮魚小売業	19,713	15,833	14,050	13,705	10,244
酒小売業	47,696	37,277	33,478	32,233	24,210
菓子・パン小売業	66,205	62,077	62,113	61,922	55,447
その他の飲食料品小売業	184,100	138,295	139,083	132,479	119,428
1)コンビニエンスストア	42,644	30,343	34,414	49,463	22,714
米穀類小売業	16,769	12,027	10,030	9,792	2,071

注：1)は、飲食料品を中心とするものに限る。

(2)　従業者数

単位：千人

区分	平成19年	24	26	28	令和3
小売業計	7,579	7,404	7,686	7,654	7,540
うち各種商品小売業	523	364	405	357	288
管理、補助的経済活動を行う事業所	…	19	22	14	20
百貨店、総合スーパー	496	334	357	331	246
その他の各種商品小売業 　　（従業者が常時50人未満のもの）	27	11	26	12	22
飲食料品小売業	3,083	2,849	2,958	3,012	3,128
管理、補助的経済活動を行う事業所	…	40	56	43	54
各種食料品小売業	872	942	906	1,025	1,102
野菜・果実小売業	88	88	89	85	75
食肉小売業	56	60	58	59	55
鮮魚小売業	69	64	59	56	47
酒小売業	137	111	100	95	73
菓子・パン小売業	342	342	369	370	355
その他の飲食料品小売業	1,519	1,202	1,321	1,280	1,367
1)コンビニエンスストア	622	437	529	749	368
米穀類小売業	42	30	25	25	9

注：　従業者数とは、「個人業主」、「無給家族従業者」、「有給役員」及び「常用雇用者」の計
　　であり、臨時雇用者は含まない。
　　1)は、飲食料品を中心とするものに限る。

(3) 年間商品販売額

単位：10億円

区分	平成19年	24	26	28	令和3
小売業計	134,705	114,852	122,177	145,104	138,180
うち各種商品小売業	15,653	10,997	11,517	12,879	8,000
うち百貨店、総合スーパー	15,156	10,823	10,936	12,635	7,527
その他の各種商品小売業 （従業者が常時50人未満のもの）	497	174	580	245	473
飲食料品小売業	40,813	32,627	32,207	41,568	39,974
うち各種食料品小売業	17,107	15,338	14,834	20,552	23,044
野菜・果実小売業	998	824	861	971	712
食肉小売業	656	633	584	729	622
鮮魚小売業	858	654	585	728	529
酒小売業	2,490	1,535	1,354	1,564	934
菓子・パン小売業	2,072	1,655	1,850	2,392	1,662
その他の飲食料品小売業	16,633	11,989	12,139	14,632	12,470
1)コンビニエンスストア	6,856	5,452	6,404	8,722	4,644
米穀類小売業	446	310	261	242	153

注：平成19年の数値は、調査年の前年4月1日から調査年3月31日までの1年間の数値である。
　　1)は、飲食料品を中心とするものに限る。

5 外食産業の構造と市場規模
(1) 事業所数及び従業者数

区分	令和3年	
	事業所数	従業者数
	事業所	人
飲食店	**499,176**	**3,489,039**
うち管理、補助的経済活動を行う事業所	2,976	33,380
食堂・レストラン	42,481	345,078
専門料理店	155,996	1,309,959
うち日本料理店	44,372	408,665
中華料理店	47,432	344,559
焼肉店	17,536	191,715
その他の専門料理店	46,656	365,020
そば・うどん店	24,980	170,130
すし店	19,122	254,523
酒場、ビヤホール	99,096	491,816
バー、キャバレー、ナイトクラブ	72,341	232,061
喫茶店	58,664	307,670
その他の飲食店	23,518	338,412
ハンバーガー店	5,470	202,425
お好み焼・焼きそば・たこ焼店	12,283	53,069
他に分類されない飲食店	5,765	82,918
持ち帰り・配達飲食サービス業	**54,716**	**563,181**
うち管理、補助的経済活動を行う事業所	473	8,762
持ち帰り飲食サービス業	10,946	70,899
配達飲食サービス業	43,297	483,520

資料：総務省統計局「令和3年経済センサス-活動調査」

5　外食産業の構造と市場規模（続き）
(2)　市場規模

単位：億円

区分	平成29年	30	令和元	2	3
外食産業計	256,804	257,342	262,687	182,122	169,494
給食主体部門	206,907	207,899	212,538	155,455	149,048
営業給食	173,116	174,287	178,993	127,175	119,639
飲食店	142,215	142,800	145,776	109,780	104,018
食堂・レストラン	101,155	101,049	103,221	73,780	68,046
そば・うどん店	12,856	13,016	13,144	9,613	9,464
すし店	15,231	15,445	15,466	12,639	12,179
その他の飲食店	12,973	13,290	13,945	13,748	14,329
機内食等	2,698	2,714	2,714	934	939
宿泊施設	28,203	28,773	30,503	16,461	14,682
集団給食	33,791	33,612	33,545	28,280	29,409
学校	4,882	4,883	4,826	4,011	4,679
事業所	17,527	17,316	17,256	13,860	13,964
社員食堂等給食	12,113	11,923	11,876	9,678	9,768
弁当給食	5,414	5,393	5,380	4,182	4,196
病院	7,954	7,917	7,901	7,494	7,428
保育所給食	3,428	3,496	3,562	2,915	3,338
料飲主体部門	49,897	49,443	50,149	26,667	20,446
喫茶店・居酒屋等	21,663	21,661	21,922	14,544	12,250
喫茶店	11,454	11,646	11,784	8,055	7,767
居酒屋・ビヤホール等	10,209	10,015	10,138	6,489	4,483
料亭・バー等	28,234	27,782	28,227	12,123	8,196
料亭	3,375	3,321	3,373	1,449	980
バー・キャバレー・ナイトクラブ	24,859	24,461	24,854	10,674	7,216
料理品小売業	76,166	76,602	77,594	75,023	75,357
弁当給食を除く	70,752	71,209	72,214	70,841	71,161
弁当給食	5,414	5,393	5,380	4,182	4,196
外食産業（料理品小売業を含む。）	327,556	328,551	334,901	252,963	240,655

資料：日本フードサービス協会「令和3年外食産業市場規模推計について」
注：1　数値は、同協会の推計である。
　　2　市場規模推計値には消費税を含む。
　　3　料理品小売業の中には、スーパー、百貨店等のテナントとして入店している場合の
　　　売上高は含むが、総合スーパー、百貨店が直接販売している売上高は含まない。
　　4　平成30年及び令和元年の市場規模については、法人交際費等の確定値を反映している。

Ⅳ　食品の流通と利用

1　食品製造業の加工原材料の内訳の推移

区分		単位	平成23年	27
計	（金額）	10億円	7,788	8,455
〃	（比率）	％	100.0	100.0
国産食用農林水産物	（金額）	10億円	5,407	5,605
〃	（比率）	％	69.4	66.3
輸入食用農林水産物	（金額）	10億円	926	1,106
〃	（比率）	％	11.9	13.1
輸入加工食品	（金額）	10億円	1,456	1,744
〃	（比率）	％	18.7	20.6

資料：　農林水産省統計部「平成27年（2015年）農林漁業及び関連産業を中心とした産業連関表
　　　　（飲食費のフローを含む。）」
注：1　総務省等10府省庁「産業連関表」を基に農林水産省が推計した。
　　2　平成23年については、最新の「平成27年産業連関表」の概念等に合わせて再推計した数
　　　値である。

2　業態別商品別の年間商品販売額

単位：億円

区分	平成30年	令和元	2	3	4
百貨店					
商品販売額	64,434	62,979	46,938	49,030	55,070
飲食料品	18,116	17,756	14,899	15,353	16,148
食堂・喫茶	1,572	1,520	883	875	1,134
スーパー					
商品販売額	131,609	130,983	148,112	150,041	151,537
飲食料品	98,302	98,469	116,268	119,405	120,638
食堂・喫茶	170	171	114	112	134
コンビニエンスストア					
商品販売額	113,263	115,034	110,291	111,536	115,482
ファーストフード及び日配食品	45,392	46,028	43,081	43,005	44,416
加工食品	32,302	32,494	30,883	30,765	31,437
ドラッグストア					
商品販売額	63,644	68,356	72,841	73,066	77,094
食品	18,061	19,420	21,834	22,338	23,877

資料：経済産業省「商業動態統計」

3 商品販売形態別の年間商品販売額（令和2年）

単位：100万円

販売形態	計	飲食料品小売業			
		各種食料品 (コンビニエンス ストアを除く)	野菜	果実	食肉 (卵，鳥肉を 除く)
合計	39,136,506	22,965,128	590,287	74,943	559,397
卸売業	96,613	5,602	7,516	1,480	17,515
小売業	39,039,893	22,959,526	582,771	73,463	541,882
店頭販売	38,425,904	22,908,447	567,112	65,702	522,446
訪問販売	107,991	6,029	3,794	685	3,494
通信・カタログ販売	96,930	4,667	1,125	2,958	2,952
インターネット販売	195,833	23,665	3,419	2,064	8,304
自動販売機	39,581	6,410	431	49	54
その他	173,654	10,309	6,890	2,005	4,632

資料：総務省・経済産業省「令和3年経済センサス - 活動調査 卸売業，小売業 産業編（総括表）」
注：令和2年1月1日から同年12月31日までの1年間の当該事業所における有体商品の販売額である。

販売形態	飲食料品小売業（続き）					
	卵・鳥肉	鮮魚	酒	菓子 (製造小売)	菓子 (製造小売で ないもの)	パン (製造小売)
合計	25,612	485,043	885,221	558,438	524,349	452,255
卸売業	588	8,201	14,007	6,775	2,951	1,220
小売業	25,024	476,843	871,214	551,663	521,398	451,035
店頭販売	22,396	461,452	747,005	532,816	509,132	446,711
訪問販売	1,196	1,319	55,325	1,046	1,277	1,733
通信・カタログ販売	261	5,592	8,647	3,542	3,011	159
インターネット販売	669	3,929	31,350	10,481	5,352	1,060
自動販売機	143	30	6,419	274	749	67
その他	359	4,521	22,468	3,504	1,877	1,305

単位：100万円

販売形態	飲食料品小売業（続き）				
	パン （製造小売でない もの）	料理品 （他から仕入れた もの又は作り置 きのもの）	コンビニエン スストア（飲食 料品を中心とす るものに限る）	牛乳	飲料 （牛乳を除く、茶 類飲料を含む）
合計	25,900	1,745,839	4,644,441	89,512	295,454
卸売業	35	2,839	484	2,776	1,669
小売業	25,866	1,743,000	4,643,956	86,736	293,785
店頭販売	25,157	1,705,021	4,633,497	2,095	262,909
訪問販売	396	1,663	975	148	2,952
通信・カタログ販売	53	992	2,886	x	3,983
インターネット販売	16	30,674	4,698	x	6,737
自動販売機	110	656	770	1,415	14,905
その他	132	3,994	1,129	83,015	2,298

販売形態	飲食料品小売業（続き）				
	茶類 （葉・粉・豆など のもの）	米穀類	豆腐・かまぼ こ等加工食品	乾物	他に分類され ない飲食料品
合計	100,134	153,223	101,133	42,746	4,817,453
卸売業	3,110	5,549	1,573	1,430	11,294
小売業	97,023	147,674	99,559	41,316	4,806,158
店頭販売	66,639	105,190	93,161	36,130	4,712,886
訪問販売	1,892	15,340	552	821	7,353
通信・カタログ販売	19,025	2,107	1,868	1,763	x
インターネット販売	7,115	11,580	3,182	1,958	x
自動販売機	1,200	1,419	29	102	4,350
その他	1,153	12,038	767	543	10,715

4　食品の多様な販売経路
(1)　卸売市場経由率の推移（重量ベース、推計）

単位：％

区分	平成27年度	28	29	30	令和元
青果	57.5	56.7	55.1	54.4	53.6
国産青果	81.2	79.5	78.5	79.2	76.9
水産物	52.1	52.0	49.2	47.1	46.5
食肉	9.2	8.6	8.3	8.2	7.8
花き	76.9	75.6	75.0	73.6	70.2

資料：農林水産省大臣官房新事業・食品産業部「卸売市場をめぐる情勢について」（令和4年8月）
注：　農林水産省「食料需給表」、「青果物卸売市場調査報告」等により推計。卸売市場経由
　　率は、国内で流通した加工品を含む国産及び輸入の青果、水産物等のうち、卸売市場（水
　　産物についてはいわゆる産地市場は除く。）を経由したものの数量割合（花きについては
　　金額割合）の推計値である。

(2)　自動販売機の普及台数（令和4年）

単位：台

機種・中身商品例	普及台数
計	3,969,500
自動販売機	2,677,300
飲料自動販売機	2,242,700
清涼飲料（缶ボトル）	1,994,000
乳飲料（紙パック）	100,400
コーヒー・ココア（カップ）	128,000
酒・ビール	20,300
食品自動販売機（インスタント麺・冷凍食品・アイスクリーム・菓子他）	77,700
たばこ自動販売機	92,300
券類自動販売機（乗車券、食券・入場券他）	63,100
日用品雑貨自動販売機 　　　（カード、衛生用品、新聞、玩具他）	201,500
自動サービス機（両替機、精算機、コインロッカー・各種貸出機他）	1,292,200

資料：日本自動販売システム機械工業会資料
注：普及台数は令和4年12月末現在である。

(3) 消費者向け電子商取引市場規模

単位：億円

業種	2021年	2022
物販系分野	132,865	139,997
食品、飲料、酒類	25,199	27,505
生活家電、ＡＶ機器、ＰＣ・周辺機器等	24,584	25,528
書籍、映像・音楽ソフト	17,518	18,222
化粧品、医薬品	8,552	9,191
生活雑貨、家具、インテリア	22,752	23,541
衣類・服装雑貨等	24,279	25,499
自動車、自動二輪車、パーツ等	3,016	3,183
その他	6,964	7,327
サービス系分野	46,424	61,477
旅行サービス	14,003	23,518
飲食サービス	4,938	6,601
チケット販売	3,210	5,581
金融サービス	7,122	7,557
理美容サービス	5,959	6,139
フードデリバリーサービス	4,794	5,300
その他 （医療、保険、住居関連、教育等）	6,398	6,782

資料： 経済産業省商務情報政策局「令和４年度デジタル取引環境整備事業（電子商取引に関する市場調査）報告書」

V 食品の価格形成

1 青果物の流通経費等

(1) 集出荷団体の流通経費等（100kg当たり）（平成29年度）

区分			単位	集出荷団体の販売収入				計	小計	選別・荷造労働費(生産者)を除いた集出荷経費
				計	卸売価格	荷主交付金・出荷奨励金等	その他の入金			
青果物平均	（金額）	(1)	円	17,870	17,553	179	138	6,387	3,320	2,464
（調査対象16品目）	（構成比）	(2)	%	100.0	98.2	1.0	0.8	35.7	18.6	13.8
野菜平均	（金額）	(3)	円	16,076	15,739	182	155	5,994	3,034	2,070
（調査対象14品目）	（構成比）	(4)	%	100.0	97.9	1.1	1.0	37.3	18.9	12.9
だいこん	（金額）	(5)	円	10,917	10,710	163	45	4,790	2,405	1,703
〃	（構成比）	(6)	%	100.0	98.1	1.5	0.4	43.9	22.0	15.6
にんじん	（金額）	(7)	円	11,639	11,077	156	406	5,403	2,694	1,980
〃	（構成比）	(8)	%	100.0	95.2	1.3	3.5	46.4	23.1	17.0
はくさい	（金額）	(9)	円	8,550	8,407	87	55	3,945	1,925	1,201
〃	（構成比）	(10)	%	100.0	98.3	1.0	0.6	46.1	22.5	14.0
キャベツ	（金額）	(11)	円	11,232	10,845	156	230	4,346	2,146	1,387
〃	（構成比）	(12)	%	100.0	96.6	1.4	2.1	38.7	19.1	12.3
ほうれんそう	（金額）	(13)	円	65,032	64,517	508	8	27,930	19,361	5,093
〃	（構成比）	(14)	%	100.0	99.2	0.8	0.0	42.9	29.8	7.8
ね ぎ	（金額）	(15)	円	45,756	45,207	500	49	19,208	12,759	4,569
〃	（構成比）	(16)	%	100.0	98.8	1.1	0.1	42.0	27.9	10.0
な す	（金額）	(17)	円	37,906	37,452	430	24	10,424	5,113	3,966
〃	（構成比）	(18)	%	100.0	98.8	1.1	0.1	27.5	13.5	10.5
トマト	（金額）	(19)	円	34,353	33,681	456	215	11,471	5,514	4,982
〃	（構成比）	(20)	%	100.0	98.0	1.3	0.6	33.4	16.1	14.5
きゅうり	（金額）	(21)	円	33,186	32,437	501	248	9,344	5,175	3,216
〃	（構成比）	(22)	%	100.0	97.7	1.5	0.7	28.2	15.6	9.7
ピーマン	（金額）	(23)	円	47,726	46,554	680	492	10,797	4,748	3,959
〃	（構成比）	(24)	%	100.0	97.5	1.4	1.0	22.6	9.9	8.3
さといも	（金額）	(25)	円	32,491	31,993	469	29	8,765	4,361	3,356
〃	（構成比）	(26)	%	100.0	98.5	1.4	0.1	27.0	13.4	10.3
たまねぎ	（金額）	(27)	円	8,534	8,486	33	15	3,586	1,528	1,490
〃	（構成比）	(28)	%	100.0	99.4	0.4	0.2	42.0	17.9	17.5
レタス	（金額）	(29)	円	16,216	15,709	179	328	6,972	3,607	2,193
〃	（構成比）	(30)	%	100.0	96.9	1.1	2.0	43.0	22.2	13.5
ばれいしょ	（金額）	(31)	円	13,431	13,393	38	0	4,555	1,864	1,836
〃	（構成比）	(32)	%	100.0	99.7	0.3	0	33.9	13.9	13.7
果実平均	（金額）	(33)	円	31,332	31,165	160	6	9,337	5,468	5,422
（調査対象２品目）	（構成比）	(34)	%	100.0	99.5	0.5	0.0	29.8	17.5	17.3
みかん	（金額）	(35)	円	31,499	31,276	214	9	7,771	3,626	3,578
〃	（構成比）	(36)	%	100.0	99.3	0.7	0.0	24.7	11.5	11.4
りんご	（金額）	(37)	円	31,166	31,056	107	3	10,899	7,304	7,261
〃	（構成比）	(38)	%	100.0	99.6	0.3	0.0	35.0	23.4	23.3

資料：農林水産省統計部「食品流通段階別価格形成調査」（以下2(5)ウまで同じ。）

注：1　集出荷・販売経費計、集出荷経費計及び生産者受取収入には、生産者による選別・荷造
労働費が重複して含まれる。

　　2　構成比は、1集出荷団体当たりの数値を用い算出しているため、表中の数値（100kg当
たり）を用い算出した値と一致しない場合がある。

　　1)は、卸売代金送金料及び負担金である。

集出荷・販売経費									生産者受取収入	
集出荷経費				販売経費						
	選別・荷造労働費									
包装・荷造材料費	生産者	集出荷団体	その他集出荷経費	小計	出荷運送料	卸売手数料	上部団体手数料	1)その他		
1,140	856	478	845	3,067	1,528	1,262	207	70	12,339	(1)
6.4	4.8	2.7	4.7	17.2	8.6	7.1	1.2	0.4	69.1	(2)
1,070	964	383	617	2,960	1,496	1,213	188	62	11,047	(3)
6.7	6.0	2.4	3.8	18.4	9.3	7.5	1.2	0.4	68.7	(4)
1,041	702	279	383	2,385	1,377	869	123	15	6,830	(5)
9.5	6.4	2.6	3.5	21.8	12.6	8.0	1.1	0.1	62.6	(6)
641	714	623	716	2,709	1,681	875	109	43	6,950	(7)
5.5	6.1	5.4	6.2	23.3	14.4	7.5	0.9	0.4	59.7	(8)
862	724	–	339	2,021	1,178	676	99	68	5,329	(9)
10.1	8.5	–	4.0	23.6	13.8	7.9	1.2	0.8	62.3	(10)
1,076	759	1	310	2,200	1,216	832	106	46	7,645	(11)
9.6	6.8	0.0	2.8	19.6	10.8	7.4	0.9	0.4	68.1	(12)
3,567	14,268	108	1,417	8,570	2,421	4,895	1,216	38	51,370	(13)
5.5	21.9	0.2	2.2	13.2	3.7	7.5	1.9	0.1	79.0	(14)
2,065	8,190	678	1,827	6,449	2,161	3,429	646	214	34,738	(15)
4.5	17.9	1.5	4.0	14.1	4.7	7.5	1.4	0.5	75.9	(16)
1,718	1,147	1,209	1,039	5,310	1,790	3,181	296	44	28,630	(17)
4.5	3.0	3.2	2.7	14.0	4.7	8.4	0.8	0.1	75.5	(18)
2,552	532	1,142	1,287	5,957	2,502	2,977	428	49	23,413	(19)
7.4	1.5	3.3	3.7	17.3	7.3	8.7	1.2	0.1	68.2	(20)
1,125	1,959	1,072	1,019	4,169	1,291	2,358	414	106	25,801	(21)
3.4	5.9	3.2	3.1	12.6	3.9	7.1	1.2	0.3	77.7	(22)
1,975	789	1,015	968	6,050	1,793	3,639	448	169	37,718	(23)
4.1	1.7	2.1	2.0	12.7	3.8	7.6	0.9	0.4	79.0	(24)
1,023	1,005	1,059	1,275	4,404	1,300	2,540	535	30	24,731	(25)
3.1	3.1	3.3	3.9	13.6	4.0	7.8	1.6	0.1	76.1	(26)
581	38	403	506	2,058	1,404	509	124	21	4,986	(27)
6.8	0.4	4.7	5.9	24.1	16.5	6.0	1.5	0.2	58.4	(28)
1,261	1,414	82	850	3,365	1,628	1,324	177	236	10,657	(29)
7.8	8.7	0.5	5.2	20.8	10.0	8.2	1.1	1.5	65.7	(30)
625	28	620	591	2,691	1,628	898	149	16	8,904	(31)
4.7	0.2	4.6	4.4	20.0	12.1	6.7	1.1	0.1	66.3	(32)
1,672	46	1,194	2,556	3,870	1,765	1,627	353	124	22,040	(33)
5.3	0.1	3.8	8.2	12.4	5.6	5.2	1.1	0.4	70.3	(34)
1,230	48	806	1,542	4,145	1,548	2,129	372	95	23,776	(35)
3.9	0.2	2.6	4.9	13.2	4.9	6.8	1.2	0.3	75.5	(36)
2,113	43	1,580	3,568	3,595	1,981	1,127	334	153	20,310	(37)
6.8	0.1	5.1	11.4	11.5	6.4	3.6	1.1	0.5	65.2	(38)

1　青果物の流通経費等（続き）
(2)　生産者の出荷先別販売金額割合
　　　（青果物全体）

単位：%

区分	販売金額割合
計	100.0
集出荷団体（農協等）	71.0
卸売市場	11.8
小売業	4.3
食品製造業	2.4
外食産業	0.7
消費者に直接販売	7.8
自営の直売	4.3
その他の直売所	3.3
インターネット	0.2
その他	2.0

(3)　集出荷団体の出荷先別販売金額割合
　　　（青果物全体）

単位：%

区分	販売金額割合
計	100.0
卸売市場	73.8
小売業	5.3
食品製造業	4.0
外食産業	0.6
卸売業者（市場外流通）	6.7
その他	9.7

(4)　小売業者の仕入先別仕入金額割合（調査対象16品目）

単位：%

区分	計	卸売市場の仲卸業者	卸売市場の卸売業者	集出荷団体	生産者	その他
青果物計（調査対象16品目）	100.0	68.5	15.8	7.1	3.1	5.5

(5)　青果物の各流通段階の価格形成及び小売価格に占める各流通経費等の割合
　　（調査対象16品目）（100kg当たり）（試算値）
　ア　4つの流通段階を経由（集出荷団体、卸売業者、仲卸業者及び小売業者）

区分	生産者受取価格	集出荷団体		仲卸業者		小売業者	
		卸売価格		仕入金額に対する販売金額の割合	仲卸価格	仕入金額に対する販売金額の割合	小売価格
			卸売手数料				
	(2)-(9)-(10)				(2)×(4)		(5)×(6)
	(1)	(2)	(3)	(4)	(5)	(6)	(7)
	円	円	円	％	円	％	円
青果物(調査対象16品目)	12,022	17,553	1,262	114.9	20,168	125.6	25,331

区分	流通経費				
	計	集出荷団体経費	卸売経費（卸売手数料）	仲卸経費	小売経費
	(9)+(10)+(11)+(12)		(3)	(5)-(2)	(7)-(5)
	(8)	(9)	(10)	(11)	(12)
	円	円	円	円	円
青果物(調査対象16品目)	13,309	4,269	1,262	2,615	5,163

区分	小売価格に占める各流通経費等の割合						
	計	生産者受取価格	流通経費				
			小計	集出荷団体経費	卸売経費（卸売手数料）	仲卸経費	小売経費
		(1)/(7)	(8)/(7)	(9)/(7)	(10)/(7)	(11)/(7)	(12)/(7)
	(13)	(14)	(15)	(16)	(17)	(18)	(19)
	％	％	％	％	％	％	％
青果物(調査対象16品目)	100.0	47.5	52.5	16.9	5.0	10.3	20.4
			(100.0)	(32.1)	(9.5)	(19.6)	(38.8)

注：　1　卸売経費（卸売手数料）、仲卸経費及び小売経費は利潤等を含む。
　　　2　生産者受取価格は、生産者による選別・荷造労働費を含み、荷主交付金・出荷奨励
　　　　金等及びその他の入金は含まない。
　　　3　（　）内は、青果物（調査対象16品目）の流通経費計を100.0％とした各経費の割合
　　　　である。

1 青果物の流通経費等（続き）

(5) 青果物の各流通段階の価格形成及び小売価格に占める各流通経費等
の割合（調査対象16品目）（100kg当たり）（試算値）（続き）

イ 生産者が小売業者に直接販売

区分	生産者	小売業者		流通経費	小売価格に占める流通経費等の割合		
	小売業者への販売価格（生産者受取価格）	仕入金額に対する販売金額の割合	小売価格	小売経費	計	生産者受取価格	小売経費
			(1)×(2)	(3)-(1)		(1)/(3)	(4)/(3)
	(1)	(2)	(3)	(4)	(5)	(6)	(7)
	円	％	円	円	％	％	％
青果物（調査対象16品目）	13,982	129.0	18,037	4,055	100.0	77.5	22.5

注：1 小売経費は利潤等を含む。
　　2 小売価格及び小売経費は、小売業者が生産者から仕入れたと回答のあった青果物の
　　　仕入金額に対する販売金額の割合を用いて試算している。
　　3 生産者受取価格は、生産者が行う選別・荷造労働費や包装・荷造材料費、商品を小
　　　売業者へ搬送する運送費や労働費等の経費が一部含まれている場合がある。

ウ 生産者が消費者に直接販売

区分	生産者受取価格	消費者に直接販売		販売価格に占める流通経費等の割合		
		販売価格		計	生産者受取価格	販売経費
			販売経費			
	(2)-(3)				(1)/(2)	(3)/(2)
	(1)	(2)	(3)	(4)	(5)	(6)
	円	円	円	％	％	％
青果物（調査対象16品目）	11,761	14,679	2,918	100.0	80.1	19.9

注： 生産者受取価格は、生産者が行う選別・荷造労働費や包装・荷造材料費、商品を直売所へ
　　搬送する運送費や労働費等の経費が一部含まれている場合がある。

2　水産物の流通経費等
(1)　産地卸売業者の流通経費等（1業者当たり平均）（平成29年度）
　　ア　販売収入、産地卸売手数料及び生産者への支払金額

区分	1業者当たり	100kg当たり	販売収入に占める割合	産地卸売手数料等に占める割合
	千円	円	%	%
販売収入①				
1)産地卸売金額又は産地卸売価格	7,627,360	25,639	100.0	‐
産地卸売手数料等計②	349,972	1,176	4.6	100.0
産地卸売手数料	253,996	854	3.3	72.6
2)その他の手数料	32,148	108	0.4	9.2
3)買付販売差額	63,828	215	0.8	18.2
4)生産者への支払金額（①-②）	7,277,388	24,463	95.4	‐

注：割合は、1業者当たりの数値を用い算出している（以下イまで同じ。）。
　　1)は、買入れたものを販売した際の金額を含む。
　　2)は、産地卸売業者が水揚料、選別料等を産地卸売手数料以外に産地卸売金額から控除
　　している場合の手数料である。
　　3)は、買入れたものを販売した際の差額である。
　　4)は、水産物の販売収入から産地卸売手数料等を控除した金額である。

イ　産地卸売経費

区分	1業者当たり	100kg当たり	販売収入に占める割合	産地卸売経費に占める割合
	千円	円	%	%
計	297,223	999	3.9	100.0
包装・荷造材料費	11,337	38	0.1	3.8
運送費	5,027	17	0.1	1.7
集荷費	921	3	0.0	0.3
保管費	9,388	32	0.1	3.2
事業管理費	255,440	859	3.3	85.9
廃棄処分費	90	0	0.0	0.0
支払利息	3,944	13	0.1	1.3
その他の事業管理費	251,406	845	3.3	84.6
交付金	15,110	51	0.2	5.1

注：産地卸売経費は、水産物の取扱いに係る経費であり、それ以外の商品の経費は除いた。

2 水産物の流通経費等（続き）

(2) 産地出荷業者の流通経費等（1業者当たり平均）（平成29年度）

区分	1業者当たり	販売収入に占める割合	産地出荷経費に占める割合
	千円	%	%
販売収入計	1,556,295	100.0	－
1)販売金額	1,554,993	99.9	－
完納奨励金 （売買参加者交付金）	1,043	0.1	－
出荷奨励金	259	0.0	－
仕入金額	1,211,052	77.8	－
産地出荷経費計	309,851	19.9	100.0
卸売手数料	28,106	1.8	9.1
包装材料費	48,910	3.1	15.8
車両燃料費	3,343	0.2	1.1
支払運賃	69,803	4.5	22.5
商品保管費	11,127	0.7	3.6
商品廃棄処分費	18	0.0	0.0
支払利息	4,056	0.3	1.3
その他の産地出荷経費	144,488	9.3	46.6

注： 産地出荷経費は、水産物の仕入・販売に係る経費で、それ以外の商品の仕入・
販売経費は除いた。
1)は、消費地市場での卸売金額以外に産地の小売業者等に販売した金額を含む。

(3)　漁業者の出荷先別販売金額割合（水産物全体）

単位：％

区分	販売金額割合
計	100.0
卸売市場	77.5
産地卸売市場	67.7
消費地卸売市場	9.8
小売業	5.5
食品製造業	5.4
外食産業	0.6
消費者に直接販売	3.1
自営の直売	0.9
その他の直売所	2.2
インターネット	0.0
その他	7.9

(4)　小売業者の仕入先別仕入金額割合（調査対象10品目）

単位：％

区分	計	消費地卸売市場		産地卸売市場		生産者 （漁業者）	その他
		仲卸業者	卸売業者	産地出荷業者	産地卸売業者		
水産物計 （調査対象10品目）	100.0	44.3	24.4	8.1	9.4	4.4	9.4

2 水産物の流通経費等（続き）
(5) 水産物の各流通段階の価格形成及び小売価格に占める各流通経費等の割合
　　（調査対象10品目）（100kg当たり）（試算値）
　　ア　5つの流通段階を経由（産地卸売業者、産地出荷業者、卸売業者、仲卸業者及び小売業者）

区分	生産者受取価格	産地卸売業者		産地出荷業者			仲卸業者		小売業者	
		産地卸売金額に対する生産者への支払金額の割合	産地卸売価格	仕入金額に対する卸売金額の割合	卸売価格	卸売手数料	仕入金額に対する販売金額の割合	仲卸価格	仕入金額に対する販売金額の割合	小売価格
		(3)×(2)		(3)×(4)			(5)×(7)		(8)×(9)	
	(1)	(2)	(3)	(4)	(5)	(6)	(7)	(8)	(9)	(10)
	円	％	円	％	円	円	％	円	％	円
水産物（調査対象10品目）	25,955	95.4	27,207	177.9	48,401	1,929	116.4	56,339	145.8	82,142

区分	流通経費					
	計	産地卸売経費	産地出荷業者経費	卸売経費（卸売手数料）	仲卸経費	小売経費
	(12)+(13)+(14)+(15)+(16)	(3)−(1)	(5)−(3)−(6)	(6)	(8)−(5)	(10)−(8)
	(11)	(12)	(13)	(14)	(15)	(16)
	円	円	円	円	円	円
水産物（調査対象10品目）	56,187	1,252	19,265	1,929	7,938	25,803

区分	小売価格に占める流通経費等の割合								
	計	生産者受取価格	産地卸売価格	流通経費					
				小計	産地卸売経費	産地出荷業者経費	卸売経費（卸売手数料）	仲卸経費	小売経費
		(1)/(10)	(3)/(10)	(11)/(10)	(12)/(10)	(13)/(10)	(14)/(10)	(15)/(10)	(16)/(10)
	(17)	(18)	(19)	(20)	(21)	(22)	(23)	(24)	(25)
	％	％	％	％	％	％	％	％	％
水産物（調査対象10品目）	100.0	31.6	33.1	68.4	1.5	23.5	2.3	9.7	31.4
				(100.0)	(2.2)	(34.3)	(3.4)	(14.1)	(45.9)

注：1　各流通段階の流通経費は利潤等を含む。
　　2　（ ）内は、流通経費計を100.0％とした各流通経費の割合である。

イ　漁業者が小売業者に直接販売

区分	漁業者	小売業者		流通経費		小売価格に占める 流通経費等の割合		
	小売業者へ の販売価格 （生産者 受取価格）	仕入金額 に対する 販売金額 の割合	小売価格	小売経費	計	生産者 受取価格	小売経費
			$(1) \times (2)$	$(3) - (1)$		$(1) / (3)$	$(4) / (3)$
	(1)	(2)	(3)	(4)	(5)	(6)	(7)
	円	％	円	円	％	％	％
水産物 （調査対象 10品目）	34,754	149.6	51,992	17,238	100.0	66.8	33.2

注： 1　小売経費は利潤等を含む。
　　 2　小売価格及び小売経費は、小売業者が漁業者から仕入れたと回答のあった水産物の
　　　　仕入金額に対する販売金額の割合を用いて試算している。
　　 3　生産者受取価格は、漁業者が行う選別・荷造労働費や包装・荷造材料費、商品を
　　　　小売業者へ搬送する運送費や労働費等の経費が一部含まれている場合がある。

ウ　漁業者が消費者に直接販売

区分	生産者 受取価格	消費者に直接販売		販売価格に占める流通経費等の割合		
		販売価格		計	生産者 受取価格	販売経費
			販売経費			
	$(2) - (3)$				$(1) / (2)$	$(3) / (2)$
	(1)	(2)	(3)	(4)	(5)	(6)
	円	円	円	％	％	％
水産物 （調査対象 10品目）	33,226	36,545	3,319	100.0	90.9	9.1

注：　生産者受取価格は、漁業者が行う選別・荷造労働費や包装・荷造材料費、商品を
　　　直売所へ搬送する運送費や労働費等の経費が一部含まれている場合がある。

3 食料品年平均小売価格（東京都区部・大阪市）（令和4年）

単位：円

類・品目	数量単位	令和4年		銘柄
		東京都区部	大阪市	
穀類				
うるち米（コシヒカリ）	1袋	2,288	2,158	国内産、精米、単一原料米、5kg袋入り、コシヒカリ
うるち米（コシヒカリ以外）	〃	2,076	2,060	国内産、精米、単一原料米、5kg袋入り、コシヒカリを除く。
食パン	1kg	478	502	普通品
あんパン	100g	105	95	あずきあん入り、丸型、普通品
カップ麺	1個	171	168	中華タイプ、78g入り
中華麺	1kg	437	423	蒸し中華麺、焼きそば、3食（麺450g）入り、ソース味
魚介類				
まぐろ	100g	541	491	めばち又はきはだ、刺身用、さく、赤身
さけ	〃	427	464	トラウトサーモン又はアトランティックサーモン（ノルウェーサーモン）、刺身用、さく又はブロック
ぶり	〃	364	400	切り身（刺身用を除く。）
えび	〃	327	314	輸入品、冷凍、「パック包装」又は「真空包装」、無頭（10～14尾入り）
塩さけ	〃	257	231	ぎんざけ、切り身
かまぼこ	〃	182	142	蒸かまぼこ、板付き、80～140g、普通品
魚介漬物	〃	246	228	みそ漬、さわら又はさけ、並
魚介缶詰	1缶	126	138	まぐろ缶詰、油漬、きはだまぐろ、フレーク、70g入り、3缶又は4缶パック
肉類				
牛肉	100g	877	684	国産品、ロース
豚肉	〃	251	257	国産品、バラ（黒豚を除く。）
鶏肉	〃	134	136	ブロイラー、もも肉
ソーセージ	〃	187	190	ウインナーソーセージ、袋入り、JAS規格品・特級
乳卵類				
牛乳	1本	218	220	牛乳、店頭売り、1,000mL紙容器入り
ヨーグルト	1個	163	157	プレーンヨーグルト、400g入り
鶏卵	1パック	239	246	白色卵、サイズ混合、10個入りパック詰
野菜・海藻				
キャベツ	1kg	181	187	
ねぎ	〃	719	764	白ねぎ
レタス	〃	445	503	玉レタス
たまねぎ	〃	392	386	赤たまねぎを除く。
きゅうり	〃	588	600	
トマト	〃	748	687	ミニトマト（プチトマト）を除く。
生しいたけ	〃	1,699	1,921	
干しのり	1袋	435	459	焼きのり、全形10枚袋入り、普通品
豆腐	1kg	246	244	木綿豆腐、並
納豆	1パック	93	104	糸ひき納豆、丸大豆納豆、小粒又は極小粒、「50g×3個」又は「45g×3個」

資料：総務省統計局「小売物価統計調査（動向編）結果」
注： 2020年基準消費者物価指数の小分類ごとに、主として全国のウエイトが大きい品目を農林水産省統計部において抜粋している。

単位：円

類・品目	数量単位	令和4年 東京都区部	令和4年 大阪市	銘柄
果物				
りんご	1 kg	676	714	「ふじ」又は「つがる」、1個200〜400 g
みかん	〃	725	749	温州みかん(ハウスみかんを除く。)、1個70〜130 g
いちご	〃	2,105	2,171	国産品
バナナ	〃	265	278	フィリピン産(高地栽培などを除く。)
油脂・調味料				
食用油	1本	429	394	キャノーラ(なたね)油、1,000 gポリ容器入り
乾燥スープ	1箱	323	339	粉末、ポタージュ、コーンクリーム、箱入り(8袋、145.6 g入り)
つゆ・たれ	1本	270	326	めんつゆ、希釈用、3倍濃縮、1Lポリ容器入り
菓子類				
ケーキ	1個	484	473	いちごショートケーキ、1個(70〜120 g)
せんべい	100 g	129	120	うるち米製せんべい、しょう油味、個装タイプ袋入り、普通品
チョコレート	〃	221	219	板チョコレート、50〜55 g
アイスクリーム	1個	260	267	バニラアイスクリーム、110mLカップ入り
調理食品				
弁当	〃	569	546	持ち帰り弁当、幕の内弁当、並
〃	〃	480	534	持ち帰り弁当、からあげ弁当、並
すし(弁当)	1パック	811	651	にぎりずし(飲食店を除く。)、8〜10個入り、並
サラダ	100 g	161	174	ポテトサラダ、並
からあげ	〃	209	215	鶏肉、骨なし、並
飲料				
1)茶飲料	1000mL	154	162	緑茶飲料、525mL〜600mLペットボトル入り
野菜ジュース	〃	92	90	野菜汁・果汁100%(野菜汁60〜65%入り)、200mL紙容器入り
炭酸飲料	1000mL	227	208	コーラ、350〜500mLペットボトル入り
乳酸菌飲料	1本	86	86	配達、80mLプラスチック容器入り、全国統一価格品目
酒類				
焼酎	〃	1,597	1,629	単式蒸留しょうちゅう、主原料は麦又はさつまいも、1,800mL紙容器入り、アルコール分25度
ビール	1パック	1,137	1,179	淡色、350mL缶入り、6缶入り
ビール風アルコール飲料	〃	759	789	350mL缶入り、6缶入り
外食				
中華そば	1杯	543	647	ラーメン、しょう油味(豚骨しょう油味を含む。)
すし	1人前	1,474	1,168	にぎりずし、並
焼肉	〃	958	936	牛カルビ、並
ビール	1本	596	552	居酒屋におけるビール、淡色、中瓶500mL

注：1)は、令和4年5月に基本銘柄を改正した。

Ⅵ 食の安全に関する取組

1 有機農産物の認証・格付

(1) 有機農産物等認証事業者の認証件数（令和5年3月31日現在）

区分	認証件数						農家
	計	生産行程管理者		小分け業者	輸入業者	外国格付表示業者	
			有機農産物				
	事業体	事業体	事業体	事業体	事業体	事業体	戸
計	9,094	7,356	4,109	1,308	400	30	
全国計	5,678	4,467	2,758	781	400	30	3,936
北海道	553	490	296	58	5	0	332
青森	18	18	15	0	0	0	27
岩手	22	20	18	2	0	0	29
宮城	78	62	53	14	2	0	86
秋田	48	43	35	5	0	0	59
山形	65	58	48	7	0	0	130
福島	86	80	73	5	1	0	122
茨城	125	113	97	12	0	0	107
栃木	71	60	47	9	1	1	65
群馬	102	85	51	12	2	3	84
埼玉	104	55	26	37	12	0	37
千葉	160	114	85	38	8	0	142
東京	386	92	18	96	192	6	71
神奈川	134	31	10	58	45	0	28
新潟	151	134	119	17	0	0	175
富山	25	22	16	3	0	0	19
石川	51	39	30	9	1	2	37
福井	20	16	12	4	0	0	26
山梨	66	59	46	5	2	0	44
長野	138	124	93	8	6	0	112
岐阜	63	49	25	9	5	0	29
静岡	295	247	82	37	4	7	173
愛知	146	93	25	39	12	2	31

資料：農林水産省大臣官房新事業・食品産業部資料（以下(3)ウまで同じ。）
注：1 令和5年4月末現在において報告があったものについて令和5年3月31日分まで集計したものである。
　　2 生産行程管理者には個人で認証事業者になる以外にも複数の農家がグループになって認証事業者となる場合がある。
　　3 農家戸数は報告のあった個人農家とグループ構成員を積み上げた数値である。

(2) 有機登録認証機関数の推移（各年度末現在）

単位：機関

区分	平成30年度	令和元	2	3	4
計	68	68	69	68	72
登録認証機関数	56	53	52	51	51
登録外国認証機関数	12	15	17	19	21

区分	認証件数						農家
	計	生産行程管理者		小分け業者	輸入業者	外国格付表示業者	
			有機農産物				
	事業体	事業体	事業体	事業体	事業体	事業体	戸
三重	73	61	31	11	1	0	83
滋賀	58	49	37	6	3	0	45
京都	179	151	71	21	6	1	74
大阪	170	72	15	57	41	0	15
兵庫	270	202	138	42	26	0	158
奈良	77	61	40	15	1	0	56
和歌山	65	60	39	2	0	3	112
鳥取	46	42	23	4	0	0	32
島根	100	96	69	4	0	0	67
岡山	86	81	57	4	1	0	111
広島	78	61	32	12	5	0	38
山口	30	28	20	2	0	0	23
徳島	56	54	34	2	0	0	43
香川	43	34	17	7	2	0	22
愛媛	98	87	66	7	4	0	68
高知	49	48	37	1	0	0	68
福岡	212	153	35	48	11	0	46
佐賀	75	68	26	7	0	0	49
長崎	49	49	21	0	0	0	55
熊本	240	221	179	18	1	0	209
大分	98	91	54	6	0	1	88
宮崎	149	142	78	6	0	1	92
鹿児島	359	349	241	7	0	3	339
沖縄	111	103	78	8	0	0	78
外国	3,416	2,889	1,351	527	-	-	-

1 有機農産物の認証・格付（続き）
(3) 認証事業者に係る格付実績（令和3年度）
ア 有機農産物

単位：t

区分	国内で格付されたもの	1)外国で格付されたもの	区分	国内で格付されたもの	1)外国で格付されたもの
計	81,474	3,820,901	緑茶（生葉・荒茶）	9,161	7,114
野菜	44,313	102,450	その他茶葉	216	19,022
果実	3,131	373,317	コーヒー生豆	0	48,136
米	9,771	3,896	ナッツ類	0	26,736
麦	1,426	2,969	さとうきび	72	2,931,865
大豆	1,614	26,887	こんにゃく芋	596	193
その他豆類	123	4,996	パームフルーツ	0	137,634
雑穀類	115	9,946	その他の農産物	10,937	125,741

注：1 有機食品の検査認証制度に基づき、登録認証機関から認証を受けた事業者が格付または格付の表示を行った有機農産物及び有機農産物加工食品の令和3年度における実績として報告された数値を令和5年4月1日現在で集計。
　　2 格付または格付の表示を行った事業者は当該認証を行った登録認証機関に6月末日までにその実績を報告。事業者からの報告を受けた登録認証機関は9月末日までにそれらを取りまとめ、農林水産大臣に報告。
　　3 外国で格付されたものには、外国において、有機JAS認証事業者が有機JAS格付を行ったもの及び同等性のある国・地域（EU加盟国、オーストラリア、アメリカ合衆国、アルゼンチン、英国、ニュージーランド、スイス、カナダ及び台湾）において、有機JAS制度と同等の制度に基づいて認証を受けた事業者が有機格付を行って我が国に輸入されたものを含む。
　　1)は、主に外国で有機加工食品の原材料として使用されているが、それ以外にも、外国で消費されたもの、日本以外に輸出されたもの及び有機加工食品以外の食品に加工されたものも含む。

イ 有機加工食品

単位：t

区分	国内で格付されたもの	1)外国で格付されたもの	区分	国内で格付されたもの	1)外国で格付されたもの
計	106,999	450,796	みそ	3,401	279
冷凍野菜	790	7,582	しょうゆ	5,329	0
野菜びん・缶詰	133	8,225	ピーナッツ製品	217	365
野菜水煮	476	10,896	その他豆類の調整品	3,816	103
その他野菜加工品	2,120	4,941	乾めん類	112	37
果実飲料	2,604	63,767	緑茶（仕上げ茶）	5,986	433
その他果実加工品	1,058	30,482	コーヒー豆	2,969	1,089
野菜飲料	3,809	13,865	ナッツ類加工品	1,793	8,392
茶系飲料	14,569	4,174	こんにゃく	1,061	15
コーヒー飲料	1,540	3,150	砂糖	57	123,888
豆乳	33,011	2,283	糖みつ	30	5,960
豆腐	8,887	0	牛乳	835	0
納豆	1,808	0	その他の加工食品	10,588	160,871

注：1)は、外国で消費されたものや日本以外に輸出されたものも含む。

ウ 国内の総生産量と格付数量

区分	総生産量	格付数量（国内）	（参考）有機の割合
	t	t	%
野菜（スプラウト類を含む）	13,863,000	49,239	0.36
果実	2,599,000	3,131	0.12
米	8,226,000	9,771	0.12
麦	1,310,000	1,426	0.11
大豆	247,000	1,614	0.65

注：総生産量は、「令和3年度食料需給表（概算値）」による。

2 食品表示法の食品表示基準に係る指示及び命令件数

単位：件

年度	国						
	計	生鮮					加工
		小 計	畜産物	農産物	水産物	米	
平成30年度	12	2	-	-	-	2	10
令和元	3	-	-	-	-	-	3
2	5	2	-	-	-	2	3
3	10	3	-	1	2	-	7
4	13	8	-	2	6	-	5

年度	都道府県						
	計	生鮮					加工
		小 計	畜産物	農産物	水産物	米	
平成30年度	11	4	1	1	2	0	7
令和元	7	3	-	1	1	1	4
2	7	2	1	1	-	-	5
3	11	7	2	2	3	-	4
4	21	19	2	2	15	-	2

資料：消費者庁、国税庁及び農林水産省「食品表示法の食品表示基準に係る指示及び命令件数」
注： 同一事業者に対して複数の食品に対する改善指示を同時に実施した事例があることから、
全体の件数と品目毎の件数の合計とは一致しない場合がある。

農　業　編

Ⅰ 農用地及び農業用施設

1 耕地面積

(1) 田畑別耕地面積（各年7月15日現在）

単位：千ha

| 年次 | 計 | 田 | | | 畑 |
		小計	本地	けい畔	
平成30年	4,420	2,405	2,273	133	2,014
令和元	4,397	2,393	2,261	132	2,004
2	4,372	2,379	2,248	131	1,993
3	4,349	2,366	2,236	130	1,983
4	4,325	2,352	2,223	130	1,973

資料：農林水産省統計部「耕地及び作付面積統計」（以下2まで同じ。）
注：1 この調査は、対地標本実測調査による。
　　2 耕地とは、農作物の栽培を目的とする土地をいい、けい畔を含む。
　　3 田とは、たん水設備（けい畔など）と、これに所要の用水を供給し得る設備（用水源・用水路など）を有する耕地をいう。
　　　本地とは、直接農作物の栽培に供される土地で、けい畔を除いた耕地をいい、けい畔とは、耕地の一部にあって、主として本地の維持に必要なものをいう。畑とは、田以外の耕地をいい、通常、畑と呼ばれている普通畑のほか、樹園地及び牧草地を含む。

(2) 全国農業地域別種類別耕地面積（各年7月15日現在）

| 年次・全国農業地域 | 田 | 畑 | | | | 水田率 |
| | | 計 | 普通畑 | 樹園地 | 牧草地 | |
	千ha	千ha	千ha	千ha	千ha	%
平成30年	2,405	2,014	1,138	278	599	54.4
令和元	2,393	2,004	1,134	273	597	54.4
2	2,379	1,993	1,130	268	595	54.4
3	2,366	1,983	1,126	263	593	54.4
4	2,352	1,973	1,123	259	591	54.4
北海道	222	920	418	3	499	19.4
東北	591	229	128	45	57	72.0
北陸	274	32	25	5	2	89.6
関東・東山	389	305	252	45	8	56.1
東海	148	97	58	37	3	60.5
近畿	168	48	17	30	0	77.7
中国	177	51	34	14	3	77.7
四国	84	44	16	28	0	65.7
九州	299	212	148	51	13	58.5
沖縄	1	36	28	2	6	2.2

注：1 樹園地とは、果樹、茶などの木本性作物を1a以上集団的（規則的、連続的）に栽培する畑をいう。なお、ホップ園、バナナ園、パインアップル園及びたけのこ栽培を行う竹林を含む。
　　2 牧草地とは、牧草の栽培を専用とする畑をいう。
　　3 水田率とは、耕地面積（田畑計）のうち、田面積が占める割合である。

1 耕地面積（続き）

(3) 都道府県別耕地面積及び耕地率（令和4年7月15日現在）

全国・都道府県	計	田	畑				耕地率
			小計	普通畑	樹園地	牧草地	
	千ha	千ha	千ha	千ha	千ha	千ha	%
全国	**4,325**	**2,352**	**1,973**	**1,123**	**259**	**591**	**11.6**
北海道	1,141	222	920	418	3	499	14.5
青森	149	79	70	35	22	13	15.5
岩手	149	94	55	25	3	27	9.7
宮城	125	103	22	15	1	6	17.2
秋田	146	128	18	12	2	4	12.6
山形	115	91	24	12	10	2	12.3
福島	136	96	40	29	6	5	9.9
茨城	161	95	66	60	6	0	26.4
栃木	121	94	27	23	2	2	18.9
群馬	65	24	41	37	3	1	10.2
埼玉	73	41	32	30	2	0	19.3
千葉	122	72	49	46	3	0	23.6
東京	6	0	6	5	1	0	2.9
神奈川	18	3	15	11	3	−	7.4
新潟	168	149	19	16	2	1	13.3
富山	58	55	3	2	1	0	13.6
石川	40	34	7	5	1	1	9.7
福井	40	36	4	3	1	0	9.5
山梨	23	8	16	5	10	1	5.2
長野	105	52	53	36	14	3	7.7
岐阜	55	42	13	9	3	1	5.2
静岡	60	21	39	15	23	1	7.8
愛知	73	41	32	26	5	0	14.1
三重	57	44	13	8	5	0	9.9
滋賀	51	47	4	3	1	0	12.6
京都	30	23	7	4	3	0	6.4
大阪	12	8	4	2	2	−	6.4
兵庫	72	66	6	4	2	0	8.6
奈良	20	14	6	2	3	0	5.3
和歌山	31	9	22	2	20	0	6.6
鳥取	34	23	11	9	1	1	9.6
島根	36	29	7	5	1	1	5.4
岡山	62	49	13	9	4	1	8.8
広島	52	39	13	7	5	1	6.1
山口	44	37	7	4	2	0	7.2
徳島	28	19	9	5	3	0	6.7
香川	29	24	5	2	3	0	15.5
愛媛	45	21	24	5	19	0	8.0
高知	26	19	6	3	3	0	3.6
福岡	79	64	15	7	8	0	15.8
佐賀	50	42	8	4	4	0	20.6
長崎	46	21	25	20	5	0	11.1
熊本	106	65	41	22	13	6	14.3
大分	54	39	16	9	4	3	8.5
宮崎	64	34	30	25	4	1	8.3
鹿児島	112	35	77	62	12	3	12.2
沖縄	36	1	36	28	2	6	15.9

2　耕地の拡張・かい廃面積

年次	田畑計			田			畑		
	拡張 (増加要因)	かい廃 (減少要因)	荒廃 農地	拡張 (増加要因)	かい廃 (減少要因)	荒廃 農地	拡張 (増加要因)	かい廃 (減少要因)	荒廃 農地
平成30年	9,230	33,700	14,500	3,990	17,000	6,150	6,560	18,000	8,330
令和元年	9,240	31,700	13,200	4,040	15,900	5,330	6,460	17,000	7,920
2	8,240	33,000	15,100	3,730	17,700	6,120	6,350	17,200	9,020
3	7,410	30,800	12,800	3,480	16,700	5,190	6,020	16,100	7,610
4	6,590	30,200	14,000	2,840	16,700	6,140	5,600	15,300	7,850

注：1　数値は、前年7月15日からその年の7月14日までの間に発生したものである。
　　2　この表は、耕地面積の増減内容を巡回・見積り等の方法で調査した結果である。そのため対地標本
　　　実測調査による「1　耕地面積」とは調査方法が相違する。

3 都道府県別の田畑整備状況（令和3年）（推計値）

局名及び都道府県名	田面積 ①	30a程度以上区画整備済面積 ②	割合③=②/①	50a以上区画整備済面積 ④	割合⑤=④/①	畑面積 ⑥	末端農道整備済面積 ⑦	割合⑧=⑦/⑥	畑地かんがい施設整備済面積 ⑨	割合⑩=⑨/⑥	区画整備済面積 ⑪	割合⑫=⑪/⑥
	ha	ha	%	ha	%	ha	ha	%	ha	%	ha	%
全国	2,366,000	1,596,667	67.5	274,004	11.6	1,983,000	1,564,138	78.9	496,863	25.1	1,286,257	64.9
北海道開発局	222,000	216,506	97.5	67,046	30.2	920,700	894,760	97.2	233,458	25.4	881,304	95.7
北海道	222,000	216,506	97.5	67,046	30.2	920,700	894,760	97.2	233,458	25.4	881,304	95.7
東北農政局	593,700	408,644	68.8	91,121	15.3	230,200	139,629	60.7	20,245	8.8	96,524	41.9
青森県	79,200	53,188	67.2	4,800	6.1	70,400	44,127	62.7	4,318	6.1	37,449	53.2
岩手県	93,900	49,957	53.2	10,481	11.2	55,400	33,955	61.3	2,226	4.0	24,598	44.4
宮城県	103,400	72,637	70.2	32,042	31.0	22,100	7,531	34.1	911	4.1	4,405	19.9
秋田県	128,400	89,087	69.4	32,910	25.6	17,900	9,543	53.3	2,750	15.4	6,060	33.9
山形県	91,600	71,783	78.4	3,966	4.3	24,200	14,007	57.9	3,007	12.4	7,824	32.3
福島県	97,100	71,993	74.1	6,922	7.1	40,200	30,466	75.8	7,033	17.5	16,187	40.3
関東農政局	413,200	275,985	66.8	26,319	6.4	347,500	206,563	59.4	73,187	21.1	117,431	33.8
茨城県	95,300	76,754	80.5	3,953	4.1	67,000	25,122	37.5	3,434	5.1	10,574	15.8
栃木県	94,800	63,154	66.6	10,278	10.8	26,900	12,851	47.8	2,489	9.3	8,291	30.8
群馬県	24,700	15,496	62.7	408	1.7	41,200	27,331	66.3	11,609	28.2	26,394	64.1
埼玉県	40,900	21,967	53.7	3,109	7.6	32,600	20,682	63.4	8,279	25.4	13,187	40.5
千葉県	72,700	47,765	65.7	6,748	9.3	50,100	30,720	61.3	7,467	14.9	15,506	31.0
東京都	223	0	0.0	0	0.0	6,180	1,638	26.5	562	9.1	30	0.5
神奈川県	3,530	125	3.5	15	0.4	14,600	5,312	36.4	1,251	8.6	3,794	26.0
山梨県	7,710	3,731	48.4	121	1.6	15,600	13,912	89.2	6,604	42.3	3,457	22.2
長野県	51,700	36,274	70.2	605	1.2	53,400	31,125	58.3	15,887	29.8	18,895	35.4
静岡県	21,500	10,718	49.9	1,081	5.0	40,000	37,870	94.7	15,605	39.0	17,302	43.3
北陸農政局	274,600	199,546	72.7	37,097	13.5	32,000	20,327	63.5	11,405	35.6	14,497	45.3
新潟県	149,400	95,755	64.1	28,265	18.9	18,800	10,577	56.3	5,562	29.6	7,397	39.3
富山県	55,300	48,017	86.8	2,254	4.1	2,690	1,795	66.7	895	33.3	726	27.0
石川県	33,700	22,070	65.5	3,057	9.1	6,830	5,303	77.6	3,091	45.3	3,948	57.8
福井県	36,200	33,703	93.1	3,521	9.7	3,690	2,652	71.9	1,857	50.3	2,425	65.7
東海農政局	127,800	83,810	65.6	10,162	8.0	58,300	42,336	72.6	26,541	45.5	34,023	58.4
岐阜県	42,300	22,511	53.2	3,252	7.7	12,900	7,993	62.0	3,669	28.4	6,372	49.4
愛知県	41,500	30,181	72.7	4,915	11.8	31,800	26,707	84.0	19,543	61.5	22,783	71.6
三重県	44,000	31,118	70.7	1,996	4.5	13,600	7,636	56.1	3,329	24.5	4,869	35.8

資料：農林水産省統計部「耕地及び作付面積統計」、農林水産省農村振興局「農業基盤情報基礎調査」
注：1 田及び畑の面積は「耕地及び作付面積統計」による令和3年7月15日時点の値。
　　2 各整備済面積は「農業基盤情報基礎調査」による令和3年3月31日時点の推計値。
　　3 「区画整備済」とは、区画の形状が原則として方形に整形されている状態をいう。
　　4 「末端農道整備済」とは、畑に幅員3m以上の農道が接している状態をいう。

局名及び都道府県名	田面積①	30a程度以上区画整備済面積②	割合③=②/①	50a以上区画整備済面積④	割合⑤=④/①	畑面積⑥	末端農道整備済面積⑦	割合⑧=⑦/⑥	畑地かんがい施設整備済面積⑨	割合⑩=⑨/⑥	区画整備済面積⑪	割合⑫=⑪/⑥
	ha	ha	%	ha	%	ha	ha	%	ha	%	ha	%
近畿農政局	168,700	101,765	60.3	8,753	5.2	48,500	24,061	49.6	14,645	30.2	9,189	18.9
滋賀県	47,100	42,319	89.8	3,284	7.0	3,830	2,441	63.7	1,228	32.1	1,863	48.6
京都府	23,100	10,425	45.1	1,243	5.4	6,620	2,189	33.1	1,689	25.5	1,453	22.0
大阪府	8,640	1,375	15.9	242	2.8	3,760	1,178	31.3	670	17.8	380	10.1
兵庫県	66,700	44,702	67.0	3,790	5.7	6,120	3,051	49.9	2,171	35.5	1,933	31.6
奈良県	14,000	2,548	18.2	161	1.2	5,830	3,119	53.5	1,473	25.3	1,998	34.3
和歌山県	9,260	397	4.3	33	0.4	22,300	12,083	54.2	7,414	33.2	1,563	7.0
中国四国農政局	263,700	119,272	45.2	13,748	5.2	96,400	57,997	60.2	34,154	35.4	20,244	21.0
鳥取県	23,300	15,320	65.8	494	2.1	10,900	8,842	81.1	5,269	48.3	6,070	55.7
島根県	29,200	14,372	49.2	1,395	4.8	6,970	4,574	65.6	2,131	30.6	3,147	45.2
岡山県	49,300	25,167	51.0	5,700	11.6	13,400	6,370	47.5	4,453	33.2	3,018	22.5
広島県	39,600	22,912	57.9	1,763	4.5	13,300	11,707	58.8	2,692	20.5	2,315	17.7
山口県	37,100	18,956	51.1	2,382	6.4	7,400	3,134	42.4	1,506	20.4	1,202	16.2
徳島県	19,200	2,982	15.5	186	1.0	8,910	5,234	58.7	1,607	18.0	1,024	11.5
香川県	24,400	6,369	26.1	296	1.2	4,860	2,727	56.1	2,158	44.4	1,202	24.7
愛媛県	21,700	6,355	29.3	637	2.9	24,500	18,118	74.0	13,092	53.4	1,292	5.3
高知県	19,800	6,840	34.5	895	4.5	6,450	1,290	20.0	1,246	19.3	974	15.1
九州農政局	301,600	190,621	63.2	19,662	6.5	213,700	144,940	67.8	60,853	28.5	87,141	40.8
福岡県	64,000	43,048	67.3	3,544	5.5	15,300	9,853	64.4	2,457	16.1	2,990	19.5
佐賀県	41,800	35,938	86.0	5,182	12.4	8,640	8,015	92.8	5,140	59.5	3,396	39.3
長崎県	21,000	7,245	34.5	733	3.5	24,900	15,231	61.2	6,681	26.8	4,565	18.3
熊本県	66,100	45,719	69.2	3,509	5.3	41,400	23,728	57.3	9,101	22.0	7,263	17.5
大分県	38,800	22,511	58.0	3,193	8.2	15,700	10,948	69.7	5,302	33.8	7,986	50.9
宮崎県	34,600	14,840	42.9	536	1.6	30,100	18,385	61.1	7,892	26.2	14,447	48.0
鹿児島県	35,200	21,321	60.6	2,964	8.4	77,600	58,779	75.7	24,280	31.3	46,493	59.9
沖縄総合事務局	800	517	64.6	97	12.1	35,700	33,527	93.9	22,376	62.7	25,904	72.6
沖縄県	800	517	64.6	97	12.1	35,700	33,527	93.9	22,376	62.7	25,904	72.6

4 農業経営体の経営耕地面積規模別経営耕地面積（各年2月1日現在）

単位：ha

区分	計	3.0ha未満	3.0～10.0	10.0～20.0	20.0～30.0	30.0～50.0	50.0ha以上
平成27年	3,451,444	1,147,103	661,536	349,760	249,503	354,751	688,792
令和2	3,232,882	858,694	586,236	354,282	261,860	380,548	791,262
うち団体経営体	756,897	10,639	36,220	65,216	76,114	132,322	436,386

資料：農林水産省統計部「農林業センサス」（以下7(2)まで同じ。）

5 経営耕地の状況（各年2月1日現在）

年次・全国農業地域	田			畑（樹園地を除く。）			樹園地		
	経営体数	面積	1経営体当たり面積	経営体数	面積	1経営体当たり面積	経営体数	面積	1経営体当たり面積
	千経営体	千ha	ha	千経営体	千ha	ha	千経営体	千ha	ha
平成27年	1,145	1,947	1.7	834	1,316	1.6	271	189	0.7
令和2	840	1,785	2.1	561	1,289	2.3	200	159	0.8
北海道	15	181	12.4	30	845	28.6	1	2	2.1
都府県	826	1,604	1.9	531	443	0.8	199	157	0.8
東北	165	482	2.9	102	106	1.0	34	30	0.9
北陸	72	235	3.3	31	14	0.4	5	3	0.5
関東・東山	170	290	1.7	143	141	1.0	46	29	0.6
東海	67	103	1.5	53	27	0.5	25	22	0.9
近畿	88	115	1.3	38	10	0.3	21	19	0.9
中国	85	112	1.3	46	18	0.4	16	6	0.4
四国	50	49	1.0	25	10	0.4	20	15	0.7
九州	129	219	1.7	81	100	1.2	30	33	1.1
沖縄	0	0	1.7	10	18	1.8	1	1	0.8

注： この面積は、「耕地及び作付面積統計」の標本実測調査による耕地面積とは異なる（以下7(2)まで同じ。）。

6 1経営体当たりの経営耕地面積（各年2月1日現在）

区分	平成27年			令和2		
	経営耕地のある経営体数	経営耕地総面積	1経営体当たり経営耕地面積	経営耕地のある経営体数	経営耕地総面積	1経営体当たり経営耕地面積
	千経営体	千ha	ha	千経営体	千ha	ha
全国	1,361	3,451	2.5	1,059	3,233	3.1
北海道	40	1,050	26.5	34	1,028	30.2
都府県	1,322	2,401	1.8	1,025	2,204	2.2
東北	245	663	2.7	191	618	3.2
北陸	103	265	2.6	75	251	3.3
関東・東山	296	498	1.7	232	459	2.0
東海	124	168	1.4	91	151	1.7
近畿	129	155	1.2	103	143	1.4
中国	125	155	1.2	96	136	1.4
四国	81	86	1.1	65	74	1.1
九州	204	386	1.9	161	352	2.2
沖縄	15	25	1.7	11	19	1.8

7 借入耕地、貸付耕地のある経営体数と面積（各年2月1日現在）
(1) 借入耕地

年次・ 全国 農業地域	計		田		畑 （樹園地を除く。）		樹園地	
	実経営体数	面積	経営体数	面積	経営体数	面積	経営体数	面積
	千経営体	千ha	千経営体	千ha	千経営体	千ha	千経営体	千ha
平成27年	502	1,164	373	781	163	355	47	28
令和2	**379**	**1,257**	**274**	**835**	**131**	**394**	**38**	**28**
北海道	16	257	5	41	13	216	0	0
都府県	363	1,000	268	794	118	178	38	28
東北	58	260	46	213	17	44	5	3
北陸	35	146	32	140	6	6	1	1
関東・東山	77	188	49	129	34	54	9	5
東海	28	77	18	63	10	9	6	6
近畿	38	64	32	59	7	3	4	3
中国	32	65	27	56	7	7	3	1
四国	21	25	15	20	5	3	4	2
九州	69	168	50	114	27	47	6	7
沖縄	5	7	0	0	5	6	0	0

(2) 貸付耕地

年次・ 全国 農業地域	計		田		畑 （樹園地を除く。）		樹園地	
	実経営体数	面積	経営体数	面積	経営体数	面積	経営体数	面積
	千経営体	千ha	千経営体	千ha	千経営体	千ha	千経営体	千ha
平成27年	315	188	217	112	120	70	19	6
令和2	**228**	**166**	**164**	**97**	**71**	**64**	**14**	**6**
北海道	4	33	1	5	3	29	0	0
都府県	224	133	162	92	68	35	14	5
東北	42	42	34	31	9	10	2	1
北陸	16	10	14	9	2	1	0	0
関東・東山	59	31	36	19	26	11	4	1
東海	24	10	17	6	7	2	2	1
近畿	18	6	15	5	3	1	1	0
中国	17	7	14	5	3	1	1	0
四国	10	3	7	2	2	1	1	0
九州	38	23	25	14	14	8	2	1
沖縄	1	1	0	0	1	1	0	0

8 荒廃農地
(1) 荒廃農地等面積の推移

単位：ha

全国・都道府県	荒廃農地面積						再生利用された面積	
	計	農用地区域	再生利用が可能な荒廃農地	農用地区域	再生利用が困難と見込まれる荒廃農地	農用地区域		農用地区域
平成25年	264,508	126,007	132,903	75,869	131,606	50,138	14,916	9,936
26	273,454	128,292	130,090	74,581	143,364	53,711	10,123	6,556
27	283,119	130,971	123,839	71,700	159,279	59,272	11,371	7,145
28	281,219	132,196	97,992	58,591	183,227	73,605	16,894	10,623
29	282,922	133,266	92,454	55,768	190,468	77,498	11,023	6,959
30	279,970	132,919	91,524	55,349	188,446	77,570	9,988	6,474
令和元	283,536	135,520	91,161	55,823	192,376	79,697	8,453	5,238
2	281,831	136,231	90,238	55,436	191,593	80,795	8,448	5,398
3 年度	259,502	123,292	90,839	54,282	168,663	69,009	13,017	8,160
増減率(%) 2/元	99%	101%	99%	99%	100%	101%	100%	103%
3/2	92%	91%	101%	98%	88%	85%	154%	151%

資料：農林水産省農村振興局「令和3年度の荒廃農地面積について」（以下(2)まで同じ。）

注：1 荒廃農地面積の調査期間は、平成29年以前は各年1月1日から12月31日まで、平成30年から令和2年は前年12月1日から当年11月30日まで、令和3年度は令和2年12月1日から令和4年3月30日までである。

2 本表の数値は、東京電力福島第一原子力発電所事故の影響により避難指示のあった福島県下6町村のほか、東京都下1村の計7町村を除く、1,712市町村の調査結果を集計したもの。

3 「荒廃農地」とは、「現に耕作に供されておらず、耕作の放棄により荒廃し、通常の農作業では作物の栽培が客観的に不可能となっている農地」をいう。

4 「再生利用が可能な荒廃農地」とは、「抜根、整地、区画整理、客土等により再生することによって、通常の農作業による耕作が可能となると見込まれる荒廃農地」をいう。

5 「再生利用が困難と見込まれる荒廃農地」とは、「森林の様相を呈しているなど農地に復元するための物理的な条件整備が著しく困難なもの、又は周囲の状況から見て、その土地を農地として復元しても継続して利用することができないと見込まれるものに相当する荒廃農地」をいう。

6 令和3年度の荒廃農地面積について、主に①都道府県への非農地判断の徹底通知（令和3年4月1日付け2経第3505号農林水産省経営局農地政策課長通知）の発出、②調査の一本化及び調査内容の見直し、③ドローンの導入等による調査精度の向上の影響により特に再生利用が困難と見込まれる荒廃農地が減少したため、前年度までとの合計値の単純比較はできない。

(2) 都道府県別荒廃農地等面積（令和3年度）

単位：ha

全国・都道府県	今回新たに発生した面積	農用地区域	今回新たに再生利用された面積	農用地区域	再生利用が可能な荒廃農地（A分類）	農用地区域	再生利用が困難と見込まれる荒廃農地（B分類）	農用地区域	荒廃農地面積（A分類＋B分類）	農用地区域
全国	30,127	15,141	13,017	8,160	90,839	54,282	168,663	69,009	259,502	123,292
北海道	215	102	99	82	655	516	667	385	1,321	901
青森	579	440	261	187	2,827	2,142	1,244	648	4,071	2,790
岩手	490	317	68	56	1,811	1,139	1,456	1,117	3,267	2,255
宮城	1,148	578	767	542	2,139	1,190	3,993	1,827	6,132	3,018
秋田	164	133	104	89	375	330	595	452	970	781
山形	293	220	92	77	1,170	934	810	533	1,980	1,467
福島	3,003	1,513	707	502	8,456	5,076	4,824	2,177	13,279	7,253
茨城	1,226	516	730	397	6,287	3,055	5,142	2,054	11,429	5,109
栃木	230	119	490	242	1,025	545	945	242	1,970	787
群馬	617	418	203	142	2,531	1,710	6,367	2,884	8,899	4,593
埼玉	692	434	331	231	2,301	1,503	908	424	3,209	1,927
千葉	1,390	470	176	97	7,024	3,480	5,115	953	12,139	4,433
東京	78	40	97	37	478	265	2,427	771	2,905	1,035
神奈川	317	96	68	42	684	315	815	246	1,499	561
山梨	497	326	424	259	1,955	1,325	4,523	2,203	6,478	3,527
長野	1,260	684	465	311	3,833	2,469	7,264	3,339	11,097	5,808
静岡	1,012	640	1,130	680	2,374	1,457	3,528	1,622	5,902	3,079
新潟	335	254	94	74	208	158	1,958	1,029	2,166	1,186
富山	63	35	124	99	168	118	76	10	244	127
石川	494	241	288	234	1,207	920	4,741	1,902	5,948	2,822
福井	53	32	5	3	235	161	447	152	682	313
岐阜	235	113	161	90	642	366	1,110	453	1,752	820
愛知	1,564	368	371	241	1,931	1,110	3,090	471	5,021	1,582
三重	191	74	74	39	3,179	1,387	3,397	529	6,576	1,916
滋賀	121	98	63	42	746	537	1,116	599	1,863	1,137
京都	602	155	40	33	162	70	1,339	247	1,502	317
大阪	32	9	41	21	164	59	131	47	295	106
兵庫	124	76	149	110	977	713	624	505	1,601	1,218
奈良	165	82	177	55	542	273	774	293	1,316	565
和歌山	488	323	319	223	1,059	745	1,760	1,334	2,820	2,078
鳥取	398	203	221	153	980	648	2,325	640	3,304	1,288
島根	1,207	332	238	143	985	506	6,178	2,574	7,163	3,080
岡山	1,413	432	582	229	3,299	1,774	6,935	2,525	10,234	4,300
広島	291	224	121	79	797	503	7,089	2,693	7,887	3,196
山口	311	187	213	131	1,498	720	7,055	3,392	8,554	4,112
徳島	112	79	105	50	1,456	1,013	1,653	879	3,109	1,892
香川	240	160	167	109	1,113	668	6,385	1,469	7,497	2,137
愛媛	320	198	277	137	1,095	609	11,656	4,795	12,751	5,404
高知	88	49	40	31	938	524	1,071	282	2,010	806
福岡	302	170	185	103	2,101	1,331	2,917	1,173	5,018	2,504
佐賀	212	123	97	69	1,721	1,298	5,834	3,243	7,554	4,541
長崎	1,952	1,212	81	57	2,700	1,544	13,064	5,919	15,764	7,464
熊本	1,057	492	1,285	745	3,172	1,700	6,106	2,182	9,278	3,882
大分	1,891	849	276	185	3,324	2,027	8,132	3,398	11,457	5,426
宮崎	706	423	356	279	1,178	812	1,312	822	2,490	1,634
鹿児島	1,427	682	458	235	4,889	2,601	8,597	2,902	13,485	5,503
沖縄	520	419	201	188	2,447	1,937	1,170	675	3,617	2,612

注： 令和3年度調査においては、「遊休農地調査」、「荒廃農地の発生・解消状況に関する調査」を一本化し調査項目の見直しを行ったことに伴い公表項目の見直しも行い、荒廃農地の変動の実態を表す「新たに発生した面積」、「再生利用された面積」を公表し、荒廃農地面積は参考値とした。

9 農地調整
(1) 農地の権利移動

年次	農地法第3条による権利移動（許可・届出）		所有権耕作地有償所有権移転		所有権耕作地無償所有権移転		賃借権の設定	
	件数	面積	件数	面積	件数	面積	件数	面積
	件	ha	件	ha	件	ha	件	ha
平成28年	61,509	49,057	34,238	9,358	13,889	8,145	6,491	7,805
29	61,324	51,018	35,281	9,709	14,094	8,325	5,866	8,141
30	58,454	46,259	33,902	9,763	13,298	7,925	5,275	7,485
令和元	59,671	43,993	34,404	10,054	13,479	7,572	5,943	8,044
2	60,333	48,269	35,048	10,761	13,550	8,381	6,153	8,401

年次	農地法第3条（続き）使用貸借による権利の設定		農業経営基盤強化促進法による権利移動		所有権耕作地有償所有権移転		1)利用権の設定	
	件数	面積	件数	面積	件数	面積	件数	面積
	件	ha	件	ha	件	ha	件	ha
平成28年	6,427	23,140	388,086	211,803	12,755	19,669	373,061	190,205
29	5,699	24,163	396,388	213,678	13,922	22,960	379,913	188,707
30	5,484	20,225	378,658	203,917	13,438	20,687	362,671	180,780
令和元	5,230	17,597	365,089	191,013	14,728	23,541	346,825	165,326
2	4,955	19,779	419,286	221,836	15,430	26,969	400,738	192,335

資料：農林水産省経営局「農地の移動と転用」（以下(3)まで同じ。）
注：1 この農地移動は、「農地の権利移動・借賃等調査」の結果である。なお、農地とは、耕作の目的に供される土地をいう。
  2 面積は、土地登記簿の地積である。
  1)は、賃借権の設定、使用貸借による権利の設定及び農業経営の委託を受けることにより取得する権利の設定の合計である。

(2) 農業経営基盤強化促進法による利用権設定

年次	計				賃借権設定			
	件数	面積			件数	面積		
		計	田	畑		計	田	畑
	件	ha	ha	ha	件	ha	ha	ha
平成28年	373,061	190,205	134,291	55,915	279,988	157,301	112,185	45,116
29	379,913	188,707	136,533	52,175	283,534	156,808	114,485	42,323
30	362,671	180,780	127,780	53,000	263,182	147,421	104,288	43,133
令和元	346,825	165,326	113,852	51,474	254,075	135,489	93,847	41,642
2	400,738	192,335	118,763	73,572	287,327	153,320	96,554	56,766

年次	使用貸借による権利の設定				経営受委託			
	件数	面積			件数	面積		
		計	田	畑		計	田	畑
	件	ha	ha	ha	件	ha	ha	ha
平成28年	93,065	32,902	22,103	10,799	8	3	3	-
29	96,379	31,899	22,047	9,852	-	-	-	-
30	99,489	33,359	23,492	9,867	-	-	-	-
令和元	92,750	29,838	20,005	9,833	-	-	-	-
2	113,411	39,015	22,210	16,806	-	-	-	-

(3) 農地の転用面積

ア 田畑別農地転用面積

単位：ha

年次	農地の転用面積							農地法第5条による採草放牧地の転用面積
	計	1)農地法第4、5条による農地転用（許可、届出、協議）			農地法第4、5条該当以外の農地転用			
		小計	田	畑	小計	田	畑	
平成28年	16,443	11,567	5,294	6,273	4,876	2,241	2,634	24
29	17,681	11,383	5,338	6,045	6,297	2,189	4,109	27
30	17,305	11,658	5,732	5,927	5,646	2,045	3,601	25
令和元	16,778	11,697	5,626	6,071	5,081	1,953	3,128	29
2	16,066	10,432	5,092	5,340	5,634	2,356	3,278	26

注：1)は、大臣許可分と市街化区域内の届出分を含む。また、協議分を含む。

イ 農地転用の用途別許可・届出・協議面積（田畑計）

単位：ha

年次	計	住宅用地	公的施設用地	工鉱業（工場）用地	商業サービス等用地	その他の業務用地	植林	その他
平成28年	11,567	4,019	324	299	887	5,485	363	190
29	11,383	3,917	274	385	848	5,701	249	10
30	11,658	3,937	255	423	914	5,934	181	15
令和元	11,697	3,747	257	470	786	6,250	176	11
2	10,432	3,212	278	457	666	5,639	153	26

注：1 農地法第4条及び第5条による農地転用面積である。なお、協議面積を含む。
　　2 転用の目的が2種以上にわたるときは、その主な用途で区分した。

ウ 転用主体別農地転用面積（田畑計）

単位：ha

年次	計	国（公社・公団等を含む。）	地方公共団体（公社・公団等を含む。）	農協	その他の法人団体（農地所有適格法人を除く。）	農家（農地所有適格法人を含む。）	農家以外の個人
平成28年	16,443	255	1,159	73	5,968	3,597	5,392
29	17,681	203	1,152	80	5,834	5,838	4,574
30	17,305	296	1,370	48	6,254	4,595	4,742
令和元	16,778	240	1,265	31	6,265	3,797	5,180
2	16,066	184	1,274	36	5,911	4,108	4,553

注：大臣許可分と農地法第4条及び第5条以外の転用も含む転用総面積である。
　　ただし、第5条による採草放牧地の転用は含まない。

10 農地価格

(1) 耕作目的田畑売買価格 (令和4年5月1日現在)

単位：千円

中田中畑別・ブロック	自作地を自作地として売る場合 (10a当たり平均価格)						
	都市計画法の線引きをしていない市町村		都市計画法の線引きをしている市町村				市街化区域
			市街化調整区域		非線引き都市計画区域		
	農用地区域内	農用地区域外	農用地区域内	農用地区域外	農用地区域内	農用地区域外	
中田 全国	1,083	1,280	2,879	4,165	1,022	1,062	26,503
北海道	240	216	437	564	232	730	5,500
東北	506	561	1,311	1,434	608	544	15,578
関東	1,398	1,659	1,425	2,083	876	931	33,311
東海	2,046	2,418	6,077	7,667	1,443	1,407	33,432
北信	1,283	1,579	2,169	3,038	831	763	15,952
近畿	1,810	2,270	3,226	5,936	971	1,111	37,370
中国	677	660	3,984	5,588	1,102	1,218	20,383
四国	1,642	1,614	3,909	4,934	1,677	1,654	26,442
九州	778	796	1,629	2,447	879	1,099	15,694
沖縄	862	489	–	–	–	–	–
中畑 全国	802	1,012	2,754	3,780	722	747	28,296
北海道	116	126	444	592	198	534	4,104
東北	304	368	1,143	1,198	441	391	16,413
関東	1,521	1,885	1,852	2,347	910	854	41,435
東海	1,819	2,150	5,932	7,749	1,046	1,059	34,847
北信	882	1,124	1,915	2,834	562	552	16,739
近畿	1,300	1,579	3,014	5,439	822	823	41,357
中国	401	416	2,710	3,715	732	821	17,646
四国	920	863	3,260	3,217	1,007	1,038	24,356
九州	543	603	1,426	2,187	516	664	13,612
沖縄	1,236	4,347	5,306	15,814	–	–	59,250

資料：全国農業会議所「田畑売買価格等に関する調査結果 令和4年」 (以下(2)まで同じ。)
注：1 売買価格の算定基準は、調査時点で売り手・買い手の双方が妥当とみて実際に取り引き
　　　されるであろう価格である (以下(2)まで同じ。)
　　2 耕作目的売買価格は、農地を農地として利用する目的の売買価格である。
　　3 中田及び中畑とは、調査地区において収量水準や生産条件等が標準的な田及び畑をいう
　　　(以下(2)まで同じ。)。
　　4 ブロックについて、「関東」は、茨城、栃木、群馬、埼玉、千葉、東京、神奈川及び
　　　山梨であり、「北信」は、新潟、富山、石川、福井及び長野である。その他のブロック
　　　は、全国農業地域区分に準じる。

(2) 使用目的変更 (転用) 田畑売買価格 (令和4年5月1日現在)

単位：円

区分	全国 (3.3㎡当たり平均価格)			
	都市計画法の線引きをしていない市町村	都市計画法の線引きをしている市町村		
		市街化調整区域	非線引き都市計画区域	市街化区域
田 住宅用	39,667	60,686	35,641	174,819
商業・工業用地用	34,134	54,652	37,524	156,804
国県道・高速道・鉄道用	19,550	57,417	42,560	111,095
1) 公共施設用地用	22,672	61,939	38,933	133,169
畑 住宅用	38,636	58,753	32,987	177,176
商業・工業用地用	31,460	50,555	32,606	166,436
国県道・高速道・鉄道用	18,262	43,468	33,251	82,183
1) 公共施設用地用	23,808	57,228	41,540	331,717

注：使用目的変更売買価格は、農地を農地以外のものとする目的の売買価格である。
　　1)は、学校・公園・運動場・公立病院・公民館など公共施設用地用である。

11 耕地利用
(1) 耕地利用率

単位：％

全国農業地域	令和元年			2			3		
	計	田	畑	計	田	畑	計	田	畑
全国	91.4	92.8	89.8	91.3	92.9	89.4	91.4	93.0	89.6
北海道	98.9	93.1	100.3	98.8	93.6	100.0	99.1	92.9	100.7
東北	83.6	87.2	74.2	83.3	87.0	73.5	83.3	87.2	73.3
北陸	89.4	91.1	75.3	89.3	91.1	73.9	89.2	91.2	73.1
関東・東山	90.7	95.9	83.9	90.4	96.1	83.2	90.3	96.2	82.6
東海	88.9	93.7	81.8	88.6	93.7	81.1	89.0	94.4	80.9
近畿	87.7	88.9	83.8	87.3	88.4	83.4	87.1	88.2	83.1
中国	76.0	76.8	72.9	76.0	77.1	71.9	76.0	77.3	71.8
四国	84.0	86.5	79.6	83.6	85.8	79.1	83.7	86.0	79.4
九州	101.9	113.7	85.2	102.0	114.4	84.5	102.3	115.0	84.4
沖縄	82.9	94.6	82.6	84.6	92.5	84.5	87.7	96.9	87.4

資料：農林水産省統計部「耕地及び作付面積統計」（以下(4)まで同じ。）
注：耕地利用率とは、耕地面積を「100」とした作付（栽培）延べ面積の割合である。

(2) 農作物作付（栽培）延べ面積

単位：千ha

農作物種類	平成29年	30	令和元	2	3
作付（栽培）延べ面積	4,074	4,048	4,019	3,991	3,977
1）水稲	1,465	1,470	1,469	1,462	1,403
2）麦類（4麦計）	274	273	273	276	283
3）そば	63	64	65	67	66
3）大豆	150	147	144	142	146
なたね	2	2	2	2	2
4）その他作物	2,120	2,093	2,066	2,043	2,077

注：　農作物作付（栽培）延べ面積とは、農林水産省統計部で収穫量調査を行わない作物を含む全作物の作付（栽培）面積の合計である。
　　　1）は、子実用である。
　　　2）は、4麦（子実用）合計面積である。
　　　3）は、乾燥子実（未成熟との兼用を含む。）である。
　　　4）は、陸稲、かんしょ、小豆、いんげん、らっかせい、野菜、果樹、茶、飼料作物、花き等である。

(3) 夏期における田本地の利用面積（全国）

単位：千ha

農作物種類	平成29年	30	令和元	2	3
水稲作付田	1,600	1,592	1,584	1,575	1,564
水稲以外の作物のみの作付田	412	407	403	400	401
夏期全期不作付地	273	273	274	273	271

注：夏期全期とは、おおむね水稲の栽培期間である。なお、青刈り水稲は、水稲に含む。

11 耕地利用（続き）
(4) 都道府県別農作物作付（栽培）延べ面積・耕地利用率（田畑計、令和3年）

全国・都道府県	作付（栽培）延べ面積	水稲	麦類（4麦計）	大豆	そば	なたね	その他作物	耕地利用率
	ha	ha	ha	ha	ha	ha	ha	%
全国	3,977,000	1,403,000	283,000	146,200	65,500	1,640	2,077,000	91.4
北海道	1,133,000	96,100	128,300	42,000	24,300	907	841,700	99.1
青森	119,700	41,700	x	5,070	1,700	171	70,200	80.0
岩手	119,400	48,400	3,790	4,530	1,660	23	60,900	80.0
宮城	113,500	64,600	2,410	11,000	621	x	34,900	90.4
秋田	123,800	84,800	272	8,820	4,240	21	25,600	84.6
山形	104,900	62,900	x	4,740	5,430	6	31,700	90.6
福島	105,300	60,500	x	1,410	3,910	114	38,900	76.7
茨城	148,200	63,500	7,380	3,360	3,430	6	70,600	91.3
栃木	119,800	54,800	12,600	2,350	3,090	10	46,900	98.4
群馬	60,000	14,900	7,630	278	585	10	36,600	91.0
埼玉	63,700	30,000	6,050	619	331	16	26,700	86.7
千葉	108,600	50,600	830	876	206	3	56,000	88.5
東京	6,000	120	x	4	3	x	5,860	93.6
神奈川	17,100	2,920	43	37	33	x	14,100	94.0
新潟	146,000	117,200	201	4,090	1,250	x	23,200	86.8
富山	52,400	36,300	3,360	4,250	544	15	7,890	90.3
石川	34,400	23,800	1,550	1,620	354	x	7,140	84.7
福井	41,000	24,500	4,890	1,740	3,390	x	6,440	102.8
山梨	20,100	4,850	117	212	183	x	14,700	86.3
長野	87,600	31,500	2,830	2,010	4,460	14	46,800	83.3
岐阜	47,300	21,600	3,650	2,960	349	x	18,700	85.7
静岡	53,900	15,300	x	244	85	2	37,500	87.6
愛知	66,700	26,400	5,900	4,470	21	41	29,900	91.0
三重	52,300	26,300	7,140	4,530	79	31	14,300	90.8
滋賀	52,000	30,100	7,840	6,490	563	41	6,930	102.2
京都	23,900	14,200	270	318	126	−	8,980	80.5
大阪	9,850	4,620	3	15	x	x	5,210	79.4
兵庫	59,300	35,800	2,170	2,280	201	16	18,900	81.5
奈良	15,700	8,440	x	134	27	1	7,000	79.3
和歌山	28,300	6,100	4	27	3	−	22,100	89.6
鳥取	26,300	12,600	x	667	337	3	12,600	77.1
島根	28,000	16,800	688	783	608	8	9,090	77.3
岡山	49,000	28,800	3,320	1,550	172	7	15,100	78.1
広島	39,300	22,200	x	408	308	x	16,000	74.4
山口	32,600	18,400	2,210	870	68	x	11,000	73.3
徳島	23,700	10,300	x	15	46	−	13,200	84.3
香川	23,700	11,300	3,130	67	38	x	9,190	80.9
愛媛	40,100	13,200	2,070	346	31	x	24,400	86.8
高知	21,100	11,000	12	73	4	−	9,980	80.5
福岡	91,200	34,600	22,300	8,190	85	28	26,000	115.0
佐賀	67,500	23,300	21,800	7,850	34	31	14,500	133.7
長崎	43,800	16,800	2,040	400	159	7	30,400	95.4
熊本	104,400	32,300	7,520	2,500	661	39	61,400	97.1
大分	49,100	19,600	5,350	1,440	217	28	22,500	90.1
宮崎	67,500	15,900	x	218	235	3	51,000	104.2
鹿児島	103,600	18,600	x	345	1,240	20	83,100	91.8
沖縄	32,000	666	14	x	46	−	31,300	87.7

注：1　農作物作付（栽培）延べ面積とは、農林水産省統計部で収穫量調査を行わない作物を含む全作物
　　　の作付（栽培）面積の合計である。
　　2　耕地利用率とは、耕地面積を「100」とした作付（栽培）延べ面積の割合である。

12 採草地・放牧地の利用（耕地以外）（各年2月1日現在）
(1) 農業経営体

年次・ 全国 農業地域	採草地・放牧地	
	経営体数	面積
	経営体	ha
平成27年	18,556	47,934
令和2	**18,975**	**53,086**
北海道	1,302	15,042
都府県	17,673	38,044
東北	4,786	15,094
北陸	727	910
関東・東山	4,711	7,229
東海	754	1,197
近畿	1,039	1,026
中国	1,811	4,566
四国	670	655
九州	3,110	7,146
沖縄	65	220

資料：農林水産省統計部「農林業センサス」（以下(2)まで同じ。）
注： 過去1年間に耕地以外の山林、原野等を採草地や放牧地として
　　利用した土地である。（以下(2)まで同じ。）

(2) 農業経営体のうち団体経営体

年次・ 全国 農業地域	採草地・放牧地	
	経営体数	面積
	経営体	ha
平成27年	461	13,473
令和2	**793**	**11,825**
北海道	220	4,412
都府県	573	7,413
東北	139	3,042
北陸	21	53
関東・東山	137	2,020
東海	28	348
近畿	29	70
中国	59	242
四国	20	105
九州	134	1,439
沖縄	6	93

13 都道府県別の基幹的農業水利施設数・水路延長（令和3年）（推計値）

局名及び都道府県名	点施設合計	貯水池	頭首工	水門等	管理設備	機場	線施設合計	水路	パイプライン	集水渠
	箇所	箇所	箇所	箇所	箇所	箇所	km	km	km	km
全国	7,700	1,295	1,962	1,138	303	3,002	51,831	51,770	17,698	61
北海道開発局	618	115	210	24	5	264	12,395	12,395	5,100	0
北海道	618	115	210	24	5	264	12,395	12,395	5,100	0
東北農政局	1,600	297	509	151	58	585	8,803	8,802	1,454	1
青森県	229	37	85	11	6	90	1,330	1,330	156	0
岩手県	159	37	58	11	7	46	1,355	1,355	327	0
宮城県	337	44	60	42	3	188	1,692	1,692	109	0
秋田県	282	77	95	42	3	65	1,487	1,486	204	1
山形県	322	50	79	28	19	146	1,743	1,743	442	0
福島県	271	52	132	17	20	50	1,196	1,196	216	0
関東農政局	1,682	162	389	397	57	677	10,013	9,985	3,249	28
茨城県	382	13	36	114	5	214	1,455	1,455	556	0
栃木県	136	17	83	4	6	26	1,142	1,128	181	13
群馬県	123	19	60	19	2	23	777	777	242	0
埼玉県	177	8	46	48	10	65	1,380	1,380	205	0
千葉県	420	29	22	115	9	245	1,658	1,658	845	0
東京都	2	0	2	0	0	0	25	25	0	0
神奈川県	15	0	5	4	6	0	115	115	5	0
山梨県	46	8	10	8	2	18	212	197	87	15
長野県	229	45	101	39	12	32	2,124	2,124	744	0
静岡県	152	23	24	46	5	54	1,126	1,126	384	0
北陸農政局	884	80	170	162	53	419	5,291	5,280	941	11
新潟県	623	43	92	139	38	311	2,827	2,827	291	0
富山県	73	15	34	9	6	9	1,188	1,187	131	1
石川県	104	18	20	9	3	54	458	458	74	0
福井県	84	4	24	5	6	45	818	808	445	10
東海農政局	582	83	101	70	14	314	4,276	4,275	2,041	1
岐阜県	147	20	31	21	2	73	845	845	218	1
愛知県	273	36	17	27	12	181	2,664	2,664	1,475	0
三重県	162	27	53	22	0	60	766	766	348	0

資料：農林水産省農村振興局「農業基盤情報基礎調査」

注：1 基幹的農業水利施設とは、農業用排水のための利用に供される施設であって、その受益面積が100ha以上のものである。

2 調査結果は令和3年3月31日時点の推計値であり、平成15年以降に農業農村整備事業以外で新設・廃止された施設については考慮していない。

局名及び 都道府県名	点施設 合計	貯水池	頭首工	水門等	管理 設備	機場	線施設 合計	水路	パイプ ライン	集水渠
	箇所	箇所	箇所	箇所	箇所	箇所	km	km	km	km
近畿農政局	389	88	109	33	37	122	2,373	2,371	1,129	2
滋賀県	133	22	27	12	23	49	776	774	455	1
京都府	43	5	14	9	1	14	153	153	39	0
大阪府	17	8	4	2	0	3	110	110	23	0
兵庫県	106	35	41	10	7	13	650	649	237	1
奈良県	37	8	12	0	3	14	344	344	235	0
和歌山県	53	10	11	0	3	29	341	341	140	0
中国四国農政局	790	237	159	97	27	270	3,505	3,499	1,391	6
鳥取県	66	15	31	6	3	11	314	311	140	3
島根県	75	9	9	14	3	40	295	295	52	0
岡山県	198	48	33	19	11	87	948	948	325	0
広島県	49	23	6	4	1	15	210	209	149	0
山口県	56	17	14	5	0	20	130	130	38	0
徳島県	88	4	8	36	2	38	360	358	176	2
香川県	127	80	24	2	1	20	436	436	166	0
愛媛県	106	36	24	8	6	32	669	669	334	0
高知県	25	5	10	3	0	7	143	143	11	0
九州農政局	1,104	212	312	204	45	331	4,864	4,853	2,116	11
福岡県	236	57	87	49	6	37	774	774	218	0
佐賀県	153	47	22	19	2	63	641	640	308	1
長崎県	66	23	4	7	4	28	155	155	109	0
熊本県	255	20	58	66	3	108	867	867	223	0
大分県	110	26	46	11	11	16	621	611	123	10
宮崎県	122	11	49	35	10	17	694	694	382	0
鹿児島県	162	28	46	17	9	62	1,112	1,112	753	0
沖縄総合事務局	51	21	3	0	7	20	311	311	288	0
沖縄県	51	21	3	0	7	20	311	311	288	0

Ⅱ 農業経営体
1 農業経営体数 (各年2月1日現在)

単位：千経営体

年次・全国農業地域	農業経営体	団体経営体
平成31年	1,188.8	36.0
令和2	1,075.7	38.4
3	1,030.9	39.5
4	975.1	40.1
5	929.4	40.7
北海道	32.3	4.7
都府県	897.1	36.0
うち東北	164.9	6.6
北陸	64.2	4.2
関東・東山	207.9	6.3
東海	79.8	3.0
近畿	89.6	3.3
中国	81.1	3.2
四国	57.6	1.6
九州	143.4	7.4
沖縄	8.5	0.5

資料： 令和2年は農林水産省統計部「2020年農業業センサス」、
令和2年以外は農林水産省統計部「農業構造動態調査」
注：団体経営体の平成31年は組織経営体の数値。

2 組織形態別経営体数(農業経営体のうち団体経営体)(各年2月1日現在)

単位：千経営体

年次・全国農業地域	計	法人化している					法人化していない
		小計	農事組合法人	会社	各種団体	その他の法人	
令和4年	40.1	32.2	7.7	21.2	2.0	1.2	7.9
5	40.7	33.0	7.8	22.1	2.0	1.2	7.7
北海道	4.7	4.4	0.2	3.8	0.2	0.1	0.3
都府県	36.0	28.6	7.5	18.4	1.8	1.0	7.4
うち東北	6.6	4.6	1.4	2.8	0.3	0.2	2.0
北陸	4.2	3.2	1.5	1.4	0.2	0.1	1.0
関東・東山	6.3	5.5	0.8	4.1	0.3	0.3	0.7
東海	3.0	2.6	0.5	1.9	0.1	0.1	0.4
近畿	3.3	2.3	0.7	1.4	0.1	0.1	1.0
中国	3.2	2.6	1.0	1.3	0.2	0.1	0.6
四国	1.6	1.4	0.3	0.9	0.1	0.1	0.2
九州	7.4	6.0	1.2	4.2	0.5	0.2	1.4
沖縄	0.5	0.4	0.1	0.4	0.0	0.0	0.0

資料：農林水産省統計部「農業構造動態調査」 (以下4(2)まで同じ。)

3 経営耕地面積規模別経営体数 (各年2月1日現在)
　(1) 農業経営体

単位：千経営体

年次・ 全国農業地域	計	1)1.0ha 未満	1.0〜 5.0	5.0〜 10.0	10.0〜 20.0	20.0〜 30.0	30.0ha 以上
令和4年	975.1	507.3	365.5	46.4	25.6	10.7	19.6
5	929.4	481.4	347.1	44.5	25.1	10.7	20.6
北海道	32.3	2.6	3.6	3.1	5.4	4.2	13.3
都府県	897.1	478.7	343.5	41.3	19.8	6.5	7.3
うち東北	164.9	60.1	80.9	12.8	6.6	2.3	2.2
北陸	64.2	24.0	30.7	4.6	2.5	0.9	1.3
関東・東山	207.9	111.2	82.0	8.3	4.1	1.0	1.2
東海	79.8	55.3	20.2	2.4	0.8	0.4	0.7
近畿	89.6	60.1	26.3	1.6	0.8	0.5	0.3
中国	81.1	54.4	23.1	1.8	1.1	0.3	0.4
四国	57.6	38.6	17.5	0.8	0.4	0.1	0.1
九州	143.4	71.2	59.0	8.3	3.0	0.9	1.0
沖縄	8.5	3.8	3.9	0.5	0.2	0.0	0.0

注：1)は、経営耕地面積なしを含む。

　(2) 農業経営体のうち団体経営体

単位：千経営体

年次・ 全国農業地域	計	1)1.0ha 未満	1.0〜 5.0	5.0〜 10.0	10.0〜 20.0	20.0〜 30.0	30.0ha 以上
令和4年	40.1	12.6	7.2	3.9	4.9	3.4	8.0
5	40.7	12.8	7.5	4.1	4.6	3.4	8.4
北海道	4.7	0.8	0.4	0.2	0.4	0.3	2.6
都府県	36.0	11.9	7.1	3.9	4.2	3.1	5.8
うち東北	6.6	2.0	0.8	0.6	0.8	0.7	1.8
北陸	4.2	0.8	0.4	0.4	0.6	0.6	1.2
関東・東山	6.3	2.5	1.6	0.6	0.5	0.3	0.7
東海	3.0	1.1	0.8	0.3	0.2	0.2	0.4
近畿	3.3	1.1	0.7	0.5	0.4	0.3	0.3
中国	3.2	1.0	0.6	0.4	0.5	0.3	0.4
四国	1.6	0.6	0.4	0.2	0.2	0.1	0.1
九州	7.4	2.7	1.5	0.7	0.9	0.6	0.9
沖縄	0.5	0.2	0.2	0.0	0.0	0.0	0.0

注：1)は、経営耕地面積なしを含む。

4 農産物販売金額規模別経営体数（各年2月1日現在）

(1) 農業経営体

単位：千経営体

年次・ 全国農業地域	計	1)50万 円未満	50〜100	100〜500	500〜 1,000	1,000〜 3,000	3,000〜 5,000	5,000〜 1億	1億円 以上
令和4年	975.1	347.7	162.8	256.9	79.3	84.1	20.9	14.1	9.1
5	929.4	322.3	152.2	248.4	79.2	82.7	20.6	14.2	9.9
北海道	32.3	1.7	0.7	4.1	3.1	9.8	5.1	4.8	2.9
都府県	897.1	320.6	151.4	244.3	76.1	72.9	15.4	9.3	7.0
うち東北	164.9	39.0	31.5	58.9	17.7	13.0	2.3	1.6	0.9
北陸	64.2	15.9	13.7	22.9	5.0	4.7	1.1	0.6	0.3
関東・東山	207.9	70.5	33.8	57.0	19.0	18.5	4.5	2.8	1.9
東海	79.8	35.7	11.3	16.5	5.6	6.8	2.0	1.0	0.8
近畿	89.6	43.4	15.2	19.3	5.5	4.8	0.7	0.4	0.2
中国	81.1	43.1	14.8	15.8	3.4	2.7	0.6	0.3	0.4
四国	57.6	24.0	9.5	14.5	4.4	4.1	0.7	0.3	0.2
九州	143.4	47.5	19.8	36.1	14.5	17.6	3.4	2.2	2.1
沖縄	8.5	1.6	1.8	3.3	1.0	0.6	0.1	0.0	0.0

注：1)は、販売なしを含む。

(2) 農業経営体のうち団体経営体

単位：千経営体

年次・ 全国農業地域	計	1)50万 円未満	50〜100	100〜500	500〜 1,000	1,000〜 3,000	3,000〜 5,000	5,000〜 1億	1億円 以上
令和4年	40.1	6.7	1.3	4.3	3.7	8.3	4.4	4.9	6.4
5	40.7	6.7	1.3	4.3	3.7	8.7	4.6	4.6	6.9
北海道	4.7	0.7	0.1	0.2	0.1	0.8	0.6	0.8	1.4
都府県	36.0	6.0	1.2	4.1	3.6	7.9	3.9	3.8	5.5
うち東北	6.6	1.4	0.2	0.7	0.5	1.6	0.8	0.7	0.8
北陸	4.2	0.5	0.1	0.4	0.4	1.4	0.7	0.4	0.3
関東・東山	6.3	0.9	0.2	0.7	0.6	1.1	0.7	0.8	1.3
東海	3.0	0.3	0.1	0.3	0.3	0.5	0.4	0.4	0.7
近畿	3.3	0.6	0.2	0.7	0.4	0.7	0.2	0.2	0.2
中国	3.2	0.6	0.1	0.5	0.5	0.7	0.2	0.2	0.4
四国	1.6	0.3	0.1	0.3	0.2	0.3	0.1	0.2	0.2
九州	7.4	1.3	0.2	0.6	0.6	1.4	0.7	0.9	1.5
沖縄	0.5	0.1	0.0	0.0	0.1	0.1	0.0	0.0	0.0

注：1)は、販売なしを含む。

5 農産物販売金額1位の部門別経営体数（各年2月1日現在）
(1) 農業経営体

単位：千経営体

年次	計	稲作	1)畑作	露地野菜	施設野菜
平成31年	1,103.2	607.1	58.9	123.6	74.9
令和2	978.2	542.9	55.0	104.2	61.0
3	950.2	519.0	52.7	102.9	62.3
4	899.9	485.4	50.4	99.3	59.1
5	860.0	456.2	47.0	97.7	58.5

年次	果樹類	酪農	肉用牛	2)その他
平成31年	139.8	14.3	32.4	52.1
令和2	128.7	12.8	28.0	45.6
3	126.2	12.9	27.9	46.0
4	121.2	12.4	27.1	44.8
5	119.5	11.4	26.2	43.4

資料： 令和2年は農林水産省統計部「2020年農林業センサス」、
令和2年以外は農林水産省統計部「農業構造動態調査」（以下(2)まで同じ。）。
注： 1)は、「麦類作」、「雑穀・いも類・豆類」及び「工芸農作物」部門が1位の経営体の
合計である。
2)は、「花き・花木」、「その他の作物」、「養豚」、「養鶏」及び「その他の畜産」
部門が1位の経営体の合計である。

(2) 農業経営体のうち団体経営体

単位：千経営体

年次	計	稲作	1)畑作	露地野菜	施設野菜
平成31年	29.2	12.7	3.3	2.0	2.3
令和2	32.9	12.1	3.8	2.8	2.4
3	34.1	12.6	3.9	2.8	2.6
4	34.8	12.5	4.2	2.9	2.6
5	35.6	13.4	4.1	3.1	2.7

年次	果樹類	酪農	肉用牛	2)その他
平成31年	1.3	0.8	1.0	5.7
令和2	1.7	1.7	1.8	6.5
3	1.7	1.8	1.8	6.8
4	1.7	1.8	2.0	7.0
5	1.8	1.7	2.0	6.8

注： 平成31年は組織経営体の数値。
1)は、「麦類作」、「雑穀・いも類・豆類」及び「工芸農作物」部門が1位の経営体の合計である。
2)は、「花き・花木」、「その他の作物」、「養豚」、「養鶏」及び「その他の畜産」部門が1位
の経営体の合計である。

6 農業経営組織別経営体数（各年2月1日現在）
(1) 農業経営体

単位：千経営体

年次・全国農業地域	計	販売のあった経営体	1)単一経営経営体				
			小計	稲作	2)畑作	露地野菜	施設野菜
令和4年	975.1	899.9	731.7	428.8	30.8	61.9	41.1
5	929.4	860.0	699.5	402.2	28.3	62.1	40.5
北海道	32.3	31.3	17.8	4.0	1.6	2.0	1.6
都府県	897.1	828.6	681.6	398.2	26.7	60.1	38.8
うち東北	164.9	157.7	127.8	87.2	2.5	6.9	3.0
北陸	64.2	62.1	55.9	50.0	0.5	1.3	0.5
関東・東山	207.9	189.7	154.5	76.7	5.2	24.0	9.9
東海	79.8	71.0	60.5	30.2	3.8	6.4	5.0
近畿	89.6	80.6	66.9	44.4	1.4	5.2	1.6
中国	81.1	73.7	62.0	46.8	0.7	2.9	1.7
四国	57.6	52.6	42.9	20.6	0.8	4.4	4.1
九州	143.4	133.0	104.2	42.5	8.3	8.6	12.4
沖縄	8.5	8.1	7.1	0.0	3.4	0.6	0.5

年次・全国農業地域	1)単一経営経営体（続き）				4)複合経営経営体	販売のなかった経営体
	果樹類	酪農	肉用牛	3)その他		
令和4年	102.3	10.9	21.1	34.8	168.2	75.1
5	101.7	10.0	20.6	34.0	160.5	69.4
北海道	0.8	4.7	1.1	2.0	13.5	1.0
都府県	101.0	5.3	19.5	31.9	147.0	68.4
うち東北	19.0	1.4	4.0	3.7	29.9	7.2
北陸	2.4	0.1	0.1	1.1	6.2	2.1
関東・東山	26.4	1.9	1.4	9.1	35.2	18.3
東海	8.7	0.4	0.8	5.3	10.5	8.8
近畿	11.5	0.2	0.9	1.5	13.8	8.8
中国	7.0	0.3	1.0	1.6	11.7	7.4
四国	10.8	0.1	0.2	1.9	9.7	5.0
九州	14.6	1.0	10.0	7.0	28.7	10.3
沖縄	0.8	0.0	1.0	0.8	1.1	0.3

資料：農林水産省統計部「農業構造動態調査」（以下(2)まで同じ。）
注： 1)は、農産物販売金額のうち、主位部門の販売金額が8割以上の経営体をいう。
　　　2)は、「麦類作」、「雑穀・いも類・豆類」及び「工芸農作物」部門の単一経営経営
体の合計である。
　　　3)は、「花き・花木」、「その他の作物」、「養豚」、「養鶏」及び「その他の畜産」
部門の単一経営経営体の合計である。
　　　4)は、農産物販売金額のうち、主位部門の販売金額が8割未満の経営体をいう。

(2) 農業経営体のうち団体経営体

単位：千経営体

年次・全国農業地域	計	販売のあった経営体	1)単一経営経営体				
			小計	稲作	2)畑作	露地野菜	施設野菜
令和4年	40.1	34.8	26.3	8.7	2.6	1.8	1.9
5	40.7	35.6	26.6	9.1	2.5	1.9	2.0
北海道	4.7	4.1	2.7	0.3	0.2	0.2	0.1
都府県	36.0	31.5	23.9	8.8	2.3	1.7	1.8
うち東北	6.6	5.5	4.3	1.8	0.5	0.2	0.2
北陸	4.2	3.8	3.1	2.4	0.2	0.1	0.1
関東・東山	6.3	5.7	4.4	0.8	0.3	0.5	0.4
東海	3.0	2.8	2.2	0.6	0.2	0.1	0.3
近畿	3.3	2.9	2.1	1.0	0.2	0.2	0.1
中国	3.2	2.8	2.2	1.2	0.1	0.2	0.1
四国	1.6	1.4	1.1	0.2	0.1	0.2	0.1
九州	7.4	6.2	4.3	0.8	0.5	0.3	0.5
沖縄	0.5	0.4	0.4	0.0	0.1	0.0	0.0

年次・全国農業地域	1)単一経営経営体（続き）				4)複合経営経営体	販売のなかった経営体
	果樹類	酪農	肉用牛	3)その他		
令和4年	1.5	1.6	1.8	6.4	8.5	5.2
5	1.5	1.5	1.8	6.3	9.0	5.1
北海道	0.1	0.8	0.3	0.7	1.4	0.6
都府県	1.5	0.7	1.5	5.5	7.6	4.5
うち東北	0.2	0.1	0.2	1.0	1.2	1.1
北陸	0.1	0.0	0.0	0.2	0.7	0.4
関東・東山	0.3	0.2	0.3	1.0	1.3	0.6
東海	0.1	0.1	0.2	0.6	0.6	0.2
近畿	0.2	0.0	0.1	0.2	0.9	0.3
中国	0.2	0.1	0.1	0.3	0.6	0.4
四国	0.2	0.0	0.0	0.3	0.3	0.2
九州	0.2	0.2	0.5	1.3	1.9	1.1
沖縄	0.1	0.0	0.1	0.1	0.0	0.0

注： 1)は、農産物販売金額のうち、主位部門の販売金額が8割以上の経営体をいう。
　　2)は、「麦類作」、「雑穀・いも類・豆類」及び「工芸農作物」部門の単一経営経営体
の合計である。
　　3)は、「花き・花木」、「その他の作物」、「養豚」、「養鶏」及び「その他の畜産」
部門の単一経営経営体の合計である。
　　4)は、農産物販売金額のうち、主位部門の販売金額が8割未満の経営体をいう。

7　農産物の出荷先別経営体数（各年2月1日現在）

(1)　農業経営体

単位：経営体

年次・全国農業地域	販売のあった実経営体数	農協	農協以外の集出荷団体	卸売市場	小売業者	食品製造業・外食産業	消費者に直接販売	その他
平成27年	1,245,232	910,722	157,888	137,090	104,684	34,944	236,655	96,812
令和2	**978,210**	**704,393**	**143,875**	**111,845**	**96,161**	**40,242**	**207,600**	**76,646**
北海道	33,541	29,034	6,004	3,112	3,306	1,905	4,547	2,205
都府県	944,669	675,359	137,871	108,733	92,855	38,337	203,053	74,441
東北	182,282	147,227	30,996	21,116	12,886	4,453	27,409	9,495
北陸	72,580	63,347	8,882	2,901	4,411	1,974	12,462	5,367
関東・東山	212,275	135,749	33,298	26,929	29,367	7,325	53,618	17,286
東海	80,238	51,594	10,328	11,056	8,159	3,106	22,770	8,303
近畿	90,379	62,589	10,723	8,852	10,557	4,215	26,105	10,216
中国	86,412	64,699	11,200	5,539	7,868	2,799	19,831	8,038
四国	59,001	43,621	6,228	7,416	4,661	1,500	12,870	4,491
九州	150,604	101,770	23,607	24,398	14,308	9,082	27,246	10,836
沖縄	10,898	4,763	2,609	526	638	3,883	742	409

資料：農林水産省統計部「農林業センサス」（以下13(2)まで同じ。）

(2)　農業経営体のうち団体経営体

単位：経営体

年次・全国農業地域	販売のあった実経営体数	農協	農協以外の集出荷団体	卸売市場	小売業者	食品製造業・外食産業	消費者に直接販売	その他
平成27年	28,833	17,687	5,196	5,393	6,025	4,271	8,499	3,676
令和2	**32,863**	**20,515**	**7,239**	**6,142**	**7,576**	**5,983**	**10,771**	**4,267**
北海道	3,738	2,649	930	467	615	520	731	600
都府県	29,125	17,866	6,309	5,675	6,961	5,463	10,040	3,667
東北	5,008	3,409	1,148	799	935	802	1,430	535
北陸	3,412	2,866	775	414	698	515	1,236	413
関東・東山	5,305	2,600	1,180	1,328	1,533	1,088	1,945	722
東海	2,617	1,404	468	589	786	536	1,056	385
近畿	2,625	1,664	520	407	693	518	1,249	366
中国	2,620	1,783	590	425	664	554	1,087	404
四国	1,349	748	227	349	363	251	494	161
九州	5,794	3,240	1,324	1,299	1,190	1,083	1,415	629
沖縄	395	152	77	65	99	116	128	52

8 農産物売上1位の出荷先別経営体数（各年2月1日現在）
(1) 農業経営体

単位：経営体

年次・全国農業地域	計	農協	農協以外の集出荷団体	卸売市場	小売業者	食品製造業・外食産業	消費者に直接販売	その他
平成27年	1,245,232	824,001	108,287	78,642	59,184	18,494	109,555	47,069
令和2	978,210	628,783	94,861	62,175	51,405	15,610	87,718	37,658
北海道	33,541	26,881	2,040	1,229	889	258	1,089	1,155
都府県	944,669	601,902	92,821	60,946	50,516	15,352	86,629	36,503
東北	182,282	133,293	19,701	10,420	6,034	1,394	7,826	3,614
北陸	72,580	58,992	5,392	1,076	1,797	400	3,524	1,399
関東・東山	212,275	119,660	23,264	16,185	17,778	2,049	24,567	8,772
東海	80,238	45,417	7,384	6,255	4,066	1,033	11,170	4,913
近畿	90,379	54,122	6,589	5,074	5,515	1,453	12,316	5,310
中国	86,412	58,251	7,728	2,808	4,584	737	8,700	3,604
四国	59,001	39,514	4,048	3,900	2,477	587	6,030	2,445
九州	150,604	88,560	16,529	14,869	7,934	4,329	12,164	6,219
沖縄	10,898	4,093	2,186	359	331	3,370	332	227

(2) 農業経営体のうち団体経営体

単位：経営体

年次・全国農業地域	計	農協	農協以外の集出荷団体	卸売市場	小売業者	食品製造業・外食産業	消費者に直接販売	その他
平成27年	28,833	14,642	2,870	2,768	2,385	1,621	2,732	1,815
令和2	32,863	16,371	3,868	2,901	2,905	1,877	2,935	2,006
北海道	3,738	2,248	410	190	209	124	159	398
都府県	29,125	14,123	3,458	2,711	2,696	1,753	2,776	1,608
東北	5,008	2,859	597	366	348	259	331	248
北陸	3,412	2,353	328	138	227	90	198	78
関東・東山	5,305	1,918	701	640	641	365	653	387
東海	2,617	1,042	271	295	312	161	351	185
近畿	2,625	1,284	240	162	238	158	401	142
中国	2,620	1,354	270	176	261	150	275	134
四国	1,349	589	130	187	145	88	129	81
九州	5,794	2,622	863	713	484	408	376	328
沖縄	395	102	58	34	40	74	62	25

9 販売目的の作物の類別作付（栽培）経営体数と作付（栽培）面積
（各年2月1日現在）
(1) 農業経営体

年次・全国農業地域	稲		麦類		雑穀		いも類	
	経営体数	面積	経営体数	面積	経営体数	面積	経営体数	面積
	経営体	ha	経営体	ha	経営体	ha	経営体	ha
平成27年	952,684	1,313,713	49,229	263,073	36,814	58,170	86,885	86,122
令和2	714,341	1,288,213	40,422	269,638	24,413	61,367	54,529	79,876
北海道	10,844	103,244	12,297	121,063	3,077	24,989	7,512	48,941
都府県	703,497	1,184,969	28,125	148,574	21,336	36,379	47,017	30,934
東北	150,434	371,953	1,780	7,943	9,240	16,133	5,749	948
北陸	68,094	196,203	1,991	9,631	2,120	4,977	2,118	361
関東・東山	143,969	217,786	8,901	36,961	5,113	9,873	14,673	8,981
東海	53,275	69,973	2,944	16,040	564	598	3,806	617
近畿	72,871	80,268	2,533	10,295	670	888	2,896	209
中国	73,178	83,010	1,410	6,541	1,891	1,611	3,121	400
四国	39,688	33,058	1,164	5,277	255	100	2,263	1,076
九州	101,785	132,369	7,392	55,871	1,438	2,125	12,138	18,209
沖縄	203	348	10	15	45	74	253	132

年次・全国農業地域	豆類		工芸農作物		野菜類	
	経営体数	面積	経営体数	面積	経営体数	面積
	経営体	ha	経営体	ha	経営体	ha
平成27年	96,447	160,010	56,994	126,683	381,982	272,470
令和2	67,388	165,392	51,175	120,425	282,543	264,734
北海道	10,411	67,392	7,518	60,481	14,447	52,189
都府県	56,977	98,000	43,657	59,944	268,096	212,545
東北	13,459	33,460	4,646	3,418	44,307	30,604
北陸	4,459	11,634	939	599	10,930	7,232
関東・東山	10,345	9,151	5,177	5,565	75,591	79,719
東海	3,464	10,355	8,520	11,580	25,770	16,817
近畿	9,464	9,316	2,528	2,326	22,869	11,641
中国	7,037	3,590	1,924	797	17,473	8,089
四国	1,282	531	1,771	941	20,128	11,508
九州	7,393	19,946	11,624	23,498	48,525	45,393
沖縄	74	18	6,528	11,220	2,503	1,543

年次・全国農業地域	花き類・花木		果樹類		その他の作物	
	経営体数	面積	経営体数	面積	経営体数	面積
	経営体	ha	経営体	ha	経営体	ha
平成27年	54,830	27,504	221,924	145,418	47,593	88,045
令和2	42,784	23,528	172,528	126,819	63,131	162,443
北海道	1,263	978	1,118	2,112	3,537	51,144
都府県	41,521	22,550	171,410	124,708	59,594	111,299
東北	5,861	2,460	33,351	29,223	14,946	35,682
北陸	1,909	809	4,675	2,590	3,486	7,286
関東・東山	10,999	7,937	42,757	25,875	15,023	27,107
東海	6,288	3,034	15,752	9,293	3,433	6,828
近畿	3,673	1,330	17,902	15,763	3,201	3,405
中国	3,094	910	13,088	5,747	4,379	7,057
四国	2,496	904	17,981	13,585	1,905	2,081
九州	6,356	4,189	24,353	21,547	13,064	21,462
沖縄	845	976	1,551	1,085	157	390

(2) 農業経営体のうち団体経営体

年次・ 全国 農業地域	稲		麦類		雑穀		いも類	
	経営体数	面積	経営体数	面積	経営体数	面積	経営体数	面積
	経営体	ha	経営体	ha	経営体	ha	経営体	ha
平成27年	13,126	196,753	5,829	91,452	2,551	18,672	2,212	9,883
令和2	**15,254**	**250,185**	**6,351**	**102,231**	**2,716**	**25,297**	**2,181**	**12,349**
北海道	729	14,701	1,201	21,589	344	7,791	679	7,518
都府県	14,525	235,484	5,150	80,641	2,372	17,506	1,502	4,831
東北	2,748	63,903	363	5,638	684	7,400	109	336
北陸	2,723	60,443	848	7,340	558	3,219	117	88
関東・東山	1,740	23,231	805	13,615	433	4,170	320	994
東海	1,038	17,999	481	9,147	87	414	126	154
近畿	1,645	16,358	745	7,014	156	627	142	35
中国	1,600	19,605	395	4,126	264	824	129	56
四国	493	2,981	210	2,417	21	26	76	104
九州	2,530	30,931	1,301	31,334	168	824	473	3,059
沖縄	8	32	2	10	1	0	10	5

年次・ 全国 農業地域	豆類		工芸農作物		野菜類	
	経営体数	面積	経営体数	面積	経営体数	面積
	経営体	ha	経営体	ha	経営体	ha
平成27年	6,455	62,205	1,666	14,758	8,738	32,224
令和2	**6,693**	**69,484**	**2,464**	**19,208**	**10,429**	**44,800**
北海道	994	11,003	714	9,871	1,166	11,252
都府県	5,699	58,480	1,750	9,337	9,263	33,548
東北	1,368	20,980	176	503	1,443	5,724
北陸	919	7,975	101	127	1,033	1,829
関東・東山	507	3,452	160	357	1,819	8,193
東海	355	5,641	263	1,552	880	2,152
近畿	852	5,219	156	593	862	1,409
中国	502	1,936	145	272	922	1,936
四国	56	288	79	206	530	2,101
九州	1,138	12,987	549	5,120	1,670	10,042
沖縄	2	0	121	607	104	163

年次・ 全国 農業地域	花き類・花木		果樹類		その他の作物	
	経営体数	面積	経営体数	面積	経営体数	面積
	経営体	ha	経営体	ha	経営体	ha
平成27年	2,260	4,180	2,578	6,267	3,082	31,377
令和2	**2,331**	**5,153**	**2,864**	**7,650**	**5,606**	**62,002**
北海道	146	266	137	578	453	23,803
都府県	2,185	4,886	2,727	7,072	5,153	38,200
東北	297	419	414	1,250	1,185	13,688
北陸	185	122	205	282	648	3,185
関東・東山	631	2,268	576	1,632	780	6,226
東海	297	403	210	651	443	3,484
近畿	144	125	250	589	387	1,474
中国	145	175	280	589	673	3,429
四国	113	152	275	775	141	571
九州	342	989	416	1,106	883	6,093
沖縄	31	233	101	198	13	49

10 販売目的の家畜等を飼養している経営体数と飼養頭羽数 (各年2月1日現在)
(1) 農業経営体

年次・ 全国 農業地域	乳用牛		肉用牛		豚		採卵鶏		ブロイラー	
	経営 体数	飼養頭数	経営 体数	飼養頭数	経営 体数	飼養頭数	経営 体数	飼養羽数	経営 体数	出荷羽数
	経営体	頭	経営体	頭	経営体	頭	経営体	100羽	経営体	100羽
平成27年	18,186	1,403,278	50,974	2,288,824	3,673	7,881,616	4,181	1,514,816	1,808	6,085,260
令和2	13,792	1,321,553	40,078	2,258,314	2,729	7,657,553	3,010	1,741,645	1,600	5,561,601
北海道	5,543	810,699	3,072	515,774	171	584,721	133	71,458	13	398,370
都府県	8,249	510,854	37,006	1,742,540	2,558	7,072,832	2,877	1,670,187	1,587	5,163,231
東北	2,149	97,451	10,396	307,328	408	1,335,772	370	219,659	356	1,326,564
北陸	258	11,490	394	17,711	106	248,395	122	169,734	16	58,780
関東・東山	2,478	162,899	3,110	242,178	807	2,141,945	736	462,329	116	186,845
東海	547	52,054	1,107	113,388	229	409,581	337	202,208	66	193,374
近畿	388	22,781	1,289	86,320	36	34,488	241	95,944	75	168,404
中国	584	44,853	2,201	107,647	57	200,530	241	179,977	54	328,420
四国	255	15,695	528	47,316	95	310,770	214	76,280	130	375,372
九州	1,513	100,295	16,504	773,195	730	2,269,068	579	253,939	766	2,494,977
沖縄	77	3,336	1,477	47,457	90	122,283	37	10,118	8	30,495

(2) 農業経営体のうち団体経営体

年次・ 全国 農業地域	乳用牛		肉用牛		豚		採卵鶏		ブロイラー	
	経営 体数	飼養頭数	経営 体数	飼養頭数	経営 体数	飼養頭数	経営 体数	飼養羽数	経営 体数	出荷羽数
	経営体	頭	経営体	頭	経営体	頭	経営体	100羽	経営体	100羽
平成27年	1,455	353,449	2,191	955,555	1,378	6,344,889	1,093	1,367,073	429	4,150,278
令和2	1,843	505,558	2,816	1,160,190	1,385	6,736,712	1,065	1,646,968	498	3,964,553
北海道	857	310,129	624	370,310	121	562,380	50	70,242	9	382,900
都府県	986	195,429	2,192	789,880	1,264	6,174,332	1,015	1,576,726	489	3,581,653
東北	151	28,682	349	112,711	222	1,240,689	105	212,587	120	947,180
北陸	38	3,435	63	7,217	60	217,234	64	169,024	10	55,603
関東・東山	271	55,028	372	133,212	373	1,788,662	272	445,974	33	116,652
東海	82	24,962	228	65,342	110	325,950	110	179,172	29	170,897
近畿	57	8,535	121	51,915	17	27,143	81	90,392	17	140,307
中国	94	23,203	205	70,192	33	191,816	101	177,291	26	295,391
四国	34	7,527	66	23,894	60	290,035	62	69,268	27	311,853
九州	252	43,161	718	312,608	361	2,003,546	201	224,773	224	1,516,864
沖縄	7	896	70	12,789	28	89,257	19	8,245	3	26,905

11 施設園芸に利用したハウス・ガラス室のある経営体数と
   施設面積（各年2月1日現在）
   (1) 農業経営体

年次・ 全国 農業地域	ハウス・ガラス室	
	経営体数	面積
	経営体	a
平成27年	174,729	3,825,443
令和2	**139,540**	**3,279,578**
北海道	8,222	263,250
都府県	131,318	3,016,328
東北	21,802	302,430
北陸	5,044	70,429
関東・東山	33,740	802,802
東海	13,239	332,963
近畿	8,711	151,760
中国	9,128	149,860
四国	9,425	204,858
九州	28,239	943,347
沖縄	1,990	57,879

(2) 農業経営体のうち団体経営体

年次・ 全国 農業地域	ハウス・ガラス室	
	経営体数	面積
	経営体	a
平成27年	6,534	350,293
令和2	**7,900**	**416,242**
北海道	749	33,043
都府県	7,151	383,199
東北	1,070	45,711
北陸	680	19,978
関東・東山	1,589	95,342
東海	751	42,136
近畿	543	17,354
中国	649	27,554
四国	423	22,381
九州	1,302	104,087
沖縄	144	8,655

12 農作業の受託料金収入規模別経営体数（各年2月1日現在）
(1) 農業経営体

単位：経営体

区分	計	1)50万円未満	50～100	100～300	300～500	500～1,000	1,000～3,000	3,000万円以上
平成27年	1,377,266	1,337,939	14,917	13,731	3,555	3,235	2,496	1,393
令和2	1,075,705	1,040,422	14,037	12,060	3,485	2,587	1,913	1,201
北海道	34,913	32,756	590	632	219	203	221	292
都府県	1,040,792	1,007,666	13,447	11,428	3,266	2,384	1,692	909

注：経営を受託したものは耕地の借入れとなり農作業の受託に含まない（以下13まで同じ。）。
　　1)は、収入なしの経営体を含む。

(2) 農業経営体のうち団体経営体

単位：経営体

区分	計	1)50万円未満	50～100	100～300	300～500	500～1,000	1,000～3,000	3,000万円以上
平成27年	37,302	25,590	1,858	3,356	1,467	1,829	1,912	1,290
令和2	38,363	28,111	1,908	2,956	1,376	1,467	1,430	1,115
北海道	4,347	3,420	108	173	97	115	165	269
都府県	34,016	24,691	1,800	2,783	1,279	1,352	1,265	846

注：1)は、収入なしの経営体を含む。

13 農作業を受託した経営体の事業部門別経営体数（各年2月1日現在）
(1) 農業経営体

単位：経営体

年次・ 全国 農業地域	実経営体数	耕種部門の作業を受託した経営体数				
		実経営体数	水稲作	麦作	大豆作	野菜作
平成27年	110,969	109,546	98,287	3,979	4,056	1,842
令和2	**90,686**	**89,487**	**80,838**	**3,367**	**3,467**	**1,993**
北海道	3,581	3,093	1,071	1,025	705	221
都府県	87,105	86,394	79,767	2,342	2,762	1,772
東北	24,138	23,962	22,477	213	892	293
北陸	10,268	10,250	9,952	197	352	106
関東・東山	15,233	15,122	13,796	592	214	419
東海	6,251	6,208	5,596	260	175	142
近畿	7,707	7,686	7,152	280	341	176
中国	8,209	8,172	7,779	119	125	122
四国	2,993	2,968	2,668	67	19	148
九州	12,016	11,758	10,334	614	644	356
沖縄	290	268	13	-	-	10

年次・ 全国 農業地域	耕種部門の作業を受託した経営体数（続き）				畜産部門の作 業を受託した 経営体数	酪農ヘルパー
	果樹作	飼料用作物作	工芸農作物作	その他の作物作		
平成27年	2,377	2,405	1,376	3,983	1,822	377
令和2	**1,986**	**2,084**	**1,131**	**2,289**	**1,574**	**265**
北海道	19	527	133	497	579	123
都府県	1,967	1,557	998	1,792	995	142
東北	518	610	42	416	274	44
北陸	84	32	8	130	22	8
関東・東山	525	167	44	415	146	37
東海	149	45	103	240	45	10
近畿	211	35	66	127	25	3
中国	137	110	14	173	52	5
四国	157	23	17	39	31	6
九州	175	531	475	240	373	27
沖縄	11	4	229	12	27	2

13 農作業を受託した経営体の事業部門別経営体数（各年2月1日現在）（続き）
(2) 農業経営体のうち団体経営体

単位：経営体

年次・全国農業地域	実経営体数	耕種部門の作業を受託した経営体数				
		実経営体数	水稲作	麦作	大豆作	野菜作
平成27年	14,806	14,226	11,378	1,512	1,640	598
令和2	**13,506**	**12,965**	**10,598**	**1,112**	**1,301**	**632**
北海道	1,129	851	311	289	179	84
都府県	12,377	12,114	10,287	823	1,122	548
東北	2,644	2,569	2,103	81	330	76
北陸	1,913	1,904	1,787	98	174	39
関東・東山	1,471	1,433	1,193	147	79	104
東海	880	860	749	92	59	32
近畿	1,315	1,306	1,180	85	129	48
中国	1,451	1,437	1,339	49	56	40
四国	419	408	334	13	8	51
九州	2,175	2,094	1,598	258	287	154
沖縄	109	103	4	-	-	4

年次・全国農業地域	耕種部門の作業を受託した経営体数（続き）				畜産部門の作業を受託した経営体数	
	果樹作	飼料用作物作	工芸農作物作	その他の作物作		酪農ヘルパー
平成27年	620	549	455	792	638	113
令和2	**380**	**569**	**390**	**684**	**617**	**107**
北海道	8	191	49	146	313	58
都府県	372	378	341	538	304	49
東北	119	129	17	154	89	15
北陸	9	14	3	67	11	2
関東・東山	53	51	11	108	44	8
東海	14	15	27	38	22	8
近畿	44	11	18	46	10	1
中国	32	42	6	46	15	-
四国	33	5	7	12	11	2
九州	63	111	162	65	95	13
沖縄	5	-	90	2	7	-

14　5年以内の後継者の確保状況別経営体数（令和2年2月1日現在）
(1) 農業経営体

単位：経営体

| 全国・農業地域 | 計 | 5年以内に農業を引き継ぐ後継者を確保している | | | | 5年以内に農業経営を引き継がない | 確保していない |
		小計	親族	親族以外の経営内部の人材	経営外部の人材		
全国	1,075,705	262,278	250,158	8,712	3,408	49,060	764,367
北海道	34,913	7,357	6,747	462	148	3,477	24,079
都府県	1,040,792	254,921	243,411	8,250	3,260	45,583	740,288
東北	194,193	50,464	48,203	1,628	633	8,173	135,556
北陸	76,294	19,288	17,246	1,430	612	3,704	53,302
関東・東山	235,938	53,779	52,401	901	477	10,536	171,623
東海	92,650	23,433	22,609	583	241	4,024	65,193
近畿	103,835	27,399	25,892	1,062	445	4,882	71,554
中国	96,594	24,442	23,278	855	309	3,787	68,365
四国	65,418	16,353	15,948	269	136	2,698	46,367
九州	164,560	37,325	35,434	1,497	394	7,045	120,190
沖縄	11,310	2,438	2,400	25	13	734	8,138

資料：農林水産省統計部「2020年農林業センサス」（以下(2)まで同じ。）

(2) 農業経営体のうち団体経営体

単位：経営体

| 全国・農業地域 | 計 | 5年以内に農業を引き継ぐ後継者を確保している | | | | 5年以内に農業経営を引き継がない | 確保していない |
		小計	親族	親族以外の経営内部の人材	経営外部の人材		
全国	38,363	16,332	7,921	7,201	1,210	3,937	18,094
北海道	4,347	1,631	1,107	425	99	565	2,151
都府県	34,016	14,701	6,814	6,776	1,111	3,372	15,943
東北	6,308	2,698	1,230	1,277	191	565	3,045
北陸	3,844	1,934	588	1,211	135	372	1,538
関東・東山	5,943	2,374	1,510	695	169	700	2,869
東海	2,864	1,244	702	449	93	326	1,294
近畿	3,004	1,332	368	848	116	283	1,389
中国	3,127	1,233	406	695	132	299	1,595
四国	1,566	643	359	222	62	170	753
九州	6,925	3,108	1,545	1,358	205	607	3,210
沖縄	435	135	106	21	8	50	250

Ⅲ 個人経営体

1 主副業別経営体数（個人経営体）（各年2月1日現在）

単位：千経営体

年次・都道府県	計	主業	準主業	副業的
令和4年	935.0	204.7	126.0	604.3
5	888.7	190.8	115.7	582.1
北海道	27.6	20.6	0.7	6.2
青森	24.3	9.6	2.9	11.7
岩手	28.1	5.0	5.5	17.6
宮城	23.8	4.3	4.2	15.3
秋田	22.2	4.3	4.0	13.9
山形	23.3	5.8	3.7	13.8
福島	36.7	5.3	5.7	25.7
茨城	36.1	7.9	3.4	24.7
栃木	27.7	5.9	4.8	17.0
群馬	17.9	4.4	1.2	12.3
埼玉	24.5	3.7	4.1	16.6
千葉	30.4	8.2	4.4	17.8
東京	4.6	0.4	2.0	2.2
神奈川	10.8	1.9	2.4	6.5
新潟	35.5	5.5	7.1	22.9
富山	9.2	0.6	1.3	7.3
石川	7.3	0.8	0.9	5.6
福井	8.0	0.6	0.8	6.7
山梨	13.9	3.3	1.4	9.2
長野	35.7	6.9	5.0	23.8
岐阜	17.9	1.6	2.0	14.3
静岡	22.0	4.9	2.6	14.4
愛知	21.9	6.0	2.3	13.6
三重	15.0	1.6	2.1	11.3
滋賀	10.3	1.3	1.6	7.4
京都	11.5	1.2	1.6	8.7
大阪	6.7	0.6	1.1	5.0
兵庫	32.7	2.9	4.6	25.2
奈良	9.3	1.0	1.2	7.1
和歌山	15.8	5.1	1.2	9.5
鳥取	10.4	1.2	1.9	7.4
島根	11.6	0.9	1.2	9.5
岡山	24.7	1.9	3.1	19.7
広島	18.5	1.5	2.5	14.5
山口	12.7	0.8	1.5	10.4
徳島	12.4	2.5	1.3	8.7
香川	14.5	1.4	1.2	11.9
愛媛	18.0	3.6	1.9	12.5
高知	11.1	3.5	0.8	6.9
福岡	23.2	5.9	2.9	14.4
佐賀	12.1	3.3	1.5	7.4
長崎	16.1	5.0	1.6	9.5
熊本	29.4	9.7	2.8	16.9
大分	15.7	2.8	1.6	11.3
宮崎	16.3	5.4	1.1	9.8
鹿児島	23.2	7.3	2.3	13.6
沖縄	8.0	2.7	1.0	4.4

資料：農林水産省統計部「農業構造動態調査」（以下4まで同じ。）

2 農業経営組織別経営体数（個人経営体）（各年2月1日現在）

単位：千経営体

年次・全国農業地域	計	販売のあった経営体	1)単一経営経営体				
			小計	稲作	2)畑作	露地野菜	施設野菜
令和4年	935.0	865.1	705.4	420.1	28.2	60.1	39.2
5	888.7	824.4	672.9	393.1	25.8	60.2	38.5
北海道	27.6	27.2	15.1	3.7	1.4	1.8	1.5
都府県	861.1	797.1	657.7	389.4	24.4	58.4	37.0
うち東北	158.3	152.2	123.5	85.4	2.0	6.7	2.8
北陸	60.0	58.3	52.8	47.6	0.3	1.2	0.4
関東・東山	201.6	184.0	150.1	75.9	4.9	23.5	9.5
東海	76.8	68.2	58.3	29.6	3.6	6.3	4.7
近畿	86.3	77.7	64.8	43.4	1.2	5.0	1.5
中国	77.9	70.9	59.8	45.6	0.6	2.7	1.6
四国	56.0	51.2	41.8	20.4	0.7	4.2	4.0
九州	136.0	126.8	99.9	41.7	7.8	8.3	11.9
沖縄	8.0	7.7	6.7	0.0	3.3	0.6	0.5

年次・全国農業地域	1)単一経営経営体（続き）				4)複合経営経営体	販売のなかった経営体
	果樹類	酪農	肉用牛	3)その他		
令和4年	100.8	9.3	19.3	28.4	159.7	69.9
5	100.2	8.5	18.8	27.7	151.5	64.3
北海道	0.7	3.9	0.8	1.3	12.1	0.4
都府県	99.5	4.6	18.0	26.4	139.4	63.9
うち東北	18.8	1.3	3.8	2.7	28.7	6.1
北陸	2.3	0.1	0.1	0.9	5.5	1.7
関東・東山	26.1	1.7	1.1	7.5	33.9	17.7
東海	8.6	0.3	0.6	4.7	9.9	8.6
近畿	11.3	0.2	0.8	1.3	12.9	8.5
中国	6.8	0.2	0.9	1.3	11.1	7.0
四国	10.6	0.1	0.2	1.6	9.4	4.8
九州	14.4	0.8	9.5	5.7	26.8	9.2
沖縄	0.7	0.0	0.9	0.7	1.1	0.3

注： 1)は、農産物販売金額のうち、主位部門の販売金額が8割以上の経営体をいう。
 2)は、「麦類作」、「雑穀・いも類・豆類」及び「工芸農作物」部門の単一経営経営体の合計である。
 3)は、「花き・花木」、「その他の作物」、「養豚」、「養鶏」及び「その他の畜産」部門の単一経営経営体の合計である。
 4)は、農産物販売金額のうち、主位部門の販売金額が8割未満の経営体をいう。

3 経営耕地面積規模別経営体数（個人経営体）（各年2月1日現在）

単位：千経営体

年次・ 全国農業地域	計	1)1.0ha 未満	1.0～5.0	5.0～10.0	10.0～20.0	20.0～30.0	30.0ha 以上
令和4年	935.0	494.7	358.3	42.5	20.7	7.3	11.6
5	888.7	468.6	339.6	40.4	20.5	7.3	12.2
北海道	27.6	1.8	3.2	2.9	5.0	3.9	10.7
都府県	861.1	466.8	336.4	37.4	15.6	3.4	1.5
東北	158.3	58.1	80.1	12.2	5.8	1.6	0.4
北陸	60.0	23.2	30.3	4.2	1.9	0.3	0.1
関東・東山	201.6	108.7	80.4	7.7	3.6	0.7	0.5
東海	76.8	54.2	19.4	2.1	0.6	0.2	0.3
近畿	86.3	59.0	25.6	1.1	0.4	0.2	0.0
中国	77.9	53.4	22.5	1.4	0.6	0.0	0.0
四国	56.0	38.0	17.1	0.6	0.2	0.0	0.0
九州	136.0	68.5	57.5	7.6	2.1	0.3	0.1
沖縄	8.0	3.6	3.7	0.5	0.2	0.0	0.0

注：1)は、経営耕地面積なしを含む。

4 農産物販売金額規模別経営体数（個人経営体）（各年2月1日現在）

単位：千経営体

年次・ 全国農業地域	計	1)50万 円未満	50～100	100～500	500～ 1,000	1,000～ 3,000	3,000～ 5,000	5,000～ 1億	1億円 以上
令和4年	935.0	341.0	161.5	252.6	75.6	75.8	16.5	9.2	2.7
5	888.7	315.6	150.9	244.1	75.5	74.0	16.0	9.6	3.0
北海道	27.6	1.0	0.6	3.9	3.0	9.0	4.5	4.0	1.5
都府県	861.1	314.6	150.2	240.2	72.5	65.0	11.5	5.5	1.5
東北	158.3	37.6	31.3	58.2	17.2	11.4	1.5	0.9	0.1
北陸	60.0	15.4	13.6	22.5	4.6	3.3	0.4	0.2	0.0
関東・東山	201.6	69.6	33.6	56.3	18.4	17.4	3.8	2.0	0.6
東海	76.8	35.4	11.2	16.2	5.3	6.3	1.6	0.6	0.1
近畿	86.3	42.8	15.0	18.6	5.1	4.1	0.5	0.2	0.0
中国	77.9	42.5	14.7	15.3	2.9	2.0	0.4	0.1	0.0
四国	56.0	23.7	9.4	14.2	4.2	3.8	0.6	0.1	0.0
九州	136.0	46.2	19.6	35.5	13.9	16.2	2.7	1.3	0.6
沖縄	8.0	1.5	1.8	3.3	0.9	0.5	0.1	0.0	0.0

注：1)は、販売なしを含む。

5 農産物販売金額1位の部門別経営体数（個人経営体）（各年2月1日現在）

単位：千経営体

年次	計	稲作	1)畑作	露地野菜	施設野菜
平成31年	1,059.0	591.5	54.9	118.7	72.1
令和2	945.3	530.8	51.2	101.4	58.5
3	916.1	506.4	48.8	100.1	59.7
4	865.1	472.9	46.2	96.4	56.5
5	824.4	442.8	42.9	94.6	55.8

年次	果樹類	酪農	肉用牛	2)その他
平成31年	132.0	13.5	31.4	45.0
令和2	126.9	11.1	26.2	39.2
3	124.5	11.1	26.1	39.2
4	119.5	10.6	25.1	37.8
5	117.7	9.7	24.2	36.6

資料： 令和2年は農林水産省統計部「2020年農林業センサス」、
　　　令和2年以外は農林水産省統計部「農業構造動態調査」
注： 平成31年は販売農家の数値。
　　1)は、「麦類作」、「雑穀・いも類・豆類」及び「工芸農作物」部門が1位の経営体の合計である。
　　2)は、「花き・花木」、「その他の作物」、「養豚」、「養鶏」及び「その他の畜産」部門が1位の
　経営体の合計である。

6 家族経営構成別経営体数（個人経営体）（各年2月1日現在）

単位：経営体

年次・全国農業地域	計	一世代家族経営	一人家族経営	夫婦家族経営	二世代家族経営	三世代等家族経営
平成27年	1,339,964	928,739	449,764	471,728	380,691	30,534
令和2	1,037,342	749,035	385,563	357,403	267,316	20,991
北海道	30,566	15,721	4,601	10,895	13,451	1,394
都府県	1,006,776	733,314	380,962	346,508	253,865	19,597
東北	187,885	127,524	63,046	63,328	55,643	4,718
北陸	72,450	54,017	33,655	20,079	17,307	1,126
関東・東山	229,995	163,544	78,572	83,431	61,512	4,939
東海	89,786	63,265	31,637	31,263	24,447	2,074
近畿	100,831	77,617	47,090	30,070	21,809	1,405
中国	93,467	73,918	41,484	31,954	18,454	1,095
四国	63,852	48,523	24,205	23,961	14,313	1,016
九州	157,635	115,576	55,646	58,872	38,881	3,178
沖縄	10,875	9,330	5,627	3,550	1,499	46

資料：農林水産省統計部「農林業センサス」（以下7まで同じ。）

7 農業労働力保有状態別経営体数（個人経営体）（各年2月1日現在）

単位：経営体

年次・全国農業地域	計	専従者あり						
		小計	65歳未満の専従者がいる			男女の専従者がいる	専従者は男だけ	専従者は女だけ
			小計	60歳未満の男の専従者がいる	60歳未満の女の専従者がいる			
平成27年	1,339,964	705,848	350,093	196,534	128,499	377,852	254,657	73,339
令和2	1,037,342	589,725	261,355	160,004	88,687	302,866	238,332	48,527
北海道	30,566	27,855	21,946	17,534	11,889	21,263	5,868	724
都府県	1,006,776	561,870	239,409	142,470	76,798	281,603	232,464	47,803
東北	187,885	109,954	49,051	27,371	13,475	55,319	45,514	9,121
北陸	72,450	31,987	12,062	7,064	2,318	11,659	18,328	2,000
関東・東山	229,995	138,349	60,425	37,207	20,758	74,928	52,027	11,394
東海	89,786	49,300	20,377	12,141	7,754	26,066	18,086	5,148
近畿	100,831	46,277	17,919	10,461	5,679	19,718	22,268	4,291
中国	93,467	42,119	11,599	6,017	2,826	17,061	20,185	4,873
四国	63,852	36,539	14,728	8,736	4,729	18,539	14,421	3,579
九州	157,635	99,030	49,289	31,132	18,509	55,803	36,303	6,924
沖縄	10,875	8,315	3,959	2,341	750	2,510	5,332	473

年次・全国農業地域	専従者なし				
	小計	男女の準専従者がいる	準専従者は男だけ	準専従者は女だけ	準専従者もいない
平成27年	634,116	123,352	204,056	44,105	262,603
令和2	447,617	73,463	158,823	24,003	191,328
北海道	2,711	763	689	208	1,051
都府県	444,906	72,700	158,134	23,795	190,277
東北	77,931	14,830	28,960	4,225	29,916
北陸	40,463	5,617	16,743	1,378	16,725
関東・東山	91,646	16,813	31,802	5,132	37,899
東海	40,486	6,913	13,177	2,512	17,884
近畿	54,554	6,217	19,316	2,414	26,607
中国	51,348	7,795	17,295	3,085	23,173
四国	27,313	4,349	8,637	1,786	12,541
九州	58,605	9,817	20,873	3,118	24,797
沖縄	2,560	349	1,331	145	735

注： 1 専従者とは、調査期日前1年間に自営農業に150日以上従事した者をいう。
　　 2 準専従者とは、調査期日前1年間に自営農業に60〜149日従事した者をいう。

Ⅳ　農業労働力

1　農業経営体の労働力（各年2月1日現在）

(1)　農業経営体

年次・全国農業地域	世帯員・役員・構成員	雇用者			常雇い			臨時雇い（手伝い等を含む。）		
		雇い入れた経営体数	実人数	延べ人日	雇い入れた経営体数	実人数	延べ人日	雇い入れた経営体数	実人数	延べ人日
	千人	千経営体	千人	千人日	千経営体	千人	千人日	千経営体	千人	千人日
平成27年	…	314	1,677	68,036	54	220	43,215	290	1,456	24,821
令和2	2,706	156	1,104	53,255	37	157	32,252	139	948	21,003
北海道	98	12	109	5,494	4	15	3,289	11	94	2,205
都府県	2,608	144	995	47,761	33	141	28,963	128	854	18,798
東北	520	32	260	7,942	4	19	3,765	31	241	4,177
北陸	207	9	67	2,424	2	7	1,482	8	59	942
関東・東山	585	32	219	12,886	9	40	8,356	27	178	4,530
東海	237	12	73	4,859	4	16	3,226	10	57	1,633
近畿	256	12	72	2,896	2	7	1,419	11	65	1,477
中国	233	9	55	2,913	2	10	1,882	8	45	1,031
四国	152	9	60	3,211	2	9	1,948	8	51	1,263
九州	398	27	184	10,150	7	31	6,575	23	153	3,575
沖縄	20	1	6	479	0	1	310	1	5	170

資料：農林水産省統計部「農林業センサス」（以下(2)まで同じ。）
注：平成27年は、農業経営のために雇った人のみを把握（以下(2)まで同じ。）。

(2)　農業経営体のうち団体経営体

年次・全国農業地域	役員・構成員	雇用者			常雇い			臨時雇い（手伝い等を含む。）		
		雇い入れた経営体数	実人数	延べ人日	雇い入れた経営体数	実人数	延べ人日	雇い入れた経営体数	実人数	延べ人日
	千人	千経営体	千人	千人日	千経営体	千人	千人日	千経営体	千人	千人日
平成27年		25	299	33,634	16	128	26,997	18	171	6,637
令和2	195	24	311	30,996	15	109	22,844	17	202	8,152
北海道	17	3	34	3,535	2	11	2,477	2	23	1,058
都府県	178	21	277	27,462	13	98	20,368	15	179	7,094
東北	35	4	52	4,221	2	15	2,974	3	37	1,247
北陸	22	2	33	1,829	1	6	1,268	2	26	561
関東・東山	28	4	54	6,596	3	25	5,209	3	29	1,388
東海	13	2	24	2,677	1	10	2,038	1	14	639
近畿	17	2	25	1,671	1	5	984	1	20	687
中国	17	2	24	2,160	1	8	1,573	1	15	587
四国	7	1	15	1,978	1	6	1,460	1	9	518
九州	38	4	49	6,045	3	21	4,635	3	28	1,410
沖縄	1	0	2	286	0	1	228	0	1	57

2 世帯員数、農業従事者数、基幹的農業従事者数

(1) 年齢階層別世帯員数（個人経営体）（各年2月1日現在）

単位：千人

年次・全国農業地域	計	39歳以下	40〜49	50〜59	60〜64	65〜69	70〜74	75歳以上
令和3年	3,218.5	756.9	326.7	384.2	295.9	344.9	395.9	714.1
4	3,043.0	689.0	309.7	363.7	273.2	303.1	415.9	688.4
北海道	99.5	28.9	12.0	13.5	8.7	8.6	10.2	17.6
都府県	2,943.5	660.1	297.7	350.2	264.5	294.5	405.7	670.8
東北	593.1	134.4	62.5	69.7	52.5	59.9	80.3	133.8
北陸	222.7	55.8	24.7	26.3	19.3	21.6	29.5	45.5
関東・東山	678.1	146.7	67.9	82.0	64.6	69.2	93.5	154.2
東海	279.8	71.6	26.9	35.7	23.6	26.3	34.6	61.1
近畿	286.1	63.6	28.5	33.9	25.2	27.6	38.8	68.5
中国	252.6	58.9	25.1	30.4	22.2	24.2	36.5	55.3
四国	171.8	37.7	16.8	21.0	15.5	17.7	24.5	38.6
九州	438.5	86.8	43.2	48.8	39.3	45.8	65.3	109.3
沖縄	20.8	4.6	2.1	2.4	2.3	2.2	2.7	4.5

資料： 農林水産省統計部「農業構造動態調査」（以下2(3)まで同じ。）

(2) 年齢階層別の農業従事者数（個人経営体）（各年2月1日現在）

単位：千人

年次・全国農業地域	男女計							
	計	39歳以下	40～49	50～59	60～64	65～69	70～74	75歳以上
令和3年	2,294.1	248.4	228.0	323.4	273.1	324.0	375.2	521.9
4	2,144.8	219.3	216.5	296.6	246.1	278.5	380.8	507.0
北海道	73.4	11.0	11.0	12.9	8.6	8.3	10.0	11.6
都府県	2,071.4	208.3	205.5	283.7	237.5	270.2	370.8	495.4
東北	415.1	46.4	44.1	58.0	50.8	56.3	71.8	87.7
北陸	153.8	18.2	17.1	21.1	17.2	20.2	28.0	32.0
関東・東山	483.5	46.7	48.7	67.1	51.7	62.1	84.9	122.3
東海	189.9	18.8	18.2	25.7	21.2	23.9	33.4	48.7
近畿	201.2	20.7	19.9	27.5	23.2	25.9	36.7	47.3
中国	177.4	15.9	16.0	20.4	19.1	23.2	35.5	47.3
四国	126.4	11.3	11.9	15.5	14.4	15.7	23.9	33.7
九州	310.2	29.4	28.4	46.2	37.7	40.8	54.1	73.6
沖縄	13.9	0.9	1.2	2.2	2.2	2.1	2.5	2.8

年次・全国農業地域	男							
	小計	39歳以下	40～49	50～59	60～64	65～69	70～74	75歳以上
令和3年	1,285.8	166.0	141.4	176.9	143.6	169.0	210.4	278.4
4	1,205.9	145.0	135.3	162.9	128.4	142.8	215.8	275.7
北海道	40.7	6.9	6.2	6.9	4.6	4.4	5.6	6.1
都府県	1,165.2	138.1	129.1	156.0	123.8	138.4	210.2	269.6
東北	233.7	31.0	27.8	32.2	26.4	28.3	41.3	46.7
北陸	87.6	12.1	11.3	12.3	9.1	9.2	16.1	17.5
関東・東山	272.6	31.0	29.7	37.4	27.1	32.4	48.1	66.9
東海	105.1	12.1	11.2	13.5	11.2	12.4	18.3	26.4
近畿	114.0	13.2	13.2	14.8	12.2	13.5	20.6	26.5
中国	98.5	10.8	10.1	11.3	9.3	11.4	20.1	25.5
四国	70.5	8.3	7.3	8.9	7.4	8.2	12.5	17.9
九州	173.9	18.9	17.7	24.2	19.6	21.7	31.5	40.3
沖縄	9.3	0.7	0.8	1.4	1.5	1.3	1.7	1.9

年次・全国農業地域	女							
	小計	39歳以下	40～49	50～59	60～64	65～69	70～74	75歳以上
令和3年	1,008.3	82.4	86.6	146.5	129.5	155.0	164.8	243.5
4	930.9	74.3	81.2	133.7	117.7	135.7	165.0	231.3
北海道	32.7	4.1	4.8	6.0	4.0	3.9	4.4	5.5
都府県	906.2	70.2	76.4	127.7	113.7	131.8	160.6	225.8
東北	181.4	15.4	16.3	25.8	24.4	28.0	30.5	41.0
北陸	66.2	6.1	5.8	8.8	8.1	11.0	11.9	14.5
関東・東山	210.9	15.7	19.0	29.7	24.6	29.7	36.8	55.4
東海	84.8	6.7	7.0	12.2	10.0	11.5	15.1	22.3
近畿	87.2	7.5	6.7	12.7	11.0	12.4	16.1	20.8
中国	78.9	5.1	5.9	9.1	9.8	11.8	15.4	21.8
四国	55.9	3.0	4.6	6.6	7.0	7.5	11.4	15.8
九州	136.3	10.5	10.7	22.0	18.1	19.1	22.6	33.3
沖縄	4.6	0.2	0.4	0.8	0.7	0.8	0.8	0.9

2 世帯員数、農業従事者数、基幹的農業従事者数（続き）
(3) 自営農業従事日数階層別の農業従事者数（個人経営体）（各年2月1日現在）

単位：千人

年次・ 全国農業地域	男女計				
	計	149日以下	150〜199	200〜249	250日以上
令和3年	2,294.1	1,369.3	190.9	205.6	528.2
4	2,144.8	1,236.4	178.5	199.8	530.0
北海道	73.4	10.3	7.9	13.9	41.3
都府県	2,071.4	1,226.1	170.6	185.9	488.7
東北	415.1	252.1	38.1	42.9	82.0
北陸	153.8	115.0	13.6	11.5	13.7
関東・東山	483.5	258.3	39.5	46.5	139.2
東海	189.9	113.9	14.0	15.3	46.7
近畿	201.2	137.4	14.7	14.8	34.3
中国	177.4	123.5	15.5	13.7	24.7
四国	126.4	70.2	11.1	12.7	32.4
九州	310.2	151.2	22.5	26.9	109.5
沖縄	13.9	4.5	1.6	1.6	6.2

年次・ 全国農業地域	男				
	小計	149日以下	150〜199	200〜249	250日以上
令和3年	1,285.8	712.0	115.1	120.5	338.2
4	1,205.9	641.8	107.9	116.2	340.1
北海道	40.7	3.9	3.5	7.6	25.9
都府県	1,165.2	637.9	104.4	108.6	314.2
東北	233.7	131.6	23.1	25.3	53.7
北陸	87.6	59.4	10.1	8.4	9.7
関東・東山	272.6	133.6	23.5	26.9	88.6
東海	105.1	60.0	7.8	8.3	29.0
近畿	114.0	73.6	9.0	8.7	22.7
中国	98.5	63.9	9.9	8.4	16.3
四国	70.5	36.3	6.4	6.8	21.0
九州	173.9	77.1	13.5	14.7	68.5
沖縄	9.3	2.4	1.1	1.1	4.7

年次・ 全国農業地域	女				
	小計	149日以下	150〜199	200〜249	250日以上
令和3年	1,008.3	657.4	75.8	85.1	190.0
4	938.9	594.6	70.6	83.6	189.9
北海道	32.7	6.4	4.4	6.3	15.4
都府県	906.2	588.2	66.2	77.3	174.5
東北	181.4	120.5	15.0	17.6	28.3
北陸	66.2	55.6	3.5	3.1	4.0
関東・東山	210.9	124.7	16.0	19.6	50.6
東海	84.8	53.9	6.2	7.0	17.7
近畿	87.2	63.8	5.7	6.1	11.6
中国	78.9	59.6	5.6	5.3	8.4
四国	55.9	33.9	4.7	5.9	11.4
九州	136.3	74.1	9.0	12.2	41.0
沖縄	4.6	2.1	0.5	0.5	1.5

2　世帯員数、農業従事者数、基幹的農業従事者数（個人経営体）（続き）
(4)　年齢階層別の基幹的農業従事者数（個人経営体）（各年2月1日現在）

単位：千人

年次・ 全国農業地域	男女計							
	計	39歳以下	40〜49	50〜59	60〜64	65〜69	70〜74	75歳以上
令和4年	1,225.5	60.8	78.9	112.1	113.8	164.9	291.7	403.2
5	1,163.5	55.8	77.5	104.3	102.6	140.7	267.9	414.7
北海道	67.6	9.4	10.6	12.1	7.9	7.7	9.7	10.2
都府県	1,095.8	46.3	67.0	92.3	94.6	133.0	258.2	404.5
東北	206.5	9.0	12.1	15.7	19.5	27.5	53.5	69.2
北陸	62.8	1.6	2.3	3.7	4.9	8.5	17.6	24.2
関東・東山	281.3	12.6	19.2	25.2	23.0	34.0	62.1	105.2
東海	100.1	4.2	5.8	8.2	9.0	11.9	22.2	38.8
近畿	91.3	3.1	4.5	7.5	6.8	10.3	22.2	36.9
中国	81.0	1.7	4.1	3.6	5.0	8.5	20.6	37.5
四国	70.2	2.5	3.9	6.0	5.4	7.8	16.8	27.8
九州	193.0	11.3	14.3	21.1	19.7	23.1	41.1	62.5
沖縄	9.6	0.4	0.8	1.3	1.3	1.5	2.0	2.4

年次・ 全国農業地域	男							
	小計	39歳以下	40〜49	50〜59	60〜64	65〜69	70〜74	75歳以上
令和4年	745.3	45.5	52.7	65.0	62.9	95.8	178.5	244.8
5	711.5	41.7	52.1	61.6	57.4	81.8	161.2	255.6
北海道	38.6	6.5	6.3	6.3	4.2	4.2	5.3	5.9
都府県	672.9	35.3	45.8	55.3	53.2	77.7	156.0	249.8
東北	125.2	7.0	8.3	9.3	10.7	15.0	32.0	42.8
北陸	41.5	1.3	1.7	2.9	3.1	5.7	11.6	15.2
関東・東山	170.5	9.8	13.1	15.3	12.3	20.3	36.5	63.3
東海	59.3	3.1	3.7	4.7	4.9	6.6	13.1	23.2
近畿	58.8	2.7	3.3	4.1	3.8	6.3	14.4	24.3
中国	51.9	1.4	3.1	2.5	2.9	5.1	13.0	24.0
四国	43.1	1.9	2.7	3.5	3.1	4.4	10.2	17.1
九州	115.8	7.8	9.4	12.2	11.4	13.2	23.7	38.1
沖縄	6.8	0.3	0.6	0.9	1.0	1.0	1.4	1.7

年次・ 全国農業地域	女							
	小計	39歳以下	40〜49	50〜59	60〜64	65〜69	70〜74	75歳以上
令和4年	480.2	15.2	26.2	47.2	50.8	69.1	113.2	158.4
5	451.9	14.0	25.5	42.7	45.2	58.8	106.7	159.1
北海道	29.0	3.0	4.3	5.8	3.7	3.5	4.4	4.4
都府県	422.9	11.0	21.2	37.0	41.5	55.3	102.3	154.7
東北	81.3	1.9	3.8	6.4	8.8	12.5	21.5	26.4
北陸	21.3	0.1	0.6	0.9	1.8	2.7	6.0	9.0
関東・東山	110.7	2.7	6.1	10.0	10.7	13.7	25.7	41.9
東海	40.8	1.1	2.1	3.5	4.1	5.3	9.2	15.6
近畿	32.6	0.5	1.2	3.4	3.1	4.0	7.8	12.5
中国	29.2	0.4	1.0	1.2	2.0	3.4	7.5	13.6
四国	27.1	0.5	1.2	2.5	2.3	3.4	6.6	10.7
九州	77.2	3.5	4.9	8.9	8.3	9.8	17.5	24.3
沖縄	2.8	0.1	0.2	0.5	0.3	0.4	0.5	0.7

資料：農林水産省統計部「農業構造動態調査」
注：　基幹的農業従事者とは、個人経営体における15歳以上の世帯員のうち、ふだん仕事として
　　主に自営農業に従事している者をいう。
　　（主業経営体の世帯員であるか、主業経営体以外の世帯員であるかを問わない。）。

3 農作業死亡事故件数

区分	平成29年		30		令和元		2		3	
	件数	割合	件数	割合	件数	割合	件数	割合	件数	割合
	人	％	人	％	人	％	人	％	人	％
事故発生件数計	304	100.0	274	100.0	281	100.0	270	100.0	242	100.0
農業機械作業に係る事故	211	69.4	164	59.9	184	65.5	186	68.9	171	70.7
乗用型トラクター	92	30.3	73	26.6	80	28.5	81	30.0	58	24.0
歩行型トラクター	28	9.2	24	8.8	22	7.8	26	9.6	22	9.1
農用運搬車	26	8.6	18	6.6	26	9.3	15	5.6	21	8.7
自脱型コンバイン	11	3.6	8	2.9	9	3.2	12	4.4	16	6.6
動力防除機	6	2.0	8	2.9	8	2.8	9	3.3	16	6.6
動力刈払機	12	3.9	6	2.2	7	2.5	7	2.6	11	4.5
農用高所作業機	－	－	－	－	－	－	3	1.1	1	0.4
その他	36	11.8	27	9.9	32	11.4	33	12.2	26	10.7
農業用施設作業に係る事故	13	4.3	13	4.7	17	6.0	8	3.0	7	2.9
機械・施設以外の作業に係る事故	80	26.3	97	35.4	80	28.5	76	28.1	64	26.4
性別										
男	266	87.5	225	82.1	241	85.8	232	85.9	211	87.2
女	38	12.5	49	17.9	40	14.2	38	14.1	31	12.8
年齢階層別										
30歳未満	3	1.0	3	1.1	2	0.7	6	2.2	3	1.2
30～39歳	1	0.3	2	0.7	1	0.4	5	1.9	4	1.7
40～49歳	6	2.0	4	1.5	2	0.7	3	1.1	6	2.5
50～59歳	18	5.9	12	4.4	14	5.0	15	5.6	10	4.1
60～64歳	19	6.3	16	5.8	14	5.0	12	4.4	14	5.8
65歳以上	256	84.2	237	86.5	248	88.3	229	84.8	205	84.7
65～69歳	44	14.5	26	9.5	41	14.6	33	12.2	23	9.5
70～79歳	84	27.6	67	24.5	89	31.7	101	37.4	75	31.0
80歳以上	128	42.1	144	52.6	118	42.0	95	35.2	107	44.2
不明	1	0.3	－	－	0	0.0	0	0.0	0	0.0

資料：農林水産省農産局「令和3年に発生した農作業死亡事故」（令和5年2月10日プレスリリース）

V 農業の担い手

1 人・農地プラン実質化の取組状況（令和4年3月末現在）

区分	単位	合計	実質化されている地区	工程表を作成し、実質化に取り組む地区
令和3年度	地区	21,884	18,287	3,597
地区内農地面積	万ha	403	367	35

資料：農林水産省経営局「人・農地プラン実質化の取組状況（令和4年3月末現在）」
注： 農地面積は、市町村の報告ベースであり、耕地及び作付面積統計による耕地面積とは必ずしも一致しない。

2 農地中間管理機構の借入・転貸面積の状況

年次	年間集積目標面積	機構の借入面積 1)各年度末までに権利発生	2)機構の転貸面積 1)各年度末までに権利発生	新規集積面積
平成30年度	149,210	40,686	43,845	16,364
令和元	149,210	35,437	39,937	15,480
2	149,210	46,466	56,963	18,572
3	149,210	48,629	57,373	19,685
4	149,210	45,143	53,415	16,906

資料：農林水産省経営局「農地中間管理機構の実績等に関する資料」（令和4年度版）
注：1)は、過年度に計画公告（又は認可公告）し、各年度に権利発生したものを含む。
　　2)は、過年度に機構が借り入れて、各年度に転貸したものを含む。

3 認定農業者（農業経営改善計画の認定状況）
(1) 認定農業者数及び基本構想策定状況（各年3月末現在）

年次	基本構想策定市町村数	認定市町村数	認定農業者数	うち法人	うち女性	うち共同申請
	市町村	市町村	経営体	経営体	経営体	経営体
平成30年	1,669	1,637	240,665	23,648	5,853	13,638
31	1,669	1,638	239,043	24,965	5,921	14,164
令和2	1,672	1,641	233,806	26,080	5,869	14,656
3	1,672	1,637	227,444	27,114	5,643	15,007
4	1,672	1,638	222,442	27,974	5,676	15,161

資料：農林水産省経営局資料「認定農業者の認定状況」（以下(5)まで同じ。）
注：1 認定農業者とは、農業経営基盤強化促進法に基づき農業経営改善計画を市町村等に提出
し認定を受けている者である。なお、認定農業者数には、特定農業法人で認定農業者とみ
なされている者も含む（以下(5)まで同じ。）。
2 令和2年4月から、農業経営を営む区域が、市町村の区域内の場合は市町村長が、都道
府県内の複数市町村にまたがる場合は都道府県知事が、地方農政局の管区内の複数都道府
県にまたがる場合又は複数の地方農政局の管区にまたがる場合は地方農政局長又は農林水
産大臣が、認定する（以下(5)まで同じ。）。
3 認定農業者数のうち女性とは、女性単独の認定農業者であり、夫婦で共同申請している
女性を含まない。
4 基本構想とは、農業経営基盤強化促進法に基づき、市町村が地域の実情に即して策定す
る効率的かつ安定的な農業経営の目標等を内容とするものである。

(2) 年齢階層別の農業経営改善計画認定状況（各年3月末現在）

年次	単位	計	29歳以下	30～39	40～49	50～59	60～64	65歳以上
認定数								
平成30年	経営体	203,379	1,157	11,844	29,413	51,667	37,784	71,514
31	〃	199,914	1,097	11,513	28,660	48,509	35,534	74,60
令和2	〃	193,070	1,032	11,250	27,908	45,071	32,618	75,19
3	〃	185,323	1,085	11,056	27,465	40,972	29,671	75,074
4	〃	179,307	1,118	10,863	27,416	38,663	27,742	73,505
構成比								
平成30年	%	100.0	0.6	5.8	14.5	25.4	18.6	35.
31	〃	100.0	0.5	5.8	14.3	24.3	17.8	37.
令和2	〃	100.0	0.5	5.8	14.5	23.3	16.9	38.
3	〃	100.0	0.6	6.0	14.8	22.1	16.0	40.
4	〃	100.0	0.6	6.1	15.3	21.6	15.5	40.

注：法人、共同申請による農業経営改善計画の認定数を除く。

(3) 法人形態別の農業経営改善計画認定状況 (各年3月末現在)

年次	法人計		農事組合法人		特例有限会社		株式会社		その他	
	認定数	構成比	認定数	構成比	認定数	構成比	認定数	構成比	認定数	構成比
	経営体	%	経営体	%	経営体	%	経営体	%	経営体	%
平成30年	23,612	100.0	6,135	26.0	7,913	33.5	8,766	37.1	798	3.4
31	24,950	100.0	6,350	25.5	7,848	31.5	9,846	39.5	906	3.6
令和2	26,066	100.0	6,486	24.9	7,793	29.9	10,747	41.2	1,040	4.0
3	27,103	100.0	6,591	24.3	7,586	28.0	11,787	43.5	1,139	4.2
4	27,962	100.0	6,667	23.8	7,391	26.4	12,605	45.1	1,299	4.7

注：特定農業法人で認定農業者とみなされている法人を含まない。

(4) 営農類型別の農業経営改善計画認定状況 (各年3月末現在)

単位：経営体

営農類型	平成30年	31	令和2	3	4
計	240,629	239,028	233,792	227,433	222,430
単一経営計	130,281	129,993	128,907	129,892	129,485
稲作	39,954	39,501	38,402	38,320	39,146
麦類作	395	410	449	457	487
雑穀・いも類・豆類	1,549	1,601	1,667	1,617	1,686
工芸農作物	4,775	4,621	4,357	4,335	4,134
露地野菜	15,899	15,787	15,758	16,559	16,395
施設野菜	18,523	18,774	19,072	19,688	19,510
果樹類	17,309	17,344	17,485	17,686	17,863
花き・花木	6,651	6,527	6,637	6,394	6,190
その他の作物	1,587	1,709	1,763	1,742	1,630
酪農	10,416	10,172	9,698	9,504	9,151
肉用牛	8,236	8,432	8,537	8,690	8,606
養豚	2,172	2,156	2,090	2,014	1,846
養鶏	2,000	2,025	2,009	2,014	1,970
その他の畜産	815	934	983	865	867
養蚕	…	…	…	7	4
複合経営	110,348	109,035	104,885	97,541	92,945

注：1 単一経営経営体とは、農産物販売金額1位部門の販売金額が総販売金額の8割以上を占める経営体をいう。
2 複合経営経営体とは、農産物販売金額の1位部門が総販売金額の8割未満の経営体をいう。
3 特定農業法人で認定農業者とみなされている者を含まない。

3 認定農業者（農業経営改善計画の認定状況）（続き）
(5) ブロック別認定農業者数（各年3月末現在）

単位：経営体

地方農政局名等	平成30年	31	令和2	3	4
全国	240,665	239,043	233,806	227,444	222,442
北海道	30,146	29,741	28,978	28,369	27,837
東北農政局	51,323	50,886	48,897	46,619	45,187
関東農政局	51,067	51,225	50,862	49,924	49,233
北陸農政局	20,017	19,629	19,173	18,125	17,547
東海農政局	8,774	8,827	8,749	8,560	8,401
近畿農政局	11,523	11,400	11,076	10,791	10,387
中国四国農政局	19,361	19,330	19,152	18,916	18,670
九州農政局	47,023	46,686	45,651	44,827	43,872
沖縄	1,431	1,319	1,268	1,278	1,232
農林水産本省	–	–	–	35	76

4 法人等
(1) 農地所有適格法人数（各年1月1日現在）

単位：法人

年次	総数	組織別					
		特例有限会社	合名会社	合資会社	合同会社	1)農事組合法人	株式会社
平成30年	18,236	6,289	14	44	446	5,249	6,194
31	19,213	6,277	13	42	530	5,489	6,862
令和2	19,550	6,021	14	36	575	5,571	7,333
3	20,045	5,639	10	33	687	5,608	8,068
4	20,750	5,573	9	34	757	5,710	8,667

年次	主要業種別						
	米麦作	果樹	畜産	そ菜	工芸作物	花き・花木	その他
平成30年	7,841	1,251	3,083	3,452	564	868	1,177
31	8,314	1,312	3,264	3,635	595	879	1,214
令和2	8,669	1,321	3,267	3,624	585	857	1,227
3	9,276	1,337	3,373	3,889	549	764	857
4	9,644	1,343	3,443	3,637	639	756	1,288

資料：農林水産省経営局資料（以下(2)まで同じ。）
注： 「農地所有適格法人」とは、平成28年4月1日の改正法の施行に伴い農地法第2条第3項に規定
された農業経営を行うために農地を取得できる法人のことであり、平成28年3月31日以前における
「農業生産法人」のことである。
　　1)は、農業協同組合法に基づく農事組合法人のうち、農地法第2条第3項各号の要件のすべてを
備えて農地等の所有権及び使用収益権の取得を認められたものである。したがって、「(3) 農事組
合法人」とは上の目的以外の農事組合法人（例えば養鶏専業のように宅地の名目でできるもの）が
計上されているので一致しない。

(2) 一般法人の農業参入数（各年12月末現在）

単位：法人

区分	平成30年	令和元	2	3	4
参入法人数	3,030	3,286	3,669	3,867	4,202

注：平成15年4月以降に農地のリース方式で参入した一般法人数である。
　　なお、平成21年の農地法改正によりリース方式による参入を全面自由化した。

(3) 農事組合法人（各年3月31日現在）
　ア　総括表

単位：法人

年次	総数	単一・複合作目別		事業種別				
		単一作目	複合作目	第1号法人		第2号法人	第1号及び第2号法人	
				出資	非出資			
平成31年	9,416	5,756	3,660	762	230	1,049	7,375	
令和2	9,355	5,590	3,765	718	222	1,005	7,410	
3	9,320	5,504	3,816	689	216	968	7,447	
4	9,286	5,434	3,852	669	207	949	7,461	
5	9,241	5,440	3,801	651	205	931	7,454	

資料：農林水産省経営局「農業協同組合等現在数統計」（以下イまで同じ。）
注：1　この法人数は、各年3月31日までに行政庁に届け出たものの数値である。
　　2　第1号法人とは、農業に係る共同利用施設の設置又は農作業の共同化に関する事業を行
　　　う農事組合法人である。
　　3　第2号法人とは、農業の経営（これと併せて行う林業の経営を含む。）を行う農事組合
　　　法人である。
　　4　第1号及び第2号法人とは、上記1号・2号の事業を併せて行う農事組合法人である。

　イ　主要業種別農事組合法人数

単位：法人

年次	単一作目										複合作目
		畜産				果樹	野菜	工芸	普通作	養蚕	
		酪農	肉用牛	養豚	養鶏						
平成31年	5,756	267	256	180	142	341	531	264	2,974	21	3,660
令和2	5,590	253	242	162	132	311	499	236	3,000	14	3,765
3	5,504	239	231	153	124	300	485	233	3,024	11	3,816
4	5,434	228	220	146	118	301	460	230	3,048	11	3,852
5	5,440	227	221	138	119	299	457	224	3,083	11	3,801

5 集落営農（各年 2 月 1 日現在）
(1) 組織形態別集落営農数

単位：集落営農

年次・都道府県	計	法人				非法人
		農事組合法人	株式会社	合名・合資・合同会社	その他	
				会社		
令和3年	14,490	4,885	600	48	31	8,926
4	14,364	4,984	621	52	37	8,670
5	14,227	5,014	644	55	47	8,467
北海道	195	12	21	2	–	160
青森	182	59	2	–	–	121
岩手	600	198	24	3	5	370
宮城	811	173	58	1	–	579
秋田	737	313	33	3	–	388
山形	468	124	17	–	2	325
福島	422	48	25	8	5	336
茨城	134	22	10	–	–	102
栃木	233	38	4	–	–	191
群馬	116	95	–	–	1	20
埼玉	78	26	4	–	–	48
千葉	114	72	4	–	2	36
東京	–	–	–	–	–	–
神奈川	6	–	1	–	–	5
新潟	708	303	87	1	–	317
富山	708	471	6	–	–	231
石川	291	141	21	–	–	129
福井	575	219	40	11	2	303
山梨	5	2	–	–	–	3
長野	357	76	26	2	7	246
岐阜	307	175	25	–	5	102
静岡	30	4	4	–	–	22
愛知	99	10	–	1	2	86
三重	298	70	8	2	3	215
滋賀	663	358	3	2	–	300
京都	320	44	49	3	1	223
大阪	8	1	–	–	–	7
兵庫	878	115	54	1	3	705
奈良	41	10	3	1	1	26
和歌山	8	1	–	–	–	7
鳥取	296	78	3	1	1	213
島根	542	237	10	4	2	289
岡山	261	85	3	1	1	171
広島	620	232	30	4	–	354
山口	327	225	14	1	–	87
徳島	25	8	1	–	–	16
香川	234	116	–	1	–	117
愛媛	124	49	6	–	–	69
高知	194	32	4	–	2	156
福岡	560	281	8	1	–	270
佐賀	505	86	1	–	1	417
長崎	103	60	–	–	–	43
熊本	391	102	8	1	–	280
大分	462	189	16	–	1	256
宮崎	89	28	6	–	–	55
鹿児島	95	26	5	–	–	64
沖縄	7	–	–	–	–	7

資料：農林水産省統計部「集落営農実態調査」（以下(7)まで同じ。）
注：1 集落営農とは、「集落」を単位として、農業生産過程における一部又は全部についての共同化・統一化に関する合意の下に実施される営農を行う組織（農業用機械の所有のみを共同で行う取組及び栽培協定又は用排水の管理の合意のみの取組を行うものを除く。）である。
2 東日本大震災の影響により、宮城県、福島県において営農活動を休止している又は営農活動の状況が把握できなかった集落営農については、当該県の結果には含まない。

(2) 現況集積面積（経営耕地面積＋農作業受託面積）規模別集落営農数

単位：集落営農

年次 ・ 都道府県	計	5ha未満	5〜10	10〜20	20〜30	30〜50	50〜100	100ha 以上
令和3年	14,490	1,983	1,967	3,268	2,555	2,555	1,503	659
4	14,364	1,977	1,889	3,256	2,452	2,611	1,506	673
5	14,227	1,946	1,884	3,184	2,423	2,575	1,530	685
北海道	195	7	3	7	6	11	18	143
青森	182	5	12	44	33	34	40	14
岩手	600	46	40	98	83	146	134	53
宮城	811	55	94	140	133	181	155	53
秋田	737	18	36	141	163	209	129	41
山形	468	49	66	73	56	84	90	50
福島	422	71	55	84	83	68	51	10
茨城	134	5	24	25	19	31	24	6
栃木	233	22	23	32	46	56	45	9
群馬	116	5	8	23	28	31	18	3
埼玉	78	6	7	18	19	11	12	5
千葉	114	10	7	20	21	19	30	7
東京	–	–	–	–	–	–	–	–
神奈川	6	5	–	1	–	–	–	–
新潟	708	74	66	162	133	165	91	17
富山	708	27	58	137	164	235	72	15
石川	291	22	40	73	76	56	23	1
福井	575	52	75	137	115	118	61	17
山梨	5	2	2	1	–	–	–	–
長野	357	79	58	45	39	43	50	43
岐阜	307	28	38	57	37	74	52	21
静岡	30	14	6	3	–	3	3	1
愛知	99	12	13	20	12	18	9	15
三重	298	55	36	59	52	57	27	12
滋賀	663	141	88	174	122	98	33	7
京都	320	145	67	67	27	8	6	–
大阪	8	5	–	1	–	1	1	–
兵庫	878	270	209	238	93	52	12	4
奈良	41	13	3	12	6	3	2	2
和歌山	8	1	1	2	1	3	–	–
鳥取	296	53	51	88	51	35	15	3
島根	542	104	135	171	68	42	18	4
岡山	261	45	53	87	46	26	4	–
広島	620	91	86	169	132	99	37	6
山口	327	25	37	106	72	54	23	10
徳島	25	6	10	4	4	1	–	–
香川	234	52	75	70	13	14	6	4
愛媛	124	16	24	37	19	18	6	4
高知	194	114	39	22	9	5	4	1
福岡	560	17	42	152	122	139	57	31
佐賀	505	10	28	97	124	146	65	35
長崎	103	14	12	36	19	6	11	5
熊本	391	12	29	88	78	96	69	19
大分	462	111	104	132	69	35	11	–
宮崎	89	10	12	13	13	23	10	8
鹿児島	95	22	12	17	15	20	5	4
沖縄	7	–	–	1	2	1	1	2

5　集落営農（各年 2 月 1 日現在）（続き）
(3)　農産物等の生産・販売活動別集落営農数（複数回答）

単位：集落営農

年次 ・ 全国農業地域	計 （実数）	農産物等の生産・販売活動（複数回答）						
		小計 （実数）	水稲・陸稲 を生産・販 売	麦、大豆、 てん菜、原 料用ばれい しょのう ち、いずれ かを生産・ 販売	そばを 生産・ 販売	野菜を 生産・ 販売	その他の作 物（畜産物 を含む。） を 生産・販売	農産加工品 の生産・販 売
令和 3 年	14,490	11,443	9,212	6,439	1,617	2,395	4,547	631
4	14,364	11,446	9,286	6,375	1,727	2,519	4,257	642
5	14,227	11,337	9,251	6,298	1,748	2,546	4,040	642
北海道	195	56	15	25	26	16	31	4
東北	3,220	2,767	2,075	1,268	532	633	1,075	119
北陸	2,282	2,033	1,826	1,159	426	562	607	80
関東・東山	1,043	945	607	576	267	145	241	80
東海	734	572	485	338	38	113	128	36
近畿	1,918	1,486	1,215	857	117	341	473	79
中国	2,046	1,354	1,204	577	192	422	703	158
四国	577	376	294	188	7	95	161	28
九州	2,205	1,748	1,530	1,310	143	219	621	58
沖縄	7	-	-	-	-	-	-	-

(4)　農産物等の生産・販売以外の活動別集落営農数（複数回答）

単位：集落営農

年次 ・ 全国農業地域	計 （実数）	農産物等の生産・販売以外の活動（複数回答）				
		機械の共同所 有・共同利用 を行う	防除・収穫等 の農作業受託 を行う	農家の出役によ り、共同で農作 業（農業機械を 利用した農作業 以外）を行う	作付け地の団 地化など、集 落内の土地利 用調整を行う	集落内の営農 を一括管理・ 運営している
令和 3 年	14,490	12,746	6,494	7,469	8,214	4,128
4	14,364	12,819	6,278	7,344	8,123	4,046
5	14,227	12,540	6,323	7,305	8,016	3,975
北海道	195	185	86	87	29	19
東北	3,220	2,659	988	1,627	2,010	800
北陸	2,282	2,150	798	1,580	1,482	827
関東・東山	1,043	880	408	494	523	289
東海	734	597	471	397	478	262
近畿	1,918	1,636	1,211	987	1,105	461
中国	2,046	1,924	1,091	1,008	942	687
四国	577	538	312	202	120	56
九州	2,205	1,964	952	923	1,327	574
沖縄	7	7	6	-	-	-

(5) 経理の共同化の状況別集落営農数（複数回答）

単位：集落営農

| 年次・全国農業地域 | 計（実数） | いずれかの収支に係る経理を共同で行っている（複数回答） | | | | | | |
		小計	農業機械の利用・管理に係る収支	オペレータなどの賃金等に係る収支	資材の購入に係る収支	生産物の出荷・販売に係る収支	農業共済に係る収支	農業経営収入保険に係る収支
令和3年	14,490	14,066	13,391	12,435	11,631	11,403	8,944	1,784
4	14,364	13,977	13,417	12,472	11,638	11,390	8,878	2,141
5	14,227	13,845	13,308	12,316	11,555	11,294	8,604	2,507
北海道	195	194	188	176	102	56	61	14
東北	3,220	3,063	2,916	2,738	2,775	2,766	2,008	502
北陸	2,282	2,256	2,243	2,223	2,122	2,034	1,661	697
関東・東山	1,043	1,021	965	964	956	939	741	136
東海	734	660	635	607	603	572	457	96
近畿	1,918	1,885	1,777	1,580	1,427	1,468	1,247	216
中国	2,046	2,009	1,985	1,693	1,400	1,345	795	475
四国	577	569	545	459	428	372	250	86
九州	2,205	2,181	2,047	1,869	1,742	1,742	1,384	285
沖縄	7	7	7	7	－	－	－	－

(6) 経営所得安定対策への加入状況

単位：集落営農

年次・全国農業地域	計	加入している	加入していない
令和3年	14,490	10,070	4,420
4	14,364	10,016	4,348
5	14,227	10,015	4,212
北海道	195	43	152
東北	3,220	2,578	642
北陸	2,282	1,869	413
関東・東山	1,043	855	188
東海	734	471	263
近畿	1,918	1,142	776
中国	2,046	1,132	914
四国	577	271	306
九州	2,205	1,654	551
沖縄	7	－	7

5 集落営農（各年2月1日現在）（続き）
(7) 実質化している人・農地プランにおける位置付け状況

単位：集落営農

年次・ 全国農業地域	計	実質化している人・農地プランの	
		中心経営体として位置づけ られている	中心経営体として位置づけ られていない
令和4年	14,364	7,326	7,038
5	14,227	7,838	6,389
北海道	195	50	145
東北	3,220	1,868	1,352
北陸	2,282	1,640	642
関東・東山	1,043	640	403
東海	734	373	361
近畿	1,918	802	1,116
中国	2,046	842	1,204
四国	577	324	253
九州	2,205	1,299	906
沖縄	7	-	7

6 新規就農者
(1) 年齢別就農形態別新規就農者数（令和4年）

単位：人

| 区分 | 男女計 | | | | | | |
| | 計 | 新規自営農業就農者 | | 新規雇用就農者 | | | 新規参入者 |
		計	新規学卒就農者	小計	農家出身	非農家出身	
計	45,840	31,400	680	10,570	1,430	9,150	3,870
49歳以下	16,870	6,500	680	7,710	880	6,830	2,650
15～19歳	1,090	210	210	880	60	820	0
20～29	5,180	1,440	460	3,280	530	2,760	460
30～39	4,830	1,910	10	1,890	90	1,800	1,040
40～49	5,760	2,950	–	1,650	200	1,460	1,150
50～59	5,460	3,580	–	1,280	190	1,090	600
60～64	6,750	5,660	–	860	170	690	230
65歳以上	16,760	15,660	–	730	200	530	380
年齢不詳	0	–	–	–	–	–	0

| 区分 | 男 | | | | | | |
| | 計 | 新規自営農業就農者 | | 新規雇用就農者 | | | 新規参入者 |
		計	新規学卒就農者	小計	農家出身	非農家出身	
計	32,630	22,570	600	6,910	1,120	5,780	3,150
49歳以下	11,970	4,790	600	5,010	610	4,400	2,170
15～19歳	760	170	170	580	10	570	0
20～29	3,870	1,110	410	2,360	410	1,960	400
30～39	3,390	1,430	10	1,110	40	1,060	850
40～49	3,960	2,080	–	960	150	810	920
50～59	3,670	2,370	–	820	170	650	480
60～64	4,760	4,030	–	530	150	390	200
65歳以上	12,220	11,380	–	540	200	340	300
年齢不詳	0	–	–	–	–	–	0

| 区分 | 女 | | | | | | |
| | 計 | 新規自営農業就農者 | | 新規雇用就農者 | | | 新規参入者 |
		計	新規学卒就農者	小計	農家出身	非農家出身	
計	13,220	8,830	80	3,670	310	3,360	720
49歳以下	4,900	1,710	80	2,700	270	2,430	490
15～19歳	340	40	40	300	50	250	0
20～29	1,310	320	50	920	120	800	60
30～39	1,450	480	–	780	50	740	190
40～49	1,800	870	–	700	50	650	240
50～59	1,790	1,210	–	460	20	440	120
60～64	1,990	1,630	–	320	20	300	30
65歳以上	4,540	4,280	–	190	–	190	80
年齢不詳	0	–	–	–	–	–	0

資料：農林水産省統計部「令和4年新規就農者調査」
注：1 新規自営農業就農者とは、個人経営体の世帯員で、調査期日前1年間の生活の主な状態が、「学生」から「自営農業への従事が主」になった者及び「他に雇われて勤務が主」から「自営農業への従事が主」になった者をいう。
　2 新規雇用就農者とは、調査期日前1年間に新たに法人等に常雇い（年間7か月以上）として雇用されることにより、農業に従事することとなった者（外国人技能実習生及び特定技能で受け入れた外国人並びに雇用される直前の就業状態が農業従事者であった場合を除く。）をいう。
　3 新規参入者とは、土地や資金を独自に調達（相続・贈与等により親の農地を譲り受けた場合を除く。）し、調査期日前1年間に新たに農業経営を開始した経営の責任者及び共同経営者をいう。
　4 年齢を把握できなかった者は年齢不詳とした。

6 新規就農者（続き）

(2) 卒業者の農林業就業者数（各年3月卒業）

単位：人

区分	農業、林業就業者		区分	農業、林業就業者	
	令和3年	4		令和3年	4
中学校			大学		
計	(95)	(123)	計	1,164	1,363
男	(83)	(113)	男	754	910
女	(12)	(10)	女	410	453
特別支援学校中学部			大学院修士課程		
計	(-)	(-)	計	211	174
男	(-)	(-)	男	133	129
女	(-)	(-)	女	78	45
高等学校（全日・定時制）			大学院博士課程		
計	1,439	1,364	計	35	24
男	979	931	男	29	14
女	460	433	女	6	10
高等学校（通信制）			大学院専門職学位課程		
計	119	143	計	3	10
男	79	94	男	3	6
女	40	49	女	-	4
中等教育学校（後期課程）			短期大学		
計	1	-	計	62	105
男	1	-	男	35	59
女	-	-	女	27	46
特別支援学校高等部			高等専門学校		
計	99	116	計	9	8
男	83	102	男	6	5
女	16	14	女	3	3

資料：文部科学省総合教育政策局「学校基本調査」
注：1 卒業後の状況調査における、産業別の就職者数である。
　　2 進学しかつ就職した者を含む。
　　3 中学校及び特別支援学校（中学部）は漁業就業者の区分をされていないため、農業・林業を
　　　含む一次産業への就業者を（ ）で掲載した。

7 女性の就業構造・経営参画状況
(1) 基幹的農業従事者等に占める女性の割合

単位：千人

区分	平成12年	17	22	27	令和2	4
総人口	126,925.8	127,768.0	128,057.4	127,094.7	126,226.6	124,947.0
うち女性	64,815.1	65,419.0	65,729.6	65,253.0	64,866.6	64,189.0
女性の割合（％）	51.1	51.2	51.3	51.3	51.4	51.4
1) 世帯員数	10,467.4	8,370.5	6,503.2	4,904.2	3,489.7	3,043.0
うち女性	5,338.4	4,254.8	3,294.3	2,461.7	1,724.8	1,423.3
女性の割合（％）	51.0	50.8	50.7	50.2	49.4	46.8
1) 基幹的農業従事者数	2,399.6	2,240.7	2,051.4	1,756.8	1,363.0	1,225.5
うち女性	1,139.9	1,026.5	903.4	750.8	540.9	480.2
女性の割合（％）	47.5	45.8	44.0	42.7	39.7	39.2

資料：総人口は総務省統計局「国勢調査」（各年10月1日現在）
　　　令和4年は「人口推計」（令和4年10月1日現在）
　　　総人口以外は農林水産省統計部「農林業センサス」（各年2月1日現在）
　　　令和4年は「農業構造動態調査」（令和4年2月1日現在）
注：1)は、平成12～22年は販売農家、平成27～令和4年は個人経営体の数値である。

(2) 経営方針の決定参画者の有無別経営体数（個人経営体）
(令和2年2月1日現在)

単位：経営体

区分	経営方針の決定参画者がいる			いない
	男女の経営方針決定参画者がいる	男の経営方針決定参画者がいる	女の経営方針決定参画者がいる	
男の経営者	348,271	73,721	37,365	237,185	627,788
女の経営者	17,746	3,305	12,223	2,218	43,537

資料：農林水産省統計部「2020年農林業センサス」

(3) 認定農業者に占める女性の割合（各年3月末現在）

単位：人、％

区分		平成30年	31	令和2	3	4
認定農業者	a	240,665	239,043	233,806	227,444	222,442
うち女性	b	11,327	11,493	11,738	11,610	11,440
うち女性のみ		5,853	5,921	5,869	5,643	5,676
うち夫婦共同申請		5,474	5,572	5,869	5,967	5,764
女性の比率	b/a	4.7	4.8	5.0	5.1	5.1

資料：農林水産省経営局資料

(4) 家族経営協定締結農家数（各年3月31日現在）

単位：戸

区分	平成30年	31	令和2	3	4
全国	57,605	58,182	58,799	59,162	59,515

資料：農林水産省経営局「家族経営協定に関する実態調査」

8　農業委員会、農協への女性の参画状況

単位：人

区分	平成30年	令和元	2	3	4
農業委員数	23,196	23,125	23,201	23,177	22,995
男	20,449	20,337	20,340	20,308	20,090
女	2,747	2,788	2,861	2,869	2,905
農協個人正組合員数	4,225,505	4,154,980	4,073,527	3,991,639	‥
男	3,280,089	3,214,195	3,138,745	3,065,762	‥
女	945,416	940,785	934,782	925,877	‥
農協役員数	16,916	16,241	15,565	15,087	‥
男	15,569	14,883	14,158	13,688	‥
女	1,347	1,358	1,407	1,399	‥

資料：農業委員数は農林水産省経営局資料
　　　農業委員数以外は農林水産省統計部、経営局「農業協同組合及び同連合会一斉調査結果」
注：　農業委員数は、各年10月1日現在である。農協（総合農協）は、各年4月1日〜翌年3月末
　　までの間に終了した事業年度ごとの数値である。

9　農業者年金への加入状況
(1)　加入区分別（各年度末現在）

単位：人

区分	被保険者総数	通常加入	政策支援加入						6)未分類
			小計	1)区分1	2)区分2	3)区分3	4)区分4	5)区分5	
平成30年度	46,942	35,291	11,418	4,942	435	5,898	124	19	233
令和元	46,327	35,127	10,899	4,767	407	5,600	106	19	301
2	45,862	35,130	10,478	4,716	371	5,293	81	17	254
3	45,190	34,841	10,118	4,615	331	5,067	85	20	231
4	44,576	34,803	9,531	4,343	321	4,803	48	16	242

資料：農業者年金基金調べ（以下(2)まで同じ。）
注：　1)は、認定農業者及び青色申告者の両方に該当している者である。
　　　2)は、認定就農者及び青色申告者の両方に該当している者である。
　　　3)は、区分1又は区分2の者と家族経営協定を締結した配偶者又は直系卑属である。
　　　4)は、認定農業者又は青色申告者のどちらか一方に該当し、3年以内に区分1に該当することを約束
　　した者である。
　　　5)は、農業を営む者の直系卑属の後継者（35歳未満）であって、35歳まで（25歳未満の者は10年以内）
　　に区分1に該当することを約束した者である。
　　　6)は、これまで加入していた区分で政策支援加入が不該当になり、新たな保険料額の決定がなされて
　　いない者である。

(2)　年齢階層別被保険者数（令和4年度末現在）

単位：人

区分	計	20〜29歳	30〜39	40〜49	50〜59歳	60〜64歳
被保険者数	44,576	1,845	9,872	17,617	15,067	175

Ⅵ　農業経営

1　営農類型別にみた農業所得等の比較（令和3年）

(1)　全農業経営体（全国・1経営体当たり平均）

単位：千円

区分	農業粗収益	農業経営費	農業所得
全農業経営体	10,769	9,515	1,254
水田作経営	3,503	3,493	10
畑作経営	13,170	10,497	2,673
露地野菜作経営	10,834	8,999	1,835
施設野菜作経営	17,386	13,683	3,703
果樹作経営	7,303	5,180	2,123
露地花き作経営	8,848	6,874	1,974
施設花き作経営	22,113	17,891	4,222
酪農経営	91,078	83,720	7,358
繁殖牛経営	18,517	16,390	2,127
肥育牛経営	128,989	125,180	3,809
養豚経営	259,823	246,259	13,564
採卵養鶏経営	332,741	314,389	18,352
ブロイラー養鶏経営	138,818	132,566	6,252

資料：農林水産省統計部「農業経営統計調査　営農類型別経営統計」（以下10まで同じ。）

注：1　全農業経営体とは、個人経営体と法人経営体の合計である。
　　2　営農類型別経営統計は、農業生産物の販売を目的とする農業経営体の作物別販売収入を「水田作」、「畑作」、「露地野菜作」等に区分し、最も収入が大きい区分により経営体を営農類型別に分類し集計したものである。
　　　　なお、「水田(畑)作」の収入は、稲、麦類、雑穀、いも類、豆類及び工芸農作物のうち、水田(畑)で作付けした作物の収入である。
　　　　また、水田作経営をはじめとする13の営農類型にその他経営を加えて「経営形態別経営統計」として農業全体の経営収支を、個人・法人・主業等の経営形態により集計している。

(2)　個人経営体（全国・1経営体当たり平均）

単位：千円

区分	農業粗収益	農業経営費	農業所得
個人経営体	7,244	6,092	1,152
水田作経営	2,810	2,840	△ 30
畑作経営	11,181	8,499	2,682
露地野菜作経営	9,287	7,389	1,898
施設野菜作経営	15,574	11,646	3,928
果樹作経営	7,030	4,911	2,119
露地花き作経営	7,587	5,535	2,052
施設花き作経営	16,537	12,173	4,364
酪農経営	62,598	57,019	5,579
繁殖牛経営	16,574	14,485	2,089
肥育牛経営	62,212	57,827	4,385
養豚経営	57,365	52,432	4,933
採卵養鶏経営	45,199	41,427	3,772
ブロイラー養鶏経営	83,309	76,821	6,488

注：個人経営体とは、世帯による農業経営を行う農業経営体のうち、法人格を有しない経営体をいう。

1 営農類型別にみた農業所得等の比較（令和3年）（続き）
(3) 主業経営体（全国・1経営体当たり平均）

単位：千円

区分	農業粗収益	農業経営費	農業所得
主業経営体	20,723	16,388	4,335
水田作経営	14,138	11,879	2,259
畑作経営	23,847	17,651	6,196
露地野菜作経営	17,520	13,428	4,092
施設野菜作経営	19,995	14,748	5,247
果樹作経営	12,448	8,247	4,201
露地花き作経営	13,949	9,993	3,956
施設花き作経営	24,992	18,029	6,963

注： 主業経営体とは、農業所得が主（農業所得が「農業＋農業生産関連事業＋農外所得」の50％以上）
で、自営農業（ゆい・手伝い・手間替出・共同作業出を含む。）に60日以上従事している65歳未満の
者がいる個人経営体をいう。

(4) 法人経営体（全国・1経営体当たり平均）

単位：千円

区分	農業粗収益	農業経営費	農業所得
法人経営体	121,873	117,628	4,245
水田作経営	43,617	41,434	2,183
畑作経営	49,613	47,398	2,215
露地野菜作経営	66,850	67,377	△ 527
施設野菜作経営	58,255	59,789	△ 1,534
果樹作経営	27,407	26,356	1,051
露地花き作経営	47,684	48,024	△ 340
施設花き作経営	90,815	88,338	2,477
酪農経営	263,787	245,666	18,121
繁殖牛経営	91,367	87,947	3,420
肥育牛経営	354,637	352,771	1,866
養豚経営	426,699	406,027	20,672
採卵養鶏経営	592,118	560,612	31,506
ブロイラー養鶏経営	241,907	236,087	5,820

注： 法人経営体は、法人格を有する農業経営体をいい、具体的には会社法（平成17年法律第86号）に基
づく株式会社、合名・合資会社及び合同会社並びに農業協同組合法（昭和22年法律第132号）に基づ
く農事組合法人等が該当する。

Ⅵ 農業経営

【参考】 営農類型別経営統計

○令和元年調査からの見直し

〔調査対象区分の見直し〕

　農業経営における法人化推進の動きを踏まえ、平成30年までは個別経営体に含んでいた一戸一法人を組織法人経営体に統合し、新たに個人経営体と法人経営体の区分に変更した。

新旧調査対象区分の比較

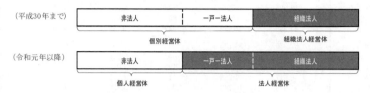

注：法人経営体のうち組織法人は、農事組合法人及び会社組織による経営体をいう。

〔税務申告資料の活用〕

　個人経営体、法人経営体ともに調査項目及び表章項目を会計基準に則った項目に統一し、調査票を税務申告資料から転記する形式に変更した。これにより農業における経営収支を他産業と比較することを可能とした。
　具体的には、従来、個別経営体と組織法人経営体で統一されていなかった調査項目及び表章項目の名称を、原則、税務申告資料における「事業収支の概要」や「損益計算書」の各項目の名称に統一した。

○主業経営体の経営収支（令和3年）

注：1　事業収入とは、1年間事業を行ったことにより得られた総収益額（売上高）をいい、農業収入、農業生産関連事業収入及び農外事業（林業、漁業、商工業等）収入の合計をいう。
　　2　事業支出とは、事業収入を得るために、直接的に要した費用（生産原価）及び間接的に関係する事務、営業活動等に要した費用（販売費及び一般管理費）の合計をいい、農業支出、農業生産関連事業支出及び農外事業（林業、漁業、商工業等）支出の合計をいう。
　　3　営業外収益とは、営業活動以外の経常的収益をいい、農業共済・制度受給金、配当利子及び手当等が含まれる。
　　4　農業粗収益とは、1年間の農業経営によって得られた総収益額をいい、農業現金収入（農産物の販売収入）、現物外部取引価額（現物労賃及び物々交換によって支払手段とした農産物等の評価額）、農業生産関連事業消費額、農業生産現物家計消費額（家計消費に仕向けられた自家生産農産物の評価額）、年末未処分農産物の在庫価額、共済・補助金等受取金等の合計額から、年始め未処分農産物の在庫価額を控除した金額をいう。
　　5　農業経営費とは、農業粗収益を得るために要した資材や料金の一切をいう。

2　農業経営総括表
（全農業経営体・1経営体当たり平均）

年次・全国農業地域	事業					
	事業収入	事業支出	営業利益	付加価値額	事業従事者	労働生産性（事業従事者1人当たり付加価値額）
	千円	千円	千円	千円	人	千円
令和元年	13,225	12,400	825	2,959	4.27	693
2	10,459	9,853	606	3,017	4.37	690
3	11,330	10,988	342	3,132	4.40	712
北海道	37,370	39,735	△ 2,365	12,793	6.26	2,044
都府県	10,247	9,795	452	2,726	4.33	630
東北	9,476	9,671	△ 195	2,040	4.77	428
北陸	6,817	7,228	△ 411	2,171	4.27	508
関東・東山	11,823	10,743	1,080	3,356	4.25	790
東海	12,143	10,797	1,346	3,985	4.18	953
近畿	7,676	7,203	473	1,898	3.99	476
中国	7,812	8,068	△ 256	1,767	4.53	390
四国	5,884	5,481	403	1,419	3.76	377
九州	16,006	15,220	786	4,335	4.53	957
沖縄	3,782	3,477	305	1,533	2.43	631

年次・全国農業地域	農業			農業生産関連事業		
	粗収益	経営費	所得	収入	支出	所得
	千円	千円	千円	千円	千円	千円
令和元年	9,253	8,065	1,188	287	241	46
2	9,922	8,686	1,236	232	219	13
3	10,769	9,515	1,254	289	265	24
北海道	45,299	39,669	5,630	40	64	△ 24
都府県	9,333	8,262	1,071	299	274	25
東北	8,731	7,896	835	84	85	△ 1
北陸	7,108	6,724	384	221	215	6
関東・東山	10,095	8,766	1,329	392	350	42
東海	11,317	9,760	1,557	174	183	△ 9
近畿	5,663	4,854	809	293	290	3
中国	6,157	6,040	117	1,214	1,067	147
四国	4,779	4,122	657	164	153	11
九州	16,697	14,563	2,134	92	80	12
沖縄	3,747	3,185	562	14	18	△ 4

注：1　付加価値額＝（事業収入＋制度受取金）－〔事業支出－（農業の雇人費＋農業の地代・賃借料＋農業の利子割引料＋農業生産関連事業の雇人費）〕
　　2　労働生産性＝付加価値額÷事業従事者数
　　3　農業所得＝農業粗収益－農業経営費
　　4　農業生産関連事業所得＝農業生産関連事業収入－農業生産関連事業支出

3 農業経営の分析指標
（全農業経営体・1経営体当たり平均）

年次・全国農業地域	農業依存度	農業所得率	付加価値額（農業）	付加価値率（農業）	農業固定資産	
					装備率	回転率
	％	％	千円	％	千円	回
令和元年	69.8	12.8	2,480	26.8	1,324	1.67
2	76.2	12.5	2,651	26.7	1,336	1.73
3	76.3	11.6	2,781	25.8	1,375	1.82
北海道	90.3	12.4	12,253	27.0	3,850	1.89
都府県	73.9	11.5	2,386	25.6	1,223	1.81
東北	90.9	9.6	2,074	23.8	950	1.97
北陸	65.3	5.4	1,973	27.8	1,084	1.58
関東・東山	63.7	13.2	2,696	26.7	1,553	1.57
東海	64.5	13.8	3,165	28.0	1,343	2.04
近畿	73.8	14.3	1,586	28.0	1,301	1.12
中国	24.9	1.9	1,130	18.4	797	1.80
四国	84.9	13.7	1,273	26.6	637	2.06
九州	89.0	12.8	4,168	25.0	1,715	2.19
沖縄	87.7	15.0	1,497	40.0	787	2.00

年次・全国農業地域	収益性（農業）			生産性（農業）		
	農業労働収益性（農業従事者1人当たり農業所得）	農業固定資産額千円当たり農業所得	経営耕地面積10a当たり農業所得	農業労働生産性（農業従事者1人当たり付加価値額）	農業固定資産額千円当たり付加価値額	経営耕地面積10a当たり付加価値額
	千円	円	千円	千円	円	千円
令和元年	283	214	35	592	447	74
2	288	216	35	618	462	75
3	291	212	34	647	470	76
北海道	902	234	22	1,964	510	47
都府県	254	207	39	565	462	87
東北	179	188	22	444	468	55
北陸	93	85	9	474	438	47
関東・東山	321	207	51	651	419	103
東海	377	281	68	766	571	139
近畿	209	160	48	409	314	94
中国	27	34	6	263	331	58
四国	181	283	56	350	549	109
九州	481	280	67	939	547	131
沖縄	236	300	27	629	800	72

注：1 農業依存度＝農業所得÷（農業所得＋農業生産関連事業所得＋農外事業所得）×100
2 農業所得率＝農業所得÷農業粗収益×100
3 付加価値額（農業）＝農業粗収益－〔農業経営費－（雇人費＋地代・賃借料＋利子割引料）〕
4 付加価値率（農業）＝付加価値額（農業）÷農業粗収益×100
5 農業固定資産装備率＝農業固定資産額÷農業従事者数
6 農業固定資産回転率＝農業粗収益÷農業固定資産額

4 農業経営収支
(全農業経営体・1経営体当たり平均)

単位：千円

年次・全国農業地域	農業粗収益									
		作物収入								
			稲作	麦類	豆類	いも類	野菜	果樹	工芸農作物	花き
	(1)	(2)	(3)	(4)	(5)	(6)	(7)	(8)	(9)	(10)
令和元年	9,253	5,069	1,307	61	74	210	1,870	757	269	300
2	9,922	5,398	1,335	68	71	233	2,093	821	252	299
3	10,769	5,532	1,177	82	70	257	2,157	900	293	327
北海道	45,299	17,477	4,112	1,476	1,082	2,451	6,101	245	1,381	187
都府県	9,333	5,037	1,055	24	29	165	1,994	927	248	333
東北	8,731	4,300	1,605	2	33	19	1,205	947	139	154
北陸	7,108	4,912	3,178	18	63	19	754	226	7	219
関東・東山	10,095	5,767	771	37	21	302	2,890	828	136	381
東海	11,317	6,921	731	25	27	7	3,246	784	662	1,223
近畿	5,663	3,900	788	16	50	10	1,204	1,393	158	252
中国	6,157	2,355	783	11	29	3	739	666	5	41
四国	4,779	3,450	387	7	0	132	1,605	1,109	10	107
九州	16,697	7,561	662	60	26	558	3,233	1,364	770	436
沖縄	3,747	2,353	10	–	0	24	572	280	1,172	290

年次・全国農業地域	農業粗収益（続き）						農作業受託収入	共済・補助金等受取金
	畜産収入							
		酪農	肉用牛	養豚	鶏卵	ブロイラー養鶏		
	(11)	(12)	(13)	(14)	(15)	(16)	(17)	(18)
令和元年	3,114	986	964	530	401	161	99	794
2	3,318	1,048	939	566	512	179	121	944
3	3,744	1,113	1,027	603	681	220	135	1,198
北海道	18,331	10,042	3,746	994	1,424	–	288	8,519
都府県	3,138	743	913	586	651	229	128	892
東北	3,238	650	712	598	1,063	207	117	976
北陸	962	170	115	92	570	–	156	918
関東・東山	3,169	1,342	509	682	589	19	148	838
東海	3,030	879	775	370	941	26	280	997
近畿	869	291	506	–	54	18	165	584
中国	2,796	569	506	310	1,190	213	79	710
四国	851	163	304	182	112	85	48	358
九州	7,417	908	3,325	1,642	411	1,115	69	1,497
沖縄	950	–	930	17	–	–	141	281

単位：千円

年次・全国農業地域	農業経営費							
	雇人費	種苗費	もと畜費	肥料費	飼料費	農薬衛生費	諸材料費	動力光熱費
	(19)	(20)	(21)	(22)	(23)	(24)	(25)	(26)	(27)
令和元年	8,065	837	248	507	420	1,247	431	324	505
2	8,686	918	262	492	448	1,327	465	349	491
3	9,515	999	280	527	475	1,596	489	373	555
北海道	39,669	3,344	1,117	2,245	2,603	6,858	1,911	1,255	1,540
都府県	8,262	901	245	456	386	1,377	430	337	514
東北	7,896	800	185	406	382	1,274	467	304	435
北陸	6,724	794	317	80	428	498	398	237	400
関東・東山	8,766	1,013	336	328	386	1,397	455	416	524
東海	9,760	1,257	319	458	506	1,368	493	451	720
近畿	4,854	527	177	213	344	365	259	184	303
中国	6,040	710	120	374	221	1,538	257	181	314
四国	4,122	449	130	178	244	422	229	188	316
九州	14,563	1,396	319	1,369	545	3,187	681	547	971
沖縄	3,185	447	44	36	221	340	195	102	193

年次・全国農業地域	農業経営費（続き）								
	修繕費	農具費	作業用衣料費	地代・賃借料	土地改良費	租税公課	利子割引料	荷造運賃手数料	農業雑支出
	(28)	(29)	(30)	(31)	(32)	(33)	(34)	(35)	(36)
令和元年	410	98	28	425	65	239	30	670	714
2	435	104	29	465	70	233	32	874	728
3	474	114	31	496	77	233	32	964	792
北海道	1,937	295	64	3,073	399	924	206	3,878	4,063
都府県	414	106	29	389	64	204	25	843	656
東北	415	102	27	414	100	176	25	801	648
北陸	460	118	25	768	141	170	27	458	537
関東・東山	462	104	33	332	55	245	22	901	709
東海	463	125	31	330	80	273	21	1,014	877
近畿	284	110	26	243	41	170	7	520	465
中国	306	79	18	276	22	129	27	454	416
四国	208	60	22	162	26	109	5	580	279
九州	583	150	43	585	45	299	53	1,584	1,066
沖縄	152	41	9	474	33	76	14	210	252

5 営農類型別の農業経営（令和3年）
(1) 農業経営収支の総括 （全農業経営体・1経営体当たり平均）

区分		1)営農類型規模	農業				
			粗収益	共済・補助金等受取金	経営費	共済等の掛金・拠出金	所得
		a、㎡、頭、羽	千円	千円	千円	千円	千円
水田作経営（全国）	(1)	252.8	3,503	818	3,493	58	10
北海道	(2)	1,039.9	16,549	4,729	13,833	280	2,716
都府県	(3)	223.7	3,022	673	3,114	50	△ 92
畑作経営（全国）	(4)	555.7	13,170	2,671	10,497	185	2,673
北海道	(5)	3,359.7	55,996	18,811	44,234	955	11,762
都府県	(6)	240.7	8,353	857	6,704	99	1,649
野菜作経営（全国）	(7)	129.3	13,313	1,095	10,773	157	2,540
露地野菜作経営	(8)	168.5	10,834	1,003	8,999	127	1,835
施設野菜作経営	(9)	4,568.6	17,386	1,246	13,683	206	3,703
果樹作経営（全国）	(10)	95.1	7,303	332	5,180	88	2,123
花き作経営（全国）	(11)	57.7	16,932	1,483	13,590	123	3,342
露地花き作経営	(12)	69.0	8,848	740	6,874	70	1,974
施設花き作経営	(13)	4,295.8	22,113	1,960	17,891	157	4,222
酪農経営（全国）	(14)	66.0	91,078	6,466	83,720	1,819	7,358
北海道	(15)	106.7	139,448	12,584	130,718	3,635	8,730
都府県	(16)	52.5	75,056	4,439	68,151	1,218	6,905
肉用牛経営（全国）	(17)	65.0	40,531	4,230	38,070	772	2,461
繁殖牛経営	(18)	27.8	18,517	2,666	16,390	565	2,127
肥育牛経営	(19)	198.2	128,989	10,517	125,180	1,602	3,809
養豚経営（全国）	(20)	3,344.8	259,823	15,348	246,259	1,878	13,564
採卵養鶏経営（全国）	(21)	87,662	332,741	23,859	314,389	4,215	18,352
ブロイラー養鶏経営（全国）	(22)	288,838	138,818	2,192	132,566	405	6,252

注：1 農業所得＝農業粗収益－農業経営費
　　2 農業生産関連事業所得＝農業生産関連事業収入－農業生産関連事業支出
　　3 農外事業所得とは、農外事業における営業利益のことをいう。
　　4 農外事業所得＝農外事業収入－農外事業支出
　　1)は、営農類型別に次のとおり。
　　　水田作経営は、水田作作付延べ面積で単位はa（アール）である。
　　　畑作経営は、畑作作付延べ面積で単位はa（アール）である。
　　　野菜作経営は、野菜作作付延べ面積で単位はa（アール）である。
　　　露地野菜作経営は、露地野菜作作付延べ面積で単位はa（アール）である。
　　　施設野菜作経営は、施設野菜作作付延べ面積で単位は㎡である。
　　　果樹作経営は、果樹植栽面積で単位はa（アール）である。
　　　花き作経営は、花き作作付延べ面積で単位はa（アール）である。
　　　露地花き作経営は、露地花き作作付延べ面積で単位はa（アール）である。
　　　施設花き作経営は、施設花き作作付延べ面積で単位は㎡である。
　　　酪農経営は、月平均搾乳牛飼養頭数で単位は頭である。
　　　肉用牛経営は、月平均繁殖めす牛飼養頭数と月平均肥育牛飼養頭数を足した飼養頭数で単位は頭である。
　　　繁殖牛経営は、月平均繁殖めす牛飼養頭数で単位は頭である。
　　　肥育牛経営は、月平均肥育牛飼養頭数で単位は頭である。
　　　養豚経営は、月平均肥育豚飼養頭数で単位は頭である。
　　　採卵養鶏経営は、月平均採卵鶏飼養羽数で単位は羽である。
　　　ブロイラー養鶏経営は、ブロイラー販売羽数で単位は羽である。

農業生産関連事業			農外事業			
収入	支出	所得	収入	支出	所得	
千円	千円	千円	千円	千円	千円	
13	13	0	903	702	201	(1)
1	0	1	39	7	32	(2)
13	13	0	935	727	208	(3)
960	944	16	1,136	702	434	(4)
5	6	△ 1	1,576	103	1,473	(5)
1,066	1,050	16	1,086	770	316	(6)
283	277	6	2,716	2,079	637	(7)
290	292	△ 2	3,778	2,940	838	(8)
268	251	17	972	665	307	(9)
409	355	54	2,002	1,712	290	(10)
66	72	△ 6	2,343	1,752	591	(11)
3	3	0	3,093	2,929	164	(12)
107	115	△ 8	1,863	998	865	(13)
1,509	1,383	126	859	464	395	(14)
5	6	△ 1	1,463	123	1,340	(15)
2,007	1,840	167	659	577	82	(16)
28	38	△ 10	948	424	524	(17)
21	18	3	486	305	181	(18)
57	121	△ 64	2,804	901	1,903	(19)
22,781	22,260	521	18,179	15,767	2,412	(20)
15,512	9,938	5,574	25,952	13,741	12,211	(21)
494	1,087	△ 593	－	－	－	(22)

5 営農類型別の農業経営（令和３年）（続き）
(2) 農業粗収益（全農業経営体・１経営体当たり平均）

農業粗収益

区分		計	作物収入					
			稲作	麦類	豆類	いも類	野菜	果樹
水田作経営（全国）	(1)	3,503	2,396	1,873	52	56	28	265	23
北海道	(2)	16,549	11,552	7,982	613	409	397	1,665	33
都府県	(3)	3,022	2,060	1,648	33	43	14	214	23
畑作経営（全国）	(4)	13,170	9,799	185	599	469	3,168	1,058	46
北海道	(5)	55,996	35,187	245	5,858	4,361	11,662	5,640	5
都府県	(6)	8,353	6,942	178	8	31	2,213	543	50
野菜作経営（全国）	(7)	13,313	11,966	594	62	36	195	10,841	75
露地野菜作経営	(8)	10,834	9,587	493	63	38	239	8,473	65
施設野菜作経営	(9)	17,386	15,874	760	62	33	123	14,732	9
果樹作経営（全国）	(10)	7,303	6,881	166	0	0	2	193	6,500
花き作経営（全国）	(11)	16,932	15,314	308	–	0	5	394	98
露地花き作経営	(12)	8,848	7,956	387	–	1	2	287	43
施設花き作経営	(13)	22,113	20,028	257	–	–	8	462	133
酪農経営（全国）	(14)	91,078	1,514	173	125	132	219	296	
北海道	(15)	139,448	4,716	29	503	524	881	717	
都府県	(16)	75,056	454	220	–	2	–	157	
肉用牛経営（全国）	(17)	40,531	1,270	695	81	99	67	162	4
繁殖牛経営	(18)	18,517	1,105	596	80	90	61	125	3
肥育牛経営	(19)	128,989	1,935	1,098	86	134	91	309	6
養豚経営（全国）	(20)	259,823	1,724	342	34	10	384	804	7
採卵養鶏経営（全国）	(21)	332,741	326	59	0	2	–	238	2
ブロイラー養鶏経営（全国）	(22)	138,818	144	57	–	–	70	16	

単位：千円

工芸 農作物	花き	畜産収入						その他	共済・ 補助金等 受取金	
			酪農	肉用牛	養豚	鶏卵	ブロイラー 養鶏			
33	19	8	–	8	–	0	–	1,099	818	(1)
165	130	–	–	–	–	–	–	4,997	4,729	(2)
28	15	8	–	8	–	0	–	954	673	(3)
4,175	14	133	–	131	1	–	–	3,238	2,671	(4)
6,978	22	465	–	458	7	–	–	20,344	18,811	(5)
3,859	13	95	–	94	–	–	–	1,316	857	(6)
43	45	28	–	25	0	2	–	1,319	1,095	(7)
63	54	24	–	21	–	3	–	1,223	1,003	(8)
11	29	37	–	32	1	2	–	1,475	1,246	(9)
5	7	1	–	–	–	–	–	421	332	(10)
24	14,406	–	–	–	–	–	–	1,618	1,483	(11)
63	7,140	–	–	–	–	–	–	892	740	(12)
–	19,058	–	–	–	–	–	–	2,085	1,960	(13)
88	–	81,815	81,249	524	–	–	–	7,749	6,466	(14)
355	–	118,332	117,770	530	–	–	–	16,400	12,584	(15)
–	–	69,718	69,151	522	–	–	–	4,884	4,439	(16)
67	0	34,287	66	33,940	72	–	–	4,974	4,230	(17)
65	0	14,392	4	14,231	90	–	–	3,020	2,666	(18)
69	–	114,226	310	113,141	–	–	–	12,828	10,517	(19)
–	–	239,269	541	–	232,193	6,192	–	18,830	15,348	(20)
–	–	307,645	–	–	–	303,775	–	24,770	23,859	(21)
–	–	137,417	–	180	–	–	137,199	1,257	2,192	(22)

5 営農類型別の農業経営（令和3年）（続き）
(3) 農業経営費（全農業経営体・1経営体当たり平均）

区分		雇人費	種苗費	もと畜費	肥料費	飼料費	農薬衛生費	諸材料費	動力光熱
水田作経営（全国）	(1)	3,493	253	140	2	318	2	259	111	
北海道	(2)	13,833	632	518	0	1,461	–	1,061	571	
都府県	(3)	3,114	239	126	2	276	2	230	94	
畑作経営（全国）	(4)	10,497	1,071	443	14	1,312	35	944	369	
北海道	(5)	44,234	2,761	2,858	85	5,908	161	3,973	955	1,
都府県	(6)	6,704	881	171	6	795	21	604	304	
野菜作経営（全国）	(7)	10,773	1,536	513	5	783	8	539	775	
露地野菜作経営	(8)	8,999	1,192	487	6	753	6	540	587	
施設野菜作経営	(9)	13,683	2,100	557	3	831	13	537	1,084	1,
果樹作経営（全国）	(10)	5,180	669	60	0	276	0	478	300	
花き作経営（全国）	(11)	13,590	2,374	1,435	–	518	1	590	1,241	1,
露地花き作経営	(12)	6,874	1,247	532	–	383	1	522	396	
施設花き作経営	(13)	17,891	3,095	2,014	–	605	–	633	1,781	2,
酪農経営（全国）	(14)	83,720	6,391	448	2,906	1,303	35,006	2,650	2,307	3,
北海道	(15)	130,718	11,610	831	5,578	4,106	45,871	3,056	3,735	5,
都府県	(16)	68,151	4,662	321	2,020	375	31,406	2,516	1,834	2,
肉用牛経営（全国）	(17)	38,070	1,866	236	11,445	360	11,781	1,050	831	
繁殖牛経営	(18)	16,390	812	261	1,201	370	4,929	802	519	
肥育牛経営	(19)	125,180	6,102	132	52,608	320	39,314	2,046	2,087	2,
養豚経営（全国）	(20)	246,259	31,555	175	8,087	315	119,859	12,842	2,606	11,
採卵養鶏経営（全国）	(21)	314,389	39,186	13	36,320	15	150,416	3,553	3,479	8,
ブロイラー養鶏経営（全国）	(22)	132,566	9,045	10	20,139	50	75,469	2,985	1,795	5,

単位：千円

経営費										
修繕費	農具費	作業用衣料費	地代・賃借料	土地改良費	租税公課	利子割引料	荷造運賃手数料	農業雑支出	共済等の掛金・拠出金	
306	72	17	408	93	131	9	158	301	58	(1)
988	208	49	1,376	606	599	89	1,078	1,636	280	(2)
281	67	16	373	74	114	6	124	252	50	(3)
736	124	40	1,073	65	279	42	1,002	999	185	(4)
2,974	286	87	6,274	174	837	242	5,187	4,852	955	(5)
484	106	35	488	53	217	19	531	566	99	(6)
521	162	51	457	81	335	27	2,114	939	157	(7)
506	136	46	425	57	289	23	1,754	767	127	(8)
546	203	59	509	120	411	33	2,706	1,221	206	(9)
269	116	44	111	36	170	15	1,115	508	88	(10)
589	134	48	306	30	441	47	2,050	1,058	123	(11)
361	107	35	250	32	245	25	1,164	614	70	(12)
735	151	57	343	28	567	61	2,618	1,342	157	(13)
3,041	482	73	3,299	80	1,367	297	7,019	7,284	1,819	(14)
5,185	782	111	8,048	163	2,290	597	11,507	12,514	3,635	(15)
2,331	382	60	1,726	53	1,061	198	5,533	5,552	1,218	(16)
1,151	207	32	940	81	414	185	1,698	2,423	772	(17)
881	186	30	670	81	361	63	843	1,609	565	(18)
2,236	291	39	2,023	81	624	676	5,134	5,693	1,602	(19)
7,730	1,022	78	5,007	49	2,090	813	14,348	16,349	1,878	(20)
6,088	747	90	3,988	6	2,797	1,842	17,247	22,109	4,215	(21)
1,827	585	72	3,798	11	1,381	127	3,431	3,378	405	(22)

5 営農類型別の農業経営 (令和3年) (続き)
(4) 労働力、労働投下量、経営土地 (全農業経営体・1経営体当たり平均)

区分		農業従事者数			自営農業労働時間			農業生産
		計	経営主・有給役員・家族	雇用者	計	経営主・有給役員・家族	雇用者	計
		人	人	人	時間	時間	時間	時間
水田作経営 (全国)	(1)	3.65	2.45	1.20	1,005	866	139	5
北海道	(2)	5.62	2.64	2.98	2,661	2,295	366	3
都府県	(3)	3.59	2.45	1.14	948	814	134	5
畑作経営 (全国)	(4)	4.98	2.44	2.54	2,956	2,347	609	142
北海道	(5)	6.67	3.14	3.53	4,480	3,530	950	6
都府県	(6)	4.79	2.36	2.43	2,782	2,212	570	157
野菜作経営 (全国)	(7)	4.81	2.57	2.24	4,901	3,685	1,216	56
露地野菜作経営	(8)	4.49	2.52	1.97	3,986	3,122	864	53
施設野菜作経営	(9)	5.35	2.65	2.70	6,398	4,605	1,793	61
果樹作経営 (全国)	(10)	5.48	2.35	3.13	3,162	2,544	618	83
花き作経営 (全国)	(11)	5.33	2.42	2.91	5,597	3,802	1,795	26
露地花き作経営	(12)	4.63	2.20	2.43	4,021	3,077	944	4
施設花き作経営	(13)	5.79	2.57	3.22	6,608	4,267	2,341	41
酪農経営 (全国)	(14)	5.20	2.70	2.50	8,377	5,431	2,946	385
北海道	(15)	6.38	2.94	3.44	11,452	6,745	4,707	5
都府県	(16)	4.82	2.63	2.19	7,361	4,998	2,363	510
肉用牛経営 (全国)	(17)	3.56	2.39	1.17	3,939	3,048	891	10
繁殖牛経営	(18)	3.29	2.39	0.90	3,445	2,957	488	7
肥育牛経営	(19)	4.69	2.40	2.29	5,921	3,427	2,494	22
養豚経営 (全国)	(20)	8.02	2.50	5.52	14,244	4,455	9,789	3,300
採卵養鶏経営 (全国)	(21)	14.41	2.47	11.94	23,829	4,890	18,939	1,332
ブロイラー養鶏経営 (全国)	(22)	4.78	2.24	2.54	5,863	3,601	2,262	477

関連事業労働時間		経営耕地面積					
経営主・有給役員・家族	雇用者	計	田	普通畑	樹園地	牧草地	
時間	時間	a	a	a	a	a	
2	3	333.2	304.1	26.7	2.3	0.1	(1)
2	1	1,477.3	1,265.0	205.1	7.2	–	(2)
2	3	291.0	268.7	20.1	2.1	0.1	(3)
58	84	722.1	70.4	571.3	78.2	2.2	(4)
5	1	4,121.0	199.9	3,895.9	3.4	21.8	(5)
64	93	340.0	55.9	197.5	86.6	0.0	(6)
16	40	300.3	153.7	140.6	4.3	1.7	(7)
15	38	303.6	130.4	166.9	4.8	1.5	(8)
19	42	294.8	191.8	97.5	3.5	2.0	(9)
32	51	149.2	31.7	13.1	104.4	–	(10)
5	21	135.7	79.4	48.8	7.5	–	(11)
3	1	170.5	91.4	62.8	16.3	–	(12)
7	34	113.4	71.7	39.8	1.9	–	(13)
19	366	2,925.9	204.7	604.3	0.1	2,116.8	(14)
5	–	8,655.2	173.2	1,600.4	–	6,881.6	(15)
24	486	1,027.9	215.1	274.3	0.1	538.4	(16)
3	7	671.5	301.4	128.4	2.3	239.4	(17)
–	7	698.3	304.1	136.4	1.7	256.1	(18)
13	9	563.3	290.8	96.1	4.3	172.1	(19)
66	3,234	264.2	75.1	181.3	3.3	4.5	(20)
99	1,233	37.6	19.3	17.8	0.5	–	(21)
6	471	62.3	31.3	30.9	0.1	–	(22)

5 営農類型別の農業経営（令和3年）（続き）
(5) 営農類型の部門別農業経営（個人経営体・1経営体当たり平均）

区分	部門粗収益	部門経営費	部門所得	経営の概況		1) 当該部門作付規模	2) 当該部門生産量
				部門労働時間			
					家族		
	千円	千円	千円	時間	時間	a 、㎡	kg、本
畑作経営（北海道）							
ばれいしょ作部門	14,941	9,308	5,633	949	812	825.0	323,008
畑作経営（都府県の主要地域）							
かんしょ作部門（関東・東山）	20,753	11,509	9,244	5,002	3,519	361.3	105,531
かんしょ作部門（九州）	10,023	7,947	2,076	3,675	3,055	377.0	87,418
ばれいしょ作部門（関東・東山）	2,138	2,546	△ 408	663	577	103.0	34,920
ばれいしょ作部門（九州）	17,679	9,718	7,961	2,804	2,372	268.4	79,401
茶作部門（東海）	7,938	5,978	1,960	1,918	1,847	281.5	10,152
茶作部門（近畿）	19,407	15,150	4,257	3,696	3,027	435.5	20,139
茶作部門（九州）	15,734	12,614	3,120	3,444	2,966	466.2	15,847
露地野菜作経営（全国）							
露地きゅうり作部門	3,304	2,800	504	1,675	1,508	20.3	14,442
露地大玉トマト作部門	5,807	3,735	2,072	1,899	1,730	21.8	19,561
露地なす作部門	2,583	1,839	744	1,450	1,262	10.8	8,293
露地キャベツ作部門	14,878	11,894	2,984	3,026	2,776	354.1	184,995
露地ほうれんそう作部門	6,472	4,591	1,881	2,734	1,885	127.1	12,698
露地たまねぎ作部門	21,523	15,389	6,134	2,485	2,110	415.4	209,338
露地レタス作部門	11,526	9,582	1,944	3,103	1,921	244.7	69,089
露地はくさい作部門	15,258	11,320	3,938	2,894	1,488	323.5	267,717
露地ねぎ作部門	8,817	6,631	2,186	3,337	2,303	107.6	26,337
露地だいこん作部門	11,002	9,561	1,441	2,809	1,680	284.4	155,687
露地にんじん作部門	12,787	9,789	2,998	2,827	1,917	240.2	103,097
施設野菜作経営（全国）							
施設きゅうり作部門	20,743	15,006	5,737	6,495	3,976	4,817.9	67,847
施設大玉トマト作部門	17,302	14,133	3,169	5,176	3,783	4,298.6	53,774
施設ミニトマト作部門	19,177	14,914	4,263	6,370	3,556	3,889.7	30,677
施設なす作部門	14,475	10,105	4,370	5,244	4,312	3,179.7	42,278
果樹経営（全国）							
りんご作部門	8,769	6,369	2,400	3,937	2,881	176.5	36,786
露地温州みかん作部門	9,560	7,039	2,521	3,428	2,523	162.7	40,770
施設温州みかん作部門	11,743	7,553	4,190	1,900	1,674	2,088.9	12,346
露地ぶどう作部門	6,096	3,368	2,728	2,511	2,016	58.5	6,780
施設ぶどう作部門	7,042	3,776	3,266	2,712	2,543	3,942.0	4,574
日本なし作部門	8,551	5,406	3,145	3,113	2,637	96.0	17,247
もも作部門	5,451	3,336	2,115	2,055	1,704	65.6	9,049
かき作部門	12,045	9,022	3,023	2,442	1,197	104.5	33,346
うめ作部門	4,219	1,951	2,268	904	697	56.6	8,082
おうとう作部門	2,488	1,680	808	1,286	884	36.9	899
キウイフルーツ作部門	2,049	1,473	576	980	882	50.5	4,582
すもも作部門	2,346	1,606	740	1,333	1,192	39.6	4,625
施設花き経営（全国）							
施設ばら作部門	22,798	17,828	4,970	6,375	4,735	3,868.9	261,383

注: 1)及びその単位は、部門別に次のとおり。
　　畑作経営の各部門は作付延べ面積であり、単位はa（アール）である。
　　露地野菜作経営の各部門は作付延べ面積であり、単位はa（アール）である。
　　施設野菜作経営の各部門は作付延べ面積であり、単位は㎡である。
　　果樹経営の各部門は結果樹面積であり、単位は施設温州みかん作部門及び施設ぶどう作部門にあっ
　　ては㎡、それ以外の部門にあってはa（アール）である。
　　施設ばら作部門は栽培面積であり、単位は㎡である。
　　2)の単位は、畑作経営、露地野菜作経営、施設野菜作経営及び果樹経営の各部門にあってはkg、
　　施設ばら作部門にあっては本である。

6　主副業別の農業経営（令和３年）
(1)　農業経営の概要（個人経営体・１経営体当たり平均）

区分		経営耕地面積	農業従事者数	農業粗収益	農業経営費	農業所得	農業生産関連事業所得	農外事業所得	農業依存度	農業所得率
		a	人	千円	千円	千円	千円	千円	%	%
全国	主業経営体	683.4	5.43	20,723	16,388	4,335	11	62	98.3	20.9
	準主業経営体	256.2	4.22	6,224	5,675	549	122	2,328	18.3	8.8
	副業的経営体	186.2	3.48	2,859	2,725	134	8	247	34.4	4.7
北海道	主業経営体	2,582.0	5.57	38,797	31,351	7,446	1	42	99.4	19.2
	準主業経営体	727.7	8.86	5,201	6,459	△ 1,258	-	885	nc	nc
	副業的経営体	965.9	5.89	8,852	7,295	1,557	△ 1	56	96.6	17.6
都府県	主業経営体	435.7	5.43	18,363	14,435	3,928	10	66	98.1	21.4
	準主業経営体	247.7	4.14	6,243	5,663	580	123	2,355	19.0	9.3
	副業的経営体	175.6	3.46	2,776	2,663	113	9	248	30.5	4.1
東北	主業経営体	584.8	5.97	14,001	11,736	2,265	1	△ 55	102.4	16.2
	準主業経営体	361.5	5.09	7,867	8,097	△ 230	115	546	nc	nc
	副業的経営体	242.9	4.00	2,994	2,933	61	3	17	75.3	2.0
北陸	主業経営体	871.4	4.73	16,830	13,540	3,290	-	697	82.5	19.5
	準主業経営体	x	x	x	x	x	x	x	x	x
	副業的経営体	229.4	3.18	2,685	2,750	△ 65	1	60	nc	nc
関東・東山	主業経営体	432.0	5.12	19,735	15,193	4,542	23	71	98.0	23.0
	準主業経営体	238.3	3.85	6,138	5,402	736	165	3,313	17.5	12.0
	副業的経営体	186.8	3.50	3,388	3,088	300	25	457	38.4	8.9
東海	主業経営体	342.7	5.51	22,549	17,198	5,351	12	94	98.1	23.7
	準主業経営体	363.8	5.88	14,497	13,292	1,205	325	3,456	24.2	8.3
	副業的経営体	107.4	3.04	2,232	2,264	△ 32	△ 2	1,039	nc	nc
近畿	主業経営体	247.4	5.63	14,896	11,056	3,840	4	220	94.5	25.8
	準主業経営体	60.8	3.15	3,179	2,638	541	-	2,074	20.7	17.0
	副業的経営体	115.1	2.90	1,823	1,903	△ 80	0	215	nc	nc
中国	主業経営体	274.8	4.81	12,945	10,725	2,220	-	13	99.4	17.1
	準主業経営体	153.4	5.11	3,856	3,590	266	-	1,002	21.0	6.9
	副業的経営体	134.1	3.73	1,786	1,741	45	△ 2	173	20.8	2.5
四国	主業経営体	158.4	6.06	14,348	10,320	4,028	35	38	98.2	28.1
	準主業経営体	81.8	3.18	3,026	2,510	516	-	134	79.4	17.1
	副業的経営体	99.3	3.03	1,652	1,700	△ 48	9	51	nc	nc
九州	主業経営体	442.5	5.23	23,190	18,444	4,746	4	26	99.4	20.5
	準主業経営体	388.2	3.74	5,503	4,901	602	2	1,171	33.9	10.9
	副業的経営体	188.0	3.44	4,421	4,002	419	25	158	69.6	9.5
沖縄	主業経営体	386.8	2.62	9,437	7,809	1,628	-	1	99.9	17.3
	準主業経営体	x	x	x	x	x	x	x	x	x
	副業的経営体	158.8	2.17	1,763	1,499	264	5	107	70.2	15.0

注：1　農業所得＝農業粗収益－農業経営費
　　2　農業生産関連事業所得＝農業生産関連事業収入－農業生産関連事業支出
　　3　農外事業所得とは、農外事業における営業利益のことをいう。
　　4　農外事業所得＝農外事業収入－農外事業支出
　　5　農業依存度＝農業所得÷（農業所得＋農業生産関連事業所得＋農外事業所得）×100
　　6　農業所得率＝農業所得÷農業粗収益×100

6 主副業別の農業経営（令和3年）（続き）
(2) 経営概況及び分析指標（個人経営体・1経営体当たり平均）

区分		付加価値額（農業）	農業固定資産装備率	収益性（農業）			生産性（農業）		
				農業労働収益性（農業従事者1人当たり農業所得）	農業固定資産額千円当たり農業所得	経営耕地面積10a当たり農業所得	農業労働生産性（農業従事者1人当たり付加価値額）	農業固定資産額千円当たり付加価値額	経営耕地面積10a当たり付加価値額
		千円	千円	千円	円	千円	千円	円	千円
全国	主業経営体	6,152	1,758	798	454	63	1,133	644	9
	準主業経営体	1,016	1,362	130	96	21	241	177	4
	副業的経営体	425	749	39	51	7	122	163	2
北海道	主業経営体	11,277	3,512	1,336	381	29	2,025	576	4
	準主業経営体	△ 599	955	nc	nc	nc	nc	nc	n
	副業的経営体	2,358	908	264	291	16	400	441	2
都府県	主業経営体	5,482	1,518	724	477	90	1,010	665	12
	準主業経営体	1,044	1,376	140	102	23	252	183	4
	副業的経営体	398	742	32	44	6	115	155	2
東北	主業経営体	3,450	1,142	379	332	39	578	506	5
	準主業経営体	375	1,127	nc	nc	nc	74	65	1
	副業的経営体	393	459	16	33	3	98	214	1
北陸	主業経営体	5,302	1,820	695	382	38	1,121	616	6
	準主業経営体	x	x	x	x	x	x	x	
	副業的経営体	314	855	nc	nc	nc	99	115	1
関東・東山	主業経営体	6,421	1,836	887	483	105	1,254	683	14
	準主業経営体	1,124	1,323	191	145	31	292	221	4
	副業的経営体	600	1,007	86	85	16	171	170	3
東海	主業経営体	7,419	1,621	971	599	156	1,346	831	21
	準主業経営体	2,385	3,185	204	64	33	406	127	6
	副業的経営体	126	681	nc	nc	nc	41	61	1
近畿	主業経営体	5,143	1,324	682	515	155	913	690	20
	準主業経営体	885	892	172	193	89	281	315	14
	副業的経営体	86	1,344	nc	nc	nc	30	22	
中国	主業経営体	3,307	1,196	461	386	81	688	575	12
	準主業経営体	930	247	52	211	17	182	737	6
	副業的経営体	209	504	12	24	3	56	111	
四国	主業経営体	5,012	851	665	781	254	827	972	31
	準主業経営体	722	745	163	218	63	227	305	8
	副業的経営体	121	476	nc	nc	nc	40	84	1
九州	主業経営体	6,333	1,876	907	484	107	1,211	645	14
	準主業経営体	1,040	2,126	161	76	16	278	131	2
	副業的経営体	882	933	122	130	22	256	275	4
沖縄	主業経営体	3,308	1,908	621	326	42	1,263	662	8
	準主業経営体	x	x	x	x	x	x	x	
	副業的経営体	732	414	121	294	17	337	814	4

注：1 付加価値額（農業）＝農業粗収益－〔農業経営費－（雇人費＋地代・賃借料＋利子割引料）〕
　　2 農業固定資産装備率＝農業固定資産額÷農業従事者数

7　認定農業者のいる農業経営体の農業経営（令和3年）
（個人経営体・1経営体当たり平均）

区分	経営耕地面積	農業従事者数	農業粗収益	農業経営費	農業所得	農業生産関連事業所得	農外事業所得	農業依存度	農業所得率
	a	人	千円	千円	千円	千円	千円	%	%
全国	620.8	5.00	16,180	13,199	2,981	30	246	91.5	18.4
北海道	2,274.7	5.37	32,599	26,370	6,229	1	60	99.0	19.1
都府県	434.3	4.97	14,329	11,714	2,615	30	270	89.7	18.2

区分	付加価値額（農業）	農業固定資産装備率	収益性（農業）			生産性（農業）		
			農業労働収益性（農業従事者1人当たり農業所得）	農業固定資産額千円当たり農業所得	経営耕地面積10a当たり農業所得	農業労働生産性（農業従事者1人当たり付加価値額）	農業固定資産額千円当たり付加価値額	経営耕地面積10a当たり付加価値額
	千円	千円	千円	円	千円	千円	円	千円
全国	4,472	1,655	596	360	48	894	540	72
北海道	9,388	3,096	1,160	375	27	1,748	565	41
都府県	3,917	1,476	526	357	60	788	534	90

注：1　農業所得＝農業粗収益－農業経営費
　　2　農業生産関連事業所得＝農業生産関連事業収入－農業生産関連事業支出
　　3　農外事業所得とは、農外事業における営業利益のことをいう。
　　4　農外事業所得＝農外事業収入－農外事業支出
　　5　農業依存度＝農業所得÷（農業所得＋農業生産関連事業所得＋農外事業所得）×100
　　6　農業所得率＝農業所得÷農業粗収益×100
　　7　付加価値額（農業）＝農業粗収益－〔農業経営費－（雇人費＋地代・賃借料＋利子割引料）〕
　　8　農業固定資産装備率＝農業固定資産額÷農業従事者数

8 法人経営体の水田作経営の農業経営収支（令和3年）
　（全国・1経営体当たり平均）

区分	単位	水田作経営	集落営農
農業粗収益	千円	43,617	42,145
うち稲作収入	〃	20,130	21,244
農作業受託収入	〃	3,996	1,932
共済・補助金等受取金	〃	14,382	14,663
農業経営費	〃	41,434	37,861
うち雇人費	〃	10,857	7,960
種苗費	〃	1,614	1,762
肥料費	〃	3,167	3,297
農薬衛生費	〃	2,689	2,755
動力光熱費	〃	1,552	1,321
修繕費	〃	2,789	2,566
地代・賃借料	〃	8,703	9,364
減価償却費	〃	3,782	3,343
農業所得	〃	2,183	4,284
農業所得率	%	5.0	10.2
農業従事者1人当たり農業所得	千円	120	191
経営概況			
水田作付延べ面積	a	3,176.6	3,409.4
農業従事者数	人	18.22	22.49
自営農業労働時間	時間	7,079	6,399

注：1　農業所得率＝農業所得÷農業粗収益×100
　　2　農業従事者1人当たり農業所得（農業労働収益性）＝農業所得÷農業従事者数
　　3　水田作付延べ面積は、稲、麦類、雑穀、豆類、いも類及び工芸農作物を水田に作付けた
　　　延べ面積である。

9 法人経営体の水田作経営以外の耕種経営（令和3年）
（全国・1経営体当たり平均）

区分	単位	畑作経営	露地野菜作経営	施設野菜作経営	果樹作経営	露地花き作経営	施設花き作経営
農業粗収益	千円	49,613	66,850	58,255	27,407	47,684	90,815
うち麦類収入	〃	2,354	344	133	1	–	–
豆類収入	〃	1,231	230	264	18	–	–
いも類収入	〃	6,349	1,596	64	90	–	–
工芸農作物収入	〃	19,345	203	1	42	405	–
野菜収入	〃	2,527	52,486	49,310	602	1,461	2,854
果樹収入	〃	–	91	66	21,832	–	3
花き収入	〃	21	3	101	–	38,086	84,891
共済・補助金等受取金	〃	11,391	8,015	4,851	1,501	4,697	2,213
農業経営費	〃	47,398	67,377	59,789	26,356	48,024	88,338
うち雇用費	〃	13,170	24,552	23,808	11,884	19,123	26,126
種苗費	〃	1,560	2,810	1,843	179	6,145	14,308
肥料費	〃	5,228	4,193	1,786	612	1,049	1,534
農薬衛生費	〃	2,896	3,065	1,193	1,157	1,343	959
諸材料費	〃	936	3,080	2,513	753	2,968	10,009
動力光熱費	〃	3,524	2,183	6,088	1,428	1,370	7,696
修繕費	〃	3,144	2,593	1,815	757	1,557	2,028
地代・賃借料	〃	5,419	5,398	3,861	879	3,056	2,623
減価償却費	〃	4,582	4,916	4,796	2,015	2,353	4,588
農業所得	〃	2,215	△ 527	△ 1,534	1,051	△ 340	2,477
農業所得率	％	4.5	nc	nc	3.8	nc	2.7
農業従事者1人当たり農業所得	千円	200	nc	nc	82	nc	156
経営概況							
作付延べ面積	a、㎡	2,038.1	1,184.6	14,009.1	363.7	226.8	8,888.0
農業従事者数	人	11.07	14.45	17.35	12.74	10.88	15.89
自営農業労働時間	時間	7,771	16,036	18,618	8,611	11,634	20,747

注： 1 農業所得率＝農業所得÷農業粗収益×100

　　 2 農業従事者1人当たり農業所得（農業労働収益性）＝農業所得÷農業従事者数

　　 3 作付延べ面積及びその単位は、営農類型別に次のとおり。

　　　 畑作経営は稲、麦類、雑穀、豆類、いも類及び工芸農作物を畑に作付けた延べ面積であり、
　　　 単位は a （アール）である。

　　　 露地野菜作経営は露地野菜作付延べ面積であり、単位は a （アール）である。

　　　 施設野菜作経営は施設野菜作付延べ面積であり、単位は㎡である。

　　　 果樹作経営は、果樹植栽面積であり、単位は a （アール）である。

　　　 露地花き作経営は露地花き作付延べ面積であり、単位は a （アール）である。

　　　 施設花き作経営は施設花き作付延べ面積であり、単位は㎡である。

10 法人経営体の畜産経営 (令和3年)
(全国・1経営体当たり平均)

区分	単位	酪農経営	繁殖牛経営	肥育牛経営	養豚経営	採卵養鶏経営	ブロイラー養鶏経営
農業粗収益	千円	263,787	91,367	354,637	426,699	592,118	241,907
うち酪農収入	〃	234,554	-	1,358	986	-	-
肥育牛収入	〃	181	8,558	299,528	-	-	-
自家生産和牛等収入	〃	135	55,167	11,233	-	-	-
養豚収入	〃	-	-	-	381,725	-	-
鶏卵収入	〃	-	-	-	11,296	542,964	-
ブロイラー養鶏収入	〃	-	-	-	-	-	238,161
共済・補助金等受取金	〃	21,030	19,019	28,938	23,737	40,121	3,543
農業経営費	〃	245,666	87,947	352,771	406,027	560,612	236,087
うち雇人費	〃	35,233	18,718	24,851	56,206	72,146	23,671
もと畜費	〃	9,281	3,894	147,453	13,690	64,915	36,378
飼料費	〃	88,135	24,165	108,572	193,370	264,944	127,603
農薬衛生費	〃	8,097	4,257	5,766	20,853	6,378	4,816
動力光熱費	〃	9,153	3,177	5,637	18,327	14,969	9,936
修繕費	〃	8,062	3,962	6,723	12,933	10,614	3,031
地代・賃借料	〃	12,436	4,218	6,891	8,843	7,205	9,290
減価償却費	〃	34,884	13,931	11,636	31,629	31,520	6,687
農業所得	〃	18,121	3,420	1,866	20,672	31,506	5,820
農業所得率	%	6.9	3.7	0.5	4.8	5.3	2.4
農業従事者1人当たり農業所得	千円	1,708	493	241	1,797	1,382	823
経営概況							
飼養頭羽数	頭・羽	173.3	126.4	561.6	5,516.1	157,281	518,822
農業従事者数	人	10.61	6.93	7.76	11.50	22.80	7.07
自営農業労働時間	時間	19,898	10,273	13,370	21,491	38,850	9,344

注:1 農業所得率=農業所得÷農業粗収益×100
　　2 農業従事者1人当たり農業所得(農業労働収益性)=農業所得÷農業従事者数
　　3 飼養頭羽数及びその単位は、営農類型別に次のとおり。
　　酪農経営は月平均搾乳牛飼養頭数であり、単位は頭である。
　　繁殖牛経営は月平均繁殖めす牛飼養頭数であり、単位は頭である。
　　肥育牛経営は月平均肥育牛飼養頭数であり、単位は頭である。
　　養豚経営は月平均肥育豚飼養頭数であり、単位は頭である。
　　採卵養鶏経営は月平均採卵鶏飼養羽数であり、単位は羽である。
　　ブロイラー養鶏経営はブロイラー販売羽数であり、単位は羽である。

11 経営所得安定対策等 (収入減少影響緩和交付金を除く。) の支払実績
(令和5年4月末時点)

(1) 交付金別支払額

単位:億円

区分	畑作物の直接支払交付金	水田活用の直接支払交付金
令和2年度	2,058	2,960
3	2,263	3,280
4	2,118	3,227
対前年度差	△ 145	△ 53

(2) 交付金別支払対象者数

単位:件

区分	畑作物の直接支払交付金	水田活用の直接支払交付金
令和2年度	41,188	303,354
3	40,629	295,978
4	40,136	286,653
対前年度差	△ 493	△ 9,325

資料:農林水産省農産局資料(以下(3)まで同じ。)

(3)　支払面積、数量
　ア　畑作物の直接支払交付金の支払数量

単位：t

区分	合計	麦	小麦	二条大麦	六条大麦	はだか麦
令和2年度	5,901,427	1,064,894	914,163	82,414	49,079	19,238
3	6,195,626	1,208,109	1,051,462	89,771	45,915	20,961
4	5,582,058	1,110,362	949,281	88,952	56,192	15,938
対前年度差	△ 613,568	△ 97,747	△ 102,181	△ 819	10,277	△ 5,023

区分	大豆	てん菜	でん粉原料用ばれいしょ	そば	なたね
令和2年度	194,397	3,912,122	686,919	39,614	3,481
3	220,693	4,060,597	667,469	35,636	3,122
4	216,293	3,544,256	671,925	35,618	3,605
対前年度差	△ 4,400	△ 516,341	4,456	△ 18	483

　イ　水田活用の直接支払交付金における戦略作物（基幹作物）の支払面積

単位：ha

区分	合計	麦	大豆	飼料作物	新規需要米	WCS用稲
令和2年度	415,233	98,448	83,731	71,776	119,449	42,462
3	410,289	78,478	71,119	71,836	166,763	43,898
4	403,154	60,870	59,856	68,251	197,968	48,029
対前年度差	△ 7,135	△ 17,608	△ 11,263	△ 3,585	31,204	4,131

区分	新規需要米（続き）米粉用米	飼料用米	加工用米	（参考）そば	（参考）なたね	（参考）新市場開拓用米
令和2年度	6,321	70,665	41,830	27,648	835	5,901
3	7,579	115,286	22,092	27,152	712	5,307
4	8,360	141,578	16,209	27,048	675	6,066
対前年度差	781	26,292	△ 5,883	△ 104	△ 37	759

注：　参考として記載したそば、なたね及び新市場開拓用米については、
　　産地交付金の支払対象面積（基幹作物）であり、合計には含まない。

12　経営所得安定対策等（収入減少影響緩和交付金）の支払実績
　　（令和4年8月末時点）

区分	加入件数	補塡件数	補塡額計
	件	件	億円
令和2年度	86,032	4,829	3.6
3	76,663	27,417	49.3
4	66,883	52,699	397.3
対前年度差	△ 9,780	25,282	348

資料：農林水産省農産局資料
注：1　補塡額計は、国費と農業者拠出（3：1）の合計である。
　　2　収入減少影響緩和交付金の支払は生産年の翌年度に行われる。
　　　例えば、令和4年度の補塡額は令和3年産に対する支払実績である。

Ⅶ 農業生産資材

1 農業機械

(1) 農業機械の価格指数

令和2年＝100

品目	銘柄等級	令和2年	3	4
刈払機（草刈機）	肩かけ、エンジン付、1.5PS程度	100.0	99.7	100.9
動力田植機（4条植）	土付苗用（乗用型）	100.0	100.0	100.8
動力噴霧機	2.0～3.5PS（可搬型）	100.0	100.1	102.3
動力耕うん機	駆動けん引兼用型（5～7PS)	100.0	100.2	101.3
乗用型トラクタ（15PS内外）	水冷型	100.0	99.8	100.0
〃 （25PS内外）	〃	100.0	99.9	100.8
〃 （35PS内外）	〃	100.0	100.2	100.8
トレーラー（積載量500kg程度）	定置式	100.0	100.7	105.4
自走式運搬車	クローラー式、歩行型、500kg	100.0	100.1	101.7
バインダー（2条刈り）		100.0	100.1	101.1
コンバイン（2条刈り）	自脱型	100.0	100.0	100.6
動力脱穀機	自走式、こき胴幅40～50cm	100.0	100.0	101.6
動力もみすり機	ロール型、全自動30型	100.0	99.9	100.6
通風乾燥機（16石型）	立型循環式	100.0	100.0	101.9
温風式暖房機	毎時75,000kcal、1,000㎡、重油焚き	100.0	100.0	104.8
ロータリー	乗用トラクター20～30PS、作業幅150cm	100.0	100.0	101.2

資料：農林水産省統計部「農業物価統計」

(2)　農業用機械器具、食料品加工機械等の生産台数

単位：台

区分	平成30年	令和元	2	3	4
農業用機械器具					
整地用機器及び付属品					
動力耕うん機（歩行用トラクタを含む。）	116,898	107,890	93,859	110,301	103,895
装輪式トラクタ	143,145	144,556	123,870	162,170	156,314
20PS未満	12,133	8,151	8,559	7,732	12,700
20PS以上30PS未満	48,173	47,165	40,104	60,218	60,724
30PS以上	82,839	89,240	75,207	94,220	82,890
栽培用機器					
田植機	23,513	23,728	21,358	20,450	20,669
管理用機器					
動力噴霧機及び動力散粉機 　（ミスト機・煙霧機を含む。）	81,802	76,945	125,922	142,169	131,720
収種調整用機器					
刈払機（芝刈機を除く。）	875,286	750,682	738,031	856,208	748,299
コンバイン（刈取脱穀結合機）	14,631	16,266	13,418	14,183	13,113
籾すり機	10,855	10,581	8,647	7,580	8,381
農業用乾燥機	14,786	14,905	12,628	12,826	11,661
食料品加工機械（手動のものを除く。）	49,119	44,452	40,266	44,149	42,860
穀物処理機械	24,215	21,193	19,872	21,755	21,709
精米麦機械	15,701	13,591	11,998	12,080	12,012
製パン・製菓機械	8,514	7,602	7,874	9,675	9,697
醸造用機械(酒類・しょう油・味噌用に限る。)	4,010	3,060	2,326	2,451	2,087
牛乳加工・乳製品製造用機械	15,088	14,300	12,557	13,706	12,999
肉類・水産加工機械	5,806	5,899	5,511	6,237	6,065

資料：経済産業省調査統計グループ「2022年 経済産業省生産動態統計年報」

1 農業機械（続き）
(3) 農業機械輸出実績

品目	令和3年		4	
	台数	金額	台数	金額
	台	千円	台	千円
合計	－	301,174,348	－	350,150,459
農具計	－	2,909,048	－	3,156,964
1) スコップ及びショベル	12,409	106,021	20,136	184,610
1) つるはし、くわ、レーキ	5,130	54,132	5,908	57,242
2) その他の農具	－	2,748,895	－	2,915,112
耕うん整地用機械計	－	232,636,558	－	274,707,644
プラウ	714	50,933	361	15,791
ディスクハロー	15	8,354	33	9,003
播種機、植付機、移植機	5,119	7,079,844	5,745	9,370,976
肥料散布機計	359	101,021	671	149,757
堆肥散布機	121	49,043	141	60,787
施肥機	238	51,978	530	88,970
耕うん整地用機械の部分品	－	1,691,997	－	1,666,979
農業用歩行式トラクタ	39,971	2,450,488	44,519	2,920,515
3) 農業用トラクタ計	119,293	221,253,921	121,942	260,574,623
18kW以下	28,187	28,192,695	31,433	37,045,928
18kW超 22kW以下	16,825	19,991,179	21,876	31,272,887
22kW超 37kW以下	20,399	31,686,492	19,539	36,756,517
37kW超 75kW以下	46,506	109,019,013	41,972	121,224,489
75kW超 130kW以下	7,376	32,364,542	7,122	34,274,802
130kW超	－	－	－	－
防除用農機計	－	996,841	－	868,027
動力噴霧機	29,430	966,760	23,653	830,757
その他の防除用農機	16,591	30,081	19,547	37,270
収穫調製用農機計	－	50,919,938	－	56,852,298
4) 芝生刈込機	26,660	7,275,469	40,019	10,713,543
5) 刈払機	446,111	11,778,213	472,349	12,561,326
6) 草刈機	3,620	742,997	2,908	1,131,463
7) モーア等の草刈機	132,048	2,478,677	136,347	3,049,634
乾草製造用機械	24	11,185	21	8,014
8) ベーラー	2,915	2,248,229	3,024	2,563,624
コンバイン	3,340	13,008,600	3,257	13,037,493
脱穀機	3	1,335	82	5,428
根菜類・塊茎収穫機	116	65,420	241	100,654
その他の収穫機	3,384	627,264	2,901	1,060,709
果実・野菜等の洗浄用選別用等機械	116	1,319,340	114	1,393,960
農林園芸用の機械に使用する刃及びナイフ	－	3,605,805	－	3,703,868
収穫調製用農機の部分品	－	7,757,404	－	7,522,582
食糧加工機械計	－	1,004,210	－	1,149,579
種穀物の洗浄用選別用等機械	299	460,977	341	530,374
精米麦機	230	195,114	201	265,828
その他の穀物加工用機械	222	116,821	205	136,521
食糧加工機の部分品	－	231,298	－	216,856
チェンソー	311,474	5,940,549	342,452	6,833,145
チェンソーの部分品	－	6,763,586	－	6,580,970
9) 農業用トレーラ又はセミトレーラ	3	3,618	9	1,832
参考：10) 除雪機	10,272	2,923,882	10,171	3,220,332

資料：日本農業機械工業会「農業機械輸出実績」
注：1 財務省「貿易統計」の集計値であり、金額はFOB価格（本船渡し価格）である。
　　2 "－"の台数においては、集計していないものを含む。
　　1)の台数の単位は、DZ（ダーツ）である。
　　2)は、なた・せんていばさみ・おの類その他手道具を含む。
　　3)は、中古のものを除く。
　　4)は、動力駆動式のもので水平面上を回転して刈り込むものである。
　　5)は、輸出品目番号8467.89.000のみを集計している。
　　6)は、動力駆動で回転式以外のもの及び人力式のものである。
　　7)は、トラクタ装着用のカッターバーを含む。
　　8)は、ピックアップベーラーを含む。
　　9)は、積込機構付き又は荷卸機構付きのものに限る。
　　10)は、合計額には算入していない。

(4) 農業機械輸入実績

品目	令和3年		4	
	台数	金額	台数	金額
	台	千円	台	千円
合計	－	75,818,363	－	92,089,780
農具計	－	5,801,426	－	7,185,068
1)スペード及びショベル	－	968,775	－	1,290,001
1)つるはし、くわ、レーキ	－	955,435	－	1,254,626
2)その他の農具	－	3,877,216	－	4,640,441
耕うん整地用機械計	－	32,271,852	－	40,457,459
プラウ	270	359,447	228	367,622
ディスクハロー	1,020	911,742	1,499	1,575,544
その他の耕うん整地用機械	25,186	1,804,738	26,120	2,139,527
播種機、植付機、移植機	11,275	1,699,512	10,662	1,937,628
肥料散布機計	14,091	1,400,521	15,416	1,863,302
堆肥散布機	414	705,070	490	775,110
施肥機	13,677	695,451	14,926	1,088,192
耕うん整地用機械の部分品	－	6,664,470	－	8,398,487
3)農業用トラクタ計	1,880	19,431,422	2,225	24,175,349
18kW以下	12	19,925	57	93,336
18kW超 37kW以下	54	92,168	35	83,949
37kW超 52kW以下	7	13,468	3	10,082
52kW超 75kW以下	289	1,488,948	348	2,166,896
75kW超 130kW以下	1,169	11,416,926	1,432	15,272,997
130kW超	349	6,399,987	350	6,548,089
4)防除用農機	840,770	1,151,223	442,251	1,155,818
収穫調製用農機計	－	31,870,258	－	37,467,635
5)草刈機（回転式）	432,101	8,568,132	363,329	9,321,098
6)草刈機	72,761	710,601	50,915	661,083
7)モーア等の草刈機	13,640	4,456,081	18,198	4,918,122
乾草製造用機械	913	1,315,784	830	1,326,351
8)ベーラー	566	2,639,155	615	3,018,270
コンバイン	190	2,237,996	225	3,057,018
脱穀機	149	3,995	8	2,623
根菜類・塊茎収穫機	25	478,371	17	291,459
その他の収穫機	240	2,031,901	274	2,518,196
果実・野菜等の洗浄用選別用等機械	58	735,456	40	502,262
農林園芸用の機械に使用する刃及びナイフ	－	1,856,660	－	2,496,688
収穫調製用農機の部分品	－	6,836,126	－	9,354,465
食糧加工農機計	－	1,019,705	－	1,372,829
種穀物の洗浄用選別用等機械	501	383,515	327	542,228
食糧加工機の部分品	－	636,190	－	830,601
チェンソー	158,695	1,973,335	249,689	1,992,977
チェンソーの部分品	－	1,470,312	－	2,030,567
9)農業用トレーラ又はセミトレーラ	－	260,252	－	427,427

資料：日本農業機械工業会「農業機械輸入実績」
注：1 財務省「貿易統計」の集計値であり、金額はＣＩＦ価格（保険料・運賃込み価格）である。
　　2 ”－”の台数においては、集計していないものを含む。
　　1)の実績は、金額のみの集計である。
　　2)は、なた・せんていばさみ・おの類その他手道具を含む。
　　3)は、ハロー・スカリファイヤー・カルチベータ・除草機・ホーを含む。
　　4)は、農業用又は園芸用のものである。
　　5)は、輸入品目番号8433.11.000動力駆動式のもので水平面上を回転して刈り込むもの及び
　8467.89.000その他の手持工具その他のものを含む。
　　6)は、動力駆動式のもので回転式以外のもの及び人力式のものである。
　　7)は、トラクタ装着用のカッターバーを含む。
　　8)は、ピックアップベーラーを含む。
　　9)は、積込機構付き又は荷卸機構付きのものに限る。

2 肥料
(1) 主要肥料・原料の生産量

肥料別	単位	平成26 肥料年度	27	28	29	30
硫安	t	1,125,979	934,631	943,633	941,579	916,748
尿素	〃	304,768	382,269	424,466	394,438	381,805
石灰窒素	〃	37,957	43,818	39,780	48,625	38,244
過りん酸石灰	〃	107,076	84,628	101,540	90,124	85,916
重過りん酸石灰	〃	9,035	4,216	8,831	6,470	7,108
よう成りん肥	〃	31,270	34,053	28,091	26,805	25,808
(重)焼成りん肥	〃	47,017	39,615	34,124	40,697	36,017
高度化成	〃	720,239	698,838	736,857	740,611	735,209
ＮＫ化成	〃	36,896	29,694	35,873	32,869	32,025
普通化成	〃	205,638	192,296	198,962	198,872	185,352
1) 硫酸	100％H₂SO₄千 t	6,443	6,295	6,342	6,222	6,352
アンモニア	NH3千t	956	876	896	856	826

資料：農林水産省農産局技術普及課資料（以下(2)ウまで同じ。）
注：1 肥料年度は、7月から翌年の6月までである（以下(2)ウまで同じ。）。
　　2 生産量には、工業用として使用されたものを含む。
　　1)は、会計年度である。

(2) 肥料種類別の需給
ア 窒素質肥料

単位：N t

区分	平成26 肥料年度	27	28	29	30
生産・輸入	667,615	643,137	669,053	677,966	677,650
内需	541,270	561,786	574,099	576,453	581,991
硫安	105,567	103,431	116,969	104,630	109,568
尿素	267,407	316,392	322,267	323,540	336,291
硝安	6,230	6,755	7,946	6,297	5,785
塩安	13,149	0	0	0	0
高度化成	34,279	30,638	33,243	29,959	24,041
輸入化成	25,869	15,535	4,916	17,376	10,928
輸入りん安	78,504	77,245	77,164	84,374	85,297
石灰窒素	9,829	11,471	10,444	9,946	10,014
その他	435	319	1,150	331	68
輸出	132,755	98,086	94,082	100,656	88,053
在庫	92,569	73,082	73,396	74,251	81,856

注：1 各肥料とも純成分換算数量である（以下ウまで同じ。）。
　　2 工業用を含む。

イ　りん酸質肥料

単位：P_2O_5 t

区分	平成26肥料年度	27	28	29	30
生産・輸入	342,471	328,517	315,450	343,484	326,303
内需	354,358	327,650	299,687	341,364	315,323
高度化成	83,428	75,097	81,399	77,847	74,006
普通化成	14,997	12,805	13,188	11,883	10,610
過りん酸石灰	4,445	2,452	2,788	3,711	2,077
重過りん酸石灰	372	294	543	597	465
重焼りん	9,723	7,166	8,433	7,877	7,637
液肥	3,381	3,132	3,525	2,970	2,718
よう成りん肥	17,981	19,031	17,898	19,997	18,570
その他	8,083	6,745	7,975	6,555	6,521
配合肥料等	186,470	186,933	160,231	192,472	182,763
輸入化成	25,478	13,995	3,707	17,454	9,956
輸出	2,326	2,575	2,824	2,901	3,158
在庫	84,322	82,614	95,553	94,772	102,595

ウ　カリ質肥料

単位：K_2O t

区分	平成26肥料年度	27	28	29	30
輸入生産	273,953	231,054	214,659	252,024	242,764
輸入　塩化カリ	200,421	180,017	166,043	194,158	189,532
硫酸カリ	53,226	34,493	29,827	40,497	36,020
化成肥料	20,306	16,544	18,789	17,368	17,212
生産　硫酸カリ	0	0	0	0	0
内需	288,066	220,602	228,606	250,010	227,735
塩化カリ	206,189	169,037	189,763	191,909	178,608
硫酸カリ	54,630	35,383	33,722	40,003	37,743
化成肥料	26,947	16,182	5,121	18,099	11,383
国産硫酸カリ原料塩化カリ	0	0	0	0	0
輸出	2,061	2,402	2,839	3,039	3,137
在庫	79,516	87,566	70,780	69,754	81,646

注：　国内生産の硫酸カリは輸入塩化カリを原料としているので、需給表上「生産硫酸カリ」と
　　　内需欄の「国産硫酸カリ原料塩化カリ」とは重複している。

2 肥料（続き）
(3) 肥料の価格指数

令和2年＝100

類別品目	銘柄等級	平成30年	令和元	2	3	4
肥料		95.4	99.2	100.0	102.7	130.8
無機質		95.3	99.2	100.0	102.7	131.2
硫安	N21%	…	…	100.0	104.9	142.8
石灰窒素	N21%、粉状品	…	…	100.0	100.7	115.7
尿素	N46%	…	…	100.0	103.4	167.3
過りん酸石灰	可溶性りん酸17%以上	…	…	100.0	102.8	124.8
よう成りん肥	く溶性りん酸20%	…	…	100.0	102.5	125.2
重焼りん肥	く溶性りん酸35%	…	…	100.0	102.6	125.4
塩化カリウム	水溶性カリ60%	…	…	100.0	101.2	146.5
複合肥料		…	…	100.0	102.7	133.1
高度化成	N15%・P15%・K15%	…	…	100.0	103.0	140.0
普通化成	N8%・P8%・K5%	…	…	100.0	101.5	127.0
配合肥料	〃	…	…	100.0	102.7	126.1
固形肥料	N5%・P5%・K5%	…	…	100.0	101.5	120.7
NK化成肥料	N17%・K17%	…	…	100.0	101.2	133.2
消灰	アルカリ分60%以上	…	…	100.0	100.9	105.9
炭酸カルシウム	〃　　53〜60%未満	…	…	100.0	101.9	106.2
けい酸石灰	可溶性けい酸20%、アルカリ分35%内外	…	…	100.0	103.6	112.4
水酸化苦土	苦土50〜60%	…	…	100.0	100.7	108.9
有機質		98.0	99.0	100.0	104.4	115.3
なたね油かす		…	…	100.0	111.1	132.0
鶏ふん	乾燥鶏ふん	…	…	100.0	99.4	102.7

資料：農林水産省統計部「農業物価統計」

(4) 肥料の輸出入

品名	令和3年		4	
	数量	価額	数量	価額
	t	千円	t	千円
輸出				
肥料	723,898	18,617,142	689,935	24,563,860
うち窒素肥料	456,264	10,406,849	358,128	14,410,408
うち硫酸アンモニウム	410,004	7,532,464	319,524	9,876,921
尿素	40,778	2,256,079	33,616	3,799,406
輸入				
肥料	1,811,329	98,825,420	1,975,107	225,758,165
うちカリ肥料	600,983	26,324,005	626,468	68,311,078
うち塩化カリウム	504,106	21,155,735	452,931	49,555,596
硫酸カリウム	71,289	4,215,245	77,020	9,382,954

資料：財務省関税局「貿易統計」
注：令和4年値は、確々報値（暫定値）である。

3 土壌改良資材
　　　土壌改良資材の農業用払出量

単位：t

資材名	平成29年	30	令和元	2	4
合計	343,594	259,042	269,604	221,363	218,811
泥炭	44,258	23,415	25,449	19,363	17,957
バークたい肥	219,690	160,346	165,367	144,818	145,974
腐植酸質資材	16,092	14,831	16,889	13,843	12,866
木炭	1,508	1,163	1,236	1,460	2,632
けいそう土焼成粒	500	508	508	501	400
ゼオライト	30,541	27,038	23,676	20,059	18,415
バーミキュライト	9,867	10,257	11,272	6,809	8,299
パーライト	19,268	19,930	23,649	12,698	8,660
ベントナイト	1,667	1,519	1,514	1,773	3,552
ＶＡ菌根菌資材	6	2	6	5	9
ポリエチレンイミン系資材	197	33	38	34	47
ポリビニルアルコール系資材	－	－	－	－	－

資料： 農林水産省統計部「土壌改良資材の農業用払出量調査」（令和元年以前は「土壌改良資材の生産量
　　　及び輸入量調査結果」）
注：1　本調査は、令和2年以降、2年周期で実施
　　　2　農業用払出量は、当該年の1月から12月の間に農業用に払い出された政令指定土壌改良資材の数量

4 農薬
(1) 登録農薬数の推移

単位：件

区分	平成29 農薬年度	30	令和元	2	3
合計	4,317	4,282	4,290	4,275	4,307
殺虫剤	1,062	1,069	1,059	1,046	1,047
殺菌剤	896	888	888	885	892
殺虫殺菌剤	481	475	458	413	408
除草剤	1,551	1,526	1,558	1,606	1,633
農薬肥料	69	68	68	68	67
殺そ剤	23	23	23	21	22
植物成長調整剤	93	91	93	96	99
殺虫・殺菌植調剤	1	1	1	1	1
その他	141	141	142	139	138

資料：農林水産省消費・安全局資料（以下(2)まで同じ。）

(2) 農薬出荷量の推移

単位：t、kl

区分	平成29 農薬年度	30	令和元	2	3
合計	227,680	223,230	221,844	222,136	226,468
殺虫剤	73,340	73,174	71,727	68,622	67,247
殺菌剤	41,852	39,287	39,763	38,290	38,922
殺虫殺菌剤	17,543	16,648	16,130	16,961	17,950
除草剤	82,955	81,713	81,570	85,674	89,351
農薬肥料	4,925	5,347	5,590	6,012	6,385
殺そ剤	324	309	291	267	286
植物成長調整剤	1,532	1,496	1,562	1,480	1,533
殺虫・殺菌植調剤	10	10	8	7	10
その他	5,200	5,245	5,203	4,822	4,784

注： 1　出荷量に石灰窒素は含まない。
　　 2　数量の合計はkl＝tとして集計した。

(3) 農薬の価格指数

令和2年＝100

類別品目	銘柄等級	平成30年	令和元	2	3	4
農業薬剤		97.2	98.2	100.0	100.2	102.9
殺虫剤		…	…	100.0	100.0	100.5
D－D剤	D－D 92%	…	…	100.0	100.5	102.7
MEP乳剤	MEP 50%	…	…	100.0	100.7	103.6
アセフェート粒剤	アセフェート 5%	…	…	100.0	99.4	97.6
ホスチアゼート粒剤	ホスチアゼート 1.5%	…	…	100.0	100.1	100.5
エマメクチン安息香酸塩乳剤	エマメクチン安息香酸塩 1%	…	…	100.0	99.6	99.8
クロルピクリンくん蒸剤	クロルピクリン 80%	…	…	100.0	99.6	99.6
クロルフェナピル水和剤	クロルフェナピル 10%	…	…	100.0	99.9	100.1
アセタミプリド水溶剤（顆粒）	アセタミプリド 20%	…	…	100.0	100.5	100.3
殺菌剤		…	…	100.0	100.6	101.1
TPN水和剤	TPN 40%	…	…	100.0	101.3	101.7
マンゼブ水和剤	マンゼブ 75%	…	…	100.0	99.8	100.8
ダゾメット粉粒剤	ダゾメット 98%	…	…	100.0	100.3	100.6
チオファネートメチル水和剤	チオファネートメチル 70%	…	…	100.0	99.1	99.2
フルアジナム水和剤	フルアジナム 50%	…	…	100.0	101.5	101.7
アゾキシストロビン水和剤	アゾキシストロビン 20%	…	…	100.0	100.6	100.7
フルアジナム水和剤SC	フルアジナム 39.5%	…	…	100.0	100.5	100.4
イミノクタジン酢酸塩液剤	イミノクタジン酢酸塩 25%	…	…	100.0	101.3	103.4
殺虫殺菌剤		…	…	100.0	100.2	100.4
フィプロニル・プロベナゾール粒剤	フィプロニル 0.6%、プロベナゾール 24%	…	…	100.0	100.4	101.2
ジノテフラン・プロベナゾール粒剤	ジノテフラン 2%、プロベナゾール 24%	…	…	100.0	99.9	100.6
チアメトキサム・ピロキロン粒剤	チアメトキサム 2%、ピロキロン 12%	…	…	100.0	100.4	102.6
クロラントラニリプロール・プロベナゾール粒剤	クロラントラニリプロール 0.75%、プロベナゾール24%	…	…	100.0	100.7	101.6
クロチアニジン・イソチアニル粒剤	クロチアニジン0.8%、イソチアニル 2%	…	…	100.0	99.3	94.1
イミダクロプリド・スピノサド・イソチアニル粒剤	イミダクロプリド 2%、スピノサド 1%、イソチアニル 2%	…	…	100.0	100.4	102.0
除草剤		…	…	100.0	100.1	107.4
グリホサートイソプロピルアミン塩剤	グリホサートイソプロピルアミン塩 41%	…	…	100.0	100.3	132.3
シハロホッププチル・ベンタゾン液剤ME	シハロホッププチル3%・ベンタゾンナトリウム塩20%	…	…	100.0	99.5	99.5
イマゾスルフロン・ピラクロニル・プロモブチド粒剤	イマゾスルフロン 0.9%、ピラクロニル 2%、プロモブチド 9%	…	…	100.0	100.2	101.5
グルホシネート液剤	グルホシネート 18.5%	…	…	100.0	100.2	102.9
ジクワット・パラコート液剤	ジクワット 7%、パラコート 5%	…	…	100.0	100.5	100.9
グリホサートカリウム塩液剤	グリホサートカリウム塩 48%	…	…	100.0	99.8	107.0

資料：農林水産省統計部「農業物価統計」

4 農薬（続き）
(4) 農薬の輸出入

区分	令和2農薬年度		3	
	数量	価額	数量	価額
	t、kl	100万円	t、kl	100万円
輸出				
合計	45,534	133,040	46,874	145,869
原体	31,462	94,410	31,547	105,708
製剤	14,073	38,630	15,327	40,161
殺虫剤	10,266	49,345	10,894	59,541
原体	6,590	37,583	7,248	46,967
製剤	3,676	11,762	3,647	12,574
殺菌剤	15,520	35,289	16,542	37,974
原体	8,165	21,184	8,551	25,955
製剤	7,355	14,105	7,991	12,018
除草剤	19,537	47,285	19,073	46,086
原体	16,640	34,722	15,553	30,718
製剤	2,897	12,563	3,519	15,368
その他	212	1,121	365	2,268
原体	67	921	195	2,067
製剤	144	200	170	201
輸入				
合計	46,305	98,285	43,117	102,763
原体	15,850	65,395	16,005	71,766
製剤	30,455	32,890	27,113	30,997
殺虫剤	11,168	28,594	10,138	30,792
原体	4,417	20,697	4,737	24,522
製剤	6,751	7,897	5,400	6,270
殺菌剤	7,637	20,675	5,940	21,029
原体	4,285	14,118	4,099	15,562
製剤	3,352	6,557	1,841	5,467
除草剤	27,179	48,023	26,749	49,867
原体	6,967	30,054	6,962	31,055
製剤	20,212	17,969	19,788	18,812
その他	322	992	291	1,075
原体	182	525	207	627
製剤	140	467	84	448

資料：農林水産省消費・安全局資料
注：数量の合計は t =klとして集計した。

Ⅷ 農作物

1 総括表

(1) 生産量

区分	令和3年産			4		
	作付面積	10a当たり収量	収穫量	作付面積	10a当たり収量	収穫量
	ha	kg	t	ha	kg	t
1) 水稲(子実用)	1,403,000	539	7,563,000	1,355,000	536	7,269,000
2) 小麦(子実用)	220,000	499	1,097,000	227,300	437	993,500
2) 二条大麦(子実用)	38,200	413	157,600	38,100	397	151,200
2) 六条大麦(子実用)	18,100	304	55,100	19,300	337	65,100
2) はだか麦(子実用)	6,820	324	22,100	5,870	290	17,000
かんしょ	7) 32,400	7) 2,070	7) 671,900	7) 32,300	7) 2,200	7) 710,700
3) ばれいしょ	7) 70,900	7) 3,070	7) 2,175,000	71,400	3,200	2,283,000
そば(乾燥子実)	65,500	62	40,900	65,600	61	40,000
大豆(乾燥子実)	146,200	169	246,500	151,600	160	242,800
3) 野菜	7) 443,200	…	7) 12,876,000	436,900	…	12,837,000
4) みかん	7) 37,000	7) 2,020	7) 749,000	7) 36,200	7) 1,880	7) 682,200
4) りんご	7) 35,300	7) 1,880	7) 661,900	7) 35,100	7) 2,100	7) 737,100
5) てんさい	57,700	7,040	4,061,000	55,400	6,400	3,545,000
6) さとうきび	23,300	5,830	1,359,000	23,200	5,480	1,272,000
飼料作物(牧草)	7) 717,600	7) 3,340	7) 23,979,000	7) 711,400	7) 3,520	7) 25,063,000

資料:農林水産省統計部「作物統計」、「野菜生産出荷統計」、「果樹生産出荷統計」
注:1)の収穫量は玄米 t である。
　　2)の収穫量は玄麦 t である。
　　3)の令和4年産は概数値である。
　　4)の作付面積は結果樹面積である。令和4年産は概数値である。
　　5)は北海道の調査結果である。
　　6)の作付面積は収穫面積である。鹿児島県及び沖縄県の調査結果である。
　　7)は主産県の調査結果から推計したものである。

1 総括表 (続き)
(2) 10 a 当たり生産費 (令和 4 年産)

単位 : 円

区分	物財費	労働費	費用合計	生産費(副産物価額差引)	支払利子・地代算入生産費	資本利子・地代全額算入生産費
米	*77,954	*33,506	*111,460	*109,410	*114,792	*128,145
小麦	55,151	5,935	61,086	58,516	61,383	69,551
二条大麦	38,080	7,638	45,718	45,413	49,911	54,464
六条大麦	32,005	6,321	38,326	37,987	43,886	46,071
はだか麦	34,966	10,826	45,792	45,634	49,706	52,207
そば	*24,066	*4,580	*28,646	*28,643	*31,077	*36,186
大豆	*44,005	*10,179	*54,184	*53,985	*58,151	*65,605
1) 原料用ばれいしょ	*71,887	*15,938	*87,825	*87,825	*89,544	*100,304
2) 原料用かんしょ	*62,034	*80,890	*142,924	*142,924	*148,056	*156,626
1) てんさい	*76,722	*19,458	*96,180	*96,180	*98,144	*108,274
3) さとうきび	*86,453	*45,810	*132,263	*132,252	*138,986	*149,014
なたね	39,925	5,944	45,869	45,869	46,740	56,982

資料：農林水産省統計部「農業経営統計調査　農産物生産費統計」
注： 1　生産費とは、生産物の一定単位量の生産のために消費した経済費用の合計をいう。ここでいう
　　　費用の合計とは、生産物の生産に要した材料、賃借料及び料金、用役等（労働・固定資産等）の
　　　価額の合計である。
　　 2　本調査は、2015年農林業センサスに基づく農業経営体のうち、世帯による農業経営を行い、米
　　　は、玄米を600kg以上販売、米以外は、調査該当作目を10 a 以上作付けし、販売した経営体（個別
　　　経営体）を対象に実施した。
　　　　なお、二条大麦、六条大麦、はだか麦及びなたねについては平成26年度経営所得安定対策等加入
　　　申請者情報の経営体のうち、世帯による農業経営を行い、調査該当作目を10 a 以上作付けし、販売
　　　した経営体（個別経営体）を対象に実施した。
　　 3　「＊」を付した米、そば、大豆、原料用ばれいしょ、原料用かんしょ、てんさい及びさとうきび
　　　の値は、令和 3 年産の結果である。
　　1)の調査対象地域は北海道である。
　　2)の調査対象地域は鹿児島県である。
　　3)の調査対象地域は鹿児島県及び沖縄県である。

2 米

(1) 販売目的の水稲の作付面積規模別経営体数
(令和2年2月1日現在)

単位：経営体

区分	作付経営体数	1.0ha未満	1.0〜2.0	2.0〜3.0	3.0〜5.0	5.0〜10.0	10.0ha以上
全国	713,792	449,804	131,919	46,208	36,164	28,002	21,695
北海道	10,843	627	735	763	1,538	3,173	4,007
都府県	702,949	449,177	131,184	45,445	34,626	24,829	17,688

資料：農林水産省統計部「2020年農林業センサス」

(2) 水稲作受託作業経営体数及び受託面積（各年2月1日現在）
ア 農業経営体

全国農業地域	平成27年		令和2	
	経営体数	受託面積	経営体数	受託面積
	千経営体	千ha	千経営体	千ha
全国	98.3	1,250.3	80.8	1,122.5
北海道	1.1	107.1	1.1	112.8
都府県	97.1	1,143.2	79.8	1,009.6
東北	27.5	291.0	22.5	262.3
北陸	11.7	167.0	10.0	156.7
関東・東山	16.9	200.5	13.8	160.8
東海	6.9	90.8	5.6	71.7
近畿	8.5	66.7	7.2	63.3
中国	9.7	95.9	7.8	97.5
四国	3.3	32.9	2.7	22.9
九州	12.7	198.1	10.3	174.4
沖縄	0.0	0.2	0.0	0.1

資料：農林水産省統計部「農林業センサス」（以下イまで同じ。）

イ 農業経営体のうち団体経営体

全国農業地域	平成27年		令和2	
	経営体数	受託面積	経営体数	受託面積
	千経営体	千ha	千経営体	千ha
全国	11.4	851.4	10.6	754.7
北海道	0.3	92.0	0.3	96.0
都府県	11.1	759.4	10.3	658.7
東北	2.2	173.7	2.1	153.4
北陸	1.9	128.7	1.8	124.2
関東・東山	1.3	130.2	1.2	99.2
東海	0.8	53.3	0.7	39.5
近畿	1.2	43.5	1.2	41.8
中国	1.4	63.3	1.3	69.8
四国	0.3	23.6	0.3	15.9
九州	1.9	143.0	1.6	114.9
沖縄	0.0	0.2	0.0	0.0

2 米(続き)

(3) 生産量

ア 年次別及び全国農業地域別

年産・全国農業地域	水陸稲計		水稲					陸稲		
	作付面積	収穫量(玄米)	作付面積	10a当たり収量	収穫量(玄米)	10a当たり平年収量	作況指数	作付面積	10a当たり収量	収穫量(玄米)
	千ha	千t	千ha	kg	千t	kg		千ha	kg	千t
大正9年	3,101	9,481	2,960	311	9,205	…	…	140.3	197	276.2
昭和5	3,212	10,031	3,079	318	9,790	285	112	133.4	181	241.8
15	3,152	9,131	3,004	298	8,955	314	95	147.7	119	175.6
25	3,011	9,651	2,877	327	9,412	330	99	133.9	178	238.4
35	3,308	12,858	3,124	401	12,539	371	108	184.0	173	319.9
45	2,923	12,689	2,836	442	12,528	431	103	87.4	184	160.8
55	2,377	9,751	2,350	412	9,692	471	87	27.2	215	58.6
平成2	2,074	10,499	2,055	509	10,463	494	103	18.9	189	35.7
12	1,770	9,490	1,763	537	9,472	518	104	7.1	256	18.1
22	1,628	8,483	1,625	522	8,478	530	98	2.9	189	5.5
23	1,576	8,402	1,574	533	8,397	530	101	2.4	220	5.2
24	1,581	8,523	1,579	540	8,519	530	102	2.1	172	3.6
25	1,599	8,607	1,597	539	8,603	530	102	1.7	249	4.3
26	1,575	8,439	1,573	536	8,435	530	101	1.4	257	3.6
27	1,506	7,989	1,505	531	7,986	531	100	1.2	233	2.7
28	1,479	8,044	1,478	544	8,042	531	103	0.9	218	2.1
29	1,466	7,824	1,465	534	7,822	532	100	0.8	236	1.9
30	1,470	7,782	1,470	529	7,780	532	98	0.8	232	1.7
令和元	1,470	7,764	1,469	528	7,762	533	99	0.7	228	1.6
2	1,462	7,765	1,462	531	7,763	535	99	0.6	236	1.5
3	1,404	7,564	1,403	539	7,563	535	101	0.6	230	1.3
4	1,355	7,270	1,355	536	7,269	536	100	0.5	216	1.0
北海道	…	…	94	591	553	556	106	…	…	…
東北	…	…	348	559	1,948	568	98	…	…	…
北陸	…	…	198	541	1,072	540	100	…	…	…
関東・東山	…	…	240	538	1,291	539	99	…	…	…
東海	…	…	87	504	439	502	101	…	…	…
近畿	…	…	96	517	498	508	102	…	…	…
中国	…	…	96	524	502	518	101	…	…	…
四国	…	…	45	497	222	481	103	…	…	…
九州	…	…	150	494	741	501	98	…	…	…
沖縄	…	…	1	301	2	309	97	…	…	…

資料:農林水産省統計部「作物統計」(以下イまで同じ。)

注:1 作付面積は子実用である(以下イまで同じ。)。
　　2 昭和5年産及び昭和15年産の10a当たり平年収量は、過去7か年の実績値のうち、最高・最低を除いた5か年平均により算出した。
　　3 昭和15年産〜昭和45年産は、沖縄県を含まない。
　　4 水稲の作況指数は、10a当たり平年収量に対する10a当たり収量の比率である。
　　　なお、平成26年産以前の作況指数は1.70mmのふるい目幅で選別された玄米を基に算出し、平成27年産から令和元年産までの作況指数は、全国農業地域ごとに、過去5か年間に農家等が実際に使用したふるい目幅の分布において、大きいものから数えて9割を占めるまでの目幅以上に選別された玄米を基に算出していた。令和2年産以降の作況指数は、都道府県ごとに、過去5か年間に農家等が実際に使用したふるい目幅の分布において、最も多い使用割合の目幅以上に選別された玄米を基に算出した数値である。(以下イまで同じ。)。
　　5 陸稲の作付面積調査及び収穫量調査は主産県調査であり、3年又は6年周期で全国調査を実施している。令和3年産以降の調査については、作付面積調査及び収穫量調査ともに主産県を対象に調査を実施した。主産県とは、直近の全国調査である令和2年産調査における全国の作付面積のおおむね80%を占めるまでの上位都道府県である。全国の作付面積及び収穫量については、主産県の調査結果から推計したものである。

イ 都道府県別 （令和4年産）

全国 ・ 都道府県	水稲				陸稲	
	作付面積	10a当たり 収量	収穫量 （玄米）	作況指数	作付面積	収穫量 （玄米）
	ha	kg	t		ha	t
全国	1,355,000	536	7,269,000	100	468	1,010
北海道	93,600	591	553,200	106	…	…
青森	39,600	594	235,200	99	…	…
岩手	46,100	537	247,600	99	…	…
宮城	60,800	537	326,500	100	…	…
秋田	82,400	554	456,500	95	…	…
山形	61,500	594	365,300	99	…	…
福島	57,800	549	317,300	100	…	…
茨城	60,000	532	319,200	101	339	776
栃木	50,800	532	270,300	97	111	204
群馬	14,400	502	72,300	101	…	…
埼玉	28,600	498	142,400	101	…	…
千葉	47,700	544	259,500	100	…	…
東京	115	421	484	102	…	…
神奈川	2,880	501	14,400	101	…	…
新潟	116,000	544	631,000	99	…	…
富山	35,500	556	197,400	101	…	…
石川	23,100	532	122,900	101	…	…
福井	23,500	515	121,000	99	…	…
山梨	4,790	532	25,500	97	…	…
長野	30,800	608	187,300	98	…	…
岐阜	20,700	487	100,800	100	…	…
静岡	15,000	509	76,400	98	…	…
愛知	25,900	505	130,800	100	…	…
三重	25,600	511	130,800	102	…	…
滋賀	29,000	523	151,700	101	…	…
京都	14,000	514	72,000	101	…	…
大阪	4,540	503	22,800	102	…	…
兵庫	34,500	513	177,000	102	…	…
奈良	8,410	522	43,900	102	…	…
和歌山	5,980	519	31,000	105	…	…
鳥取	12,100	514	62,200	100	…	…
島根	16,400	519	85,100	101	…	…
岡山	28,100	524	147,200	99	…	…
広島	21,600	530	114,500	101	…	…
山口	17,600	526	92,600	105	…	…
徳島	9,910	480	47,600	102	…	…
香川	10,900	511	55,700	103	…	…
愛媛	13,100	524	68,600	104	…	…
高知	10,800	460	49,700	100	…	…
福岡	33,400	491	164,000	100	…	…
佐賀	22,800	514	117,200	98	…	…
長崎	10,400	470	48,900	95	…	…
熊本	31,300	501	156,800	96	…	…
大分	18,900	493	93,200	99	…	…
宮崎	15,400	488	75,200	98	…	…
鹿児島	18,000	478	86,000	98	…	…
沖縄	639	301	1,920	97	…	…

2 米（続き）
(4) 新規需要米等の用途別作付・生産状況

用途	令和2年産		3		4	
	生産量	作付面積	生産量	作付面積	生産量	作付面積
	t	ha	t	ha	t	ha
新規需要米計	446,901	126,205	741,209	174,497	889,073	206,203
米粉用	33,391	6,346	41,615	7,632	45,903	8,403
飼料用	380,502	70,883	662,724	115,744	803,390	142,055
1)WCS用稲（稲発酵粗飼料用稲）	－	42,791	－	44,248	－	48,404
新市場開拓用米（輸出用米等）	33,008	6,089	36,869	6,748	39,780	7,248
2)その他（わら専用稲、青刈り用稲）	－	96	－	124	－	92
加工用米	243,188	45,208	262,200	47,641	270,989	49,861
(参考) 主食用米	7,226,000	1,366,000	7,007,000	1,303,000	6,701,000	1,251,000

資料：農林水産省農産局「新規需要米等の用途別作付・生産状況の推移」、農林水産省統計部「作物統計」
注：　1)は、子実を採らない用途であるため生産量はない。
　　　2)は、試験研究用途等のものであり、わら専用稲、青刈り用稲については子実を採らない用途
　　　であるため生産量はない。

(5) 米の収穫量、販売量、在庫量等（令和4年）

単位：kg

区分	収穫量	購入量	販売量	無償譲渡量	自家消費量	令和5年 5月31日現在 の在庫量
全国	9,758	127	9,167	283	375	441

資料：農林水産省統計部「生産者の米穀在庫等調査」
注：1　1農業経営体当たりの平均値であり、玄米換算した数値である。
　　2　令和4年6月1日から令和5年5月31日までの期間を対象に調査した。
　　3　令和4年調査から、水稲うるち米と水稲もち米をまとめて、主食用米として把握。

(6) 需給
　ア　米需給表

年度	国内生産量（玄米）	外国貿易（玄米）		在庫の増減量（玄米）	国内消費仕向量（玄米）	純食料（主食用）	1)一人1年当たり供給量	一人1日当たり供給量（主食用）
		輸入量	輸出量					
	千t	千t	千t	千t	千t	千t	kg	g
平成30年度	8,208	787	115	△ 41	8,443	6,549	53.4　(51.7)	141,6
令和元	8,154	870	121	△ 9	8,300	6,510	53.1　(51.4)	140.5
2	8,145	814	110	250	7,855	6,199	50.8　(49.1)	134.6
3	8,226	878	90	△ 59	8,195	6,245	51.5　(49.8)	136.3
4　(概算値)	8,073	832	89	△ 255	8,236	6,170	50.9　(49.4)	135.3

資料：農林水産省大臣官房政策課食料安全保障室「食料需給表」
注：国内生産量から国内消費仕向量までは玄米であり、純食料からは精米である。
　1)の（　）内は、菓子、穀粉を含まない主食用の数値である。

(6) 需給 (続き)

イ 政府所有米需給実績

単位：万玄米t

区分	国産米							輸入米 （MA米）						
	期首持越	買入	販売					期首持越	輸入	販売				
			計	主食用	加工用	援助用	飼料用			計	主食用	加工用	援助用	飼料用
平成29年度	91	19	19	-	-	7	12	64	79	89	5	19	2	63
30	91	12	12	-	-	5	7	54	77	71	9	18	5	39
令和元	91	18	18	-	-	4	14	60	76	76	4	17	5	50
2	91	21	21	-	-	4	17	60	76	74	5	14	2	53
3	91	21	21	-	-	3	18	62	76	78	5	10	3	61

資料：農林水産省農産局資料（以下ウまで同じ。）
注：1 年度は、国内産については当年7月から翌年6月までであり、輸入米については前年11月から当年10月までである。（以下ウまで同じ。）
 2 輸入米（MA米）の加工用については、食用不適品、バイオエタノール用に販売したものを含む。（以下ウまで同じ。）
 3 精米で販売したものは玄米換算している。（以下ウまで同じ。）

ウ 政府所有米売却実績

単位：万玄米 t

用途	令和元年度		2		3	
	国内米	輸入米	国内米	輸入米	国内米	輸入米
計	18	76	21	74	21	78
主食用	-	4	-	5	-	5
加工用	-	17	-	14	-	10
飼料用	14	50	17	53	18	61
援助用	4	5	4	2	3	3

エ　輸出入実績

(ｱ)　輸出入量及び金額

品目名	令和3年		4	
	数量	金額	数量	金額
	t	千円	t	千円
輸出				
穀物				
米	43,119	6,952,938	30,588	7,475,102
輸入				
穀物				
米	662,685	57,089,812	669,341	87,517,836
穀粉・挽割含む				
米粉	61	15,609	109	27,646

資料：財務省関税局「貿易統計」をもとに農林水産省統計部にて作成。　(以下(ｳ)まで同じ。)

(ｲ)　米の国別輸出量

単位：t

区分	令和3年	4
米	43,119	30,588
うち香港	8,938	9,880
シンガポール	4,972	5,742
アメリカ合衆国	2,244	4,459

注：　令和4年の輸出入量が多い国・地域について、上位3か国を
　掲載した（以下(ｳ)まで同じ。）。

(ｳ)　米の国別輸入量

単位：t

区分	令和3年	4
米	662,685	669,341
うちアメリカ合衆国	319,671	294,069
タイ	271,592	283,578
中華人民共和国	61,486	61,061

2 米(続き)
(7) 被害
　　水稲

年産	冷害		日照不足		高温障害	
	被害面積	被害量(玄米)	被害面積	被害量(玄米)	被害面積	被害量(玄米)
	千ha	千 t	千ha	千 t	千ha	千 t
令和元年産	81	12	1,185	238	699	94
2	47	9	1,235	238	568	63
3	20	5	1,107	221	331	37
4	39	8	982	228	324	43

年産	いもち病		ウンカ		カメムシ	
	被害面積	被害量(玄米)	被害面積	被害量(玄米)	被害面積	被害量(玄米)
	千ha	千 t	千ha	千 t	千ha	千 t
令和元年産	240	56	111	41	143	18
2	294	78	128	71	141	17
3	300	83	39	5	115	12
4	253	63	40	6	114	13

資料：農林水産省統計部「作物統計」

(8) 保険・共済
　　ア 水稲

区分	単位	平成30年産	令和元(概数値)	2(概数値)	3(概数値)	4(概数値)
引受組合等数	組合	128	108	66	55	49
引受戸数	千戸	1,230	958	892	828	736
引受面積	千ha	1,430	1,178	1,097	975	845
共済金額	100万円	957,958	817,549	790,790	709,411	695,151
共済掛金	〃	7,754	5,964	5,976	5,539	5,865
支払対象戸数	千戸	43	78	68	32	33
支払対象面積	千ha	62	51	39	19	26
支払共済金	100万円	7,325	15,936	8,158	3,001	3,398

資料：農林水産省経営局「農作物共済統計表」。ただし、令和元年産～4年産は経営局資料（以下イまで同じ。）。
注：農業保険法による農作物共済の実績である（以下イまで同じ。）。

　　イ 陸稲

区分	単位	平成30年産	令和元(概数値)	2(概数値)	3(概数値)	4(概数値)
引受組合等数	組合	9	5	5	5	4
引受戸数	戸	56	30	18	16	13
引受面積	ha	28	13	7	8	6
共済金額	100万円	8	3	2	2	2
共済掛金	〃	1	0	0	0	0
支払対象戸数	戸	17	7	3	4	3
支払対象面積	ha	9	3	1	2	3
支払共済金	100万円	2	0	0	0	0

(9) 生産費

ア 米生産費

区分	令和2年産		3		
	10 a 当たり	玄米60kg 当たり	10 a 当たり	玄米60kg 当たり	費目割合
	円	円	円	円	%
物財費	77,777	9,060	77,954	8,978	69.9
種苗費	3,542	412	3,788	436	3.4
肥料費	9,030	1,053	9,091	1,048	8.2
農業薬剤費	7,774	906	7,864	906	7.1
光熱動力費	4,517	526	5,101	586	4.6
その他の諸材料費	1,972	230	1,924	222	1.7
土地改良及び水利費	4,545	529	4,335	499	3.9
賃借料及び料金	11,147	1,297	11,407	1,315	10.2
物件税及び公課諸負担	2,044	238	2,093	241	1.9
建物費	3,834	447	4,009	461	3.6
自動車費	3,608	420	3,779	435	3.4
農機具費	25,304	2,949	24,130	2,779	21.6
生産管理費	460	53	433	50	0.4
労働費	34,729	4,044	33,506	3,860	30.1
費用合計	112,506	13,104	111,460	12,838	100.0
副産物価額	2,517	293	2,050	237	—
生産費（副産物価額差引）	109,989	12,811	109,410	12,601	—
支払利子	146	17	176	20	—
支払地代	5,309	618	5,206	599	—
支払利子・地代算入生産費	115,444	13,446	114,792	13,220	—
自己資本利子	5,161	601	5,144	592	—
自作地地代	8,581	999	8,209	946	—
資本利子・地代全額算入生産費	129,186	15,046	128,145	14,758	—

資料：農林水産省統計部「農業経営統計調査 農産物生産費統計」（以下エまで同じ。）
注：1 生産費とは、生産物の一定単位量の生産のために消費した経済費用の合計をいう。ここでいう
  費用の合計とは、生産物の生産に要した材料、賃借料及び料金、用役等（労働・固定資産等）の
  価額の合計である。
  2 本調査は、2015年農林業センサスに基づく農業経営体のうち、世帯による農業経営を行い、玄
  米を600kg以上販売する経営体（個別経営体）を対象に実施した（以下エまで同じ。）。
  3 費目割合は、10 a 当たり生産費を用いて計算した値である。

イ 全国農業地域別米生産費（10 a 当たり）（令和3年産）

単位：円

区分	北海道	東北	北陸	関東・東山	東海	近畿	中国	四国	九州
物財費	73,271	73,929	78,209	76,133	85,539	86,839	96,355	80,494	76,465
労働費	27,237	28,554	29,737	39,383	46,605	40,475	48,152	34,281	33,056
費用合計	100,508	102,483	107,946	115,516	132,144	127,314	144,507	114,775	109,521
生産費（副産物価額差引）	97,559	100,194	105,797	113,948	130,677	125,403	142,755	113,684	107,562
支払利子・地代算入生産費	100,101	105,149	115,250	118,456	136,729	129,173	145,491	116,353	111,940
資本利子・地代全額算入生産費	114,786	119,175	127,957	133,164	146,865	141,815	157,777	129,050	123,926

(9) 生産費(続き)
ウ 作付規模別米生産費 (10 a 当たり) (令和3年産)

区分	単位	平均	0.5ha 未満	0.5〜 1.0	1.0〜 3.0	3.0〜 5.0	5.0〜 10.0
物財費	円	77,954	123,212	100,099	83,941	72,258	65,922
うち肥料費	〃	9,091	10,467	8,836	9,243	9,829	8,323
農業薬剤費	〃	7,864	8,973	7,924	7,931	8,360	7,280
土地改良及び水利費	〃	4,335	2,740	3,815	3,570	4,045	6,509
賃借料及び料金	〃	11,407	24,892	23,589	13,102	8,441	7,410
農機具費	〃	24,130	36,939	28,104	26,177	24,610	19,442
労働費	〃	33,506	70,093	51,261	36,411	28,140	25,703
費用合計	〃	111,460	193,305	151,360	120,352	100,398	91,625
生産費(副産物価額差引)	〃	109,410	191,448	149,338	118,581	98,402	89,232
支払利子・地代算入生産費	〃	114,792	192,572	150,948	121,398	103,578	98,462
資本利子・地代全額算入生産費	〃	128,145	213,015	168,605	137,149	115,880	109,490
1経営体当たり作付面積	a	181.0	35.1	71.2	171.1	394.1	663.1
主産物数量	kg	520	475	469	506	531	540
労働時間	時間	22.29	47.14	34.84	24.49	19.14	16.45

区分	単位	3.0ha 以上	5.0ha 以上	10.0ha 以上	15.0ha 以上	20.0ha 以上	30.0ha 以上
物財費	円	66,073	63,214	61,382	59,475	59,905	55,517
うち肥料費	〃	8,949	8,543	8,694	8,864	9,291	9,393
農業薬剤費	〃	7,719	7,424	7,519	7,779	7,771	6,847
土地改良及び水利費	〃	4,968	5,395	4,643	4,462	4,100	3,950
賃借料及び料金	〃	6,681	5,868	4,824	3,726	3,093	2,618
農機具費	〃	21,101	19,475	19,498	18,570	19,219	16,836
労働費	〃	24,898	23,399	21,839	21,767	20,427	18,977
費用合計	〃	90,971	86,613	83,221	81,242	80,332	74,494
生産費(副産物価額差引)	〃	88,759	84,301	80,963	78,889	78,208	72,465
支払利子・地代算入生産費	〃	96,615	93,397	89,968	87,792	87,793	82,042
資本利子・地代全額算入生産費	〃	107,203	103,193	98,931	97,032	97,350	90,478
1経営体当たり作付面積	a	693.0	1,067.1	1,815.5	2,153.8	2,585.4	3,618.7
主産物数量	kg	544	550	556	554	548	534
労働時間	時間	16.18	14.84	13.80	13.47	12.64	11.51

10.0〜 15.0	15.0〜 20.0	20.0〜 30.0	30.0〜 50.0	50.0ha 以上
67,482	58,782	60,993	56,123	46,760
8,148	8,176	9,264	9,465	8,381
6,696	7,789	8,002	6,944	5,451
5,221	5,045	4,137	3,967	3,720
8,321	4,748	3,211	2,456	4,951
22,462	17,535	19,806	17,367	9,190
22,067	23,930	20,786	18,807	21,466
89,549	82,712	81,779	74,930	68,226
87,596	79,989	79,632	72,929	65,803
96,931	87,789	89,220	82,335	77,880
105,014	96,517	99,055	91,293	78,754
1,209.8	1,697.4	2,414.3	3,515.2	6,314.3
563	566	551	535	524
14.82	14.68	12.98	11.34	14.55

エ　全国農業地域別米の労働時間（10 a 当たり）（令和 3 年産）

単位：時間

区分	全国	北海道	東北	北陸	関東・ 東山	東海	近畿	中国	四国	九州
労働時間	22.29	15.44	20.30	20.25	24.89	28.29	24.72	32.11	25.51	22.72
うち家族	20.15	13.07	18.07	18.61	22.16	26.60	23.07	29.98	24.01	20.48
直接労働時間	21.16	14.55	19.28	18.93	23.86	26.57	23.47	30.68	24.17	21.92
間接労働時間	1.13	0.89	1.02	1.32	1.03	1.72	1.25	1.43	1.34	0.80

2 米(続き)

(9) 生産費(続き)

オ 認定農業者がいる15ha以上の個別経営体及び稲作主体の組織法人経営体の生産費

区分	単位	(参考) 平成23年産 平均 (個別経営体)	30 認定農業者がいる15ha以上の個別経営体	30 稲作主体の組織法人経営体
60kg当たり				
物財費	円	9,478	6,849	7,852
うち 肥料費	〃	1,018	993	920
農業薬剤費	〃	848	774	892
賃借料及び料金	〃	1,325	493	2,011
農機具費	〃	3,060	2,240	2,012
労働費	〃	4,191	2,554	2,847
費用合計	〃	13,669	9,403	10,699
副産物価額	〃	318	338	402
生産費 (副産物価額差引)	〃	13,351	9,065	10,297
支払利子	〃	35	40	39
支払地代	〃	533	1,079	1,212
支払利子・地代算入生産費	〃	13,919	10,184	11,548
自己資本利子	〃	712	385	310
自作地地代	〃	1,370	725	84
資本利子・地代全額算入生産費	〃	16,001	11,294	11,942
10a当たり全算入生産費	〃	139,721	96,377	100,002
1経営体当たり作付面積	a	141.8	2,192.7	2,321.5
10a当たり収量	kg	523	511	502
10a当たり労働時間	時間	26.11	13.77	14.92

資料:農林水産省統計部「農業経営統計調査 農産物生産費統計」

注: 「成長戦略実行計画・成長戦略フォローアップ・成長戦略フォローアップ工程表」(令和3年6月18日閣議決定)において、「今後10年間(2023年まで)で資材・流通面等での産業界の努力も反映して担い手のコメの生産コストを2011年全国平均比4割削減する(2011年産:16,001円/60kg)」という目標を掲げているところ。当該目標においては担い手の考え方を以下のとおり設定している。

※担い手の考え方
- 認定農業者がいる15ha以上の個別経営体:認定農業者のうち、農業就業者1人当たりの稲作に係る農業所得が他産業所得と同等の個別経営体(水稲作付面積15ha以上層)
- 稲作主体の組織法人経営体:米の販売金額が第1位となる稲作主体の組織法人経営体

カ 飼料用米の生産費

区分	単位	令和2年産 平均	令和2年産 認定農業者がいる経営体のうち、作付規模15.0ha以上	3 平均	3 認定農業者がいる経営体のうち、作付規模15.0ha以上
10a当たり					
費用合計	円	103,600	77,520	103,600	76,350
うち 物財費	〃	71,930	57,110	73,250	56,650
労働費	〃	31,670	20,410	30,350	19,700
生産費 (副産物価額差引)	〃	102,770	76,690	102,990	75,740
支払利子・地代算入生産費	〃	108,230	85,430	108,380	84,660
資本利子・地代全額算入生産費	〃	121,970	94,990	121,730	93,910
60kg当たり全算入生産費	〃	13,120	10,210	12,570	9,700

資料:農林水産省統計部「農業経営統計調査 農産物生産費統計」

注:1 飼料用米の生産費は、米生産費統計の調査対象経営体のうち、飼料用米の作付けがある経営体を対象に、各費目別の食用米の費用(10a当たり)を100とした場合の飼料用米の割合を把握し、これを米生産費の「全国平均値(ア 米生産費を参照)」及び「認定農業者がいる経営体のうち作付規模15.0ha以上(オ 認定農業者がいる15ha以上の個別経営体及び稲作主体の組織法人経営体の生産費を参照)」に乗じることにより算出した。

2 60kg当たり全算入生産費は、飼料用米の作付けがある経営体の飼料用米の10a当たり収量の平均値を用いて算出した。

令和元		2		3	
認定農業者がいる15ha以上の個別経営体	稲作主体の組織法人経営体	認定農業者がいる15ha以上の個別経営体	稲作主体の組織法人経営体	認定農業者がいる15ha以上の個別経営体	稲作主体の組織法人経営体
6,704	7,685	6,742	7,587	6,434	7,449
1,012	958	1,000	985	959	957
815	876	829	977	842	903
486	1,744	456	1,507	405	1,517
2,148	2,107	2,184	2,115	2,008	2,049
2,392	2,752	2,450	2,595	2,351	2,582
9,096	10,437	9,192	10,182	8,785	10,031
358	352	302	311	255	281
8,738	10,085	8,890	9,871	8,530	9,750
27	34	29	33	31	24
952	1,273	929	1,265	934	1,199
9,717	11,392	9,848	11,169	9,495	10,973
403	279	416	311	376	287
731	50	631	49	625	34
10,851	11,721	10,895	11,529	10,496	11,294
98,374	99,425	99,509	98,521	97,015	96,882
2,215.5	2,435.3	2,224.4	2,485.1	2,154.5	2,392.4
543	509	547	512	554	514
13.40	14.21	13.73	14.06	13.43	13.90

(10) 価格

ア 農産物価格指数

令和2年＝100

品目・銘柄等級	令和2年	3	4
うるち玄米(1等)	100.0	88.3	81.6
もち玄米(1等)	100.0	98.4	94.6

資料：農林水産省統計部「農業物価統計」

2 米(続き)
(10) 価格(続き)
イ 米の相対取引価格(玄米60kg当たり)

単位:円

産地	品種銘柄(地域区分)	価格	産地	品種銘柄(地域区分)	価格	産地	品種銘柄(地域区分)	価格
全銘柄平均 平成29年産		15,595	千葉	ふさおとめ	10,623	島根	きぬむすめ	12,365
30		15,688	山梨	コシヒカリ	17,754	島根	つや姫	13,092
令和元		15,716	長野	コシヒカリ	13,702	岡山	アケボノ	10,883
2		14,529	長野	あきたこまち	13,456	岡山	コシヒカリ	12,545
3		12,804	静岡	コシヒカリ	14,424	岡山	きぬむすめ	11,541
			静岡	きぬむすめ	12,342	広島	コシヒカリ	13,493
			静岡	あいちのかおり	12,586	広島	あきさかり	12,618
北海道	ななつぼし	12,687	新潟	コシヒカリ(一般)	15,583	広島	あきろまん	12,883
北海道	ゆめぴりか	15,451	新潟	コシヒカリ(魚沼)	20,426	山口	コシヒカリ	13,338
北海道	きらら397	11,955	新潟	コシヒカリ(佐渡)	16,183	山口	ひとめぼれ	12,250
青森	まっしぐら	10,770	新潟	コシヒカリ(岩船)	16,055	山口	ヒノヒカリ	11,980
青森	つがるロマン	11,315	新潟	こしいぶき	12,541	徳島	コシヒカリ	12,251
岩手	ひとめぼれ	12,460	富山	コシヒカリ	13,774	徳島	あきさかり	11,021
岩手	あきたこまち	11,785	富山	てんたかく	12,361	香川	コシヒカリ	13,386
岩手	銀河のしずく	13,480	石川	コシヒカリ	13,127	香川	ヒノヒカリ	12,544
宮城	ひとめぼれ	12,660	石川	ゆめみづほ	11,505	香川	おいでまい	13,269
宮城	つや姫	12,785	福井	コシヒカリ	13,478	愛媛	コシヒカリ	13,977
宮城	ササニシキ	12,599	福井	ハナエチゼン	11,254	愛媛	ヒノヒカリ	12,790
秋田	あきたこまち	12,756	岐阜	ハツシモ	12,657	愛媛	あきたこまち	12,993
秋田	めんこいな	11,633	岐阜	コシヒカリ	14,065	高知	コシヒカリ	13,562
秋田	ひとめぼれ	11,695	愛知	あいちのかおり	12,101	高知	ヒノヒカリ	13,062
山形	はえぬき	12,074	愛知	大地の風	12,719	福岡	夢つくし	14,724
山形	つや姫	18,376	三重	コシヒカリ(一般)	12,472	福岡	ヒノヒカリ	13,017
山形	雪若丸	12,927	三重	コシヒカリ(伊賀)	13,041	福岡	元気つくし	14,521
福島	コシヒカリ(中通り)	11,006	三重	キヌヒカリ	10,911	佐賀	夢しずく	13,206
福島	コシヒカリ(会津)	14,033	滋賀	コシヒカリ	13,647	佐賀	さがびより	13,975
福島	コシヒカリ(浜通り)	11,589	滋賀	キヌヒカリ	11,856	佐賀	ヒノヒカリ	11,696
福島	ひとめぼれ	11,022	滋賀	みずかがみ	13,280	長崎	にこまる	14,027
福島	天のつぶ	10,935	京都	コシヒカリ	13,543	長崎	ヒノヒカリ	13,707
茨城	コシヒカリ	11,423	京都	キヌヒカリ	12,410	熊本	ヒノヒカリ	14,938
茨城	あきたこまち	11,136	京都	ヒノヒカリ	15,237	熊本	ヒノヒカリ	13,235
茨城	あさひの夢	11,594	兵庫	コシヒカリ	13,869	熊本	森のくまさん	13,199
栃木	コシヒカリ	11,817	兵庫	ヒノヒカリ	11,939	大分	ヒノヒカリ	15,088
栃木	あさひの夢	10,540	兵庫	キヌヒカリ	11,885	大分	ヒノヒカリ	13,107
栃木	とちぎの星	10,371	奈良	ヒノヒカリ	12,535	大分	ひとめぼれ	13,804
群馬	あさひの夢	10,636	鳥取	きぬむすめ	11,873	大分	つや姫	13,751
群馬	ゆめまつり	10,581	鳥取	コシヒカリ	12,896	宮崎	コシヒカリ	14,135
埼玉	彩のかがやき	11,085	鳥取	ひとめぼれ	12,118	宮崎	ヒノヒカリ	15,471
埼玉	彩のきずな	11,019	島根	コシヒカリ	13,557	鹿児島	ヒノヒカリ	13,974
埼玉	コシヒカリ	11,312				鹿児島	あきほなみ	14,822
千葉	コシヒカリ	11,387				鹿児島	コシヒカリ	14,702
千葉	ふさこがね	10,207						

資料:農林水産省農産局「米穀の取引に関する報告」
注:1 「米穀の取引に関する報告」の報告対象業者は、全農、道県経済連、単県一農協、道県出荷団体(年間の玄米仕入数量が5,000トン以上)、出荷業者(年間の直接販売数量が5,000トン以上)である。
2 各年産の全銘柄平均価格は、報告対象産地品種銘柄ごとの前年産検査数量ウェイトで加重平均により算定している。
3 産地品種銘柄ごとの価格は、出荷業者と卸売業者等との間で数量と価格が決定された主食用の相対取引契約価格(運賃、包装代、消費税を含む1等米の価格)を加重平均したものである。
4 価格に含む消費税は、平成26年4月から令和元年9月までは8%、令和元年10月は軽減税率の対象である米穀の品代等は8%、運賃等は10%で算定している。
5 全国平均に際しては、新潟、長野、静岡以東(東日本)の産地品種銘柄については受渡地を東日本としているものを、富山、岐阜、愛知以西(西日本)の産地品種銘柄については受渡地を西日本としているものを対象としている。
6 相対取引価格は、個々の契約内容に応じて設定される大口割引等の割引などが適用された価格であり、実際の引取状況に応じて価格調整(等級及び付加価値等(栽培方法等))が行われることがある。また、算定に当たっては、契約価格に運賃を含めない産地在姿の取引分も対象としている。
7 令和3年産の産地品種銘柄別価格は、3年産米の出回りから翌年10月までの平均価格である。

ウ　米の年平均小売価格

単位：円

品目	銘柄	数量単位	都市	平成30年	令和元	2	3	4
うるち米 （「コシヒカリ」）	国内産、精米、単一原料米、5kg袋入り	1袋	東京都区部 大阪市	2,451 2,371	2,456 2,420	2,426 2,379	2,344 2,249	2,288 2,158
うるち米 （「コシヒカリ」を除く。）	国内産、精米、単一原料米、5kg袋入り	〃	東京都区部 大阪市	2,232 2,305	2,234 2,270	2,246 2,251	2,127 2,140	2,076 2,060
もち米	国内産、精米、「単一原料米」又は「複数原料米」、1～2kg袋入り	1kg	東京都区部 大阪市	607 566	601 575	615 565	628 563	… …

資料：総務省統計局「小売物価統計調査（動向編）結果」

エ　1世帯当たり年間の米の支出金額及び購入数量（二人以上の世帯・全国）

品目	平成30年		令和元		2		3		4	
	金額	数量	金額	数量	金額	数量	金額	数量	金額	数量
	円	kg	円	kg	円	kg	円	kg	円	kg
米	24,314	65.75	23,212	62.20	23,920	64.53	21,862	60.80	19,825	57.38

資料：総務省統計局「家計調査結果」

(11)　加工
ア　米穀粉の生産量

単位：t

種類	平成30年	令和元	2	3	4
計	93,956	91,179	91,076	84,964	92,470
上新粉	45,643	43,345	40,559	35,918	42,676
もち粉	9,663	9,406	8,280	8,812	9,683
白玉粉	4,821	4,742	4,851	4,062	4,068
寒梅粉	1,534	1,560	1,485	1,492	1,507
らくがん粉・みじん粉	984	1,120	1,013	993	1,008
だんご粉	1,310	1,159	1,114	1,016	1,042
菓子種	2,506	2,508	2,528	2,183	1,885
新規米粉	27,495	27,339	31,246	30,488	30,601

資料：農林水産省大臣官房政策課食料安全保障室「食品産業動態調査」（以下イまで同じ。）

イ　加工米飯の生産量

単位：t

種類	平成30年	令和元	2	3	4
計	390,170	398,750	404,707	409,034	428,950
レトルト米飯	28,163	27,474	27,245	27,885	32,435
無菌包装米飯	170,218	182,797	197,185	206,179	213,376
冷凍米飯	181,559	178,068	171,307	166,099	174,158
チルド米飯	4,845	4,520	3,894	3,624	3,245
缶詰米飯	553	526	422	422	451
乾燥米飯	4,832	5,365	4,654	4,825	5,285

3 麦類
(1) 麦類作経営体（各年2月1日現在）
ア 販売目的の麦類の種類別経営体数

単位：経営体

年次・全国農業地域	小麦	二条大麦	六条大麦	はだか麦
平成27年	37,694	…	…	…
令和2	30,976	8,054	3,617	1,604
北海道	12,261	394	12	25
都府県	18,715	7,660	3,605	1,579
東北	1,624	32	131	33
北陸	228	9	1,767	12
関東・東山	5,402	3,281	1,014	102
東海	2,517	123	240	123
近畿	2,174	64	310	62
中国	714	565	60	154
四国	610	12	15	690
九州	5,437	3,574	67	403
沖縄	9	－	1	－

資料：農林水産省統計部「農林業センサス」（以下イまで同じ。）

イ 販売目的の麦類の作付面積規模別経営体数

単位：経営体

区分	計	0.1ha未満	0.1〜0.5	0.5〜1.0	1.0〜3.0	3.0〜5.0	5.0ha以上
麦類							
平成27年	49,229	1,273	8,832	6,949	11,080	5,163	15,932
令和2	40,422	1,228	5,184	4,331	8,686	4,712	16,281
うち小麦							
平成27年	37,694	1,049	6,693	4,811	7,774	4,062	13,305
令和2	30,976	771	4,057	3,149	6,045	3,613	13,341

(2) 生産量
ア 麦種類別収穫量（子実用）

年産	4麦計		小麦			二条大麦		
	作付面積	収穫量（玄麦）	作付面積	10a当たり収量	収穫量（玄麦）	作付面積	10a当たり収量	収穫量（玄麦）
	千ha	千t	千ha	kg	千t	千ha	kg	千t
平成30年産	273	940	212	361	765	38	318	122
令和元	273	1,260	212	490	1,037	38	386	147
2	276	1,171	213	447	949	39	368	145
3	283	1,332	220	499	1,097	38	413	158
4	291	1,227	227	437	994	38	397	151

年産	六条大麦			はだか麦		
	作付面積	10a当たり収量	収穫量（玄麦）	作付面積	10a当たり収量	収穫量（玄麦）
	千ha	kg	千t	千ha	kg	千t
平成30年産	17	225	39	5	258	14
令和元	18	315	56	6	351	20
2	18	314	57	6	322	20
3	18	304	55	7	324	22
4	19	337	65	6	290	17

資料：農林水産省統計部「作物統計」（以下イまで同じ。）
注：作付面積は子実用である（以下イまで同じ。）。

イ　令和4年産都道府県別麦類の収穫量（子実用）

全国・都道府県	小麦		二条大麦		六条大麦		はだか麦	
	作付面積	収穫量（玄麦）	作付面積	収穫量（玄麦）	作付面積	収穫量（玄麦）	作付面積	収穫量（玄麦）
	ha	t	ha	t	ha	t	ha	t
全国	227,300	993,500	38,100	151,200	19,300	65,100	5,870	17,000
北海道	130,600	614,200	1,700	6,440	13	50	84	179
青森	733	1,910	-	-	x	x	-	-
岩手	3,750	9,000	x	x	78	200	-	-
宮城	994	3,900	x	x	1,410	4,780	-	-
秋田	288	962	-	-	-	-	-	-
山形	109	220	-	-	x	x	-	-
福島	432	838	12	21	20	26	-	-
茨城	4,640	12,400	912	1,710	1,700	3,200	355	639
栃木	2,380	8,690	8,600	32,000	1,690	4,230	46	118
群馬	5,380	22,700	1,640	5,810	506	1,680	1	3
埼玉	5,290	19,100	726	2,800	150	509	105	247
千葉	739	1,710	x	x	34	98	1	3
東京	12	21	1	3	-	-	x	x
神奈川	39	91	-	-	-	-	x	x
新潟	118	349	-	-	128	366	-	-
富山	51	126	x	x	3,500	13,400	x	x
石川	94	210	x	x	1,610	6,130	-	-
福井	135	294	-	-	5,060	18,100	x	x
山梨	76	263	-	-	41	98	-	-
長野	2,270	8,170	12	35	672	2,910	-	-
岐阜	3,490	12,500	-	-	262	608	-	-
静岡	749	1,850	17	36	x	x	x	x
愛知	5,870	30,000	x	x	106	416	10	20
三重	7,250	25,000	-	-	102	330	35	96
滋賀	6,460	24,100	64	324	1,550	5,750	106	388
京都	196	390	99	286	-	-	-	-
大阪	1	1	-	-	x	x	x	x
兵庫	1,710	5,270	2	3	473	1,630	203	394
奈良	119	365	-	-	-	-	x	x
和歌山	4	7	x	x	1	1	0	1
鳥取	81	262	92	267	x	x	4	7
島根	143	266	536	1,640	11	13	22	63
岡山	956	4,160	2,090	7,940	2	4	223	861
広島	206	503	x	x	87	222	65	157
山口	1,560	6,470	200	678	-	-	293	627
徳島	73	234	38	105	x	x	19	32
香川	2,360	8,970	x	x	-	-	852	2,310
愛媛	409	1,850	-	-	-	-	1,480	4,340
高知	4	6	5	21	-	-	3	6
福岡	16,500	75,400	5,680	23,800	-	-	490	1,670
佐賀	12,100	56,600	9,670	46,200	-	-	282	1,170
長崎	641	2,180	1,150	3,900	-	-	217	497
熊本	5,210	20,600	2,600	9,410	7	18	103	279
大分	2,960	10,900	1,870	6,730	9	22	842	2,850
宮崎	120	313	61	214	x	x	14	25
鹿児島	48	116	257	704	8	30	10	13
沖縄	7	7	5	7	-	-	-	-

3 麦類 (続き)
(3) 需給
ア 麦類需給表

年度種類別		国内生産量(玄麦)	外国貿易(玄麦)		在庫の増減量(玄麦)	国内消費仕向量(玄麦)				一人1年当たり供給量
			輸入量	輸出量			粗食料	飼料用	加工用	
		千t	千t	千t	千t	千t	千t	千t	千t	kg
平成30年度	小麦	765	5,653	0	△ 107	6,525	5,227	818	269	32.2
	大麦	161	1,790	0	14	1,937	50	954	926	0.2
	はだか麦	14	33	0	5	42	35	0	5	0.2
令和元	小麦	1,037	5,462	0	26	6,473	5,226	780	269	32.2
	大麦	202	1,689	0	30	1,861	55	914	885	0.2
	はだか麦	20	39	0	16	43	36	0	5	0.2
2	小麦	949	5,521	0	58	6,412	5,136	835	262	31.8
	大麦	201	1,649	0	40	1,810	48	958	798	0.2
	はだか麦	20	25	0	9	36	29	0	5	0.1
3	小麦	1,097	5,375	0	51	6,421	5,085	883	275	31.6
	大麦	213	1,658	0	△ 22	1,893	57	1,023	807	0.2
	はだか麦	22	15	0	1	36	29	0	6	0.1
4 (概算値)	小麦	994	5,512	0	37	6,469	5,070	932	282	31.7
	大麦	216	1,830	0	81	1,965	61	1,088	810	0.2
	はだか麦	17	11	0	△ 3	31	23	0	7	0.1

資料：農林水産省大臣官房政策課食料安全保障室「食料需給表」
注： 国内生産量から国内消費仕向量までは玄麦であり、一人1年当たり供給量は小麦については小麦粉であり、大麦、はだか麦については精麦である。

イ 輸出入実績
(ア) 輸出入量及び金額

品目名	令和3年		4	
	数量	金額	数量	金額
	t	千円	t	千円
輸出				
穀粉・加工穀物				
小麦粉	174,635	10,033,487	165,203	12,863,465
輸入				
穀物				
1)小麦	5,126,074	195,838,243	5,346,021	329,808,387
1)大麦・はだか麦	1,148,481	35,607,253	1,235,677	57,972,831
穀粉・挽割含む				
小麦粉	3,359	401,005	4,163	612,745

資料：財務省関税局「貿易統計」をもとに農林水産省統計部にて作成。 (以下(イ)まで同じ。)
注：1)は、は種用及び飼料用を含む。

(イ) 小麦 (玄麦) の国別輸入量

単位：t

区分	令和3年	4
小麦	5,126,074	5,346,021
うちアメリカ合衆国	2,266,604	2,153,572
カナダ	1,797,990	1,881,110
オーストラリア	1,055,654	1,305,874

注：令和4年の輸入量が多い国・地域について、上位3か国を掲載した。

ウ 麦類の政府買入れ及び民間流通

単位：千 t

| 会計年度 | 供給（玄麦） | | | | | | | | |
| | 合計 | | | 持越し | | | 買入れ | | |
	計	内麦	外麦	小計	内麦	外麦	小計	内麦	外麦
大麦・はだか麦									
平成29年度	236	–	236	–	–	–	236	–	236
	(170)	(170)		(64)	(64)		(106)	(106)	
30	279	–	279	–	–	–	279	–	279
	(179)	(179)		(76)	(76)		(103)	(103)	
令和元	250	–	250	–	–	–	250	–	250
	(222)	(222)		(81)	(81)		(141)	(141)	
2	205	–	205	–	–	–	205	–	205
	(252)	(252)		(109)	(109)		(143)	(143)	
3	162	–	162	–	–	–	162	–	162
	(260)	(260)		(111)	(111)		(149)	(149)	
小麦									
平成29年度	5,242	–	5,242	–	–	–	5,242	–	5,242
	(1,311)	(1,311)		(466)	(466)		(845)	(845)	
30	4,890	–	4,890	–	–	–	4,890	–	4,890
	(1,246)	(1,246)		(543)	(543)		(703)	(703)	
令和元	4,727	–	4,727	–	–	–	4,727	–	4,727
	(1,496)	(1,496)		(529)	(529)		(967)	(967)	
2	4,698	–	4,698	–	–	–	4,698	–	4,698
	(1,539)	(1,539)		(668)	(668)		(871)	(871)	
3	4,552	–	4,552	–	–	–	4,552	–	4,552
	(1,685)	(1,685)		(673)	(673)		(1,012)	(1,012)	

| 会計年度 | 需要（玄麦） | | | | | | | | |
| | 合計 | | | 主食用 | | | その他 | | |
	計	内麦	外麦	小計	内麦	外麦	小計	内麦	外麦
大麦・はだか麦									
平成29年度	236	–	236	159	–	159	77	–	77
	(94)	(94)		(71)	(71)		(23)	(23)	
30	279	–	279	185	–	185	94	–	94
	(98)	(98)		(73)	(73)		(25)	(25)	
令和元	250	–	250	149	–	149	101	–	101
	(115)	(115)		(90)	(90)		(25)	(25)	
2	205	–	205	107	–	107	98	–	98
	(141)	(141)		(110)	(110)		(31)	(31)	
3	162	–	162	86	–	86	76	–	76
	(149)	(149)		(122)	(122)		(27)	(27)	
小麦									
平成29年度	5,242	–	5,242	5,149	–	5,149	93	–	93
	(769)	(769)		(751)	(751)		(18)	(18)	
30	4,890	–	4,890	4,807	–	4,807	83	–	83
	(717)	(717)		(700)	(700)		(17)	(17)	
令和元	4,727	–	4,727	4,644	–	4,644	83	–	83
	(827)	(827)		(809)	(809)		(18)	(18)	
2	4,698	–	4,698	4,628	–	4,628	70	–	70
	(866)	(866)		(846)	(846)		(20)	(20)	
3	4,552	–	4,552	4,478	–	4,478	74	–	74
	(1,050)	(1,050)		(1,026)	(1,026)		(24)	(24)	

資料：農林水産省農産局資料
注：1 主要食糧の需給及び価格の安定に関する法律の一部改正（平成19年4月施行）により、
　　内麦の無制限買入制度が廃止された。
　2 （ ）内の数値は、民間流通麦で外数である。

3 麦類(続き)
(4) 保険・共済

区分	単位	平成30年産	令和元 (概算値)	2 (概算値)	3 (概算値)	4 (概算値)
引受組合等数	組合	116	96	86	56	50
引受戸数	千戸	37	32	29	26	24
引受面積	千ha	266	235	222	205	193
共済金額	100万円	129,958	123,215	126,076	117,801	111,977
共済掛金	〃	11,785	9,166	9,450	8,553	7,312
支払対象戸数	千戸	20	13	37	9	8
支払対象面積	千ha	124	2	3	2	52
支払共済金	100万円	15,518	3,815	19,855	4,188	4,848

資料:農林水産省経営局「農作物共済統計表」。ただし、令和元年産〜4年産は経営局資料。
注:農業保険法による農作物共済の実績である。

(5) 生産費
ア 小麦生産費

区分	単位	令和3年産		4		費目 割合
		10a 当たり	60kg 当たり	10a 当たり	60kg 当たり	
						%
物財費	円	53,779	5,742	55,151	6,983	90.3
種苗費	〃	3,650	389	3,664	463	6.0
肥料費	〃	9,532	1,018	10,445	1,323	17.1
農業薬剤費	〃	5,422	579	5,618	711	9.2
光熱動力費	〃	2,204	235	2,565	325	4.2
その他の諸材料費	〃	567	61	623	79	1.0
土地改良及び水利費	〃	1,133	121	1,008	128	1.7
賃借料及び料金	〃	16,449	1,757	15,747	1,993	25.8
物件税及び公課諸負担	〃	1,322	141	1,318	167	2.2
建物費	〃	1,077	114	1,223	155	2.0
自動車費	〃	1,657	177	1,574	200	2.6
農機具費	〃	10,448	1,116	11,092	1,404	18.2
生産管理費	〃	318	34	274	35	0.4
労働費	〃	5,959	637	5,935	751	9.7
費用合計	〃	59,738	6,379	61,086	7,734	100.0
生産費 (副産物価額差引)	〃	57,055	6,092	58,516	7,408	
支払利子・地代算入生産費	〃	59,861	6,392	61,383	7,771	
資本利子・地代全額算入生産費	〃	67,967	7,258	69,551	8,804	
1経営体当たり作付面積	a	865.4	–	879.0	–	
主産物数量	kg	562	–	475	–	
労働時間	時間	3.43	0.34	3.41	0.42	

資料:農林水産省統計部「農業経営統計調査 農産物生産費統計」(以下エまで同じ。)
注:1 生産費とは、生産物の一定単位量の生産のために消費した経済費用の合計をいう。ここでいう費
   用の合計とは、生産物の生産に要した材料、賃借料及び料金、用役等(労働・固定資産等)の価額
   の合計である(以下エまで同じ。)。
  2 本調査は、小麦については2015年農林業センサスに基づく農業経営体、二条大麦、六条大麦及び
   はだか麦については平成26年度経営所得安定対策等加入申請者情報の経営体のうち、世帯による農
   業経営を行い、調査該当麦を10a以上作付けし、販売した経営体(個別経営体)を対象に実施した
   (以下エまで同じ。)。
  3 費目割合は、10a当たり生産費を用いて計算した値である(以下エまで同じ。)。

イ 二条大麦生産費

区分	単位	令和3年産		4		
		10a 当たり	50kg 当たり	10a 当たり	50kg 当たり	費目割合
						%
物財費	円	38,287	4,616	38,080	4,745	83.3
種苗費	〃	3,512	424	3,634	453	7.9
肥料費	〃	7,658	924	7,685	958	16.8
農薬薬剤費	〃	2,312	279	2,273	283	5.0
光熱動力費	〃	1,955	236	2,212	276	4.8
その他の諸材料費	〃	95	11	66	8	0.1
土地改良及び水利費	〃	516	62	458	57	1.0
賃借料及び料金	〃	11,294	1,363	10,700	1,334	23.4
物件税及び公課諸負担	〃	709	85	681	85	1.5
建物費	〃	769	92	778	97	1.7
自動車費	〃	1,105	133	1,149	142	2.5
農機具費	〃	8,211	989	8,321	1,037	18.2
生産管理費	〃	151	18	123	15	0.3
労働費	〃	7,485	903	7,638	952	16.7
費用合計	〃	45,772	5,519	45,718	5,697	100.0
生産費（副産物価額差引）	〃	45,542	5,491	45,413	5,658	–
支払利子・地代算入生産費	〃	49,865	6,012	49,911	6,218	–
資本利子・地代全額算入生産費	〃	54,445	6,564	54,464	6,785	–
1経営体当たり作付面積	a	314.3	–	351.8	–	–
主産物数量	kg	415	–	400	–	–
労働時間	時間	4.72	0.55	4.69	0.57	–

ウ 六条大麦生産費

区分	単位	令和3年産		4		
		10a 当たり	50kg 当たり	10a 当たり	50kg 当たり	費目割合
						%
物財費	円	28,057	4,821	32,005	5,022	83.5
種苗費	〃	2,529	434	2,510	394	6.5
肥料費	〃	8,226	1,414	8,644	1,356	22.6
農薬薬剤費	〃	2,065	355	2,235	351	5.8
光熱動力費	〃	1,618	278	1,990	312	5.2
その他の諸材料費	〃			0	0	0.0
土地改良及び水利費	〃	838	144	891	140	2.3
賃借料及び料金	〃	4,489	771	6,157	966	16.1
物件税及び公課諸負担	〃	526	90	419	66	1.1
建物費	〃	836	144	932	146	2.4
自動車費	〃	686	117	596	93	1.6
農機具費	〃	6,094	1,048	7,531	1,182	19.6
生産管理費	〃	150	26	100	16	0.3
労働費	〃	5,549	954	6,321	991	16.5
費用合計	〃	33,606	5,775	38,326	6,013	100.0
生産費（副産物価額差引）	〃	33,425	5,744	37,987	5,961	–
支払利子・地代算入生産費	〃	39,663	6,816	43,886	6,887	–
資本利子・地代全額算入生産費	〃	41,993	7,217	46,071	7,230	–
1経営体当たり作付面積	a	507.0	–	513.8	–	–
主産物数量	kg	292	–	319	–	–
労働時間	時間	3.43	0.57	3.90	0.61	–

(5) 生産費 (続き)
エ はだか麦生産費

区分	単位	令和3年産		4		費目割合
		10a 当たり	60kg 当たり	10a 当たり	60kg 当たり	
						%
物財費	円	34,690	5,417	34,966	6,593	76.4
種苗費	〃	3,709	580	3,249	613	7.1
肥料費	〃	6,483	1,013	6,885	1,299	15.0
農業薬剤費	〃	3,562	556	3,324	627	7.3
光熱動力費	〃	2,323	363	2,503	472	5.5
その他の諸材料費	〃	–	–	–	–	–
土地改良及び水利費	〃	23	4	26	5	0.1
賃借料及び料金	〃	6,023	941	6,688	1,261	14.6
物件税及び公課諸負担	〃	704	110	583	110	1.3
建物費	〃	723	113	807	152	1.8
自動車費	〃	985	153	898	169	2.0
農機具費	〃	10,000	1,560	9,894	1,865	21.6
生産管理費	〃	155	24	109	20	0.2
労働費	〃	11,288	1,763	10,826	2,041	23.6
費用合計	〃	45,978	7,180	45,792	8,634	100.0
生産費 (副産物価額差引)	〃	45,809	7,153	45,634	8,604	–
支払利子・地代算入生産費	〃	49,424	7,717	49,706	9,372	–
資本利子・地代全額算入生産費	〃	52,483	8,195	52,207	9,844	–
1経営体当たり作付面積	a	403.9		408.1		
主産物数量	kg	384	–	318	–	
労働時間	時間	7.74	1.19	6.96	1.31	–

(6) 価格
ア 農産物価格指数

令和2年=100

年次	小麦 1等	ビール麦 (二条大麦) 2等	六条大麦 1等	はだか麦 1等
令和2年	100.0	100.0	100.0	100.0
3	108.5	100.7	92.7	63.3
4	123.0	105.7	84.4	90.7

資料：農林水産省統計部「農業物価統計」

イ 民間流通麦の入札における落札決定状況 (令和5年産)

単位:円

麦種・産地・銘柄・地域区分			1 t 当たり 指標価格 (加重平均)	麦種・産地・銘柄・地域区分			1 t 当たり 指標価格 (加重平均)
小麦				小粒(六条)大麦			
北海道	春よ恋	全地区	86,051	宮城	シュンライ	全地区	35,764
北海道	きたほなみ	全地区	63,014	宮城	ミノリムギ	全地区	35,707
北海道	ゆめちから	全地区	64,084	宮城	ホワイトファイバー	全地区	41,753
北海道	はるきらり	全地区	73,988	茨城	カシマムギ	全地区	46,283
岩手	ゆきちから	全地区	54,739	茨城	カシマゴール	全地区	40,490
宮城	シラネコムギ	全地区	63,306	栃木	シュンライ	全地区	38,794
茨城	さとのそら	全地区	64,169	群馬	シュンライ	全地区	37,844
群馬	つるぴかり	全地区	75,100	富山	ファイバースノウ	全地区	45,454
群馬	さとのそら	全地区	67,561	石川	ファイバースノウ Ⅰ地区		43,666
埼玉	あやひかり	全地区	70,216	福井	ファイバースノウ	全地区	45,701
埼玉	さとのそら	全地区	65,760	福井	はねうまもち	全地区	50,041
岐阜	イワイノダイチ	全地区	62,881	長野	ファイバースノウ	全地区	38,034
岐阜	さとのそら	全地区	65,378	滋賀	ファイバースノウ Ⅰ地区		35,998
愛知	きぬあかり	全地区	72,405	滋賀	ファイバースノウ Ⅱ地区		35,644
愛知	ゆめあかり	全地区	58,002	兵庫	シュンライ	全地区	40,439
滋賀	農林61号	全地区	70,587				
滋賀	ふくさやか	全地区	64,735	大粒(二条)大麦			
滋賀	びわほなみ	全地区	70,571	茨城	ミカモゴールデン	全地区	30,571
香川	さぬきの夢2009	全地区	60,358	栃木	ニューサチホゴールデン	全地区	31,051
福岡	シロガネコムギ	全地区	68,661	島根	サチホゴールデン	全地区	36,365
福岡	チクゴイズミ	全地区	65,654	岡山	スカイゴールデン	全地区	38,868
福岡	ミナミノカオリ	全地区	65,717	岡山	サチホゴールデン	全地区	40,184
佐賀	シロガネコムギ	全地区	68,534	佐賀	サチホゴールデン	全地区	42,672
佐賀	チクゴイズミ	全地区	64,156	佐賀	はるか二条	全地区	43,562
佐賀	はる風ふわり	全地区	65,710				
大分	チクゴイズミ	全地区	64,387	はだか麦			
				香川	イチバンボシ	全地区	32,354
				愛媛	ハルヒメボシ	全地区	32,925

資料:全国米麦改良協会「令和5年産 民間流通麦の入札における落札決定状況 (公表)」
注:1 地域区分とは、上場に係る産地別銘柄について、売り手が、特定の地域を産地として
　　区分し、事前に民間流通連絡協議会の了承を得た区分である。
　　2 指標価格は、落札価格を落札数量で加重平均したものである。
　　3 消費税(地方消費税を含む。)相当額を除いた金額である。

(7) 加工
　　小麦粉の用途別生産量

単位:千 t

年度	計	パン用	めん用	菓子用	工業用	家庭用	その他
平成29年度	4,877	1,956	1,618	527	58	150	568
30	4,834	1,917	1,590	532	57	151	588
令和元	4,795	1,913	1,548	528	60	147	599
2	4,664	1,857	1,504	510	59	139	595
3	4,646	1,840	1,493	514	59	144	596

資料:農林水産省農産局貿易業務課調べ
注:生産量は、それぞれの製品の重量である。

4 いも類

(1) 販売目的のかんしょ・ばれいしょの作付経営体数
(各年2月1日現在)

単位：経営体

区分	かんしょ	ばれいしょ
平成27年	31,366	66,871
令和2	21,303	40,371

資料：農林水産省統計部「農林業センサス」

(2) 生産量
ア かんしょの収穫量

年産・都道府県	作付面積	10a当たり収量	収穫量
	ha	kg	t
平成30年産	1) 35,700	1) 2,230	1) 796,500
令和元	1) 34,300	1) 2,180	1) 748,700
2	33,100	1) 2,080	1) 687,600
3	1) 32,400	1) 2,070	1) 671,900
4	1) 32,300	1) 2,200	1) 710,700
主要生産県			
鹿児島	10,000	2,100	210,000
茨城	7,500	2,590	194,300
千葉	3,610	2,460	88,800
宮崎	3,080	2,530	77,900
徳島	1,090	2,480	27,000

資料：農林水産省統計部「作物統計」
注：主要生産県は、令和4年産収穫量の上位5県を掲載した。
　　1)は、主産県の調査結果から推計したものである。
　　なお、主産県とは、直近の全国調査年における全国の作付面積のおおむね80%を占めるまでの
　　上位都道府県である。

イ ばれいしょの収穫量

年産	春植えばれいしょ		秋植えばれいしょ	
	作付面積	収穫量	作付面積	収穫量
	ha	t	ha	t
平成30年産	74,000	2,215,000	2,510	45,600
令和元	72,000	2,357,000	2,410	41,800
2	69,600	2,167,000	2,310	38,900
3	68,500	2,139,000	2,400	36,300
4 （概算値）	69,100	2,245,000	2,260	38,300

資料：農林水産省統計部「野菜生産出荷統計」

(3) 需給

ア いも需給表

年度・種類別		国内生産量	外国貿易		国内消費仕向量				一人1年当たり供給量
			輸入量	輸出量		粗食料	飼料用	加工用	
		千 t	千 t	千 t	千 t	千 t	千 t	千 t	kg
平成30年度	計	3,057	1,159	18	4,198	2,749	7	1,130	19.6
	かんしょ	797	55	11	841	510	2	312	3.7
	ばれいしょ	2,260	1,104	7	3,357	2,239	5	818	15.9
令和元	計	3,148	1,179	20	4,307	2,883	5	1,169	20.6
	かんしょ	749	56	13	792	486	2	289	3.5
	ばれいしょ	2,399	1,123	7	3,515	2,397	3	880	17.1
2	計	2,893	1,099	26	3,966	2,704	5	1,015	19.3
	かんしょ	688	47	17	718	482	2	218	3.5
	ばれいしょ	2,205	1,052	9	3,248	2,222	3	797	15.9
3	計	2,847	1,140	28	3,959	2,674	4	1,006	19.2
	かんしょ	672	52	16	708	474	2	218	3.4
	ばれいしょ	2,175	1,088	12	3,251	2,200	2	788	15.8
4 (概算値)	計	2,995	1,307	30	4,272	2,921	4	1,047	21.1
	かんしょ	711	50	17	744	528	2	196	3.8
	ばれいしょ	2,284	1,257	13	3,528	2,393	2	851	17.2

資料：農林水産省大臣官房政策課食料安全保障室「食料需給表」

イ いもの用途別消費量

単位：千 t

年度	1)生産数量	農家自家食用	飼料用	種子用	市場販売用	加工食品用	でん粉用	2)アルコール用	減耗
かんしょ									
平成30年度	797	41	2	10	347	72	96	213	17
令和元	749	38	2	9	332	64	98	189	17
2	688	34	2	11	321	86	77	139	17
3	672	36	2	9	313	77	76	140	19
4	711	33	2	12	350	100	56	138	16
ばれいしょ									
平成30年度	2,260	139	4	134	457	534	732	-	259
令和元	2,399	120	3	127	520	617	821	-	188
2	2,205	96	3	121	443	581	735	-	225
3	2,175	101	2	122	435	541	706	-	268
4 (概算値)	2,284	99	2	131	448	579	762	-	265

資料：農林水産省農産局調べ
注：1)は、農林水産省統計部「作物統計調査」の結果資料による。
　　2)は、焼酎用、醸造用の計である。

4 いも類 (続き)
(3) 需給 (続き)
ウ 輸出入量及び金額

品目名	令和3年		4	
	数量	金額	数量	金額
	t	千円	t	千円
輸出				
かんしょ (生鮮・冷蔵・冷凍・乾燥)	5,603	2,333,013	5,702	2,625,967
うち香港	2,282	908,397	2,446	1,069,526
タイ	1,862	784,593	1,758	811,571
シンガポール	860	391,308	978	503,183
輸入				
ばれいしょ (生鮮・冷蔵)	47,390	3,199,024	43,290	4,033,784
うちアメリカ合衆国	47,390	3,199,024	43,288	4,033,475
中国	-	-	2	309
	-	-	-	-

資料：財務省関税局「貿易統計」をもとに農林水産省統計部にて作成。
注：令和4年の輸出入量が多い国・地域について、上位3か国を掲載した。

(4) 保険・共済

区分	単位	ばれいしょ	
		令和3年産 (概数値)	4 (概数値)
引受組合等数	組合	12	5
引受戸数	戸	4,960	4,785
引受面積	ha	38,377	39,398
共済金額	100万円	38,827	41,018
共済掛金	〃	1,316	1,261
支払対象戸数	戸	1,956	1,083
支払対象面積	ha	11,220	7,081
支払共済金	100万円	1,855	698

資料：農林水産省経営局資料
注：農業保険法による畑作物共済の実績である。

(5) 生産費

ア 原料用かんしょ生産費

区分	単位	令和2年産		3		
		10 a 当たり	100kg当たり	10a当たり	100kg当たり	費目割合
						%
物財費	円	59,889	2,750	62,034	2,526	43.4
種苗費	〃	3,190	146	3,473	142	2.4
肥料費	〃	10,490	482	10,879	443	7.6
農業薬剤費	〃	9,706	446	9,429	384	6.6
光熱動力費	〃	4,408	202	5,106	208	3.6
その他の諸材料費	〃	6,392	294	7,440	303	5.2
土地改良及び水利費	〃	228	10	248	10	0.2
賃借料及び料金	〃	851	39	1,000	41	0.7
物件税及び公課諸負担	〃	1,470	67	1,422	58	1.0
建物費	〃	2,694	124	2,216	90	1.6
自動車費	〃	3,542	162	4,102	167	2.9
農機具費	〃	16,643	765	16,420	668	11.5
生産管理費	〃	275	13	299	12	0.2
労働費	〃	81,196	3,728	80,890	3,291	56.6
費用合計	〃	141,085	6,478	142,924	5,817	100.0
生産費（副産物価額差引）	〃	141,085	6,478	142,924	5,817	－
支払利子・地代算入生産費	〃	146,331	6,718	148,056	6,025	－
資本利子・地代全額算入生産費	〃	154,810	7,107	156,626	6,374	－
1経営体当たり作付面積	a	103.4	－	115.3	－	－
主産物数量	kg	2,178	－	2,457	－	－
労働時間	時間	56.58	2.59	57.41	2.31	－

資料：農林水産省統計部「農業経営統計調査 農産物生産費統計」（以下イまで同じ。）
注：1 調査対象地域は鹿児島県である。
　　2 生産費とは、生産物の一定単位量の生産のために消費した経済費用の合計をいう。
　　　ここでいう費用の合計とは、生産物の生産に要した材料、賃借料及び料金、用役等（労働・固定資産等）の価額の合計である（以下イまで同じ。）。
　　3 本調査は、2015年農林業センサスに基づく農業経営体のうち、世帯による農業経営を行い、調査対象作目を10 a以上作付けし、販売した経営体（個別経営体）を対象に実施した（以下イまで同じ。）。
　　4 費目割合は、10 a 当たり生産費を用いて計算した値である（以下イまで同じ。）。

イ 原料用ばれいしょ生産費

区分	単位	令和2年産		3		
		10 a 当たり	100kg当たり	10a当たり	100kg当たり	費目割合
						%
物財費	円	67,874	1,711	71,887	1,732	81.9
種苗費	〃	15,637	394	16,454	397	18.7
肥料費	〃	10,943	276	10,795	260	12.3
農業薬剤費	〃	11,023	278	10,745	259	12.2
光熱動力費	〃	2,961	75	3,885	94	4.4
その他の諸材料費	〃	236	6	264	6	0.3
土地改良及び水利費	〃	239	6	409	10	0.5
賃借料及び料金	〃	2,293	58	1,872	45	2.1
物件税及び公課諸負担	〃	2,209	56	2,303	56	2.6
建物費	〃	1,526	38	1,668	39	1.9
自動車費	〃	2,528	64	2,924	70	3.3
農機具費	〃	17,780	448	20,114	485	22.9
生産管理費	〃	499	12	454	11	0.5
労働費	〃	15,386	389	15,938	383	18.1
費用合計	〃	83,260	2,100	87,825	2,115	100.0
生産費（副産物価額差引）	〃	83,260	2,100	87,825	2,115	－
支払利子・地代算入生産費	〃	85,356	2,153	89,544	2,156	－
資本利子・地代全額算入生産費	〃	95,449	2,407	100,304	2,415	－
1経営体当たり作付面積	a	787.8	－	636.2	－	－
主産物数量	kg	3,968	－	4,146	－	－
労働時間	時間	8.34	0.20	8.65	0.19	－

注：調査対象地域は北海道である。

4 いも類 (続き)
(6) 価格
ア 農産物価格指数

令和2年＝100

年次	かんしょ		ばれいしょ		
	食用	加工用	食用	加工用	種子用
令和2年	100.0	100.0	100.0	100.0	100.0
3	109.8	103.3	125.6	88.3	100.0
4	113.7	103.3	99.8	86.9	112.6

資料：農林水産省統計部「農業物価統計」

イ でん粉用原料用かんしょ交付金単価 (1 t 当たり)

単位：円

品種	令和4年産	5
アリアケイモ、みちしずく、コガネセンガン、こないしん、コナホマレ、こなみずき、サツマアカ、サツマスターチ、シロサツマ、シロユタカ、ダイチノユメ、ハイスターチ及びミナミユタカ	28,980	30,290 (29,550)
その他の品種	25,950	27,120 (26,460)

資料：農林水産省農産局地域作物課資料
注： （ ）内の単価は、消費税課税事業者における額。

ウ 1 kg当たり卸売価格 （東京都）

単位：円

品目	平成29年	30	令和元年	2	3
かんしょ	217	228	256	268	289
ばれいしょ	158	112	117	159	220

資料：農林水産省統計部「青果物卸売市場調査報告」
注：東京都の卸売市場における卸売額を卸売数量で除して求めた価格である。

エ 1 kg当たり年平均小売価格 （東京都区部）

単位：円

品目	平成30年	令和元年	2	3	4
さつまいも	486	541	543	599	618
じゃがいも	329	340	388	430	423

資料：総務省統計局「小売物価統計調査 （動向編） 結果」

5　雑穀・豆類
(1)　販売目的のそば・豆類の作付経営体数（各年2月1日現在）

単位：経営体

区分	そば	大豆	小豆
平成27年	28,187	70,837	23,805
令和2	21,057	49,731	13,765

資料：農林水産省統計部「農林業センサス」

5 雑穀・豆類 (続き)
(2) 小豆・らっかせい・いんげん (乾燥子実) の生産量

年産・都道府県	小豆			らっかせい			いんげん		
	作付面積	10a当たり収量	収穫量	作付面積	10a当たり収量	収穫量	作付面積	10a当たり収量	収穫量
	ha	kg	t	ha	kg	t	ha	kg	t
平成30年産	23,700	178	42,100	6,370	245	15,600	7,350	133	9,760
令和元	1) 25,500	1) 232	1) 59,100	1) 6,330	1) 196	1) 12,400	1) 6,860	1) 195	1) 13,400
2	1) 26,600	1) 195	1) 51,900	1) 6,220	1) 212	1) 13,200	1) 7,370	1) 67	1) 4,920
3	23,300	1) 181	1) 42,200	6,020	1) 246	1) 14,800	7,130	1) 101	1) 7,200
4	1) 23,200	1) 181	1) 42,100	1) 5,870	1) 298	1) 17,500	1) 6,220	1) 137	1) 8,530
北海道	19,100	206	39,300	…	…	…	5,780	140	8,090
青森	…	…	…	…	…	…	…	…	…
岩手	…	…	…	…	…	…	…	…	…
宮城	…	…	…	…	…	…	…	…	…
秋田	…	…	…	…	…	…	…	…	…
山形	…	…	…	…	…	…	…	…	…
福島	…	…	…	…	…	…	…	…	…
茨城	…	…	…	…	…	…	…	…	…
栃木	…	…	…	…	…	…	…	…	…
群馬	…	…	…	…	…	…	…	…	…
埼玉	…	…	…	…	…	…	…	…	…
千葉	…	…	…	4,790	312	14,900	…	…	…
東京	…	…	…	…	…	…	…	…	…
神奈川	…	…	…	…	…	…	…	…	…
新潟	…	…	…	…	…	…	…	…	…
富山	…	…	…	…	…	…	…	…	…
石川	…	…	…	…	…	…	…	…	…
福井	…	…	…	…	…	…	…	…	…
山梨	…	…	…	…	…	…	…	…	…
長野	…	…	…	…	…	…	…	…	…
岐阜	…	…	…	…	…	…	…	…	…
静岡	…	…	…	…	…	…	…	…	…
愛知	…	…	…	…	…	…	…	…	…
三重	…	…	…	…	…	…	…	…	…
滋賀	164	97	159	…	…	…	…	…	…
京都	458	72	330	…	…	…	…	…	…
大阪	…	…	…	…	…	…	…	…	…
兵庫	…	…	…	…	…	…	…	…	…
奈良	…	…	…	…	…	…	…	…	…
和歌山	…	…	…	…	…	…	…	…	…
鳥取	…	…	…	…	…	…	…	…	…
島根	…	…	…	…	…	…	…	…	…
岡山	…	…	…	…	…	…	…	…	…
広島	…	…	…	…	…	…	…	…	…
山口	…	…	…	…	…	…	…	…	…
徳島	…	…	…	…	…	…	…	…	…
香川	…	…	…	…	…	…	…	…	…
愛媛	…	…	…	…	…	…	…	…	…
高知	…	…	…	…	…	…	…	…	…
福岡	…	…	…	…	…	…	…	…	…
佐賀	…	…	…	…	…	…	…	…	…
長崎	…	…	…	…	…	…	…	…	…
熊本	…	…	…	…	…	…	…	…	…
大分	…	…	…	…	…	…	…	…	…
宮崎	…	…	…	…	…	…	…	…	…
鹿児島	…	…	…	…	…	…	…	…	…
沖縄	…	…	…	…	…	…	…	…	…

資料：農林水産省統計部「作物統計」 (以下(3)まで同じ。)
注： 1)は、主産県の調査結果から推計したものである。
　　主産県とは、直近の全国調査年における作付面積が全国の作付面積のおおむね80%を占めるまでの
　　上位都道府県及び畑作物共済事業 (らっかせいを除く。) を実施する都道府県である。

(3) そば・大豆 (乾燥子実) の生産量

年産・都道府県	そば			大豆		
	作付面積	10a当たり収量	収穫量	作付面積	10a当たり収量	収穫量
	ha	kg	t	ha	kg	t
平成30年産	63,900	45	29,000	146,600	144	211,300
令和元	65,400	65	42,600	143,500	152	217,800
2	66,600	67	44,800	141,700	154	218,900
3	65,500	62	40,900	146,200	169	246,500
4	65,600	61	40,000	151,600	160	242,800
北海道	24,000	76	18,300	43,200	252	108,900
青森	1,750	27	473	5,390	82	4,420
岩手	1,630	51	831	4,840	121	5,860
宮城	629	30	189	11,900	133	15,800
秋田	4,450	29	1,290	9,420	122	11,500
山形	5,570	42	2,340	4,910	140	6,870
福島	3,870	55	2,130	1,410	130	1,830
茨城	3,450	87	3,000	3,380	158	5,340
栃木	3,280	84	2,760	2,510	187	4,690
群馬	582	80	466	287	145	416
埼玉	279	84	234	657	83	545
千葉	199	68	135	880	123	1,080
東京	3	68	2	4	150	6
神奈川	32	40	13	39	144	56
新潟	1,250	40	500	4,200	169	7,100
富山	547	36	197	4,510	124	5,590
石川	373	18	67	1,790	92	1,650
福井	3,450	27	932	1,870	124	2,320
山梨	179	68	122	215	120	258
長野	4,310	74	3,190	2,160	170	3,670
岐阜	341	34	116	3,040	115	3,500
静岡	91	55	50	203	72	146
愛知	22	35	8	4,490	135	6,060
三重	64	45	29	4,530	74	3,350
滋賀	561	55	309	6,900	153	10,600
京都	141	32	45	339	86	292
大阪	x	68	x	17	71	12
兵庫	196	40	78	2,380	85	2,020
奈良	27	47	13	125	94	118
和歌山	3	28	1	26	88	23
鳥取	367	33	121	708	116	821
島根	641	31	199	804	127	1,020
岡山	174	47	82	1,590	79	1,260
広島	314	39	122	400	97	388
山口	64	23	15	955	96	917
徳島	42	43	18	15	80	12
香川	33	42	14	71	92	65
愛媛	32	44	14	378	162	612
高知	4	21	1	76	43	33
福岡	89	45	40	8,160	120	9,790
佐賀	35	89	31	7,630	117	8,930
長崎	151	74	112	376	60	226
熊本	672	63	423	2,660	111	2,950
大分	201	30	60	1,560	84	1,310
宮崎	246	62	153	244	31	76
鹿児島	1,200	63	756	386	97	374
沖縄	39	37	14	x	x	x

5 雑穀・豆類(続き)
(4) 需給
ア 雑穀・豆類需給表

年度・種類別		国内生産量	外国貿易		国内消費仕向量				一人1年当たり供給量
			輸入量	輸出量		粗食料	飼料用	加工用	
		千t	千t	千t	千t	千t	千t	千t	kg
平成30年度	雑穀	29	16,450	0	16,366	276	12,581	3,488	1.3
	豆類	280	3,533	0	3,955	1,153	83	2,627	8.8
	うち大豆	211	3,236	0	3,567	844	83	2,562	6.7
令和元	雑穀	43	16,858	0	16,472	261	12,747	3,445	1.3
	豆類	303	3,645	0	4,056	1,163	84	2,719	8.9
	うち大豆	218	3,359	0	3,683	858	84	2,663	6.8
2	雑穀	45	15,889	0	15,945	231	12,724	2,974	1.1
	豆類	290	3,411	0	3,843	1,165	84	2,512	8.9
	うち大豆	219	3,139	0	3,498	888	84	2,455	7.0
3	雑穀	41	15,749	0	15,556	243	12,192	3,101	1.1
	豆類	312	3,464	0	3,897	1,122	80	2,613	8.7
	うち大豆	247	3,224	0	3,564	841	80	2,571	6.7
4 (概算値)	雑穀	40	15,456	0	15,367	234	11,907	3,207	1.2
	豆類	313	3,969	0	4,279	1,160	80	2,943	9.0
	うち大豆	243	3,704	0	3,895	841	80	2,890	6.7

資料:農林水産省大臣官房政策課食料安全保障室「食料需給表」
注:雑穀は、とうもろこし、こうりゃん及びその他の雑穀の計である。

イ 大豆の用途別消費量

単位:千t

年次	計	製油用	食品用	飼料用	輸出用
平成30年	3,494	2,393	1,018	83	0
令和元	3,608	2,494	1,030	84	0
2	3,427	2,290	1,053	84	0
3	3,492	2,414	998	80	0
4	3,812	2,732	1,000	80	0

資料:農林水産省大臣官房新事業・食品産業部食品製造課資料

ウ 輸入数量及び金額

品目	令和3年		4	
	数量	金額	数量	金額
	t	千円	t	千円
乾燥した豆(さやなし)				
小豆	22,672	4,026,560	29,857	7,532,361
いんげん豆	12,030	1,791,939	12,496	2,268,375
穀物・穀粉調製品				
そば	28,165	2,513,650	31,325	3,690,471
植物性油脂(原料)				
大豆	3,271,214	227,718,464	3,503,253	339,090,088
落花生(調製していないもの)	27,808	6,175,534	37,406	9,770,421

資料:財務省関税局「貿易統計」をもとに農林水産省統計部にて作成。

(5) 保険・共済

区分	単位	大豆 令和3年産(概算値)	大豆 4(概算値)	小豆 令和3年産(概算値)	小豆 4(概算値)	いんげん 令和3年産(概算値)	いんげん 4(概算値)	そば 令和3年産(概算値)	そば 4(概算値)
引受組合等数	組合	50	43	7	3	4	1	16	13
引受戸数	戸	20,489	18,362	3,931	3,756	1,433	1,266	2,928	2,607
引受面積	ha	83,409	75,180	15,468	15,321	5,870	5,118	13,147	11,784
共済金額	100万円	36,380	35,314	10,545	10,998	3,097	2,355	2,697	2,342
共済掛金	〃	3,112	2,585	699	475	346	178	277	208
支払対象戸数	戸	8,660	8,168	877	569	819	251	859	954
支払対象面積	ha	25,035	27,958	3,029	2,328	2,983	884	4,413	3,457
支払共済金	100万円	2,713	2,606	570	248	607	95	287	159

資料:農林水産省経営局資料
注:農業保険法による畑作物共済の実績である。

(6) 生産費
　ア　そば生産費

区分	単位	令和2年産 10a当たり	令和2年産 45kg当たり	3 10a当たり	3 45kg当たり	費目割合
						%
物財費	円	25,552	16,531	24,066	17,628	84.0
種苗費	〃	2,779	1,798	2,406	1,763	8.4
肥料費	〃	3,288	2,127	2,920	2,138	10.2
農業薬剤費	〃	472	305	416	305	1.5
光熱動力費	〃	1,411	913	1,611	1,180	5.6
その他の諸材料費	〃	108	70	73	53	0.3
土地改良及び水利費	〃	1,255	812	1,222	895	4.3
賃借料及び料金	〃	5,710	3,695	4,979	3,646	17.4
物件税及び公課諸負担	〃	889	575	670	491	2.3
建物費	〃	647	419	564	413	2.0
自動車費	〃	1,188	768	928	681	3.2
農機具費	〃	7,661	4,956	8,144	5,966	28.4
生産管理費	〃	144	93	133	97	0.5
労働費	〃	4,975	3,221	4,580	3,354	16.0
費用合計	〃	30,527	19,752	28,646	20,982	100.0
生産費（副産物価額差引）	〃	30,524	19,750	28,643	20,980	―
支払利子・地代算入生産費	〃	33,171	21,463	31,077	22,762	―
資本利子・地代全額算入生産費	〃	38,384	24,837	36,186	26,504	―
1経営体当たり作付面積	a	264.7	―	336.6	―	
主産物数量	kg	69	―	61	―	
労働時間	時間	3.06	1.94	2.78	2.08	

資料:農林水産省統計部「農業経営統計調査　農産物生産費統計」(以下イまで同じ。)。
注:1　生産費とは、生産物の一定単位量の生産のために消費した経済費用の合計をいう。ここでいう費用
　　　の合計とは、生産物の生産に要した材料、賃借料及び料金、用役等（労働・固定資産等）の価額の合
　　　計である（以下イまで同じ。）。
　　2　本調査は、2015年農林業センサスに基づく農業経営体のうち、世帯による農業経営を行い、調査対
　　　象作目を10a以上作付けし、販売した経営体（個別経営体）を対象に実施した（以下イまで同じ。）。
　　3　費目割合は、10a当たり生産費を用いて計算した値である（以下イまで同じ。）。

5 雑穀・豆類（続き）
(6) 生産費 （続き）
イ 大豆生産費

区分	単位	令和2年産		3		
		10a 当たり	60kg 当たり	10a 当たり	60kg 当たり	費目 割合
						%
物財費	円	44,682	12,972	44,005	12,062	81.2
種苗費	〃	3,896	1,131	3,945	1,082	7.3
肥料費	〃	6,243	1,813	5,800	1,590	10.7
農業薬剤費	〃	6,506	1,889	6,242	1,711	11.5
光熱動力費	〃	2,207	641	2,582	708	4.8
その他の諸材料費	〃	231	67	221	61	0.4
土地改良及び水利費	〃	1,547	449	1,352	371	2.5
賃借料及び料金	〃	8,525	2,475	8,611	2,361	15.9
物件税及び公課諸負担	〃	1,123	326	1,204	330	2.2
建物費	〃	1,183	342	1,151	315	2.1
自動車費	〃	1,415	411	1,637	449	3.0
農機具費	〃	11,487	3,335	10,946	2,998	20.2
生産管理費	〃	319	93	314	86	0.6
労働費	〃	10,906	3,168	10,179	2,791	18.8
費用合計	〃	55,588	16,140	54,184	14,853	100.0
生産費（副産物価額差引）	〃	55,126	16,006	53,985	14,799	－
支払利子・地代算入生産費	〃	59,585	17,301	58,151	15,941	－
資本利子・地代全額算入生産費	〃	67,195	19,510	65,605	17,985	－
1経営体当たり作付面積	a	416.4	－	447.7	－	－
主産物数量	kg	206	－	218	－	－
労働時間	時間	6.40	1.89	6.07	1.66	－

(7) 農産物価格指数

令和2年＝100

品目・銘柄等級	令和2年	3	4
そば（玄そば）	100.0	126.0	161.6
大豆（黄色大豆）	100.0	99.1	103.0
小豆（普通小豆）	100.0	98.5	112.6
らっかせい（殻付2等程度）	100.0	105.9	98.5

資料：農林水産省統計部「農業物価統計」

6 野菜
(1) 野菜作経営体 (各年2月1日現在)
　　ア 販売目的の主要野菜の作物別作付経営体数

単位：経営体

区分	トマト	なす	きゅうり	キャベツ	はくさい	ほうれんそう	ねぎ
平成27年	81,044	86,591	86,244	91,731	108,604	78,335	94,947
令和2	46,653	42,366	45,201	48,824	47,459	41,871	49,674

区分	たまねぎ	だいこん	にんじん	さといも	レタス	ピーマン	すいか	いちご
平成27年	82,705	121,585	53,865	72,766	33,700	39,707	30,666	23,470
令和2	43,802	53,558	26,964	37,137	20,113	20,146	14,248	16,260

資料：農林水産省統計部「農林業センサス」 (以下ウまで同じ。)

　　イ 販売目的の野菜 (露地) の作付面積規模別経営体数

単位：経営体

区分	計	0.1ha未満	0.1〜0.2	0.2〜0.3	0.3〜0.5	0.5〜1.0	1.0ha以上
平成27年	330,725	85,138	69,764	39,632	43,161	40,932	52,098
令和2	231,526	44,716	44,833	28,514	32,607	33,020	47,836

　　ウ 販売目的の野菜 (施設) の作付面積規模別経営体数

単位：経営体

区分	計	0.1ha未満	0.1〜0.2	0.2〜0.3	0.3〜0.5	0.5〜1.0	1.0ha以上
平成27年	110,983	39,708	21,449	16,534	16,693	11,012	5,587
令和2	95,761	34,075	18,986	14,163	14,048	9,255	5,234

6 野菜 (続き)
(2) 生産量及び出荷量
 ア 主要野菜の生産量、出荷量及び産出額

年産	だいこん				かぶ			
	作付面積	収穫量	出荷量	産出額	作付面積	収穫量	出荷量	産出額
	ha	t	t	億円	ha	t	t	億円
平成29年産	32,000	1,325,000	1,087,000	1,118	4,420	119,300	98,800	150
30	31,400	1,328,000	1,089,000	818	4,300	117,700	97,900	158
令和元	30,900	1,300,000	1,073,000	772	4,210	112,600	93,300	116
2	29,800	1,254,000	1,035,000	795	4,160	104,800	87,100	116
3	29,200	1,251,000	1,033,000	744	4,010	108,200	90,700	109

年産	にんじん				ごぼう			
	作付面積	収穫量	出荷量	産出額	作付面積	収穫量	出荷量	産出額
	ha	t	t	億円	ha	t	t	億円
平成29年産	17,900	596,500	533,700	627	7,950	142,100	122,800	275
30	17,200	574,700	512,500	608	7,710	135,300	117,200	324
令和元	17,000	594,900	533,800	467	7,540	136,800	119,400	212
2	16,800	585,900	525,900	578	7,320	126,900	111,000	282
3	16,900	635,500	572,400	474	7,410	132,800	116,700	287

年産	れんこん				さといも			
	作付面積	収穫量	出荷量	産出額	作付面積	収穫量	出荷量	産出額
	ha	t	t	億円	ha	t	t	億円
平成29年産	3,970	61,500	51,600	259	12,000	148,600	97,000	349
30	4,000	61,300	51,600	222	11,500	144,800	95,300	353
令和元	3,910	52,700	44,500	205	11,100	140,400	92,100	338
2	3,920	55,000	46,400	204	10,700	139,500	92,400	344
3	3,980	51,500	43,200	202	10,400	142,700	96,100	324

年産	やまのいも				はくさい			
	作付面積	収穫量	出荷量	産出額	作付面積	収穫量	出荷量	産出額
	ha	t	t	億円	ha	t	t	億円
平成29年産	7,150	159,300	134,300	503	17,200	880,900	726,800	706
30	7,120	157,400	134,400	455	17,000	889,900	734,400	424
令和元	7,130	172,700	145,500	423	16,700	874,800	726,500	422
2	6,930	170,500	144,300	417	16,600	892,300	741,100	473
3	6,890	177,400	150,000	396	16,500	899,900	744,800	423

年産	こまつな				キャベツ			
	作付面積	収穫量	出荷量	産出額	作付面積	収穫量	出荷量	産出額
	ha	t	t	億円	ha	t	t	億円
平成29年産	7,010	112,100	99,200	322	34,800	1,428,000	1,280,000	1,24
30	7,250	115,600	102,500	320	34,600	1,467,000	1,319,000	1,03
令和元	7,300	114,900	102,100	284	34,600	1,472,000	1,325,000	91
2	7,550	121,900	109,400	290	34,000	1,434,000	1,293,000	1,04
3	7,420	119,300	106,900	256	34,300	1,485,000	1,330,000	91

資料：農林水産省統計部「野菜生産出荷統計」 (以下イまで同じ。)、産出額は「生産農業所得統計」
注 ： 出荷量とは、収穫量から生産者が自家消費した量、贈与した量、収穫後の減耗量及び種子用
  又は飼料用として販売した量を差し引いた重量をいう。

年産	ちんげんさい				ほうれんそう			
	作付面積	収穫量	出荷量	産出額	作付面積	収穫量	出荷量	産出額
	ha	t	t	億円	ha	t	t	億円
平成29年産	2,200	43,100	38,000	113	20,500	228,100	193,300	1,113
30	2,170	42,000	37,500	109	20,300	228,300	194,800	878
令和元	2,140	41,100	36,100	95	19,900	217,800	184,900	856
2	2,150	41,400	36,800	99	19,600	213,900	182,700	837
3	2,100	41,800	37,200	89	19,300	210,500	179,700	796

年産	ふき				みつば			
	作付面積	収穫量	出荷量	産出額	作付面積	収穫量	出荷量	産出額
	ha	t	t	億円	ha	t	t	億円
平成29年産	557	10,700	9,130	29	957	15,400	14,400	86
30	538	10,200	8,560	27	931	15,000	14,000	79
令和元	518	9,300	7,850	26	891	14,000	13,200	70
2	498	8,980	7,660	24	874	13,400	12,400	62
3	456	8,420	7,190	25	862	13,700	12,700	64

年産	しゅんぎく				みずな			
	作付面積	収穫量	出荷量	産出額	作付面積	収穫量	出荷量	産出額
	ha	t	t	億円	ha	t	t	億円
平成29年産	1,930	29,000	23,500	169	2,460	42,100	38,000	148
30	1,880	28,000	22,600	161	2,510	43,100	39,000	152
令和元	1,830	26,900	21,800	143	2,480	44,400	39,800	134
2	1,830	27,400	22,600	138	2,490	43,800	38,900	122
3	1,800	27,200	22,400	139	2,420	41,300	36,800	109

年産	セルリー				アスパラガス			
	作付面積	収穫量	出荷量	産出額	作付面積	収穫量	出荷量	産出額
	ha	t	t	億円	ha	t	t	億円
平成29年産	580	32,200	30,600	72	5,330	26,200	23,000	297
30	573	31,100	29,500	68	5,170	26,500	23,200	296
令和元	552	31,400	30,000	64	5,010	26,800	23,600	291
2	540	29,500	28,100	64	4,800	26,700	23,600	287
3	541	30,000	28,800	63	4,500	25,200	22,400	278

年産	カリフラワー				ブロッコリー			
	作付面積	収穫量	出荷量	産出額	作付面積	収穫量	出荷量	産出額
	ha	t	t	億円	ha	t	t	億円
平成29年産	1,230	20,100	17,000	43	14,900	144,600	130,200	511
30	1,200	19,700	16,600	39	15,400	153,800	138,900	485
令和元	1,230	21,400	18,300	38	16,000	169,500	153,700	488
2	1,220	21,000	18,000	36	16,600	174,500	158,200	512
3	1,240	21,600	18,500	36	16,900	171,600	155,500	487

6 野菜（続き）
(2) 生産量及び出荷量（続き）
ア 主要野菜の生産量、出荷量及び産出額（続き）

年産	レタス				ねぎ			
	作付面積	収穫量	出荷量	産出額	作付面積	収穫量	出荷量	産出額
	ha	t	t	億円	ha	t	t	億円
平成29年産	21,800	583,200	542,300	1,018	22,600	458,800	374,400	1,657
30	21,700	585,600	553,200	778	22,400	452,900	370,300	1,466
令和元	21,200	578,100	545,600	794	22,400	465,300	382,500	1,329
2	20,700	563,900	531,600	741	22,000	441,100	364,100	1,545
3	20,000	546,800	516,400	753	21,800	440,400	364,700	1,304

年産	にら				たまねぎ			
	作付面積	収穫量	出荷量	産出額	作付面積	収穫量	出荷量	産出額
	ha	t	t	億円	ha	t	t	億円
平成29年産	2,060	59,600	53,900	343	25,600	1,228,000	1,099,000	961
30	2,020	58,500	52,900	345	26,200	1,155,000	1,042,000	1,037
令和元	2,000	58,300	52,900	289	25,900	1,334,000	1,211,000	917
2	1,980	57,000	51,500	312	25,500	1,357,000	1,218,000	958
3	1,930	56,300	51,500	299	25,500	1,096,000	992,900	1,098

年産	にんにく				きゅうり			
	作付面積	収穫量	出荷量	産出額	作付面積	収穫量	出荷量	産出額
	ha	t	t	億円	ha	t	t	億円
平成29年産	2,430	20,700	14,500	253	10,800	559,500	483,200	1,375
30	2,470	20,200	14,400	242	10,600	550,000	476,100	1,485
令和元	2,510	20,800	15,000	180	10,300	548,100	474,700	1,326
2	2,530	21,200	15,000	204	10,100	539,200	468,000	1,507
3	2,520	20,200	14,000	271	9,940	551,300	478,800	1,255

年産	かぼちゃ				なす			
	作付面積	収穫量	出荷量	産出額	作付面積	収穫量	出荷量	産出額
	ha	t	t	億円	ha	t	t	億円
平成29年産	15,800	201,300	161,000	289	9,160	307,800	241,400	848
30	15,200	159,300	125,200	312	8,970	300,400	236,100	907
令和元	15,300	185,600	149,700	261	8,650	301,700	239,500	851
2	14,800	186,600	151,000	301	8,420	297,000	236,400	919
3	14,500	174,300	140,400	252	8,260	297,700	237,800	822

年産	トマト				ピーマン			
	作付面積	収穫量	出荷量	産出額	作付面積	収穫量	出荷量	産出額
	ha	t	t	億円	ha	t	t	億円
平成29年産	12,000	737,200	667,800	2,422	3,250	147,000	129,800	485
30	11,800	724,200	657,100	2,367	3,220	140,300	124,500	546
令和元	11,600	720,600	653,800	2,154	3,200	145,700	129,500	513
2	11,400	706,000	640,900	2,240	3,160	143,100	127,400	597
3	11,400	725,200	659,900	2,182	3,190	148,500	132,200	517

年産	スイートコーン				さやいんげん			
	作付面積	収穫量	出荷量	産出額	作付面積	収穫量	出荷量	産出額
	ha	t	t	億円	ha	t	t	億円
平成29年産	22,700	231,700	186,300	342	5,590	39,800	26,400	282
30	23,100	217,600	174,400	362	5,330	37,400	24,900	284
令和元	23,000	239,000	195,000	361	5,190	38,300	25,800	263
2	22,400	234,700	192,600	382	5,020	38,900	26,500	273
3	21,500	218,800	178,400	356	4,810	36,600	24,400	257

年産	さやえんどう				グリーンピース			
	作付面積	収穫量	出荷量	1)産出額	作付面積	収穫量	出荷量	産出額
	ha	t	t	億円	ha	t	t	億円
平成29年産	3,050	21,700	13,800	247	772	6,410	5,060	…
30	2,910	19,600	12,500	242	760	5,940	4,680	…
令和元	2,870	20,000	12,800	224	731	6,290	5,000	…
2	2,800	19,500	12,500	218	685	5,600	4,450	…
3	2,740	19,800	13,000	219	633	5,600	4,440	…

年産	そらまめ				えだまめ			
	作付面積	収穫量	出荷量	産出額	作付面積	収穫量	出荷量	産出額
	ha	t	t	億円	ha	t	t	億円
平成29年産	1,900	15,500	10,700	64	12,900	67,700	51,800	400
30	1,810	14,500	10,100	60	12,800	63,800	48,700	411
令和元	1,790	14,100	9,970	55	13,000	66,100	50,500	383
2	1,770	15,300	10,900	50	12,800	66,300	51,200	401
3	1,690	13,900	9,910	53	12,800	71,500	56,100	390

年産	しょうが				いちご			
	作付面積	収穫量	出荷量	産出額	作付面積	収穫量	出荷量	産出額
	ha	t	t	億円	ha	t	t	億円
平成29年産	1,780	48,300	38,100	276	5,280	163,700	150,200	1,752
30	1,750	46,600	36,400	257	5,200	161,800	148,600	1,774
令和元	1,740	46,500	36,400	248	5,110	165,200	152,100	1,829
2	1,750	44,700	35,100	235	5,020	159,200	146,800	1,809
3	1,730	48,500	38,200	231	4,930	164,800	152,300	1,834

年産	メロン				すいか			
	作付面積	収穫量	出荷量	産出額	作付面積	収穫量	出荷量	産出額
	ha	t	t	億円	ha	t	t	億円
平成29年産	6,770	155,000	140,700	645	10,200	331,100	284,400	572
30	6,630	152,900	138,700	614	9,970	320,600	276,500	588
令和元	6,410	156,000	141,900	605	9,640	324,200	279,100	555
2	6,250	147,900	134,700	600	9,350	310,900	268,100	580
3	6,090	150,000	136,700	647	9,200	319,600	275,800	627

注：1）は、グリーンピースを含む。

6 野菜（続き）
(2) 生産量及び出荷量（続き）
　イ　主要野菜の季節区分別収穫量（令和3年産）

単位：t

区分	収穫量	区分	収穫量	区分	収穫量
だいこん		**ばれいしょ**		**はくさい**	
春(4～6月)		春植え(都府県産)		春(4～6月)	
千葉	57,900	(4～8月)		茨城	51,800
青森	20,400	鹿児島	79,200	長野	23,600
長崎	16,800	長崎	68,100	長崎	13,600
茨城	14,800	茨城	49,400	熊本	6,860
鹿児島	13,300	千葉	29,800	鹿児島	3,180
夏(7～9月)		福島	16,000	夏(7～9月)	
北海道	105,100	春植え(北海道産)		長野	141,500
青森	63,200	(9～10月)		北海道	11,900
岩手	11,700	北海道	1,686,000	群馬	9,030
群馬	10,300	秋植え(11～3月)		青森	1,160
岐阜	6,510	長崎	13,700		
秋冬(10～3月)		鹿児島	11,800	秋冬(10～3月)	
千葉	88,800	広島	1,820	茨城	198,500
鹿児島	78,200	熊本	592	長野	62,900
神奈川	69,600	佐賀	587	埼玉	23,800
宮崎	67,400			兵庫	22,500
新潟	47,400			大分	20,800
にんじん		**さといも**		**キャベツ**	
春夏(4～7月)		秋冬(6～3月)		春(4～6月)	
徳島	49,700	埼玉	18,700	愛知	65,400
青森	25,000	千葉	14,800	千葉	57,000
千葉	24,700	宮崎	13,700	茨城	49,100
長崎	12,400	愛媛	9,590	神奈川	43,000
茨城	9,010	栃木	8,120	鹿児島	18,000
秋(8～10月)				夏秋(7～10月)	
北海道	195,300			群馬	268,300
青森	9,910			長野	66,400
福井	24			北海道	46,500
				岩手	26,500
				茨城	23,100
冬(11～3月)				冬(11～3月)	
千葉	87,500			愛知	201,600
茨城	22,400			千葉	59,800
長崎	20,500			鹿児島	50,000
鹿児島	20,100			茨城	37,200
愛知	19,800			神奈川	22,400

注：季節区分別に全国及び上位5都道府県の収穫量を掲載した。

単位：t

区分	収穫量	区分	収穫量	区分	収穫量
レタス		**きゅうり**		**トマト**	
春(4～5月)		冬春(12～6月)		冬春(12～6月)	
茨城	35,600	宮崎	59,900	熊本	110,900
長野	18,200	群馬	31,700	愛知	45,700
群馬	12,200	埼玉	30,500	栃木	26,300
長崎	8,420	高知	24,800	福岡	18,000
兵庫	7,540	千葉	22,900	千葉	17,100
夏秋(6～10月)		夏秋(7～11月)		夏秋(7～11月)	
長野	160,600	福島	31,800	北海道	54,400
群馬	41,100	群馬	22,200	茨城	37,500
茨城	17,900	埼玉	15,000	熊本	21,600
北海道	11,100	北海道	14,600	岐阜	18,700
岩手	9,190	長野	12,000	青森	18,500
冬(11～3月)					
茨城	33,500				
長崎	25,300				
静岡	22,600				
兵庫	18,300				
熊本	14,000				
ねぎ		**なす**		**ピーマン**	
春(4～6月)		冬春(12～6月)		冬春(11～5月)	
茨城	16,800	高知	37,900	宮崎	23,300
千葉	14,700	熊本	25,000	茨城	22,000
埼玉	4,930	福岡	14,100	鹿児島	12,800
大分	4,000	愛知	7,320	高知	11,800
鳥取	2,930	群馬	7,120	沖縄	2,430
夏(7～9月)		夏秋(7～11月)		夏秋(6～10月)	
茨城	15,100	群馬	20,300	茨城	11,400
北海道	11,400	茨城	17,700	岩手	8,800
千葉	7,200	栃木	10,300	大分	7,320
埼玉	6,420	熊本	8,260	北海道	5,810
青森	4,310	埼玉	7,480	青森	4,210
秋冬(10～3月)					
埼玉	41,000				
千葉	30,400				
茨城	20,300				
群馬	14,300				
長野	12,800				

6 野菜 (続き)
(2) 生産量及び出荷量 (続き)
ウ その他野菜の収穫量

品目	平成30年産		令和2		主産県収穫量 (令和2年産)	
	作付面積	収穫量	作付面積	収穫量		
	ha	t	ha	t	(主産県)	t
1) つけな	2,118	46,550	2,080	43,700	長野	25,600
非結球レタス	3,365	67,362	3,480	70,600	長野	30,100
わけぎ	60	827	56	698	広島	346
らっきょう	635	7,767	533	7,400	鳥取	2,850
オクラ	837	11,665	878	12,000	鹿児島	5,210
とうがん	200	9,202	203	8,750	沖縄	2,900
にがうり	705	18,077	667	17,900	沖縄	7,130
しろうり	65	3,836	67	3,080	徳島	1,800
かんぴょう	114	3) 258	96	3) 210	栃木	209
葉しょうが	55	1,086	35	599	静岡	279
しそ	487	8,122	489	8,470	愛知	3,870
パセリ	148	2,586	170	2,780	千葉	1,170
マッシュルーム	2) 178	6,527	2) 211	6,980	千葉	2,890

資料:農林水産省統計部「地域特産野菜生産状況調査」
注 : 2年ごとの調査である。
 1)のつけなは、こまつな及びみずなを除いたものである。
 2)の単位は、千㎡である。
 3)は、乾燥重量である。

エ 主要野菜の用途別出荷量

単位:t

品目	令和2年産				3			
	出荷量	用途別			出荷量	用途別		
		生食向け	加工向け	業務用		生食向け	加工向け	業務用
だいこん	1,035,000	773,300	246,100	15,600	1,033,000	762,900	253,700	16,400
にんじん	525,900	454,600	67,100	4,220	572,400	490,300	77,900	4,190
ばれいしょ	1,857,000	569,000	1,288,000	…	1,823,000	571,000	1,252,000	…
さといも	92,400	87,600	4,750	24	96,100	91,100	4,810	160
はくさい	741,100	694,400	40,000	6,710	744,800	684,800	48,900	11,100
キャベツ	1,293,000	1,057,000	159,900	75,700	1,330,000	1,076,000	175,600	78,000
ほうれんそう	182,700	166,500	15,200	971	179,700	165,500	13,000	1,190
レタス	531,600	459,200	39,300	33,100	516,400	444,200	40,900	31,300
ねぎ	364,100	345,800	13,200	5,090	364,700	343,900	13,300	7,550
たまねぎ	1,218,000	963,800	234,100	20,100	992,900	807,000	169,100	16,800
きゅうり	468,000	462,900	4,100	1,030	478,800	472,900	4,690	1,170
なす	236,400	233,700	2,520	216	237,800	235,000	2,520	239
トマト	640,900	613,900	24,100	2,880	659,900	629,100	27,800	3,000
ピーマン	127,400	127,200	56	182	132,200	131,900	52	244

資料:農林水産省統計部「野菜生産出荷統計」

(3) 需給

ア 野菜需給表

区分	国内生産量	1)外国貿易		2)在庫の増減量	国内消費仕向量		3)純食料	一人1年当たり供給量	一人1日当たり供給量
		輸入量	輸出量			加工用			
	千t	千t	千t	千t	千t	千t	千t	kg	g
野菜									
平成30年度	11,468	3,310	11	0	14,767	0	11,418	90.3	247.4
令和元	11,677	3,031	20	0	14,688	0	11,374	89.9	245.6
2	11,511	2,987	60	0	14,438	0	11,245	89.1	244.2
3	11,350	2,894	23	0	14,221	0	11,059	88.1	241.4
4 （概算値）	11,237	2,970	35	0	14,172	0	11,009	88.1	241.4
緑黄色野菜									
平成30年度	2,454	1,664	2	0	4,116	0	3,379	26.7	73.2
令和元	2,508	1,545	2	0	4,051	0	3,324	26.3	71.8
2	2,484	1,610	4	0	4,090	0	3,368	26.7	73.1
3	2,532	1,538	4	0	4,066	0	3,350	26.7	73.1
4 （概算値）	2,443	1,541	2	0	3,982	0	3,270	26.2	71.7
その他の野菜									
平成30年度	9,014	1,646	9	0	10,651	0	8,039	63.3	173.3
令和元	9,169	1,486	18	0	10,637	0	8,050	63.6	173.8
2	9,027	1,377	56	0	10,348	0	7,877	62.4	171.1
3	8,818	1,356	19	0	10,155	0	7,709	61.4	168.3
4 （概算値）	8,794	1,429	33	0	10,190	0	7,739	61.9	169.7

資料：農林水産省大臣官房政策課食料安全保障室「食料需給表」
注： 1)のうち、いわゆる加工食品は、生鮮換算して計上している。なお、全く国内に流通しない
ものや、全く食料になり得ないものなどは計上していない。
2)は、当年度末繰越量と当年度始め持越量との差である。
3)は、粗食料に歩留率を乗じたもので、人間の消費に直接に利用可能な食料の実際の量を表
している。

イ 1世帯当たり年間の購入数量 （二人以上の世帯・全国）

単位：g

品目		平成30年	令和元	2	3	4
生鮮野菜	キャベツ	17,020	17,151	18,232	18,661	17,017
	ほうれんそう	3,054	2,728	2,994	3,033	2,736
	はくさい	7,787	8,064	8,661	8,586	8,368
	ねぎ	4,415	4,508	5,053	4,629	4,798
	レタス	6,282	5,975	6,290	6,447	5,833
	さといも	1,502	1,400	1,516	1,434	1,356
	だいこん	11,698	11,898	12,399	11,687	10,617
	にんじん	8,037	7,994	8,423	8,123	7,854
	たまねぎ	15,997	15,996	18,589	16,744	14,618
	きゅうり	7,715	7,688	7,978	7,920	7,454
	なす	4,140	4,079	4,244	4,440	4,361
	トマト	11,888	11,845	11,707	11,998	11,077
	ピーマン	2,925	2,891	2,951	3,063	2,815
生鮮果物	すいか	3,555	3,586	3,009	3,040	3,168
	メロン	1,801	1,619	1,706	1,478	1,352
	いちご	2,242	2,289	2,284	2,310	2,212

資料：総務省統計局「家計調査結果」

6 野菜（続き）
(3) 需給（続き）
ウ 輸出入量及び金額

品目	令和3年		4	
	数量	金額	数量	金額
	t	千円	t	千円
輸出				
野菜（生鮮、冷蔵）				
1)キャベツ（芽キャベツ除く）等	1,938	327,277	2,056	376,696
レタス	29	6,371	22	5,535
2)だいこん・ごぼう等	769	231,327	618	235,030
ながいも等	6,773	2,313,602	7,144	2,690,157
果実（生鮮）				
メロン	1,109	1,065,640	1,308	1,324,345
いちご	1,776	4,060,834	2,183	5,241,636
輸入				
野菜・その調整品				
野菜（生鮮・冷蔵）				
トマト	8,389	3,711,283	6,255	2,991,404
たまねぎ	234,585	14,027,649	280,478	24,565,650
にんにく	24,480	5,952,320	24,049	6,834,713
ねぎ	44,429	7,227,716	45,664	7,595,458
ブロッコリー	5,799	1,420,966	2,129	630,574
結球キャベツ	14,224	554,914	10,515	566,089
はくさい	1,344	69,070	140	9,556
結球レタス	6,033	881,677	5,000	645,449
レタス（結球のもの除く）	79	51,433	1	719
にんじん・かぶ	74,726	3,805,021	69,729	4,218,553
ごぼう	47,019	3,041,962	40,900	3,261,198
きゅうり・ガーキン	15	11,196	20	19,464
えんどう	850	519,706	482	345,728
ささげ属・いんげんまめ属の豆	568	292,741	562	285,599
アスパラガス	9,037	5,815,572	7,055	5,361,654
なす	19	4,886	2	606
セルリー	4,487	616,707	3,061	585,434
とうがらし属・ピメンタ属	33,705	12,621,454	29,168	11,526,705
スイートコーン	32	16,215	49	22,696
かぼちゃ類	92,100	9,112,480	83,868	9,403,542

資料：財務省関税局「貿易統計」をもとに農林水産省統計部にて作成。
注： 1)は、キャベツ、コールラビー、ケールその他これらに類するあぶらな属の食用野菜のうち、
カリフラワー及び芽キャベツを除いたものである。
2)は、サラダ用のビート、サルシファイ、セルリアク、大根その他これらに類する食用の根
のうち、にんじん及びかぶを除いたものである。

品目	令和3年		4	
	数量	金額	数量	金額
	t	千円	t	千円
輸入（続き）				
3)冷凍野菜				
枝豆	64,250	14,883,408	65,716	18,529,080
ほうれん草、つる菜	49,207	8,062,187	49,132	10,686,383
スイートコーン	47,494	8,252,183	51,853	11,564,251
ブロッコリー	65,070	13,759,032	75,257	20,574,772
果実（生鮮）				
すいか	1,068	200,376	677	165,495
メロン	13,902	2,498,826	11,574	2,518,494
いちご	3,253	4,243,473	3,101	5,248,419

注：3)は、調理していないもの及び蒸気又は水煮による調理をしたものに限る。

(4)　保険・共済

区分	単位	スイートコーン		たまねぎ		かぼちゃ	
		令和3年産 （概算値）	4 （概算値）	令和3年産 （概算値）	4 （概算値）	令和3年産 （概算値）	4 （概算値）
引受組合等数	組合	7	4	4	1	6	3
引受戸数	戸	1,415	1,327	793	729	1,110	968
引受面積	ha	4,419	4,287	5,118	4,862	2,456	2,080
共済金額	100万円	1,924	1,805	10,696	9,852	1,982	1,612
共済掛金	〃	130	103	505	327	168	128
支払対象戸数	戸	337	259	495	130	289	188
支払対象面積	ha	831	790	3,158	748	689	377
支払共済金	100万円	166	80	1,301	440	134	76

資料：農林水産省経営局資料
注：農業保険法による畑作物共済の実績である。

6 野菜 (続き)
(5) 価格
　ア 農産物価格指数

令和2年=100

品目	令和2年	3	4
きゅうり	100.0	82.8	87.7
なす	100.0	91.3	89.0
トマト	100.0	91.3	98.8
すいか	100.0	102.1	115.1
いちご	100.0	96.1	103.0
ピーマン	100.0	76.9	83.5
メロン (アンデスメロン)	100.0	106.8	111.9
〃 (温室メロン)	100.0	106.9	121.9
はくさい (結球)	100.0	72.0	82.0
キャベツ	100.0	73.0	88.5
レタス	100.0	90.4	104.6
ほうれんそう	100.0	90.1	97.1
ねぎ	100.0	106.7	104.3
たまねぎ	100.0	146.3	233.5
だいこん	100.0	98.0	130.2
にんじん	100.0	84.1	95.7

資料:農林水産省統計部「農業物価統計」

　イ 1kg当たり卸売価格 (東京都)

単位:円

品目	平成29年	30	令和元	2	3
きゅうり	311	343	316	354	297
なす	384	400	389	416	376
トマト	359	368	341	368	348
すいか	221	237	222	250	261
いちご	1,309	1,372	1,397	1,420	1,390
ピーマン	437	480	460	538	441
メロン (アンデスメロン)	467	448	453	468	489
〃 (温室メロン)	934	895	930	883	937
はくさい	89	95	59	75	54
キャベツ	99	107	83	99	75
レタス	202	189	182	170	171
ほうれんそう	547	539	522	523	467
ねぎ	391	412	355	377	390
たまねぎ	100	107	102	84	116
だいこん	97	107	83	90	83
にんじん	128	160	115	148	128

資料:農林水産省統計部「青果物卸売市場調査報告」
注:東京都の卸売市場における卸売価額を卸売数量で除して求めた価格である。

ウ 1kg当たり年平均小売価格（東京都区部）

単位：円

品目	銘柄	平成30年	令和元	2	3	4
キャベツ		214	169	189	160	181
ほうれんそう		965	928	931	856	939
はくさい	山東菜を除く。	247	183	254	183	197
ねぎ	白ねぎ	745	672	705	737	719
レタス	玉レタス	503	429	432	419	445
だいこん		208	160	174	165	201
にんじん		420	359	426	406	408
たまねぎ	赤たまねぎを除く。	250	262	249	279	392
きゅうり		595	593	628	575	588
なす		740	744	789	727	702
1) トマト	ミニトマト(プチトマト)を除く。	706	706	716	688	748
ピーマン		961	959	1,082	937	967
すいか	赤肉(小玉すいかを除く。)	417	423	429	445	500
メロン	ネット系メロン	714	727	720	751	846
いちご	国産品	1,805	1,919	1,970	1,914	2,105

資料：総務省統計局「小売物価統計調査（動向編）結果」
注：1)は、平成30年1月に基本銘柄を改正した。

7　果樹
(1)　果樹栽培経営体（各年2月1日現在）
　　ア　販売目的の主要果樹の品目別栽培経営体数

単位：経営体

区分	温州みかん	その他の かんきつ類	りんご	ぶどう	日本なし	西洋なし	もも
平成27年	50,842	36,770	39,680	32,169	18,177	5,703	24,146
令和2	36,797	29,064	31,821	27,115	13,768	4,329	18,695

区分	おうとう	びわ	かき	くり	うめ	すもも	キウイ フルーツ	パイン アップル
平成27年	12,216	3,321	36,197	22,076	22,156	8,685	8,605	402
令和2	9,889	1,939	24,499	13,077	12,584	5,719	5,847	312

資料：農林水産省統計部「農林業センサス」（以下ウまで同じ。）

　　イ　販売目的の果樹（露地）の栽培面積規模別経営体数

単位：経営体

区分	計	0.1ha未満	0.1〜0.3	0.3〜0.5	0.5〜1.0	1.0ha以上
平成27年	216,836	21,671	62,236	41,043	47,720	44,166
令和2	167,166	13,032	44,500	31,623	39,219	38,792

　　ウ　販売目的の果樹（施設）の栽培面積規模別経営体数

単位：経営体

区分	計	0.1ha未満	0.1〜0.3	0.3〜0.5	0.5〜1.0	1.0ha以上
平成27年	15,061	5,183	5,235	2,346	1,816	481
令和2	15,106	5,480	5,054	2,294	1,776	502

(2)　生産量及び出荷量
　ア　主要果樹の面積、生産量、出荷量及び産出額

年産	栽培面積	結果樹面積	収穫量	2)出荷量	産出額
	ha	ha	t	t	億円
みかん					
平成30年	41,800	39,600	773,700	691,200	1,736
令和元	40,800	38,700	746,700	668,400	1,561
2	39,800	37,800	765,800	690,000	1,594
3	38,900	37,000	749,000	676,900	1,651
1)　4	38,100	36,200	682,200	613,000	‥
りんご					
平成30年	37,700	36,200	756,100	679,600	1,449
令和元	37,400	36,000	701,600	632,800	1,557
2	37,100	35,800	763,300	690,500	1,547
3	36,800	35,300	661,900	599,500	1,657
1)　4	36,300	35,100	737,100	669,800	‥
日本なし					
平成30年	11,700	11,400	231,800	214,300	713
令和元	11,400	11,100	209,700	193,900	674
2	11,000	10,700	170,500	158,500	708
3	10,700	10,300	184,700	172,700	693
1)　4	10,400	10,100	196,500	183,800	‥
西洋なし					
平成30年	1,530	1,470	26,900	23,700	82
令和元	1,510	1,450	28,900	25,500	86
2	1,480	1,420	27,700	24,500	90
3	1,460	1,400	21,500	18,900	86
1)　4	1,440	1,380	26,700	23,700	‥
かき					
平成30年	19,700	19,100	208,000	172,200	388
令和元	19,400	18,900	208,400	175,300	400
2	19,000	18,500	193,200	165,900	434
3	18,600	18,100	187,900	162,300	439
1)　4	18,300	17,800	216,100	185,900	‥
びわ					
平成30年	1,190	1,170	2,790	2,300	32
令和元	1,140	1,110	3,430	2,820	34
2	1,070	1,050	2,650	2,170	31
3	972	950	2,890	2,380	34
1)　4	927	905	2,530	2,070	‥
もも					
平成30年	10,400	9,680	113,200	104,400	558
令和元	10,300	9,540	107,900	99,500	555
2	10,100	9,290	98,900	91,300	592
3	10,100	9,300	107,300	99,600	655
1)　4	9,990	9,310	116,900	108,200	‥

資料：農林水産省統計部「耕地及び作付面積統計」、「果樹生産出荷統計」、「生産農業所得統計」
注：　令和2年産を除く調査結果については、主産県を対象に調査を行い、主産県の調査結果をもとに
　　全国値を推計している。
　　なお、主産県とは、全国の栽培面積のおおむね80％を占めるまでの上位都道府県に加え、果樹共
　　済事業を実施する都道府県である。
　1)のうち結果樹面積、収穫量及び出荷量は、「作物統計調査」の結果によるもので概数値である。
　2)は、生食用又は加工用として販売したものをいい、生産者が自家消費したものは含まない。

7　果樹（続き）
　(2)　生産量及び出荷量（続き）
　　　ア　主要果樹の面積、生産量、出荷量及び産出額（続き）

年産	栽培面積	結果樹面積	収穫量	2)出荷量	産出額
	ha	ha	t	t	億円
すもも					
平成30年	2,960	2,780	23,100	20,400	98
令和元	2,930	2,770	18,100	16,000	88
2	2,880	2,730	16,500	14,800	92
3	2,840	2,680	18,800	17,000	101
1)　4	2,810	2,650	18,800	17,200	‥
おうとう					
平成30年	4,690	4,350	18,100	16,200	448
令和元	4,690	4,320	16,100	14,400	437
2	4,680	4,320	17,200	15,400	417
3	4,620	4,260	13,100	11,800	413
1)　4	4,540	4,230	16,100	14,500	‥
うめ					
平成30年	15,600	14,800	112,400	99,200	280
令和元	15,200	14,500	88,100	77,700	309
2	14,800	14,100	71,100	62,200	333
3	14,500	13,800	104,600	93,200	364
1)　4	14,200	13,500	96,600	86,400	‥
ぶどう					
平成30年	17,900	16,700	174,700	161,500	1,464
令和元	17,800	16,600	172,700	160,500	1,533
2	17,800	16,500	163,400	152,100	1,732
3	17,700	16,500	165,100	153,900	1,902
1)　4	17,700	16,400	162,600	152,400	‥
くり					
平成30年	18,900	18,300	16,500	13,000	81
令和元	18,400	17,800	15,700	12,500	84
2	17,900	17,400	16,900	13,600	86
3	17,400	16,800	15,700	12,800	90
1)　4	16,800	16,300	15,600	12,700	‥
3)パインアップル					
平成30年	565	319	7,340	7,160	12
令和元	580	320	7,460	7,280	13
2	584	320	7,390	7,210	13
3	594	308	6,990	6,750	13
1)　4	598	313	7,420	7,270	‥
キウイフルーツ					
平成30年	2,090	1,950	25,000	21,800	93
令和元	2,050	1,900	25,300	22,500	99
2	2,050	1,900	22,500	19,900	94
3	2,020	1,880	19,700	17,400	88
1)　4	2,030	1,860	22,900	20,500	‥

注：1)のうち結果樹面積、収穫量及び出荷量は、「作物統計調査」の結果によるもので概数値である。
　　2)は、生食用又は加工用として販売したものをいい、生産者が自家消費したものは含まない。
　　3)は、栽培面積を除き沖縄県のみの数値である。また、結果樹面積は収穫面積を掲載した。

イ 主要果樹の面積、生産量及び出荷量（主要生産県）（令和4年産）

品目名・主要生産県	栽培面積	結果樹面積	収穫量	出荷量	品目名・主要生産県	栽培面積	結果樹面積	収穫量	出荷量
	ha	ha	t	t		ha	ha	t	t
みかん	38,100	36,200	682,200	613,000	**すもも**	2,810	2,650	18,800	17,200
和歌山	7,200	6,720	152,500	137,900	山梨	855	787	5,940	5,590
愛媛	5,430	5,330	109,300	101,100	長野	352	348	3,070	2,880
静岡	5,290	4,880	103,000	88,900	山形	261	248	2,080	1,840
熊本	3,680	3,570	75,000	68,300	和歌山	283	282	1,730	1,580
長崎	2,580	2,510	40,400	35,700	青森	111	108	1,020	939
りんご	36,300	35,100	737,100	669,800	**おうとう**	4,540	4,230	16,100	14,500
青森	20,300	19,600	439,000	398,600	山形	2,960	2,790	12,400	11,100
長野	7,120	6,870	132,600	124,200	北海道	542	480	1,530	1,460
岩手	2,330	2,250	47,900	41,500	山梨	327	297	535	514
山形	2,120	2,070	41,200	36,500	秋田	94	91	193	168
福島	1,210	1,160	23,700	21,000					
日本なし	10,400	10,100	196,500	183,800	**うめ**	14,200	13,500	96,600	86,400
千葉	1,320	1,260	19,200	18,900	和歌山	5,310	4,880	64,400	62,200
茨城	882	864	17,800	16,500	群馬	863	858	3,680	3,400
栃木	724	718	17,000	16,000	山梨	360	356	1,710	1,550
福島	825	788	15,200	14,100	三重	255	236	1,500	1,070
長野	616	614	13,000	12,500	福井	470	463	1,470	1,370
西洋なし	1,440	1,380	26,700	23,700	**ぶどう**	17,700	16,400	162,600	152,400
山形	843	814	18,200	16,100	山梨	4,050	3,780	40,800	39,500
新潟	112	105	2,110	1,860	長野	2,690	2,450	28,900	27,200
青森	138	127	1,870	1,520	岡山	1,230	1,150	14,900	13,300
長野	76	74	1,260	1,200	山形	1,510	1,430	14,000	12,600
福島	37	36	594	533	福岡	698	676	7,170	6,840
かき	18,300	17,800	216,100	185,900	**くり**	16,800	16,300	15,600	12,700
和歌山	2,500	2,470	42,000	37,900	茨城	3,190	3,140	3,670	3,370
奈良	1,800	1,780	29,500	27,400	熊本	2,420	2,300	2,280	2,050
福岡	1,160	1,120	17,700	16,100	愛媛	1,980	1,970	1,200	1,010
岐阜	1,220	1,210	16,200	14,600	岐阜	444	425	748	628
愛知	997	959	15,200	13,200	長野	233	232	631	613
びわ	927	905	2,530	2,070	1) **パイン** **アップル**	598	313	7,420	7,270
長崎	299	290	853	746					
千葉	136	131	417	375	沖縄	596	313	7,420	7,270
鹿児島	84	83	189	160					
兵庫	39	38	146	111	**キウイ** **フルーツ**	2,030	1,860	22,900	20,500
香川	62	61	128	105					
もも	9,990	9,310	116,900	108,200	愛媛	379	337	4,790	4,560
山梨	3,340	3,100	35,700	33,700	福岡	276	256	3,990	3,810
福島	1,760	1,550	27,700	25,700	和歌山	167	162	3,350	3,080
長野	948	939	12,000	11,400	神奈川	125	123	1,140	1,080
山形	687	632	9,800	8,970	群馬	72	72	828	757
和歌山	713	703	8,010	7,340					

資料：農林水産省統計部「作物統計調査」（以下ウ（イ）まで同じ。）

注：1 栽培面積を除き概数値である。
　　2 出荷量とは、生食用又は加工用として販売したものをいい、生産者が自家消費したものは含まない。
　　3 主要生産県は、令和3年産の調査を行った全都道府県のうち収穫量上位5都道府県を掲載した。
　1)は、栽培面積を除き沖縄県のみ調査を実施している。また、結果樹面積は収穫面積を掲載した。

7 果樹（続き）
(2) 生産量及び出荷量（続き）
ウ 主要生産県におけるみかん及びりんごの品種別収穫量（令和4年産）

(ｱ) みかん

単位：t

主要生産県	みかん		
	収穫量計	早生温州	普通温州
和歌山	152,500	94,000	58,500
愛媛	109,300	69,100	40,200
静岡	103,000	29,000	74,000
熊本	75,000	49,700	25,300
長崎	40,400	24,900	15,500

(ｲ) りんご

単位：t

主要生産県	りんご				
	収穫量計	ふじ	つがる	ジョナゴールド	王林
青森	439,000	214,600	44,100	36,700	42,600
長野	132,600	71,200	22,500	61	1,480
岩手	47,900	22,600	4,550	7,220	2,530
山形	41,200	23,600	4,100	215	2,080
福島	23,700	17,200	1,640	673	689

注：概数値である（以下(ｲ)まで同じ。）。

エ 主産県におけるみかん及びりんごの用途別出荷量

単位：t

品目	令和2年産			3		
	出荷量（主産県計）	用途別		出荷量（主産県計）	用途別	
		生食向け	加工向け		生食向け	加工向け
みかん	684,500	629,500	55,000	671,600	609,900	61,900
りんご	684,600	574,700	109,800	594,400	509,100	85,200

資料：農林水産省統計部「果樹生産出荷統計」

オ その他果樹の生産量

品目	令和元年産			2			
	栽培面積	収穫量	出荷量	栽培面積	収穫量	出荷量	主産県収穫量
	ha	t	t	ha	t	t	t
かんきつ類							
いよかん	1,961	28,138	26,383	1,874	25,505	24,114	愛媛(23,468)
不知火（デコポン）	2,627	40,516	34,126	2,552	38,854	33,403	熊本(11,824)
ゆず	2,245	23,191	21,653	2,292	24,459	23,411	高知(12,958)
ぽんかん	1,582	19,378	17,635	1,530	18,234	16,638	愛媛(6,411)
なつみかん	1,509	32,130	27,148	1,460	30,128	26,386	鹿児島(10,748)
はっさく	1,523	26,484	22,221	1,514	25,716	21,126	和歌山(18,367)
清見	861	13,394	12,011	843	13,123	12,284	愛媛(5,822)
たんかん	781	3,692	3,340	786	4,440	4,122	鹿児島(3,309)
かぼす	542	5,859	2,673	546	5,968	3,730	大分(5,900)
ネーブルオレンジ	359	3,950	3,038	345	3,624	2,770	広島(1,890)
落葉果樹							
いちじく	907	11,578	10,441	871	10,750	9,749	和歌山(2,038)
ブルーベリー	1,075	2,394	1,510	1,052	2,268	1,574	東京(357)
ぎんなん	648	1,102	880	594	930	834	大分(398)
あんず	188	2,010	1,598	194	1,634	1,246	青森(1,250)
常緑果樹							
マンゴー	442	3,519	3,410	441	3,387	3,309	沖縄(1,647)
オリーブ	499	618	587	546	546	534	香川(490)

資料：農林水産省農産局「特産果樹生産動態等調査」

(3) 需給

ア 果実需給表

区分	国内生産量	1)外国貿易		2)在庫の増減量	国内消費仕向量			一人1年当たり供給量	一人1日当たり供給量
		輸入量	輸出量			加工用	3)純食料		
	千t	千t	千t	千t	千t	千t	千t	kg	g
果実									
平成30年度	2,839	4,661	66	△ 3	7,437	19	4,484	35.5	97.2
令和元	2,697	4,466	76	19	7,068	20	4,291	34.0	92.9
2	2,674	4,504	61	13	7,104	20	4,305	34.1	93.5
3	2,589	4,180	84	20	6,665	18	4,065	32.4	88.7
4 (概算値)	2,645	4,233	86	9	6,783	18	4,144	33.2	90.9
うんしゅうみかん									
平成30年度	774	0	1	△ 4	777	0	492	3.9	10.7
令和元	747	0	1	21	725	0	461	3.7	10.0
2	766	0	1	11	754	0	481	3.8	10.4
3	749	0	2	21	726	0	463	3.7	10.1
4 (概算値)	682	0	1	11	670	0	426	3.4	9.3
りんご									
平成30年度	756	537	41	1	1,251	0	952	7.5	20.6
令和元	702	595	44	△ 2	1,255	0	956	7.6	20.7
2	763	531	38	2	1,254	0	960	7.6	20.8
3	662	528	55	△ 1	1,136	0	869	6.9	19.0
4 (概算値)	737	559	53	△ 2	1,245	0	950	7.6	20.8
その他の果実									
平成30年度	1,309	4,124	24	0	5,409	19	3,040	24.0	65.9
令和元	1,248	3,871	31	0	5,088	20	2,874	22.8	62.2
2	1,145	3,973	22	0	5,096	20	2,864	22.7	62.2
3	1,178	3,652	27	0	4,803	18	2,733	21.8	59.7
4 (概算値)	1,226	3,674	32	0	4,868	18	2,768	22.2	60.7

資料：農林水産省大臣官房政策課食料安全保障室「食料需給表」

注：1)のうち、いわゆる加工食品は、生鮮換算して計上している。なお、全く国内に流通しないものや、
全く食料になり得ないものなどは計上していない。
2)は、当年度末繰越量と当年度始め持越量との差である。
3)は、粗食料に歩留率を乗じたもので、人間の消費に直接に利用可能な食料の実際の量を表している。

イ 1世帯当たり年間の購入数量 (二人以上の世帯・全国)

単位：g

品目	平成30年	令和元	2	3	4
りんご	10,363	10,784	10,175	10,016	8,924
みかん	9,476	9,456	9,974	9,749	8,413
オレンジ	1,332	1,357	1,681	1,386	932
他の柑きつ類	5,131	5,074	5,374	4,899	4,372
梨	3,354	3,092	2,497	2,617	2,892
ぶどう	2,272	2,432	2,262	2,127	2,070
柿	2,440	2,395	2,369	2,172	2,448
桃	1,299	1,205	1,074	1,025	1,158
バナナ	18,448	18,436	19,204	19,791	19,229
キウイフルーツ	2,339	2,455	2,482	2,590	2,277

資料：総務省統計局「家計調査結果」

7 果樹(続き)
(3) 需給(続き)
   ウ 輸出入量及び金額

品目	令和3年		4	
	数量	金額	数量	金額
	t	千円	t	千円
輸出				
果実・その調整品				
くり（生鮮・乾燥）	732	382,922	657	463,383
うんしゅうみかん等（生鮮・乾燥）	1,698	943,691	1,634	1,071,443
ぶどう（生鮮）	1,837	4,628,655	2,027	5,389,592
りんご（生鮮）	37,729	16,212,201	37,576	18,703,026
なし（生鮮）	1,313	960,741	1,759	1,346,402
桃（ネクタリン含む）（生鮮）	1,926	2,322,178	2,340	2,897,135
柿（生鮮）	645	439,953	999	659,933
輸入				
果実・その調整品				
くり（生鮮・乾燥）	5,128	3,427,192	4,658	4,365,472
バナナ（生鮮）	1,109,355	107,551,457	1,054,937	117,130,782
パイナップル（生鮮）	180,482	16,627,515	176,435	18,587,035
マンゴー（生鮮）	8,885	4,188,174	7,612	4,229,705
オレンジ（生鮮・乾燥）	81,460	13,373,331	70,487	14,321,456
グレープフルーツ（生鮮・乾燥）	51,341	6,467,780	40,291	6,707,105
ぶどう（生鮮）	36,672	12,755,921	33,546	13,383,640
りんご（生鮮）	8,284	2,134,376	5,294	1,413,660
さくらんぼ（生鮮）	5,828	6,291,826	2,369	4,311,517
キウイフルーツ（生鮮）	118,221	50,376,983	112,267	50,153,804

資料：財務省関税局「貿易統計」をもとに農林水産省統計部にて作成。

(4) 保険・共済
　ア　収穫共済

区分	単位	計		温州みかん		なつみかん		いよかん	
		令和2年産(概数値)	3(概数値)	令和2年産(概数値)	3(概数値)	令和2年産(概数値)	3(概数値)	令和2年産(概数値)	3(概数値)
引受組合等数	組合	189	179	27	23	5	5	2	2
1) 引受戸数	戸	59,092	52,117	7,695	7,172	140	124	1,045	865
引受面積	ha	23,671	20,342	5,435	4,626	40	35	538	430
引受本数	千本	11,019	9,479	4,811	4,180	23	21	619	495
共済金額	100万円	64,936	55,881	11,777	9,874	47	43	728	617
共済掛金	〃	2,733	2,434	550	512	3	3	54	44
1) 支払対象戸数	戸	8,911	8,857	1,218	1,335	21	13	242	219
支払対象面積	ha	3,984	3,640	539	676	6	6	126	105
支払共済金	100万円	3,209	2,997	243	395	2	1	51	41

区分	単位	2)指定かんきつ		りんご		なし		かき	
		令和2年産(概数値)	3(概数値)	令和2年産(概数値)	3(概数値)	令和2年産(概数値)	3(概数値)	令和2年産(概数値)	3(概数値)
引受組合等数	組合	14	14	17	16	43	34	19	18
1) 引受戸数	戸	2,552	2,275	21,255	18,321	8,379	7,146	2,729	2,428
引受面積	ha	729	649	8,592	7,294	1,974	1,631	976	848
引受本数	千本	665	588	2,395	2,006	653	542	338	290
共済金額	100万円	1,836	1,752	23,828	20,071	8,515	6,895	1,343	1,197
共済掛金	〃	128	117	687	580	328	274	81	71
1) 支払対象戸数	戸	537	444	457	1,980	1,659	1,211	534	661
支払対象面積	ha	161	124	179	1,022	675	442	219	271
支払共済金	100万円	111	80	68	794	838	603	64	94

資料：農林水産省経営局資料（以下イまで同じ。）
注：1　農業保険法による果樹共済事業の実績であり、対象果樹は結果樹齢に達した果樹である
　　　（以下イまで同じ。）。
　　2　年々の果実の損害を対象とするものである。
　　　1)は、延べ戸数である。
　　　2)は、はっさく、ぽんかん、ネーブルオレンジ、ぶんたん、たんかん、さんぼうかん、清見、
　　日向夏、セミノール、不知火、河内晩柑、ゆず、はるみ、レモン、せとか、愛媛果試第28号及
　　び甘平である。

7 果樹 (続き)
 (4) 保険・共済 (続き)
  ア 収穫共済 (続き)

区分	単位	びわ 令和2年産(概数値)	3(概数値)	もも 令和2年産(概数値)	3(概数値)	すもも 令和2年産(概数値)	3(概数値)	おうとう 令和2年産(概数値)	3(概数値)
引受組合等数	組合	3	4	12	12	4	4	2	3
1) 引受戸数	戸	333	295	4,122	3,649	638	563	934	828
引受面積	ha	90	78	835	719	128	110	173	149
引受本数	千本	39	33	163	140	28	25	30	26
共済金額	100万円	158	144	2,608	2,321	307	285	806	663
共済掛金	〃	14	13	103	96	27	26	52	42
1) 支払対象戸数	戸	51	71	855	722	220	111	161	540
支払対象面積	ha	11	18	257	208	51	24	28	96
支払共済金	100万円	7	7	237	175	52	22	34	211

区分	単位	うめ 令和2年産(概数値)	3(概数値)	ぶどう 令和2年産(概数値)	3(概数値)	くり 令和2年産(概数値)	3(概数値)	キウイフルーツ 令和2年産(概数値)	3(概数値)
引受組合等数	組合	4	4	23	26	8	8	6	6
1) 引受戸数	戸	2,756	2,629	4,890	4,383	901	817	723	622
引受面積	ha	2,024	1,887	1,314	1,153	642	573	183	159
引受本数	千本	623	580	373	325	205	181	53	47
共済金額	100万円	5,554	5,125	6,309	5,907	246	232	873	754
共済掛金	〃	493	455	153	146	23	22	36	32
1) 支払対象戸数	戸	1,259	285	1,124	830	307	154	266	281
支払対象面積	ha	1,087	174	344	255	230	149	72	71
支払共済金	100万円	950	128	445	312	20	22	88	113

イ 樹体共済

区分	単位	計 令和2年産(概数値)	3(概数値)	温州みかん 令和2年産(概数値)	3(概数値)	2)指定かんきつ 令和2年産(概数値)	3(概数値)	りんご 令和2年産(概数値)	3(概数値)
引受組合等数	組合	32	28	7	7	1	1	2	2
引受戸数	戸	1,787	1,618	170	152	2	2	205	189
引受面積	ha	605	558	74	72	1	1	88	85
引受本数	千本	195	182	64	63	0	0	16	15
共済金額	100万円	8,190	7,250	435	464	14	13	829	731
共済掛金	〃	114	103	1	1	0	0	12	10
支払対象戸数	戸	365	520	15	22	0	0	39	108
支払対象面積	ha	165	235	8	18	0	0	22	60
支払共済金	100万円	169	192	7	6	0	0	5	35

区分	単位	なし 令和2年産(概数値)	3(概数値)	かき 令和2年産(概数値)	3(概数値)	もも 令和2年産(概数値)	3(概数値)	おうとう 令和2年産(概数値)	3(概数値)
引受組合等数	組合	8	4	3	3	1	1	1	1
引受戸数	戸	391	352	75	70	87	82	425	386
引受面積	ha	150	134	25	23	25	23	94	87
引受本数	千本	47	41	6	6	4	4	15	14
共済金額	100万円	2,619	2,350	60	61	164	175	1,679	1,421
共済掛金	〃	20	19	0	0	7	7	26	22
支払対象戸数	戸	66	108	0	0	28	48	100	121
支払対象面積	ha	39	54	0	0	9	16	30	36
支払共済金	100万円	24	28	0	0	4	12	19	26

区分	単位	ぶどう 令和2年産(概数値)	3(概数値)	キウイフルーツ 令和2年産(概数値)	3(概数値)
引受組合等数	組合	6	6	3	3
引受戸数	戸	119	114	313	271
引受面積	ha	39	37	109	96
引受本数	千本	8	8	35	31
共済金額	100万円	461	449	1,928	1,586
共済掛金	〃	4	4	44	40
支払対象戸数	戸	19	24	98	89
支払対象面積	ha	14	14	43	37
支払共済金	100万円	4	7	106	79

注：将来にわたって果実を生む資産としての樹体そのものの損害を対象とするものである。

7 果樹 (続き)
(5) 価格
　　ア 農産物価格指数

令和2年＝100

年次	みかん 普通温州 (優－M)	なつみかん 甘なつ (優－L)	りんご ふじ (秀32玉)	りんご つがる (秀32玉)	日本なし 豊水 (秀28玉)
令和2年	100.0	100.0	100.0	100.0	100.0
3	99.2	113.6	94.4	96.6	80.9
4	107.9	98.8	113.4	90.5	80.1

年次	日本なし (続き) 幸水 (秀28玉)	かき (秀－M)	もも (秀18～20玉)	ぶどう デラウェア (秀－L)	ぶどう 巨峰 (秀－L)
令和2年	100.0	100.0	100.0	100.0	100.0
3	108.7	105.4	96.1	95.3	107.5
4	103.8	94.5	90.0	105.9	106.9

資料：農林水産省統計部「農業物価統計」

　　イ　1kg当たり卸売価格 (東京都)

単位：円

年次	みかん	甘なつ みかん	りんご (ふじ)	なし (幸水)	ぶどう (デラウェア)	かき	もも	バナナ
平成29年	306	203	292	365	827	256	547	153
30	318	203	335	357	855	281	607	168
令和元	301	195	311	391	883	280	618	167
2	301	203	372	501	1,021	325	724	163
3	298	212	318	527	983	347	731	158

資料：農林水産省統計部「青果物卸売市場調査報告」
注：東京都の卸売市場における卸売価額を卸売数量で除して求めた価格である。

　　ウ　1kg当たり年平均小売価格 (東京都区部)

単位：円

品目	銘柄	平成30年	令和元	2	3	4
1) りんご	ふじ又はつがる、1個200～400g	574	537	683	568	676
みかん	温州みかん（ハウスみかんを除く）、1個70～130g	700	686	704	688	725
梨	幸水又は豊水、1個300～450g	533	616	909	863	840
ぶどう	デラウェア	1,505	1,577	1,721	1,751	1,812
柿	1個190～260g	551	539	587	644	558
桃	1個200～350g	1,043	1,070	1,246	1,271	1,290
バナナ	フィリピン産（高地栽培などを除く）	243	255	259	248	265

資料：総務省統計局「小売物価統計調査（動向編）結果」
注：1)は、令和2年1月に基本銘柄を改正した。

8 工芸農作物

(1) 茶

ア 販売目的の茶の栽培経営体数

（各年2月1日現在）

単位：経営体

年次	茶栽培経営体数
平成27年	20,144
令和2	12,929

資料：農林水産省統計部「農林業センサス」

イ 茶栽培面積

年次	茶栽培面積
	ha
平成30年	1) 41,500
令和元	1) 40,600
2	39,100
3	1) 38,000
4	1) 36,900

資料：農林水産省統計部「耕地及び作付面積統計」
注： 平成29年から調査の範囲を全国から主産県に変更し、主産県の調査結果をもとに全国値を推計している。1)は主産県調査である。
　　なお、主産県とは、直近の全国調査年における全国の栽培面積のおおむね80％を占めるまでの上位都道府県及び、茶の畑作物共済事業等を実施する都道府県である。

ウ 生葉収穫量と荒茶生産量

単位：t

区分	生葉収穫量	荒茶生産量
平成30年産	(383,600)	86,300
令和元	(357,400)	81,700
2	328,800	69,800
3	(332,200)	78,100
4	(331,100)	77,200
うち静岡	129,200	28,600

資料：農林水産省統計部「作物統計」
注： （ ）内の値については、主産県計の値を掲載している。
　　主産県とは、令和2年産までについては、直近の全国調査年における全国の茶栽培面積のおおむね80％を占めるまでの上位都道府県、強い農業づくり交付金（令和元年及び2年産は「強い農業・担い手づくり総合支援交付金」）による茶に係る事業を実施する都道府県及び畑作物共済事業を実施し、半相殺方式を採用している都道府県である。
　　令和3年産及び4年産においては、直近の全国調査年における全国の栽培面積のおおむね80％を占めるまでの上位都道府県及び茶の畑作物共済事業を実施し、半相殺方式を採用している都道府県である。

エ 需給

(ア) 1世帯当たり年間の購入数量（二人以上の世帯・全国）

単位：g

品目	平成30年	令和元	2	3	4
緑茶	798	791	827	759	701
紅茶	173	186	189	193	191

資料：総務省統計局「家計調査結果」

(イ) 輸出入量及び金額

品目	令和3年		4	
	数量	金額	数量	金額
輸出	t	千円	t	千円
緑茶	6,179	20,418,246	6,266	21,890,599
輸入				
緑茶	3,194	2,319,427	3,088	2,763,465
紅茶	17,627	12,517,999	14,958	13,601,215

資料：財務省関税局「貿易統計」をもとに農林水産省統計部にて作成。

8 工芸農作物 (続き)
(1) 茶 (続き)
　　オ 保険・共済

区分	単位	茶	
		令和3年産 (概数値)	4 (概数値)
引受組合等数	組合	10	7
引受戸数	戸	308	260
引受面積	ha	204	168
共済金額	100万円	215	171
共済掛金	〃	10	8
支払対象戸数	戸	160	13
支払対象面積	ha	124	7
支払共済金	100万円	36	1

資料：農林水産省経営局資料
注：農業保険法による畑作物共済の実績である。

　　カ 価格
　　　(ア) 農産物価格指数

令和2年＝100

品目	令和2年	3	4
生葉	100.0	133.2	116.3
荒茶	100.0	124.5	117.8

資料：農林水産省統計部「農業物価統計」

　　　(イ) 年平均小売価格 (東京都区部)

単位：円

品目	銘柄	数量 単位	平成30年	令和元	2	3	4
緑茶	煎茶（抹茶入りを含む）、 100～300g袋入り	100g	560	557	567	573	579
1) 紅茶	ティーバッグ、20～30袋入り	10袋	104	106	104	115	116

資料：総務省統計局「小売物価統計調査（動向編）結果」
注：1)は、令和3年10月に基本銘柄を改正した。

(2) その他の工芸農作物
　ア　販売目的の工芸農作物の作物別作付（栽培）経営体数
　　（各年2月1日現在）

単位：経営体

年次	なたね	こんにゃくいも	てんさい	さとうきび
平成27年	…	3,085	7,338	15,350
令和2	829	1,918	6,645	10,909

資料：農林水産省統計部「農林業センサス」

イ　生産量

年産	1)てんさい		年産	3)い	
	作付面積	収穫量		作付面積	収穫量（乾燥茎）
	ha	t		ha	t
平成30年産	57,300	3,611,000	平成30年産	534	7,420
令和元	56,700	3,986,000	令和元	471	7,070
2	56,800	3,912,000	2	420	6,260
3	57,700	4,061,000	3	448	6,360
4	**55,400**	**3,545,000**	**4**	**380**	**5,810**

年産・主要生産県	2)さとうきび		年産・主要生産県	葉たばこ	
	収穫面積	収穫量		収穫面積	収穫量
	ha	t		ha	t
平成30年産	22,600	1,196,000	平成30年産	7,065	16,998
令和元	22,100	1,174,000	令和元	6,484	16,798
2	22,500	1,336,000	2	6,079	13,748
3	23,300	1,359,000	3	5,661	14,237
4	**23,200**	**1,272,000**	**4**	**3,602**	**8,782**
鹿児島	9,570	534,100	熊本県	660	1,869
沖縄	13,700	737,600	沖縄県	518	800
			岩手県	459	1,143
			青森県	336	797
			長崎県	389	1,099

年産・主要生産県	なたね		年産・主要生産県	こんにゃくいも		
	作付面積	収穫量		栽培面積	収穫面積	収穫量
	ha	t		ha	ha	t
平成30年産	1,920	3,120	平成30年産	3,700	2,160	55,900
令和元	1,900	4,130	令和元	4) 3,660	4) 2,150	4) 59,100
2	1,830	3,580	2	4) 3,570	4) 2,140	4) 53,700
3	1,640	3,230	3	4) 3,430	4) 2,050	4) 54,200
4	**1,740**	**3,680**	**4**	**4) 3,320**	**4) 1,970**	**4) 51,900**
北海道	1,000	3,070	群馬	3,040	1,810	49,200

資料：農林水産省統計部「作物統計」
　　　葉たばこは、全国たばこ耕作組合中央会「府県別の販売実績」
注：1　葉たばこについては、収穫面積と販売重量（乾燥）である。
　　2　こんにゃくいもの栽培面積とは、収穫までの養成期間中のものを含む全ての面積をいう。
　　3　こんにゃくいもの主要県は、令和元年産までは栃木県及び群馬県の2県であったが、令和2年
　　産からは群馬県のみである。
　　1)は、北海道の調査結果である。
　　2)は、鹿児島県及び沖縄県の調査結果である。
　　3)は、熊本県の調査結果である。
　　4)は、主要県の調査結果から推計したものである。

8 工芸農作物（続き）
(2) その他の工芸農作物（続き）
　ウ　輸出入量及び金額

品目名	令和3年		4	
	数量	金額	数量	金額
	t	千円	t	千円
輸出				
砂糖類	6,554	2,367,047	6,527	2,685,247
たばこ	3,954	14,552,698	9,290	12,709,635
輸入				
こんにゃく芋	104	104,770	285	244,940
砂糖類	1,233,884	80,909,245	1,318,243	111,204,944
こんにゃく（調製食料品）	11,883	2,276,291	12,254	2,507,614
たばこ	105,606	596,703,411	110,281	623,130,315
畳表	11,508	4,667,683	10,704	5,631,686

資料：財務省関税局「貿易統計」をもとに農林水産省統計部にて作成。

　エ　保険・共済

区分	単位	さとうきび		てんさい		ホップ	
		令和3年産 （概数値）	4 （概数値）	令和3年産 （概数値）	4 （概数値）	令和3年産 （概数値）	4 （概数値）
引受組合等数	組合	4	2	5	1	4	4
引受戸数	戸	7,186	6,670	5,603	5,404	83	78
引受面積	ha	9,322	8,654	50,736	48,513	60	58
共済金額	100万円	8,600	7,987	51,766	50,002	206	207
共済掛金	〃	486	453	2,103	1,364	8	6
支払対象戸数	戸	779	1,566	1,021	2,650	9	4
支払対象面積	ha	744	1,987	9,072	24,344	9	3
支払共済金	100万円	86	261	829	2,979	5	3

資料：農林水産省経営局資料
注：農業保険法による畑作物共済の実績である。

オ　生産費（令和4年産）

単位：円

区分	生産費（10a当たり）		
	生産費 （副産物価額差引）	支払利子・ 地代算入生産費	資本利子・ 地代全額算入生産費
てんさい	*96,180	*98,144	*108,274
さとうきび	*132,252	*138,986	*149,014
なたね	45,869	46,740	56,982

資料：農林水産省統計部「農業経営統計調査　農産物生産費統計」
注：1　調査期間は、てんさいが令和3年1月から令和3年12月まで、さとうきびが令和3年4月
　　から令和4年3月まで、なたねが令和3年9月から令和4年8月までの1年間である。
　　2　生産費とは、生産物の一定単位量の生産のために消費した経済費用の合計をいう。ここで
　　いう費用の合計とは、生産物の生産に要した材料、賃借料及び料金、用役等（労働・固定資
　　産等）の価額の合計である。
　　3　本調査は、てんさい及びさとうきびについては2015年農林業センサスに基づく農業経営体、
　　なたねについては平成26年度経営所得安定対策等加入申請者情報の経営体のうち、世帯によ
　　る農業経営を行い、調査対象作目を10a以上作付けし、販売した経営体（個別経営体）を対象
　　に実施した。
　　4　「＊」を付したてんさい及びさとうきびの値は、令和3年産の結果である。

カ　価格
（ア）　農産物価格指数

令和2年＝100

品目・銘柄等級	令和2年	3	4
てんさい	100.0	106.8	122.0
こんにゃくいも（生いも）	100.0	113.7	115.8
葉たばこ（中葉、Aタイプ）	100.0	100.5	100.6
い草（草丈120cm、上）	100.0	91.8	100.2
い表（3種表、綿糸）	100.0	104.6	113.6

資料：農林水産省統計部「農業物価統計」

（イ）　さとうきびに係る甘味資源作物交付金単価

単位：円

区分	令和4年産	5
交付金単価（1t当たり）	16,860	16,860 (16,030)

資料：農林水産省農産局地域作物課資料
注：1　この単価は、四捨五入により小数点以下第一位まで算出された糖度（以下単に
　　「糖度」という。）が13.1度以上14.3度以下のさとうきびに適用する。
　　2　糖度が5.5度以上13.1度未満のさとうきびに係る甘味資源作物交付金の単価は、
　　糖度が13.1度を0.1度下回るごとに100円を、この単価から差し引いた額とする。
　　3　糖度が14.3度を超えるさとうきびに係る甘味資源作物の交付金の単価は、糖度
　　が14.3度を0.1度上回るごとに100円を、この単価に加えた額とする。
　　4　（　）内の単価は、消費税課税事業者における額。

8 工芸農作物（続き）
(2) その他の工芸農作物（続き）
キ 加工
(ｱ) 精製糖生産量

単位：t

年度	グラニュ	白双	中双	上白	中白
平成29年度	510,403	35,467	29,538	564,105	322
30	515,775	33,476	25,006	551,242	332
令和元	499,505	32,076	25,362	539,692	313
2	450,172	24,357	22,068	485,929	283
3	468,464	27,880	21,449	499,177	289

年度	三温	角糖	氷糖	液糖
平成29年度	84,937	2,078	12,092	401,866
30	84,867	1,513	15,009	393,561
令和元	81,997	1,430	15,814	379,396
2	81,019	1,172	12,316	373,189
3	83,296	943	15,810	392,436

資料：精糖工業会館「砂糖統計年鑑」（以下(ｳ)まで同じ。）
注：最終製品生産量であり、液糖は固形換算していない。

(ｲ) 甘蔗糖及びビート糖生産量

単位：t

砂糖年度 (10月～9月)	甘蔗糖（さとうきび）					ビート糖（てんさい）	
	砂糖生産量					製品	
	計	沖縄		鹿児島		ビート糖	ビートパルプ
		分蜜糖	含蜜糖	分蜜糖	含蜜糖		
平成29年度	143,860	78,079	9,070	56,005	706	656,669	177,842
30	135,763	74,868	9,131	51,127	637	614,718	164,959
令和元	141,258	72,798	7,849	59,941	670	651,155	185,388
2	159,116	86,372	9,556	62,574	614	631,241	179,137
3	159,819	86,881	8,191	64,128	619	639,985	188,555

(ｳ) 砂糖需給表

単位：t

年次	生産	輸入	消費	輸出	年末在庫
平成29年	710,000	1,236,711	2,115,000	1,555	432,214
30	774,000	1,184,473	2,100,000	1,646	289,041
令和元	777,000	1,208,261	2,050,000	1,756	222,546
2	703,000	1,351,915	1,975,000	2,469	299,992
3	750,000	1,285,953	1,950,000	1,936	384,009

注：粗糖換算数量である。

(ｴ) 1世帯当たり年間の砂糖購入数量（二人以上の世帯・全国）

単位：g

品目	平成30年	令和元	2	3	4
砂糖	4,736	4,446	4,427	4,420	4,055

資料：総務省統計局「家計調査結果」

9 花き
(1) 販売目的の花き類の品目別作付(栽培)経営体数
(各年2月1日現在)

単位:経営体

区分	切り花類	球根類	鉢もの類	花壇用苗もの類
平成27年	38,083	2,862	6,043	4,292
令和2	30,152	2,097	4,548	3,495

資料:農林水産省統計部「農林業センサス」

(2) 主要花きの作付(収穫)面積及び出荷量

品目	令和3年産		4	
	1)作付面積	2)出荷量	1)作付面積	2)出荷量
	ha	100万本(球・鉢)	ha	100万本(球・鉢)
切り花類	13,280	3,249	12,970	3,139
うちきく	4,258	1,298	4,092	1,227
カーネーション	252	202	237	192
ばら	284	194	269	189
りんどう	413	75	396	73
宿根かすみそう	201	51	195	46
スターチス	167	122	166	116
ガーベラ	78	123	75	122
トルコギキョウ	402	85	392	85
ゆり	659	115	635	110
アルストロメリア	80	56	81	57
切り葉	573	92	564	86
切り枝	3,621	203	3,589	202
球根類	239	74	234	71
鉢もの類	1,474	189	1,452	181
うちシクラメン	160	15	156	15
洋ラン類	170	12	168	12
観葉植物	265	43	257	41
花木類	301	34	290	31
花壇用苗もの類	1,277	554	1,253	535
うちパンジー	239	109	236	104

資料:農林水産省統計部「花き生産出荷統計」
注: 1)の球根類及び鉢もの類は、収穫面積である。
2)の単位は、切り花類及び花壇用苗もの類が100万本、球根類が100万球、鉢もの類が
100万鉢である。

9 花き（続き）
(3) 花木等の作付面積及び出荷数量

品目	令和2年産		3	
	作付面積	出荷数量	作付面積	出荷数量
	ha	千本	ha	千本
花木類	2,459	44,559	2,910	71,846
ツツジ	159	3,937	188	4,329
サツキ	160	3,818	151	4,135
カイヅカイブキ	39	385	35	325
タマイブキ	2	20	3	34
ツバキ	69	563	75	744
モミジ	75	881	88	1,868
ヒバ類	178	3,385	191	5,041
ツゲ類	102	2,167	103	3,080
その他	1,675	29,403	2,075	52,290
芝	4,542	1) 3,346	4,884	1) 3,525
地被植物類	77	1) 40	88	1) 51

資料：農林水産省「花木等生産状況調査」
注： 令和2年産は主産県を対象に調査を実施し、県別に主産県となっている品目の数値を
積み上げた値である。令和3年産は全国の都道府県を対象に調査を実施し、回答のあった
品目の数値を積み上げた値である。
1)の単位は、haである。

(4) 産出額

単位：億円

品目	平成29年	30	令和元	2	3
きく	625	614	597	537	539
トルコギキョウ	127	121	116	111	117
ゆり	214	202	190	176	182
ばら	178	164	156	137	153
カーネーション	111	103	99	88	97
切り枝	169	180	186	202	224
シクラメン	74	73	69	69	70
洋ラン類	364	353	355	327	26
観葉植物	125	122	116	143	178
花木類	155	146	138	105	113
芝	66	65	63	66	63

資料：農林水産省統計部「生産農業所得統計」

(5) 輸出入実績
ア 輸出入量及び金額

品目	単位	令和3年		4	
		数量	金額	数量	金額
			千円		千円
輸出					
1)球根	千個	594	49,381	293	70,414
2)植木等	—	…	6,930,731	…	7,384,985
3)切花	kg	392,210	1,344,081	451,811	1,514,286
輸入					
1)球根	千個	303,179	6,042,288	288,891	7,047,973
3)切花	kg	41,259,697	37,811,738	41,283,696	43,425,894

資料:財務省関税局「貿易統計」をもとに農林水産省統計部にて作成。（以下イまで同じ。）
注： 1)は、りん茎、塊茎、塊根、球根、冠根及び根茎（休眠し、生長し又は花が付いている
　　ものに限る。）並びにチコリー及びその根。（主として食用に供するものを除く。）
　　 2)は、球根を除く生きている植物及びきのこ菌糸のうち、根を有しない挿穂及び接ぎ穂
　　並びに樹木及び灌木（食用果実又はナットのもの）を除く。
　　 3)は、生鮮のもの及び乾燥し、染色し、漂白し、染み込ませ又はその他の加工をしたも
　　ので、花束用又は装飾用に適するものに限る。

イ 国・地域別輸出入数量及び金額

区分	単位	令和3年		4	
		数量	金額	数量	金額
			千円		千円
輸出					
球根	千個	594	49,381	293	70,414
うちアメリカ合衆国	〃	67	7,133	94	33,305
オランダ	〃	378	22,337	90	15,033
ブラジル	〃	69	10,076	33	8,351
切花	kg	392,210	1,344,081	451,811	1,514,286
うち中華人民共和国	〃	258,345	610,567	300,608	684,671
アメリカ合衆国	〃	39,267	250,742	41,884	305,654
大韓民国	〃	22,790	125,946	24,920	142,908
輸入					
球根	千個	303,179	6,042,288	288,891	7,047,973
うちオランダ	〃	262,875	4,575,240	250,573	5,357,549
ニュージーランド	〃	15,089	643,643	14,282	731,847
チリ	〃	6,733	329,765	5,807	342,059
切花	kg	41,259,697	37,811,738	41,283,696	43,425,894
うちコロンビア	〃	7,739,175	9,146,112	7,837,016	11,510,327
中華人民共和国	〃	8,309,715	5,617,307	9,593,111	6,797,509
マレーシア	〃	8,950,540	6,941,905	7,814,991	6,352,092

注：令和4年の輸出入金額が多い国・地域について、上位3か国を掲載した。

9　花き（続き）
(6)　年平均小売価格（東京都区部）

単位：円

品目	銘柄	数量単位	平成30年	令和元	2	3	4
切り花							
カーネーション	スタンダードタイプ（輪もの）	本	197	196	198	199	210
きく	輪もの	〃	224	227	227	229	242
バラ	輪もの	〃	334	335	337	340	367
鉢植え	観葉植物、ポトス、5号鉢（上口直径15cm程度）、土栽培、普通品	鉢	600	587	586	615	658

資料：総務省統計局「小売物価統計調査（動向編）結果」

(7)　1世帯当たり年間の支出金額（二人以上の世帯・全国）

単位：円

品目	平成30年	令和元	2	3	4
切り花	8,255	8,401	8,152	7,899	7,992
園芸用植物	3,784	3,543	3,947	4,139	4,132

資料：総務省統計局「家計調査結果」

10 施設園芸
(1) 施設園芸に利用したハウス・ガラス室の面積規模別経営体数
　　（各年2月1日現在）

単位：経営体

区分	計	5a未満	5 ～ 10	10 ～ 20	20 ～ 30	30 ～ 50	50a以上
平成27年	174,729	51,862	21,129	33,415	24,465	24,534	19,324
令和2	139,540	39,570	16,359	27,377	19,672	19,725	16,837

資料：農林水産省統計部「農林業センサス」

(2) 園芸用ガラス室・ハウスの設置実面積及び栽培延べ面積

単位：ha

区分	平成24年	26	28	30	令和2
設置実面積					
ガラス室・ハウス計	46,449	43,232	43,220	42,164	40,615
野菜	32,469	30,330	31,342	30,924	29,975
花き	7,188	6,500	6,589	6,062	5,539
果樹	6,791	6,402	5,290	5,179	5,101
ガラス室	1,889	1,658	1,663	1,595	1,870
野菜	797	753	792	764	1,063
花き	962	862	840	820	786
果樹	130	43	31	11	21
ハウス	44,560	41,574	41,558	40,569	38,745
野菜	31,672	29,577	30,548	30,159	28,849
花き	6,227	5,638	5,750	5,242	4,932
果樹	6,661	6,359	5,260	5,168	4,964
栽培延べ面積					
ガラス室・ハウス計	56,226	53,249	57,168	54,791	53,592
野菜	41,948	39,635	44,698	42,489	39,657
花き	8,090	7,412	7,264	7,117	8,379
果樹	6,189	6,202	5,206	5,185	5,556

資料：農林水産省農産局「園芸用施設の設置等の状況」
注：1　平成24年は、前年の7月から当年の6月までの対象期間である。
　　　平成26、28、30、令和2年は、前年の11月から当年の10月までの対象期間である。
　　2　同一施設に、二つ以上の作目が栽培された場合は、その栽培期間が最長である作目に分類した。

10 施設園芸（続き）
(3) 保険・共済

区分	単位	計		ガラス室		プラスチックハウス	
		令和2年度 （概数値）	3 （概数値）	令和2年度 （概数値）	3 （概数値）	令和2年度 （概数値）	3 （概数値）
1) 引受組合等数	組合	78	65	62	51	78	65
2) 引受戸数	戸	184,092	181,636	3,848	3,619	180,244	178,017
引受棟数	棟	631,573	610,877	9,669	9,172	621,904	601,705
引受面積	a	2,450,601	2,297,468	57,499	53,352	2,393,103	2,244,117
共済金額	100万円	789,666	1,051,946	63,731	73,708	725,394	978,238
共済掛金	〃	6,107	8,658	96	122	6,011	8,536
保険料	〃	1,044	1,028	14	2	1,030	1,027
再保険料	〃	1,493	2,209	15	21	1,478	2,189
3) うち1棟ごと	〃	1,021	1,580	7	11	1,014	1,568
4) 年間超過	〃	472	630	8	9	464	621
2) 支払対象戸数	戸	19,741	13,711	340	306	19,401	13,405
支払対象棟数	棟	31,532	19,295	391	344	31,141	18,951
被害額	100万円	4,920	3,022	66	63	4,854	2,959
支払共済金	〃	3,964	2,482	49	47	3,915	2,435
支払保険金	〃	1,316	399	16	5	1,300	394
支払再保険金	〃	878	378	0	0	869	378
3) うち1棟ごと	〃	869	378	0	0	869	378
4) 年間超過	〃	9	0	…	…	…	…

資料：農林水産省経営局資料
注：農業保険法による園芸施設共済の実績である。
　　1)の引受組合等数は、実組合等数である。
　　2)の引受戸数及び被害戸数は、延べ戸数である。
　　3)は、1棟ごとの超過損害歩合再保険方式に係るものである。
　　4)は、年間超過損害歩合再保険方式に係るものである。

IX 畜産

1 家畜飼養

(1) 乳用牛（各年2月1日現在）

ア 乳用牛の飼養戸数・飼養頭数

年次	飼養戸数	飼養頭数						子畜（2歳未満の未経産牛）	1戸当たり飼養頭数
		合計	成畜（2歳以上）						
			計	経産牛					
				小計	搾乳牛	乾乳牛			
	戸	千頭	千頭	千頭	千頭	千頭		千頭	頭
平成31年	15,000	1,332	901	839	730	110		431	88.8
令和2	14,400	1,352	900	839	715	124		452	93.9
3	13,800	1,356	910	849	726	123		446	98.3
4	13,300	1,371	924	862	737	125		447	103.1
5	12,600	1,356	896	837	715	122		459	107.6

資料：農林水産省統計部「畜産統計」（以下(2)まで同じ。）
注： 令和2年以降の数値は、牛個体識別全国データベース等の行政記録情報及び関係統計を用いて集計
　　した加工統計である（以下(2)まで同じ。）。

イ 乳用牛の成畜飼養頭数規模別飼養戸数

単位：戸

年次・全国農業地域	計	成畜飼養頭数規模							子畜のみ
		1〜19頭	20〜29	30〜49	50〜79	80〜99	100〜199	200頭以上	
平成31年	14,800	2,910	1,910	3,690	2,950	924	1) 2,000	…	410
令和2	14,400	2,890	1,880	3,500	2,870	952	1,400	561	320
3	13,800	2,710	1,740	3,280	2,820	946	1,420	610	296
4	13,300	2,510	1,590	3,120	2,750	917	1,450	669	310
5	12,600	2,460	1,420	2,860	2,600	871	1,430	675	303
北海道	5,380	493	268	985	1,510	569	965	432	163
東北	1,780	670	293	405	210	43	63	30	61
北陸	237	63	50	67	36	9	4	4	4
関東・東山	2,260	580	378	618	332	91	134	88	38
東海	501	84	68	137	87	29	59	28	9
近畿	357	93	64	95	48	17	23	13	4
中国	547	150	78	146	75	26	38	25	9
四国	261	84	43	72	28	14	7	12	1
九州	1,230	232	174	312	262	71	126	43	14
沖縄	64	14	4	19	17	2	8	−	−

注：1 平成31年の数値は、学校、試験場などの非営利的な飼養者を含まない。
　　2 令和2年から階層区分を変更し、「100頭以上」を「100〜199」及び「200頭以上」にした。
　　1)は「200頭以上」を含む。

(2) 肉用牛（各年2月1日現在）

ア 肉用牛の飼養戸数・飼養頭数

年次	飼養戸数		飼養頭数							1戸当たり飼養頭数
		乳用種のいる戸数	計	肉用種					乳用種	
				めす		おす				
				小計	2歳以上	小計	2歳以上			
	戸	戸	千頭	千頭	千頭	千頭	千頭		千頭	頭
平成31年	46,300	4,670	2,503	1,114	655	620	103		769	54.1
令和2	43,900	4,560	2,555	1,138	655	654	105		763	58.2
3	42,100	4,390	2,605	1,162	662	667	108		776	61.9
4	40,400	4,270	2,614	1,158	681	654	120		802	64.7
5	38,600	4,170	2,687	1,195	690	687	120		804	69.6

注：乳用種の数値には、ホルスタイン種などの肉用を目的としている乳用種のほか交雑種を含む。

1 家畜飼養（続き）
(2) 肉用牛（各年2月1日現在）（続き）
　イ　肉用牛の総飼養頭数規模別飼養戸数

単位：戸

年次	計	1～4頭	5～9	10～19	20～29	30～49	50～99	100～199	200～499	500頭以上
平成31年	46,000	11,000	9,520	9,120	1) 8,020	…	3,910	2,180	2) 2,250	759
令和2	43,900	10,700	8,890	8,070	4,010	4,020	3,920	2,180	1,400	743
3	42,100	9,700	8,260	7,760	3,880	4,130	3,950	2,210	1,420	763
4	40,400	9,020	7,830	7,410	3,760	4,060	3,860	2,220	1,430	783
5	38,600	8,480	7,090	7,040	3,730	3,960	3,820	2,180	1,440	792

注：1　平成31年の数値は、学校、試験場などの非営利的な飼養者を含まない。
　　2　令和2年から階層区分を変更し、「20～49」を「20～29」及び「30～49」に、
　　　「200頭以上」を「200～499」及び「500頭以上」にした。
1)は「30～49」を含む。
2)は「500頭以上」を含む。

　ウ　肉用牛の種類別飼養頭数規模別飼養戸数（令和5年）
　　(ア)　子取り用めす牛

単位：戸

区分	計	1～4頭	5～9	10～19	20～49	50～99	100頭以上
全国	33,800	12,300	7,480	6,330	5,530	1,560	608

注：　この統計表の子取り用めす牛飼養頭数規模は、牛個体識別全国データベースにおいて出産経験の
　　ある肉用種めすの頭数を階層として区分したものである。

　　(イ)　肉用種の肥育用牛

単位：戸

区分	計	1～9頭	10～19	20～29	30～49	50～99	100～199	200～499	500頭以上
全国	6,820	3,650	634	423	509	633	532	313	130

注：　この統計表の肉用種の肥育用牛飼養頭数規模は、牛個体識別全国データベースにおいて1歳以上
　　の肉用種おすの頭数を階層として区分したものである。

　　(ウ)　乳用種

単位：戸

区分	計	1～4頭	5～19	20～29	30～49	50～99	100～199	200～499	500頭以上
全国	4,170	1,600	780	155	170	290	379	434	357

(3)　種おす牛の飼養頭数（各年2月1日現在）

単位：頭

年次	計	肉用牛					乳用牛		
		小計	黒毛和種	褐毛和種	日本短角種	その他	小計	ホルスタイン種	ジャージー種とその他
平成30年	2,089	1,426	1,225	72	95	34	663	658	5
31	2,029	1,397	1,196	74	94	33	632	626	6
令和2	2,012	1,361	1,168	76	83	34	651	645	6
3	1,954	1,330	1,142	79	80	29	624	620	4
4	1,921	1,300	1,127	71	76	26	621	617	4

資料：農林水産省畜産局資料
注：対象は家畜改良増殖法に基づく種畜検査に合格して飼養されているものである。

(4) 豚（各年2月1日現在）

ア 豚の飼養戸数・飼養頭数

年次	飼養戸数	飼養頭数						1戸当たり飼養頭数
		計	子取り用めす豚	種おす豚	肥育豚	その他		
	戸	千頭	千頭	千頭	千頭	千頭		頭
平成31年	4,320	9,156	853	36	7,594	673		2,119.4
令和2	…	…	…	…	…	…		nc
3	3,850	9,290	823	32	7,676	759		2,413.0
4	3,590	8,949	789	30	7,515	615		2,492.8
5	3,370	8,956	792	27	7,512	625		2,657.6

資料：農林水産省統計部「畜産統計」（以下(7)まで同じ。）
注：令和2年は、2020年農林業センサス実施年のため調査を休止した（以下(5)ウまで同じ。）。

イ 肥育豚の飼養頭数規模別飼養戸数

単位：戸

年次	計	肥育豚飼養頭数規模							肥育豚なし
		小計	1～99頭	100～299	300～499	500～999	1,000～1,999	2,000頭以上	
平成31年	4,170	3,950	479	448	428	813	756	1,030	213
令和2	…	…	…	…	…	…	…	…	…
3	3,710	3,490	350	386	358	679	718	997	224
4	3,450	3,230	320	316	318	686	633	958	221
5	3,240	3,040	292	269	280	627	603	972	196

注：1 階層区分に用いた肥育豚頭数は、調査日現在における肥育中の成豚（繁殖用を除く。）と自家で肥育する予定の子豚（販売予定の子豚を除く。）の合計頭数である。
　　2 学校、試験場などの非営利的な飼養者を含まない（以下ウまで同じ。）。

ウ 子取り用めす豚の飼養頭数規模別飼養戸数

単位：戸

年次	計	子取り用めす豚飼養頭数規模							子取り用めす豚なし
		小計	1～9頭	10～29	30～49	50～99	100～199	200頭以上	
平成31年	4,170	3,320	227	337	303	706	689	1,050	851
令和2	…	…	…	…	…	…	…	…	…
3	3,710	2,910	185	272	238	564	616	1,030	803
4	3,450	2,620	170	224	228	488	585	923	834
5	3,240	2,510	141	192	219	453	531	974	729

1 家畜飼養（続き）

(5) 採卵鶏・ブロイラー（各年2月1日現在）

ア 採卵鶏及びブロイラーの飼養戸数・飼養羽数

年次	採卵鶏							ブロイラー		
	飼養戸数		飼養羽数				1戸当たり成鶏めす飼養羽数(種鶏を除く。)	飼養戸数	飼養羽数	1戸当たり飼養羽数
		採卵鶏(種鶏のみの飼養者を除く。)	計	採卵鶏（めす）		種鶏				
				ひな(6か月未満)	成鶏めす(6か月以上)					
	戸	戸	千羽	千羽	千羽	千羽	千羽	戸	千羽	千羽
平成31年	2,190	2,120	184,917	40,576	141,792	2,549	66.9	2,250	138,228	61.4
令和2	…	…	…	…	…	…	nc	…	…	nc
3	1,960	1,880	183,373	40,221	140,697	2,455	74.8	2,160	139,658	64.7
4	1,880	1,810	182,661	42,805	137,291	2,565	75.9	2,100	139,230	66.3
5	1,760	1,690	172,265	41,231	128,579	2,455	76.1	2,100	141,463	67.4

注：1　採卵鶏は成鶏めす、ひな及び種鶏のいずれも1,000羽未満の飼養者、ブロイラーは年間出荷羽数3,000羽未満の飼養者を含まない。
　　2　1戸当たり成鶏めす飼養羽数の算出に用いる採卵鶏の飼養戸数には、成鶏めすを飼養していない者を含む。

イ 採卵鶏の成鶏めす飼養羽数規模別飼養戸数

単位：戸

年次	計	成鶏めす飼養羽数規模						ひなのみ
		小計	1,000～9,999羽	10,000～49,999	50,000～99,999	100,000～499,999	500,000羽以上	
平成31年	2,100	1,920	1) 767	598	230	2) 329	…	173
令和2	…	…	…	…	…	…	…	…
3	1,850	1,700	1) 679	499	192	2) 334	…	150
4	1,790	1,630	624	462	214	279	55	157
5	1,670	1,520	573	470	169	260	46	151

注：1　1,000羽未満の飼養者及び学校、試験場などの非営利的な飼養者を含まない。
　　2　令和4年から階層区分を変更し、「1,000～4,999羽」及び「5,000～9,999」を「1,000～9,999羽」に、「100,000羽以上」を「100,000～499,999」及び「500,000羽以上」にした。
1)は、「1,000～4,999羽」及び「5,000～9,999」を合計した数値である。
2)は、「500,000羽以上」を含む。

ウ ブロイラーの出荷羽数規模別出荷戸数

単位：戸

年次	計	3,000～99,999羽	100,000～199,999	200,000～299,999	300,000～499,999	500,000羽以上
平成31年	2,250	1) 555	692	363	362	282
令和2	…	…	…	…	…	…
3	2,180	1) 493	665	360	368	298
4	2,150	479	597	389	370	313
5	2,120	422	623	375	419	277

注：1　年間出荷羽数3,000羽未満の飼養者及び学校、試験場などの非営利的な飼養者を含まない。
　　2　令和4年から階層区分を変更し、「3,000～49,999羽」及び「50,000～99,999」を「3,000～99,999羽」にした。
1)は、「3,000～49,999羽」及び「50,000～99,999」を合計した数値である。

(6) 都道府県別主要家畜の飼養戸数・飼養頭数
   (乳用牛・肉用牛) (令和5年)

全国 ・ 都道府県	乳用牛		肉用牛		
	飼養戸数	飼養頭数	飼養戸数	飼養頭数	
					乳用種
	戸	千頭	戸	千頭	千頭
全国	12,600	1,356	38,600	2,687	804
北海道	5,380	843	2,180	566	356
青森	147	12	726	57	25
岩手	728	40	3,440	89	18
宮城	400	17	2,550	80	10
秋田	76	4	637	19	2
山形	186	11	551	43	2
福島	238	11	1,570	50	9
茨城	275	24	416	52	20
栃木	592	54	772	85	41
群馬	379	33	484	57	25
埼玉	148	7	130	17	5
千葉	403	27	233	43	31
東京	43	1	18	1	x
神奈川	131	4	55	5	3
新潟	143	6	179	12	6
富山	32	2	33	4	1
石川	40	3	73	4	0
福井	22	1	40	2	1
山梨	51	3	62	5	3
長野	237	14	328	21	6
岐阜	89	5	434	34	2
静岡	163	13	110	20	12
愛知	220	20	323	42	29
三重	29	7	138	31	4
滋賀	36	2	84	22	4
京都	45	4	66	6	0
大阪	21	1	9	1	0
兵庫	216	12	1,090	59	8
奈良	33	3	38	4	0
和歌山	6	1	48	3	0
鳥取	104	8	241	22	8
島根	79	11	692	34	6
岡山	192	16	378	35	19
広島	120	9	437	27	12
山口	52	2	331	15	3
徳島	75	4	170	23	13
香川	60	5	153	22	13
愛媛	82	5	146	10	5
高知	44	3	124	6	1
福岡	170	11	169	23	8
佐賀	34	2	519	52	1
長崎	123	6	2,080	92	15
熊本	467	44	2,090	139	27
大分	98	13	1,000	53	11
宮崎	204	13	4,700	260	25
鹿児島	138	13	6,350	358	14
沖縄	64	4	2,140	81	1

注:牛個体識別全国データベース等の行政記録情報及び関連統計を用いて集計した加工統計である。

1 家畜飼養（続き）
(7) 都道府県別主要家畜の飼養戸数・飼養頭数（豚・鶏）（令和5年）

全国・都道府県	豚		鶏				
			1) 採卵鶏			4) ブロイラー	
	飼養戸数	飼養頭数	2) 飼養戸数	3) 飼養羽数		飼養戸数	飼養羽数
	戸	千頭	戸	千羽		戸	千羽
全国	3,370	8,956	1,690	169,810		2,100	141,463
北海道	191	760	52	6,311		8	5,364
青森	52	356	23	5,393		60	6,905
岩手	85	474	19	5,190		295	20,766
宮城	94	180	34	4,074		38	2,070
秋田	64	270	14	2,367		–	–
山形	66	170	10	397		13	597
福島	52	124	40	5,607		30	797
茨城	226	458	87	12,303		37	1,265
栃木	89	300	42	6,020		8	x
群馬	172	594	52	9,579		25	1,574
埼玉	62	83	61	3,668		1	x
千葉	223	588	91	13,073		25	1,859
東京	8	2	12	73		–	–
神奈川	40	65	41	1,037		–	–
新潟	81	158	35	4,669		10	1,254
富山	13	24	15	836		–	–
石川	11	18	9	1,307		–	–
福井	3	2	12	725		3	98
山梨	15	10	22	535		8	389
長野	49	54	16	533		19	672
岐阜	28	98	43	5,189		13	1,009
静岡	72	91	41	5,019		24	1,078
愛知	138	309	108	7,960		12	1,048
三重	43	90	64	6,224		8	628
滋賀	3	1	14	231		2	x
京都	7	13	27	1,576		10	475
大阪	5	2	12	53		–	–
兵庫	19	21	43	6,205		42	2,224
奈良	8	4	23	313		2	x
和歌山	6	1	19	265		16	249
鳥取	15	62	7	150		11	3,223
島根	5	37	16	930		2	x
岡山	19	42	57	8,773		18	2,814
広島	24	151	39	8,053		7	1,474
山口	7	33	13	1,627		23	1,474
徳島	18	47	14	742		134	3,723
香川	20	31	43	5,445		30	2,198
愛媛	67	198	37	2,094		25	1,083
高知	15	25	12	287		8	419
福岡	39	79	60	3,430		37	1,185
佐賀	31	85	24	200		62	3,949
長崎	73	195	51	1,942		50	3,024
熊本	143	338	35	2,555		63	3,969
大分	40	150	14	960		50	2,447
宮崎	295	818	54	2,790		462	28,254
鹿児島	443	1,153	93	11,582		390	31,285
沖縄	195	196	37	1,518		14	628

注：1)は、1,000羽未満の飼養者を含まない。
　　2)は、種鶏のみの飼養者を除く数値である。
　　3)は、種鶏を除く採卵鶏の飼養羽数の数値である。
　　4)は、ブロイラーの年間出荷羽数3,000羽未満の飼養者を含まない。

2 生産量及び出荷量（頭羽数）
(1) 生乳生産量及び用途別処理量

年次	1)生乳生産量	用途別処理量				搾乳牛頭数（各年2月1日現在）
		2)牛乳等向け	業務用向け	乳製品向け	その他	
	t	t	t	t	t	千頭
平成30年	7,289,227	3,999,805	350,351	3,243,275	46,147	731
令和元	7,313,530	3,999,655	346,127	3,269,669	44,206	730
2	7,438,218	4,019,561	300,580	3,374,111	44,546	715
3	7,592,061	4,000,979	323,820	3,542,626	48,456	726
4	7,617,473	3,976,657	321,627	3,594,208	46,608	737

資料：農林水産省統計部「牛乳乳製品統計」（以下(2)まで同じ。）
　　　搾乳牛頭数は、農林水産省統計部「畜産統計」
注：　1)は、生産者の自家飲用、子牛のほ乳用を含む。
　　　2)は、牛乳、加工乳・成分調整牛乳、乳飲料、はっ酵乳及び乳酸菌飲料の飲用向けに仕向けた
　　　ものである。

(2) 牛乳等の生産量

単位：kl

年次	飲用牛乳等						乳飲料	はっ酵乳	乳酸菌飲料
	計	牛乳	業務用	加工乳・成分調整牛乳	業務用	成分調整牛乳			
平成30年	3,556,019	3,141,688	326,726	414,331	49,866	317,415	1,129,372	1,067,820	125,563
令和元	3,571,519	3,160,440	322,321	411,079	58,478	288,215	1,157,310	1,126,441	117,811
2	3,573,828	3,179,696	280,924	394,132	42,612	282,329	1,135,137	1,175,065	118,957
3	3,575,903	3,193,828	299,665	382,075	43,682	264,289	1,088,842	1,137,186	114,990
4	3,563,671	3,177,723	296,990	385,948	61,961	255,222	1,077,401	1,062,787	105,909

(3) 枝肉生産量

単位：t

年次	豚	牛							子牛	馬
		計	成牛	和牛	乳牛	交雑牛	その他の牛			
平成30年	1,284,145	475,333	474,817	212,049	130,493	127,089	5,185		516	3,850
令和元	1,278,803	470,847	470,363	215,814	127,508	121,411	5,630		484	4,103
2	1,305,953	477,526	477,059	227,011	125,442	117,712	6,894		467	4,025
3	1,318,165	477,635	477,172	228,644	123,629	117,692	7,207		462	4,551
4	1,293,409	491,266	490,694	233,319	121,739	128,723	6,913		572	4,874

資料：農林水産省統計部「畜産物流通統計」（以下(6)まで同じ。）
注：　枝肉生産量は、食肉卸売市場調査及びと畜場統計調査結果から1頭当たり枝肉重量を算出し、
　　　この1頭当たり枝肉重量にと畜頭数を乗じて推計したものである（以下(4)まで同じ。）。

2 生産量及び出荷量（頭羽数）（続き）
(4) 肉豚・肉牛のと畜頭数及び枝肉生産量（令和4年）

主要生産県	と畜頭数	枝肉生産量	主要生産県	と畜頭数	枝肉生産量
	頭	t		頭	t
肉豚			肉牛（成牛）		
全国	16,577,133	1,293,409	全国	1,082,158	490,694
鹿児島	2,643,590	206,300	北海道	237,080	95,924
北海道	1,342,403	104,700	鹿児島	97,960	47,396
茨城	1,226,067	95,720	東京	86,379	42,331
青森	1,133,238	88,398	兵庫	63,566	29,063
宮崎	1,014,402	79,150	福岡	54,440	25,982
千葉	879,925	68,658	宮崎	51,928	25,472
群馬	729,380	56,913	茨城	40,198	16,926
神奈川	579,671	45,226	埼玉	33,665	15,029
長崎	577,491	45,058	熊本	31,776	14,672
埼玉	542,098	42,316	大阪	29,185	14,293

注：と畜頭数上位10道府県について掲載した。

(5) 肉用若鶏（ブロイラー）の処理量

区分	単位	平成30年	令和元	2	3	4
処理羽数	千羽	703,814	715,656	728,009	735,530	737,217
処理重量	t	2,094,261	2,143,064	2,173,562	2,225,558	2,224,140

注：年間の処理羽数30万羽を超える食鳥処理場のみを調査対象者として調査を実施した結果である。

(6) 鶏卵の主要生産県別生産量

単位：t

主要生産県	平成30年	令和元	2	3	4
全国	2,627,764	2,639,733	2,632,882	2,574,255	2,596,725
茨城	224,245	234,209	232,686	216,195	231,362
鹿児島	181,956	187,797	190,021	183,220	179,337
広島	129,712	135,443	140,323	134,739	136,315
岡山	129,953	136,443	127,841	137,575	133,996
千葉	167,795	166,471	156,998	106,605	125,451
群馬	82,493	84,897	89,829	108,882	121,140
愛知	108,133	104,732	104,192	103,490	120,002
青森	107,212	105,236	104,399	103,192	106,045
栃木	94,330	107,030	105,387	110,016	102,804
兵庫	93,638	88,611	99,434	100,789	97,137

注：1 令和3年より採卵養鶏農家における自家消費量を含まない。
　　2 令和4年生産量上位10道府県について掲載した。

3 需給
(1) 肉類需給表

年度・種類別		国内生産量	輸入量	在庫の増減量	国内消費仕向量	純食料	一人1年当たり供給量	一人1日当たり供給量
		千t	千t	千t	千t	千t	kg	g
平成30年度	肉類計	3,365	3,195	△ 2	6,544	4,212	33.3	91.3
	うち牛肉	476	886	26	1,331	817	6.5	17.7
	豚肉	1,282	1,344	△ 21	2,644	1,624	12.8	35.2
	鶏肉	1,599	914	△ 8	2,511	1,738	13.7	37.7
令和元	肉類計	3,399	3,255	81	6,556	4,228	33.5	91.6
	うち牛肉	471	890	16	1,339	824	6.5	17.8
	豚肉	1,290	1,400	62	2,626	1,615	12.8	35.0
	鶏肉	1,632	916	2	2,537	1,759	13.9	38.1
2	肉類計	3,449	3,037	△ 67	6,531	4,226	33.5	91.8
	うち牛肉	479	845	△ 13	1,329	820	6.5	17.8
	豚肉	1,310	1,292	△ 40	2,638	1,629	12.9	35.4
	鶏肉	1,653	859	△ 11	2,513	1,749	13.9	38.0
3	肉類計	3,484	3,138	9	6,594	4,271	34.0	93.2
	うち牛肉	480	813	15	1,267	782	6.2	17.1
	豚肉	1,318	1,357	△ 3	2,675	1,651	13.2	36.0
	鶏肉	1,678	927	△ 1	2,601	1,810	14.4	39.5
4 (概算値)	肉類計	3,473	3,191	78	6,570	4,253	34.0	93.3
	うち牛肉	497	804	31	1,259	776	6.2	17.0
	豚肉	1,287	1,407	42	2,650	1,634	13.1	35.8
	鶏肉	1,681	937	△ 1	2,616	1,818	14.6	39.9

資料：農林水産省大臣官房政策課食料安全保障室「食料需給表」（以下(2)まで同じ。）
注：1 肉類計には、くじら、その他の肉を含む。
　　2 輸入は枝肉（鶏肉は骨付き肉）に換算した。

(2) 生乳需給表

年度・種類別		国内生産量	輸入量	在庫の増減量	国内消費仕向量	純食料	一人1年当たり供給量	一人1日当たり供給量
		千t	千t	千t	千t	千t	kg	g
平成30年度	飲用向け	4,006	0	0	4,001	3,940	31.2	85.4
	乳製品向け	3,231	5,164	△ 11	8,379	8,085	63.9	175.2
令和元	飲用向け	3,997	0	0	3,991	3,938	31.2	85.3
	乳製品向け	3,321	5,238	152	8,378	8,100	64.2	175.4
2	飲用向け	4,034	0	0	4,026	3,986	31.6	86.6
	乳製品向け	3,355	4,987	159	8,148	7,815	62.0	169.7
3	飲用向け	3,998	0	0	3,990	3,950	31.5	86.2
	乳製品向け	3,599	4,755	111	8,181	7,880	62.8	172.0
4 (概算値)	飲用向け	3,941	0	0	3,933	3,888	31.1	85.3
	乳製品向け	3,545	4,450	△ 361	8,227	7,834	62.7	171.8

注：農家自家用生乳を含まない。

3 需給（続き）
(3) 1世帯当たり年間の購入数量（二人以上の世帯・全国）

品目	単位	平成30年	令和元	2	3	4
生鮮肉	g	49,047	48,694	53,573	52,227	51,089
うち牛肉	〃	6,717	6,538	7,186	6,738	6,202
豚肉	〃	21,518	21,179	22,990	22,554	22,297
鶏肉	〃	16,865	16,912	18,774	18,295	18,117
牛乳	l	76.24	75.80	78.17	74.19	73.30
卵	g	31,933	31,746	34,000	32,860	31,933

資料：総務省統計局「家計調査結果」

(4) 畜産物の輸出入実績
ア 輸出入量及び金額

品目	令和3年		4	
	数量	金額	数量	金額
	t	千円	t	千円
輸出				
食肉及びその調整品				
牛肉（くず肉含む）	7,879	53,678,469	7,454	51,346,514
豚肉（くず肉含む）	2,144	2,012,985	1,707	1,916,343
鶏肉（くず肉含む）	5,301	1,295,081	3,318	1,014,544
酪農品・鳥卵				
牛乳・部分脱脂乳	7,681	1,765,950	8,325	1,982,818
粉乳等	10,731	13,917,717	21,374	20,002,476
乳幼児用調整品	8,653	13,271,247	9,252	14,483,520
チーズ・カード	1,397	2,021,490	1,127	1,864,735
輸入				
食肉及びその調整品				
食肉				
牛肉（くず肉含む）	585,276	407,862,271	560,789	492,511,133
牛の臓器・舌	79,135	126,782,060	78,936	157,476,044
豚肉（くず肉含む）	903,468	488,190,982	977,200	553,608,250
豚の臓器	21,723	8,185,811	26,126	12,319,247
鶏肉	595,803	131,706,387	574,512	202,646,140
馬肉	4,414	3,746,652	5,602	5,872,627
食肉調整品				
ソーセージ等	26,795	16,397,350	28,444	18,807,743
ハム・ベーコン等	3,446	4,707,217	3,120	4,490,013
酪農品・鳥卵				
脱脂粉乳	21,801	6,501,231	20,335	9,791,542
全粉乳	2,146	946,399	3,023	1,833,605
バター	11,599	6,568,179	9,687	8,570,112
プロセスチーズ	9,473	6,158,788	8,390	6,081,847
ナチュラルチーズ	278,249	134,790,931	265,718	173,737,950

資料：財務省関税局「貿易統計」をもとに農林水産省統計部にて作成。（以下イまで同じ。）

イ 国・地域別輸入量及び金額

品目	令和3年		4	
	数量	金額	数量	金額
	t	千円	t	千円
牛肉（くず肉含む）	585,276	407,862,271	560,789	492,511,133
うちアメリカ合衆国	232,852	171,993,010	224,677	204,279,426
オーストラリア	238,626	165,380,882	211,297	186,941,744
カナダ	49,722	28,102,569	48,158	36,444,366
豚肉（くず肉含む）	903,468	488,190,982	977,200	553,608,250
うちアメリカ合衆国	245,888	132,426,840	235,034	135,512,074
カナダ	228,627	125,302,207	211,078	124,867,277
スペイン	121,058	65,457,351	186,473	101,014,792
鶏肉	595,803	131,706,387	574,512	202,646,140
うちブラジル	433,265	88,947,753	423,981	140,597,287
タイ	143,576	38,995,348	136,484	58,089,014
アメリカ合衆国	16,040	3,059,523	11,811	3,193,816
馬肉	4,414	3,746,652	5,602	5,872,627
うちカナダ	1,483	1,448,749	1,073	1,639,400
アルゼンチン	1,058	820,031	1,473	1,122,626
ウルグアイ	28	30,914	766	891,635

注：令和4年の輸入量が多い国・地域について、上位3カ国を掲載した。

4 疾病、事故及び保険・共済
(1) 家畜伝染病発生状況

単位：戸

年次	豚熱		流行性脳炎	ヨーネ病			高病原性鳥インフルエンザ			腐蛆病
	豚	いのしし[1]	豚	牛	めん羊	山羊	鶏	あひる	だちょう	蜜蜂
平成30年	5	1	-	321	1	2	1	-	-	42
令和元	45	-	-	380	1	3	-	-	-	33
2	10	-	-	399	1	-	33	-	-	39
3	15	-	-	446	-	3	25	3	-	33
4	8	1	1	519	1	6	58	5	3	26

資料：農林水産省消費・安全局「監視伝染病の発生状況」
注： 家畜伝染病予防法第13条に基づく患畜届出農家戸数である。
　1)は飼養いのししに限り、野生いのししは含まない。

4 疾病、事故及び保険・共済（続き）
(2) 年度別家畜共済

（旧制度）

区分	単位	平成29年度	30	令和元（概数値）
加入				
頭数	千頭	6,724	5,917	－
共済価額	100万円	2,178,245	2,115,058	－
共済金額	〃	890,133	830,188	－
共済掛金	〃	60,143	57,165	－
保険料	〃	25,158	24,254	－
再保険料	〃	21,307	20,232	－
共済事故				
死廃				
頭数	千頭	412	447	118
支払共済金	100万円	34,203	36,330	6,553
支払保険金	〃	21,726	21,823	3,072
支払再保険金	〃	17,101	18,165	3,276
病傷				
件数	千件	2,437	2,460	666
支払共済金	100万円	27,617	28,367	7,269
支払保険金	〃	5,996	5,611	1,126
支払再保険金	〃	5,337	5,482	1,333

資料：農林水産省経営局「家畜共済統計表」。ただし、令和元年度は経営局資料。
注：1 農業保険法による家畜共済事業の実績である（以下(4)まで同じ。）。
　　2 旧制度は、平成30年12月末までに共済掛金期間が開始したものの実績である（以下(3)まで同じ。）。

（新制度）

区分	単位	平成30年度	令和元（概数値）	2（概数値）	3（概数値）
加入					
死亡廃用					
頭数	千頭	982	7,346	7,335	7,480
共済価額	100万円	410,527	3,538,719	3,688,050	3,580,417
共済金額	〃	160,762	1,516,277	1,602,908	1,602,920
共済掛金	〃	3,150	37,755	43,767	42,909
疾病傷害					
頭数	千頭	308	2,856	2,876	2,916
支払限度額	100万円	10,258	101,134	104,769	105,461
共済金額	〃	3,680	48,652	49,866	51,269
共済掛金	〃	1,965	23,631	21,433	22,367
共済事故					
死亡廃用					
頭数	千頭	6	343	457	477
支払共済金	100万円	484	34,860	44,188	43,422
疾病傷害					
件数	千件	28	1,770	2,359	2,387
支払共済金	100万円	290	21,076	27,932	28,163

資料：農林水産省経営局「家畜共済統計表」。ただし、令和元年度～3年度は経営局資料。
注：新制度は、平成31年1月以降に共済掛金期間が開始したものの実績である（以下(4)まで同じ。）。

(3) 畜種別共済事故別頭数

畜種	単位	平成29年度	30	令和元 (概数値)	2 (概数値)	3 (概数値)
共済事故						
死廃						
乳用牛等	頭	148,001	149,336 1,380	15,053 114,879	123,792	122,471
肉用牛等	〃	62,930	65,310 1,211	18,163 75,806	101,443	102,750
馬	〃	549	515 3	176 367	568	538
種豚	〃	4,568	4,661 55	908 4,276	4,627	4,671
肉豚	〃	195,640	226,684 3,249	83,739 147,926	226,660	246,697
病傷						
乳用牛等	件	1,313,387	1,317,982 9,711	250,978 975,824	1,172,901	1,160,046
肉用牛等	〃	1,101,477	1,120,232 18,084	405,650 783,463	1,167,361	1,206,988
馬	〃	13,211	13,849 29	8,414 5,107	12,794	12,639
種豚	〃	9,089	8,176 182	833 5,648	6,043	6,860
肉豚	〃	–	–	–	–	–

資料：農林水産省経営局「家畜共済統計表」。ただし、令和元年度～3年度は経営局資料。
注：平成30年度及び令和元年度は、上段が旧制度、下段が新制度である。

(4) 畜種別家畜共済（令和3年度）（概数値）

区分	単位	乳用牛等	肉用牛等	馬	種豚	肉豚
加入						
死亡廃用						
頭数	千頭	1,843	3,166	21	289	2,161
共済価額	100万円	1,125,015	2,365,808	35,210	23,091	31,293
共済金額	〃	495,831	1,046,868	20,714	16,057	23,450
共済掛金	〃	22,374	17,757	417	215	2,147
疾病傷害						
頭数	千頭	1,231	1,608	19	58	—
支払限度額	100万円	54,047	50,603	392	419	—
共済金額	〃	30,043	20,698	362	166	—
共済掛金	〃	14,115	7,993	217	42	—
共済事故						
死亡廃用						
頭数	千頭	122	103	1	5	247
支払共済金	100万円	22,040	18,328	428	223	2,374
疾病傷害						
件数	千件	1,160	1,207	13	7	—
支払共済金	100万円	15,318	12,573	220	53	—

資料：農林水産省経営局資料

5 生産費

(1) 牛乳生産費（生乳100kg当たり）

費目	単位	令和2年		3	
		実数	2)費目割合	実数	2)費目割合
			%		%
物財費	円	7,978	82.5	8,299	83.5
種付料	〃	171	1.8	175	1.8
飼料費	〃	4,308	44.6	4,639	46.7
敷料費	〃	123	1.3	132	1.3
光熱水料及び動力費	〃	278	2.9	296	3.0
その他の諸材料費	〃	18	0.2	21	0.2
獣医師料及び医薬品費	〃	313	3.2	316	3.2
賃借料及び料金	〃	177	1.8	171	1.7
物件税及び公課諸負担	〃	113	1.2	117	1.2
乳牛償却費	〃	1,781	18.4	1,715	17.2
建物費	〃	234	2.4	244	2.5
自動車費	〃	48	0.5	47	0.5
農機具費	〃	391	4.0	404	4.1
生産管理費	〃	23	0.2	22	0.2
労働費	〃	1,692	17.5	1,645	16.5
費用合計	〃	9,670	100.0	9,944	100.0
生産費（副産物価額差引）	〃	7,986	－	8,349	－
支払利子・地代算入生産費	〃	8,058	－	8,417	－
資本利子・地代全額算入生産費	〃	8,441	－	8,803	－
1経営体当たり搾乳牛飼養頭数 （通年換算）	頭	61.2	－	62.4	－
1頭当たり3.5％換算乳量	kg	9,811		10,041	
1) 〃 粗収益	円	1,085,852	－	1,087,867	－
〃 所得	〃	261,994	－	211,136	－
〃 労働時間	時間	96.88	－	96.84	－

資料：農林水産省統計部「農業経営統計調査 畜産物生産費統計」（以下(4)まで同じ。）
注：1 乳脂肪分3.5％に換算した牛乳（生乳）100kg当たり生産費である（以下(2)まで同じ。）。
　　2 調査期間は、当年1月から12月までの1年間である（以下(4)まで同じ。）。
1)は、加工原料乳生産者補給金及び集送乳調整金を含む。
2)は、四捨五入の関係で計と内訳の合計は一致しない。

(2) 飼養頭数規模別牛乳生産費（生乳100kg当たり）（令和3年）

飼養頭数 規模	費用合計	飼料費	乳牛 償却費	労働費	生産費 （副産物 価額差引）	支払利子 ・ 地代算入 生産費	資本利子 ・ 地代全 額算入 生産費	1頭 当たり 労働時間	1)1日 当たり 家族 労働報酬
	円	円	円	円	円	円	円	時間	円
平均	9,944	4,639	1,715	1,645	8,349	8,417	8,803	96.84	19,106
1 ～ 20頭未満	12,198	5,291	1,545	3,618	10,299	10,404	10,797	186.85	9,878
20 ～ 30	11,529	5,417	1,428	2,843	9,822	9,919	10,300	151.49	12,432
30 ～ 50	10,558	4,810	1,580	2,347	8,895	8,976	9,323	126.33	16,036
50 ～ 100	9,843	4,584	1,678	1,689	8,245	8,313	8,731	96.03	18,413
100 ～ 200	9,129	4,256	1,720	1,127	7,681	7,737	8,095	74.81	30,821
200頭以上	9,846	4,761	1,955	1,070	8,212	8,272	8,674	67.05	32,282

注：1)は、家族労働報酬÷家族労働時間×8時間（1日換算）。
　　なお、家族労働報酬＝粗収益－（生産費総額－家族労働費）である。

(3) 肉用牛生産費（1頭当たり）

費目	単位	去勢若齢肥育牛		子牛	
		令和2年	3	令和2年	3
物財費	円	1,246,351	1,286,498	422,324	466,069
種付料	〃	-	-	22,775	22,252
もと畜費	〃	830,447	818,422	-	-
飼料費	〃	334,711	383,759	237,993	272,302
敷料費	〃	13,731	13,573	9,141	9,635
光熱水料及び動力費	〃	12,663	14,507	10,854	12,827
その他の諸材料費	〃	381	647	898	1,219
獣医師料及び医薬品費	〃	10,910	11,921	21,879	26,192
賃借料及び料金	〃	6,618	6,638	14,312	13,669
物件税及び公課諸負担	〃	5,120	5,463	8,756	9,347
繁殖雌牛償却費	〃	-	-	52,091	52,084
建物費	〃	12,966	12,211	17,551	20,133
自動車費	〃	6,551	7,235	9,124	8,208
農機具費	〃	10,801	10,561	15,131	15,923
生産管理費	〃	1,452	1,561	1,819	2,278
労働費	〃	81,525	81,569	183,863	180,653
費用合計	〃	1,327,876	1,368,067	606,187	646,722
生産費（副産物価額差引）	〃	1,317,708	1,352,697	581,804	620,296
支払利子・地代算入生産費	〃	1,326,635	1,359,996	592,530	630,742
資本利子・地代全額算入生産費	〃	1,336,382	1,369,634	664,026	712,210
1経営体当たり販売頭数	頭	42.3	40.7	13.4	13.5
1)粗収益	円	1,215,713	1,375,404	686,251	747,538
1)所得	〃	△ 49,813	66,941	243,981	260,554
労働時間	時間	50.80	51.51	120.71	121.07

費目	単位	乳用雄肥育牛		乳用雄育成牛	
		令和2年	3	令和2年	3
物財費	円	521,087	559,074	227,934	237,422
もと畜費	〃	264,912	257,084	130,396	123,023
飼料費	〃	216,993	257,243	70,093	82,670
敷料費	〃	11,444	15,318	9,869	10,318
光熱水料及び動力費	〃	7,980	8,470	2,818	3,220
その他の諸材料費	〃	138	120	23	19
獣医師料及び医薬品費	〃	2,620	3,502	7,559	10,188
賃借料及び料金	〃	2,888	2,339	817	680
物件税及び公課諸負担	〃	2,081	2,033	939	827
建物費	〃	5,071	5,382	1,653	1,804
自動車費	〃	1,997	1,710	566	811
農機具費	〃	4,532	5,511	3,003	3,631
生産管理費	〃	431	362	198	231
労働費	〃	22,936	21,299	11,446	10,789
費用合計	〃	544,023	580,373	239,380	248,211
生産費（副産物価額差引）	〃	538,176	572,484	235,507	245,083
支払利子・地代算入生産費	〃	539,809	574,168	236,281	245,925
資本利子・地代全額算入生産費	〃	545,428	580,638	238,039	247,737
1経営体当たり販売頭数	頭	149.8	154.2	367.7	391.4
粗収益	円	503,558	515,031	239,038	262,144
所得	〃	△ 22,421	△ 48,630	8,695	22,446
労働時間	時間	12.89	12.40	6.22	6.26

注：1)の子牛については、繁殖雌牛の1頭当たりの数値である。

5 生産費（続き）
(3) 肉用牛生産費（1頭当たり）（続き）

費目	単位	交雑種肥育牛		交雑種育成牛	
		令和2年	3	令和2年	3
物財費	円	786,657	808,802	330,240	304,735
もと畜費	〃	455,172	428,898	226,765	187,311
飼料費	〃	288,525	333,843	79,468	91,611
敷料費	〃	9,005	10,166	5,298	5,001
光熱水料及び動力費	〃	8,923	9,531	3,488	4,040
その他の諸材料費	〃	259	291	164	118
獣医師料及び医薬品費	〃	3,107	3,380	5,822	6,766
賃借料及び料金	〃	3,275	2,813	559	1,002
物件税及び公課諸負担	〃	2,367	2,468	1,247	1,178
建物費	〃	7,980	8,268	3,212	3,057
自動車費	〃	2,655	3,048	1,463	1,610
農機具費	〃	4,560	5,267	2,512	2,819
生産管理費	〃	829	829	242	222
労働費	〃	38,957	37,029	15,724	14,894
費用合計	〃	825,614	845,831	345,964	319,629
生産費（副産物価額差引）	〃	817,220	836,102	341,230	314,915
支払利子・地代算入生産費	〃	821,835	840,777	342,271	315,935
資本利子・地代全額算入生産費	〃	828,217	847,146	345,292	319,032
1経営体当たり販売頭数	頭	117.8	125.5	246.3	265.4
粗収益	円	700,107	785,147	365,381	350,237
所得	〃	△ 97,467	△ 35,104	32,222	42,428
労働時間	時間	23.12	21.96	9.36	8.91

(4) 肥育豚生産費（1頭当たり）

費目	単位	令和2年	3
物財費	円	29,116	33,114
種付料	〃	164	185
もと畜費	〃	24	22
飼料費	〃	20,292	24,135
敷料費	〃	142	195
光熱水料及び動力費	〃	1,752	1,814
その他の諸材料費	〃	111	95
獣医師料及び医薬品費	〃	2,143	2,190
賃借料及び料金	〃	345	335
物件税及び公課諸負担	〃	228	226
繁殖雌豚費	〃	803	827
種雄豚費	〃	121	140
建物費	〃	1,630	1,551
自動車費	〃	319	324
農機具費	〃	895	931
生産管理費	〃	147	144
労働費	〃	4,761	5,018
費用合計	〃	33,877	38,132
生産費（副産物価額差引）	〃	32,884	37,076
支払利子・地代算入生産費	〃	32,968	37,178
資本利子・地代全額算入生産費	〃	33,622	37,907
1経営体当たり販売頭数	頭	1,373.8	1,432.7
粗収益	円	39,716	38,714
所得	〃	9,712	4,533
労働時間	時間	2.91	2.99

6 価格

(1) 肉用子牛生産者補給金制度における保証基準価格及び合理化目標価格

単位：円／頭

品種区分		令和元年度 (4/1～9/30)	元 (10/1～3/31)	2	3	4	5
黒毛和種	保証基準価格	531,000	541,000	541,000	541,000	541,000	556,000
	合理化目標価格	421,000	429,000	429,000	429,000	429,000	439,000
褐毛和種	保証基準価格	489,000	498,000	498,000	498,000	498,000	507,000
	合理化目標価格	388,000	395,000	395,000	395,000	395,000	400,000
その他の肉専用種	保証基準価格	314,000	320,000	320,000	320,000	320,000	325,000
	合理化目標価格	249,000	253,000	253,000	253,000	253,000	256,000
乳用種	保証基準価格	161,000	164,000	164,000	164,000	164,000	164,000
	合理化目標価格	108,000	110,000	110,000	110,000	110,000	110,000
交雑種	保証基準価格	269,000	274,000	274,000	274,000	274,000	274,000
	合理化目標価格	212,000	216,000	216,000	216,000	216,000	216,000

資料：農林水産省畜産局資料（以下(2)まで同じ。）
注：1 肉用子牛生産安定等特別措置法に基づくものである。
　　2 消費税率の引上げに伴い、令和元年度中に改定。

(2) 加工原料乳生産者補給金及び集送乳調整金単価

単位：円

1kg当たり補給金等単価	令和元年度	2	3	4	5
加工原料乳生産者補給金	8.31	8.31	8.26	8.26	8.69
集送乳調整金	2.49	2.54	2.59	2.59	2.65

注：畜産経営の安定に関する法律に基づくものである。

6 価格（続き）
(3) 家畜類の価格指数

令和2年＝100

年次	農産物価格指数					
	肉用牛			鶏卵	生乳	肉豚
	去勢肥育和牛若齢	雌肥育和牛	乳雄肥育（ホルスタイン種）	M、1級	総合乳価	肥育豚
令和2年	100.0	100.0	100.0	100.0	100.0	100.0
3	113.4	113.6	103.8	125.9	99.4	97.6
4	108.0	110.2	107.3	128.7	99.9	107.5

年次	農産物価格指数（続き）			
	肉鶏	乳子牛	和子牛	
	ブロイラー	ホルスタイン純粋種雌生後6か月程度	雌生後10か月程度	雄生後10か月程度
令和2年	100.0	100.0	100.0	100.0
3	101.7	90.8	110.3	110.2
4	103.6	51.8	96.1	98.4

資料：農林水産省統計部「農業物価統計」

(4) 主要食肉中央卸売市場の豚・牛枝肉1kg当たり卸売価格

単位：円

年次	豚					牛（成牛）				
	さいたま	東京	名古屋	大阪	福岡	さいたま	東京	名古屋	大阪	福岡
平成30年	452	477	477	427	485	1,060	2,009	2,068	1,919	1,864
令和元	458	479	492	439	485	1,099	2,053	2,069	1,984	1,829
2	492	515	529	458	514	1,012	1,854	1,896	1,801	1,734
3	484	503	502	427	498	1,064	2,080	2,067	2,032	1,999
4	521	534	553	443	540	1,020	2,004	2,034	1,934	1,912

資料：農林水産省統計部「畜産物流通統計」　（以下(5)まで同じ。）
注：価格は、年間枝肉卸売総価額を年間枝肉卸売総重量で除して算出したものである。

(5) 食肉中央卸売市場（東京・大阪）の豚・牛枝肉規格別卸売価格 （令和4年平均）
ア 豚枝肉1kg当たり卸売価格

単位：円

種類	東京				大阪			
	極上	上	中	並	極上	上	中	並
豚	627	588	553	513	735	547	507	449

注：価格は、規格別の年間枝肉卸売総価額を年間枝肉卸売総重量で除して算出したものである（以下イまで同じ。）。

イ　牛枝肉1kg当たり卸売価格

単位：円

種類	東京				大阪			
	A 5 （B 5）	A 4 （B 4）	B 4 （B 3）	B 3 （B 2）	A 5 （B 5）	A 4 （B 4）	B 4 （B 3）	B 3 （B 2）
和牛めす	2,850	2,385	2,016	1,451	2,613	2,316	2,132	1,649
和牛去勢	2,614	2,356	2,128	1,908	2,664	2,340	2,131	1,881
乳牛めす	–	–	830	752	–	–	–	979
乳牛去勢	–	–	1,118	1,064	–	–	1,210	1,155
交雑牛めす	1,962	1,755	1,661	1,475	2,071	1,787	1,701	1,470
交雑牛去勢	1,985	1,796	1,712	1,525	2,017	1,774	1,699	1,494

注：（　）内は乳牛めす及び乳牛去勢の規格である。

(6)　年平均小売価格（東京都区部）

単位：円

品目	銘柄	数量 単位	平成 30年	令和元	2	3	4
牛肉	国産品、ロース	100 g	901	897	924	913	877
〃	輸入品、チルド（冷蔵）、肩ロース又はもも	〃	281	269	267	276	305
1) 豚肉	国産品、バラ（黒豚を除く）	〃	233	236	239	243	251
〃	もも（黒豚を除く）	〃	202	202	199	197	…
鶏肉	ブロイラー、もも肉	〃	135	130	128	131	134
牛乳	店頭売り、1,000mL紙容器入り	1 本	208	214	216	216	218
2) 鶏卵	白色卵、パック詰（10個入り）、サイズ混合、〔卵重〕「MS52g～LL76g未満」、「MS52g～L70g未満」又は「M58g～L70g未満」	1パック	230	223	223	228	239

資料：総務省統計局「小売物価統計調査（動向編）結果」
注：1)は、令和2年1月に基本銘柄を改正した。
　　2)は、平成30年1月に基本銘柄を改正した。

7　畜産加工
(1)　生産量
ア　乳製品

単位：t

品目	平成30年	令和元	2	3	4
全粉乳	9,795	9,994	9,067	8,959	10,022
脱脂粉乳	120,004	124,900	139,953	154,890	158,100
調製粉乳	27,771	27,336	28,232	26,157	28,271
ホエイパウダー	19,367	19,371	18,859	19,238	18,978
バター	59,499	62,441	71,520	73,317	75,046
クリーム	116,190	116,297	110,125	119,710	120,104
チーズ	162,360	160,880	164,667	167,910	160,118
うち直接消費用ナチュラルチーズ	29,535	29,955	31,082	33,752	35,091
加糖れん乳	32,412	34,203	30,329	30,652	31,113
無糖れん乳	461	419	388	375	321
脱脂加糖れん乳	3,845	3,831	3,321	3,243	3,221
1) アイスクリーム(kl)	148,253	146,909	131,543	137,382	141,634

資料：農林水産省統計部「牛乳乳製品統計」
注：1)は、乳脂肪分8％以上のものを計上している。

7 畜産加工（続き）
(1) 生産量（続き）
イ 年次食肉加工品生産数量

単位：t

年次	ベーコン類	ハム類	プレスハム類	ソーセージ類	ウィンナーソーセージ
平成30年	96,880	112,106	25,896	319,460	238,921
令和元	96,940	112,546	24,354	317,085	238,520
2	98,137	112,340	21,107	318,239	243,491
3	97,333	109,680	19,772	317,164	237,369
4	95,840	108,139	20,743	309,764	229,488

資料：日本ハム・ソーセージ工業協同組合「年次食肉加工品生産数量」

(2) 需給
1世帯当たり年間の購入数量（二人以上の世帯・全国）

単位：g

品目		平成30年	令和元	2	3	4
加工肉	ハム	2,592	2,709	2,714	2,707	2,457
	ソーセージ	5,301	5,322	5,742	5,544	5,439
	ベーコン	1,546	1,535	1,754	1,699	1,553
乳製品	粉ミルク	287	330	…	…	…
	バター	503	532	650	639	597
	チーズ	3,488	3,548	4,051	4,074	3,799

資料：総務省統計局「家計調査結果」

8 飼料
(1) 配合飼料の生産量

単位：千t

年度	配合・混合飼料	配合飼料の用途別							
		計	養鶏用			養豚用	乳牛用	肉牛用	1)その他
			育すう用	ブロイラー用	成鶏用				
平成30年度	23,803	23,308	710	3,803	5,769	5,548	2,982	4,437	58
令和元	24,138	23,608	680	3,859	5,812	5,642	3,034	4,520	60
2	24,149	23,612	668	3,816	5,699	5,722	3,078	4,569	60
3	24,234	23,707	683	3,847	5,666	5,659	3,161	4,631	59
4	24,055	23,579	647	3,816	5,593	5,591	3,142	4,731	60

資料：（公社）配合飼料供給安定機構「飼料月報」
注：1)は、うずら用とその他の家畜家きん用である。

(2) 植物油かす等の生産量

単位：千t

年次	米ぬか油かす	大豆油かす	なたね油かす	1)ふすま	1)とうもろこし	1)米ぬか	魚粉
平成30年	255	1,813	1,294	973	11,522	64	181
令和元	261	1,864	1,310	966	11,768	62	189
2	273	1,746	1,238	976	11,841	62	195
3	273	1,817	1,325	991	11,422	59	205
4	270	2,017	1,184	1,018	11,256	62	187

資料：米ぬか油かす・大豆油かす・なたね油かすは、農林水産省統計部「油糧生産実績」
　　　ふすま・とうもろこし・米ぬかは、（公社）配合飼料供給安定機構「飼料月報」
　　　魚粉は、日本水産油脂協会「水産油脂統計年鑑」
注：1)は、配合・混合飼料の原料使用量であり、会計年度の数値である。

(3) 主要飼料用作物の収穫量

年産	牧草		青刈りとうもろこし		ソルゴー	
	作付（栽培）面積	収穫量	作付面積	収穫量	作付面積	収穫量
	千ha	千t	千ha	千t	千ha	千t
平成30年産	1) 726	1) 24,621	1) 95	1) 4,488	1) 14	1) 618
令和元	1) 724	1) 24,850	1) 95	1) 4,841	1) 13	1) 578
2	719	1) 24,244	95	1) 4,718	13	1) 538
3	1) 718	1) 23,979	1) 96	1) 4,904	1) 13	1) 514
4	1) 711	1) 25,063	1) 96	1) 4,880	1) 12	1) 501

資料：農林水産省統計部「作物統計」（以下(4)まで同じ。）
注：　1)は、主産県の調査結果から推計したものである。
　　　なお、主産県とは、直近の全国調査年における全国の作付（栽培）面積のおおむね80％を占める
　　　までの上位都道府県及び農業競争力強化基盤整備事業のうち飼料作物に係るものを実施する都道府
　　　県である。

8 飼料（続き）
(4) 主要飼料用作物の収穫量（都道府県別）（令和4年産）

都道府県	牧草		青刈りとうもろこし		ソルゴー	
	作付（栽培）面積	収穫量	作付面積	収穫量	作付面積	収穫量
	ha	t	ha	t	ha	t
全国	711,400	25,063,000	96,300	4,880,000	12,000	500,700
北海道	525,200	17,594,000	59,000	3,127,000	58	2,860
青森	…	…	…	…	…	…
岩手	34,800	925,700	4,970	195,800	11	218
宮城	…	…	…	…	…	…
秋田	…	…	…	…	…	…
山形	…	…	…	…	…	…
福島	…	…	…	…	…	…
茨城	1,410	64,000	2,460	126,400	278	12,800
栃木	7,660	309,500	5,200	259,500	308	8,410
群馬	2,560	118,000	2,430	142,200	67	2,820
埼玉	…	…	…	…	…	…
千葉	950	36,300	936	46,500	418	18,600
東京	…	…	…	…	…	…
神奈川	…	…	…	…	…	…
新潟	…	…	…	…	…	…
富山	…	…	…	…	…	…
石川	…	…	…	…	…	…
福井	…	…	…	…	…	…
山梨	…	…	…	…	…	…
長野	…	…	…	…	…	…
岐阜	…	…	…	…	…	…
静岡	…	…	…	…	…	…
愛知	652	20,200	229	8,220	293	7,090
三重	…	…	…	…	…	…
滋賀	…	…	…	…	…	…
京都	…	…	…	…	…	…
大阪	…	…	…	…	…	…
兵庫	839	28,000	157	4,550	655	15,500
奈良	…	…	…	…	…	…
和歌山	…	…	…	…	…	…
鳥取	…	…	…	…	…	…
島根	1,370	42,200	51	1,620	141	4,200
岡山	…	…	…	…	…	…
広島	…	…	…	…	…	…
山口	1,130	25,000	10	422	352	6,830
徳島	…	…	…	…	…	…
香川	…	…	…	…	…	…
愛媛	…	…	…	…	…	…
高知	…	…	…	…	…	…
福岡	…	…	…	…	…	…
佐賀	899	31,600	12	460	314	10,000
長崎	5,790	290,700	428	18,700	2,050	86,500
熊本	14,200	575,100	3,080	134,900	638	33,200
大分	5,080	221,000	610	26,400	704	35,300
宮崎	15,400	922,500	4,560	207,900	2,400	126,000
鹿児島	18,500	1,191,000	1,520	74,900	1,180	60,800
沖縄	5,860	591,900	x	x	3	31

注：全国の作付（栽培）面積及び収穫量は、主産県の調査結果から推計したものである。

(5) 飼料総合需給表（可消化養分総量換算）

単位：千TDN t，%

区分	需要量	供給量			
		粗飼料		濃厚飼料	
			国内供給		純国内産原料
	a	b	c	d	e
平成30年度	24,498	5,021	3,835	19,477	2,362
令和元	24,772	5,041	3,873	19,731	2,375
2	24,937	4,971	3,793	19,967	2,337
3	25,071	4,997	3,798	20,074	2,633
4 （概算）	25,003	5,008	3,913	19,995	2,649

区分	純国内産自給率		
	飼料自給率	粗飼料自給率	濃厚飼料自給率
	(c+e)/a	c/b	e/d
平成30年度	25	76	12
令和元	25	77	12
2	25	76	12
3	26	76	13
4 （概算）	26	78	13

資料：農林水産省畜産局資料
注：1 可消化養分総量（TDN:Total Digestible Nutrients）とは、エネルギー含量を示す単位であり、飼料の実量とは異なる。
　　2 純国内産原料とは、国内産に由来する濃厚飼料（国内産飼料用小麦・大麦等）であり、輸入食料原料から発生した副産物（輸入大豆から搾油した後発生する大豆油かす等）を除いたものである。

(6) 飼料の輸出入量及び金額

品目	令和3年		4	
	数量	金額	数量	金額
	t	千円	t	千円
輸出				
配合調製飼料	23,458	8,337,455	26,532	10,122,286
輸入				
脱脂粉乳（飼料用）	14,174	4,001,951	15,677	7,203,691
ホエイ（飼料用）	33,370	5,818,948	39,366	11,674,848
大麦（裸麦を含む）	1,148,481	35,607,253	1,235,677	57,972,831
オート	47,632	2,500,470	48,877	3,566,621
とうもろこし	15,239,624	520,096,308	15,270,835	764,547,439
うち飼料用	11,532,135	389,767,542	11,405,050	563,916,362
グレインソルガム	301,504	10,690,033	265,411	13,590,189
魚粉	146,095	23,154,493	159,990	33,364,531
大豆油粕（調製飼料用）	1,730,453	103,144,093	1,515,572	125,758,392

資料：財務省関税局「貿易統計」をもとに農林水産省統計部にて作成。
注：飼料用と記述していないものは、他用途のものを含む。

8 飼料（続き）
(7) 主要飼料の卸売価格

単位：円

年度	単体飼料用とうもろこし工場渡し(20kg)	大豆油かす工場置場渡し(kg)	配合飼料（生産者価格・工場渡し）				
			養鶏用（採卵鶏・成鶏用）(20kg)	養鶏用（ブロイラー用（後期））(20kg)	乳牛用(20kg)	肉牛用（肥育用）(20kg)	肉豚用(20kg)
平成30年度	874	60	1,457	1,484	1,399	1,337	1,371
令和元	890	58	1,451	1,474	1,392	1,344	1,373
2	892	62	1,479	1,484	1,404	1,350	1,390
3	1,161	78	1,756	1,774	1,629	1,552	1,666
4	1,468	99	2,123	2,197	1,939	1,840	2,028

資料：（公社）配合飼料供給安定機構「飼料月報」

(8) 飼料の価格指数

令和2年＝100

年次	一般ふすま	大豆油かす	ビートパルプ（外国産）	配合飼料	
				鶏（成鶏用）粗たん白質15〜19%	鶏（ブロイラー用（後期））粗たん白質15〜19%
令和2年	100.0	100.0	100.0	100.0	100.0
3	106.9	114.4	103.4	114.2	117.2
4	117.7	138.4	125.0	135.2	142.4

年次	配合飼料（続き）			
	乳用牛（飼育用）粗たん白質15〜18%	豚(幼豚（育成用))粗たん白質15〜19%	豚(若豚（育成用))粗たん白質12.5〜16.5%	肉用牛（肥育用）粗たん白質12〜15%
令和2年	100.0	100.0	100.0	100.0
3	116.5	117.1	117.7	115.4
4	136.6	141.3	142.9	135.4

資料：農林水産省統計部「農業物価統計」

9 養蚕
(1) 輸出入実績
　ア　輸出入量及び金額

品目	令和3年		4	
	数量	金額	数量	金額
	kg	千円	kg	千円
輸出				
生糸	6	500	60	642
その他の蚕糸	9,460	55,867	7,991	20,482
輸入				
生糸	185,027	1,265,044	219,471	1,967,937
生糸（野蚕のもの）	1,063	8,875	682	5,824
生糸・玉糸	183,964	1,256,169	218,789	1,962,113
その他の蚕糸	183,629	620,295	129,375	555,602

資料：財務省関税局「貿易統計」をもとに農林水産省統計部にて作成。（以下イまで同じ。）

　イ　生糸の国別輸入量及び金額

区分	令和3年		4	
	数量	金額	数量	金額
	kg	千円	kg	千円
生糸・玉糸	183,964	1,256,169	218,789	1,962,113
中華人民共和国	112,655	799,401	144,142	1,281,026
ブラジル	71,309	456,768	73,337	669,117
タイ	–	–	1,310	11,970

注：令和4年の輸入量が多い国・地域について、上位3か国を掲載した。

(2) 保険・共済

区分	単位	蚕繭	
		令和3年産 （概数値）	4 （概数値）
引受組合等数	組合	10	9
引受戸数	戸	90	70
引受箱数	箱	853	645
共済金額	100万円	54	41
共済掛金	〃	1	0
支払対象戸数	戸	24	15
支払対象箱数	箱	95	48
支払共済金	100万円	1	1

資料：農林水産省経営局資料
注：農業保険法による畑作物共済の実績である。

Ⅹ その他の農産加工品

1 油脂

(1) 植物油脂生産量

単位：千t

区分	平成30年	令和元	2	3	4
計	2,780	2,837	2,734	2,660	2,578
国産	66	68	70	71	70
大豆油	0	0	0	0	0
なたね・からし油	1	1	1	1	1
米油	64	67	69	70	68
らっかせい油	1	0	0	0	0
その他	0	0	0	0	0
輸入	2,714	2,769	2,664	2,589	2,508
大豆油	476	500	456	478	552
なたね・からし油	1,044	1,052	1,011	1,010	912
綿実油	9	8	6	6	5
サフラワー油	6	7	5	4	3
ごま油	56	56	57	60	58
とうもろこし油	83	81	73	73	74
らっかせい油	0	0	0	0	0
ひまわり油	24	28	28	24	12
米油	34	33	32	37	41
オリーブ油	60	73	70	59	60
やし油	40	39	37	42	39
パーム核油	79	74	73	120	76
パーム油	754	779	761	638	636
あまに油	8	11	9	10	10
ひまし油	25	18	21	18	17
桐油	1	1	1	1	1
その他	15	9	24	9	12

資料：農林水産省大臣官房新事業・食品産業部食品製造課資料（以下(2)まで同じ。）
注：輸入は、原料を輸入して国内で搾油したもの及び製品を直接輸入したものの計である。

(2) 食用加工油脂生産量

単位：t

区分	平成30年	令和元	2	3	4
マーガリン	165,765	170,189	158,631	151,700	144,651
家庭用	14,230	14,669	13,550	9,910	8,674
学校給食用	875	908	639	577	649
業務用	150,660	154,612	144,442	141,213	135,328
ファットスプレッド	52,683	51,450	52,721	51,547	49,270
ショートニング	229,261	220,438	204,955	212,810	179,402
精製ラード	24,020	24,744	23,807	22,547	25,214

(3) 輸出入量及び金額

品目	令和3年		4	
	数量	金額	数量	金額
	t	千円	t	千円
輸出				
植物性油脂（原料）	…	13,807,949	…	14,353,404
油脂原料	275	2,113,941	304	699,524
油脂	21,057	11,203,791	22,854	13,486,752
大豆油	459	99,422	898	216,080
菜種油・からし種油	4,324	933,631	8,707	2,261,399
あまに油	22	12,521	23	14,059
パーム油	11	10,637	14	13,581
ひまし油	654	236,948	680	292,974
ごま油	10,055	7,743,247	9,727	8,851,973
油粕	8,804	490,217	2,931	167,128
大豆油粕	1,069	154,672	390	75,693
輸入				
植物性油脂（原料）	…	743,204,708	…	1,079,331,164
油脂原料	5,906,166	440,058,593	5,939,476	652,093,712
大豆	3,271,214	227,718,464	3,503,253	339,090,088
落花生（調製していないもの）	27,808	6,175,534	37,406	9,770,421
菜種（採油用）	2,342,162	175,889,328	2,100,818	256,858,916
ごま（採油用）	150,975	23,393,986	179,067	37,898,592
からし菜の種（採油用）	3,830	436,533	4,250	688,560
綿実（採油用）	97,127	3,695,859	106,955	5,402,125
サフラワーの種（採油用）	549	45,823	460	47,419
亜麻の種（採油用）	3,238	270,927	3,372	617,720
ひまわりの種（採油用）	1,878	876,883	2,066	937,294
油脂	974,394	160,369,891	986,011	239,689,659
なたね油	16,985	2,966,079	27,813	6,648,609
綿実油	1,931	314,698	897	219,854
オリーブ油	61,461	30,968,391	62,168	39,544,327
やし油	41,660	8,357,751	38,727	10,278,788
パーム油	604,576	69,980,165	600,682	108,366,844
パーム核油	78,144	12,049,550	75,606	19,309,937
植物性油脂	21,596	6,382,805	21,926	11,301,048
油粕	4,316,479	142,776,224	4,461,694	187,547,793
大豆油粕（調製飼料用）	1,730,453	103,144,093	1,515,572	125,758,392
動物性油脂	55,660	13,908,992	61,681	22,156,902
牛脂	7,708	1,000,454	1,686	377,811

資料：財務省関税局「貿易統計」をもとに農林水産省統計部にて作成。

2 でん粉・水あめ・ぶどう糖
(1) でん粉・水あめ・ぶどう糖生産量

単位：千 t

でん粉年度	ばれいしょでん粉	かんしょでん粉	小麦でん粉	コーンスターチ	水あめ	ぶどう糖 規格内 結晶ぶどう糖	ぶどう糖 規格内 精製ぶどう糖	ぶどう糖 規格外ぶどう糖
平成29年度	182	29	17	2,303	571	50	11	28
30	169	27	17	2,295	581	50	10	30
令和元	178	28	16	2,108	540	48	10	31
2	162	21	15	2,048	514	50	9	30
3	148	21	16	2,052	528	45	10	31

資料：農林水産省農産局地域作物課資料
注：沖縄県を含まない。

(2) でん粉の輸入実績

品目	(統計番号)	令和3年 数量	令和3年 1kg当たり単価	4 数量	4 1kg当たり単価
		kg	円	kg	円
とうもろこしでん粉　計 (1108.12.010)　(1108.12.020)　(1108.12.090) (1108.12.091)　(1108.12.099)		3,648,525	99	2,515,774	187
ばれいしょでん粉　計 (1108.13.010)　(1108.13.020)　(1108.13.090) (1108.13.091)　(1108.13.099)		10,059,340	94	8,253,352	109
マニオカでん粉　計 (1108.14.010)　(1108.14.020)　(1108.14.090) (1108.14.091)　(1108.14.099)		134,679,500	54	126,902,361	74
サゴでん粉　計 (1108.19.011)　(1108.19.012)　(1108.19.017) (1108.19.018)　(1108.19.019)		14,586,000	59	17,281,000	90
小麦でん粉　計 (1108.11.010)　(1108.11.090)		–	–	–	–
その他でん粉　計 (1108.19.091)　(1108.19.092)　(1108.19.097) (1108.19.098)　(1108.19.099)		1,219,315	289	1,510,939	343

資料：農畜産業振興機構「でん粉の輸入実績」（以下(3)まで同じ。）
注：1　財務省関税局「貿易統計」を集計したものであり、統計番号はそのコードである。
　　　（以下(3)まで同じ。）
　　2　令和3年は、確々報値である。（以下(3)まで同じ。）

(3) 化工でん粉の輸入実績

品目	(統計番号)	令和3年 数量	令和3年 1kg当たり単価	4 数量	4 1kg当たり単価
		kg	円	kg	円
でん粉誘導体　計	(3505.10.100)	418,305,267	95	440,103,795	123
デキストリン　計	(3505.10.200)	15,522,829	131	15,986,988	162
膠着剤　計	(3505.20.000)	207,911	211	258,253	321
仕上剤、促染剤、媒染剤等　計	(3809.10.000)	3,494	432	21,146	419

3 調味料

(1) 生産量

年次	みそ	しょうゆ	グルタミン酸ソーダ	1)食酢	2)マヨネーズ
	千t	千kl	千t	千kl	千t
平成30年	478	757	20	430	411
令和元	482	744	18	432	410
2	475	702	15	406	400
3	462	704	15	414	404
4	468	697	16	･･･	395

資料:みそ及びしょうゆは、農林水産省大臣官房政策課食料安全保障室「食品産業動態調査」
　　　それ以外は、農林水産省大臣官房新事業・食品産業部資料による。
注:1)は、会計年度である。
　　2)は、ドレッシングを含む。

(2) 1世帯当たり年間の購入数量（二人以上の世帯・全国）

品目	単位	平成30年	令和元	2	3	4
しょう油	ml	4,981	4,708	4,832	4,963	4,151
みそ	g	5,194	5,076	5,262	4,871	4,652
酢	ml	2,180	2,008	1,960	1,748	1,613
マヨネーズ・マヨネーズ風調味料	g	2,520	2,617	2,817	2,683	2,543
カレールウ	〃	1,441	1,412	1,455	1,339	1,302

資料:総務省統計局「家計調査結果」

(3) 輸出量及び金額

品目	令和3年		4	
	数量	金額	数量	金額
	t	千円	t	千円
輸出				
調味料	･･･	60,722,643	･･･	66,666,777
醤油	48,090	9,142,582	47,346	9,395,676
味噌	19,654	4,447,918	21,713	5,076,914

資料:財務省関税局「貿易統計」をもとに農林水産省統計部にて作成。

4 菓子類の出荷額

単位：100万円

年次	食パン	菓子パン（イーストドーナッツを含む）	洋生菓子	和生菓子	ビスケット類・干菓子	米菓	あめ菓子	チョコレート類	他に分類されない菓子
平成28年	338,998	992,416	793,738	563,595	457,260	359,289	169,628	512,574	749,958
29	336,350	1,013,719	824,243	561,229	465,029	298,841	166,823	564,642	773,993
30	339,508	1,002,095	848,788	553,936	469,745	382,202	170,953	590,009	808,149
令和元	349,382	1,001,101	855,314	547,097	473,121	384,364	176,111	615,718	809,729
2	313,356	928,909	800,573	430,994	446,273	350,525	161,674	536,340	774,253

資料： 経済産業省大臣官房調査統計グループ「工業統計表（品目編）」ただし、令和2年は
「令和3年経済センサス-活動調査 製造業（品目編）」による。 （以下6まで同じ。）
注：従業者4人以上の事業所の数値である。 （以下6まで同じ。）

5 飲料類の出荷額

単位：100万円

年次	炭酸飲料	ジュース	コーヒー飲料（ミルク入り）を含む）	茶系飲料	ミネラルウォーター	その他の清涼飲料
平成28年	280,603	417,896	313,461	539,124	134,386	391,876
29	273,590	400,323	305,466	587,581	166,095	410,058
30	314,143	383,709	345,859	627,552	184,685	539,896
令和元	353,601	366,874	358,591	654,858	178,289	451,624
2	321,144	361,848	348,142	551,944	208,544	407,363

6 酒類の出荷額

単位：100万円

年次	果実酒	ビール	発泡酒	清酒（濁酒を含む）	焼酎	合成清酒	ウイスキー	味りん（本直しを含む）	チューハイ・カクテル
平成28年	62,232	1,175,930	228,280	443,582	504,898	8,998	156,975	45,310	186,197
29	64,853	1,100,848	216,892	455,281	476,214	9,006	155,649	43,416	177,597
30	64,520	1,055,594	198,380	434,105	471,166	8,483	158,700	33,738	191,323
令和元	61,208	1,011,264	183,131	409,876	454,587	5,407	173,083	31,444	213,195
2	59,961	812,941	168,140	352,582	433,122	6,287	228,188	28,618	268,241

7 缶・瓶詰

(1) 生産数量（内容重量）

単位：kg

品目	平成30年	令和元	2	3	4
総計	2,736,976,289	2,575,416,983	2,312,867,741	2,206,103,293	2,135,431,415
1) 丸缶	2,657,436,465	2,496,274,224	2,237,442,362	2,133,231,928	2,061,587,915
水産	104,410,499	98,716,047	93,327,346	87,026,364	84,085,695
果実	28,773,457	28,153,917	28,791,119	26,950,215	26,502,976
野菜	34,983,221	33,594,353	32,145,228	31,774,772	29,516,328
ジャム	235,720	176,750	157,291	193,979	174,327
食肉	6,340,063	6,827,992	6,293,027	5,122,878	5,383,103
調理・特殊	40,452,463	37,858,228	37,326,849	33,688,043	33,293,279
飲料	2,442,241,042	2,290,946,937	2,039,401,502	1,948,475,677	1,882,632,207
2) 大缶	29,162,317	29,842,002	26,471,117	25,762,555	27,045,207
3) びん詰	50,377,507	49,300,757	48,954,262	47,108,810	46,798,293

資料：日本缶詰びん詰レトルト食品協会「缶詰時報」（以下(2)まで同じ。）
注： 内容重量は、内容総量を基礎として算出したものである。ただし、アスパラガス、スイートコーン
　　及びなめこ以外の野菜水煮にあっては固形量によった。
　　 1)は、主として一般に流通している食料缶詰の総称であり、炭酸飲料、スポーツドリンク、ビール、
　　酒、練粉乳の缶詰及び缶入りは除外した。
　　 2)は、18L缶、9L缶など、業務用として作られる大型缶詰であり、飲料は除外した。
　　 3)は、飲料、酒類、乳製品などの、びん入りを除外した。

(2) 輸出入量及び金額

品目	令和3年		4	
	数量	金額	数量	金額
	kg	千円	kg	千円
輸出				
総計	17,418,641	11,238,783	18,247,425	12,168,640
水産	2,943,383	3,012,971	2,915,515	2,728,950
果実	2,558,148	2,722,915	2,429,971	2,983,369
野菜	381,269	349,539	461,328	483,102
ジャム	435,995	391,535	454,751	395,504
食肉	-	-	753	7,273
ジュース	11,099,846	4,761,823	11,985,107	5,570,442
輸入				
総計	668,602,568	178,563,055	683,403,582	230,000,211
水産	56,431,256	43,859,640	57,772,166	58,899,303
果実合計	248,729,910	53,115,094	250,032,723	68,665,656
果実	244,785,987	51,856,209	245,637,446	66,679,242
果実パルプ	3,943,923	1,258,885	4,395,277	1,986,414
野菜	301,910,186	52,431,180	316,027,943	68,437,057
ジャム	16,986,047	4,730,209	16,969,043	5,292,448
食肉	44,545,169	24,426,932	42,601,707	28,705,747
（参考）				
ジュース	192,570,973	54,608,985	210,470,089	75,561,469
その他水及び炭酸水	100,715,301	21,112,849	115,905,963	25,859,419

注： 輸出入統計は、財務省「日本貿易月表」より缶びん詰と思われる品目を抜粋している。

XI 環境等

1 環境保全型農業の推進

有機農業に取り組んでいる経営体の取組品目別作付（栽培）経営体数
と作付（栽培）面積（令和2年2月1日現在）

年次・全国農業地域	計	有機農業に取り組んでいる						
		計		水稲		大豆		
		作付（栽培）実経営体数	作付（栽培）面積	作付経営体数	作付面積	作付経営体数	作付面積	
	経営体	経営体	ha	経営体	ha	経営体	ha	
全国	1,075,705	69,309	115,269	35,244	60,624	2,862	5,122	
北海道	34,913	2,731	18,162	660	3,712	374	1,349	
都府県	1,040,792	66,578	97,107	34,584	56,912	2,488	3,773	
東北	194,193	11,603	25,315	7,408	16,917	490	1,580	
北陸	76,294	5,694	11,806	4,680	10,156	138	368	
関東・東山	235,938	16,353	20,792	5,654	8,381	522	432	
東海	92,650	5,189	6,162	2,367	3,257	193	368	
近畿	103,835	7,589	8,860	4,816	6,284	534	464	
中国	96,594	5,020	5,468	3,089	3,872	311	147	
四国	65,418	3,583	2,893	1,462	1,255	38	7	
九州	164,560	10,944	15,267	5,087	6,760	260	407	
沖縄	11,310	603	544	21	29	2	0	

年次・全国農業地域	有機農業に取り組んでいる（続き）						有機農業に取り組んでいない
	野菜		果樹		その他		
	作付（栽培）経営体数	作付（栽培）面積	栽培経営体数	栽培面積	作付（栽培）経営体数	作付（栽培）面積	
	経営体	ha	経営体	ha	経営体	ha	経営体
全国	24,647	18,435	12,750	9,630	6,598	21,458	1,006,396
北海道	1,463	3,562	201	309	775	9,230	32,182
都府県	23,184	14,873	12,549	9,321	5,823	12,228	974,214
東北	3,189	2,295	1,837	1,996	660	2,527	182,590
北陸	837	357	452	262	253	662	70,600
関東・東山	7,563	6,171	4,346	3,027	1,239	2,781	219,585
東海	1,777	867	928	574	853	1,096	87,461
近畿	2,220	700	1,140	869	546	543	96,246
中国	1,528	605	817	371	347	473	91,574
四国	1,327	610	1,063	670	303	351	61,835
九州	4,454	3,154	1,781	1,469	1,439	3,477	153,616
沖縄	289	114	185	83	183	318	10,707

資料：農林水産省統計部「2020年農林業センサス」

2 新エネルギーの導入量

年度		太陽光発電		風力発電		廃棄物発電＋ バイオマス発電	
		万kl	万kW	万kl	万kW	万kl	万kW
平成7年度(1995年度)		1.1	–	0.4	1.0	81	65
12	(2000)	8.1	33.0	5.9	14.4	120	110
17	(2005)	34.7	142.2	44.2	108.5	252	215
22	(2010)	88.4	361.8	99.4	244.2	327	240
27	(2015)	793.8	3,248.0	123.6	303.4	401	293
30	(2018)	1,216.6	4,978.1	150.4	369.1	565	412
令和元	(2019)	1,354.5	5,542.0	169.4	415.9	632	461
2	(2020)	1,494.8	6,116.4	184.4	452.5	694	506
3	(2021)	1,606.9	6,574.8	196.5	482.3	787	574

年度		バイオマス 熱利用	太陽 熱利用	廃棄物 熱利用	1)未利用 エネルギー	黒液・ 廃材等	合計
		万kl	万kl	万kl	万kl	万kl	万kl
平成7年度(1995年度)		…	135	3.8	3.0	472	696
12	(2000)	…	89	4.5	4.5	490	722
17	(2005)	142.0	61	149.0	4.9	470	1,159
22	(2010)	173.7	44	137.8	4.7	492	1,368
27	(2015)	…	28	…	…	…	…
30	(2018)	…	22	…	…	…	…
令和元	(2019)	…	20	…	…	…	…
2	(2020)	…	18	…	…	…	…
3	(2021)	…	17	…	…	…	…

資料：日本エネルギー経済研究所「EDMC／エネルギー・経済統計要覧(2023年版)」
注：平成24年度(2012年度)以降はEDMCで推計した結果である。
　　1)は、雪氷熱利用を含む。

3 温室効果ガスの排出量

区分	単位	平成2年度(1990年度)	17(2005)	25(2013)	令和2(2020)	3(2021)
二酸化炭素（CO₂）合計	100万 t CO₂	1,163	1,293	1,317	1,042	1,064
エネルギー起源	〃	1,068	1,201	1,235	967	988
非エネルギー起源	〃	95.1	92.9	82.1	74.2	75.8
うちその他（農業・間接CO₂等）	〃	6.8	4.6	3.6	2.9	2.9
メタン（CH₄）合計	100万 t CO₂換算	44.5	34.1	29.1	27.4	27.4
うち農業（家畜の消化管内発酵、稲作等）	〃	25.1	23.8	22.4	22.1	22.2
一酸化二窒素（N₂O）合計	〃	32.2	25.3	21.9	19.7	19.5
うち農業（家畜排せつ物の管理、農用地の土壌等）	〃	11.7	10.3	9.8	9.6	9.6

資料：環境省地球環境局「2021年度（令和3年度）の温室効果ガス排出量（確報値）について」

4 食品産業における食品廃棄物等の年間発生量、発生抑制の実施量及び再生利用等実施率（平成29年度）

区分	食品廃棄物等の年間発生量						発生抑制の実施量	3)再生利用等実施率
	計	1)食品リサイクル法で規定している用途への実施量	熱回収の実施量	減量した量	2)その他	廃棄物としての処分量		
	千 t	千 t	千 t	千 t	千 t	千 t	千 t	％
食品産業計	17,666	12,297	444	1,640	411	2,873	2,958	84
うち食品製造業	14,106	11,252	443	1,605	380	427	2,292	95
食品卸売業	268	153	1	14	20	80	36	67
食品小売業	1,230	474	0	4	3	748	290	51
外食産業	2,062	419	0	17	8	1,617	339	32

資料：農林水産省統計部「食品循環資源の再生利用等実態調査」
注： 食品循環資源の再生利用等実態調査結果と食品リサイクル法第9条第1項に基づく定期報告結果を用いて推計したものである。
　　1)食品リサイクル法で規定している用途とは、肥料、飼料、メタン、油脂及び油脂製品、炭化製品（燃料及び還元剤）又はエタノールの原材料としての再生利用である。
　　2)その他とは、再生利用の実施量として、1)以外の食用品（食品添加物や調味料、健康食品等）、工業用利用（舗装用資材、塗料の原料等）、工芸用等の用途に仕向けた量及び不明のものをいう。
　　3)再生利用等実施率

$$= \frac{当該年度の（発生抑制の実施量＋食品リサイクル法で規定している用途への実施量＋熱回収の実施量×0.95＋減量した量）}{当該年度の（発生抑制の実施量＋食品廃棄物等の年間発生量）}$$

XII 農業団体等

1 農業協同組合・同連合会

(1) 農業協同組合・同連合会数（各年3月31日現在）

年次	単位農協		専門農協		連合会		
	計	総合農協 （出資組合）	出資組合	非出資 組合	計	出資 連合会	非出資 連合会
	組合	組合	組合	組合	連合会	連合会	連合会
平成31年	1,964	649	664	651	182	177	5
令和2	1,736	627	582	527	227	175	52
3	1,621	598	532	491	225	174	51
4	1,584	585	516	483	221	170	51
5	1,538	563	507	468	220	169	51

資料：農林水産省経営局「農業協同組合等現在数統計」（以下(3)まで同じ。）

(2) 主要業種別出資農業協同組合数（各年3月31日現在）

単位：組合

年次	専門農協	畜産	酪農	養鶏	園芸特産	農村工業
平成31年	664	81	135	46	184	25
令和2	582	62	115	40	172	17
3	532	56	106	38	166	10
4	516	52	104	37	156	10
5	507	51	102	35	149	10

(3) 農業協同組合・同連合会の設立・合併・解散等の状況

区分	平成30年度		令和元		2		3		4	
	単位 農協	連合会	単位 農協	連合会	単位 農協	連合会	単位 農協	連合会	単位 農協	連合会
	組合	連合会	組合	連合会	組合	連合会	組合	連合会	組合	連合会
増加	3	-	3	-	5	-	3	1	3	-
新設認可	1	-	1	-	1	-	3	-	-	-
合併設立	2	-	2	-	1	-	-	-	2	-
定款変更	-	-	-	-	3	-	-	1	1	-
行政区域の変更	-	-	-	-	-	-	-	-	-	-
減少	253	-	96	3	100	2	38	5	47	1
普通解散	23	-	21	3	11	-	15	-	16	-
吸収合併解散	21	-	12	-	22	-	13	-	12	-
設立合併解散	6	-	14	-	4	-	-	-	9	-
包括承継による消滅	-	-	-	-	-	1	-	4	-	-
認可後登記前取消	-	-	-	-	-	-	-	-	-	-
承認取消解散	-	-	-	-	-	-	-	-	-	-
解散命令による解散	-	-	-	-	-	-	1	-	-	-
定款変更	-	-	-	-	3	-	-	1	1	-
行政区域の変更	-	-	-	-	-	-	-	-	-	-
みなし解散	195	-	45	-	57	1	7	-	5	1
組織変更	8	-	4	-	3	-	2	-	4	-
増減	△ 250	-	△ 93	△ 3	△ 95	△ 2	△ 35	△ 4	△ 44	△ 1

注：1 単位農協・連合会とも増減数が「1(1) 農業協同組合・同連合会数」の差と一致しないのは、前期末現在数を修正しているためである。
　　2 「みなし解散」及び「組織変更」は、平成28年度から新たに追加された項目である。

1 農業協同組合・同連合会（続き）
(4) 総合農協の組合員数

事業年度	合計	正組合員			准組合員		
		計	個人	法人	計	個人	団体
	人＋団体	人＋団体	人	団体	人＋団体	人	団体
平成29年	10,511,348	4,304,501	4,283,685	20,816	6,206,847	6,128,521	78,326
30	10,490,707	4,247,743	4,225,505	22,238	6,242,964	6,165,396	77,568
令和元	10,465,781	4,178,595	4,154,980	23,615	6,287,186	6,210,117	77,069
2	10,418,309	4,098,568	4,073,527	25,041	6,319,741	6,243,371	76,370
3	10,361,171	4,017,945	3,991,639	26,306	6,343,226	6,267,809	75,417

資料：農林水産省統計部「総合農協統計表」（以下(5)まで同じ。）

(5) 総合農協の事業実績
ア 購買事業

品目	令和2年事業年度				3			
	当期受入高	1)系統利用率	当期供給・取扱高	購買利益（購買手数料を含む。）	当期受入高	1)系統利用率	当期供給・取扱高	購買利益（購買手数料を含む。）
	100万円	%	100万円	100万円	100万円	%	100万円	100万円
計	1,976,189	64.6	2,264,816	295,304	2,077,612	65.3	2,348,021	282,931
生産資材	1,555,769	66.6	1,736,921	182,456	1,653,852	67.1	1,822,954	180,647
肥料	231,173	79.9	266,289	34,153	242,264	80.6	271,393	35,661
農薬	191,768	64.8	220,925	27,796	191,457	64.5	217,331	27,583
飼料	311,686	61.2	323,185	12,125	367,948	61.6	382,299	13,584
農業機械	212,604	65.9	237,134	24,794	206,224	64.8	230,685	24,429
燃料	201,185	86.8	238,176	36,568	251,163	87.3	282,608	32,463
自動車（二輪車を除く。）	41,286	39.3	45,862	4,473	38,092	34.0	42,516	4,599
その他	366,065	56.1	405,350	42,545	356,703	55.4	396,120	42,328
生活物資	420,420	57.0	527,895	112,847	423,759	58.3	525,067	102,284
食料品	125,389	50.3	151,551	25,830	116,662	49.5	140,993	24,218
衣料品	2,683	61.0	3,196	494	2,407	60.9	2,863	447
耐久消費財	23,430	53.0	26,233	2,755	21,072	53.8	23,465	2,548
日用保健雑貨用品	31,046	45.3	35,226	4,114	29,498	45.7	33,375	3,842
家庭燃料	102,262	82.0	150,662	53,403	124,046	83.5	167,652	44,155
その他	135,609	47.6	161,026	26,250	130,074	45.6	156,717	27,072

注：1)は、当期受入高のうち農協又は同連合会からの当期受入高の占める割合である。

イ 販売事業

品目	令和2年事業年度			3		
	当期販売・取扱高	1)系統利用率	販売手数料（販売利益を含む。）	当期販売・取扱高	1)系統利用率	販売手数料（販売利益を含む。）
	100万円	%	100万円	100万円	%	100万円
計	4,468,886	80.9	144,116	4,446,891	81.2	145,726
米	821,666	69.4	34,977	746,864	68.8	35,005
麦	65,360	93.1	4,790	77,271	93.8	5,365
雑穀・豆類	70,937	78.7	4,434	70,344	78.0	4,698
野菜	1,295,210	85.3	37,257	1,252,962	85.6	36,571
果実	416,946	89.3	13,044	430,517	89.0	13,658
花き・花木	111,599	78.4	3,185	121,531	77.8	3,659
畜産物	1,309,105	89.9	16,811	1,356,012	89.7	17,335
うち生乳	508,763	97.2	5,700	513,918	96.0	5,715
肉用牛	536,522	84.7	7,307	566,524	85.1	7,660
肉豚	105,882	88.8	1,212	104,176	90.6	1,210
肉鶏	4,086	25.2	36	4,288	33.9	38
鶏卵	16,278	65.0	289	18,287	70.4	177
その他	378,063	49.9	29,618	391,390	51.2	29,435
うち茶	29,652	81.5	727	31,183	77.3	803

注：1）は、当期販売・取扱高のうち農協又は同連合会への当期販売・取扱高の占める割合である。

2 農業委員会数及び委員数
（各年10月1日現在）

年次	委員会数	農業委員数	農地利用最適化推進委員数
	委員会	人	人
平成30年	1,703	23,196	17,824
令和元	1,703	23,125	17,770
2	1,702	23,201	17,698
3	1,702	23,177	17,696
4	1,697	22,995	17,660

資料：農林水産省経営局資料

3 土地改良区数、面積及び組合員数
（各年3月31日現在）

年次	土地改良区数	面積	組合員数
	改良区	ha	人
平成31年	4,455	2,513,828	3,533,664
令和2	4,403	2,497,912	3,504,527
3	4,325	2,481,069	3,460,184
4	4,203	2,464,059	3,425,254
5	4,126	2,450,972	3,396,494

資料：農林水産省農村振興局資料

4 普及職員数及び普及指導センター数

年度	普及職員数	農業革新支援専門員数	普及指導センター数
	人	人	箇所
平成30年度	7,292	607	360
令和元	7,267	606	360
2	7,225	618	359
3	7,202	634	361
4	7,194	629	361

資料：農林水産省農産局資料
注：1 データは年度末時点のものである。
　　2 普及職員数とは、普及指導員及び実務経験中職員等の合計である。

農 山 村 編

I 農業集落

1 最も近いDID（人口集中地区）までの
所要時間別農業集落数（令和2年2月1日現在）

単位：集落

全国 農業地域	自動車利用						計測不能
	計	15分未満	15分～30分	30分～1時間	1時間～1時間半	1時間半以上	
全国	138,243	48,426	50,702	32,251	4,146	404	2,314
北海道	7,066	1,878	2,426	2,114	513	63	72
都府県	131,177	46,548	48,276	30,137	3,633	341	2,242
東北	17,590	5,390	7,161	4,416	534	74	15
北陸	11,046	4,583	4,436	1,561	104	1	361
関東・東山	24,260	11,670	8,936	3,388	228	8	30
東海	11,556	5,589	3,730	1,910	290	23	14
近畿	10,795	4,476	3,745	2,268	281	16	9
中国	19,616	4,451	8,012	6,469	391	3	290
四国	11,059	3,355	3,908	2,821	638	69	268
九州	24,515	6,648	8,185	7,227	1,159	147	1,149
沖縄	740	386	163	77	8	-	106

資料：農林水産省統計部「2020年農林業センサス」（以下5（2）まで同じ。）
注：1　DIDとは、国勢調査において人口密度約4,000人／km²以上の国勢調査基本単位区が
いくつか隣接し、合わせて人口5,000人以上を有する地域をいう
（DID：Densely Inhabited District）。
　　2　DID中心地区は、農業集落の中心地から最も近いDIDの地域内にある施設のなか
でDIDの重心位置から直線距離が最も近い施設を設定した。ただし、重心位置から1
km圏内の施設については、別途定めた施設分類の優先度により中心施設を設定した。
　　　なお、農業集落の中心地から直線距離100km圏外の施設は除いた。
　　3　最も近いDIDまでの所要時間とは、農業集落の中心地から直線距離が近く、かつ2
の条件を満たした施設を最大で3施設抽出し、抽出した3つの施設を自動車による移動
として経路検索したうえで、所要時間が最も短い施設までの結果を採用した。

2 耕地面積規模別農業集落数（令和2年2月1日現在）

単位：集落

全国 農業地域	耕地のある農業集落							耕地が ない 農業集落
	計	10ha未満	10～20	20～30	30～50	50～100	100ha 以上	
全国	135,999	48,331	29,729	17,680	18,275	14,362	7,622	2,244
北海道	6,759	695	304	276	600	1,423	3,461	307
都府県	129,240	47,636	29,425	17,404	17,675	12,939	4,161	1,937
東北	17,320	3,255	2,634	2,323	3,366	3,785	1,957	270
北陸	10,861	3,112	2,364	1,682	1,943	1,391	369	185
関東・東山	24,056	7,204	4,939	3,507	4,125	3,393	888	204
東海	11,459	4,345	2,827	1,645	1,455	979	208	97
近畿	10,675	3,762	2,915	1,678	1,504	702	114	120
中国	19,276	10,444	5,270	2,013	1,164	346	39	340
四国	10,862	6,029	2,857	1,056	636	263	21	197
九州	24,019	9,269	5,514	3,413	3,380	1,986	457	496
沖縄	712	216	105	87	102	94	108	28

3 耕地率別農業集落数 (令和2年2月1日現在)

単位:集落

全国農業地域	耕地のある農業集落						耕地がない農業集落
	計	10%未満	10～20	20～30	30～50	50%以上	
全国	135,999	51,159	24,444	16,388	22,484	21,524	2,244
北海道	6,759	1,723	839	603	1,097	2,497	307
都府県	129,240	49,436	23,605	15,785	21,387	19,027	1,937
東北	17,320	5,465	3,090	2,038	2,706	4,021	270
北陸	10,861	3,444	1,738	1,039	1,656	2,984	185
関東・東山	24,056	6,572	3,747	3,322	5,747	4,668	204
東海	11,459	4,669	1,869	1,525	2,246	1,150	97
近畿	10,675	4,665	2,152	1,359	1,574	925	120
中国	19,276	10,595	4,216	1,923	1,659	883	340
四国	10,862	4,911	1,824	1,207	1,661	1,259	197
九州	24,019	8,849	4,823	3,276	4,020	3,051	496
沖縄	712	266	146	96	118	86	28

4 実行組合のある農業集落数 (令和2年2月1日現在)

単位:集落

全国農業地域	計	実行組合がある	実行組合がない
全国	138,243	94,519	43,724
北海道	7,066	5,012	2,054
都府県	131,177	89,507	41,670
東北	17,590	13,288	4,302
北陸	11,046	9,764	1,282
関東・東山	24,260	18,791	5,469
東海	11,556	9,187	2,369
近畿	10,795	8,012	2,783
中国	19,616	10,121	9,495
四国	11,059	5,542	5,517
九州	24,515	14,600	9,915
沖縄	740	202	538

5 農業集落の寄り合いの状況（令和２年２月１日現在）
(1) 過去１年間に開催された寄り合いの回数規模別農業集落数

単位：集落

全国農業地域	合計	寄り合いがある							寄り合いがない
		計	1～2回	3～5	6～11	12～23	24回以上		
全国	138,243	129,340	19,683	32,668	35,089	34,001	7,899		8,903
北海道	7,066	6,153	891	2,046	1,950	1,102	164		913
都府県	131,177	123,187	18,792	30,622	33,139	32,899	7,735		7,990
東北	17,590	16,765	1,575	3,671	5,396	4,630	1,493		825
北陸	11,046	10,479	1,058	2,368	3,244	2,969	840		567
関東・東山	24,260	22,983	3,301	6,029	6,796	5,285	1,572		1,277
東海	11,556	10,806	1,846	2,389	2,424	3,469	678		750
近畿	10,795	10,321	1,299	2,116	2,498	3,425	983		474
中国	19,616	17,968	3,411	4,805	4,160	4,888	704		1,648
四国	11,059	10,088	2,461	3,057	2,261	2,080	229		971
九州	24,515	23,092	3,776	6,074	6,210	5,905	1,127		1,423
沖縄	740	685	65	113	150	248	109		55

(2) 寄り合いの議題別農業集落数

単位：集落

全国農業地域	寄り合いを開催した農業集落数	寄り合いの議題（複数回答）							寄り合いを開催しなかった農業集落数
		農業生産に係る事項	農道・農業用排水路・ため池の管理	集落共有財産・共用施設の管理	環境美化・自然環境の保全	農業集落行事（祭り・イベントなど）の実施	農業集落内の福祉・厚生	再生可能エネルギーへの取組	
全国	129,340	77,811	98,276	87,105	114,843	112,704	74,774	4,639	8,903
北海道	6,153	4,560	3,865	3,719	5,261	5,381	3,549	281	913
都府県	123,187	73,251	94,411	83,386	109,582	107,323	71,225	4,358	7,990
東北	16,765	13,270	13,728	12,508	15,313	14,507	10,267	592	825
北陸	10,479	8,606	9,324	8,359	9,314	9,375	6,100	240	567
関東・東山	22,983	11,831	16,569	15,110	20,604	20,281	13,539	923	1,277
東海	10,806	5,786	8,056	6,866	9,267	9,269	5,717	438	750
近畿	10,321	7,505	8,877	7,773	9,145	9,127	6,235	473	474
中国	17,968	8,937	13,156	11,630	15,934	15,654	10,505	592	1,648
四国	10,088	4,207	7,230	6,037	8,242	8,743	4,592	256	971
九州	23,092	12,837	17,148	14,683	21,125	19,735	13,806	807	1,423
沖縄	685	272	323	420	638	632	464	37	55

Ⅱ　農村の振興と活性化

1　多面的機能支払交付金の実施状況

(1)　農地維持支払交付金

年度・地域ブロック	対象組織数 A	広域活動組織数	認定農用地面積 B	1)農用地面積 C	1組織当たりの平均認定農用地面積 B／A	カバー率 B／C
	組織	組織	ha	千ha	ha	%
平成30年度	28,348	899	2,292,522	4,166.9	81	55
令和元	26,618	947	2,274,027	4,153.9	85	55
2	26,233	991	2,290,820	4,146.1	87	55
3	26,258	1,010	2,311,040	4,138.2	88	56
4	25,967	1,020	2,318,259	4,131.5	89	56
北海道	714	51	788,276	1,163.4	1,104	68
東北	5,646	255	445,675	814.2	79	55
関東	3,500	84	225,055	631.5	64	36
北陸	2,926	214	225,467	300.8	77	75
東海	1,654	42	86,199	153.0	52	56
近畿	3,430	47	118,689	183.3	35	65
中国	2,809	93	96,416	216.0	34	45
四国	1,245	22	49,423	126.4	40	39
九州	3,990	186	260,959	500.6	65	52
沖縄	53	26	22,101	42.3	417	52

資料：農林水産省農村振興局「多面的機能支払交付金の実施状況」（以下(3)まで同じ。）
注：　農地維持支払交付金とは、水路の草刈り、泥上げなどの農用地、水路、農道等の地域資源の基礎的な保全等の取組への支援である。
　　　1)は、「農用地区域内の農地面積調査」における農用地面積に「農用地区域内の採草放牧地面積」（農村振興局調べ）を基に「都道府県別農用地区域内の地目別面積比率」（農村振興局調べ）による採草放牧地面積比率により推計した面積を加えた面積である（以下(3)まで同じ。）。

(2)　資源向上支払交付金（地域資源の質的向上を図る共同活動）

年度・地域ブロック	対象組織数 A	広域活動組織数	認定農用地面積 B	1)農用地面積 C	1組織当たりの平均認定農用地面積 B／A	カバー率 B／C
	組織	組織	ha	千ha	ha	%
平成30年度	22,223	832	2,023,175	4,166.9	91	49
令和元	20,923	877	2,013,793	4,153.9	96	48
2	20,815	925	2,042,052	4,146.1	98	49
3	20,878	948	2,063,282	4,138.2	99	50
4	20,570	958	2,071,001	4,131.5	101	50
北海道	678	47	732,591	1,163.4	1,081	63
東北	4,393	225	387,177	814.2	88	48
関東	2,433	73	168,849	631.5	69	27
北陸	2,445	213	213,711	300.8	87	71
東海	1,339	40	75,984	153.0	57	50
近畿	2,995	43	108,261	183.3	36	59
中国	2,130	93	86,039	216.0	40	40
四国	921	22	42,339	126.4	46	34
九州	3,187	177	237,553	500.6	75	47
沖縄	49	25	18,496	42.3	377	44

注：　資源向上支払交付金（地域資源の質的向上を図る共同活動）とは、水路、農道等の施設の軽微な補修、農村環境の保全等の取組への支援である。

(3)　資源向上支払交付金（施設の長寿命化のための活動）

年度・地域ブロック	対象組織数 A	広域活動組織数	対象農用地面積 B	1)農用地面積 C	1組織当たりの平均対象農用地面積 B／A	カバー率 B／C
	組織	組織	ha	千ha	ha	％
平成30年度	11,616	616	710,587	4,166.9	61	17
令和元	11,134	686	741,169	4,153.9	67	18
2	11,116	719	757,628	4,146.1	68	18
3	11,175	733	764,660	4,138.2	68	18
4	11,237	746	789,230	4,131.5	70	19
北海道	7	2	11,404	1,163.4	1,629	1
東北	1,854	129	155,512	814.2	84	19
関東	1,497	70	109,221	631.5	73	17
北陸	1,160	179	117,895	300.8	102	39
東海	768	36	51,216	153.0	67	33
近畿	2,202	37	72,722	183.3	33	40
中国	1,261	87	62,996	216.0	50	29
四国	698	21	33,979	126.4	49	27
九州	1,768	167	164,282	500.6	93	33
沖縄	22	18	10,002	42.3	455	24

注：　資源向上支払交付金（施設の長寿命化のための活動）とは、農業用用排水路等の施設の長寿命化のための補修・更新等の取組への支援である。

2 中山間地域等直接支払制度
(1) 集落協定に基づく「多面的機能を増進する活動」の実施状況

単位：協定

年度・地方農政局等	国土保全機能を高める取組		保険休養機能を高める取組				自然生態系の保全に資する取組	
	周辺林地の下草刈	土壌流亡に配慮した営農	棚田オーナー制度	市民農園等の開設・運営	体験民宿（グリーン・ツーリズム）	景観作物の作付け	魚類・昆虫類の保護	鳥類の餌場の確保
平成30年度	16,980	381	90	137	161	7,405	428	291
令和元	17,006	384	85	136	154	7,409	420	290
2	15,920	296	75	97	102	6,491	373	292
3	16,320	428	116	110	122	6,403	393	271
4	16,406	393	119	106	133	6,436	390	277
北海道	31	5	2	3	9	86	5	–
東北	2,663	54	2	14	35	1,072	80	21
関東	1,241	83	18	17	15	754	65	3
北陸	1,205	12	23	7	15	503	78	101
東海	1,151	8	4	5	1	209	24	22
近畿	1,690	66	15	15	13	406	23	19
中国四国	5,207	93	38	28	28	1,519	74	48
九州	3,216	72	17	17	17	1,882	41	63
沖縄	–	–	–	–	–	5	–	–

年度・地方農政局等	自然生態系の保全に資する取組（続き）							7)その他活動
	粗放的畜産	1)堆きゅう肥の施肥	2)拮抗植物の利用	3)合鴨・鯉の利用	4)輪作の徹底	5)緑肥作物の作付け	6)「堆きゅう肥の施肥」〜「緑肥作物の作付け」	
平成30年度	191	2,533	39	69	50	325	–	770
令和元	191	2,533	28	68	50	338	–	763
2	168	1,988	55	48	47	271	–	812
3	179	–	–	–	–	–	2,273	724
4	216	–	–	–	–	–	2,237	759
北海道	22	–	–	–	–	–	71	196
東北	17	–	–	–	–	–	271	148
関東	7	–	–	–	–	–	103	50
北陸	5	–	–	–	–	–	87	27
東海	–	–	–	–	–	–	27	45
近畿	52	–	–	–	–	–	131	75
中国四国	45	–	–	–	–	–	759	90
九州	68	–	–	–	–	–	784	127
沖縄	–	–	–	–	–	–	4	1

資料：農林水産省農村振興局「中山間地域等直接支払交付金の実施状況」（以下(2)まで同じ。）
注：各都道府県からの報告を基に各年3月31日現在の制度の実施状況を取りまとめたものである。
　　1)から5)については、令和3年度に調査項目を見直し、6)に取組の実数を取りまとめたものである。
　　7)には、「都市農村交流イベントの実施」、「学童等の農業体験の受入れ」等がある。

(2) 制度への取組状況

全国 都道府県	令和３年度				4			
	交付 市町村数	協定数	協定面積	交付金 交付面積	交付 市町村数	協定数	協定面積	交付金 交付面積
	市町村	協定	100ha	100ha	市町村	協定	100ha	100ha
全国	996	24,171	6,526	5,965	998	24,312	6,563	6,021
北海道	98	328	3,217	2,660	98	328	3,226	2,688
青森	26	440	88	88	26	441	88	88
岩手	30	1,068	234	234	30	1,073	235	235
宮城	13	216	23	22	13	216	23	22
秋田	22	484	98	98	22	486	99	99
山形	34	486	89	89	34	489	90	90
福島	47	1,079	151	151	47	1,082	153	153
茨城	9	88	5	5	9	89	5	5
栃木	12	134	21	21	12	134	22	22
群馬	18	170	14	14	18	172	14	14
埼玉	12	51	3	3	12	51	3	3
千葉	13	120	9	9	13	123	9	9
東京	0	0	0	0	0	0	0	0
神奈川	5	8	0	0	5	8	0	0
山梨	17	300	35	35	17	299	35	35
長野	69	1,019	92	92	69	1,020	93	93
静岡	16	172	21	21	16	174	21	21
新潟	22	767	223	223	22	780	227	227
富山	13	315	49	49	13	318	49	49
石川	16	437	49	49	16	442	52	52
福井	17	267	24	24	17	267	24	24
岐阜	25	859	91	91	25	863	91	91
愛知	6	276	19	19	6	276	19	19
三重	16	227	21	21	16	229	22	22
滋賀	11	176	23	23	11	180	26	25
京都	16	489	51	51	16	495	51	51
大阪	1	1	0	0	1	1	0	0
兵庫	27	596	56	56	27	610	58	58
奈良	13	290	27	27	14	296	28	28
和歌山	23	555	91	90	23	559	91	90
鳥取	17	605	77	77	17	616	78	78
島根	17	1,070	121	121	17	1,064	121	121
岡山	25	1,254	117	117	25	1,258	118	118
広島	18	1,505	203	203	18	1,515	204	204
山口	17	748	116	116	17	756	117	117
徳島	17	410	25	25	17	411	25	25
香川	12	391	25	25	12	399	25	25
愛媛	17	783	106	106	17	785	106	106
高知	31	544	65	65	31	544	65	65
福岡	30	528	50	49	31	529	50	49
佐賀	19	463	65	65	19	463	66	66
長崎	19	928	93	93	19	930	94	94
熊本	36	1,314	316	316	36	1,319	316	316
大分	17	1,214	157	157	17	1,224	158	158
宮崎	21	349	52	52	21	349	52	52
鹿児島	26	634	71	71	26	636	71	71
沖縄	10	13	42	42	10	13	42	42

注：各年３月31日現在の実施状況を取りまとめた結果である。

3 環境保全型農業直接支払交付金の実施状況
(1) 実施市町村数、実施件数及び実施面積

年度・ 地方 農政局等	実施市町村数	実施市町村割合	実施件数	実施面積
	市町村	%	件	ha
令和元年度	887	52	3,479	79,839
2	841	49	3,155	80,789
3	846	49	3,144	81,743
4	852	50	3,163	82,803
北海道	84	47%	121	20,108
東北	115	51%	547	20,599
関東	193	45%	491	5,860
北陸	71	88%	347	8,142
東海	43	34%	98	1,098
近畿	84	42%	712	15,880
中国四国	115	57%	389	3,974
九州	147	63%	458	7,143
沖縄	0	0%	0	0

資料：農林水産省農産局「環境保全型農業直接支払交付金の実施状況」（以下(2)まで同じ。）
注： 令和元年度から令和4年度における実施市町村割合は、全国の市町村数1,718市町村
（総務省調べ）における割合を記載。

(2) 支援対象取組別の実施面積

単位：ha

年度・ 地方 農政局等	全 国 共 通 取 組								地域特認 取組
	堆肥の 施用	カバー クロップ	リビング マルチ	草生栽培	不耕起 播種	長期 中干し	秋耕	有機農業	
令和4年度	21,195	16,143	2,941	49	168	3,097	1,049	12,446	25,714
北海道	6,190	6,326	2,865	5	18	0	100	1,976	2,628
東北	7,569	2,960	1	0	54	2,603	185	2,310	4,917
関東	587	2,988	7	19	0	1	109	1,950	199
北陸	1,772	592	0	0	0	357	401	1,066	3,954
東海	280	357	0	0	24	16	88	235	97
近畿	1,781	682	65	12	4	120	59	1,109	12,046
中国四国	1,594	939	0	1	5	0	101	1,112	221
九州	1,423	1,301	2	11	62	0	6	2,686	1,652
沖縄	0	0	0	0	0	0	0	0	0

注： 1 カバークロップとは、主作物の栽培期間の前後のいずれかにカバークロップ（緑肥）を作付け
する取組をいう。
2 リビングマルチとは、主作物の畝間に緑肥を作付けする取組をいう。
3 草生栽培とは、果樹又は茶の園地に緑肥を作付けする取組をいう。
4 不耕起播種とは、前作の畝を利用し、畝の播種部分のみ耕起する専用播種機によって播種を行
う取組をいう。
5 長期中干しとは、通常よりも長期間の中干しを実施する取組をいう。
6 秋耕とは、水稲収穫後の作物残さを秋季にすき込む取組をいう。
7 有機農業の取組は、化学肥料及び化学合成農薬を使用しない取組をいう。
8 地域特認取組とは、地域の環境や農業の実態等を勘案した上で、地域を限定して支援の対象と
する取組をいう。

4 農林漁業体験民宿の登録数 (各年度末現在)

単位：軒

年度	地方農政局等									
	計	北海道	東北	関東	北陸	東海	近畿	中国四国	九州	沖縄
令和2年度	327	10	57	71	79	21	23	25	38	3
3	282	9	44	66	64	19	19	25	34	2
4	262	9	42	59	59	17	18	24	32	2

資料：都市農山漁村交流活性化機構資料及び株式会社百戦錬磨資料

5 市民農園数及び面積の推移

開設主体	単位	平成29年度末	30	令和元	2	3
農園数						
合計	農園	4,165	4,147	4,169	4,211	4,235
地方公共団体	〃	2,208	2,197	2,153	2,142	2,089
農業協同組合	〃	491	474	478	475	466
農業者	〃	1,148	1,162	1,188	1,229	1,276
その他(NPO等)	〃	318	314	350	365	404
面積						
合計	ha	1,312.2	1,299.9	1,296.0	1,293.6	1,292.7
地方公共団体	〃	811.9	815.0	804.5	798.8	789.0
農業協同組合	〃	113.3	111.7	111.7	110.8	106.4
農業者	〃	306.0	290.1	292.2	294.3	301.3
その他(NPO等)	〃	81.0	83.1	87.5	89.7	95.9

資料：農林水産省農村振興局資料
注： これは、市民農園整備促進法（平成2年法律第44号）、特定農地貸付けに関する農地法等の
特例に関する法律（平成元年法律第58号）及び都市農地の貸借の円滑化に関する法律（平成30
年法律第68号）に基づき開設した市民農園数及びその面積である。

6　地域資源の保全状況別農業集落数（令和2年2月1日現在）

単位：集落

区分	農地	森林	ため池・湖沼	河川・水路	農業用 用排水路
当該地域資源のある農業集落	135,999	104,372	46,927	123,666	125,891
うち保全している	71,472	28,564	30,459	74,694	102,188
構成比（％）	52.6	27.4	64.9	60.4	81.2

資料：農林水産省統計部「2020年農林業センサス」
注：構成比は、それぞれの地域資源のある農業集落を100として算出した。

7　農業用水量の推移（用途別）（1年間当たり）

単位：億㎥

区分	平成27年 （2015年）	28 （2016）	29 （2017）	30 （2018）	令和元 （2019）
計	540	538	537	535	533
水田かんがい用水	506	504	503	502	499
畑地かんがい用水	29	29	29	29	30
畜産用水	4	4	4	4	4

資料：国土交通省水管理・国土保全局「令和4年版　日本の水資源の現況」
注：　農業用水量は、実際の使用量の計測が難しいため、耕地の整備状況、かんがい面積、単位
　　用水量（減水深）、家畜飼養頭羽数などから、国土交通省水資源部で推計した数値である。

8 野生鳥獣資源利用実態
(1) 食肉処理施設の解体実績等
ア 解体頭・羽数規模別食肉処理施設数

単位：施設

区分	計	解体頭・羽数規模						
		50頭・羽数以下	51〜100	101〜300	301〜500	501〜1,000	1,001〜1,500	1,501頭・羽数以上
令和元年度	667	302	121	146	43	34	8	13
2	691	294	143	143	47	41	10	13
3	734	341	129	149	51	38	12	14

資料：農林水産省統計部「野生鳥獣資源利用実態調査」（以下(2)イまで同じ。）

イ 鳥獣種別の解体頭・羽数

区分	計	イノシシ	シカ	その他鳥獣				
				小計	クマ	アナグマ	鳥類	1)その他
	頭・羽	頭	頭	頭・羽	頭	頭	羽	頭・羽
令和元年度	122,203	34,481	81,869	5,853	357	480	4,744	272
2	134,270	34,769	85,840	13,661	273	900	12,176	312
3	144,896	29,666	99,033	16,197	306	752	14,165	974

注：1)は、ノウサギ等である。

ウ ジビエ利用量

単位：t

区分	合計	食肉処理施設が販売							解体処理のみを請け負って依頼者へ渡した食肉	自家消費向け食肉
		計	食肉					ペットフード		
			小計	イノシシ	シカ	その他鳥獣				
令和元年度	2,008	1,905	1,392	406	973	13		513	15	88
2	1,810	1,674	1,185	427	743	15		489	24	112
3	2,127	1,980	1,324	357	947	20		656	33	114

8 野生鳥獣資源利用実態（続き）
(2) 食肉処理施設の販売実績等
ア 食肉処理施設で野生鳥獣を処理して得た金額

単位：100万円

区分	合計	販売金額					
		計	食肉				
			小計	イノシシ	シカ	その他鳥獣	
令和元年度	3,769	3,737	3,427	1,486	1,875	66	
2	3,497	3,465	3,107	1,598	1,452	57	
3	3,937	3,913	3,408	1,268	2,056	84	

区分	販売金額（続き）					解体処理の請負料金
	食肉以外					
	小計	ペットフード	皮革	鹿角製品（鹿茸等）	その他	
令和元年度	310	293	6	10	1	32
2	358	324	6	7	21	32
3	505	466	18	5	16	24

イ イノシシ、シカの部位別等販売数量及び販売金額（令和3年度）

区分	単位	合計	食肉卸売・小売						
			計	部位					
				小計	モモ	ロース	ヒレ	その他	
販売数量 イノシシ	kg	356,511	321,598	169,439	54,837	37,747	2,829	74,026	
シカ	kg	946,511	816,093	645,661	271,440	101,744	11,716	260,761	
販売金額 イノシシ	万円	126,808	114,923	64,814	14,535	28,903	1,231	20,145	
シカ	万円	205,636	178,768	148,707	58,830	33,429	3,812	52,636	

区分	単位	食肉卸売・小売（続き）		加工仕向け	調理仕向け
		枝肉	その他		
販売数量 イノシシ	kg	26,992	125,167	17,665	17,248
シカ	kg	55,560	114,872	111,806	18,612
販売金額 イノシシ	万円	15,414	34,695	5,321	6,564
シカ	万円	5,305	24,756	21,272	5,596

注：食肉卸売・小売のその他は、部位及び枝肉以外のもの（分類不可を含む。）である。

(3) 野生鳥獣による農作物被害及び森林被害
　ア　農作物被害面積、被害量及び被害金額

区分	単位	計	獣類					
			小計	イノシシ	シカ	サル	その他獣類
被害面積							
令和元年度	千ha	48.4	42.9	5.5	33.8	1.0	2.6
2	〃	43.4	38.7	5.2	29.7	0.9	2.9
3	〃	33.3	29.6	4.2	22.1	0.7	2.6
被害量							
令和元年度	千t	457.5	429.2	31.6	360.7	4.9	32.0
2	〃	459.3	430.8	29.2	359.5	4.5	37.6
3	〃	461.6	439.6	23.7	379.5	3.8	32.6
被害金額							
令和元年度	100万円	15,801	12,660	4,619	5,304	860	1,877
2	〃	16,109	13,093	4,553	5,642	855	2,043
3	〃	15,516	12,661	3,910	6,097	752	1,902

区分	単位	鳥類		
		小計	カラス	その他鳥類
被害面積				
令和元年度	千ha	5.5	2.3	3.2
2	〃	4.7	1.9	2.8
3	〃	3.8	1.6	2.2
被害量				
令和元年度	千t	28.4	16.9	11.5
2	〃	28.5	18.1	10.4
3	〃	21.9	13.2	8.7
被害金額				
令和元年度	100万円	3,141	1,329	1,812
2	〃	3,016	1,379	1,637
3	〃	2,855	1,313	1,542

資料：農林水産省農村振興局調べ
注：表示単位未満の数値から算出しているため、掲載数値による算出と一致しないことがある。

8 野生鳥獣資源利用実態（続き）
(3) 野生鳥獣による農作物被害及び森林被害（続き）
イ 主な野生鳥獣による森林被害面積

単位：ha

区分	計	イノシシ	シカ	クマ
森林被害面積				
令和元年度	4,870	62	3,469	432
2	5,742	145	4,185	334
3	4,886	58	3,489	448

区分	ノネズミ	カモシカ	ノウサギ	サル
森林被害面積				
令和元年度	601	167	138	1
2	723	152	201	1
3	673	120	97	1

資料：林野庁調べ
注：主な野生鳥獣とは、イノシシ、シカ、クマ、ノネズミ、カモシカ、ノウサギ、サルを指す。

(4) ニホンジカ・イノシシの捕獲頭数

区分	ニホンジカ	イノシシ	計
	頭	頭	頭
令和元年度			
計	602,900	640,600	1,243,500
狩猟	137,400	132,800	270,200
その他	465,500	507,800	973,300
令和2年度			
計	674,800	678,900	1,353,700
狩猟	148,700	123,100	271,800
その他	526,100	555,800	1,081,900
令和3年度			
計	725,000	528,600	1,253,600
狩猟	150,500	104,100	254,600
その他	574,500	424,500	999,000

資料：環境省「ニホンジカ・イノシシ捕獲頭数」
注：1 各年度とも速報値である。
　　2 各年度のその他の数値は、環境大臣、都道府県知事、市町村長による鳥獣捕獲許可の中の「被害の防止」、「第一種特定鳥獣保護計画に基づく鳥獣の保護（平成26年の法改正で創設）」、「第二種特定鳥獣管理計画に基づく鳥獣の数の調整（平成26年の法改正で創設）」及び「指定管理鳥獣捕獲等事業（平成26年の法改正で創設）」による捕獲数である。

8 野生鳥獣資源利用実態（続き）
(5) 都道府県別被害防止計画の作成状況等（令和4年4月末現在）

全国・都道府県	全市町村数	被害防止計画作成済み	鳥獣被害対策実施隊設置済み	鳥獣被害対策実施隊員数
	市町村	市町村	市町村	人
全国	1,741	1,513	1,234	42,053
北海道	179	176	167	4,676
青森	40	38	32	902
岩手	33	33	32	1,519
宮城	35	32	28	1,090
秋田	25	25	25	1,605
山形	35	34	34	1,803
福島	59	58	51	1,826
茨城	44	35	11	289
栃木	25	25	13	672
群馬	35	33	26	1,470
埼玉	63	32	3	39
千葉	54	45	18	324
東京	62	1	0	0
神奈川	33	21	17	510
山梨	27	26	26	1,891
長野	77	77	74	4,032
静岡	35	34	26	421
新潟	30	30	20	1,358
富山	15	15	14	680
石川	19	19	19	192
福井	17	17	17	425
岐阜	42	35	27	1,447
愛知	54	37	13	318
三重	29	25	23	185
滋賀	19	17	17	292
京都	26	23	23	386
大阪	43	24	2	21
兵庫	41	35	31	347
奈良	39	31	16	234
和歌山	30	30	21	954
鳥取	19	19	15	355
島根	19	17	11	629
岡山	27	26	25	1,958
広島	23	23	21	722
山口	19	19	18	953
徳島	24	23	20	161
香川	17	16	15	1,004
愛媛	20	19	19	269
高知	34	34	33	1,171
福岡	60	57	54	756
佐賀	20	20	20	160
長崎	21	21	21	337
熊本	45	45	38	1,527
大分	18	17	17	199
宮崎	26	26	26	745
鹿児島	43	41	40	858
沖縄	41	27	15	341

資料：農林水産省農村振興局資料
注： 「鳥獣による農林水産業等に係る被害の防止のための特別措置に関する法律」に基づき、市町村が地域の実情に応じて作成した被害防止計画の作成状況及び鳥獣被害対策実施隊の設置状況等をとりまとめたものである。

林　業　編

I 森林資源

1 林野面積（令和2年2月1日現在）

単位：千ha

全国・都道府県	林野面積		
	計	現況森林面積	森林以外の草生地
全国	**24,770**	**24,436**	**334**
北海道	5,504	5,313	191
青森	626	613	13
岩手	1,152	1,140	12
宮城	408	404	4
秋田	833	818	15
山形	645	644	1
福島	942	938	5
茨城	199	198	1
栃木	339	339	0
群馬	409	407	2
埼玉	119	119	0
千葉	161	155	6
東京	77	76	1
神奈川	94	93	0
新潟	803	799	4
富山	241	241	–
石川	278	278	1
福井	310	310	0
山梨	349	347	2
長野	1,029	1,022	8
岐阜	841	839	2
静岡	493	488	5
愛知	218	218	0
三重	371	371	0
滋賀	204	204	1
京都	342	342	0
大阪	57	57	0
兵庫	563	562	1
奈良	284	284	0
和歌山	360	360	0
鳥取	258	257	1
島根	528	524	4
岡山	489	485	4
広島	618	610	8
山口	440	437	3
徳島	313	313	0
香川	87	87	0
愛媛	401	400	1
高知	594	592	2
福岡	222	222	0
佐賀	111	111	0
長崎	246	242	5
熊本	466	458	9
大分	455	449	6
宮崎	586	584	2
鹿児島	589	585	4
沖縄	116	106	9

資料：農林水産省統計部「2020年農林業センサス」

2 所有形態別林野面積（各年2月1日現在）

年次・都道府県		林野面積合計	国有			計	独立行政法人等
			計	林野庁	林野庁以外の官庁		
平成27年	(1)	24,802	7,176	7,037	138	17,627	693
令和2	**(2)**	**24,770**	**7,153**	**7,013**	**140**	**17,617**	**648**
北海道	(3)	5,504	2,916	2,826	89	2,588	144
青森	(4)	626	380	378	3	245	12
岩手	(5)	1,152	365	363	2	787	21
宮城	(6)	408	122	117	5	286	12
秋田	(7)	833	372	372	0	461	14
山形	(8)	645	328	328	0	317	7
福島	(9)	942	373	371	2	569	13
茨城	(10)	199	44	44	0	155	0
栃木	(11)	339	119	119	0	220	6
群馬	(12)	409	179	177	1	231	9
埼玉	(13)	119	12	12	0	108	6
千葉	(14)	161	8	7	0	153	1
東京	(15)	77	6	6	0	71	0
神奈川	(16)	94	9	9	0	84	1
新潟	(17)	803	225	223	2	578	8
富山	(18)	241	61	60	1	180	14
石川	(19)	278	26	25	1	252	8
福井	(20)	310	37	36	1	273	14
山梨	(21)	349	6	4	2	343	10
長野	(22)	1,029	325	325	0	704	30
岐阜	(23)	841	155	155	0	686	23
静岡	(24)	493	85	82	3	408	14
愛知	(25)	218	11	10	0	207	2
三重	(26)	371	22	22	0	349	13
滋賀	(27)	204	19	17	2	185	1
京都	(28)	342	7	6	1	335	16
大阪	(29)	57	1	1	0	56	0
兵庫	(30)	563	30	28	1	534	27
奈良	(31)	284	13	11	1	271	11
和歌山	(32)	360	16	16	0	344	12
鳥取	(34)	258	30	30	0	228	14
島根	(35)	528	32	32	0	496	33
岡山	(36)	489	37	35	2	452	9
広島	(37)	618	47	46	1	571	16
山口	(38)	440	11	11	0	428	12
徳島	(39)	313	17	16	0	296	12
香川	(40)	87	8	7	1	79	0
愛媛	(41)	401	39	38	0	362	8
高知	(42)	594	124	124	0	470	17
福岡	(43)	222	25	24	1	198	3
佐賀	(44)	111	15	15	0	95	3
長崎	(45)	246	24	23	1	222	2
熊本	(46)	466	63	61	2	403	14
大分	(47)	455	50	44	6	404	15
宮崎	(48)	586	177	175	2	409	26
鹿児島	(49)	589	150	149	1	438	10
沖縄	(50)	116	32	31	0	84	0

資料：農林水産省統計部「農林業センサス」
注：林野面積は、現況森林面積と森林以外の草生地を加えた面積である。

単位：千ha

民有						私有	
小計	都道府県	森林整備法人（林業・造林公社）	市区町村	財産区			
		公有					
3,370	1,272	391	1,406	302		13,564	(1)
3,408	1,310	352	1,435	311		13,561	(2)
964	621	0	344	-		1,480	(3)
45	15	-	16	13		188	(4)
157	86	-	63	9		609	(5)
61	14	10	36	1		213	(6)
110	12	28	54	16		337	(7)
51	3	16	15	17		259	(8)
96	11	16	45	25		461	(9)
6	2	-	4	1		148	(10)
22	12	0	4	7		193	(11)
24	7	2	14	0		198	(12)
19	10	3	6	-		83	(13)
10	8	-	1	0		143	(14)
24	14	1	8	1		47	(15)
36	28	-	4	5		47	(16)
78	6	11	54	6		492	(17)
39	14	9	12	4		127	(18)
35	12	15	8	0		210	(19)
39	26	-	12	1		220	(20)
199	177	-	12	11		133	(21)
197	19	18	111	49		478	(22)
115	20	27	51	17		548	(23)
45	7	-	22	16		349	(24)
25	12	-	6	8		179	(25)
31	4	-	22	6		304	(26)
39	6	23	3	7		145	(27)
28	10	-	7	11		291	(28)
5	1	-	1	3		51	(29)
75	7	25	34	9		432	(30)
23	8	-	11	4		236	(31)
21	5	4	8	4		311	(32)
41	5	15	9	12		173	(34)
53	3	24	24	2		410	(35)
79	7	24	36	12		364	(36)
69	26	-	35	8		485	(37)
72	1	14	56	1		344	(38)
26	7	10	8	1		258	(39)
14	2	-	6	5		65	(40)
36	7	0	21	8		318	(41)
48	10	15	23	0		406	(42)
25	6	-	15	4		169	(43)
12	3	-	10	-		80	(44)
43	7	14	21	1		176	(45)
64	11	9	37	7		325	(46)
36	15	-	20	1		352	(47)
51	14	10	27	0		332	(48)
74	7	10	58	-		354	(49)
48	6	-	43	-		36	(50)

3 都道府県別林種別森林面積（森林計画対象以外の森林も含む。）
　（令和4年3月31日現在）

単位：千ha

全国・都道府県	森林面積計	立木地			天然林	森林計画対象のみ	竹林	伐採跡地	未立木地
		小計	人工林	森林計画対象のみ					
全国	25,025	23,646	10,093	10,077	13,553	13,464	175	123	1,081
北海道	5,536	5,219	1,456	1,455	3,762	3,736	-	34	284
青森	633	605	263	263	341	339	-	7	21
岩手	1,169	1,106	482	482	624	621	0	19	44
宮城	414	396	194	193	201	197	2	4	13
秋田	839	812	407	406	406	405	0	5	21
山形	669	625	185	185	441	441	0	2	41
福島	972	923	336	335	587	586	1	4	43
茨城	189	180	112	112	69	68	2	1	6
栃木	347	334	154	154	180	178	1	1	12
群馬	425	398	176	176	222	222	1	2	24
埼玉	119	118	59	59	58	57	0	0	1
千葉	148	126	50	49	77	75	10	0	12
東京	79	74	35	35	39	39	0	1	3
神奈川	94	90	36	36	53	49	1	0	3
新潟	855	726	161	161	565	563	2	0	127
富山	284	223	54	54	169	169	1	1	60
石川	285	266	102	102	164	164	2	0	17
福井	311	302	124	124	179	179	1	0	7
山梨	348	326	153	153	173	172	1	1	21
長野	1,067	1,001	443	439	558	550	1	1	64
岐阜	861	812	384	383	428	428	1	6	42
静岡	496	469	278	277	191	188	4	1	22
愛知	218	212	140	140	72	71	2	1	2
三重	372	363	230	230	133	133	2	2	6
滋賀	204	197	85	85	112	109	1	0	6
京都	342	332	131	131	200	199	5	0	5
大阪	57	54	28	27	26	25	2	0	1
兵庫	559	544	238	238	306	305	3	0	12
奈良	284	279	172	172	107	105	1	0	3
和歌山	362	354	219	219	136	135	1	2	3
鳥取	259	250	140	140	110	110	3	0	5
島根	524	503	206	206	297	297	11	0	10
岡山	485	469	193	193	276	274	6	2	8
広島	612	597	201	201	396	394	2	0	12
山口	437	419	187	187	232	231	12	0	5
徳島	315	306	190	190	115	115	5	0	3
香川	88	82	23	23	58	57	3	0	3
愛媛	401	386	244	244	142	141	4	0	10
高知	594	582	387	387	195	195	5	2	5
福岡	224	203	138	138	65	60	15	1	5
佐賀	111	101	74	74	28	27	3	0	6
長崎	243	229	104	104	125	124	4	0	10
熊本	459	428	279	279	148	148	10	1	20
大分	451	408	228	228	180	177	14	4	24
宮崎	585	564	331	330	233	233	6	7	9
鹿児島	594	556	268	268	288	285	20	5	14
沖縄	103	99	12	12	86	86	0	0	4

資料：林野庁資料（以下7(2)まで同じ。）

4 人工林の齢級別立木地面積（令和4年3月31日現在）

単位：千ha

全国 農業地域	計	10年生 以下	11〜20	21〜30	31〜40	41〜50	51〜60	61〜70	71年生 以上
全国	10,077	174	215	388	926	1,934	3,022	2,242	1,175
北海道	1,455	75	78	74	162	344	439	232	50
東北	1,864	22	31	67	194	411	588	383	168
北陸	440	2	5	18	52	85	106	83	90
関東・東山	1,211	10	13	30	83	169	345	346	216
東海	1,029	3	6	24	70	139	273	274	240
近畿	872	4	9	26	72	151	267	191	153
中国	927	9	21	51	111	193	264	208	70
四国	844	4	7	26	62	137	285	229	94
九州	1,421	44	45	71	119	302	451	294	95
沖縄	12	0	0	1	2	3	5	2	0

注：森林計画対象の森林面積である。

5 樹種別立木地面積（令和4年3月31日現在）

単位：千ha

全国 農業地域	立木地 計	人工林						天然林	
		針葉樹	すぎ	ひのき	まつ類	からまつ	広葉樹	針葉樹	広葉樹
全国	23,541	9,750	4,411	2,569	774	960	327	2,291	11,173
北海道	5,191	1,408	32	0	2	386	46	903	2,833
東北	4,452	1,818	1,228	39	342	202	46	253	2,336
北陸	1,515	428	371	12	28	3	12	66	1,008
関東・東山	2,623	1,172	420	285	114	338	39	300	1,112
東海	1,849	1,007	384	527	62	28	22	150	670
近畿	1,750	856	438	379	38	0	16	224	654
中国	2,234	898	321	449	126	2	30	280	1,027
四国	1,353	820	405	390	23	0	25	57	452
九州	2,475	1,335	813	488	33	0	85	47	1,008
沖縄	98	8	0	−	7	−	5	12	74

注：森林計画対象の森林面積である。

6 保安林面積

単位：千ha

保安林種	平成29年度	30	令和元	2	3
保安林面積計	12,197	12,214	12,230	12,245	12,261
水源かん養保安林	9,204	9,224	9,235	9,244	9,255
土砂流出・崩壊防備保安林	2,656	2,662	2,666	2,670	2,675
飛砂防備保安林	16	16	16	16	16
防風保安林	56	56	56	56	56
水害・潮害防備保安林	14	15	15	15	15
なだれ・落石防止保安林	22	22	22	22	22
魚つき保安林	60	60	60	60	60
保健保安林	704	704	704	704	704
風致保安林	28	28	28	28	28
1) その他の保安林	189	189	189	189	189

注：　1　同一箇所で2種類以上の保安林に指定されている場合、それぞれの保安林種に計上している。
　　　2　保安林面積計は1の重複を除いた実面積であるため、保安林種別の面積の合計とは一致しない。
　　1)は、干害防備保安林、防雪保安林、防霧保安林、防火保安林及び航行目標保安林である。

7 林道
(1) 林道の現況

単位：km

年度	計	国有林	併用林道	民有林	森林組合が管理
平成29年度	139,417	45,951	7,987	93,466	2,778
30	139,551	46,081	8,061	93,471	2,743
令和元	139,679	46,195	8,065	93,484	2,715
2	139,770	46,278	8,058	93,493	2,632
3	140,007	46,365	8,050	93,642	2,678

(2) 林道新設（自動車道）

単位：km

年度	計	国有林林道	民有林林道								融資林道・自力林道
			小計	補助林道						県単独補助	
				国庫補助	一般	道整備交付金	農免	公団	林業構造改善		
平成29年度	356	163	193	183	136	48	－	－	－	8	1
30	305	129	175	169	127	42	－	－	－	6	0
令和元	294	131	162	155	116	38	－	－	－	7	1
2	297	118	179	174	132	43	－	－	－	5	0
3	266	105	161	157	125	32	－	－	－	3	1

Ⅱ 林業経営

1 林業経営体（各年2月1日現在）

(1) 都道府県別組織形態別経営体数

単位：経営体

年次・都道府県	計	法人化している				地方公共団体・財産区	法人化していない	
		農事組合法人	会社	各種団体	その他の法人			個人経営体
平成27年	87,284	145	2,456	2,337	661	1,289	80,396	77,692
令和2	**34,001**	**72**	**1,994**	**1,608**	**419**	**828**	**29,080**	**27,776**
北海道	4,565	16	495	124	40	62	3,828	3,806
青森	678	3	68	44	2	34	527	521
岩手	1,728	7	89	78	19	22	1,513	1,435
宮城	489	1	32	39	6	13	398	354
秋田	1,010	6	68	43	16	37	840	754
山形	451	－	29	34	5	23	360	323
福島	777	2	43	31	18	37	646	620
茨城	407	－	27	11	1	2	366	362
栃木	1,015	－	40	15	9	20	931	897
群馬	358	－	36	30	10	15	267	253
埼玉	129	－	8	4	4	1	112	110
千葉	199	－	10	3	1	－	185	185
東京	152	－	24	3	11	3	111	107
神奈川	139	－	14	27	3	11	84	77
新潟	637	－	20	79	12	13	513	491
富山	181	－	9	18	2	1	151	147
石川	416	2	15	13	5	3	378	374
福井	356	1	5	31	8	5	306	300
山梨	153	－	43	14	3	23	70	64
長野	1,008	8	58	115	20	91	716	613
岐阜	1,584	1	70	67	12	40	1,394	1,338
静岡	837	1	53	27	22	24	710	643
愛知	498	－	16	7	6	12	457	443
三重	527	－	39	31	8	4	445	432
滋賀	306	1	6	43	13	11	232	211
京都	619	1	20	86	12	19	481	409
大阪	128	－	10	7	4	1	106	103
兵庫	514	－	18	86	11	15	384	328
奈良	652	1	27	23	8	13	580	561
和歌山	340	－	27	21	9	12	271	256
鳥取	843	－	20	33	11	32	747	701
島根	875	－	21	20	9	14	811	787
岡山	1,174	2	43	17	20	22	1,070	1,029
広島	1,453	2	48	53	20	15	1,315	1,294
山口	543	1	11	12	1	7	511	502
徳島	264	－	10	12	2	9	231	231
香川	88	－	5	6	－	5	72	72
愛媛	968	1	40	23	7	16	881	869
高知	882	－	38	39	5	18	782	729
福岡	719	－	18	23	4	32	642	606
佐賀	406	1	9	39	9	13	335	300
長崎	178	1	7	35	3	12	120	114
熊本	1,255	4	81	20	5	33	1,112	1,076
大分	1,329	6	42	39	6	12	1,224	1,177
宮崎	1,796	1	126	43	5	9	1,612	1,535
鹿児島	367	2	56	35	12	12	250	234
沖縄	8	－	－	5	－	－	3	3

資料：農林水産省統計部「農林業センサス」（以下2(6)まで同じ。）

1 林業経営体（各年2月1日現在）（続き）
(2) 保有山林面積規模別経営体数

単位：経営体

年次・全国農業地域	計	1) 3 ha未満	3〜5	5〜10	10〜20	20〜30	30〜50	50〜100	100ha以上
平成27年	87,284	2,247	23,767	24,391	17,494	6,832	5,361	3,572	3,620
令和2	34,001	1,520	6,236	8,197	7,023	3,191	2,854	2,151	2,829
北海道	4,565	150	704	1,187	1,049	436	380	273	386
都府県	29,436	1,370	5,532	7,010	5,974	2,755	2,474	1,878	2,443
東北	5,133	304	879	1,198	1,041	457	449	343	462
北陸	1,590	80	385	422	280	122	103	71	127
関東・東山	3,560	264	753	858	642	268	235	209	331
東海	3,446	119	556	765	688	363	341	258	356
近畿	2,559	111	431	570	435	216	217	229	350
中国	4,888	110	1,031	1,349	1,206	420	323	209	240
四国	2,202	65	327	486	515	292	211	146	160
九州	6,050	313	1,166	1,362	1,167	617	595	413	417
沖縄	8	4	4	-	-	-	-	-	-

注：1)は、保有山林なしの林業経営体を含む。

(3) 保有山林の状況

年次	所有山林		貸付山林		借入山林		保有山林	
	経営体数	面積	経営体数	面積	経営体数	面積	経営体数	面積
	経営体	ha	経営体	ha	経営体	ha	経営体	ha
平成27年	85,529	4,027,399	2,834	222,712	2,178	568,687	86,027	4,373,374
令和2	32,623	2,992,198	1,624	210,048	1,272	540,541	32,973	3,322,691

(4) 林業労働力

年次	雇い入れた実経営体数	実人数	延べ人日
	経営体	人	人日
平成27年	8,524	63,834	7,008,284
令和2	3,897	43,415	5,670,875

年次	常雇い			臨時雇い（手伝い等を含む。）		
	経営体数	実人数	延べ人日	経営体数	実人数	延べ人日
	経営体	人	人日	経営体	人	人日
平成27年	3,743	32,726	6,145,949	6,319	31,108	862,335
令和2	2,536	22,929	4,916,735	2,375	20,486	754,140

(5) 素材生産を行った経営体数と素材生産量

年次	計		保有山林の素材生産量		受託もしくは立木買いによる素材生産量			
	実経営体数	素材生産量	経営体数	素材生産量	経営体数	立木買い	素材生産量	立木買い
	経営体	m³	経営体	m³	経営体	経営体	m³	m³
平成27年	10,490	19,888,089	7,939	4,342,650	3,712	1,811	15,545,439	6,133,040
令和2	5,839	20,414,409	3,886	4,344,838	2,695	1,410	16,069,571	6,990,778

(6) 林業作業の受託を行った経営体数と受託面積

年次	林業作業の受託を行った実経営体数	植林		下刈りなど	
		経営体数	面積	経営体数	面積
	経営体	経営体	ha	経営体	ha
平成27年	5,159	1,309	24,401	2,406	148,833
令和2	3,349	1,212	26,190	1,697	129,788

年次	間伐		主伐（請負）		主伐（立木買い）	
	経営体数	面積	経営体数	面積	経営体数	面積
	経営体	ha	経営体	ha	経営体	ha
平成27年	3,415	215,771	976	18,368	1,413	25,457
令和2	2,251	164,906	987	27,798	876	20,975

(7) 林業作業の受託料金収入規模別経営体数

単位：経営体

年次・全国農業地域	計	収入なし	100万円未満	100〜300	300〜500	500〜1,000	1,000〜3,000	3,000〜5,000	5,000万円以上
平成27年	87,284	82,125	1,536	603	289	597	747	396	991
令和2	34,001	30,652	606	340	204	317	534	342	1,006
北海道	4,565	4,183	36	13	6	23	73	58	173
都府県	29,436	26,469	570	327	198	294	461	284	833
東北	5,133	4,511	93	51	37	70	95	64	212
北陸	1,590	1,468	21	11	6	14	21	13	36
関東・東山	3,560	3,202	48	30	27	32	61	40	120
東海	3,446	3,157	58	26	22	28	50	31	74
近畿	2,559	2,271	64	42	21	27	36	28	70
中国	4,888	4,585	67	37	18	25	40	27	89
四国	2,202	1,971	48	39	17	16	30	20	61
九州	6,050	5,301	171	91	50	82	126	61	168
沖縄	8	3	–	–	–	–	–	2	3

注： 受託料金収入には、立木買いによる素材生産の受託料金収入（素材売却額と立木購入額の差額）を含む。

2 林業経営体のうち団体経営 (各年2月1日現在)

(1) 保有山林面積規模別経営体数

単位：経営体

年次・全国農業地域	計	1) 3 ha未満	3～5	5～10	10～20	20～30	30～50	50～100	100ha以上
平成27年	9,592	1,174	845	1,206	1,352	772	846	1,078	2,319
令和2	6,225	1,026	353	557	723	421	531	667	1,947
北海道	759	137	35	76	82	45	59	61	264
都府県	5,466	889	318	481	641	376	472	606	1,683
東北	1,126	182	67	99	130	79	101	127	341
北陸	278	51	20	22	20	19	17	28	101
関東・東山	892	215	51	59	107	50	60	88	262
東海	590	94	21	55	59	36	57	62	206
近畿	691	71	28	45	84	51	68	108	236
中国	575	79	36	61	76	34	53	59	177
四国	301	48	21	32	41	20	20	24	95
九州	1,008	146	72	108	124	87	96	110	265
沖縄	5	3	2	-	-	-	-	-	-

注：1)は、保有山林なしの林業経営体を含む。

(2) 保有山林の状況

年次	所有山林		貸付山林		借入山林		保有山林	
	経営体数	面積	経営体数	面積	経営体数	面積	経営体数	面積
	経営体	ha	経営体	ha	経営体	ha	経営体	ha
平成27年	8,202	2,792,809	991	195,368	964	560,721	8,627	3,158,161
令和2	5,059	2,362,943	787	192,691	746	536,216	5,372	2,706,468

(3) 林業労働力

年次	雇い入れた実経営体数	実人数	延べ人日
	経営体	人	人日
平成27年	3,141	43,746	6,404,740
令和2	2,624	36,941	5,367,462

年次	常雇い			臨時雇い（手伝い等を含む。）		
	経営体数	実人数	延べ人日	経営体数	実人数	延べ人日
	経営体	人	人日	経営体	人	人日
平成27年	2,447	28,486	5,744,806	1,841	15,260	659,934
令和2	2,116	22,034	4,748,092	1,354	14,907	619,370

(4) 素材生産を行った経営体数と素材生産量

年次	計		保有山林の素材生産量		受託もしくは立木買いによる素材生産量			
	実経営体数	素材生産量	経営体数	素材生産量	経営体数	立木買い	素材生産量	立木買い
	経営体	㎥	経営体	㎥	経営体	経営体	㎥	㎥
平成27年	2,971	16,048,897	1,422	2,614,690	2,026	1,071	13,434,207	5,044,646
令和2	2,257	17,343,614	998	3,087,650	1,634	864	14,255,964	6,170,201

(5) 林業作業の受託を行った経営体数と受託面積

年次	林業作業の受託を行った実経営体数	植林		下刈りなど	
		経営体数	面積	経営体数	面積
	経営体	経営体	ha	経営体	ha
平成27年	2,360	961	22,491	1,344	140,424
令和2	2,113	986	23,855	1,269	123,832

年次	間伐		主伐（請負）		主伐（立木買い）	
	経営体数	面積	経営体数	面積	経営体数	面積
	経営体	ha	経営体	ha	経営体	ha
平成27年	1,827	200,127	591	15,178	829	21,583
令和2	1,600	157,509	703	25,747	608	19,339

(6) 林業作業の受託料金収入規模別経営体数

単位：経営体

年次・全国農業地域	計	収入なし	100万円未満	100〜300	300〜500	500〜1,000	1,000〜3,000	3,000〜5,000	5,000万円以上
平成27年	9,592	7,232	138	120	94	242	489	321	956
令和2	6,225	4,112	116	102	85	169	363	291	987
北海道	759	435	12	7	3	17	62	51	172
都府県	5,466	3,677	104	95	82	152	301	240	815
東北	1,126	727	28	17	7	36	57	47	207
北陸	278	179	9	7	6	12	17	13	35
関東・東山	892	604	15	13	17	28	56	39	120
東海	590	405	12	8	13	14	36	30	72
近畿	691	539	12	11	8	14	23	17	67
中国	575	389	6	16	10	12	30	25	87
四国	301	178	1	8	6	8	21	19	60
九州	1,008	656	21	15	15	28	59	50	164
沖縄	5	–	–	–	–	–	2	–	3

注： 受託料金収入には、立木買いによる素材生産の受託料金収入（素材生産売却額と立木購入額の差額）を含む。

3 林業就業人口 (各年10月1日現在)

単位：万人

区分	平成12年	17	22	27	令和2
林業就業者	6.7	4.7	6.9	6.4	6.1
うち65歳以上	1.7	1.2	1.2	1.3	1.4

資料：総務省統計局「国勢調査」
注： 平成19年の「日本標準産業分類」の改定により、平成22年以降のデータは、平成17年までのデータと
　 必ずしも連続していない。

4 林業分野の新規就業者の動向

単位：人

区分	平成29年度	30	令和元	2	3
新規林業就業者数	3,114	2,984	2,855	2,903	3,043

資料：林野庁資料

5 家族経営体 (1経営体当たり) (全国平均) (平成30年)
(1) 林業経営の総括

区分	林業所得	林業粗収益	林業経営費	保有山林面積		
				計	人工林	天然林・その他
	千円	千円	千円	ha	ha	ha
全国	**1,038**	**3,780**	**2,742**	**64.4**	**46.4**	**18.0**
保有山林面積規模別						
20 ～ 50 ha未満	671	2,168	1,497	30.4	22.8	7.6
50 ～ 100	1,314	5,549	4,235	67.6	46.7	20.9
100 ～ 500	2,163	7,803	5,640	187.3	140.4	46.8
500ha以上	4,634	14,415	9,781	681.6	423.5	258.1

資料：農林水産省統計部「林業経営統計調査報告」 (以下6 (2) まで同じ。)

(2) 林業粗収益と林業経営費

単位：千円

区分	部門別粗収益				林業経営費			
	計	立木販売	素材生産	その他		雇用労賃	原木費	請負わせ料金
全国	3,780	207	2,144	1,429	2,742	306	298	1,065
保有山林面積規模別								
20 ～ 50 ha未満	2,168	140	1,126	902	1,497	168	116	502
50 ～ 100	5,549	122	3,212	2,215	4,235	640	849	1,092
100 ～ 500	7,803	575	4,775	2,453	5,640	272	91	3,810
500ha以上	14,415	2,256	8,973	3,186	9,781	1,056	495	3,566

(3) 林業投下労働時間

単位：時間

区分	計	家族労働	雇用労働
全国	807	653	154
保有山林面積規模別			
20 ～ 50 ha未満	702	614	88
50 ～ 100	1,031	745	286
100 ～ 500	824	664	160
500ha以上	1,348	407	941

(4) 部門別林業投下労働時間

区分	単位	部門別投下労働時間				
		計	育林	素材生産	受託	その他
全国	時間	807	181	318	90	218
構成比	％	100.0	22.4	39.4	11.2	27.0
保有山林面積規模別						
20 ～ 50 ha未満	時間	702	175	239	68	220
50 ～ 100	〃	1,031	178	429	177	247
100 ～ 500	〃	824	203	469	－	152
500ha以上	〃	1,348	191	701	239	217

6 会社経営体（1経営体当たり）（全国平均）（平成30年度）
(1) 総括

区分	収益					費用				
	合計	売上高			営業外収益③	合計	営業費用			営業外費用⑥
		計	林業事業売上高①	林業事業外売上高②			計	林業事業営業費用④	林業事業外営業費用⑤	
全国	197,944	192,447	121,130	71,317	5,497	190,917	189,748	127,502	62,246	1,169
林業事業売上高別										
5,000万円未満	51,171	47,869	27,787	20,082	3,302	53,129	52,938	35,846	17,092	191
5,000万～1億	108,436	104,073	76,261	27,812	4,363	104,697	104,082	81,493	22,589	615
1 ～3	360,556	352,377	170,015	182,362	8,179	347,939	345,429	182,199	163,230	2,510
3億円以上	521,761	513,735	464,607	49,128	8,026	491,891	489,862	450,945	38,917	2,029

単位：千円

区分	営業利益			経常利益⑩	特別利益⑪	特別損失⑫	法人税、住民税及び事業税⑬	当期純利益⑭
	計⑦	林業事業営業利益⑧	林業事業外営業利益⑨					
全国	2,699	△ 6,372	9,071	7,027	2,704	1,891	2,645	5,195
林業事業売上高別								
5,000万円未満	△ 5,069	△ 8,059	2,990	△ 1,958	1,333	3,731	325	△ 4,681
5,000万～1億	△ 9	△ 5,232	5,223	3,739	1,001	495	1,130	3,115
1 ～3	6,948	△12,184	19,132	12,617	6,716	3,443	5,590	10,300
3億円以上	23,873	13,662	10,211	29,870	1,497	6	6,935	24,426

注：1 調査対象経営体は、直近の農林業センサスに基づく林業経営体のうち、株式会社、合名・合資会社等により林業を営む経営体で、①過去1年間の素材生産量が1,000m³以上、②過去1年間の受託収入が2,000万円以上のいずれかに該当する経営体である（以下(2)まで同じ。）。
2 計算方法は以下のとおりである。
⑧=①-④　　⑨=②-⑤
⑩=⑦+③-⑥　　⑭=⑩+⑪-⑫-⑬

(2) 林業事業経営収支
単位：千円

区分	林業事業売上高				林業事業営業費用					
	計	保有山林	請負収入	立木買い素材生産収入	計	売上原価	賃金	原木購入費	減価償却費	販売費及び一般管理費
全国	121,130	856	79,826	40,448	127,502	98,133	33,345	14,523	13,127	29,369
林業事業売上高別										
5,000万円未満	27,787	169	17,197	10,421	35,846	24,045	10,553	484	5,000	11,801
5,000万～1億	76,261	351	63,885	12,025	81,493	55,574	24,019	2,449	6,690	25,919
1 ～3	170,015	880	97,099	72,036	182,199	142,444	43,429	27,457	21,568	39,755
3億円以上	464,607	5,840	279,592	179,175	450,945	394,159	113,943	78,749	42,929	56,786

7 林業機械の普及
(1) 高性能林業機械の年度別保有状況

単位：台

年度	フェラーバンチャ	ハーベスタ	プロセッサ	スキッダ	フォワーダ	タワーヤーダ	スイングヤーダ	1)フォーク収納型グラップルバケット	その他の高性能林業機械
平成29年度	166	1,757	1,985	123	2,474	150	1,059	…	2) 1,225
30	161	1,849	2,069	115	2,650	152	1,082	…	2) 1,581
令和元	166	1,918	2,155	111	2,784	149	1,095	…	2) 1,840
2	172	1,997	2,210	106	2,888	141	1,117	…	2) 2,224
3	207	1,999	2,239	98	2,863	143	1,120	2,298	306

資料：林野庁「森林・林業統計要覧」
注：1)は、フェリングヘッド付きのものを含む。
　　2)は、フォーク収納型グラップルバケットの台数を含む。

(2) 木材加工機械の生産台数

単位：台

年次	木工機械及び製材機械	合板機械（繊維板機械を含む。）
平成30年	2,458	334
令和元	3,324	424
2	3,229	256
3	2,862	278
4	3,483	334

資料：経済産業省調査統計グループ「2022年経済産業省生産動態統計年報」

8 治山事業

(1) 国有林野内治山事業

単位：100万円

事業種類	平成29年度	30	令和元	2	3
国有林野内治山事業費計	20,163	24,655	29,709	31,027	31,544
国有林野内治山事業工事費計	17,960	21,855	26,086	26,855	26,617
山地治山	15,284	19,416	24,039	25,155	25,084
山地復旧	14,773	18,242	23,092	24,003	23,888
復旧治山	10,995	14,471	19,117	20,362	20,770
山地災害重点地域総合対策			98	155	－
流木防止総合対策			548	814	393
地域防災対策総合治山	950	525	616	655	733
地すべり防止	648	532	1,008	722	722
防災林造成	2,180	2,715	1,705	1,296	1,269
予防治山	511	1,173	947	1,151	1,196
水源地域等保安林整備	2,676	2,439	2,047	1,701	1,534
水源地域整備	1,086	942	631	515	380
保安林整備	1,558	1,454	1,310	1,099	951
保安林管理道整備	16	15	59	36	63
共生保安林整備	15	28	47	51	141
その他	2,203	2,801	3,623	4,171	4,926

資料：林野庁資料（以下(2)まで同じ。）
注：1　数値は、各年度の実績額である。
　　2　その他は、測量設計費、船舶及び機械器具費、営繕宿舎費を指す。
　　3　平成24年度より東日本大震災復興特会分を加算している。

(2) 民有林の治山事業

単位：100万円

事業種類	平成31年度	令和2	3	4	5
治山事業費計	61,948	57,597	41,701	41,777	41,862
治山事業費	60,437	56,110	40,246	40,365	40,490
直轄治山事業費	12,730	12,037	9,064	8,652	8,842
直轄地すべり防止事業費	4,145	3,964	2,288	2,762	2,615
治山事業調査費	176	176	176	180	184
治山事業費補助	41,402	37,597	26,337	26,234	26,794
山地治山総合対策	33,681	30,160	20,236	21,114	24,945
流域保全総合治山等	4,456	3,874	2,521	2,630	
治山等激甚災害対策特別緊急	3,265	3,563	3,580	2,490	1,849
後進地域特例法適用団体補助率差額	1,944	2,322	2,362	2,521	2,037
営繕宿舎費	40	14	19	16	19
治山事業工事諸費	1,511	1,487	1,455	1,412	1,372

注：1　数値は、当初予算額（国費）である。
　　2　このほかに農山漁村地域整備交付金（平成31年度：97,714百万円の内数、令和2年度：98,475百万円の内数、令和3年度：80,725百万円の内数、令和4年度：78,398百万円の内数、令和5年度：77,390百万円の内数）がある。
　　3　平成24年度より東日本大震災復興特別会計分を加算している。

Ⅲ　育林と伐採

1　樹種別人工造林面積の推移

単位：ha

年度	計	針葉樹					広葉樹
		すぎ	ひのき	まつ類	からまつ	その他	
平成29年度	22,069	7,102	1,979	406	5,388	5,423	1,771
30	21,568	6,899	1,845	277	5,486	5,106	1,956
令和元	22,788	7,189	1,821	311	6,466	5,046	1,954
2	22,777	7,571	1,894	309	6,681	4,412	1,910
3	23,015	8,207	2,230	249	6,662	3,760	1,906

資料：林野庁「森林・林業統計要覧」（以下3まで同じ。）
注：民有林における人工造林面積であり、樹下植栽による面積を含む。

2　再造林、拡大造林別人工造林面積

単位：ha

年度	人工造林面積			国有林			民有林		
	計	再造林	拡大造林	小計	再造林	拡大造林	小計	再造林	拡大造林
平成29年度	30,212	25,660	4,552	8,143	8,125	18	22,069	17,535	4,534
30	30,182	25,967	4,216	8,614	8,614	0	21,568	17,353	4,216
令和元	33,404	28,955	4,449	10,616	10,616	0	22,788	18,339	4,449
2	33,707	29,437	4,270	10,930	10,930	0	22,777	18,507	4,270
3	33,786	29,908	3,877	10,771	10,771	0	23,015	19,138	3,877

注：　1　樹下植栽による面積を含む。
　　　2　国有林には、新植のほか改植、人工下種及び官行造林面積を含む。
　　　3　民有林には、水源林造成事業による造林面積を含む。

3　伐採立木材積

単位：千m³

年度	計	国有林			民有林
		小計	1) 林野庁所管	2) 官行造林地	
平成29年度	48,051	9,246	8,654	592	38,805
30	47,630	9,155	8,588	567	38,475
令和元	48,390	9,105	8,582	523	39,285
2	47,733	8,094	7,535	559	39,639
3	‥	9,418	9,065	353	‥

注：主伐と間伐の合計材積であり、民有林は推計値である。
　　1)は、立木竹及び幼齢木補償に該当するもの、事業支障木等の伐採であって当年度に販売を
　行わないもの、立木販売による緑化用立木竹及び環境緑化樹木生産事業による資材、分収造林、
　分収育林及び林野・土地と共に売り払ったものを含む（民収分を含む。）。
　　2)は、国持分譲渡に係るもの、立木竹及び幼齢木補償に該当するもの及び事業支障木等の伐
　採であって当年度に販売を行わないものを含む（民収分を含む。）。

Ⅳ 素材生産量

1 都道府県別主要部門別素材生産量

単位：千㎥

年次・都道府県	計	製材用	合板等用	1)木材チップ用
平成30年	21,640	12,563	4,492	4,585
令和元	21,883	12,875	4,745	4,263
2	19,882	11,615	4,195	4,072
3	21,847	12,861	4,661	4,325
4 （概数値）	**22,082**	**12,937**	**4,912**	**4,233**
北海道	3,335	1,707	706	922
青森	979	361	386	232
岩手	1,461	470	615	376
宮城	685	218	302	165
秋田	1,223	524	524	175
山形	364	255	68	41
福島	950	539	81	330
茨城	455	387	8	60
栃木	577	463	10	104
群馬	213	149	27	37
埼玉	x	30	x	x
千葉	91	25	8	58
東京	49	x	x	19
神奈川	8	8	0	-
新潟	156	101	38	17
富山	70	34	20	16
石川	113	51	43	19
福井	139	61	39	39
山梨	141	19	69	53
長野	467	189	231	47
岐阜	391	258	69	64
静岡	332	191	119	22
愛知	157	100	x	60
三重	327	191	76	60
滋賀	65	14	15	36
京都	171	46	37	88
大阪	22	8	-	14
兵庫	378	91	144	143
奈良	121	94	9	18
和歌山	188	145	29	14
鳥取	186	65	50	71
島根	339	102	x	x
岡山	406	333	28	45
広島	331	121	76	134
山口	246	125	x	x
徳島	307	161	x	x
香川	24	5	-	19
愛媛	563	510	x	x
高知	592	436	x	x
福岡	186	155	9	22
佐賀	148	116	6	26
長崎	129	75	x	x
熊本	957	744	125	88
大分	1,198	889	288	21
宮崎	2,031	1,869	96	66
鹿児島	743	483	145	115
沖縄	x	x	-	x

資料：農林水産省統計部「木材需給報告書」。ただし令和4年は「令和4年　木材統計」。

注：1　素材とは、用材（薪炭材及びしいたけ原木を除く。）に供される丸太及びそま角をいい、輸入
　　　木材にあっては、大中角、盤及びその他の半製品を含めた。

　　2　素材生産量は、調査対象工場に入荷した素材の入荷量（輸入材を除く。）をもって生産量とし
　　　た。1)は、木材チップ工場に入荷した原料のうち、素材の入荷量のみを計上した。

2　樹種別、需要部門別素材生産量（令和4年）（概数値）

単位：千㎥

樹種	計	製材用	合板等用	木材チップ用
計	22,082	12,937	4,912	4,233
針葉樹小計	20,386	12,862	4,892	2,632
あかまつ・くろまつ	559	85	228	246
すぎ	13,238	8,900	2,895	1,443
ひのき	2,971	2,100	614	257
からまつ	1,932	947	742	243
えぞまつ・とどまつ	1,430	801	375	254
その他	256	29	38	189
広葉樹	1,696	75	20	1,601

資料：農林水産省統計部「令和4年　木材統計」

3　間伐実績及び間伐材の利用状況

年度	1)間伐実績			2)間伐材利用量						
				計	民有林					国有林
	計	民有林	国有林		小計	3)製材	4)丸太	5)原材料		
	千ha	千ha	千ha	万㎥	万㎥	万㎥	万㎥	万㎥		万㎥
令和元年度	365	268	98	768	521	253	30	237		247
2	357	261	96	729	479	226	29	225		250
3	365	269	96	782	500	245	30	225		282

資料：林野庁「森林・林業統計要覧」
注：1)は、森林吸収源対策の実績として把握した数値である。
　　2)は、丸太材積に換算した量（推計値）である。
　　3)は、建築材、梱包材等である。
　　4)は、足場丸太、支柱等である。
　　5)は、木材チップ、おが粉等である。

V 特用林産物
1 主要特用林産物生産量

区分	単位	生産量	区分	単位	生産量	区分	単位	生産量
乾しいたけ			ひらたけ			1)きくらげ類		
平成30年	t	2,635	平成30年	t	4,001	平成30年	t	2,309
令和元	〃	2,414	令和元	〃	3,862	令和元	〃	2,315
2	〃	2,302	2	〃	3,824	2	〃	3,132
3	〃	2,216	3	〃	4,463	3	〃	3,031
4	〃	2,034	4	〃	4,501	4	〃	2,997
大分	〃	769	新潟	〃	1,901	(乾きくらげ類)		
宮崎	〃	360	福岡	〃	1,104	山口	〃	x
熊本	〃	209	長野	〃	698	大分	〃	19
愛媛	〃	103	茨城	〃	295	鳥取	〃	10
岩手	〃	94	三重	〃	102	大阪	〃	7
						岐阜	〃	7
生しいたけ			ぶなしめじ			まつたけ		
平成30年	t	69,754	平成30年	t	117,916	平成30年	t	56
令和元	〃	71,071	令和元	〃	118,597	令和元	〃	14
2	〃	70,280	2	〃	122,802	2	〃	32
3	〃	71,058	3	〃	119,545	3	〃	39
4	〃	69,620	4	〃	123,134	4	〃	36
徳島	〃	7,604	長野	〃	51,580	長野	〃	23
岩手	〃	6,117	新潟	〃	21,484	岩手	〃	7
北海道	〃	4,931	福岡	〃	15,061	和歌山	〃	3
秋田	〃	4,141	香川	〃	x	石川	〃	1
群馬	〃	3,664	茨城	〃	3,555	岡山	〃	1
なめこ			まいたけ			たけのこ		
平成30年	t	22,809	平成30年	t	49,670	平成30年	t	25,364
令和元	〃	23,285	令和元	〃	51,108	令和元	〃	22,285
2	〃	22,835	2	〃	54,993	2	〃	26,449
3	〃	24,063	3	〃	54,521	3	〃	19,917
4	〃	23,697	4	〃	57,267	4	〃	21,798
長野	〃	5,407	新潟	〃	36,621	福岡	〃	5,875
新潟	〃	4,950	静岡	〃	5,500	鹿児島	〃	5,251
山形	〃	4,305	福岡	〃	3,824	京都	〃	3,053
福島	〃	1,725	三重	〃	x	熊本	〃	1,482
北海道	〃	1,252	長野	〃	2,645	石川	〃	837
えのきたけ			エリンギ			わさび (根茎＋葉柄)		
平成30年	t	140,038	平成30年	t	39,413	平成30年	t	2,080
令和元	〃	128,974	令和元	〃	37,635	令和元	〃	1,973
2	〃	127,914	2	〃	38,500	2	〃	2,017
3	〃	129,587	3	〃	38,344	3	〃	1,886
4	〃	126,321	4	〃	37,798	4	〃	1,635
長野	〃	74,853	長野	〃	15,962	(根茎)		
新潟	〃	19,005	新潟	〃	11,884	静岡	〃	223
宮崎	〃	x	広島	〃	x	長野	〃	99
福岡	〃	5,542	福岡	〃	1,788	岩手	〃	19
長崎	〃	x	北海道	〃	x	東京	〃	10
						北海道	〃	6

資料：農林水産省「特用林産基礎資料」（以下4（2）まで同じ。）
注：都道府県は、生産量上位5都道府県を表章した。
　　なお、生産量が同じ場合は都道府県番号順で掲載した。
　　1)は、乾きくらげ類を生換算（×10）と生きくらげ類の合計したものである。

区分	単位	生産量	区分	単位	生産量	区分	単位	生産量
木ろう			桐材			木酢液		
平成30年	t	41	平成30年	㎥	404	平成30年	kl	2,450
令和元	〃	26	令和元	〃	264	令和元	〃	2,087
2	〃	21	2	〃	200	2	〃	1,743
3	〃	22	3	〃	187	3	〃	1,708
4	〃	22	4	〃	230	4	〃	1,689
愛媛	〃	11	福島	〃	160	岩手	〃	759
福岡	〃	10	群馬	〃	70	宮崎	〃	259
長崎	〃	1				熊本	〃	256
宮城	〃	0				静岡	〃	x
石川	〃	0				福島	〃	57
生うるし			竹炭			竹酢液		
平成30年	kg	1,845	平成30年	t	534	平成30年	kl	197
令和元	〃	1,997	令和元	〃	447	令和元	〃	193
2	〃	2,051	2	〃	451	2	〃	151
3	〃	2,036	3	〃	459	3	〃	192
4	〃	1,766	4	〃	426	4	〃	190
岩手	〃	1,435	福岡	〃	225	香川	〃	x
茨城	〃	268	鳥取	〃	98	熊本	〃	44
福島	〃	12	徳島	〃	x	徳島	〃	7
長野	〃	12	千葉	〃	x	佐賀	〃	x
新潟	〃	8	熊本	〃	7	愛媛	〃	x
つばき油			木炭			薪		
平成30年	kl	45	平成30年	t	14,699	平成30年	千層積㎥	77
令和元	〃	40	令和元	〃	14,393	令和元	〃	74
2	〃	42	2	〃	12,945	2	〃	84
3	〃	78	3	〃	11,550	3	〃	92
4	〃	69	4	〃	11,882	4	〃	91
長崎	〃	27	（白炭）			長野		16
高知	〃	20	高知	〃	1,358	北海道	〃	13
東京	〃	15	和歌山	〃	916	鹿児島	〃	8
鹿児島	〃	7	宮崎	〃	264	福島	〃	7
岩手	〃	0	大分	〃	73	高知	〃	5
			三重	〃	x			
			（黒炭）					
竹材			岩手	〃	1,645	オガライト		
平成30年	千束	1,143	北海道	〃	637	平成30年	t	79
令和元	〃	1,071	熊本	〃	409	令和元	〃	66
2	〃	1,030	鹿児島	〃	312	2	〃	31
3	〃	916	栃木	〃	98	3	〃	19
4	〃	828	（粉炭）			4	〃	5
鹿児島	〃	534	島根	〃	1,747	高知	〃	x
熊本	〃	138	岐阜	〃	1,015	兵庫	〃	x
大分	〃	28	奈良	〃	x	愛知	〃	x
岡山	〃	28	宮崎	〃	x			
高知	〃	26	長野	〃	462			

1 主要特用林産物生産量（続き）

区分	単位	生産量	区分	単位	生産量	区分	単位	生産量
オガ炭			れん炭			豆炭		
平成30年	t	6,479	平成30年	t	5,936	平成30年	t	6,846
令和元	〃	6,481	令和元	〃	4,728	令和元	〃	6,093
2	〃	6,363	2	〃	4,054	2	〃	5,735
3	〃	5,156	3	〃	3,972	3	〃	5,123
4	〃	4,773	4	〃	3,165	4	〃	4,830
愛媛	〃	x	新潟	〃	x	新潟	〃	x
鳥取	〃	x	福島	〃	x	山口	〃	x
奈良	〃	x	山口	〃	x			
山口	〃	x						
宮崎	〃	447						

2 栽培きのこ類生産者数
(1) ほだ木所有本数規模別原木しいたけ生産者数

単位：戸

年次	計	600本未満	600 〜 3,000	3,000 〜 10,000	10,000 〜 30,000	30,000本以上
平成30年	18,077	8,853	4,248	3,217	1,468	291
令和元	16,622	8,531	3,948	2,678	1,198	267
2	15,192	7,878	3,286	2,693	1,097	238
3	12,483	4,927	3,075	2,697	1,368	416
4	11,880	5,167	3,002	2,374	1,077	260

(2) なめこ、えのきたけ、ひらたけ等の生産者数

単位：戸

年次	なめこ	えのきたけ	ひらたけ	ぶなしめじ	まいたけ	まつたけ
平成30年	1,565	455	732	346	956	2,953
令和元	1,577	446	658	388	825	2,426
2	1,706	385	756	381	1,116	2,519
3	1,720	356	800	362	1,176	2,768
4	1,582	329	718	336	1,022	3,591

3 しいたけ原木伏込量（材積）

単位：100㎥

年次	乾しいたけ				生しいたけ			
	計	なら	くぬぎ	その他	計	なら	くぬぎ	その他
平成30年	1,724	413	1,274	37	1,021	593	411	17
令和元	1,587	385	1,182	20	919	538	345	18
2	1,531	482	1,038	12	891	520	353	19
3	1,549	361	1,177	12	912	488	400	25
4	1,323	251	1,062	10	770	455	297	19

4　特用林産物の主要国別輸出入量
(1)　輸出

区分	単位	令和3年		4	
		数量	金額	数量	金額
			千円		千円
乾しいたけ (0712.34-000)	t	41	255,212	36	192,337
アメリカ	〃	18	100,495	19	64,641
香港	〃	14	96,237	11	79,581
台湾	〃	5	32,879	3	25,971
オランダ	〃	1	6,630	1	5,475
サウジアラビア	〃	0	2,356	1	2,574
その他	〃	2	16,615	2	14,095
その他きのこ (生鮮・冷蔵) (0709.59-000)	〃	1,173	631,771	1,202	625,995
香港	〃	590	312,613	659	354,353
台湾	〃	204	107,998	218	114,014
カナダ	〃	15	3,947	159	62,334
シンガポール	〃	109	55,744	79	44,624
アメリカ	〃	214	129,593	49	26,562
その他	〃	41	21,876	38	24,108
きのこ (調整したもの) (2003.90-000)	kg	143,224	118,107	242,214	232,973
アメリカ	〃	72,748	57,253	166,176	128,634
台湾	〃	53,567	42,643	45,736	42,880
カナダ	〃	6,878	6,307	10,739	9,057
香港	〃	5,505	7,713	8,190	10,594
スウェーデン	〃	2,694	2,175	4,249	3,637
その他	〃	1,832	2,016	7,124	38,171
漆ろう及びはぜろう (1515.90-100)	〃	4,852	16,802	5,439	19,965
ドイツ	〃	3,000	10,414	3,500	11,612
フランス	〃	440	1,188	560	1,512
韓国	〃	632	2,138	552	2,292
カナダ	〃	–		400	2,626
イタリア	〃	600	2,520	300	1,260
その他	〃	180	542	127	663
竹材 (1401.10-000)	t	8	5,081	8	5,694
インドネシア	〃	8	4,748	8	4,945
中国	〃	–	–	0	210
イギリス	〃	–	–	0	283
フランス	〃	0	333	0	256
その他木炭 (4402.90-000)	〃	270	189,988	185	157,453
台湾	〃	125	20,346	126	26,264
オーストラリア	〃	33	15,994	16	9,214
中国	〃	20	22,475	10	9,295
シンガポール	〃	6	13,123	9	14,990
香港	〃	12	9,448	9	9,160
その他	〃	74	108,602	15	88,530

注：財務省「貿易統計」を集計したものであり、（　）のコードは統計品目番号である（以下(2)まで同じ。）。

4 特用林産物の主要国別輸出入量（続き）
(2) 輸入

区分	単位	令和3年		4	
		数量	金額	数量	金額
			千円		千円
乾しいたけ　(0712.34-000)	t	4,575	5,235,001	4,596	6,278,666
中国	〃	4,506	5,134,411	4,548	6,204,721
香港	〃	50	70,693	47	73,186
ベトナム	〃	18	28,003	1	759
韓国	〃	2	1,894	–	–
しいたけ（生及び冷蔵）　(0709.54-000)	〃	1,988	552,023	2,262	696,439
中国	〃	1,988	552,023	2,262	696,439
その他のきのこ（生及び冷蔵）　(0709.59-000)	〃	184	170,717	154	97,604
韓国	〃	152	43,712	143	46,555
フランス	〃	12	38,241	5	17,677
中国	〃	0	1,008	2	9,946
イタリア	〃	4	14,616	1	5,455
トルコ	〃	1	5,469	1	10,042
その他	〃	16	67,671	2	7,929
乾きくらげ　(0712.32-000、0712.33-000)	〃	2,206	2,247,767	2,488	3,088,202
中国	〃	2,128	2,150,068	2,477	3,073,761
ベトナム	〃	12	13,533	11	13,517
香港	〃	66	84,166	1	924
まつたけ（生及び冷蔵）　(0709.55-000)	〃	524	4,096,236	408	4,047,706
中国	〃	364	3,098,604	263	3,168,496
アメリカ	〃	80	466,038	52	356,702
カナダ	〃	59	369,138	51	294,846
トルコ	〃	13	40,401	32	115,926
メキシコ	〃	4	22,494	4	30,368
その他	〃	4	99,561	4	81,368
1) きのこ調整品	〃	12,294	5,361,045	12,974	6,903,259
木炭（4402.90-200、4402.90-300、4402.20-010の合計）	〃	84,224	8,324,786	78,838	10,026,742
フィリピン	〃	25,039	2,468,893	20,995	2,541,109
インドネシア	〃	16,563	1,349,665	18,064	1,962,612
マレーシア	〃	18,343	1,554,869	16,183	1,701,214
ラオス	〃	7,623	1,310,339	9,698	2,052,558
ベトナム	〃	7,416	679,598	6,826	822,807
その他	〃	9,239	961,422	7,072	946,442
きのこ菌糸（しいたけ以外）　(0602.90-019)	〃	4,090	328,765	4,339	389,542
オランダ	〃	3,207	189,924	3,149	219,380
中国	〃	486	35,168	879	54,543
フランス	〃	160	56,355	223	91,426
アメリカ	〃	133	40,815	54	21,459
台湾	〃	37	2,729	34	2,521
その他	〃	67	3,774	0	213

注： 1)の統計品目番号は、2003.10-100、2003.10-219、2003.10-220、2003.90-100、
　　2003.90-210、2003.90-220である。

Ⅵ 被害と保険

1 林野の気象災害

年次	1)気象災害面積（民有林のみ）							
	計	風害	水害	雪害	干害	凍害	潮害	ひょう害
	ha	ha	ha	ha	ha	ha	ha	ha
平成29年	3,766	907	686	1,412	617	144	-	-
30	3,985	3,233	198	111	228	216	-	-
令和元	1,952	1,022	81	27	449	90	282	-
2	674	192	83	4	187	208	0	-
3	1,370	421	71	170	621	88	-	-

資料：林野庁「森林・林業統計要覧」
注：1)は、被害区域面積である。

2 林野の火災被害

年次	出火件数	焼損面積	損害額
	件	ha	100万円
平成29年	1,284	938	900
30	1,363	606	202
令和元	1,391	837	269
2	1,239	449	201
3	1,227	789	176

資料：総務省消防庁「消防白書」

3 主な森林病害虫等による被害

年度	からまつ先枯病	松くい虫（マツ材線虫病）	カシノナガキクイムシ	くりたまばち	すぎたまばえ	まつばのたまばえ	すぎはだに	のねずみ	まいまいが	松毛虫
	千ha	千㎥	千㎥	千ha	千ha	千ha	千ha	千ha	千ha	千ha
平成29年度	-	399	93	-	-	-	-	1	-	0
30	-	352	45	-	-	-	-	1	-	0
令和元	-	302	60	-	-	-	-	1	-	0
2	-	298	192	-	-	-	-	1	-	0
3	-	259	153	-	-	-	-	1	-	0

資料：林野庁「森林・林業統計要覧」
注：林野庁所管国有林及び民有林の合計である。

4 森林保険

年度	年度末保有高			損害てん補実績		支払保険金額
	件数	面積	責任保険金額	件数	面積	
	件	ha	100万円	件	ha	100万円
平成29年度	97,525	673,235	741,946	1,779	729	591
30	93,253	651,816	718,837	1,865	883	701
令和元	89,011	614,560	683,338	1,467	495	394
2	85,394	591,463	660,542	1,207	440	304
3	82,033	571,296	638,324	1,315	507	374

資料：森林研究・整備機構「森林保険に関する統計資料」

Ⅶ 需給

1 木材需給表

(1) 需要

単位：千㎥

年次	総需要量							しいたけ原木	燃料材
	計	用材						
		小計	製材用材	合板用材	パルプ・チップ用材		その他用材		
平成30年	82,478	73,184	25,708	11,003	32,009	(6,792)	4,465	274	9,020 (12,918)
令和元	81,905	71,269	25,270	10,474	31,061	(6,258)	4,464	251	10,386 (12,827)
2	74,439	61,392	24,597	8,919	26,064	(5,634)	1,812	242	12,805 (13,029)
3	82,130	67,142	26,179	10,294	28,743	(7,210)	1,926	246	14,742 (12,887)
4	85,094	67,494	26,263	9,820	29,547	(6,242)	1,865	209	17,390 (12,613)

年次	国内消費				輸出		
	小計	用材	しいたけ原木	燃料材	小計	用材	燃料材
平成30年	79,643	70,353	274	9,016	2,836	2,831	4
令和元	79,190	68,558	251	10,382	2,715	2,711	4
2	71,430	58,387	242	12,800	3,009	3,005	4
3	78,879	63,895	246	14,738	3,251	3,247	4
4	82,052	64,457	209	17,385	3,042	3,038	5

資料：林野庁「木材需給表」（以下(2)まで同じ。）
注：1　この需給表は、木材が製材工場・パルプ工場、その他各需要部門に入荷する1年間の数量を基に、需要量＝供給量として作成した。製材品・木材パルプ・合板等の丸太以外で輸入・輸出されたものは、全て丸太材積に換算した。
　　2　パルプ・チップ用材及び燃料材の（ ）書は外数であり、工場残材及び解体材・廃材から生産された木材チップ等である。
　　3　令和2年から、貿易統計により把握する集成材、構造用集成材、セルラーウッドパネル及び加工材の数量は「製材用材」に、再生木材の数量は「パルプ・チップ用材」に計上。（いずれも令和元年までは「その他用材」に計上。）

(2) 供給

年次	総供給量				しいたけ原木	燃料材
	計	用材				
		小計	丸太	その他		
	千㎥	千㎥	千㎥	千㎥	千㎥	千㎥
平成30年	82,478	73,184	27,990	45,194	274	9,020
令和元	81,905	71,269	27,804	43,465	251	10,386
2	74,439	61,392	25,180	36,212	242	12,805
3	82,130	67,142	27,845	39,297	246	14,742
4	85,094	67,494	27,678	39,817	209	17,390

年次	国内生産				輸入			自給率
	小計	用材	しいたけ原木	燃料材	小計	用材	燃料材	
	千㎥	千㎥	千㎥	千㎥	千㎥	千㎥	千㎥	％
平成30年	30,201	23,680	274	6,248	52,277	49,505	2,772	36.6
令和元	30,988	23,805	251	6,932	50,917	47,464	3,454	37.8
2	31,149	21,980	242	8,927	43,290	39,412	3,878	41.8
3	33,721	24,127	246	9,348	48,409	43,015	5,394	41.1
4	34,617	24,144	209	10,264	50,477	43,351	7,126	40.7

2 材種別、需要部門別素材需要量

単位：千㎥

年次・材種	計	製材用	合板等用	1) 木材チップ用
平成30年	26,545	16,672	5,287	4,586
令和元	26,348	16,637	5,448	4,263
2	23,550	14,851	4,626	4,073
3	26,085	16,650	5,093	4,342
4 （概数値）	25,954	16,363	5,355	4,236
国産材	22,082	12,937	4,912	4,233
輸入材計	3,872	3,426	443	3
南洋材	54	37	17	－
米材	3,229	2,832	394	3
北洋材	182	174	8	－
ニュージーランド材	303	280	23	0
その他	104	103	1	－

資料： 農林水産省統計部「木材需給報告書」。ただし、令和4年は「令和4年木材統計」
（以下4まで同じ。）。
注：1)は、木材チップ工場に入荷した原料のうち、素材の入荷量のみを計上した。

3 材種別素材供給量

単位：千㎥

年次	計	国産材		
		小計	針葉樹	広葉樹
平成30年	26,545	21,640	19,462	2,178
令和元	26,348	21,883	19,876	2,007
2	23,550	19,882	18,037	1,845
3	26,085	21,847	20,088	1,759
4 （概数値）	25,954	22,082	20,300	1,696

年次	1) 輸入材					
	小計	南洋材	米材	北洋材	ニュージーランド材	その他
平成30年	4,905	175	3,746	359	440	185
令和元	4,465	164	3,423	321	393	164
2	3,668	103	2,841	270	322	132
3	4,238	49	3,446	213	359	171
4 （概数値）	3,872	54	3,229	182	303	104

注：1)は、輸入材半製品を含む。

4 需要部門別素材の輸入材依存割合

単位：%

年次	素材需要量計	製材用	合板等用	木材チップ用
平成30年	18.5	24.6	15.0	0.0
令和元	16.9	22.6	12.9	0.0
2	15.6	21.8	9.3	0.0
3	16.2	22.8	8.5	0.4
4 （概数値）	14.9	20.9	8.3	0.1

注：輸入材依存割合は、木材統計調査による材種別素材供給量に占める輸入材の割合である。

5 木材の輸出入量及び金額

品目	単位	令和3年		4	
		数量	金額	数量	金額
			千円		千円
輸出					
素材（丸太）	千㎥	1,459	21,058,547	1,324	20,559,123
製材	〃	208	9,753,564	173	9,190,591
パーティクルボード	t	14,051	682,892	8,546	509,322
合板	千㎥	9,905	7,524,277	9,198	11,054,166
繊維板	t	2,545	311,152	2,807	400,821
輸入					
素材（丸太）	千㎥	2,639	85,134,022	2,501	117,760,139
製材	〃	4,830	283,080,258	4,895	390,461,885
合板用単板	t	182,965	10,205,094	49,900	4,740,262
パーティクルボード	〃	317,394	20,905,618	394,395	36,064,460
繊維板	〃	346,022	25,649,207	430,070	42,808,904
合板	千㎥	238,723	121,971,179	245,605	194,044,253

資料：財務省関税局「貿易統計」をもとに農林水産省統計部にて作成。

6 丸太・製材の輸入

材種・国名	4) 丸太					
	令和2年		3		4	
	数量	金額	数量	金額	数量	金額
	千m³	億円	千m³	億円	千m³	億円
合計	2,301	606	2,639	851	2,501	1,178
1)米材	1,852	517	2,257	768	2,182	1,092
米国	1,579	445	1,511	547	1,490	782
カナダ	272	72	746	221	692	310
2)南洋材	82	25	21	7	29	14
インドネシア	0	1	0	0	0	1
マレーシア	28	9	8	4	22	11
パプアニューギニア	53	15	13	3	7	3
北洋材	62	15	35	9	7	2
ニュージーランド材	284	38	306	56	260	55
チリ材	–	–	–	–	–	–
3)欧州材	14	6	13	6	15	8
スウェーデン	–	–	–	–	–	–
フィンランド	–	–	–	–	–	–
EU計	14	6	13	6	15	8
アフリカ材	2	2	2	2	2	2
中国	1	1	1	1	2	1
その他	3	3	3	3	3	3

材種・国名	5) 製材					
	令和2年		3		4	
	数量	金額	数量	金額	数量	金額
	千m³	億円	千m³	億円	千m³	億円
合計	4,933	1,845	4,830	2,831	4,895	3,905
1)米材	1,372	595	1,361	1,107	1,070	1,120
米国	192	132	135	134	132	203
カナダ	1,180	463	1,226	973	938	916
2)南洋材	60	50	56	49	63	69
インドネシア	20	16	20	17	21	22
マレーシア	37	32	34	30	40	46
パプアニューギニア	0	0	0	0	0	0
北洋材	812	309	846	435	778	533
ニュージーランド材	51	18	57	23	47	24
チリ材	210	60	226	76	251	121
3)欧州材	2,384	758	2,210	1,062	2,619	1,954
スウェーデン	787	229	756	367	847	627
フィンランド	786	232	729	319	842	586
EU計	2,339	742	2,148	1,031	2,566	1,916
アフリカ材	2	3	2	3	2	3
中国	32	36	64	64	57	69
その他	11	16	9	12	8	13

資料：財務省「貿易統計」をもとに林野庁にて作成。

注： 1)は、米国、カナダより輸入された材である。

2)は、インドネシア、マレーシア、パプアニューギニア、ソロモン諸島、フィリピン、シンガポール、ブルネイの7カ国より輸入された材である。

3)は、ロシアを除く全ての欧州各国より輸入された材である。

4)は、輸入統計品目表第4403項の合計である。

5)は、輸入統計品目表第4407項の合計である。

Ⅷ 価格

1 木材価格

(1) 素材価格 (1 m³当たり)

単位：円

年次	製材用素材			
	まつ中丸太 〔径 24〜28cm 長3.65〜4.0m 込み〕	すぎ中丸太 〔径 14〜22cm 長3.65〜4.0m 込み〕	ひのき中丸太 〔径 14〜22cm 長3.65〜4.0m 込み〕	からまつ中丸太 〔径 14〜28cm 長3.65〜4.0m 込み〕
令和2年	12,400	12,700	17,200	12,500
3	13,800	16,100	25,900	13,200
4	16,000	17,600	25,100	16,100

資料：農林水産省統計部「木材需給報告書」（以下(3)まで同じ。）
注：1 この統計は、当該都道府県の年間の素材の消費量により加重平均して算出した
　　　（以下(2)まで同じ。）。
　　2 製材用素材価格は製材工場、合単板用素材価格は合単板工場、木材チップ用素材価格は木材
　　　チップ工場における工場着購入価格である（以下(3)まで同じ。）。
　　3 ここに掲載した全国の年価格は、月別の全国価格を単純平均により算出し下2桁で四捨五入
　　　した。ただし、針葉樹合板の価格については、下1桁で四捨五入した（以下(3)まで同じ。）。

(2) 木材製品価格 (1 m³当たり)

単位：円

年次	すぎ正角 〔厚 10.5cm 幅 10.5cm 長 3.0m 2級〕	すぎ正角 (乾燥材) 〔厚 10.5cm 幅 10.5cm 長 3.0m 2級〕	ひのき正角 〔厚 10.5cm 幅 10.5cm 長 3.0m 2級〕	ひのき正角 (乾燥材) 〔厚 10.5cm 幅 10.5cm 長 3.0m 2級〕
令和2年	62,400	66,700	77,600	85,500
3	66,800	105,700	88,700	132,500
4	64,600	124,800	90,700	149,900

年次	米つが正角 (防腐処理材) 〔厚 10.5cm 幅 10.5cm 長 4.0m 2級〕	米つが正角 (防腐処理材・乾燥材) 〔厚 10.5cm 幅 10.5cm 長 4.0m 2級〕	1) 針葉樹合板 〔厚 1.2cm 幅 91.0cm 長 1.82m 1類〕
令和2年	79,600	97,900	1,250
3	109,600	116,200	1,360
4	141,400	131,500	2,220

注：　「すぎ正角」及び「ひのき正角」の令和3年値は令和3年8月の調査対象の変更に伴う数値の変更
　　　が含まれるため、令和2年の数値とは接続しない。
　　1)は、1枚当たりの価格である。

(3) 木材チップ価格 (1 t 当たり)

単位：円

年次	針葉樹 〔 パルプ向け 〕	広葉樹 〔 パルプ向け 〕
令和2年	14,800	19,400
3	14,700	19,300
4	15,300	19,800

注：当該都道府県の年間の木材チップの生産量により加重平均して算出した。

2　地区別平均山林素地価格（普通品等10 a 当たり）

単位：円

地区	用材林地				
	平成30年	令和元	2	3	4
全国平均	42,262	41,930	41,372	41,080	41,082
東北	43,622	43,175	42,550	42,237	42,216
関東	79,507	78,341	77,012	76,510	76,531
北陸	46,522	46,141	45,431	45,088	45,143
東山	47,989	47,627	47,400	46,923	46,718
東海	36,868	36,609	36,337	36,156	36,327
近畿	33,361	33,301	32,919	32,840	32,695
中国	34,801	34,558	34,084	33,821	33,847
四国	23,991	23,894	23,706	23,567	23,655
九州	44,236	43,931	43,086	42,739	42,702
北海道	10,447	10,391	10,343	10,332	10,424

地区	薪炭林地				
	平成30年	令和元	2	3	4
全国平均	29,235	29,074	28,719	28,513	28,553
東北	33,288	33,096	32,850	32,623	32,668
関東	49,640	49,545	48,834	48,590	48,611
北陸	29,819	29,683	29,646	29,445	29,509
東山	36,457	36,333	36,024	35,993	35,796
東海	24,610	24,433	24,326	24,112	24,252
近畿	20,429	20,336	20,133	19,971	20,071
中国	26,058	25,948	25,398	25,148	25,180
四国	16,929	16,857	16,630	16,561	16,724
九州	28,425	28,136	27,500	27,221	27,207
北海道	8,681	8,681	8,685	8,678	8,763

資料：　日本不動産研究所「山林素地及び山元立木価格調（2022年３月末現在）」
　　　　（以下３まで同じ。）

注：1　山林素地価格とは、林地として利用する場合の売買価格で、売り手・買い手に相応と認めら
　　　れて取引される実測（なわのびがない）10 a 当たりの素地価格であり、素地価格は、用材林地
　　　（杉・桧・松等主として針葉樹が植生している林地）と薪炭林地（くぬぎ・なら・かし等主と
　　　して広葉樹が植生している林地）の価格である。
　　2　全国及び各地区の集計対象は次のとおりである。
　　　　全国：北海道・千葉県・東京都・神奈川県・滋賀県（令和元年のみ）・大阪府・奈良県・
　　　　　　　香川県・沖縄県を除く。
　　　　東北：青森県・岩手県・宮城県・秋田県・山形県・福島県
　　　　関東：茨城県・栃木県・群馬県・埼玉県
　　　　北陸：新潟県・富山県・石川県・福井県
　　　　東山：山梨県・長野県・岐阜県
　　　　東海：静岡県・愛知県・三重県
　　　　近畿：滋賀県（令和元年は除く）・京都府・兵庫県・和歌山県
　　　　中国：鳥取県・島根県・岡山県・広島県・山口県
　　　　四国：徳島県・愛媛県・高知県
　　　　九州：福岡県・佐賀県・長崎県・熊本県・大分県・宮崎県・鹿児島県
　　　　なお、千葉県・東京都・神奈川県・滋賀県・大阪府・奈良県及び香川県のほとんどの市町村
　　　の山林素地価格が宅地及び観光開発等への転用が見込まれ高額のため、地区別平均及び全国平
　　　均の集計対象から除いている。また、前記7都府県以外で宅地及び観光開発等への転用が見込
　　　まれ高額な山林素地価格の市町村も除いている。また、北海道は都府県と林相が異なること、
　　　沖縄県は調査市町村数が少ないこと等のため、全国平均の集計対象から除いている。

3 平均山元立木価格（普通品等利用材積 1 m³当たり）

単位：円

樹種	平成30年	令和元	2	3	4
1)すぎ	2,995	3,061	2,900	3,200	4,994
ひのき	6,589	6,747	6,358	7,137	10,840
2)まつ	1,733	1,799	1,814	1,989	2,729

注： 1 山元立木価格とは、山に立っている樹木の、1 m³当たりの利用材積売渡価格であり、
　　　　最寄木材市場渡し素材価格から生産諸経費等を差し引いた価格をいう。
　　 2 林相が異なる北海道と集計客体数が少なかった都府県を、次の種別ごとに除いた全国
　　　　平均価格である。
　　　　　すぎは、北海道・千葉県・東京都・神奈川県・大阪府・香川県・沖縄県を除く。
　　　　　ひのきは、北海道・青森県・岩手県・秋田県・山形県・千葉県・東京都・神奈川県・
　　　　新潟県・富山県・大阪府・香川県・沖縄県を除く。
　　　　　まつは、秋田県・茨城県・栃木県・埼玉県・千葉県・東京都・神奈川県・新潟県・富
　　　　山県・福井県・岐阜県・静岡県・愛知県・三重県・滋賀県・京都府・大阪府・兵庫県・
　　　　奈良県・和歌山県・鳥取県・香川県・高知県・福岡県・佐賀県・長崎県・熊本県・鹿児
　　　　島県・沖縄県を除く。
　　 1)は、令和3年まで神奈川県を含む。
　　 2)は、平成30年は栃木県、令和元年まで岐阜県・滋賀県、令和2年まで秋田県、令和3年
　　まで神奈川県・新潟県・愛知県・京都府・熊本県を含む。

IX 流通と木材関連産業

1 製材工場・出荷量等総括表

年次	工場数 (12月31日現在)	製材用動力の総出力数	製材用素材入荷量		1)製材用素材消費量	製材品出荷量
			国産材	1)輸入材		
	工場	千kW	千㎥	千㎥	千㎥	千㎥
平成30年	4,582	625	12,563	4,109	16,645	9,202
令和元	4,382	619	12,875	3,762	16,440	9,032
2	4,115	600	11,615	3,236	14,979	8,203
3	3,948	738	12,861	3,789	16,535	9,091
4 (概数値)	3,804	635	12,937	3,426	16,012	8,600

資料: 農林水産省統計部「木材需給報告書」。ただし、令和4年は「令和4年 木材統計」
(以下2(2)まで同じ。)。

注:7.5kW未満の工場分を含まない。
　1)は、輸入材半製品を含む。

2 製材用素材入荷量
(1) 国産材・輸入材別素材入荷量

単位:千㎥

年次	計	国産材	1)輸入材					
			小計	南洋材	米材	北洋材	ニュージーランド材	その他
平成30年	16,672	12,563	4,109	43	3,224	243	415	184
令和元	16,637	12,875	3,762	x	2,961	230	364	x
2	14,851	11,615	3,236	34	2,557	210	303	132
3	16,650	12,861	3,789	37	3,057	190	346	159
4 (概数値)	16,363	12,937	3,426	37	2,832	174	280	103

注:1)は、輸入材半製品を含む。

(2) 製材用素材の国産材・輸入材入荷別工場数及び入荷量

年次	計		国産材のみ		国産材と輸入材		輸入材のみ	
	工場数	1)入荷量	工場数	入荷量	工場数	1)入荷量	工場数	1)入荷量
	工場	千㎥	工場	千㎥	工場	千㎥	工場	千㎥
平成30年	4,551	16,672	3,521	11,628	792	2,726	238	2,318
令和元	4,340	16,637	3,358	11,890	771	2,798	211	1,949
2	4,067	14,851	3,237	10,842	653	2,356	177	1,653
3	3,892	16,650	3,138	11,744	607	3,122	147	1,784
4 (概数値)	3,778	16,363	3,054	12,292	560	2,343	164	1,728

注:工場数は、各年に製材用素材の入荷のあった工場である。
　1)は、輸入材半製品を含む。

3 木材の入荷量
素材の入荷先別入荷量及び仕入金額（平成30年）

区分	単位	計	素材生産者			流通業者	
			直接、国・公共機関から	自ら素材生産したもの	素材生産業者から	製材工場から	合単板・LVL工場から
入荷量							
工場計	千m³	26,544	1,050	1,418	7,116	482	168
製材工場	〃	16,672	760	1,042	2,984	402	-
合単板工場	〃	5,019	78	48	1,678	8	5
LVL工場	〃	267	0	-	38	-	19
木材チップ工場	〃	4,586	212	328	2,416	72	144
木材流通業者計	〃	28,472	2,547	3,324	11,001	1,514	147
木材市売市場等	〃	11,992	2,048	1,768	7,676	91	2
木材市売市場	〃	11,178	1,847	1,734	7,142	74	2
木材センター	〃	814	201	34	534	17	-
木材販売業者	〃	16,480	499	1,556	3,325	1,423	145
仕入金額							
工場計	100万円	371,231	10,797	13,743	74,607	15,499	1,232
製材工場	〃	263,106	8,385	10,541	37,158	14,468	-
合単板工場	〃	76,250	1,053	614	20,646	77	107
LVL工場	〃	3,510	1	-	387	-	374
木材チップ工場	〃	28,365	1,358	2,588	16,416	954	751
木材流通業者計	〃	635,355	21,694	37,085	142,900	62,342	4,468
木材市売市場等	〃	155,873	17,119	21,745	104,722	4,234	23
木材市売市場	〃	145,172	15,429	21,494	98,838	3,246	23
木材センター	〃	10,701	1,690	251	5,884	988	-
木材販売業者	〃	479,482	4,575	15,340	38,178	58,108	4,445

区分	単位	流通業者（続き）					
		プレカット工場から	集成材・CLT工場から	木材市売市場から	競り売り	競り売り以外	木材センターから
入荷量							
工場計	千m³	4	...	5,693	3,746	1,754	996
製材工場	〃	...	...	5,421	3,716	1,705	608
合単板工場	〃	...	...	79	30	49	310
LVL工場	〃	...	...	0	0	-	24
木材チップ工場	〃	4	-	193	...	...	54
木材流通業者計	〃	...	...	1,525	1,081	444	171
木材市売市場等	〃	...	...	42	31	11	6
木材市売市場	〃	...	...	40	29	11	6
木材センター	〃	...	...	2	2	0	-
木材販売業者	〃	...	...	1,483	1,050	433	165
仕入金額							
工場計	100万円	19	...	78,398	52,154	25,084	13,253
製材工場	〃	...	...	76,298	51,710	24,588	8,217
合単板工場	〃	...	...	928	432	496	4,226
LVL工場	〃	...	...	12	12	-	430
木材チップ工場	〃	19	-	1,160	...	...	380
木材流通業者計	〃	...	...	34,008	19,907	14,101	6,564
木材市売市場等	〃	...	...	748	594	154	112
木材市売市場	〃	...	...	665	515	150	112
木材センター	〃	...	...	83	79	4	-
木材販売業者	〃	...	...	33,260	19,313	13,947	6,452

区分	単位	流通業者（続き）		その他		
		木材販売業者から	総合商社から	外国から直接輸入	産業廃棄物処理業者から	その他から
入荷量						
工場計	千㎥	3,278	3,494	…	620	2,223
製材工場	〃	1,964	2,036	…	…	1,453
合単板工場	〃	798	1,293	…	…	723
ＬＶＬ工場	〃	148	39	…	…	-
木材チップ工場	〃	368	126	-	620	47
木材流通業者計	〃	2,875	2,986	…	…	2,382
木材市売市場等	〃	106	24	…	…	228
木材市売市場	〃	84	22	…	…	228
木材センター	〃	22	2	…	…	
木材販売業者	〃	2,769	2,962	…	…	2,154
仕入金額						
工場計	100万円	54,857	69,349	…	237	39,239
製材工場	〃	38,169	42,295	…	…	27,575
合単板工場	〃	12,366	24,795	…	…	11,438
ＬＶＬ工場	〃	1,411	895	…	…	
木材チップ工場	〃	2,911	1,364	-	237	226
木材流通業者計	〃	105,877	131,605	…	…	88,813
木材市売市場等	〃	2,861	816	…	…	3,493
木材市売市場	〃	1,211	661	…	…	3,493
木材センター	〃	1,650	155	…	…	
木材販売業者	〃	103,016	130,789	…	…	85,320

資料：農林水産省統計部「平成30年 木材流通構造調査報告書」

4 製材品出荷量
(1) 用途別製材品出荷量

単位：千㎥

年次	計	建築用材	土木建設用材	木箱仕組板・こん包用材	家具建具用材	その他用材
平成30年	9,202	7,468	376	1,125	61	172
令和元	9,032	7,269	445	1,122	56	140
2	8,203	6,646	395	973	63	126
3	9,091	7,277	406	1,146	84	178
4（概数値）	8,600	6,961	375	1,030	50	184

資料：農林水産省統計部「木材需給報告書」。ただし、令和4年は「令和4年 木材統計」。
注：工場出荷時における用途別の出荷量である。

4 製材品出荷量（続き）
(2) 製材品の販売先別出荷量及び販売金額（平成30年）

区分	単位	計	工場				
			製材工場へ	合単板・LVL工場へ	プレカット工場へ	枠組壁工法住宅用部材組立工場へ	集成材・CLT工場へ
出荷量							
製材工場	千㎥	9,202	349	0	959	42	1,193
木材流通業者計	〃	19,589	518	175	1,681	74	72
木材市売市場等	〃	2,392	194	131	235	12	31
木材市売市場	〃	2,224	194	131	219	12	31
木材センター	〃	168	-	-	16	-	-
木材販売業者	〃	17,197	324	44	1,446	62	41
販売金額							
製材工場	100万円	414,687	11,349	7	52,075	1,855	37,410
木材流通業者計	〃	1,073,337	23,326	2,977	108,166	1,840	4,346
木材市売市場等	〃	134,425	4,318	2,259	14,932	598	862
木材市売市場	〃	124,290	4,318	2,259	14,049	598	862
木材センター	〃	10,135	-	-	883	-	-
木材販売業者	〃	938,912	19,008	718	93,234	1,242	3,484

区分	単位	流通業者				その他				
		木材市売市場へ	木材センターへ	木材販売業者へ	総合商社へ	こん包業へ	木材薬品処理工場へ	建築業者へ	ホームセンターへ	その他へ
出荷量										
製材工場	千㎥	1,265	971	1,530	993	707	26	426	105	636
木材流通業者計	〃	586	95	6,438	66	421	5	7,824	46	1,591
木材市売市場等	〃	247	60	1,201	7	-	2	245	16	13
木材市売市場	〃	236	54	1,099	7	-	2	215	16	10
木材センター	〃	11	6	102	-	-	-	30	0	3
木材販売業者	〃	339	35	5,237	59	421	3	7,579	30	1,578
販売金額										
製材工場	100万円	57,415	53,986	73,635	45,949	27,304	1,363	21,699	5,435	25,205
木材流通業者計	〃	42,246	5,425	301,897	4,021	16,665	114	494,831	1,937	65,546
木材市売市場等	〃	17,104	3,265	72,720	416	-	76	16,410	681	784
木材市売市場	〃	16,436	2,934	66,166	416	-	76	14,897	664	614
木材センター	〃	668	331	6,554	-	-	-	1,513	17	170
木材販売業者	〃	25,142	2,160	229,177	3,605	16,665	38	478,421	1,256	64,762

資料：農林水産省統計部「平成30年 木材流通構造調査報告書」

5　製材品別
(1)　合板
　ア　単板製造用素材入荷量

単位：千㎥

年次	入荷量		
	計	国産材	輸入材
平成30年	5,287	4,492	795
令和元	5,448	4,745	703
2	4,626	4,195	431
3	5,093	4,661	432
4　（概数値）	5,355	4,912	443

資料：農林水産省統計部「木材需給報告書」。ただし、令和4年は「令和4年　木材統計」
　　　（以下ウまで同じ。）。

　イ　普通合板生産量

単位：千㎥

年次	計
平成30年	3,298
令和元	3,337
2	2,999
3	3,172
4　（概数値）	3,059

　ウ　特殊合板生産量

単位：千㎥

年次	計
平成30年	580
令和元	562
2	551
3	494
4　（概数値）	516

5 製材品別（続き）
(1) 合板（続き）
   エ 合板の販売先別出荷量及び販売金額（平成30年）

区分	単位	計	工場				
			製材工場へ	合単板・LVL工場へ	プレカット工場へ	枠組壁工法住宅用部材組立工場へ	集成材・CLT工場へ
出荷量							
合単板工場	千m³	3,878	1	84	159	59	–
木材流通業者計	〃	12,146	8	10	909	78	0
木材市売市場等	〃	84	–	9	15	3	0
木材市売市場	〃	60	–	9	15	3	0
木材センター	〃	24	–	–	–	–	–
木材販売業者	〃	12,062	8	1	894	75	–
販売金額							
合単板工場	100万円	258,585	35	5,070	8,652	3,172	–
木材流通業者計	〃	732,261	689	129	43,665	3,660	22
木材市売市場等	〃	4,958	–	114	807	173	22
木材市売市場	〃	3,125	–	114	807	173	22
木材センター	〃	1,833	–	–	–	–	–
木材販売業者	〃	727,303	689	15	42,858	3,487	–

区分	単位	流通業者				その他				
		木材市売市場へ	木材センターへ	木材販売業者へ	総合商社へ	こん包業へ	木材薬品処理工場へ	建築業者へ	ホームセンターへ	その他へ
出荷量										
合単板工場	千m³	5	0	336	2,776	0	–	149	51	259
木材流通業者計	〃	2	1	4,258	467	52	–	5,198	732	433
木材市売市場等	〃	2	0	51	–	–	–	5	–	0
木材市売市場	〃	2	0	28	–	–	–	3	–	0
木材センター	〃	–	–	23	–	–	–	2	–	–
木材販売業者	〃	0	1	4,207	467	52	–	5,193	732	433
販売金額										
合単板工場	100万円	266	1	25,409	181,887	1	–	8,635	1,556	23,902
木材流通業者計	〃	101	42	286,748	39,946	2,191	–	249,292	54,345	51,431
木材市売市場等	〃	94	9	3,402	–	–	–	330	–	7
木材市売市場	〃	94	9	1,680	–	–	–	219	–	7
木材センター	〃	–	–	1,722	–	–	–	111	–	–
木材販売業者	〃	7	33	283,346	39,946	2,191	–	248,962	54,345	51,424

資料：農林水産省統計部「平成30年 木材流通構造調査報告書」

(2) LVL
   ア 生産量（令和4年）（概数値）

単位：千m³

区分	計	構造用	その他
全国	250	155	95

資料：農林水産省統計部「令和4年 木材統計」
注：自工場で生産されたLVLの量をいい、自社他工場から受け入れたものは除く。

イ　LVLの販売先別出荷量及び販売金額（平成30年）

区分	単位	計	工場				
			製材工場へ	合単板・LVL工場へ	プレカット工場へ	枠組壁工法住宅用部材組立工場へ	集成材・CLT工場へ
出荷量							
LVL工場	千m³	181	–	14	46	1	0
木材流通業者計	〃	1,007	1	–	11	0	–
木材売市場等	〃	11	–	–	0	–	–
木材売市場	〃	10	–	–	0	–	–
木材センター	〃	1	–	–	–	–	–
木材販売業者	〃	996	1	–	11	0	–
販売金額							
LVL工場	100万円	12,492	–	981	2,273	53	12
木材流通業者計	〃	71,847	77	–	893	9	–
木材売市場等	〃	634	–	–	13	9	–
木材売市場	〃	595	–	–	13	9	–
木材センター	〃	39	–	–	–	–	–
木材販売業者	〃	71,213	77	–	880	0	–

区分	単位	流通業者				その他			
		木材市売市場へ	木材センターへ	木材販売業者へ	総合商社へ	こん包業へ	木材薬品処理工場へ	建築業者へ	ホームセンターへ	その他へ
出荷量										
LVL工場	千m³	0	–	1	113	0	–	1	–	6
木材流通業者計	〃	0	0	111	0	33	–	126	–	723
木材売市場等	〃	0	0	9	–	–	–	1	–	–
木材売市場	〃	0	0	8	–	–	–	1	–	–
木材センター	〃	–	0	1	–	–	–	–	–	–
木材販売業者	〃	–	0	102	0	33	–	125	–	723
販売金額										
LVL工場	100万円	0	–	58	8,678	11	–	67	–	359
木材流通業者計	〃	5	30	12,858	4	1,492	–	10,900	–	45,577
木材売市場等	〃	5	8	542	–	–	–	56	–	–
木材売市場	〃	5	5	507	–	–	–	56	–	–
木材センター	〃	–	3	35	–	–	–	–	–	–
木材販売業者	〃	–	22	12,316	4	1,492	–	10,844	–	45,577

資料：農林水産省統計部「平成30年 木材流通構造調査報告書」

(3)　集成材

ア　生産量（令和4年）（概数値）

単位：千m³

区分	計	構造用				その他
		小計	大断面	中断面	小断面	
全国	1,659	1,577	12	637	928	82

資料：農林水産省統計部「令和4年 木材統計」
注：自工場で生産された集成材の量をいい、自社他工場から受け入れた物は除く。

5 製材品別 (続き)
(3) 集成材 (続き)
  イ 集成材の販売先別出荷量及び販売金額 (平成30年)

区分	単位	計	工場				
			製材工場へ	合単板・LVL工場へ	プレカット工場へ	枠組壁工法住宅用部材組立工場へ	集成材・CLT工場へ
出荷量							
集成材工場	千㎥	1,919	11	0	904	–	6
木材流通業者計	〃	2,444	8	0	534	1	75
木材市売市場等	〃	154	–	0	35	–	0
木材市売市場	〃	141	–	–	35	–	0
木材センター	〃	13	–	0	–	–	–
木材販売業者	〃	2,290	8	–	499	1	75
販売金額							
集成材工場	100万円	133,859	590	1	58,886	–	488
木材流通業者計	〃	226,594	507	26	40,358	183	10,376
木材市売市場等	〃	17,743	–	26	2,448	–	24
木材市売市場	〃	16,852	–	–	2,448	–	24
木材センター	〃	891	–	26	–	–	–
木材販売業者	〃	208,851	507	–	37,910	183	10,352

区分	単位	流通業者				その他				
		木材市場へ	木材センターへ	木材販売業者へ	総合商社へ	こん包業へ	木材薬品処理工場へ	建築業者へ	ホームセンターへ	その他へ
出荷量										
集成材工場	千㎥	12	147	283	338	–	16	79	0	122
木材流通業者計	〃	10	9	638	6	0	0	1,124	4	35
木材市売市場等	〃	0	0	108	1	–	–	10	0	–
木材市売市場	〃	0	0	104	–	–	–	2	–	–
木材センター	〃	–	–	4	1	–	–	8	0	–
木材販売業者	〃	10	9	530	5	0	0	1,114	4	35
販売金額										
集成材工場	100万円	922	11,541	20,376	25,721	–	1,044	6,811	20	7,460
木材流通業者計	〃	940	695	65,314	478	15	19	102,085	488	5,112
木材市売市場等	〃	14	4	14,450	45	–	–	732	1	–
木材市売市場	〃	14	4	14,186	–	–	–	177	–	–
木材センター	〃	–	–	264	45	–	–	555	1	–
木材販売業者	〃	926	691	50,864	433	15	19	101,353	487	5,112

資料:農林水産省統計部「平成30年 木材流通構造調査報告書」

ウ 輸入実績

品目	令和2年		3		4	
	数量	価額	数量	価額	数量	価額
	千m³	100万円	千m³	100万円	千m³	100万円
集成材	1,022	51,090	967	65,193	1,040	122,445
うち構造用集成材	910	42,038	832	53,655	906	108,004

資料：財務省「貿易統計」をもとに林野庁にて作成。

(4) CLT
ア 生産量（令和4年）（概数値）

単位：千m³

区分	計	構造用	その他
全国	15	14	1

資料：農林水産省統計部「令和4年 木材統計」
注：自工場で生産されたCLTの量をいい、自社他工場から受け入れたものは除く。

5　製材品別（続き）

(4)　ＣＬＴ（続き）

イ　ＣＬＴの販売先別出荷量及び販売金額（平成30年）

区分	単位	計	工場				
			製材工場へ	合単板・LVL工場へ	プレカット工場へ	枠組壁工法住宅用部材組立工場へ	集成材・CLT工場へ
出荷量							
ＣＬＴ工場	千m³	14	0	-	1	-	0
木材流通業者計	〃	44	3	1	-	-	-
木材市売市場等	〃	7	3	1	-	-	-
木材市売市場	〃	7	3	1	-	-	-
木材センター	〃	-	-	-	-	-	-
木材販売業者	〃	37	-	-	-	-	-
販売金額							
ＣＬＴ工場	100万円	1,791	15	-	148	-	21
木材流通業者計	〃	4,948	355	124	-	-	-
木材市売市場等	〃	882	355	124	-	-	-
木材市売市場	〃	882	355	124	-	-	-
木材センター	〃	-	-	-	-	-	-
木材販売業者	〃	4,066	-	-	-	-	-

区分	単位	流通業者				その他				
		木材市売市場へ	木材センターへ	木材販売業者へ	総合商社へ	こん包業へ	木材薬品処理工場へ	建築業者へ	ホームセンターへ	その他へ
出荷量										
ＣＬＴ工場	千m³	0	-	1	1	-	0	11	-	0
木材流通業者計	〃	6	-	7	-	-	-	19	-	7
木材市売市場等	〃	-	-	-	-	-	-	0	-	2
木材市売市場	〃	-	-	-	-	-	-	0	-	2
木材センター	〃	-	-	-	-	-	-	-	-	-
木材販売業者	〃	6	-	7	-	-	-	19	-	5
販売金額										
ＣＬＴ工場	100万円	1	-	77	82	-	1	1,402	-	43
木材流通業者計	〃	309	-	1,421	-	-	-	1,884	-	857
木材市売市場等	〃	-	-	-	-	-	-	4	-	400
木材市売市場	〃	-	-	-	-	-	-	4	-	400
木材センター	〃	-	-	-	-	-	-	-	-	-
木材販売業者	〃	309	-	1,421	-	-	-	1,880	-	457

資料：農林水産省統計部「平成30年 木材流通構造調査報告書」

(5)　木材チップ
原材料入手区分別木材チップ生産量

単位：千t

年次	計	素材 （原木）	工場残材		林地残材	解体材・ 廃材
			自己の工場から振り向けたもの	他の工場から購入したもの		
平成30年	5,706	2,481	1,823	274	105	1,023
令和元	5,266	2,328	1,679	235	57	967
2	4,753	2,119	1,570	209	49	806
3	6,070	2,661	2,408	215	75	711
4　（概数値）	5,278	2,378	1,954	202	46	698

資料：農林水産省統計部「木材需給報告書」。ただし、令和4年は「令和4年　木材統計」。

(6)　パルプ
ア　製品生産量

単位：千t

年次	製紙パルプ					
	計	クラフト パルプ	サーモメカニカ ルパルプ	リファイナーグ ラウンド パルプ	砕木パルプ	その他 製紙パルプ
平成30年	8,627	8,059	317	137	90	24
令和元	8,374	7,840	297	130	86	20
2	7,057	6,605	247	107	79	18
3	7,613	7,130	282	105	77	17
4	7,561	7,102	277	94	73	14

資料：経済産業省調査統計グループ「2022年経済産業省生産動態統計年報」（以下イまで同じ。）

イ　原材料消費量

単位：千m³

年次	合計	国産材					輸入材				
		計	原木	チップ			計	原木	チップ		
				小計	針葉樹	広葉樹			小計	針葉樹	広葉樹
平成30年	29,292	8,802	274	8,529	6,844	1,685	20,490	-	20,490	3,374	17,116
令和元	28,667	8,764	262	8,502	6,791	1,711	19,903	-	19,903	3,090	16,813
2	24,361	8,158	247	7,910	6,388	1,522	16,203	-	16,203	2,621	13,582
3	25,620	8,227	256	7,971	6,492	1,479	17,392	-	17,392	3,098	14,295
4	25,583	7,936	242	7,694	6,378	1,316	17,647	-	17,647	3,304	14,342

5 製材品別（続き）
(7) 工場残材
工場残材の販売先別出荷量等及び販売金額（平成30年）

区分	計	出					
		小計	自社の チップ 工場へ	他社の チップ 工場へ	木質 ボード 工場へ	ペレット 製造 業者へ	畜産業者 等へ
出荷量							
工場計	12,927	10,658	2,555	721	432	53	2,759
製材工場	8,747	7,659	2,511	460	8	10	1,986
合単板工場	1,330	706	28	182	384	1	12
ＬＶＬ工場	72	56	–	1	2	–	4
プレカット工場	968	893	10	73	38	13	186
集成材工場	756	486	6	3	0	7	204
ＣＬＴ工場	8	7	–	2	–	–	1
木材チップ工場	1,046	851	…	…		22	366

区分	計	自社の チップ 工場へ	他社の チップ 工場へ	木質 ボード 工場へ	ペレット 製造 業者へ	畜産業者 等へ	おが粉 製造業者 等へ
販売金額							
工場計	34,758	12,449	2,265	421	106	4,149	1,265
製材工場	28,227	12,245	2,097	58	11	3,128	1,033
合単板工場	755	102	52	320	5	6	0
ＬＶＬ工場	145	–	3	1	–	2	15
プレカット工場	1,738	83	106	39	47	186	115
集成材工場	2,767	19	1	3	24	223	42
ＣＬＴ工場	36	–	6	–	–	0	–
木材チップ工場	1,090	…	…	–	19	604	60

資料：農林水産省統計部「平成30年 木材流通構造調査報告書」

単位：千㎥

荷					産業廃棄物として処理	自工場で消費（熱利用等）	その他へ
おが粉製造業者等へ	堆肥製造業者等へ	発電・熱利用及び併用施設へ	チップ等集荷業者・木材流通業者等へ	その他へ			
685	205	1,033	1,714	500	183	2,001	88
435	67	717	1,140	324	116	934	39
0	–	5	75	20	18	606	0
6	–	22	22	–	–	16	–
164	86	17	247	58	14	58	4
39	–	135	65	26	2	267	2
–	1	3	0	–	–	2	–
41	51	134	165	72	33	118	43

単位：100万円

堆肥製造業者等へ	発電・熱利用及び併用施設へ	チップ等集荷業者・木材流通業者等へ	その他へ
185	5,304	6,157	2,456
61	2,756	4,663	2,175
–	4	257	9
–	56	69	–
80	46	908	127
–	2,347	74	33
1	27	2	–
43	68	184	112

6 木質バイオマスのエネルギー利用
(1) 業種別木質バイオマスエネルギー利用事業所数及び木質バイオマス利用量
（令和 3 年）

業種	事業所数	エネルギーとして利用した木質バイオマス				
		木材チップ	木質ペレット	薪	木粉（おが粉）	左記以外の木質バイオマス
	事業所	絶乾 t	t	t	t	t
計	1,347	10,707,868	1,809,690	47,220	589,376	577,032
製造業	488	4,685,456	15,103	36,639	488,229	374,471
製材業、木製品製造業	223	347,672	74	19,434	205,325	265,647
合板製造業	35	562,482	6,317	1,336	10,756	61,853
集成材製造業	45	85,970	48	2,840	87,006	15,340
建築用木製組立材料製造業（プレカット）	9	23,236	–	9	–	756
パーティクルボード製造業	5	77,306	–	–	9,218	–
繊維板製造業	4	126,319	–	–	–	380
床板（フローリング）製造業	16	5,887	61	5,071	18,169	2,601
木製容器製造業（木材加工業）	1	26	–	–	–	–
その他の木材産業	39	65,718	1,343	3,950	17,069	12,304
食料品製造業	16	332,772	242	920	1,185	820
繊維工業	7	98,878	61	–	–	–
家具・装備品製造業	15	2,098	173	3,063	1,064	4,982
パルプ・紙・紙加工品製造業	35	2,323,300	3,719	–	135,124	8,998
印刷・同関連業	–					
化学工場	11	210,304	90	–	–	500
その他	27	423,488	2,975	16	3,313	290
農業	78	51,848	17,085	1,812	625	280
電気・ガス・熱供給・水道業	140	5,536,007	1,752,054	235	90,452	182,380
宿泊業・飲食サービス業	78	11,012	2,793	1,504	3	518
宿泊業	73	11,009	2,727	1,279	3	518
飲食店	5	3	66	225	–	–
生活関連サービス・娯楽業	158	47,200	6,976	4,683	31	1,006
洗濯業、理容業、美容業	6	25,212	–	–	–	9
一般公衆浴場業、その他の公衆浴場業（温泉）	116	17,333	4,828	4,670	31	597
スポーツ施設提供業	27	4,403	1,841	10	–	400
公園、遊園地、その他の娯楽業	9	252	307	3	–	–
教育	98	1,966	2,181	273	–	2
学校教育	65	1,516	1,556	230	–	–
その他教育、学習支援業	33	450	625	43	–	2
医療・福祉	124	9,402	7,887	682	–	15
医療業	21	2,306	1,857	–	–	–
老人福祉、介護事業、障害者福祉事業	70	6,774	5,322	614	–	15
児童福祉事業（保育所）	30	86	631	68	–	–
その他	3	236	77	–	–	–
協同組合	19	70,127	516	39	9,586	12,630
その他	164	294,850	5,095	1,353	450	5,730

資料：林野庁「木質バイオマスエネルギー利用動向調査」（以下(3)まで同じ。）
注：絶乾 t とは、絶乾比重（含水率 0 ％）に基づき算出された実重量である。

(2)　事業所における利用機器の所有形態別木質バイオマスの種類別利用量
　　　（令和3年）

利用機器の所有形態	エネルギーとして利用した木質バイオマス				
	木材チップ	木質ペレット	薪	木粉（おが粉）	左記以外の木質バイオマス
	絶乾 t	t	t	t	t
計	10,707,868	1,809,690	47,220	589,376	577,032
発電機のみ所有	7,168,538	1,764,772	–	171,701	181,050
ボイラーのみ所有	1,255,846	38,032	46,258	220,643	338,864
発電機及びボイラーの両方を所有	2,283,484	6,886	962	197,032	57,118

(3)　事業所における利用機器の所有形態別木材チップの由来別利用量
　　　（令和3年）

単位：絶乾 t

利用機器の所有形態	エネルギーとして利用した木材チップの由来						
	計	間伐材・林地残材等	製材等残材	建設資材廃棄物（解体材、廃材）	輸入チップ	輸入丸太を用いて国内で製造	左記以外の木材（剪定枝等）
計	10,707,868	4,113,674	1,791,445	4,010,427	404,620	897	386,805
うちパルプ等の原料用から燃料用に転用した量	133,105	799	91,281	32,680	8,345	–	–
発電機のみ所有	7,168,538	3,563,565	670,959	2,181,849	404,620	–	347,545
ボイラーのみ所有	1,255,846	133,151	631,738	486,797	–	70	4,090
発電機及びボイラーの両方を所有	2,283,484	416,958	488,748	1,341,781	–	827	35,170

Ⅹ 森林組合
1 森林組合（各年度末現在）

年度	組合数	組合員数	正組合員数	払込済出資金	組合員所有森林面積	設立登記組合数
	組合	人	人	100万円	千ha	組合
平成29年度	621	1,511,674	1,453,248	54,381	10,643	621
30	617	1,502,962	1,444,890	54,294	10,554	617
令和元	613	1,495,048	1,437,705	54,293	10,562	613
2	613	1,486,979	1,429,148	54,216	10,561	613
3	610	1,475,466	1,418,402	54,080	10,482	610

資料：農林水産省統計部「森林組合一斉調査」（以下3まで同じ。）。
注：調査票の提出があった組合の数値である（以下3まで同じ。）。

2 森林組合の部門別事業実績

単位：100万円

区分		計	指導	販売、加工	森林整備 購買、養苗	森林整備 森林整備、利用・福利厚生、林地供給	金融
令和元年度	実績	273,447	1,516	136,830	9,175	125,894	31
	構成比(%)	100.0	0.6	50.0	3.4	46.0	0.0
2	実績	262,477	1,406	126,639	9,199	125,207	26
	構成比(%)	100.0	0.5	48.2	3.5	47.7	0.0
3	実績	295,886	1,445	157,136	9,507	127,777	21
	構成比(%)	100.0	0.5	53.1	3.2	43.2	0.0

3 生産森林組合（各年度末現在）

年度	組合数	組合員数	払込済出資金	組合経営森林面積	設立登記組合数
	組合	人	100万円	千ha	組合
平成29年度	2,226	196,453	23,347	322	2,913
30	2,102	183,611	22,091	308	2,844
令和元	2,067	178,014	21,791	309	2,765
2	2,015	172,760	20,998	296	2,693
3	1,957	169,214	20,880	303	2,627

水 産 業 編

I 漁業構造

1 海面漁業経営体

(1) 漁業経営体の基本構成(各年11月1日現在)

年次	漁業経営体数	漁船		動力漁船	
		無動力漁船隻数	船外機付漁船隻数	隻数	トン数
	経営体	隻	隻	隻	T
平成25年	94,507	3,779	67,572	81,647	612,269.9
30	79,067	3,080	59,201	69,920	547,521.4

年次	11月1日現在の海上作業従事者数				団体経営体の責任のある者	雇用者
	計	家族				
		小計	男	女		
	人	人	人	人	人	人
平成25年	177,728	95,414	81,181	14,233	…	82,314
30	155,692	82,593	71,433	11,160	6,847	66,252

資料:農林水産省統計部「漁業センサス」(以下(4)まで同じ。)
注:1 漁業経営体とは、過去1年間に利潤又は生活の資を得るために、生産物を販売することを目的として、海面において水産動植物の採捕又は養殖の事業を行った世帯又は事業所をいう。ただし、過去1年間における漁業の海上作業従事日数が30日未満の個人漁業経営体は除く(以下(5)まで同じ。)。
　　2 平成30年調査において「雇用者」から「団体経営体の責任のある者」を分離して新たに調査項目として設定しており、平成25年値は「雇用者」に「団体経営体の責任のある者」を含んでいる。

(2) 経営体階層別経営体数(各年11月1日現在)

単位:経営体

年次	計	漁船非使用	無動力漁船	船外機付漁船	動力漁船使用		
					1T未満	1~3	3~5
平成25年	94,507	3,032	97	20,709	2,770	14,109	21,080
30	79,067	2,595	47	17,364	2,002	10,652	16,810

年次	動力漁船使用(続き)						
	5~10	10~20	20~30	30~50	50~100	100~200	200~500
平成25年	8,247	3,643	559	466	293	252	76
30	7,495	3,339	494	430	252	233	64

年次	動力漁船使用(続き)			大型定置網	さけ定置網	小型定置網	海面養殖
	500~1,000	1,000~3,000	3,000T以上				
平成25年	55	53	3	431	821	2,867	14,944
30	50	52	2	409	534	2,293	13,950

注:階層区分は、販売金額1位の漁業種類及び使用した動力漁船の合計トン数によって区分した。

1 海面漁業経営体（続き）
(3) 経営組織別経営体数（全国・都道府県・大海区）（各年11月1日現在）

単位：経営体

区分	計	個人経営体	会社	漁業協同組合	漁業生産組合	共同経営	その他
平成25年	94,507	89,470	2,534	211	110	2,147	35
30	79,067	74,526	2,548	163	94	1,700	36
北海道	11,089	10,006	411	26	12	629	5
青森	3,702	3,567	48	9	5	72	1
岩手	3,406	3,317	17	24	10	37	1
宮城	2,326	2,214	80	3	13	16	－
秋田	632	590	14	－	－	26	2
山形	284	271	5	－	－	6	2
福島	377	354	14	－	－	9	－
茨城	343	318	23	2	－	－	－
千葉	1,796	1,739	37	11	3	6	－
東京	512	503	4	3	－	－	2
神奈川	1,005	920	65	5	3	12	－
新潟	1,338	1,307	18	2	1	9	1
富山	250	204	24	2	5	15	－
石川	1,255	1,176	65	－	1	11	2
福井	816	778	21	1	－	16	－
静岡	2,200	2,095	75	4	4	21	1
愛知	1,924	1,849	15	1	－	59	－
三重	3,178	3,054	60	4	2	57	1
京都	636	618	12	－	3	2	1
大阪	519	493	5	－	1	20	－
兵庫	2,712	2,247	67	－	1	397	－
和歌山	1,581	1,535	19	4	1	21	1
鳥取	586	538	42	5	－	－	1
島根	1,576	1,487	54	－	3	31	1
岡山	872	843	13	1	－	15	－
広島	2,162	2,059	101	－	1	1	－
山口	2,858	2,790	45	11	－	8	4
徳島	1,321	1,276	34	－	1	9	1
香川	1,234	1,125	106	－	－	3	－
愛媛	3,444	3,284	146	2	1	10	1
高知	1,599	1,507	69	3	－	20	－
福岡	2,386	2,277	35	7	－	66	1
佐賀	1,609	1,554	10	3	－	42	－
長崎	5,998	5,740	226	12	－	18	2
熊本	2,829	2,734	78	4	2	10	1
大分	1,914	1,807	102	－	1	4	－
宮崎	950	790	149	－	9	1	1
鹿児島	3,115	2,877	210	7	11	9	1
沖縄	2,733	2,683	29	7	－	12	2
北海道太平洋北区	6,964	6,364	281	21	3	291	4
太平洋北区	8,163	7,828	171	37	27	98	2
太平洋中区	10,615	10,160	256	28	12	155	4
太平洋南区	6,581	6,055	454	8	13	47	4
北海道日本海北区	4,125	3,642	130	5	9	338	1
日本海北区	4,495	4,314	72	5	7	92	5
日本海西区	5,187	4,877	230	6	8	61	5
東シナ海区	19,740	18,898	625	49	13	147	8
瀬戸内海区	13,197	12,388	329	4	2	471	3

注： 1 個人経営体は、漁業経営体のうち、個人で漁業を営んだものをいう。会社は、会社法に
　基づき設立された株式会社、合名会社、合資会社及び合同会社をいう。なお、特例有限会
　社は株式会社に含む。
　　2 漁業協同組合は、水産業協同組合法に規定する漁業協同組合及び漁業協同組合連合会を
　いう。漁業生産組合は、水産業協同組合法に規定する漁業生産組合をいう。
　　3 共同経営は、二つ以上の漁業経営体（個人又は法人）が、漁船、漁網等の主要生産手段
　を共有し、漁業経営を共同で行ったものであり、その経営に資本又は現物を出資している
　ものをいう。これに該当する漁業経営体の調査は、代表者に対してのみ実施した。

(4) 営んだ漁業種類別経営体数（複数回答）（各年11月1日現在）

単位：経営体

年次	計（実数）	底びき網		沖合底びき網		小型底びき網	船びき網	まき網 大中型まき網 1そうまき 遠洋かつお・まぐろ
		遠洋底びき網	以西底びき網	1そうびき	2そうびき			
平成25年	94,507	5	2	223	19	10,710	3,348	17
30	79,067	3	3	239	25	8,857	3,145	17

年次	まき網（続き） 大中型まき網（続き）			中・小型まき網	刺網			さんま棒受網
	1そうまき 近海かつお・まぐろ	1そうまき その他	2そうまき		さけ・ます流し網	かじき等流し網	その他の刺網	
平成25年	6	51	11	514	102	45	23,398	237
30	11	45	12	384	42	24	19,033	135

年次	大型定置網	さけ定置網	小型定置網	その他の網漁業	はえ縄			その他のはえ縄
					遠洋まぐろはえ縄	近海まぐろはえ縄	沿岸まぐろはえ縄	
平成25年	467	1,089	5,142	4,401	74	217	451	4,575
30	439	792	3,869	3,784	63	176	364	3,812

年次	釣							
	遠洋かつお一本釣	近海かつお一本釣	沿岸かつお一本釣	遠洋いか釣	近海いか釣	沿岸いか釣	ひき縄釣	その他の釣
平成25年	20	53	537	2	59	7,567	7,031	27,024
30	21	41	403	1	44	5,782	5,409	22,070

年次	小型捕鯨	潜水器漁業	採貝・採藻	その他の漁業	海面養殖 魚類養殖			
					ぎんざけ養殖	ぶり類養殖	まだい養殖	ひらめ養殖
平成25年	4	1,642	32,493	25,081	18	795	830	120
30	3	1,595	26,097	22,568	66	643	699	96

年次	海面養殖（続き） 魚類養殖（続き）			ほたてがい養殖	かき類養殖	その他の貝類養殖	くるまえび養殖	ほや類養殖
	とらふぐ養殖	くろまぐろ養殖	その他の魚類養殖					
平成25年	…	92	695	2,950	2,977	695	90	552
30	200	96	464	3,019	3,021	635	90	856

年次	海面養殖（続き）						
	その他の水産動物類養殖	こんぶ類養殖	わかめ類養殖	のり類養殖	その他の海藻類養殖	真珠養殖	真珠母貝養殖
平成25年	187	1,980	3,794	4,021	744	722	519
30	143	1,628	3,442	3,414	790	615	405

注：平成25年の「くろまぐろ養殖」は「まぐろ類養殖」である。

1 海面漁業経営体（続き）
(5) 経営体階層別、漁獲物・収穫物の販売金額規模別経営体数
(平成30年11月1日現在)

単位：経営体

区分	計	100万円未満	100～500	500～1,000	1,000～2,000	2,000～5,000	5,000万～1億	1～5	5～10	10億円以上
計	79,067	23,668	27,760	10,992	6,763	5,848	2,120	1,603	186	127
漁船非使用	2,595	1,775	735	71	10	2	-	-	1	1
漁船使用										
無動力漁船	47	33	13	1	-	-	-	-	-	-
船外機付漁船	17,364	9,159	6,519	1,345	291	39	8	3	-	-
動力漁船使用										
1T未満	2,002	1,361	591	43	5	1	1	-	-	-
1～3	10,652	5,525	4,437	563	107	18	1	1	-	-
3～5	16,810	3,444	8,353	3,275	1,334	378	24	2	-	-
5～10	7,495	811	2,622	2,006	1,264	677	97	18	-	-
10～20	3,339	191	461	655	715	863	324	127	2	1
20～30	494	15	25	42	110	208	67	26	1	-
30～50	430	14	11	15	33	164	123	64	5	1
50～100	252	4	6	3	6	11	56	165	1	-
100～200	233	2	2	-	1	1	13	186	21	7
200～500	64	2	-	-	-	1	-	29	26	6
500～1,000	50	-	-	-	-	1	6	24	19	
1,000～3,000	52	-	-	-	-	-	-	-	11	41
3,000T以上	2	-	-	-	-	-	-	-	-	2
大型定置網	409	3	12	11	26	65	126	156	9	1
さけ定置網	534	21	52	53	72	134	100	94	5	3
小型定置網	2,293	317	994	454	271	183	58	16	-	-
海面養殖										
魚類養殖										
ぎんざけ養殖	60	-	-	-	1	3	14	40	-	2
ぶり類養殖	520	4	7	7	28	65	154	198	41	16
まだい養殖	445	7	22	20	45	98	73	149	16	15
ひらめ養殖	54	2	9	4	7	16	8	7	1	-
とらふぐ養殖	139	8	14	9	14	44	26	21	2	1
くろまぐろ養殖	69	8	-	-	-	1	8	27	15	10
その他の魚類養殖	105	10	22	9	19	17	14	13	1	-
ほたてがい養殖	2,496	40	270	430	702	786	213	55	-	-
かき類養殖	2,067	247	598	437	314	304	122	44	1	-
その他の貝類養殖	235	113	76	19	17	6	3	1	-	-
くるまえび養殖	75	1	6	3	9	16	15	24	1	-
ほや養殖	167	24	59	47	31	6	-	-	-	-
その他の水産動物類養殖	50	2	11	20	12	3	2	-	-	-
こんぶ類養殖	916	18	135	289	384	86	3	-	-	1
わかめ類養殖	1,835	285	818	436	211	66	16	3	-	-
のり類養殖	3,214	141	255	327	535	1,445	406	103	2	-
その他の海藻類養殖	661	60	398	155	40	4	2	2	-	-
真珠養殖	594	15	122	126	132	135	42	22	-	-
真珠母貝養殖	248	6	105	116	18	2	-	1	-	-

資料：農林水産省統計部「2018年漁業センサス」
注：「100万円未満」は、「販売金額なし」及び漁獲物・収穫物の販売金額の調査項目に回答を得られなかった経営体を含む。

2 内水面漁業経営体

(1) 内水面漁業経営体数(各年11月 1 日現在)

単位:経営体

区分	計 (実数)	湖沼で漁業を 営んだ 経営体	湖沼で養殖業 を営んだ経営 体	湖沼は採捕の みで湖沼以外 で養殖業を営 んだ経営体	養殖業を営ん だ経営体	湖沼漁業を 営んだ経営体
平成25年	5,503	2,484	82	28	3,129	110
30	4,772	2,133	59	6	2,704	65

資料:農林水産省統計部「漁業センサス」(以下(3)まで同じ。)
注:「湖沼で漁業を営んだ経営体」には、年間湖上作業従事日数が29日以下の個人経営体を含む。

(2) 湖沼漁業経営体の基本構成(各年11月 1 日現在)

区分	経営 体数	保有漁船隻数			使用動 力漁船 合計 トン数	湖上作業従事者数			
		無動力 漁船	船外機 付漁船	動力 漁船		家族・雇用者別		男女別	
						家族	雇用者	男	女
	経営体	隻	隻	隻	T	人	人	人	人
平成25年	2,266	227	1,990	1,373	2,803	3,296	822	3,159	959
30	1,930	148	1,655	1,079	2,062	2,562	632	2,610	584

注:年間湖上作業従事日数29日以下の個人経営体を除く。

(3) 内水面養殖業経営体の基本構成(各年11月 1 日現在)

区分	経営体 総数	養殖池数	養殖面積	養殖業従事者数			
				家族・雇用者別		男女別	
				家族	雇用者	男	女
	経営体	面	㎡	人	人	人	人
平成25年	3,129	51,228	37,744,862	4,276	6,272	7,520	3,028
30	2,704	48,884	25,857,944	3,353	6,085	6,900	2,538

2 内水面漁業経営体（続き）
(4) 販売金額１位の養殖種類別経営組織別経営体数（平成30年11月１日現在）

単位：経営体

区分	計	個人	会社	漁業協同組合	漁業生産組合	共同経営	その他
計	2,704	1,868	597	71	54	49	65
食用	1,788	1,134	487	37	45	49	36
にじます	210	116	68	10	14	1	1
その他のます類	411	279	73	11	16	20	12
あゆ	123	51	52	10	7	1	2
こい	105	75	26	1	1	1	1
ふな	107	99	3	－	－	4	1
うなぎ	396	194	187	3	3	7	2
すっぽん	49	26	20	1	－	－	2
海水魚種	30	17	9	1	－	2	1
その他	357	277	49	－	4	13	14
種苗用	125	26	28	34	8	－	29
ます類	54	14	16	10	5	－	9
あゆ	50	2	10	20	2	－	16
こい	7	6	1	－	－	－	－
その他	14	4	1	4	1	－	4
観賞用	782	707	74	－	1	－	－
錦ごい	512	458	53	－	1	－	－
その他	270	249	21	－	－	－	－
真珠	9	1	8	－	－	－	－

資料：農林水産省統計部「2018年漁業センサス」（以下３まで同じ。）

3 大海区別漁業集落数（平成30年11月１日現在）

単位：集落

区分	全国	北海道太平洋北区	太平洋北区	太平洋中区	太平洋南区	北海道日本海北区	日本海北区	日本海西区	東シナ海区	瀬戸内海区
漁業集落数	6,298	275	564	736	598	318	457	632	1,704	1,014

4 漁港
漁港種類別漁港数

単位：漁港

年次	総数			1)第１種			2)第２種	3)第３種	4)特３種	5)第４種
	計	海面	内水面	小計	海面	内水面	海面	海面	海面	海面
平成31年	2,806	2,767	39	2,069	2,030	39	524	101	13	99
令和2	2,790	2,751	39	2,052	2,013	39	525	101	13	99
3	2,785	2,746	39	2,047	2,008	39	525	101	13	99
4	2,780	2,741	39	2,042	2,003	39	525	101	13	99
5	2,777	2,738	39	2,039	2,000	39	525	101	13	99

資料：水産庁「漁港一覧」

注：1)は、利用範囲が地元漁業を主とするものをいう。
　　2)は、利用範囲が第１種漁港よりも広く第３種漁港に属さないものをいう。
　　3)は、利用範囲が全国的なものをいう。
　　4)は、第３種漁港のうち水産業の振興上特に重要な漁港で政令で定めるものをいう。
　　5)は、離島、その他辺地にあって、漁場開発又は漁船の避難上特に必要なものをいう。

5　漁船（各年12月31日現在）

(1)　漁船の勢力（総括表）

年次	総隻数	推進機関有無別				海水・淡水別			
		動力漁船		無動力漁船		海水漁業		淡水漁業	
		隻数	総トン数	隻数		動力漁船	無動力漁船	動力漁船	無動力漁船
	隻	隻	千T	隻		隻	隻	隻	隻
平成29年	237,503	230,886	929	6,617		224,575	3,735	6,311	2,882
30	230,504	224,791	923	5,713		218,720	3,764	6,071	1,949
令和元	225,276	218,734	905	6,542		212,939	3,961	5,795	2,581
2	219,485	213,521	897	5,964		207,823	3,520	5,698	2,444
3	213,690	207,787	885	5,903		202,235	3,347	5,552	2,556

資料：水産庁「漁船統計表」（以下(3)まで同じ。）

注：1　この統計調査の対象漁船は、漁船法及び漁船法施行規則に基づく漁船登録票を有する次の日本
船舶とする（以下(3)まで同じ。）。
　　ア　もっぱら漁業に従事する船舶.
　　イ　漁業に従事する船舶で漁獲物の保蔵又は製造の設備を有するもの
　　ウ　もっぱら漁場から漁獲物又はその製品を運搬する船舶
　　エ　もっぱら漁業に関する試験、調査、指導若しくは練習に従事する船舶又は漁業の取締に従
　　　　事する船舶であって漁ろう設備を有するもの
　　2　漁船には、漁船法に基づく登録漁船のほかに、対象外の総トン数1トン未満の無動力漁船を含む。

(2)　総トン数規模別海水漁業動力漁船数

単位：隻

年次	計	5 T未満	5～10	10～15	15～20	20～30
平成29年	224,575	199,320	14,746	4,919	4,326	34
30	218,720	193,695	14,583	4,880	4,322	34
令和元	212,939	188,277	14,321	4,824	4,307	34
2	207,823	183,422	14,148	4,767	4,286	34
3	202,235	178,085	13,928	4,734	4,303	32

年次	30～50	50～100	100～200	200～500	500～1,000	1,000 T以上
平成29年	87	282	377	436	34	14
30	82	276	369	427	34	18
令和元	83	259	365	417	35	17
2	83	246	363	417	40	17
3	82	237	355	410	42	17

(3)　機関種類別及び船質別海水漁業動力漁船数

単位：隻

年次	機関種類別			船質別		
	ジーゼル	焼玉	電気点火	鋼船	木船	ＦＲＰ船
平成29年	111,414	－	113,161	3,293	2,306	218,976
30	108,255	－	110,465	3,282	2,034	213,404
令和元	105,005	－	107,934	3,250	1,811	207,878
2	102,036	－	105,787	3,267	1,620	202,936
3	99,090	－	103,145	3,247	1,440	197,548

Ⅱ 漁業労働力
1 世帯員数（個人経営体出身）（各年11月1日現在）

単位：千人

年次	計	男			女		
		小計	14歳以下	15歳以上	小計	14歳以下	15歳以上
平成30年	223.0	118.5	9.8	108.7	104.5	9.3	95.2
令和元	198.9	106.3	8.9	97.4	92.6	8.2	84.4
2	188.2	100.9	8.1	92.9	87.3	8.0	79.3
3	176.0	94.6	7.3	87.3	81.4	7.4	74.0

資料：農林水産省統計部「2018年漁業センサス」、「漁業構造動態調査（令和元年～3年）」

2 漁業従事世帯員・役員数（平成30年11月1日現在）
(1) 年齢階層別漁業従事世帯員・役員数

区分	計	15～29歳	30～39	40～49	50～59	60～64	65～69	70～74	75歳以上
数（人）									
計	134,466	4,832	9,335	15,612	24,128	15,987	21,239	17,106	26,227
漁業従事世帯員	123,685	4,488	8,292	13,723	21,355	14,536	19,806	16,159	25,326
漁業従事役員	10,781	344	1,043	1,889	2,773	1,451	1,433	947	901
構成比（%）									
計	100.0	3.6	6.9	11.6	17.9	11.9	15.8	12.7	19.5
漁業従事世帯員	100.0	3.6	6.7	11.1	17.3	11.8	16.0	13.1	20.5
漁業従事役員	100.0	3.2	9.7	17.5	25.7	13.5	13.3	8.8	8.4

資料：農林水産省統計部「2018年漁業センサス」（以下(2)まで同じ。）

(2) 責任のある者の状況
ア 年齢階層別責任のある者数

区分	計	15～29歳	30～39	40～49	50～59	60～64	65～69	70～74	75歳以上
数（人）									
計	95,392	1,540	5,222	10,719	18,213	12,150	15,942	12,930	18,676
個人経営体	84,611	1,196	4,179	8,830	15,440	10,699	14,509	11,983	17,775
団体経営体	10,781	344	1,043	1,889	2,773	1,451	1,433	947	901
構成比（%）									
計	100.0	1.6	5.5	11.2	19.1	12.7	16.7	13.6	19.6
個人経営体	100.0	1.4	4.9	10.4	18.2	12.6	17.1	14.2	21.0
団体経営体	100.0	3.2	9.7	17.5	25.7	13.5	13.3	8.8	8.4

イ 団体経営体における役職別責任のある者数

区分	計（実数）	経営主	海上作業において責任のある者					陸上作業において責任のある者
			漁ろう長	船長	機関長	養殖場長	左記以外	
数（人）	10,781	5,584	1,663	3,587	839	798	2,892	3,875
割合(%)	100.0	51.8	15.4	33.3	7.8	7.4	26.8	35.9
平均年齢（歳）	－	59.0	57.5	55.3	54.9	53.5	53.7	59.9

3 漁業就業者
(1) 自家漁業のみ・漁業雇われ別漁業就業者数(各年11月１日現在)

単位：千人

年次	計	個人経営体の自家漁業のみ	漁業従事役員	漁業雇われ
平成30年	151.7	86.9	8.7	56.0
令和元	144.7	80.3	7.6	56.8
2	135.7	75.8	7.4	52.4
3	129.3	71.8	6.9	50.6
4 （概数値）	123.1	67.7	6.6	48.8

資料： 農林水産省統計部「2018年漁業センサス（平成30年）」、「漁業構造動態調査（令和元～４年）」

(2) 新規就業者数（平成30年11月１日現在）

単位：人

区分	計	個人経営体の自家漁業のみ	漁業雇われ
新規就業者	1,862	469	1,393

資料：農林水産省統計部「2018年漁業センサス」

(3) 卒業者の漁業就業者数（各年３月卒業）

単位：人

区分	漁業就業者 令和３年	漁業就業者 4	区分	漁業就業者 令和３年	漁業就業者 4
中学校			大学		
計	(95)	(123)	計	94	111
男	(83)	(113)	男	67	84
女	(12)	(10)	女	27	27
特別支援学校中学部			大学院修士課程		
計	(-)	(-)	計	22	22
男	(-)	(-)	男	16	19
女	(-)	(-)	女	6	3
高等学校（全日・定時制）			大学院博士課程		
計	453	405	計	7	-
男	424	374	男	6	-
女	29	31	女	1	-
高等学校（通信制）			大学院専門職学位課程		
計	30	18	計	-	-
男	27	15	男	-	-
女	3	3	女	-	-
中等教育学校（後期課程）			短期大学		
計	-	-	計	6	3
男	-	-	男	1	1
女	-	-	女	5	2
特別支援学校高等部			高等専門学校		
計	8	7	計	1	1
男	8	7	男	1	1
女	-	-	女	-	-

資料：文部科学省総合教育政策局「学校基本調査」
注：1 卒業後の状況調査における、産業別の就職者数である。
　　2 進学しつつ就職した者を含む。
　　3 中学校及び特別支援学校（中学部）は漁業就業者の区分をされていないため、農業・林業を含む一次産業への就業者を（ ）で掲載した。

Ⅲ 漁業経営

1 個人経営体（1経営体当たり）（全国平均）（令和3年）

(1) 漁船漁業及び小型定置網漁業

ア 概要及び分析指標

| 区分 | 使用動力船総トン数 | 事業所得 | | | 漁労外事業所得 | 漁労所得率 | 付加価値額（純生産） | 物的経費 | 純生産性 | 漁業固定資本装備率 |
		計	漁労所得							
	T	千円	千円	千円	%	千円	千円	千円	千円
漁船漁業										
平均	4.78	2,487	2,267	220	27.7	4,193	3,983	1,997	1,606
3 T未満	1.03	1,497	1,384	113	37.9	2,001	1,651	1,053	823
3～5	4.70	2,242	1,966	276	31.4	2,968	3,291	1,855	2,155
5～10	7.87	4,136	3,802	334	26.4	7,632	6,761	2,726	2,498
10～20	15.28	6,488	6,397	91	21.9	15,215	14,029	3,538	1,682
20～30	24.51	4,388	3,579	809	21.7	8,551	7,972	1,943	1,988
30～50	37.28	15,977	13,177	2,800	21.4	35,109	26,524	3,901	1,391
50～100	75.95	8,860	6,847	2,013	5.5	54,713	69,358	3,672	870
100T以上	286.08	△ 23,254	△ 24,974	1,720	nc	116,082	207,041	6,413	7,289
うち100～200	145.11	6,482	4,911	1,571	3.7	55,434	75,543	5,435	2,334
200T以上	x	x	x	x	x	x	x	x	x
小型定置網漁業	5.20	5,322	5,165	157	36.9	8,968	5,011	2,135	688

資料：農林水産省統計部「令和3年漁業経営統計調査報告」（以下2まで同じ。）
注：　調査対象経営体は、第2種兼業を除く個人経営体のうち、主として漁船漁業を営む経営体及び
　　　主として小型定置網漁業を営む経営体並びに主として養殖業（ぶり類、まだい、ほたてがい、かき
　　　類及びのり類）を営む経営体である（以下(2)まで同じ。）。

イ 経営収支

単位：千円

区分	漁労収入	漁業生産物収入	漁労支出	雇用労賃	漁船・漁具費	油費	修繕費	販売手数料	減価償却費
漁船漁業									
平均	8,176	7,067	5,909	992	454	944	514	479	805
3 T未満	3,652	3,314	2,268	159	177	282	230	222	375
3～5	6,259	5,186	4,293	255	398	882	479	397	628
5～10	14,393	12,178	10,591	2,319	723	1,428	748	815	1,753
10～20	29,244	25,820	22,847	5,591	1,412	3,840	1,373	1,703	2,258
20～30	16,523	13,002	12,944	3,104	723	2,045	1,060	682	1,995
30～50	61,633	52,632	48,456	17,103	4,469	6,079	5,226	2,290	4,128
50～100	124,071	116,664	117,224	40,705	13,423	22,225	9,475	6,328	6,446
100T以上	323,123	293,411	348,097	77,882	10,607	71,044	37,386	9,603	33,320
うち100～200	130,977	111,807	126,066	34,837	6,673	29,044	18,960	5,446	5,348
200T以上	x	x	x	x	x	x	x	x	x
小型定置網漁業	13,979	12,731	8,814	2,025	754	434	794	905	939

(2) 海面養殖業
　ア　概要及び分析指標

区分	1)養殖施設面積	事業所得			漁労所得率	付加価値額（純生産）	物的経費	純生産性	漁業固定資本装備率
		計	漁労所得	漁労外事業所得					
	㎡	千円	千円	千円	％	千円	千円	千円	千円
ぶり類養殖業	918	6,871	6,272	599	5.5	21,762	91,872	2,155	1,279
まだい養殖業	1,494	△ 9,392	△ 9,401	9	nc	3,698	69,287	1,088	2,502
ほたてがい養殖業	10,853	10,272	10,264	8	34.5	16,181	13,577	1,556	1,265
かき類養殖業	4,287	6,291	5,690	601	21.0	17,250	9,876	2,363	1,536
のり類養殖業	14,024	10,455	10,355	100	32.0	17,895	14,476	2,671	2,622

注：1)は、主とする養殖業の養殖施設面積である。

　イ　経営収支

単位：千円

区分	漁労収入	養殖業生産物収入	漁労支出	雇用労賃	漁船・漁具費	油費	修繕費	販売手数料	減価償却費
ぶり類養殖業	113,634	101,917	107,362	2,322	778	1,409	1,028	1,916	5,258
まだい養殖業	72,985	66,207	82,386	2,236	823	717	645	1,408	2,614
ほたてがい養殖業	29,758	26,180	19,494	4,366	2,282	1,191	1,907	1,785	3,662
かき類養殖業	27,126	24,082	21,436	6,368	739	707	1,033	859	2,346
のり類養殖業	32,371	28,246	22,016	2,326	890	2,221	1,997	1,248	4,329

2 会社経営体（1経営体当たり）（全国平均）（令和3年度）

(1) 漁船漁業及び海面養殖業の総括

区分	収入				支出			
	計	漁労売上高	漁労外売上高	営業外収益	計	漁労売上原価	漁労販売費及び一般管理費	漁労外売上原価
	千円	千円	千円	千円	千円	千円	千円	千円
漁船漁業								
平均	374,831	273,225	79,150	22,456	367,220	273,399	55,941	30,264
10〜20T未満	67,922	50,092	16,323	1,507	66,125	44,964	14,785	3,359
20〜50	111,050	51,760	56,310	2,980	107,967	63,159	19,356	22,731
50〜100	155,848	122,173	28,069	5,606	147,895	103,193	33,116	8,822
100〜200	357,790	288,539	51,970	17,281	351,658	250,822	75,429	18,949
200〜500	715,418	563,640	119,249	32,529	705,936	513,159	97,798	71,600
500T以上	2,326,675	1,660,598	490,163	175,914	2,288,878	1,798,256	263,485	188,924
うち500〜1,000	1,231,350	869,341	242,563	119,446	1,159,262	938,755	129,576	80,051
1,000T以上	2,924,125	2,092,192	625,218	206,715	2,905,035	2,267,055	336,528	248,310
うち1,000〜3,000	2,917,800	2,010,975	681,201	225,624	2,906,586	2,238,757	345,075	266,052
3,000T以上	2,964,186	2,606,570	270,661	86,955	2,895,220	2,446,428	282,397	135,942
海面養殖業								
ぶり類養殖業	404,002	351,250	34,694	18,058	408,655	347,855	31,049	15,897
まだい養殖業	478,593	366,403	73,385	38,805	490,747	384,843	53,959	33,689

区分	支出（続き）		1)漁労利益	2)漁労外利益	営業利益	経常利益	当期純利益	3)漁業投下資本利益率	4)売上利益率	5)自己資本比率
	漁労外販売費及び一般管理費	営業外費用								
	千円	千円	千円	千円	千円	千円	千円	%	%	%
漁船漁業										
平均	4,352	3,264	△ 56,115	44,534	△ 11,581	7,611	△ 395	nc	nc	23.7
10〜20T未満	2,419	598	△ 9,657	10,545	888	1,797	1,211	nc	nc	nc
20〜50	2,248	473	△ 30,755	31,331	576	3,083	2,026	nc	nc	13.0
50〜100	1,635	1,129	△ 14,136	17,612	3,476	7,953	156	nc	nc	nc
100〜200	3,858	2,600	△ 37,712	29,163	△ 8,549	6,132	4,738	nc	nc	38.7
200〜500	12,221	11,158	△ 47,317	35,428	△ 11,889	9,482	3,033	nc	nc	20.3
500T以上	18,319	19,894	△ 401,143	282,920	△ 118,223	37,797	23,354	nc	nc	23.4
うち500〜1,000	2,718	8,162	△ 198,990	159,794	△ 39,196	72,088	14,430	nc	nc	30.1
1,000T以上	26,829	26,293	△ 511,411	350,079	△ 161,332	19,090	△ 43,965	nc	nc	21.9
うち1,000〜3,000	31,065	25,637	△ 572,857	384,084	△ 188,773	11,214	△ 19,522	nc	nc	23.1
3,000T以上	-	30,453	△ 122,255	134,719	12,464	68,966	△ 198,776	nc	nc	13.8
海面養殖業										
ぶり類養殖業	592	13,262	△ 27,654	18,205	△ 9,449	△ 4,653	△ 10,459	nc	nc	4.5
まだい養殖業	660	17,596	△ 72,399	39,036	△ 33,363	△ 12,154	△ 9,769	nc	nc	23.1

注： 調査対象経営体は、会社経営体のうち、主として漁船漁業を営み、かつ、使用する動力漁船の
合計総トン数が10トン以上の経営体及び主として養殖業（ぶり類、まだい）を営む経営体である
（以下(2)まで同じ。）。
1)は、漁労売上高 −（漁労売上原価＋漁労販売費及び一般管理費）である。
2)は、漁労外売上高 −（漁労外売上原価＋漁労外販売費及び一般管理費）である。
3)は、漁労利益÷漁業投下資本額×100である。
4)は、漁労利益÷漁労売上高×100である。
5)は、（株主資本合計(期首)＋評価・換算差額等(期首)）÷負債・純資産合計（期首）×100である。

(2) 漁船漁業経営体の主とする漁業種類別の階層別

単位：千円

区分	漁労売上高	漁労売上原価	労務費	油費	減価償却費	漁労販売費及び一般管理費	1) 漁労利益
沖合底びき網							
10～20T未満	59,959	46,163	23,366	6,559	2,233	15,175	△ 1,379
50～100	132,137	113,959	54,310	16,727	9,508	24,810	△ 6,632
100～200	309,671	285,316	123,496	48,087	29,316	61,457	△ 37,102
200～500	945,272	827,775	331,670	163,358	56,320	136,580	△ 19,083
船びき網							
10～20T未満	13,307	19,268	11,457	2,765	2,895	10,437	△ 16,398
20～50	21,081	51,448	24,577	6,928	6,516	18,897	△ 49,264
50～100	47,039	41,251	15,443	7,365	6,007	15,241	△ 9,453
大中型まき網							
200～500T未満	725,027	660,216	229,265	107,321	62,216	96,200	△ 31,389
500T以上	2,057,437	2,267,632	755,688	317,191	427,901	375,693	△585,888
うち500～1,000	1,108,147	1,210,955	469,303	152,407	291,402	179,658	△282,486
1,000T以上	2,627,011	2,901,627	927,520	416,061	509,801	493,315	△767,931
うち1,000～3,000	2,627,011	2,901,627	927,520	416,061	509,801	493,315	△767,931
中・小型まき網							
50～100T未満	144,382	115,735	56,508	16,629	10,222	42,708	△ 14,061
100～200	337,993	277,852	132,840	31,646	35,793	99,321	△ 39,180
遠洋・近海まぐろはえ縄							
10～20T未満	86,320	71,328	20,768	15,134	5,457	19,374	△ 4,382
200～500	351,920	355,531	121,610	82,896	54,887	60,591	△ 64,202
500T以上	1,479,296	1,529,347	494,023	290,012	132,858	168,824	△218,875
うち500～1,000	617,489	567,936	200,266	132,871	38,074	38,169	11,384
1,000T以上	1,714,335	1,791,549	574,139	332,869	158,709	204,457	△281,671
うち1,000～3,000	1,379,746	1,545,972	437,422	286,048	119,504	175,229	△341,455
3,000T以上	2,606,570	2,446,428	938,719	457,725	263,255	282,397	△122,255
遠洋・近海かつお一本釣							
100～200T未満	284,082	235,851	84,348	65,644	7,506	85,540	△ 37,309
500T以上	739,946	959,266	333,464	190,749	67,954	131,294	△350,614
遠洋・近海いか釣							
100～200T未満	137,909	122,176	48,234	29,518	6,851	37,557	△ 21,824
その他の漁業							
10～20T未満	44,671	38,043	18,119	5,945	4,153	14,314	△ 7,686
50～100	145,052	135,371	55,632	18,469	7,021	37,392	△ 27,711

注:1)は、漁労売上高－（漁労売上原価＋漁労販売費及び一般管理費）である。

3　沿岸漁家の漁労所得

単位：万円

区分	平成30年	令和元	2	3	4
沿岸漁家平均	273	216	177	179	**248**
沿岸漁船漁家	186	169	112	114	**136**
海面養殖漁家	763	491	527	496	**842**

資料：水産庁資料
注：1　農林水産省統計部「漁業経営統計調査」及び「漁業センサス」の結果を用いて水産庁が算出した数値である。
　　2　沿岸漁家平均は、「漁業経営統計調査」の個人経営体調査の結果を「漁業センサス」の10トン未満の漁船漁業、小型定置網漁業、海面養殖業の経営体数の比に応じて加重平均して算出した。
　　3　沿岸漁船漁家は、「漁業経営統計調査」の個人経営体調査の結果から、10トン未満分を再集計し作成した。
　　4　平成30（2018）～令和2（2020）年については、東日本大震災により漁業が行えなかったこと等から、福島県の経営体を除く結果である。
　　5　漁業収入には、制度受取金等（漁業）を含めていない。

4　生産資材（燃油1kl当たり価格の推移）

単位：円

区分	令和元年	2	3	4	5
燃油価格	84,350	70,121	87,808	100,167	98,779

資料：水産庁資料
注：1　全漁連京浜地区のA重油の価格であり、主に20トン未満の漁船への供給について適用する。
　　2　価格は、各年の平均価格であり、令和5年は1月から同年7月までの平均価格である。

Ⅳ 水産業・漁業地域の活性化と女性の活動

1 漁業地域の活性化の取組状況（平成30年11月1日現在）

(1) 会合・集会等の議題別漁業地区数（複数回答）

単位：地区

区分	会合・集会等を開催した漁業地区数（実数）	会合・集会等の議題（複数回答）							
		特定区画漁業権・共同漁業権の変更	企業参入	漁業権放棄	漁業補償	漁業地区の共有財産・共有施設の管理	自然環境の保全	漁業地区の行事（祭り・イベント等）	その他
実数 全国	1,468	687	19	35	111	166	244	611	931
割合(%) 全国	100.0	46.8	1.3	2.4	7.6	11.3	16.6	41.6	63.4

資料：農林水産省統計部「2018年漁業センサス」（以下(5)まで同じ。）

(2) 漁業協同組合が関係する活動別漁業地区数（複数回答）

単位：地区

区分	計（実数）	関係する活動（複数回答）					
		新規漁業就業者・後継者を確保する取組	ゴミ（海岸・海上・海底）の清掃活動	6次産業化への取組	ブルー・ツーリズムの取組	水産に関する伝統的な祭り・文化・芸能の保存	各種イベントの開催
実数 全国	1,520	453	1,336	167	71	416	564
割合(%) 全国	100.0	29.8	87.9	11.0	4.7	27.4	37.1

(3) 漁業体験参加人数規模別漁業地区数及び年間延べ参加人数

区分	漁業体験を行った漁業地区数	参加人数規模別						漁業体験の年間延べ参加人数
		10人未満	10～20	20～50	50～100	100～200	200人以上	
	地区	地区	地区	地区	地区	地区	地区	人
全国	320	73	29	83	47	27	61	132,028
北海道太平洋北区	10	-	1	6	2	-	1	2,943
太平洋北区	37	9	5	13	3	2	5	3,268
太平洋中区	46	9	3	11	6	4	13	82,810
太平洋南区	15	3	1	2	3	3	3	3,051
北海道日本海北区	15	5	-	6	2	-	2	4,673
日本海北区	25	5	1	7	7	2	3	2,006
日本海西区	18	3	1	3	5	2	4	2,229
東シナ海区	69	20	4	21	7	6	11	11,756
瀬戸内海区	85	19	13	14	12	8	19	19,292

(4) 魚食普及活動参加人数規模別漁業地区数及び年間延べ参加人数

区分	魚食普及活動を行った漁業地区数	参加人数規模別						魚食普及活動の年間延べ参加人数
		10人未満	10～20	20～50	50～100	100～200	200人以上	
	地区	地区	地区	地区	地区	地区	地区	人
全国	**377**	**53**	**51**	**96**	**47**	**41**	**89**	**381,723**
北海道太平洋北区	21	4	1	5	6	1	4	1,953
太平洋北区	36	4	6	13	7	1	5	23,596
太平洋中区	52	10	4	6	3	11	18	64,729
太平洋南区	21	3	2	6	1	2	7	6,915
北海道日本海北区	19	2	4	7	1	2	3	1,597
日本海北区	23	–	5	3	2	4	9	138,349
日本海西区	21	4	1	3	5	3	5	5,743
東シナ海区	81	8	11	25	9	10	18	46,103
瀬戸内海区	103	18	17	28	13	7	20	92,738

(5) 水産物直売所利用者数規模別漁業地区数及び年間延べ利用者数

区分	水産物直売所がある漁業地区数	利用者数規模別					水産物直売所の施設数	水産物直売所の年間延べ利用者数
		500人未満	500～1,000	1,000～5,000	5,000～10,000	10,000人以上		
	地区	地区	地区	地区	地区	地区	施設	人
全国	**316**	**50**	**25**	**83**	**39**	**119**	**343**	**13,145,300**
北海道太平洋北区	12	1	–	3	–	8	12	279,900
太平洋北区	13	3	2	4	1	3	14	77,900
太平洋中区	57	3	4	12	15	23	62	1,486,600
太平洋南区	13	1	1	3	2	6	13	3,693,300
北海道日本海北区	20	2	1	5	4	8	21	1,249,100
日本海北区	14	1	1	4	–	8	14	726,000
日本海西区	20	4	3	5	1	7	22	311,900
東シナ海区	92	13	7	27	11	34	100	3,475,000
瀬戸内海区	75	22	6	20	5	22	85	1,845,600

2 漁協への女性の参画状況

単位：人

区分	平成29年度	30	令和元	2	3
漁協個人正組合員数	134,570	129,373	124,702	118,101	112,155
男	126,891	122,215	117,538	111,805	106,084
女	7,679	7,158	7,164	6,296	6,071
漁協役員数	9,330	9,195	9,075	8,433	8,346
男	9,279	9,148	9,037	8,394	8,305
女	51	47	38	39	41

資料：水産庁「水産業協同組合統計表」
注：漁協は、各年4月1日から翌年3月末までの間に終了した事業年度ごとの数値である。

3 漁業・水産加工場における女性の就業者数及び従事者数(平成30年11月1日現在)

区分	実数			割合		
	計	男	女	計	男	女
	人	人	人	％	％	％
漁業就業者数	151,701	134,186	17,515	100.0	88.5	11.5
水産加工場従業者数	171,354	68,357	102,997	100.0	39.9	60.1

資料：農林水産省統計部「2018年漁業センサス」
注：1 「漁業就業者」とは、満15歳以上で過去1年間に漁業の海上作業に30日以上従事した者をいう。
　　2 「水産加工場従業者数」とは、平成30年11月1日現在に従事した者をいう。

V 生産量

1 生産量の推移

年次	1)総生産量	海面					
		計	漁業				
			小計	遠洋	沖合	沿岸	
	千t	千t	千t	千t	千t	千t	
平成30年	4,427	4,371	3,366	349	2,048	969	
令和元	4,204	4,151	3,235	329	1,977	930	
2	4,236	4,185	3,215	298	2,046	871	
3	4,172	4,120	3,194	279	1,977	937	
4 (概数値)	3,859	3,805	2,894	236	1,759	899	

年次	海面(続き)	2)内水面			3)捕鯨業
	養殖業	計	漁業	養殖業	
	千t	千t	千t	千t	頭
平成30年	1,005	57	27	30	55
令和元	915	53	22	31	86
2	970	51	22	29	115
3	927	52	19	33	124
4 (概数値)	911	54	23	31	‥

資料:農林水産省統計部「漁業・養殖業生産統計」（以下4まで同じ。）
注: 海面漁業における「遠洋漁業」、「沖合漁業」及び「沿岸漁業」の内訳については、本調査
　で定義した次の漁業種類ごとの漁獲量の積上げである。
　遠洋漁業　遠洋底びき網漁業、以西底びき網漁業、大中型1そうまき遠洋かつお・まぐろ
　　　　　　まき網漁業、太平洋底刺し網等漁業、遠洋まぐろはえ縄漁業、大西洋等はえ縄等
　　　　　　漁業、遠洋かつお一本釣漁業及び沖合いか釣漁業（沖合漁業に属するものを除く。）
　沖合漁業　沖合底びき網漁業、小型底びき網漁業、大中型1そうまきその他のまき網漁業、
　　　　　　大中型2そうまき網漁業、中・小型まき網漁業、さけ・ます流し網漁業、かじき
　　　　　　等流し網漁業、さんま棒受網漁業、近海まぐろはえ縄漁業、沿岸まぐろはえ縄漁
　　　　　　業、東シナ海はえ縄漁業、近海かつお一本釣漁業、沿岸かつお一本釣漁業、沖合
　　　　　　いか釣漁業（遠洋漁業に属するものを除く。）、沿岸いか釣漁業、日本海べにず
　　　　　　わいがに漁業及びずわいがに漁業
　沿岸漁業　船びき網漁業、その他の刺網漁業（遠洋漁業に属するものを除く。）、大型定
　　　　　　置網漁業、さけ定置網漁業、小型定置網漁業、その他の網漁業、その他のはえ縄
　　　　　　漁業（遠洋漁業又は沖合漁業に属するものを除く。）、ひき縄釣漁業、その他の
　　　　　　釣漁業及びその他の漁業（遠洋漁業又は沖合漁業に属するものを除く。）
　　1)は、捕鯨業を除く。
　　2)のうち、内水面漁業については、平成30年は主要112河川24湖沼、令和元年以降は主要113
　　河川24湖沼を調査の対象とした。なお、調査の範囲が販売を目的として漁獲された量のみである
　　ことから、遊漁者（レクリエーションを主な目的として水産動植物を採捕するもの）による採捕
　　量は含まない。内水面養殖業については、ます類、あゆ、こい及びうなぎを調査の対象とした。
　　3)は、調査捕鯨による捕獲頭数を含まない。

2 海面漁業
(1) 都道府県・大海区別漁獲量

単位：千t

都道府県・大海区	平成30年	令和元	2	3	4 （概数値）
全国	3,366	3,235	3,215	3,194	2,894
北海道	877	882	895	910	870
青森	90	80	91	67	62
岩手	90	93	66	80	72
宮城	188	195	166	184	170
秋田	6	6	6	6	6
山形	4	4	4	3	3
福島	50	69	72	63	57
茨城	261	295	302	300	271
千葉	134	111	100	106	103
東京	47	52	46	29	28
神奈川	33	34	31	25	28
新潟	29	29	27	24	26
富山	42	23	26	23	26
石川	62	40	53	46	47
福井	11	12	12	9	9
静岡	195	176	184	207	152
愛知	62	60	53	53	38
三重	132	131	125	107	63
京都	11	9	10	8	11
大阪	9	14	15	18	20
兵庫	40	41	42	48	41
和歌山	15	14	13	17	15
鳥取	83	82	91	85	82
島根	113	80	89	89	98
岡山	3	3	3	3	3
広島	16	14	19	18	17
山口	26	22	23	21	20
徳島	10	10	9	11	10
香川	19	16	12	10	13
愛媛	75	74	81	77	78
高知	73	63	65	64	41
福岡	29	18	16	24	22
佐賀	8	10	7	8	7
長崎	291	251	228	247	242
熊本	18	16	13	12	13
大分	32	31	36	29	19
宮崎	103	100	119	101	68
鹿児島	64	59	54	48	38
沖縄	16	16	13	15	10
北海道太平洋北区	394	364	350	385	324
太平洋北区	666	719	683	682	618
太平洋中区	602	564	538	526	411
太平洋南区	267	249	284	259	183
北海道日本海北区	482	518	545	525	546
日本海北区	94	75	77	67	73
日本海西区	292	234	267	249	258
東シナ海区	443	383	344	366	343
瀬戸内海区	124	128	127	133	138

注：捕鯨業を除く。

2 海面漁業（続き）
(2) 魚種別漁獲量

単位：千 t

魚種	平成30年	令和元	2	3	4 （概数値）
海面漁業計	3,366	3,235	3,215	3,194	2,894
魚類計	2,745	2,598	2,604	2,587	2,319
まぐろ類計	165	161	177	149	109
くろまぐろ	8	10	11	12	13
みなみまぐろ	5	6	6	6	6
びんなが	42	30	63	38	19
めばち	37	34	32	32	22
きはだ	72	80	64	60	49
その他のまぐろ類	1	1	1	1	1
まかじき	2	2	2	1	1
めかじき	8	6	6	5	4
くろかじき類	2	2	2	2	1
その他のかじき類	1	1	1	0	0
かつお	248	229	188	245	175
そうだがつお類	12	8	8	7	7
さめ類	32	24	22	21	16
さけ・ます類計	95	60	63	61	91
さけ類	84	56	56	57	88
ます類	12	4	7	4	3
このしろ	5	5	4	4	3
にしん	12	15	14	14	21
まいわし	524	561	698	640	613
うるめいわし	55	61	43	73	65
かたくちいわし	111	130	144	119	135
しらす	51	60	59	69	43
まあじ	118	97	98	90	100
むろあじ類	17	17	12	17	15
さば類	545	452	390	442	316
さんま	129	46	30	20	18
ぶり類	100	109	106	95	93
ひらめ	7	7	6	6	6
かれい類	41	41	40	36	35
まだら	51	53	56	57	58
すけとうだら	127	154	160	175	160
ほっけ	34	34	41	45	35
きちじ	1	1	1	1	1
はたはた	5	5	5	4	3
にぎす類	3	3	2	2	2
あなご類	3	3	3	3	2
たちうお	6	6	6	7	7
まだい	16	16	15	16	16
1)ちだい	…	2	2	2	2
1)きだい	…	4	4	4	4

注：令和元年調査から、以下の魚種分類の見直しを行った。
　　1)は、「ちだい・きだい」を細分化し、「ちだい」、「きだい」とした。
　　2)は、「くろだい・へだい」を細分化し、「くろだい」、「へだい」とした。
　　3)は、「その他の水産動物類」から、「なまこ類」を分離した。

単位：千 t

魚種	平成30年	令和元	2	3	4 （概数値）
2)くろだい	…	2	2	2	2
2)へだい	…	1	0	0	0
いさき	4	3	3	3	4
さわら類	16	16	16	14	10
すずき類	6	6	6	6	5
いかなご	15	11	6	2	3
あまだい類	1	1	1	1	1
ふぐ類	5	5	4	6	6
その他の魚類	161	176	155	122	128
えび類計	15	13	12	13	13
いせえび	1	1	1	1	1
くるまえび	0	0	0	0	0
その他のえび類	13	12	11	11	12
かに類計	24	23	21	21	20
ずわいがに	4	4	3	3	3
べにずわいがに	14	13	13	13	12
がざみ類	2	2	2	2	1
その他のかに類	4	4	3	4	3
おきあみ類	14	20	2	4	11
貝類計	350	386	382	389	373
あわび類	1	1	1	1	1
さざえ	5	5	5	4	4
あさり類	8	8	4	5	6
ほたてがい	305	339	346	356	340
その他の貝類	32	33	27	23	23
いか類計	84	73	82	64	58
するめいか	48	40	48	32	30
あかいか	5	7	8	4	4
その他のいか類	31	26	26	27	24
たこ類	36	35	33	27	22
3)なまこ類	…	7	6	6	5
うに類	8	8	7	7	7
海産ほ乳類	0	0	0	0	0
その他の水産動物類	11	5	3	14	10
海藻類計	79	67	63	62	57
こんぶ類	56	47	45	45	41
その他の海藻類	23	20	18	17	16

2 海面漁業（続き）
(3) 漁業種類別漁獲量

単位：千 t

漁業種類	平成30年	令和元	2	3	4 （概数値）
海面漁業計	3,366	3,235	3,215	3,194	2,894
遠洋底びき網	8	8	x	x	x
以西底びき網	x	4	3	3	x
1)沖合底びき網	215	250	269	249	218
小型底びき網	383	418	417	421	412
船びき網	171	170	153	156	139
大中型まき網					
1そうまき　遠洋かつお・まぐろ	206	202	182	157	150
2)　〃　　　その他	698	741	775	760	656
2そうまき	53	39	28	32	33
中・小型まき網	427	362	405	368	333
さけ・ます流し網	1	1	x	x	1
かじき等流し網	4	4	4	4	5
その他の刺網	124	128	110	130	129
さんま棒受網	129	46	30	19	18
定置網　大型	235	226	239	279	260
〃　　さけ	77	62	63	75	103
〃　　小型	90	82	81	81	73
その他の網漁業	48	52	38	38	31
まぐろはえ縄　遠洋	74	69	64	63	52
〃　　　近海	38	40	32	37	20
〃　　　沿岸	4	4	4	5	4
その他のはえ縄	22	24	19	18	15
かつお一本釣　遠洋	55	45	43	51	25
〃　　　近海	30	23	24	24	12
〃　　　沿岸	16	12	13	21	15
3)いか釣　　沖合	15	10	13	11	8
〃　　　沿岸	27	21	26	19	19
ひき縄釣	14	13	12	11	10
その他の釣	28	28	26	23	22
4)その他の漁業	170	154	138	133	124

注：令和元年調査から、以下の漁業種類分類の見直しを行った。
　　1)は、「沖合底びき網1そうびき」、「沖合底びき網2そうびき」を統合し、「沖合底びき網」とした。
　　2)は、「大中型まき網1そうまき近海かつお・まぐろ」、「大中型まき網1そうまきその他」を統合
し、「大中型まき網1そうまきその他」とした。
　　3)は、平成30年は「近海いか釣」の値である。令和元年以降は「沖合いか釣」の値である。
　　4)は、「採貝・採藻」、「その他の漁業」を統合し、「その他の漁業」とした。

(4) 漁業種類別魚種別漁獲量
　ア　底びき網
　　(ア)　遠洋底びき網

単位：t

年次	漁獲量	さめ類	かれい類	すけとうだら
平成30年	8,078	3	1,819	－
令和元	7,595	29	1,489	71
2	x	x	x	x
3	x	x	x	x
4 （概数値）	x	x	x	x

注：1　この漁業は、北緯10度20秒の線以北、次に掲げる線から成る線以西の太平洋の海域以外の海域に
　　　おいて、総トン数15トン以上の動力漁船により底びき網を使用して行うもの（大臣許可漁業）である。
　　①　北緯25度17秒以北の東経152度59分46秒の線
　　②　北緯25度17秒東経152度59分46秒の点から北緯25度15秒東経128度29分53秒の点に至る直線
　　③　北緯25度15秒東経128度29分53秒の点から北緯25度15秒東経120度59分55秒の点に至る直線
　　④　北緯25度15秒以南の東経120度59分55秒の線
　　2　魚種については、「令和4年漁業・養殖業生産統計（概数値）」漁業種類別・魚種別漁獲量に
　　　おける当該漁業種類の漁獲量上位（その他の魚類を除く。）を掲載した（以下クまで同じ。）。
　　　ただし、遠洋底びき網については、令和元年の漁獲量上位を掲載した。

　　(イ)　沖合底びき網

単位：t

年次	漁獲量	さば類	ひらめ・かれい類	まだら	すけとうだら	ほっけ	その他のいか類
平成30年	214,566	8	13,098	25,827	84,190	13,229	8,503
令和元	250,223	26	12,515	24,315	111,502	8,357	8,818
2	268,801	18	13,393	27,885	126,301	17,570	7,351
3	248,952	23,630	10,807	23,316	130,581	15,858	8,171
4 （概数値）	218,400	15,300	10,500	19,300	115,000	14,900	6,500

注：　この漁業は、北緯25度15秒東経128度29分53秒の点から北緯25度17秒東経152度59分46秒の点に至る
　　　直線以北、次の①、②及び③からなる線以東、東経152度59分46秒の線以西の太平洋の海域において
　　　総トン数15トン以上の動力漁船により底びき網を使用して行うもの（大臣許可漁業）である。
　　①　北緯33度9分27秒以北の東経127度59分52秒の線
　　②　北緯33度9分27秒東経127度59分52秒の点から北緯33度9分27秒東経128度29分52秒の点に至る直線
　　③　北緯33度9分27秒東経128度29分52秒の点から北緯25度15秒東経128度29分53秒の点に至る直線

2 海面漁業（続き）
(4) 漁業種類別魚種別漁獲量（続き）
ア 底びき網（続き）
(ｳ) 小型底びき網

単位：t

年次	漁獲量	ひらめ・かれい類	たら類	たい類	ほたてがい	その他の貝類	いか類
平成30年	382,728	9,488	2,019	5,339	304,345	13,203	4,999
令和元	418,236	8,280	2,093	5,651	339,207	16,219	5,970
2	417,389	7,532	2,220	5,783	345,643	13,416	5,999
3	421,399	6,852	2,088	7,139	355,672	10,170	5,679
4 （概数値）	411,600	6,800	8,000	6,500	339,800	9,700	5,100

注： この漁業は、総トン数15トン未満の動力漁船により底びき網を使用して行うもの（知事許可漁業）である。

イ 船びき網

単位：t

年次	漁獲量	まいわし	かたくちいわし	しらす	たい類	いかなご	おきあみ類
平成30年	170,902	43,210	46,853	49,574	6,243	3,173	13,697
令和元	169,524	15,767	57,623	59,028	6,531	1,397	20,335
2	153,410	11,755	68,424	58,435	6,000	264	2,022
3	155,915	20,742	48,173	67,846	5,538	1,534	4,489
4 （概数値）	139,000	2,800	67,200	42,200	5,900	1,800	10,800

注： この漁業は、海底以外の中層若しくは表層をえい網する網具（ひき回し網）又は停止した船（いかりで固定するほか、潮帆又はエンジンを使用して対地速度をほぼゼロにしたものを含む。）にひき寄せる網具（ひき寄せ網）を使用して行うもの（瀬戸内海において総トン数5トン以上の動力漁船を使用して行うものは、知事許可漁業）である。

ウ まき網
(ア) 大中型まき網1そうまき遠洋かつお・まぐろ

単位：t

年次	漁獲量	びんなが	めばち	きはだ	かつお	そうだ がつお類
平成30年	205,783	3	4,781	41,005	159,916	3
令和元	201,530	1	3,492	47,861	150,132	0
2	181,632	2	3,403	39,929	138,040	24
3	156,940	1	2,559	31,957	122,326	-
4 （概数値）	150,000	-	1,100	26,700	122,000	0

注：1　この漁業（大中型まき網漁業）は、総トン数40トン（北海道恵山岬灯台から青森県尻屋崎灯台に至る直線の中心点を通る正東の線以南、同中心点から尻屋崎灯台に至る直線のうち同中心点から同直線と青森県の最大高潮時海岸線との最初の交点までの部分、同交点から最大高潮時海岸線を千葉県野島崎灯台正南の線と同海岸線との交点に至る線及び同点正南の線から成る線以東の太平洋の海域にあっては、総トン数15トン）以上の動力漁船によりまき網を使用して行うもの（大臣許可漁業）である。
　　　2　大中型まき網漁業のうち、1そうまきでかつお・まぐろ類をとることを目的として、遠洋（太平洋中央海区（東経179度59分43秒以西の北緯20度21秒の線、北緯20度21秒以北、北緯40度16秒以南の東経179度59分43秒の線及び東経179度59分43秒以東の北緯40度16秒の線から成る線内の太平洋の海域（南シナ海の海域を除く。）））又はインド洋海区（南緯19度59分35秒以北（ただし、東経95度4秒から東経119度59分56秒の間の海域については、南緯9度59分36秒以北）のインド洋の海域）で操業するものである。

(イ) 大中型まき網1そうまきその他

単位：t

年次	漁獲量	かつお	まいわし	うるめ いわし	まあじ	さば類	ぶり類
平成30年	698,477	8,620	259,864	5,162	41,368	333,935	24,707
令和元	740,805	9,724	396,308	7,041	34,266	249,900	21,476
2	775,359	9,616	472,689	5,584	39,424	206,466	16,731
3	760,072	40,340	399,107	7,338	36,404	241,226	14,098
4 （概数値）	656,400	5,600	428,600	8,500	44,700	133,300	14,600

注：　この漁業は、大中型まき網漁業のうち1そうまきで大中型遠洋かつお・まぐろまき網に係る海域以外で操業するものである。

2 海面漁業（続き）
(4) 漁業種類別魚種別漁獲量（続き）
　ウ　まき網（続き）
　　(ウ)　大中型まき網2そうまき

単位：t

年次	漁獲量	まいわし	かたくちいわし	さば類	ぶり類	たちうお
平成30年	52,885	40,770	646	3,623	5,630	59
令和元	38,753	26,534	714	4,387	5,157	9
2	28,282	11,702	299	3,635	6,794	420
3	31,933	21,978	809	1,938	6,325	93
4 （概数値）	32,900	26,900	100	500	4,300	700

注：この漁業は、大中型まき網漁業のうち2そうまきで行うものである。

　　(エ)　中・小型まき網

単位：t

年次	漁獲量	まいわし	うるめいわし	かたくちいわし	まあじ	さば類	ぶり類
平成30年	426,726	76,615	43,632	50,061	53,549	150,087	13,196
令和元	361,551	40,582	48,424	57,288	41,127	122,833	13,450
2	404,732	119,978	32,922	57,429	36,917	110,164	14,798
3	368,024	71,984	61,362	57,776	34,490	93,473	16,326
4 （概数値）	333,200	52,800	50,700	57,500	37,400	82,600	15,500

注：　この漁業は、大臣許可漁業以外のまき網（総トン数5トン以上40トン未満の船舶により行う漁業は、知事許可漁業）である。

エ 敷網
　さんま棒受網

単位：t

年次	漁獲量	さんま
平成30年	128,947	128,422
令和元	45,529	45,528
2	29,600	29,600
3	19,477	19,477
4 （概数値）	18,300	18,300

注： この漁業は、棒受網を使用してさんまをとることを目的とするもの
　　（北緯34度54分6秒の線以北、東経139度53分18秒の線以東の太平洋
　　の海域（オホーツク海及び日本海の海域を除く。）において総トン数
　　10トン以上の動力漁船により行うものは、大臣許可漁業）である。

オ 定置網
　(ｱ) 大型定置網

単位：t

年次	漁獲量	まいわし	かたくち いわし	まあじ	さば類	ぶり類	いか類
平成30年	235,124	79,691	5,335	11,819	40,112	39,808	8,474
令和元	225,866	49,299	7,753	11,031	60,276	49,594	6,602
2	238,595	61,185	10,483	9,904	52,333	48,999	8,002
3	279,032	101,044	7,810	10,255	63,615	37,613	7,613
4 （概数値）	259,600	83,300	6,300	10,200	69,600	40,200	8,000

注： この漁業は、漁具を定置して営むものであって、身網の設置される場所の最深部が最高潮時
　において水深27メートル（沖縄県にあっては、15メートル）以上であるもの（瀬戸内海におけ
　るます網漁業並びに陸奥湾（青森県焼山崎から同県明神崎灯台に至る直線及び陸岸によって囲
　まれた海面をいう。）における落とし網漁業及びます網漁業を除く。）である。

　(ｲ) さけ定置網

単位：t

年次	漁獲量	さけ類	さば類	ぶり類	ひらめ・ かれい類
平成30年	76,510	63,996	2,150	2,584	1,106
令和元	62,004	46,771	1,338	2,792	2,325
2	63,405	47,520	3,376	3,429	1,602
3	75,499	49,146	5,415	5,409	2,415
4 （概数値）	102,600	80,500	3,600	3,800	3,800

注： この漁業は、漁具を定置して営むものであって、身網の設置される場所の
　最深部が最高潮時において水深27メートル以上であるものであり、北海道に
　おいてさけを主たる漁獲物とするものである。

2 海面漁業（続き）
(4) 漁業種類別魚種別漁獲量（続き）
　　オ　定置網（続き）
　　　(ウ) 小型定置網

単位：t

年次	漁獲量	さけ類	まいわし	まあじ	ぶり類	まだら	ほっけ
平成30年	90,160	8,293	7,468	6,093	5,127	2,570	7,510
令和元	81,893	6,282	5,295	5,292	6,784	3,770	10,985
2	80,704	5,609	5,363	5,155	6,521	3,724	7,635
3	81,224	6,026	5,990	4,867	6,343	4,102	5,785
4　(概数値)	72,800	5,600	6,700	4,200	6,100	4,800	4,400

注：この漁業は、定置網であって大型定置網及びさけ定置網以外のものである。

　　カ　はえ縄
　　　(ア) 遠洋まぐろはえ縄

単位：t

年次	漁獲量	くろまぐろ	みなみまぐろ	びんなが	めばち	きはだ	さめ類
平成30年	74,247	2,090	5,293	8,371	22,556	11,159	15,853
令和元	68,730	2,917	5,969	8,329	21,893	13,715	7,882
2	64,306	3,194	5,929	7,132	20,940	9,611	10,848
3	62,829	3,291	6,452	7,560	21,314	8,985	8,889
4　(概数値)	51,700	3,500	5,800	5,500	16,600	8,100	8,100

注：　この漁業は、総トン数120トン（昭和57年7月17日以前に建造され、又は建造に着手された
　　ものにあっては、80トン。以下釣漁業において同じ。）以上の動力漁船により、浮きはえ縄
　　を使用してまぐろ、かじき又はさめをとることを目的とするもの（大臣許可漁業）である。

　　　(イ) 近海まぐろはえ縄

単位：t

年次	漁獲量	くろまぐろ	びんなが	めばち	きはだ	めかじき	さめ類
平成30年	38,426	201	11,959	6,924	4,876	2,381	10,279
令和元	39,875	430	11,090	7,170	7,024	1,921	10,034
2	32,401	584	11,364	5,947	3,936	2,425	6,165
3	37,131	566	16,627	4,613	5,446	1,549	6,502
4　(概数値)	19,800	500	8,600	2,800	3,100	900	2,600

注：　この漁業は、総トン数10トン（我が国の排他的経済水域、領海及び内水並びに我が国の排他的
　　経済水域によって囲まれた海域から成る海域（東京都小笠原村南鳥島に係る排他的経済水域及び
　　領海を除く。）にあっては、総トン数20トン）以上120トン未満の動力漁船により、浮きはえ縄
　　を使用してまぐろ、かじき又はさめをとることを目的とするもの（大臣許可漁業）である。

キ　はえ縄以外の釣
(ア)　遠洋かつお一本釣

単位：t

年次	漁獲量	くろまぐろ	びんなが	めばち	きはだ	かつお	そうだがつお類
平成30年	54,808	-	9,401	637	351	44,238	0
令和元	45,183	2	4,694	273	185	40,021	1
2	43,084	17	23,807	606	322	18,318	0
3	50,891	0	7,197	854	542	42,261	3
4　(概数値)	25,400	0	1,400	500	200	23,200	0

注：　この漁業は、総トン数120トン以上の動力漁船により、釣りによってかつお又はまぐろをとる
　　ことを目的とするもの（大臣許可漁業）である。

(イ)　近海かつお一本釣

単位：t

年次	漁獲量	くろまぐろ	びんなが	めばち	きはだ	その他のまぐろ類	かつお
平成30年	30,333	7	8,394	705	1,507	3	19,510
令和元	23,248	0	3,662	165	1,344	32	17,686
2	24,123	0	12,578	372	1,019	25	9,919
3	24,408	0	4,043	450	1,170	70	18,426
4　(概数値)	12,400	0	1,400	300	900	100	9,500

注：　この漁業は、総トン数10トン（我が国の排他的経済水域、領海及び内水並びに我が国の排他的
　　経済水域によって囲まれた海域から成る海域（東京都小笠原村南鳥島に係る排他的経済水域及び
　　領海を除く。）にあっては、総トン数20トン）以上120トン未満の動力漁船により、釣りによっ
　　てかつお又はまぐろをとることを目的とするもの（大臣許可漁業）である。

(ウ)　沖合いか釣

単位：t

年次	漁獲量	するめいか	あかいか	その他のいか類
平成30年	14,657	10,144	4,499	14
令和元	10,449	3,562	6,836	51
2	13,201	5,531	7,623	47
3	10,563	6,243	4,298	22
4　(概数値)	7,500	4,000	3,500	0

注：1　平成30年は、総トン数30トン以上200トン未満の動力漁船により釣りによっていかをとること
　　　を目的とした「近海いか釣」の値である。
　　2　令和元年以降は、総トン数30トン以上の動力漁船により釣りによっていかをとることを目的
　　　とした「沖合いか釣」の値である。

2 海面漁業（続き）
(4) 漁業種類別魚種別漁獲量（続き）
キ はえ縄以外の釣（続き）
(エ) 沿岸いか釣

単位：t

年次	漁獲量	するめいか	あかいか	その他のいか類
平成30年	27,467	18,493	7	8,944
令和元	21,253	15,813	3	5,425
2	25,661	20,100	6	5,533
3	18,562	12,086	8	6,425
4 （概数値）	18,800	12,700	0	6,100

注： この漁業は、釣りによっていかをとることを目的とする漁業であって、沖合いか釣以外
のものである。（総トン数5トン以上30トン未満の動力漁船により行うものは、届出漁業。）

ク その他の漁業

単位：t

年次	漁獲量	べにずわいがに	その他の貝類	たこ類	うに類	こんぶ類	その他の海藻類
平成30年	170,489	14,063	17,301	23,995	7,426	55,877	23,023
令和元	154,277	13,183	15,630	22,290	7,718	46,543	20,295
2	138,132	12,511	12,491	21,433	6,462	45,045	18,346
3	133,033	13,036	12,220	17,444	6,490	45,163	16,615
4 （概数値）	123,800	12,300	12,500	14,400	6,700	40,900	15,700

注： この漁業は、網漁業、釣漁業、捕鯨業以外の全ての漁業をいう。

3 海面養殖業
  魚種別収獲量

単位：t

魚種	平成30年	令和元	2	3	4 （概数値）
海面養殖業計	1,004,871	915,228	969,649	926,641	910,900
魚類計	249,491	248,137	251,920	256,199	236,600
ぎんざけ	18,053	15,938	17,333	18,482	20,200
ぶり類	138,229	136,367	137,511	133,691	113,700
まあじ	848	839	595	586	600
しまあじ	4,763	4,409	4,042	3,836	4,400
まだい	60,736	62,301	65,973	69,441	67,800
ひらめ	2,186	2,006	1,790	1,711	1,800
ふぐ類	4,166	3,824	3,393	2,833	2,600
くろまぐろ	17,641	19,584	18,167	21,476	20,400
その他の魚類	2,868	2,869	3,117	4,143	5,000
貝類計	351,104	306,561	308,450	323,745	337,900
ほたてがい	173,959	144,466	149,061	164,511	172,100
かき類（殻付き）	176,698	161,646	159,019	158,789	165,400
その他の貝類	448	449	370	445	500
くるまえび	1,478	1,458	1,369	1,253	1,200
ほや類	11,962	12,484	9,390	9,421	9,900
その他の水産動物類	168	179	190	166	200
海藻類計	390,647	346,389	398,316	335,844	325,100
こんぶ類	33,532	32,812	30,304	31,691	29,800
わかめ類	50,775	45,099	53,809	43,972	47,200
のり類（生重量）	283,688	251,362	289,396	237,255	232,400
1) うち板のり（千枚）	7,285,399	6,483,349	7,525,614	6,193,618	6,018,000
もずく類	22,036	16,470	24,305	22,445	15,200
その他の海藻類	616	646	501	481	600
真珠	21	19	16	13	13

注：種苗養殖を除く。
  1)は、のり類（生重量）のうち板のりの生産量を枚数換算したものである。

4 内水面漁業及び内水面養殖業
(1) 内水面漁業魚種別漁獲量

単位：t

年次	漁獲量	さけ類	わかさぎ	あゆ	こい	ふな	うなぎ	しじみ
平成30年	26,957	6,696	1,146	2,140	210	456	69	9,646
令和元	21,767	6,240	981	2,053	175	423	66	9,520
2	21,745	6,609	935	2,084	162	396	66	8,894
3	18,904	4,873	687	1,854	143	377	63	9,001
4 （概数値）	22,603	9,694	675	1,767	121	339	59	8,313

注： 1 主要魚種のみ掲載しており、積み上げても漁獲量に一致しない（以下(2)まで同じ。）。
　　 2 内水面漁業については、平成30年は主要112河川及び24湖沼、令和元年以降は主要113河川
　　　 24湖沼を調査の対象とした。
　　 3 内水面漁業販売を目的として漁獲された量であるため、遊漁者（レクリエーションを主な
　　　 目的として水産動植物を採捕するもの）による採捕量を含まない。

(2) 内水面養殖業魚種別収獲量

単位：t

年次	収獲量	ます類	あゆ	こい	うなぎ
平成30年	29,849	7,342	4,310	2,932	15,111
令和元	31,216	7,188	4,089	2,741	17,071
2	29,087	5,884	4,044	2,247	16,806
3	32,854	6,138	3,909	2,064	20,673
4 （概数値）	31,397	6,456	3,662	2,027	19,155

VI 水産加工

1 水産加工品生産量

単位：t

品目	平成29年	30	令和元	2	3
ねり製品	505,116	509,569	499,920	473,292	483,686
かまぼこ類	444,116	448,861	440,095	410,526	422,482
魚肉ハム・ソーセージ類	61,000	60,709	59,825	62,766	61,204
1) 冷凍食品	248,443	255,888	250,432	229,581	225,349
素干し品	8,644	7,051	6,835	6,458	5,053
するめ	2,423	2,244	2,106	2,362	1,845
いわし	603	665	747	691	457
その他	5,618	4,142	3,982	3,405	2,751
塩干品	148,119	139,569	134,784	120,775	117,757
うちいわし	10,935	10,267	8,930	8,585	8,242
あじ	30,043	27,276	24,606	24,327	22,330
煮干し品	50,224	59,031	55,191	52,817	53,632
うちいわし	18,992	21,951	18,397	17,810	16,008
しらす干し	26,428	29,905	30,451	30,859	32,660
塩蔵品	166,340	181,630	169,955	156,386	150,782
いわし	1,109	992	874	859	760
さば	37,900	38,608	36,600	36,256	32,619
さけ・ます	83,813	91,383	89,480	85,304	82,496
たら・すけとうだら	11,876	13,240	12,558	10,591	11,031
さんま	5,925	5,685	3,362	1,631	844
その他	25,717	31,721	27,081	21,745	23,032
くん製品	6,335	6,843	6,626	6,923	6,606
節製品	81,061	79,595	78,643	71,801	66,005
うちかつお節	29,240	28,712	29,104	27,055	25,772
けずり節	28,924	27,429	27,031	24,833	22,673
2) その他の食用加工品	354,266	347,628	336,120	318,847	317,045
うち水産物つくだ煮類	72,587	…	…	…	…
水産物漬物	57,742	53,808	48,216	45,049	42,550
3) 生鮮冷凍水産物	1,366,166	1,397,203	1,281,265	1,111,074	1,110,308
うちまぐろ類	21,898	24,789	16,280	28,244	17,015
かつお類	17,921	17,884	15,845	14,460	26,301
さけ・ます類	63,609	77,891	61,987	61,092	61,279
いわし類	393,409	345,009	382,449	387,625	365,689
さば類	425,576	458,239	360,029	268,078	277,057
いかなご・こうなご	6,001	9,064	8,717	3,434	211
すり身	40,645	40,380	52,543	54,369	54,275

資料：　農林水産省統計部「水産物流通調査　水産加工統計調査」。ただし、平成30年は「2018年
　　　漁業センサス」による。

注：1　水産加工品とは、水産動植物を主原料（原料割合で50%以上）として製造された、食用加
　　　工品及び生鮮冷凍水産物をいう。
　　2　船上加工品の生産量を含まない。
　　3　一度加工された製品を購入し、再加工して新製品としたときは、その生産量もそれぞれの
　　　品目に計上した。
　　　1)は、水産物を主原料として加工又は調理した後、マイナス18℃以下で凍結し、凍結状態で保
　　持した「包装食品」である。
　　　2)は、塩辛、水産物漬物、調味加工品等である。
　　　3)は、水産物の生鮮を凍結室において凍結したもので、水産物の丸、フィレー、すり身等
　　のものをいう。なお、すり身については、原料魚ではなく「すり身」に計上した。

2 水産缶詰・瓶詰生産量（内容重量）

単位：t

品目	平成30年	令和元	2	3	4
丸缶	104,410	98,716	93,327	87,026	84,086
かに	1,498	1,291	1,040	1,069	1,134
さけ	2,096	2,176	1,957	1,963	1,878
まぐろ・かつお類	31,756	31,345	33,064	32,695	33,470
まぐろ	23,556	22,280	23,517	21,583	22,659
かつお	8,200	9,066	9,547	11,113	10,811
さば	49,349	44,878	39,034	34,915	32,063
いわし	7,233	7,854	7,606	7,059	7,137
さんま	6,732	5,381	5,007	4,133	3,353
くじら	370	365	369	315	324
いか	977	930	804	645	633
その他魚類	457	493	494	504	534
かき	66	108	114	120	122
赤貝	209	326	413	337	283
あさり	530	550	559	561	583
ほたて貝	975	865	796	791	733
その他貝類	532	692	617	669	593
水産加工品	1,630	1,460	1,452	1,248	1,245
大缶	28	29	69	30	41
瓶詰	7,456	7,408	7,740	7,127	7,374
のり	5,201	5,201	5,548	5,020	5,151
その他水産	2,254	2,206	2,192	2,107	2,223

資料：日本缶詰びん詰レトルト食品協会「水産缶びん詰生産数量の推移」

Ⅶ 保険・共済

1 漁船保険 (各年度末現在)

(1) 引受実績

区分	単位	平成29年度	30	令和元	2	3
計						
隻数	隻	164,784	161,759	158,242	155,960	153,276
総トン数	千T	763	750	737	733	723
保険価額	100万円	1,087,807	1,087,843	1,101,634	1,118,227	1,133,018
保険金額	〃	1,035,054	1,038,094	1,054,078	1,069,500	1,085,227
純保険料	〃	16,865	16,605	16,541	15,812	15,868
再保険料	〃	-	-	-	-	-
動力漁船						
隻数	隻	164,525	161,499	157,988	155,719	153,043
総トン数	千T	761	748	734	731	720
保険価額	100万円	1,087,192	1,087,235	1,101,019	1,117,576	1,132,378
保険金額	〃	1,034,454	1,037,501	1,053,475	1,068,862	1,084,609
純保険料	〃	16,854	16,594	16,530	15,801	15,857
再保険料	〃	-	-	-	-	-
無動力漁船						
隻数	隻	259	260	254	241	233
総トン数	千T	2	2	2	2	2
保険価額	100万円	615	608	615	651	641
保険金額	〃	599	593	603	638	618
純保険料	〃	11	11	11	11	11
再保険料	〃	-	-	-	-	-

資料: 日本漁船保険組合資料をもとに水産庁において作成 (以下(2)まで同じ。) 。
注: 1 平成29年度改正 (H29.4.1施行)により、普通保険から漁船保険に名称変更。
　　 2 平成29年4月日本漁船保険組合が設立されたことにより、再保険料は「-」とした。
　　 3 漁船保険 (普通損害+満期) の実績である (以下(2)まで同じ。) 。

(2) 支払保険金

区分	単位	平成29年度	30	令和元	2	3
計						
件数	件	33,601	32,644	30,811	30,267	27,688
損害額	100万円	12,506	12,597	12,372	11,817	11,541
支払保険金	〃	12,299	12,250	12,162	11,619	11,349
全損						
件数	件	272	287	311	290	277
損害額	100万円	1,545	1,554	1,505	1,320	1,795
支払保険金	〃	1,540	1,471	1,488	1,287	1,774
1) 分損						
件数	件	32,640	31,685	29,803	29,295	26,754
損害額	100万円	10,600	10,822	10,425	10,360	9,628
支払保険金	〃	10,397	10,558	10,233	10,198	9,458
救助費						
件数	件	689	672	697	682	657
損害額	100万円	362	221	442	137	118
支払保険金	〃	361	221	441	136	116

注: 1)は、特別救助費・特定分損及び救助を必要とした分損事故の救助費を含む。

2 漁業共済
(1) 契約実績

区分	単位	平成29年度	30	令和元	2	3
漁獲共済						
件数	件	14,411	14,428	14,397	14,938	14,836
共済限度額	100万円	531,026	558,213	561,125	558,198	542,427
共済金額	〃	340,899	361,797	367,825	373,978	365,724
純共済掛金	〃	12,653	13,162	14,692	17,149	17,420
養殖共済						
件数	件	5,515	5,469	5,661	5,966	5,655
共済価額	100万円	277,183	281,402	298,962	345,451	322,445
共済金額	〃	180,193	187,319	204,408	236,742	220,627
純共済掛金	〃	3,603	3,614	4,052	4,632	4,671
特定養殖共済						
件数	件	8,574	8,433	8,215	8,173	8,063
共済限度額	100万円	131,366	140,052	143,629	144,318	140,465
共済金額	〃	100,729	109,929	117,836	120,495	117,597
純共済掛金	〃	4,744	5,546	5,864	6,986	7,333
漁業施設共済						
件数	件	29,039	28,892	28,072	27,174	26,980
共済価額	100万円	29,916	30,797	31,123	32,398	32,938
共済金額	〃	17,810	18,147	18,555	19,647	20,032
純共済掛金	〃	656	679	670	629	626

資料：全国漁業共済組合連合会資料をもとに水産庁において作成（以下(2)まで同じ。）。
注：各年度の契約実績の数値は、各当該年度内に開始した共済契約を集計。（令和4年3月末時点）

(2) 支払実績

区分	単位	平成29年度	30	令和元	2	3
漁獲共済						
件数	件	6,199	6,684	8,746	6,917	746
支払共済金	100万円	15,964	16,033	30,612	21,801	8,907
養殖共済						
件数	件	1,013	952	1,301	1,126	832
支払共済金	100万円	3,111	2,727	2,224	2,688	676
特定養殖共済						
件数	件	1,690	2,968	3,523	4,413	19
支払共済金	100万円	2,610	6,254	6,717	13,137	184
漁業施設共済						
件数	件	589	268	723	229	56
支払共済金	100万円	521	250	380	205	59

注：各年度の数値は、(1)の各年度内に開始した共済契約に基づき支払われた共済金の実績を集計したものである。（令和4年3月末現在）

Ⅷ 需給と流通
1 水産物需給表
(1) 魚介類

区分	単位	平成30年度	令和元	2	3	4(概数値)
魚介類						
国内生産	千t	3,952	3,783	3,772	3,775	3,477
生鮮・冷凍	〃	1,655	1,527	1,516	1,613	1,345
塩干・くん製・その他	〃	1,497	1,413	1,350	1,305	1,334
かん詰	〃	187	178	171	162	157
飼肥料	〃	613	665	735	695	641
輸入	〃	4,049	4,210	3,885	3,649	3,781
生鮮・冷凍	〃	954	959	897	903	887
塩干・くん製・その他	〃	2,005	2,040	1,838	1,885	1,962
缶詰	〃	163	166	155	145	148
飼肥料	〃	927	1,045	995	716	784
輸出	〃	808	715	721	829	789
生鮮・冷凍	〃	722	626	627	711	685
塩干・くん製・その他	〃	59	57	47	68	65
缶詰	〃	6	5	6	4	5
飼肥料	〃	21	27	41	46	34
国内消費仕向	〃	7,154	7,192	6,838	6,562	6,425
生鮮・冷凍	〃	1,889	1,886	1,797	1,787	1,528
塩干・くん製・その他	〃	3,439	3,413	3,161	3,101	3,222
缶詰	〃	348	341	325	300	300
飼肥料	〃	1,478	1,552	1,555	1,374	1,375
国民一人1日当たり供給純食料	g	64.8	69.1	64.7	62.3	60.3
生鮮・冷凍	〃	21.6	23.1	22.0	21.5	18.2
塩干・くん製・その他	〃	39.3	41.8	38.7	37.2	38.4
缶詰	〃	4.0	4.2	4.0	3.6	3.6
飼肥料	〃	0.0	0.0	0.0	0.0	0.0

資料：農林水産省大臣官房政策課食料安全保障室「食料需給表」（以下(2)まで同じ。）

(2) 海藻類・鯨肉

単位：千t

区分	平成30年度	令和元	2	3	4(概数値)
海藻類					
国内生産	94	83	92	80	76
輸入	46	46	42	39	39
輸出	2	2	2	2	2
国内消費仕向	138	127	132	117	113
食用	115	106	114	101	95
加工用	22	21	18	16	18
鯨肉					
国内生産	3	1	2	2	2
輸入	0	1	0	0	0
輸出	0	0	0	0	0
国内消費仕向	4	2	2	1	2

注：海藻類は、乾燥重量である。

2 産地品目別上場水揚量

単位：t

品目		平成29年	30	令和元	2	3
1) まぐろ	（生鮮）	4,198	3,784	4,225	5,078	4,316
2) 〃	（冷凍）	2,945	3,333	3,990	3,841	5,268
びんなが	（生鮮）	29,838	28,239	18,225	39,286	21,949
〃	（冷凍）	11,567	8,283	6,610	19,976	8,501
めばち	（生鮮）	4,806	4,139	4,640	4,265	3,002
〃	（冷凍）	18,910	16,606	17,302	17,274	16,443
きはだ	（生鮮）	7,422	10,681	9,488	7,648	7,520
〃	（冷凍）	35,193	27,452	34,763	33,686	20,303
かつお	（生鮮）	50,928	48,502	43,944	32,731	66,851
〃	（冷凍）	158,614	196,512	192,389	162,416	167,411
まいわし		458,970	459,324	509,483	642,362	602,020
うるめいわし		57,496	35,017	47,472	30,923	51,801
かたくちいわし		51,874	33,942	59,715	55,087	40,866
まあじ		124,505	94,421	84,686	87,656	77,313
むろあじ		13,946	8,354	11,605	7,700	12,224
さば類		489,826	530,564	425,010	356,668	375,043
さんま		77,638	112,845	46,880	30,248	18,632
ぶり類		95,275	80,560	89,809	85,553	69,465
かれい類	（生鮮）	28,838	24,097	25,381	27,126	21,467
たら	（生鮮）	36,936	41,271	41,693	45,561	44,648
ほっけ		8,710	19,219	15,740	24,235	24,823
3) するめいか	（生鮮）	35,630	27,715	32,257	38,227	19,281
3) 〃	（冷凍）	18,690	12,571	3,764	5,611	7,135

資料：水産庁「水産物流通調査　産地水産物流通調査」
注：1　産地卸売市場に上場された水産物の数量である（搬入量は除く。）。
　　2　水揚げ量は、市場上場量のみである。
　　1)は、令和3年から調査品目を変更したため、くろまぐろ（生鮮）の値である。
　　2)は、令和3年から調査品目を変更したため、みなみまぐろ（冷凍）の値である。
　　3)は、「まついか類」を含む。

3　産地市場の用途別出荷量（令和3年）

単位：t

品目	計	生鮮食用向け	ねり製品・すり身向け	缶詰向け	その他の食用加工品向け	魚油・飼肥料向け	養殖用又は漁業用餌料向け
1) 合計	1,127,325	325,390	7,209	103,924	222,467	177,408	290,927
生鮮品計	926,228	222,775	7,209	97,942	129,967	177,408	290,927
まぐろ	3,587	3,545	−	0	42	−	−
めばち	4,503	4,503	−	0	−	−	−
きはだ	4,689	4,609	−	2	78	−	−
かつお	41,357	35,799	−	1,045	3,930	−	583
さけ・ます類	14,006	8,329	−	3,167	2,510	−	−
まいわし	424,635	59,901	2,113	14,582	28,985	173,093	145,962
かたくちいわし	10,932	417	−	−	6,554	392	3,570
まあじ	55,849	22,337	2,767	−	18,919	436	11,390
さば類	283,744	39,215	2,164	78,205	33,568	2,150	128,443
さんま	10,527	4,317	−	812	3,360	1,338	700
ぶり類	31,240	15,641	−	−	15,453	−	146
かれい類	7,863	5,295	−	−	2,545	−	24
たら	24,000	14,677	165	−	9,158	−	1
するめいか	9,294	4,190	−	128	4,867	−	109
冷凍品計	201,097	102,615	−	5,982	92,500	−	−
まぐろ	3,574	3,545	−	−	29	−	−
めばち	14,564	11,674	−	323	2,567	−	−
きはだ	35,036	33,246	−	1,451	339	−	−
かつお	144,337	52,397	−	4,134	87,806	−	−
するめいか	3,586	1,754	−	74	1,759	−	−

資料：農林水産省「水産物流通調査　産地水産物用途別出荷量調査」
注：　有効回答を得た調査対象31漁港において19品目別に最終的な用途別（生鮮食用向け、ねり製品・すり身向け、缶詰向け、その他の食用加工品向け、魚油・飼肥料向け、養殖用又は漁業用餌料向け）の出荷量を合計した結果である。
　　　1)の合計は、調査した19品目の積上げ値であり、生鮮品及び冷凍品の各計は、それぞれの品目の積上げ値である。

4　魚市場数及び年間取扱高

年次	魚市場数	年間取扱高							
		数量					金額		
		総数	活魚	水揚量	搬入量	輸入品	総額	活魚	輸入品
	市場	千t	千t	千t	千t	千t	億円	億円	億円
平成25年	859	5,870	219	3,465	2,405	283	27,626	1,867	2,745
30	803	5,043	228	3,148	1,895	148	26,347	2,316	1,774

資料：農林水産省統計部「漁業センサス」（以下6まで同じ。）
注：平成25年は平成26年1月1日現在、30年は平成31年1月1日現在の結果である（以下6まで同じ。）。

5 冷凍・冷蔵工場数、冷蔵能力及び従業者数

年次	冷凍・冷蔵工場数計	冷蔵能力計	1日当たり凍結能力	従業者数	外国人
	工場	千t	t	人	人
平成25年	5,357	11,326	212,672	150,559	10,154
30	4,904	11,536	243,604	141,546	14,016

6 営んだ加工種類別水産加工場数及び従業者数

年次	水産加工場数計（実数）	缶・びん詰	焼・味付のり	寒天	油脂	飼肥料	ねり製品（実数）	かまぼこ類	魚肉ハム・ソーセージ類	冷凍食品
	工場	工場	工場	工場	工場	工場	工場	工場	工場	工場
平成25年	8,514	155	355	42	23	141	1,432	1,413	34	883
30	7,289	161	312	30	27	114	1,143	1,130	26	919

年次	素干し品	塩干品	煮干し品	塩蔵品	くん製品	節製品	その他の食用加工品	生鮮冷凍水産物	従業者数	外国人
	工場	工場	工場	工場	工場	工場	工場	工場	人	人
平成25年	742	1,922	1,280	842	206	641	2,769	1,580	188,235	13,458
30	550	1,645	1,049	770	215	528	2,442	1,400	171,354	17,336

7　1世帯当たり年間の購入数量（二人以上の世帯・全国）

単位：g

品目	平成30年	令和元	2	3	4
魚介類					
鮮魚					
まぐろ	1,929	1,930	2,029	1,996	1,615
あじ	932	844	821	775	693
いわし	642	550	577	443	377
かつお	815	884	718	966	779
かれい	713	699	743	687	667
さけ	2,507	2,520	2,839	2,734	2,287
さば	966	864	894	815	708
さんま	1,135	767	440	332	264
たい	423	409	557	597	470
ぶり	1,617	1,536	1,737	1,620	1,355
1)いか	1,154	1,103	1,220	1,155	1,075
1)たこ	539	539	646	522	421
2)えび	1,347	1,343	1,470	1,456	1,233
2)かに	358	362	393	381	294
他の鮮魚	4,333	4,358	4,712	4,366	4,142
さしみ盛合わせ	1,468	1,561	1,463	1,473	1,277
3)貝類					
あさり	705	725	743	645	295
しじみ	286	307	260	188	178
かき（貝）	467	416	436	518	421
ほたて貝	393	452	571	560	398
他の貝	202	233	243	224	172
塩干魚介					
塩さけ	1,278	1,322	1,430	1,359	1,157
たらこ	665	664	696	680	627
しらす干し	398	470	506	530	524
干しあじ	575	506	506	445	429
他の塩干魚介	4,051	3,802	4,121	3,617	3,446
他の魚介加工品					
かつお節・削り節	227	220	223	209	187
乾物・海藻					
4)わかめ	865	861	866	745	694
5)こんぶ	277	253	229	210	202

資料：総務省統計局「家計調査結果」
注：1)は、ゆでを含む。
　　2)は、ゆで、蒸しを含む。
　　3)は、殻付き、むき身、ゆで、蒸しを含む。
　　4)は、生わかめ、干わかめなどをいう。
　　5)は、だしこんぶ、とろろこんぶ、蒸しこんぶなどをいう。

8 輸出入量及び金額

品目名	単位	令和3年		4	
		数量	金額	数量	金額
			千円		千円
輸出					
たい（活）	t	4,681	3,218,767	5,331	4,852,078
さけ・ます（生鮮・冷蔵・冷凍）	〃	8,434	3,540,311	12,793	6,674,542
ひらめ・かれい（生鮮・冷蔵・冷凍）	〃	4,738	1,365,231	5,993	1,453,598
まぐろ類（生鮮・冷蔵・冷凍）	〃	18,687	14,432,164	9,471	14,502,595
かつお類（生鮮・冷蔵・冷凍）	〃	39,693	5,980,410	13,548	3,347,198
いわし（生鮮・冷蔵・冷凍）	〃	89,787	7,445,143	132,776	11,629,950
さば（生鮮・冷蔵・冷凍）	〃	176,729	22,024,712	125,170	18,802,372
すけそうだら（生鮮・冷蔵・冷凍）	〃	14,177	1,997,410	24,274	3,061,344
さめ（生鮮・冷蔵・冷凍）	〃	2,130	162,514	2,329	321,451
さんま（冷凍）	〃	2,296	634,673	663	285,093
ぶり（活・生鮮・冷蔵・冷凍）	〃	(44,875)	(24,619,691)	32,844	36,256,382
えび（冷凍）	〃	617	753,101	1,052	1,135,095
かに（冷凍）	〃	738	1,239,849	1,088	2,090,608
ホタテ貝（生鮮・冷蔵・冷凍・塩蔵・乾燥・くん製）	〃	115,701	63,942,906	127,806	91,052,242
いか（活・生鮮・冷蔵・冷凍）	〃	3,097	2,090,720	1,896	1,639,278
たこ（活・生鮮・冷蔵・冷凍・塩蔵・乾燥）	〃	335	383,487	308	439,186
ほや（活・生鮮・冷蔵）	〃	3,352	797,334	3,164	914,451
乾こんぶ	〃	463	930,622	474	987,770
いわし（缶詰）	〃	252	167,336	550	343,541
まぐろ類（缶詰）	〃	348	477,003	197	310,344
かつお類（缶詰）	〃	79	125,461	112	163,247
さば（缶詰）	〃	1,680	904,944	1,725	1,138,109
練り製品	〃	12,981	11,258,144	13,303	12,265,112
かき（缶詰）	〃	16	26,520	23	35,166
真珠	kg	22,400	20,022,757	35,512	31,179,204

資料：財務省関税局「貿易統計」をもとに農林水産省統計部にて作成。
注：1　（活）は、生きているものである。
　　2　（塩蔵）は、塩水漬けを含む。
　　3　「ぶり」は、令和4年から「活魚」を含めて集計されており、令和3年と単純比較が
　　　できないため、令和3年を（　）で掲載した。

8 輸出入量及び金額（続き）

品目名	単位	令和3年		4	
		数量	金額	数量	金額
			千円		千円
輸入					
うなぎ（稚魚）	t	8	5,449,474	11	16,682,200
うなぎ（活）	〃	7,034	15,088,286	8,267	26,591,989
さけ・ます（生鮮・冷蔵・冷凍）	〃	245,257	220,566,717	229,971	278,329,103
ひらめ・かれい（生鮮・冷蔵・冷凍）	〃	34,884	19,994,700	34,427	26,011,437
まぐろ類（生鮮・冷蔵・冷凍）	〃	174,994	182,397,667	176,881	226,347,216
かつお類（生鮮・冷蔵・冷凍）	〃	23,853	3,763,621	24,793	5,363,255
にしん（生鮮・冷蔵・冷凍）	〃	25,985	4,942,936	25,290	6,000,885
いわし（生鮮・冷蔵・冷凍）	〃	296	42,894	506	72,194
さば（生鮮・冷蔵・冷凍）	〃	73,810	16,710,117	62,583	19,113,794
あじ（冷凍）	〃	19,063	4,047,456	14,365	3,580,652
かじき（生鮮・冷蔵・冷凍、めかじき含む）	〃	10,123	6,693,867	8,066	7,441,440
まだら（生鮮・冷蔵・冷凍）	〃	11,658	5,321,978	6,512	4,550,046
たい（生鮮・冷蔵・冷凍）	〃	35	7,702	15	3,538
ぶり（生鮮・冷蔵・冷凍）	〃	208	42,042	186	46,870
さわら（生鮮・冷蔵・冷凍）	〃	979	495,911	1,713	1,031,367
ふぐ（生鮮・冷蔵・冷凍）	〃	2,256	846,266	2,066	697,941
さんま（冷凍）	〃	4,548	1,762,289	7,376	2,906,361
えび（活・生鮮・冷蔵・冷凍）	〃	158,714	178,385,073	156,591	221,285,737
かに（活・生鮮・冷蔵・冷凍）	〃	21,983	67,327,138	22,623	74,929,090
ホタテ貝（活・生鮮・冷蔵・冷凍）	〃	200	160,124	846	914,596
いか（活・生鮮・冷蔵・冷凍もんごう含む）	〃	102,834	53,606,251	117,713	76,046,494
たこ（活・生鮮・冷蔵・冷凍）	〃	26,411	31,810,325	34,138	48,570,256
あさり（活・生鮮・冷蔵・冷凍）	〃	31,752	6,861,764	11,324	2,965,209
あわび（活・生鮮・冷蔵・冷凍）	〃	2,365	6,837,147	2,973	10,345,978
しじみ（活・生鮮・冷蔵・冷凍）	〃	908	226,463	1,091	323,305
うに（活・生鮮・冷蔵・冷凍）	〃	10,613	21,069,547	11,193	31,359,473
乾のり	〃	2,034	4,764,742	2,341	6,152,526
わかめ	〃	21,682	9,112,417	19,950	12,524,164
かつお（缶詰）	〃	16,681	9,129,752	17,421	12,169,464
まぐろ（缶詰）	〃	27,949	16,831,479	27,326	20,188,719
かつお節	〃	2,455	2,025,281	3,606	3,756,026
真珠	－	…	23,087,840	…	34,237,006

IX 価格

1 品目別産地市場卸売価格（1 kg当たり）

単位：円

品目		平成29年	30	令和元	2	3
1) まぐろ	（生鮮）	1,899	2,021	2,090	1,920	2,045
2) 〃	（冷凍）	1,784	1,713	1,738	1,659	1,870
びんなが	（生鮮）	384	425	478	336	362
〃	（冷凍）	345	368	449	288	401
めばち	（生鮮）	1,339	1,423	1,287	1,241	1,401
〃	（冷凍）	1,149	1,065	975	827	994
きはだ	（生鮮）	937	877	898	845	932
〃	（冷凍）	447	474	389	327	513
かつお	（生鮮）	378	316	314	350	221
〃	（冷凍）	256	192	171	189	185
まいわし		49	42	41	41	38
うるめいわし		57	68	83	75	61
かたくちいわし		52	63	64	51	46
まあじ		175	199	239	229	218
むろあじ		93	106	118	117	95
さば類		85	96	105	109	109
さんま		278	185	293	473	621
ぶり類		359	377	370	328	334
かれい類	（生鮮）	347	364	344	299	302
たら	（生鮮）	299	250	225	193	196
ほっけ		152	96	74	50	66
3) するめいか	（生鮮）	570	567	645	561	618
3) 〃	（冷凍）	618	609	876	775	687

資料：水産庁「水産物流通調査　産地水産物流通調査」

注：1　産地卸売市場に上場された水産物の数量である（搬入量は除く。）。

　　2　水揚げ量は、市場上場量のみである。

　　1)は、令和3年から調査品目を変更したため、くろまぐろ（生鮮）の値である。

　　2)は、令和3年から調査品目を変更したため、みなみまぐろ（冷凍）の値である。

　　3)は、「まついか類」を含む。

2 年平均小売価格 (東京都区部)

単位：円

品目	銘柄	数量単位	平成30年	令和元	2	3	4
まぐろ	めばち又はきはだ、刺身用、さく、赤身	100g	453	454	433	455	541
あじ	まあじ、丸(長さ約15cm以上)	〃	110	110	114	105	119
いわし	まいわし、丸(長さ12cm以上)	〃	88	89	95	100	107
かつお	たたき、刺身用、さく	〃	196	194	205	200	224
1) さけ	トラウトサーモン又はアトランティックサーモン（ノルウェーサーモン）、刺身用、さく又はブロック	〃	324	326	366	363	427
2) さば	まさば又はごまさば、切り身、塩さばを除く	〃	120	116	113	115	131
さんま	丸(長さ約25cm以上)	〃	104	100	118	145	154
たい	まだい、刺身用、さく	〃	631	653	626	609	664
ぶり	切り身(刺身用を除く。)	〃	276	289	277	289	364
いか	するめいか、丸	〃	140	161	156	162	182
たこ	まだこ、ゆでもの又は蒸しもの	〃	374	368	347	379	439
えび	輸入品、冷凍、パック包装又は真空包装、無頭(10〜14尾入り)	〃	316	326	324	312	327
あさり	殻付き	〃	120	123	125	134	170
かき（貝）	まがき、むき身	〃	349	365	373	369	401
ほたて貝	むき身(天然ものを除く。)、ゆでもの又は蒸しもの	〃	294	276	270	279	308
塩さけ	ぎんざけ、切り身	〃	216	227	224	228	257
3) たらこ	切れ子を含む、並	〃	456	444	450	447	466
しらす干し	並	〃	563	577	586	583	564

資料：総務省統計局「小売物価統計調査（動向編）結果」

単位：円

品目	銘柄	数量単位	平成30年	令和元	2	3	4
干しあじ	まあじ、開き、並	100g	167	164	163	169	166
煮干し	かたくちいわし、並	〃	232	236	239	242	244
ししゃも	子持ちししゃも、カラフトシシャモ（カペリン）、8〜12匹入り、並	〃	178	181	207	228	225
揚げかまぼこ	さつま揚げ、並	〃	111	114	116	114	124
ちくわ	焼きちくわ(煮込み用を除く。)、袋入り（3〜6本入り）、並	〃	103	104	104	105	112
かまぼこ	蒸かまぼこ、板付き、内容量80〜140g、普通品	〃	155	163	165	164	182
かつお節	かつおかれぶし削りぶし、パック入り（2.5g×10袋入り）、普通品	1パック	266	271	264	267	256
塩辛	いかの塩辛、並	100g	245	246	244	226	…
魚介漬物	みそ漬、さわら又はさけ、並	〃	235	232	216	217	246
4)魚介つくだ煮	小女子、ちりめん又はしらす、パック入り又は袋入り（50〜150g入り）、並	〃	524	506	494	485	483
いくら	さけ卵、塩漬又はしょう油漬、並	〃	1,951	1,822	1,709	1,840	2,204
魚介缶詰	まぐろ缶詰、油漬、きはだまぐろ、フレーク、内容量70g入り、3缶又は4缶パック	1缶	118	123	126	123	126
干しのり	焼きのり、袋入り（全形10枚入り）、普通品	1袋	439	445	445	447	435
わかめ	生わかめ、湯通し塩蔵わかめ(天然ものを除く。)、国産品、並	100g	289	285	290	284	279
こんぶ	だしこんぶ、国産品、並	〃	639	662	718	760	763
ひじき	乾燥ひじき、芽ひじき、国産品、並	〃	1,826	1,894	1,869	1,879	1,928

注：1)は、令和2年1月に基本銘柄を改正した。
　　2)は、令和4年7月に基本銘柄を改正した。
　　3)は、令和元年1月に基本銘柄を改正した。
　　4)は、平成30年7月に基本銘柄を改正した。

X　水産資源の管理

1　資源管理・漁場改善の取組（平成30年11月1日現在）

(1)　管理対象魚種別取組数（複数回答）

単位：取組

区分	計 (実数)	ひらめ	あわび類	まだい	かれい類	いか類	その他のたい類	たこ類	さざえ	なまこ類	うに類
全国	5,476	1,013	765	710	582	496	442	439	435	402	333

資料：農林水産省統計部「2018年漁業センサス」（以下2まで同じ。）

(2)　漁業資源の管理内容別取組数（複数回答）

単位：取組

区分	計 (実数)	漁獲（採捕・収獲）枠の設定	漁業資源の増殖	その他
全国	3,006	872	1,930	681

(3)　漁場の保全・管理内容別取組数（複数回答）

単位：取組

区分	計 (実数)	漁場の保全	藻場・干潟の維持管理	薬品等の不使用の取組	漁場の造成	漁場利用の取決め	その他
全国	2,160	1,025	379	168	431	1,135	482

(4)　漁獲の管理内容別取組数（複数回答）

単位：取組

区分	漁法 (養殖方法)の規制	漁船の使用規制	漁具の規制	漁期の規制	出漁日数、操業時間の規制	漁獲（採捕、収獲）サイズの規制	漁獲量（採捕量、収獲量）の規制	その他
全国	768	539	1,447	2,555	1,807	2,197	797	373

2 遊漁関係団体との連携の具体的な取組別漁業地区数 (平成30年11月1日現在)

単位:地区

区分	遊漁関係団体との連携がある漁業地区数	連携した取組の具体的内容						
		漁業資源の管理				漁場の保全・管理		
		小計(実数)	漁獲(採捕・収獲)枠の設定	漁業資源の増殖	その他	小計(実数)	漁場の保全	藻場・干潟の維持管理
全国	168	49	17	31	8	69	17	4

区分	連携した取組の具体的内容 (続き)							
	漁場の保全・管理(続き)				漁獲の管理			
	薬品等の不使用の取組	漁場の造成	漁場利用の取決め	その他	小計(実数)	漁法(養殖方法)の規制	漁船の使用規制	漁具の規制
全国	3	6	45	16	119	10	4	31

区分	連携した取組の具体的内容 (続き)				
	漁獲の管理(続き)				
	漁期の規制	出漁日数、操業時間の規制	漁獲(採捕、収獲)サイズの規制	漁獲量(採捕量、収獲量)の規制	その他
全国	38	31	60	43	33

XI 水産業協同組合

1 水産業協同組合・同連合会数 (各年度末現在)

単位：組合

区分		平成30年度	令和元	2	3	4	事業別組合数（令和4年度）		
							1)信用事業	購買事業	販売事業
単位組合合計		2,406	2,392	2,328	2,249	2,218	74	915	876
沿海地区	出資漁協	943	937	879	871	862	72	770	726
〃	非出資漁協	2	2	2	2	2	－	1	0
内水面地区	出資漁協	654	649	645	643	640	1	49	77
〃	非出資漁協	154	153	153	152	148	－	0	1
業種別	出資漁協	88	89	89	87	87	1	37	40
〃	非出資漁協	4	4	4	4	4	－	1	1
漁業生産組合		467	466	466	401	394	－	－	－
水産加工業協同組合		94	92	90	89	81	0	57	31
連合会合計		144	143	143	128	125	10	53	47
出資漁連		96	95	95	95	95	－	46	43
非出資漁連		10	10	10	10	10	－	0	0
信用漁連		28	28	28	13	10	10	－	－
水産加工連		9	9	9	9	9	－	7	4
共水連		1	1	1	1	1	－	－	－

資料：水産庁「水産業協同組合年次報告」
注： 1 大臣認可及び知事認可による単位組合及び連合会である。
　　 2 本表では、当該組合において水産業協同組合法（昭和23年法律第242号）に基づき行うことが
　　　　できる業務でない場合は「－」と表示し、当該業務を水産業協同組合法上行うことができるが、
　　　　当該事業年度において実績がなかった場合には「0」と表示した。
1)は、信用事業を行う組合のうち、貯金残高を有する組合の数である。

2 沿海地区出資漁業協同組合 (令和3事業年度末現在)

(1) 組合員数

単位：人

組合	合計	正組合員数							准組合員数
		計	漁民				漁業生産組合	漁業を営む法人（漁業生産組合を除く。）	
			小計	漁業者	漁業従事者				
沿海地区出資漁協	257,649	114,388	112,155	96,313	15,842		99	2,134	143,261

資料：水産庁「水産業協同組合統計表」（以下(3)まで同じ。）

(2) 正組合員数別漁業協同組合数

単位：組合

組合	計	50人未満	50～99	100～199	200～299	300～499	500～999	1,000人以上
沿海地区出資漁協	848	350	208	153	59	53	14	11

(3) 出資金額別漁業協同組合数

単位：組合

組合	計	100万円未満	100～500	500～1,000	1,000～2,000	2,000～5,000	5,000～1億	1億円以上
沿海地区出資漁協	848	12	43	50	119	203	145	276

東日本大震災からの復旧・復興状況編

東日本大震災からの復旧・復興状況

1 甚大な被害を受けた3県（岩手県、宮城県及び福島県）の農林業経営体数 の状況

(1) 被災3県の農林業経営体数

単位：経営体

区分	農林業経営体	農業経営体				林業経営体
		計	個人経営体	団体経営体	法人経営	
平成22年	183,315	179,396	175,912	3,484	1,552	15,853
27	141,102	139,022	135,480	3,542	2,007	9,073
令和2	**109,319**	**107,983**	**104,518**	**3,465**	**2,284**	**2,994**
対前回増減率（%）						
平成27年	△ 23.0	△ 22.5	△ 23.0	1.7	29.3	△ 42.8
令和2	**△ 22.5**	**△ 22.3**	**△ 22.9**	**△ 2.2**	**13.8**	**△ 67.0**
(参考)全国増減率(%)						
平成27年	△ 18.7	△ 18.0	△ 18.5	4.9	25.3	△ 37.7
令和2	**△ 22.2**	**△ 21.9**	**△ 22.6**	**2.8**	**13.3**	**△ 61.0**

資料：農林水産省統計部「農林業センサス」（以下(2)まで同じ。）

(2) 農業経営体の推移

単位：経営体

区分	平成22年		27		令和2	
	農業経営体	個人経営体	農業経営体	個人経営体	**農業経営体**	**個人経営体**
被災3県計	179,396	175,912	139,022	135,480	**107,983**	**104,518**
1)沿海市区町村	33,493	32,913	20,959	20,470	**14,817**	**14,267**
2)内陸市区町村	145,903	142,999	118,063	115,010	**93,166**	**90,251**
岩手県	57,001	55,693	46,993	45,598	**35,380**	**34,133**
宮城県	50,741	49,534	38,872	37,578	**30,005**	**28,714**
福島県	71,654	70,685	53,157	52,304	**42,598**	**41,671**
増減率（%）						
被災3県計			△ 22.5	△ 23.0	**△ 22.3**	**△ 22.9**
1)沿海市区町村			△ 37.4	△ 37.8	**△ 29.3**	**△ 30.3**
2)内陸市区町村			△ 19.1	△ 19.6	**△ 21.1**	**△ 21.5**
岩手県			△ 17.6	△ 18.1	**△ 24.7**	**△ 25.1**
宮城県			△ 23.4	△ 24.1	**△ 22.8**	**△ 23.6**
福島県			△ 25.8	△ 26.0	**△ 19.9**	**△ 20.3**

注：1)は、次に掲げる市区町村（令和2年2月1日現在）である。
　　岩手県：宮古市、大船渡市、久慈市、陸前高田市、釜石市、大槌町、山田町、岩泉町、田野畑村、
　　　　　普代村、野田村及び洋野町
　　宮城県：宮城野区、若林区、石巻市、塩竈市、気仙沼市、名取市、多賀城市、岩沼市、東松島市、
　　　　　亘理町、山元町、松島町、七ヶ浜町、利府町、女川町及び南三陸町
　　福島県：いわき市、相馬市、南相馬市、広野町、楢葉町、富岡町、大熊町、双葉町、浪江町及び
　　　　　新地町
　　2)は岩手県、宮城県及び福島県に所在する市区町村のうち、1)に掲げる市区町村を除く市区町村である。

2 津波被災農地における年度ごとの営農再開可能面積の見通し

区分	単位	令和4年度まで累計	5年度	1)6年度	1)7年度以降	小計	2)避難指示区域	復旧対象農地計	3)転用(見込み含む)	津波被災農地合計
計	ha	18,840	100	60	570	19,570	90	19,660	1,820	21,480
岩手県	〃	550	–	–	–	550	–	550	180	730
宮城県	〃	13,710	–	–	–	13,710	–	13,710	630	14,340
福島県	〃	3,630	100	60	570	4,360	90	4,450	1,010	5,460
青森県・茨城県・千葉県	〃	950	–	–	–	950	–	950		950
復旧対象農地に対する割合	%	96	0	0	3	99	1	100		
小計に対する割合	〃	96	1	0		100				
津波被災農地に対する割合	〃	88	0	0		91	1	92	8	100

資料:農林水産省農村振興局資料
注: 1)は、農地復旧と一体的に農地の大区画化等を実施する予定の農地（R6年度：60ha、R7年度以降：220ha）及び避難解除等区域内で他の復旧・復興事業との調整等が必要な農地（R7年度以降：350ha）である。
　　2)は、原子力発電所事故に伴い設定されている避難指示区域の中で、避難指示解除の見込みや除染の工程等を踏まえつつ、復旧に向けて取り組む農地である。
　　3)は、農地の転用等により復旧不要となる農地（見込みを含む。）である。

3 東日本大震災による甚大な被害を受けた3県における漁業関係の動向
(1) 漁業経営体数

県	平成20年	25 ①	休廃業 経営体 ②	新規着業 経営体 ③	30 ④ (①-②+③)	対前回比 (30/25)
	経営体	経営体	経営体	経営体	経営体	経営体
3県計	10,062	5,690	1,588	2,007	6,109	107.4
岩手県	5,313	3,365	946	987	3,406	101.2
宮城県	4,006	2,311	640	655	2,326	100.6
福島県	743	14	2	365	377	2,692.9

資料：農林水産省統計部「漁業センサス」（以下(2)まで同じ。）
注：1 「休廃業経営体」とは、2013年漁業センサスの漁業経営体であって、2018年漁業センサスの漁業経営体（継続経営体）にならなかった経営体をいう。なお、漁業地区をまたがって転出した経営体については、実質的に経営が継続している経営体であっても休廃業経営体としている。
　　また、「継続経営体」とは、2013年漁業センサスと2018年漁業センサスの海面漁業調査客体名簿を照合して、同一漁業地区内で世帯主氏名、事業所名又は代表者名が一致し、かつ経営組織が一致した経営体をいう。
　　2 「新規着業経営体」とは、2018年漁業センサスの漁業経営体であって、継続経営体以外の経営体をいう。なお、漁業地区をまたがって転入した経営体については、実質的に経営が継続している経営体であっても新規着業経営体としている。

(2) 漁協等が管理・運営する漁業経営体数及び漁業従事者数

区分	単位	計			漁業協同組合等			個人経営体、会社、 共同経営等		
		平成 25年	30	対前 回比	平成 25年	30	対前 回比	平成 25年	30	対前 回比
				%			%			%
漁業経営体										
3県計	経営体	5,690	6,109	107.4	85	50	58.8	5,605	6,059	108.1
岩手県	〃	3,365	3,406	101.2	33	34	103.0	3,332	3,372	101.2
宮城県	〃	2,311	2,326	100.6	52	16	30.8	2,259	2,310	102.3
福島県	〃	14	377	2,692.9	－	－	nc	14	377	2,692.9
漁業従事者										
3県計	人	13,827	14,548	105.2	2,525	922	36.5	11,302	13,626	120.6
岩手県	〃	6,173	6,187	100.2	1,202	776	64.6	4,971	5,411	108.9
宮城県	〃	7,245	7,255	100.1	1,323	146	11.0	5,922	7,109	120.0
福島県	〃	409	1,106	270.4	－	－	nc	409	1,106	270.4

注：1 漁業従事者とは、満15歳以上で平成25、30年11月1日現在で海上作業に従事した者をいう。
　　2 漁業協同組合等とは、漁業協同組合（支所等含む。）と漁業生産組合をいい、復興支援事業等を活用し、支所ごと又は養殖種類ごとに復興計画を策定し認定を受けた漁業協同組合（支所等含む。）を含む。

3　東日本大震災による甚大な被害を受けた3県における漁業関係の動向（続き）
(3)　岩手県における漁業関係の動向
　　ア　漁業センサスにおける主な調査結果

区分	単位	平成25年	30	対前回増減率 (30／25)
				％
海面漁業経営体	経営体	3,365	3,406	1.2
個人経営体	〃	3,278	3,317	1.2
団体経営体	〃	87	89	2.3
会社、共同経営、その他	〃	54	55	1.9
漁業協同組合等	〃	33	34	3.0
海上作業従事者	人	6,173	6,187	0.2
個人経営体	〃	4,004	4,564	14.0
団体経営体	〃	2,169	1,623	△ 25.2
会社、共同経営、その他	〃	967	847	△ 12.4
漁業協同組合等	〃	1,202	776	△ 35.4
漁船	隻	5,740	5,791	0.9
販売金額1位の漁業種類別				
かき類養殖	〃	79	165	108.9
わかめ類養殖	〃	195	143	△ 26.7
大型定置網	〃	149	156	4.7

資料：農林水産省統計部「漁業センサス」

　　イ　海面漁業・養殖業生産量及び海面漁業・養殖業産出額

区分		単位	平成22年	30	令和元	2
海面漁業・養殖業生産量	(1)	t	187,850	126,589	122,344	96,102
海面漁業	(2)	〃	136,416	90,087	92,774	65,683
たら類	(3)	〃	23,562	6,177	9,061	4,952
おきあみ類	(4)	〃	18,561	11,380	10,519	1,561
さば類	(5)	〃	19,325	9,199	19,197	12,804
まぐろ類	(6)	〃	5,450	4,332	5,550	5,265
あわび類	(7)	〃	283	168	145	119
海面養殖業	(8)	〃	51,434	36,502	29,570	30,419
わかめ類	(9)	〃	19,492	18,220	12,647	16,423
こんぶ類	(10)	〃	14,517	8,079	7,666	5,179
ほたてがい	(11)	〃	6,673	x	x	x
かき類	(12)	〃	9,578	6,646	6,341	6,159
海面漁業・養殖業産出額	(13)	100万円	38,468	37,883	34,605	30,568
海面漁業	(14)	〃	28,721	28,652	25,748	23,776
たら類	(15)	〃	1,556	1,316	1,336	911
おきあみ類	(16)	〃	957	1,306	574	154
さば類	(17)	〃	1,233	869	1,568	1,171
まぐろ類	(18)	〃	3,803	4,382	6,445	6,183
あわび類	(19)	〃	2,627	2,173	2,021	1,244
海面養殖業	(20)	〃	9,747	9,231	8,857	6,793
わかめ類	(21)	〃	3,036	3,874	3,882	2,781
こんぶ類	(22)	〃	1,947	1,545	1,534	1,132
ほたてがい	(23)	〃	2,097	x	x	x
かき類	(24)	〃	2,216	1,866	1,744	1,749

資料：海面漁業・養殖業生産量は農林水産省統計部「漁業・養殖業生産統計」
　　　海面漁業・養殖業産出額は農林水産省統計部「漁業産出額」

区分	単位	平成25年	30	対前回増減率 (30／25)
				％
魚市場	市場	14	14	0.0
水産物取扱数量	t	136,169	113,826	△ 16.4
水産物取扱金額	万円	3,759,894	4,012,709	6.7
冷凍・冷蔵工場	工場	145	128	△ 11.7
従業者	人	3,824	3,430	△ 10.3
冷蔵能力	t	144,650	172,902	19.5
水産加工場	工場	154	135	△ 12.3
従業者	人	4,302	3,377	△ 21.5
生産量（生鮮冷凍水産物）	t	90,063	72,829	△ 19.1

3	4 (概数値)	震災前との対比					
		(30／22)	(元／22)	(2／22)	(3／22)	(4／22)	
		％	％	％	％	％	
110,730	103,900	67.4	65.1	51.2	58.9	55.3	(1)
79,709	71,500	66.0	68.0	48.1	58.4	52.4	(2)
9,048	11,500	26.2	38.5	21.0	38.4	48.8	(3)
3,000	5,100	61.3	56.7	8.4	16.2	27.5	(4)
26,187	19,400	47.6	99.3	66.3	135.5	100.4	(5)
5,151	5,100	79.5	101.8	96.6	94.5	93.6	(6)
90	100	59.4	51.2	42.0	31.8	35.3	(7)
31,021	32,400	71.0	57.5	59.1	60.3	63.0	(8)
13,442	14,300	93.5	64.9	84.3	69.0	73.4	(9)
6,937	7,700	55.7	52.8	35.7	47.8	53.0	(10)
x	1,000	x	x	x	x	28.5	(11)
6,208	6,000	69.4	66.2	64.3	64.8	62.6	(12)
29,578	‥	98.5	90.0	79.5	76.9	nc	(13)
21,695	‥	99.8	89.6	82.8	75.5	nc	(14)
1,020	‥	84.6	85.9	58.5	65.6	nc	(15)
688	‥	136.5	60.0	16.1	71.9	nc	(16)
2,048	‥	70.5	127.2	95.0	166.1	nc	(17)
7,327	‥	115.2	169.5	162.6	192.7	nc	(18)
961	‥	82.7	76.9	47.4	36.6	nc	(19)
7,883	‥	94.7	90.9	69.7	80.9	nc	(20)
2,752	‥	127.6	127.9	91.6	90.6	nc	(21)
1,069	‥	79.4	78.8	58.1	54.9	nc	(22)
x	‥	x	x	x	x	nc	(23)
1,930	‥	84.2	78.7	78.9	87.1	nc	(24)

3 東日本大震災による甚大な被害を受けた3県における漁業関係の動向（続き）
(4) 宮城県における漁業関係の動向
ア 漁業センサスにおける主な調査結果

区分	単位	平成25年	30	対前回増減率 (30／25)
				％
海面漁業経営体	経営体	2,311	2,326	0.6
個人経営体	〃	2,191	2,214	1.0
団体経営体	〃	120	112	△ 6.7
会社、共同経営、その他	〃	68	96	41.2
漁業協同組合等	〃	52	16	△ 69.2
海上作業従事者	人	7,245	7,255	0.1
個人経営体	〃	4,405	5,284	20.0
団体経営体	〃	2,840	1,971	△ 30.6
会社、共同経営、その他	〃	1,517	1,825	20.3
漁業協同組合等	〃	1,323	146	△ 89.0
漁船	隻	4,704	5,318	13.1
販売金額1位の漁業種類別				
かき類養殖	〃	168	241	43.5
ほたてがい養殖	〃	104	119	14.4
大型定置網	〃	38	39	2.6

資料：農林水産省統計部「漁業センサス」

イ 海面漁業・養殖業生産量及び海面漁業・養殖業産出額

区分		単位	平成22年	30	令和元	2
海面漁業・養殖業生産量	(1)	t	347,911	268,791	270,728	250,110
海面漁業	(2)	〃	224,588	187,618	195,460	166,312
たら類	(3)	〃	15,148	4,508	5,003	3,673
いわし類	(4)	〃	18,593	39,281	47,210	53,180
ぶり類	(5)	〃	2,336	3,259	3,790	3,254
あじ類	(6)	〃	662	616	804	470
その他の魚類	(7)	〃	20,016	14,326	26,739	15,081
海面養殖業	(8)	〃	123,323	81,173	75,268	83,798
わかめ類	(9)	〃	19,468	16,939	18,309	23,447
のり類	(10)	〃	24,417	13,075	11,616	15,463
かき類	(11)	〃	41,653	26,086	21,406	18,432
ほたてがい	(12)	〃	12,822	2,759	3,343	6,185
海面漁業・養殖業産出額	(13)	100万円	77,081	79,156	83,444	71,970
海面漁業	(14)	〃	52,353	56,604	58,483	48,854
たら類	(15)	〃	2,559	1,110	930	660
いわし類	(16)	〃	964	1,787	2,304	2,454
ぶり類	(17)	〃	362	753	672	467
あじ類	(18)	〃	85	213	215	199
その他の魚類	(19)	〃	4,984	6,760	11,594	5,782
海面養殖業	(20)	〃	24,728	22,552	24,961	23,116
わかめ類	(21)	〃	3,310	3,928	5,948	5,095
のり類	(22)	〃	5,340	3,958	4,348	5,485
かき類	(23)	〃	4,904	3,185	3,250	2,574
ほたてがい	(24)	〃	3,385	1,129	1,507	1,802

資料：海面漁業・養殖業生産量は農林水産省統計部「漁業・養殖業生産統計」
　　　海面漁業・養殖業産出額は農林水産省統計部「漁業産出額」

区分	単位	平成25年	30	対前回増減率 (30／25)
				%
魚市場	市場	10	10	0.0
水産物取扱数量	t	317,815	334,686	5.3
水産物取扱金額	万円	12,536,124	13,659,700	9.0
冷凍・冷蔵工場	工場	183	208	13.7
従業者	人	5,364	7,601	41.7
冷蔵能力	t	494,183	503,434	1.9
水産加工場	工場	293	291	△ 0.7
従業者	人	8,644	9,964	15.3
生産量（生鮮冷凍水産物）	t	113,507	162,391	43.1

3	4 （概数値）	震災前との対比					
		(30／22)	(元／22)	(2／22)	(3／22)	(4／22)	
		%	%	%	%	%	
267,356	258,800	77.3	77.8	71.9	76.8	74.4	(1)
184,316	170,000	83.5	87.0	74.1	82.1	75.7	(2)
5,650	9,000	29.8	33.0	24.2	37.3	59.4	(3)
70,003	53,700	211.3	253.9	286.0	376.5	288.8	(4)
2,319	2,400	139.5	162.2	139.3	99.3	102.7	(5)
465	600	93.1	121.5	71.0	70.2	90.6	(6)
3,335	4,200	71.6	133.6	75.3	16.7	21.0	(7)
83,040	88,800	65.8	61.0	68.0	67.3	72.0	(8)
19,024	22,100	87.0	94.0	120.4	97.7	113.5	(9)
13,022	10,800	53.5	47.6	63.3	53.3	44.2	(10)
22,335	25,700	62.6	51.4	44.3	53.6	61.7	(11)
7,335	6,800	21.5	26.1	48.2	57.2	53.0	(12)
65,517	‥	102.7	108.3	93.4	85.0	nc	(13)
44,338	‥	108.1	111.7	93.3	84.7	nc	(14)
812	‥	43.4	36.3	25.8	31.7	nc	(15)
2,566	‥	185.4	239.0	254.6	266.2	nc	(16)
338	‥	208.0	185.6	129.0	93.4	nc	(17)
122	‥	250.6	252.9	234.1	143.5	nc	(18)
1,642	‥	135.6	232.6	116.0	32.9	nc	(19)
21,179	‥	91.2	100.9	93.5	85.6	nc	(20)
3,187	‥	118.7	179.7	153.9	96.3	nc	(21)
3,504	‥	74.1	81.4	102.7	65.6	nc	(22)
2,718	‥	64.9	66.3	52.5	55.4	nc	(23)
2,330	‥	33.4	44.5	53.2	68.8	nc	(24)

3 東日本大震災による甚大な被害を受けた3県における漁業関係の動向（続き）
 (5) 福島県における漁業関係の動向
  ア 漁業センサスにおける主な調査結果

区分	単位	平成25年	30	対前回増減率 （30／25）
				％
海面漁業経営体	経営体	14	377	2,592.9
個人経営体	〃	-	354	nc
団体経営体	〃	14	23	64.3
会社、共同経営、その他	〃	14	23	64.3
漁業協同組合等	〃	-	-	nc
海上作業従事者	人	409	1,106	170.4
個人経営体	〃	-	776	nc
団体経営体	〃	409	330	△ 19.3
会社、共同経営、その他	〃	409	330	△ 19.3
漁業協同組合等	〃	-	-	nc
漁船	隻	32	444	1,287.5

資料：農林水産省統計部「漁業センサス」

  イ 海面漁業・養殖業生産量及び海面漁業・養殖業産出額

区分		単位	平成22年	30	令和元	2
海面漁業・養殖業生産量	(1)	t	80,398	50,077	69,537	71,582
海面漁業	(2)	〃	78,939	50,033	69,412	71,505
まぐろ類	(3)	〃	3,980	3,213	1,312	3,113
かつお	(4)	〃	2,844	1,007	821	992
さんま	(5)	〃	17,103	7,615	3,055	2,379
するめいか	(6)	〃	2,146	161	552	414
海面養殖業	(7)	〃	1,459	44	125	77
海面漁業・養殖業産出額	(8)	100万円	18,713	9,678	8,876	9,918
海面漁業	(9)	〃	18,181	9,665	8,823	9,887
まぐろ類	(10)	〃	3,337	2,675	1,274	2,194
かつお	(11)	〃	693	258	194	254
さんま	(12)	〃	2,052	1,439	980	1,169
するめいか	(13)	〃	505	88	356	248
海面養殖業	(14)	〃	532	13	53	31

資料：海面漁業・養殖業生産量は農林水産省統計部「漁業・養殖業生産統計」
　　　海面漁業・養殖業産出額は農林水産省統計部「漁業産出額」

区分	単位	平成25年	30	対前回増減率 (30／25)
				%
魚市場	市場	1	5	400.0
水産物取扱数量	t	4,071	9,887	142.9
水産物取扱金額	万円	64,966	309,713	376.7
冷凍・冷蔵工場	工場	63	65	3.2
従業者	人	1,780	1,778	△ 0.1
冷蔵能力	t	80,000	78,847	△ 1.4
水産加工場	工場	87	102	17.2
従業者	人	1,781	2,079	16.7
生産量（生鮮冷凍水産物）	t	6,859	9,454	37.8

3	4 （概数値）	震災前との対比					
		(30／22)	(元／22)	(2／22)	(3／22)	(4／22)	
		%	%	%	%	%	
62,828	56,700	62.3	86.5	89.0	78.1	70.5	(1)
62,660	56,500	63.4	87.9	90.6	79.4	71.6	(2)
1,868	1,400	80.7	33.0	78.2	46.9	35.2	(3)
2,098	x	35.4	28.9	34.9	73.8	x	(4)
1,706	1,600	44.5	17.9	13.9	10.0	9.4	(5)
89	100	7.5	25.7	19.3	4.1	4.7	(6)
168	200	3.0	8.6	5.3	11.5	13.7	(7)
9,515	‥	51.7	47.4	53.0	50.8	nc	(8)
9,444	‥	53.2	48.5	54.4	51.9	nc	(9)
2,053	‥	80.2	38.2	65.7	61.5	nc	(10)
420	‥	37.2	28.0	36.7	60.6	nc	(11)
1,145	‥	70.1	47.8	57.0	55.8	nc	(12)
61	‥	17.4	70.5	49.1	12.1	nc	(13)
71	‥	2.4	10.0	5.8	13.3	nc	(14)

付　　　表

Ⅰ 目標・計画・評価

1 食料・農業・農村基本計画

(1) 令和12年度における食料消費の見通し及び生産努力目標

主要品目	食料消費の見通し				4) 生産努力目標	
	2) 1人・1年当たり消費量		3) 国内消費仕向量			
	平成30年度	令和12	平成30年度	令和12	平成30年度	令和12
	kg	kg	万t	万t	万t	万t
米	54	51	845	797	821	806
米（米粉用米・飼料用米を除く。）	54	50	799	714	775	723
米粉用米	0.2	0.9	2.8	13	2.8	13
飼料用米	－	－	43	70	43	70
小麦	32	31	651	579	76	108
大麦・はだか麦	0.3	0.3	198	196	17	23
大豆	6.7	6.4	356	336	21	34
そば	0.7	0.7	14	13	2.9	4.0
かんしょ	3.8	4.0	84	85	80	86
ばれいしょ	17	17	336	330	226	239
なたね	－	－	257	264	0.3	0.4
野菜	90	93	1,461	1,431	1,131	1,302
果実	36	36	743	707	283	308
砂糖　　　（精糖換算）	18	17	231	206	75	80
てん菜	－	－	－	－	361	368
〃　（精糖換算）	－	－	－	－	61	62
さとうきび	－	－	－	－	120	153
〃　（精糖換算）	－	－	－	－	13	18
茶	0.7	0.7	8.6	7.9	8.6	9.9
畜産物	－	－	－	－	－	－
生乳	96	107	1,243	1,302	728	780
牛肉	6.5	6.9	93	94	33	40
豚肉	13	13	185	179	90	92
鶏肉	14	15	251	262	160	170
鶏卵	18	18	274	261	263	264
1) 飼料作物	－	－	435	519	350	519
(参考)						
魚介類	24	25	716	711	392	536
（うち食用）	24	25	569	553	335	474
海藻類	0.9	0.9	14	13	9.3	9.8
きのこ類	3.5	3.8	53	54	47	49

資料：「食料・農業・農村基本計画」（令和2年3月31日閣議決定）（以下(3)まで同じ。）
注：本表においては、事実不詳の項目も「－」で表記している。
　　1)は、可消化養分総量（TDN）である。
　　2)は、飼料用等を含まず、かつ、皮や芯などを除いた部分である。
　　3)は、飼料用等も含む。
　　4)は、輸出目標を踏まえたものである。

1 食料・農業・農村基本計画（続き）
(2) 農地面積の見通し、延べ作付面積及び耕地利用率

区分	単位	平成30年	令和12
農地面積	万ha	442.0	414
	〃	（令和元年 439.7）	
延べ作付け面積	〃	404.8	431
耕地利用率	％	92	104

(3) 食料自給率等の目標
　ア　食料自給率
　　a　供給熱量ベースの総合食料自給率

単位：％、Kcal

区分	平成30年度	令和12
1) 供給熱量ベースの総合食料自給率	37	45
1人・1日当たり国産供給熱量（分子）	912	1,031
1人・1日当たり総供給熱量（分母）	2,443	2,314

注：　1)食料のカロリー（熱量）に着目した、国内に供給される食料の熱量に対する国内生産の
　　　割合である。

　　b　生産額ベースの総合食料自給率

単位：％、億円

区分	平成30年度	令和12
1) 生産額ベースの総合食料自給率	66	75
食料の国内生産額（分子）	106,211	118,914
食料の国内消費仕向額（分母）	162,110	158,178

注：　1)食料の経済的価値に着目した、国内に供給される食料の生産額に対する国内生産の割合で
　　　ある。令和12年度は、各品目の現状の単価を基準に、ＴＰＰの影響等を見込んでいる。

イ 飼料自給率及び食料国産率

単位：%

区分	平成30年度	令和12
1) 飼料自給率	25	34
供給熱量ベースの食料国産率 2)	46	53
生産額ベースの食料国産率 2)3)	69	79

注： 1)国内に供給される飼料に対する国内生産の割合である。粗飼料及び濃厚飼料を可消化養
分総量（TDN）に換算して算出したものである。
2)食料国産率は、国内に供給される食料に対する国内生産の割合である。
3)令和12年度は、各品目の現状の単価を基準に、TPPの影響等を見込んでいる。

2 第5次男女共同参画基本計画における成果目標
地域における男女共同参画の推進＜成果目標＞

項目	現状	成果目標（期限）
農業委員に占める女性の割合	・女性委員が登用されていない組織数 273/1,703 （2019年度）	・女性委員が登用されていない組織数 0 （2025年度）
	・農業委員に占める女性の割合 12.1% （2019年度）	・農業委員に占める女性の割合 20%（早期）、更に30%を目指す （2025年度）
農業協同組合の役員に占める女性の割合	・女性役員が登用されていない組織数 107/639 （2018年度）	・女性役員が登用されていない組織数 0 （2025年度）
	・役員に占める女性の割合 8.0% （2018年度）	・役員に占める女性の割合 10%（早期）、更に15%を目指す （2025年度）
土地改良区（土地改良区連合を含む。）の理事に占める女性の割合	・女性理事が登用されていない組織数 3,737/3,900 （2016年度）	・女性理事が登用されていない組織数 0 （2025年度）
	・理事に占める女性の割合 0.6% （2016年度）	・理事に占める女性の割合 10% （2025年度）
認定農業者数に占める女性の割合	4.8% （2019年3月）	5.5% （2025年度）
家族経営協定の締結数	58,799 件 （2019 年度）	70,000 件 （2025年度）

資料：第5次男女共同参画基本計画～すべての女性が輝く令和の社会へ～（令和2年12月25日閣議決定）
注：農林水産関係のみ抜粋

3 多面的機能の評価額

(1) 農業の有する多面的機能の評価額

単位：1年当たり億円

区分	洪水防止機能	河川流況安定機能	地下水かん養機能	土壌侵食（流出）防止機能	土砂崩壊防止機能	有機性廃棄物分解機能	気候緩和機能	保健休養・やすらぎ機能
評価額	34,988	14,633	537	3,318	4,782	123	87	23,758

資料： 日本学術会議「地球環境・人間生活にかかわる農業及び森林の多面的な機能の評価について（答申）」（平成13年11月）及び(株)三菱総合研究所「地球環境・人間生活にかかわる農業及び森林の多面的な機能の評価に関する調査研究報告書」（平成13年11月）による（以下(2)まで同じ。）。

注：1 農業及び森林の多面的な機能のうち、物理的な機能を中心に貨幣評価が可能な一部の機能について、日本学術会議の特別委員会等の討議内容を踏まえて評価を行ったものである（以下(2)まで同じ。）。

　　2 機能によって評価手法が異なっていること、また、評価されている機能が多面的機能全体のうち一部の機能にすぎないこと等から、合計額は記載していない（以下(2)まで同じ。）。

　　3 保健休養・やすらぎ機能については、機能のごく一部を対象とした試算である。

(2) 森林の有する多面的機能の評価額

単位：1年当たり億円

区分	二酸化炭素吸収機能	化石燃料代替機能	表面侵食防止機能	表層崩壊防止機能	洪水緩和機能	水資源貯留機能	水質浄化機能	保健・レクリエーション機能
評価額	12,391	2,261	282,565	84,421	64,686	87,407	146,361	22,546

注：保健・レクリエーション機能については、機能のごく一部を対象とした試算である。

(3) 水産業・漁村の有する多面的機能の評価額

単位：1年当たり億円

区分	物質循環補完機能	環境保全機能	生態系保全機能	生命財産保全機能	防災・救援機能	保養・交流・教育機能
評価額	22,675	63,347	7,684	2,017	6	13,846

資料： 日本学術会議「地球環境・人間生活にかかわる水産業及び漁村の多面的な機能の内容及び評価について（答申）」（平成16年8月3日）の別紙「水産業・漁村の持つ多面的な機能の評価（試算）」（株式会社三菱総合研究所による試算（2004年））

注：1 水産業・漁村の多面的な機能の経済価値の全体を表すものではない。

　　2 各項目の表す機能のうち、貨幣評価が可能な一部の機能について代替法により評価額を算出した。

　　3 保養・交流・教育機能は、都市から漁村への旅行における支出額合計の推定値（総市場規模）。

4 森林・林業基本計画
(1) 森林の有する多面的機能の発揮に関する目標

区分	単位	令和2年 （現況）	目標とする森林の状態		
			令和7年	12	22
森林面積					
合計	万ha	2,510	2,510	2,510	2,510
育成単層林	〃	1,010	1,000	990	970
育成複層林	〃	110	130	150	190
天然生林	〃	1,380	1,370	1,360	1,340
総蓄積	100万m³	5,410	5,660	5,860	6,180
1ha当たり蓄積	m³	216	225	233	246
総成長量	100万m³/年	70	67	65	63
1ha当たり成長量	m³/年	2.8	2.7	2.6	2.5

資料：「森林・林業基本計画」（令和3年6月15日閣議決定）　（以下(2)まで同じ。）
注：1　本計画では、「指向する森林の状態」として育成単層林660万ha、育成複層林
　　　680万ha、天然生林1,170万ha、合計2,510万haを参考として提示している。
　　2　森林面積は、10万ha単位で四捨五入しているため、計が一致しないものがある。
　　3　目標とする森林の状態及び指向する森林の状態は、令和2年を基準として算出
　　　している。
　　4　令和2年の値は、令和2年4月1日の数値である。

(2) 林産物の供給及び利用に関する目標
ア 木材供給量の目標

単位：100万m³

区分	令和元年 （実績）	7 （目標）	12 （目標）
木材供給量	31	40	42

イ 木材の用途別利用量の目標と総需要量の見通し

単位：100万m³

用途区分	利用量			総需要量		
	令和元年 （実績）	7 （目標）	12 （目標）	令和元年 （実績）	7 （見通し）	12 （見通し）
建築用材等 計	18	25	26	38	40	41
製材用材	13	17	19	28	29	30
合板用材	5	7	7	10	11	11
非建築用材等 計	13	15	16	44	47	47
パルプ・チップ用材	5	5	5	32	30	29
燃料材	7	8	9	10	15	16
その他	2	2	2	2	2	2
合計	31	40	42	82	87	87

注：1　用途別の利用量は、国産材に係るものである。
　　2　「燃料材」とは、ペレット、薪、炭、燃料用チップである。
　　3　「その他」とは、しいたけ原木、原木輸出等である。
　　4　百万m³単位で四捨五入しているため、計が一致しないものがある。

5 水産基本計画
(1) 令和14年度における食用魚介類、魚介類全体及び海藻類の生産量及び
消費量の目標

区分	単位	令和元年度	2 （概数値）	14 （すう勢値）	14 （目標値）
食用魚介類					
生産量目標	万t	312	301	263	439
消費量目標	〃	562	562	422	468
人口一人1年当たり消費量 （粗食料ベース）	kg	44.6	41.7	35.9	39.8
魚介類全体					
生産量目標	万t	378	371	326	535
消費量目標	〃	719	679	575	700
海藻類					
生産量目標	万t	41	46	35	46
消費量目標	〃	64	66	52	64
人口一人1年当たり消費量 （粗食料ベース）	kg	0.8	0.9	0.7	0.9

資料：「水産基本計画」（令和4年3月25日閣議決定）（以下(2)まで同じ。）

(2) 水産物の自給率の目標

単位：%

区分	令和元年度	2 （概算値）	14 （目標値）
食用魚介類	55	57	94
魚介類全体	53	55	76
海藻類	65	70	72

Ⅱ 参考資料

1 世界の国の数と地域経済機構加盟国数

区分	国数	加盟国
世界の国の数	196	日本が承認している国の数195か国と日本
国連加盟国数	193	
地域経済機構		
ASEAN Association of Southeast Asian Nations 東南アジア諸国連合	10	1967年8月設立 インドネシア、シンガポール、タイ、フィリピン、マレーシア、ブルネイ、ベトナム、ミャンマー、ラオス、カンボジア
EU European Union 欧州連合	27	1952年7月設立 イタリア、オランダ、ドイツ、フランス、ベルギー、ルクセンブルク、アイルランド、デンマーク、ギリシャ、スペイン、ポルトガル、オーストリア、スウェーデン、フィンランド、エストニア、キプロス、スロバキア、スロベニア、チェコ、ハンガリー、ポーランド、マルタ、ラトビア、リトアニア、ブルガリア、ルーマニア、クロアチア
うちユーロ参加国	19	アイルランド、イタリア、オーストリア、オランダ、スペイン、ドイツ、フィンランド、フランス、ベルギー、ポルトガル、ルクセンブルク、ギリシャ、スロベニア、キプロス、マルタ、スロバキア、エストニア、ラトビア、リトアニア
OECD Organisation for Economic Co-operation and Development 経済協力開発機構	38	1961年9月設立 アイスランド、アイルランド、アメリカ合衆国、イギリス、イタリア、オーストリア、オランダ、カナダ、ギリシャ、スイス、スウェーデン、スペイン、デンマーク、ドイツ、トルコ、ノルウェー、フランス、ベルギー、ポルトガル、ルクセンブルク、日本、フィンランド、オーストラリア、ニュージーランド、メキシコ、チェコ、ハンガリー、ポーランド、韓国、スロバキア、チリ、スロベニア、イスラエル、エストニア、ラトビア、リトアニア、コロンビア、コスタリカ
うちDAC加盟国 Development Assistance Committee 開発援助委員会	30	アイスランド、アイルランド、アメリカ合衆国、イギリス、イタリア、オーストリア、オランダ、カナダ、ギリシャ、スイス、スウェーデン、スペイン、デンマーク、ドイツ、ノルウェー、フランス、ベルギー、ポルトガル、ルクセンブルク、日本、フィンランド、オーストラリア、ニュージーランド、チェコ、ハンガリー、ポーランド、韓国、スロバキア、スロベニア、リトアニア

資料：総務省統計局「世界の統計 2023」

注：令和5年1月1日現在

2 計量単位
(1) 計量法における計量単位

物象の状態の量・計量単位（特殊の計量）	標準となるべき単位記号	物象の状態の量・計量単位（特殊の計量）	標準となるべき単位記号
長さ		**体積**	
1)メートル	m	1)立方メートル	m^3
1)海里（海面又は空中における長さの計量）	M又はnm	1)リットル	l又はL
		2)トン（船舶の体積の計量）	T
3)ヤード	yd	3)立方ヤード	yd^3
3)インチ	in	3)立方インチ	in^3
3)フート又はフィート	ft	3)立方フート又は立方フィート	ft^3
		3)ガロン	gal
質量			
1)キログラム	kg	**仕事**	
1)グラム	g	1)ジュール又はワット秒	J又はW・s
1)トン	t		
2)もんめ（真珠の質量の計量）	mom	**工率**	
3)ポンド	lb	1)ワット	W
3)オンス	oz		
		熱量	
温度		1)ワット時	W・h
1)セルシウス度又は度	℃	2)カロリー（人若しくは動物が摂取する物の熱量又は人若しくは動物が代謝により消費する熱量の計量）	cal
面積			
1)平方メートル	m^2		
2)アール（土地の面積の計量）	a		
2)ヘクタール（ 〃 ）	ha	2)キロカロリー（ 〃 ）	kcal
3)平方ヤード	yd^2		
3)平方インチ	in^2		
3)平方フート又は平方フィート	ft^2		
3)平方マイル	$mile^2$		

資料： 経済産業省「計量法における単位規制の概要」表1、4、5及び8より農林水産省統計部で抜粋（以下(2)まで同じ。）
注：1)は、SI単位（国際度量衡総会で決議された国際単位系）に係る計量単位
　　2)は、用途を限定する非SI単位
　　3)は、ヤード・ポンド法における単位

(2) 10の整数乗を表す接頭語

接頭語	接頭語が表す乗数	標準となるべき単位記号	接頭語	接頭語が表す乗数	標準となるべき単位記号
ヨタ	十の二十四乗	Y	デシ	十分の一	d
ゼタ	十の二十一乗	Z	センチ	十の二乗分の一	c
エクサ	十の十八乗	E	ミリ	十の三乗分の一	m
ペタ	十の十五乗	P	マイクロ	十の六乗分の一	μ
テラ	十の十二乗	T	ナノ	十の九乗分の一	n
ギガ	十の九乗	G	ピコ	十の十二乗分の一	p
メガ	十の六乗	M	フェムト	十の十五乗分の一	f
キロ	十の三乗	k	アト	十の十八乗分の一	a
ヘクト	十の二乗	h	ゼプト	十の二十一乗分の一	z
デカ	十	da	ヨクト	十の二十四乗分の一	y

(3) 計量単位換算表

計量単位（定義等）		メートル法換算	計量単位（定義等）		メートル法換算
長さ			**体積**		
海里		1,852m	トン（船舶）	（1,000/353m³、100立方フィート）	2.832m³
インチ	（1/36ヤード）	2.540cm	立方インチ	（1/46,656立方ヤード）	16.3871cm³
フィート	（1/3ヤード）	30.480cm			
ヤード		0.9144m	立方フィート	（1/27立方ヤード）	0.0283168m³
マイル	（1,760ヤード）	1,609.344m	立方ヤード	（0.9144の3乗立方メートル）	0.76455486m³
寸	（1/10尺）	3.0303cm			
尺	（10/33メートル）	0.30303m	英ガロン		4.546092L
間	（6尺）	1.8182m	米ガロン	（0.003785412立方メートル）	3.78541L
里	（12,960尺）	3.9273km			
			英ブッシェル	（7.996英ガロン）	36.368735L
質量			米ブッシェル	（9.309米ガロン）	35.239067L
オンス	（1/16ポンド）	28.3495g	立方寸	（1/1,000立方尺）	27.826cm³
ポンド		0.45359237kg	立方尺	（10/33の3乗立方メートル）	0.027826m³
米トン（short ton）	（2,000ポンド）	0.907185t			
英トン（long ton）	（2,240ポンド）	1.01605t	勺（しゃく）	（1/100升）	0.018039L
			合	（1/10升）	180.39cm³
匁（もんめ）	（1/1,000貫）	3.75g	升	（2,401/1,331,000立方メートル）	1.8039L
貫		3.75kg			
斤	（0.16貫）	600g	斗	（10升）	18.039L
			石	（100升）	0.18039kl
面積				（10斗）	180.39L
アール		100m²	石（木材）	（10立方尺）	0.27826m³
ヘクタール	（100アール）	10,000m²			
平方インチ	（1/1,296平方ヤード）	6.4516cm²	**工率**		
			英馬力		746W
平方フィート	（1/9平方ヤード）	929.03cm²	仏馬力		735.5W
平方ヤード	（0.9144の2乗平方メートル）	0.836127m²			
			熱量		
平方マイル	（3,097,600平方ヤード）	2.58999km²	カロリー	（4.184ジュール）	4.184J
				（4.184ワット秒）	4.184W·s
エーカー		0.404686ha	キロカロリー	（1,000カロリー）	1,000cal
		4,046.86m²			
平方寸	（1/100平方尺）	9.1827cm²			
平方尺	（10/33の2乗平方メートル）	0.091827m²			
歩又は坪	（400/121平方メートル、1平方間）	3.3058m²			
畝（せ）	（30歩）	99.174m²			
反	（300歩）	991.74m²			
町	（3,000歩）	9917.4m²			

3 農林水産省業務運営体制図

(1) 本省庁（令和5年4月1日現在）

農林水産大臣	副大臣	大臣政務官	農林水産事務次官	農林水産審議官	農林水産大臣秘書官

大臣官房長		消費・安全局長	輸出・国際局長	農産局長	畜産局長

大臣官房長
- 総括審議官
- 総括審議官（新事業・食品産業）
- 技術総括審議官
- 危機管理・政策立案総括審議官
- 公文書監理官（サイバーセキュリティ・情報化審議官が兼務）
- サイバーセキュリティ・情報化審議官
- 輸出促進審議官
- 生産振興審議官
- 審議官
- 参事官
- 参事官
- 報道官
- 秘書課長
- 文書課長
- 予算課長
- 政策課長
- 技術政策課長
- 食料安全保障室長
- 広報評価課長
- 広報室長
- 報道室長
- 情報管理室長
- 情報分析室長
- 地方課長
- 災害総合対策室長
- 環境バイオマス政策課長
- 地球環境対策室長
- 再生可能エネルギー室長

新事業・食品産業部長
- 新事業・食品産業政策課長
- ファイナンス室長
- 商品取引室長
- 食品流通課長
- 卸売市場室長
- 食品製造課長
- 食品企業行動室長
- 基準認証室長
- 外食・食文化課長
- 食品ロス・リサイクル対策室長
- 食文化室長

統計部長
- 管理課長
- 統計品質向上室長
- 経営・構造統計課長
- センサス統計室長
- 生産流通消費統計課長
- 消費統計室長
- 統計企画管理官

検査・監察部長
- 調整・監察課長
- 審査室長
- 行政監察室長
- 会計監査室長
- 検査課長

消費・安全局長
- 総務課長
- 消費者行政・食育課長
- 食品表示調整室長
- 米穀流通・食品表示監視室長
- 食品安全政策課長
- 食品安全科学室長
- 国際基準室長
- 農産安全管理課長
- 農薬対策室長
- 畜水産安全管理課長
- 水産安全室長
- 植物防疫課長
- 防疫対策室長
- 国際室長
- 動物衛生課長
- 家畜防疫対策室長
- 国際衛生対策室長

輸出・国際局長
- 総務課長
- 国際政策室長
- 輸出企画課長
- 輸出支援課長
- 輸出環境整備室長
- 国際地域課長
- 国際経済課長
- 知的財産課長
- 地理的表示保護推進室長
- 種苗室長
- 参事官

農産局長
- 総務課長
- 生産推進室長
- 国際室長
- 会計室長
- 穀物課長
- 米麦流通加工対策室長
- 経営安定対策室長
- 園芸作物課長
- 園芸流通加工対策室長
- 花き産業・施設園芸振興室長
- 地域対策官
- 地域作物課長

農産政策部長
- 企画課長
- 米穀貿易企画室長
- 水田農業対策室長
- 貿易業務課長
- 米麦品質保証室長
- 技術普及課長
- 生産資材対策室長
- 農業環境対策課長

畜産局長
- 総務課長
- 畜産総合推進室長
- 企画課長
- 畜産振興課長
- 畜産技術室長
- 家畜遺伝資源管理保護室長
- 飼料課長
- 流通飼料対策室長
- 牛乳乳製品課長
- 食肉鶏卵課長
- 食肉需給対策室長
- 競馬監督課長
- 畜産経営安定対策室長

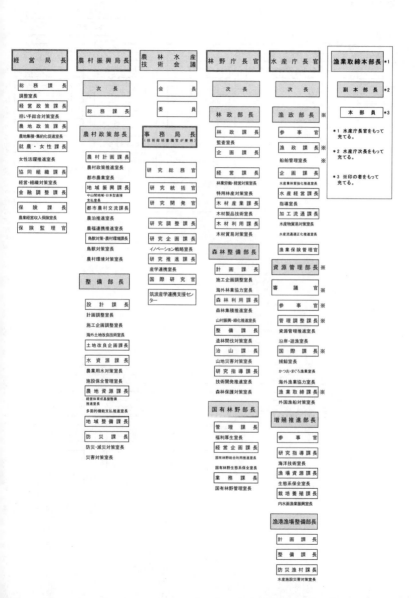

経営局長

総務課長
調整室長
経営政策課長
担い手総合対策室長
農地政策課長
農地集積・集約化促進室長
就農・女性課長
女性活躍推進室長
協同組織課長
経営・組織対策室長
金融調整課長
保険課長
農業経営収入保険室長
保険監理官

農村振興局長

次長

総務課長

農村政策部長

農村計画課長
農村政策推進室長
都市農業室長
地域振興課長
中山間地域・日本型直接
支払室長
都市農村交流課長
農泊推進室長
農福連携推進室長
鳥獣対策・農村環境課長
鳥獣対策室長
農村環境保全室長

整備部長

設計課長
計画調整室長
施工企画調整室長
海外土地改良技術室長
土地改良企画課長
水資源課長
農業用水対策室長
施設保全管理室長
農地資源課長
経営体育成基盤整備
推進室長
多面的機能支払推進室長
地域整備課長
防災課長
防災・減災対策室長
災害対策室長

農林水産
技術会議

会長

委員

事務局長
（技術総括審議官が兼務）

研究総務官
研究統括官
研究開発官
研究調整課長
研究企画課長
イノベーション戦略室長
研究推進課長
産学連携室長
国際研究官
筑波産学連携支援セン
ター

林野庁長官

次長

林政部長

林政課長
監査室長
企画課長
経営課長
林業労働・経営対策室長
特用林産対策室長
木材産業課長
木材製品技術室長
木材利用課長
木材貿易対策室長

森林整備部長

計画課長
施工企画調整室長
海外林業協力室長
森林利用課長
森林集積推進室長
山村振興・緑化推進室長
整備課長
造林間伐対策室長
治山課長
山地災害対策室長
研究指導課長
技術開発推進室長
森林保護対策室長

国有林野部長

管理課長
福利厚生室長
経営企画課長
国有林野総合利用推進室長
国有林野生態系保全室長
業務課長
国有林野管理室長

水産庁長官

次長

漁政部長

参事官
漁政課長
船舶管理室長
企画課長
水産物貿易対策室長
水産経営課長
指導室長
加工流通課長
水産物貿易対策室長
水産流通適正化推進室長
漁業保険管理官

資源管理部長 ※

審議官 ※
参事官 ※
管理調整課長 ※
資源管理推進室長
沿岸・遊漁室長
国際課長 ※
捕鯨室長
かつお・まぐろ漁業室長
海外漁業協力室長
漁業取締課長 ※
外国漁船対策室長

増殖推進部長

参事官
研究指導課長
海洋技術室長
漁場資源課長
生態系保全室長
栽培養殖課長
内水面漁業振興室長

漁港漁場整備部長

計画課長
整備課長
防災漁村課長
水産施設災害対策室長

漁業取締本部長 ※1

副本部長 ※2

本部員 ※3

※1 水産庁長官をもって
充てる。

※2 水産庁次長をもって
充てる。

※3 ※印の者をもって
充てる。

3 農林水産省業務運営体制図（続き）
(2) 地方農政局等

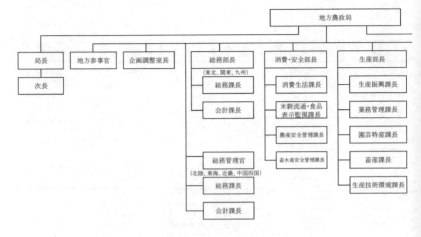

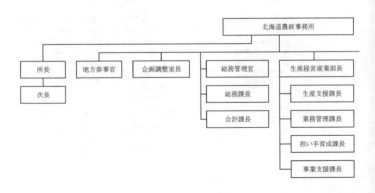

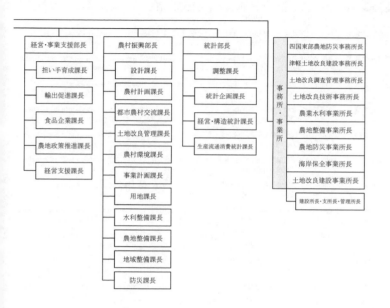

経営・事業支援部長	農村振興部長	統計部長	事務所・事業所
担い手育成課長	設計課長	調整課長	四国東部農地防災事務所長
輸出促進課長	農村計画課長	統計企画課長	津軽土地改良建設事務所長
食品企業課長	都市農村交流課長	経営・構造統計課長	土地改良調査管理事務所長
農地政策推進課長	土地改良管理課長	生産流通消費統計課長	土地改良技術事務所長
経営支援課長	農村環境課長		農業水利事業所長
	事業計画課長		農地整備事業所長
	用地課長		農地防災事業所長
	水利整備課長		海岸保全事業所長
	農地整備課長		土地改良建設事業所長
	地域整備課長		建設所長・支所長・管理所長
	防災課長		

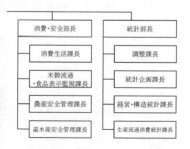

消費・安全部長	統計部長
消費生活課長	調整課長
米穀流通・食品表示監視課長	統計企画課長
農産安全管理課長	経営・構造統計課長
畜水産安全管理課長	生産流通消費統計課長

4 地方農政局等所在地

地方農政局等	郵便番号	所在地	電話番号 （代表）	インターネット ホームページアドレス
北海道農政事務所	064-8518	北海道札幌市中央区南22条西6-2-22 エムズ南22条第2ビル	011-330-8800	https://www.maff.go.jp/hokkaido/
札幌地域拠点	064-8518	北海道札幌市中央区南22条西6-2-22 エムズ南22条第2ビル	011-330-8821	https://www.maff.go.jp/hokkaido/sapporo/index.html
函館地域拠点	040-0032	北海道函館市新川町25-18 函館地方合同庁舎	0138-26-7800	https://www.maff.go.jp/hokkaido/hakodate/index.html
旭川地域拠点	078-8506	北海道旭川市宮前1条3-3-15 旭川地方合同庁舎	0166-30-9300	https://www.maff.go.jp/hokkaido/asahikawa/index.html
釧路地域拠点	085-0017	北海道釧路市幸町10-3 釧路地方合同庁舎	0154-23-4401	https://www.maff.go.jp/hokkaido/kushiro/index.html
帯広地域拠点	080-0016	北海道帯広市西6条南7-3 帯広地方合同庁舎	0155-24-2401	https://www.maff.go.jp/hokkaido/obihiro/index.html
北見地域拠点	090-0018	北海道北見市青葉町6-8 北見地方合同庁舎	0157-23-4171	https://www.maff.go.jp/hokkaido/kitami/index.html
東北農政局	980-0014	宮城県仙台市青葉区本町3-3-1 仙台合同庁舎A棟	022-263-1111	https://www.maff.go.jp/tohoku/index.html
青森県拠点	030-0861	青森県青森市長島1-3-25 青森法務総合庁舎	017-775-2151	https://www.maff.go.jp/tohoku/tiiki/aomori/index.html
岩手県拠点	020-0033	岩手県盛岡市盛岡駅前北通1-10 橋市盛岡ビル5階	019-624-1125	https://www.maff.go.jp/tohoku/tiiki/iwate/index.html
宮城県拠点	980-0014	宮城県仙台市青葉区本町3-3-1 仙台合同庁舎A棟	022-266-8778	https://www.maff.go.jp/tohoku/tiiki/miyagi/index.html
秋田県拠点	010-0951	秋田県秋田市山王7-1-5	018-862-5611	https://www.maff.go.jp/tohoku/tiiki/akita/index.html
山形県拠点	990-0023	山形県山形市松波1-3-7	023-622-7231	https://www.maff.go.jp/tohoku/tiiki/yamagata/index.html
福島県拠点	960-8073	福島県福島市南中央3-36 福島県土地改良会館3階	024-534-4141	https://www.maff.go.jp/tohoku/tiiki/hukusima/index.html
関東農政局	330-9722	埼玉県さいたま市中央区新都心2-1 さいたま新都心合同庁舎2号館	048-600-0600	https://www.maff.go.jp/kanto/index.html
茨城県拠点	310-0061	茨城県水戸市北見町1-9	029-221-2184	https://www.maff.go.jp/kanto/chiikinet/ibaraki/index.html
栃木県拠点	320-0806	栃木県宇都宮市中央2-1-16	028-633-3311	https://www.maff.go.jp/kanto/chiikinet/tochigi/index.html
群馬県拠点	371-0025	群馬県前橋市紅雲町1-2-2	027-221-1181	https://www.maff.go.jp/kanto/chiikinet/gunma/index.html
埼玉県拠点	330-9722	埼玉県さいたま市中央区新都心2-1 さいたま新都心合同庁舎2号館	048-740-5835	https://www.maff.go.jp/kanto/chiikinet/saitama/index.html
千葉県拠点	260-0014	千葉県千葉市中央区本千葉町10-18	043-224-5611	https://www.maff.go.jp/kanto/chiikinet/chiba/index.html

地方農政局等	郵便番号	所在地	電話番号 （代表）	インターネット ホームページアドレス
東京都拠点	135-0062	東京都江東区東雲1-9-5 東雲合同庁舎	03-5144-5255	https://www.maff.go.jp/kanto/c hiikinet/tokyo/index.html
神奈川県拠点	231-0003	神奈川県横浜市中区北仲通5-57 横浜第2合同庁舎	045-211-1331	https://www.maff.go.jp/kanto/c hiikinet/kanagawa/index.html
山梨県拠点	400-0031	山梨県甲府市丸の内1-1-18 甲府合同庁舎	055-254-6055	https://www.maff.go.jp/kanto/c hiikinet/yamanashi/index.html
長野県拠点	380-0846	長野県長野市旭町1108 長野第1合同庁舎	026-233-2500	https://www.maff.go.jp/kanto/c hiikinet/nagano/index.html
静岡県拠点	420-8618	静岡県静岡市葵区東草深町7-18	054-246-6121	https://www.maff.go.jp/kanto/c hiikinet/shizuoka/index.html
北陸農政局	920-8566	石川県金沢市広坂2-2-60 金沢広坂合同庁舎	076-263-2161	https://www.maff.go.jp/hokurik u/index.html
新潟県拠点	951-8035	新潟県新潟市中央区船場町2-3435-1	025-228-5211	https://www.maff.go.jp/hokurik u/nousei/niigata.html
富山県拠点	930-0856	富山県富山市牛島新町11-7 富山地方合同庁舎	076-441-9300	https://www.maff.go.jp/hokurik u/nousei/toyama.html
石川県拠点	921-8031	石川県金沢市野町3-1-23 金沢野町庁舎	076-241-3154	https://www.maff.go.jp/hokurik u/nousei/ishikawa.html
福井県拠点	910-0859	福井県福井市日之出3-14-15 福井地方合同庁舎	0776-30-1610	https://www.maff.go.jp/hokurik u/nousei/fukui.html
東海農政局	460-8516	愛知県名古屋市中区三の丸1-2-2 名古屋農林総合庁舎1号館	052-201-7271	https://www.maff.go.jp/tokai/i ndex.html
岐阜県拠点	500-8288	岐阜県岐阜市中鶉2-26	058-271-4044	https://www.maff.go.jp/tokai/a rea/gifu/index.html
愛知県拠点	466-0857	愛知県名古屋市昭和区安田通4-8	052-763-4492	https://www.maff.go.jp/tokai/a rea/aichi/index.html
三重県拠点	514-0006	三重県津市広明町415-1	059-228-3151	https://www.maff.go.jp/tokai/a rea/mie/index.html
近畿農政局	602-8054	京都府京都市上京区西洞院通下長者町 下ル丁子風呂町 京都農林水産総合庁舎	075-451-9161	https://www.maff.go.jp/kinki/in dex.html
滋賀県拠点	520-0044	滋賀県大津市京町3-1-1 大津びわ湖合同庁舎	077-522-4261	https://www.maff.go.jp/kinki/ti iki/siga/index_2012.html
京都府拠点	602-8054	京都府京都市上京区西洞院通下長者町 下ル丁子風呂町 京都農林水産総合庁舎	075-414-9015	https://www.maff.go.jp/kinki/ti iki/kyoto/index.html
大阪府拠点	540-0008	大阪府大阪市中央区大手前1-5-44 大阪合同庁舎1号館	06-6943-9691	https://www.maff.go.jp/kinki/ti iki/osaka/index_2012.html
兵庫県拠点	650-0024	兵庫県神戸市中央区海岸通29 神戸地方合同庁舎	078-331-9941	https://www.maff.go.jp/kinki/ti iki/kobe/index.html
奈良県拠点	630-8113	奈良県奈良市法蓮町387 奈良第3地方合同庁舎	0742-32-1870	https://www.maff.go.jp/kinki/ti iki/nara/index_2.html

4 地方農政局等所在地（続き）

地方農政局等	郵便番号	所在地	電話番号 （代表）	インターネット ホームページアドレス
和歌山県拠点	640-8143	和歌山県和歌山市二番丁3 和歌山地方合同庁舎	073-436-3831	https://www.maff.go.jp/kinki/tiiki/wakayama/index2012.html
中国四国農政局	700-8532	岡山県岡山市北区下石井1-4-1 岡山第2合同庁舎	086-224-4511	https://www.maff.go.jp/chushi/index.html
鳥取県拠点	680-0845	鳥取県鳥取市富安2-89-4 鳥取第1地方合同庁舎	0857-22-3131	https://www.maff.go.jp/chushi/nousei/tottori/index.html
島根県拠点	690-0001	島根県松江市東朝日町192	0852-24-7311	https://www.maff.go.jp/chushi/nousei/shimane/index.html
岡山県拠点	700-0927	岡山県岡山市北区西古松2-6-18 西古松合同庁舎	086-899-8610	https://www.maff.go.jp/chushi/nousei/okayama/okayama.html
広島県拠点	730-0012	広島県広島市中区上八丁堀6-30 広島合同庁舎2号館	082-228-5840	https://www.maff.go.jp/chushi/nousei/hiroshima/index.html
山口県拠点	753-0088	山口県山口市中河原町6-16 山口地方合同庁舎	083-922-5200	https://www.maff.go.jp/chushi/nousei/yamaguchi/index.html
徳島県拠点	770-0943	徳島県徳島市中昭和町2-32	088-622-6131	https://www.maff.go.jp/chushi/nousei/tokushima/index.html
香川県拠点	760-0019	香川県高松市サンポート3-33 高松サンポート合同庁舎南館	087-883-6500	https://www.maff.go.jp/chushi/nousei/kagawa/index.html
愛媛県拠点	790-8519	愛媛県松山市宮田町188 松山地方合同庁舎	089-932-1177	https://www.maff.go.jp/chushi/nousei/ehime/index.html
高知県拠点	780-0870	高知県高知市本町4-3-41 高知地方合同庁舎	088-875-7236	https://www.maff.go.jp/chushi/nousei/kochi/index.html
九州農政局	860-8527	熊本県熊本市西区春日2-10-1 熊本地方合同庁舎	096-211-9111	https://www.maff.go.jp/kyusyu/index.html
福岡県拠点	812-0018	福岡県福岡市博多区住吉3-17-21	092-281-8261	https://www.maff.go.jp/kyusyu/fukuoka/index.html
佐賀県拠点	840-0803	佐賀県佐賀市栄町3-51	0952-23-3131	https://www.maff.go.jp/kyusyu/saga/index.html
長崎県拠点	852-8106	長崎県長崎市岩川町16-16 長崎地方合同庁舎	095-845-7121	https://www.maff.go.jp/kyusyu/nagasaki/index.html
熊本県拠点	860-8527	熊本県熊本市西区春日2-10-1 熊本地方合同庁舎	096-300-6020	https://www.maff.go.jp/kyusyu/kumamoto/index.html
大分県拠点	870-0047	大分県大分市中島西1-2-28	097-532-6131	https://www.maff.go.jp/kyusyu/oita/index.html
宮崎県拠点	880-0801	宮崎県宮崎市老松2-3-17	0985-22-3181	https://www.maff.go.jp/kyusyu/miyazaki/index.html
鹿児島県拠点	892-0816	鹿児島県鹿児島市山下町13-21 鹿児島合同庁舎	099-222-5840	https://www.maff.go.jp/kyusyu/kagoshima/index.html
内閣府 沖縄総合事務局 農林水産部農政課	900-0006	沖縄県那覇市おもろまち2-1-1 那覇第2地方合同庁舎2号館	098-866-1627	https://www.ogb.go.jp/nousui

5 「ポケット農林水産統計－令和5年版－2023」府省等別資料

府省等の名称は、令和5年8月1日現在による。
日本の政府統計が閲覧できる、政府統計ポータルサイト「e-Stat」もご利用下さい。
https://www.e-stat.go.jp/

府省等	電話番号（代表）	ホームページアドレス・資料名
内閣府	03-5253-2111	https://www.cao.go.jp/
男女共同参画局		「第5次男女共同参画基本計画」
経済社会総合研究所		https://www.esri.cao.go.jp/
		「国民経済計算」
日本学術会議	03-3403-3793	https://www.scj.go.jp/
総務省	03-5253-5111	https://www.soumu.go.jp/
自治財政局		「地方財政白書」
統計局	03-5273-2020	https://www.stat.go.jp/
		「国勢調査」
		「人口推計」
		「家計調査年報」
		「小売物価統計調査年報」
		「消費者物価指数年報」
		「労働力調査年報」
		「経済センサス」
		「世界の統計」
消防庁	03-5253-5111	https://www.fdma.go.jp/
		「消防白書」
財務省	03-3581-4111	https://www.mof.go.jp/
関税局		「貿易統計」
文部科学省	03-5253-4111	https://www.mext.go.jp/
総合教育政策局		「学校基本調査報告書」
厚生労働省	03-5253-1111	https://www.mhlw.go.jp/
健康局		「国民健康・栄養調査報告」
政策統括官		「人口動態統計」
		「毎月勤労統計調査年報」
国立社会保障・人口問題研究所		https://www.ipss.go.jp/
	03-3595-2984	「日本の将来推計人口」
農林水産省	03-3502-8111	https://www.maff.go.jp/
大臣官房		「食料・農業・農村基本計画」
		「食料需給表」
		「食品産業動態調査」
新事業・食品産業部		「卸売市場をめぐる情勢について」
統計部		「農業経営統計調査 営農類型別経営統計」
		「農業経営統計調査 農産物生産費統計」
		「農業経営統計調査 畜産物生産費統計」
		「生産農業所得統計」
		「市町村別農業産出額（推計）」
		「林業産出額」
		「漁業経営統計調査報告」
		「農業物価統計」
		「生産者の米穀在庫等調査結果」
		「林業経営統計調査報告」

5 「ポケット農林水産統計－令和５年版－2023」府省等別資料（続き）

府省等	電話番号（代表）	ホームページアドレス・資料名

統計部（続き）

「農林業センサス報告書」
「漁業センサス報告書」
「新規就農者調査」
「漁業構造動態調査」
「農業構造動態調査報告書」
「集落営農実態調査報告書」
「総合農協統計表」
「森林組合統計」
「耕地及び作付面積統計」
「作物統計」
「野菜生産出荷統計」
「地域特産野菜生産状況調査」
「果樹生産出荷統計」
「花き生産出荷統計」
「花木等生産状況調査」
「土壌改良資材の農業用払出量調査」
「畜産統計」
「油糧生産実績」
「木材需給報告書」
「木材流通構造調査報告書」
「特用林産基礎資料」
「木質バイオマスエネルギー利用動向調査」
「漁業・養殖業生産統計年報」
「６次産業化総合調査」
「野生鳥獣資源利用実態調査報告」
「食品流通段階別価格形成調査報告」
「青果物卸売市場調査報告」
「畜産物流通統計」
「水産加工統計調査」
「産地水産物用途別出荷量調査」
「牛乳乳製品統計」
「食品循環資源の再生利用等実態調査」
「農林漁業及び関連産業を中心とした産業連関表」
「農業・食料関連産業の経済計算」

消費・安全局

「食品表示法の食品表示基準に係る指示及び命令件数」
「監視伝染病の発生状況」

輸出・国際局

「農林水産物輸出入概況」

農産局

「特産果樹生産動態等調査」
「園芸用施設の設置等の状況」
「農作業死亡事故」
「新規需要米等の用途別作付・生産状況の推移」
「米穀の取引に関する報告」
「全国の生産数量目標、主食用米生産量等の推移」

畜産局

「飼料月報」

5 「ポケット農林水産統計—令和5年版—2023」府省等別資料（続き）

府省等	電話番号（代表）	ホームページアドレス・資料名
経営局		「認定農業者の認定状況」 「家族経営協定に関する実態調査」 「人・農地プラン実質化の取組状況」 「農地中間管理機構の実績等に関する資料」 「農地の移動と転用」 「農業協同組合等現在数統計」 「農作物共済統計表」 「果樹共済統計表」 「家畜共済統計表」
農村振興局		「農業基盤情報基礎調査」 「荒廃農地面積について」 「中山間地域等直接支払交付金の実施状況」 「多面的機能支払交付金の実施状況」
林野庁	03-3502-8111	https://www.rinya.maff.go.jp/ 「森林・林業基本計画」 「森林・林業統計要覧」 「木材需給表」 「木材輸入実績」
水産庁	03-3502-8111	https://www.jfa.maff.go.jp/ 「水産基本計画」 「漁船統計表」 「漁船保険統計表」 「水産業協同組合統計表」 「水産業協同組合年次報告」 「漁港一覧」
経済産業省 大臣官房調査統計グループ	03-3501-1511	https://www.meti.go.jp/ 「工業統計表」 「経済産業省生産動態統計年報」 「商業統計表」 「商業動態統計」 「海外事業活動基本調査」 「経済センサス」
商務情報政策局		「電子商取引に関する市場調査」
国土交通省 水管理・国土保全局	03-5253-8111	https://www.mlit.go.jp/ 「日本の水資源の現況」
国土地理院	029-864-1111	https://www.gsi.go.jp/ 「全国都道府県市区町村別面積調」
海上保安庁	03-3591-6361	https://www.kaiho.mlit.go.jp/ 「日本の領海等概念図」
環境省	03-3581-3351	https://www.env.go.jp/ 「温室効果ガス排出量」 「鳥獣関係統計」

5 「ポケット農林水産統計−令和5年版−2023」府省等別資料（続き）

府省等	電話番号（代表）	ホームページアドレス・資料名

国立研究開発法人
森林研究・整備機構
森林保険センター 044-382-3500
https://www.ffpri.affrc.go.jp/
「森林保険に関する統計資料」

中央銀行
日本銀行　　　　　03-3279-1111
　調査統計局
https://www.boj.or.jp/
「企業物価指数」

政府関係機関
株式会社　日本政策金融公庫
農林水産事業本部　03-3270-5585
https://www.jfc.go.jp/
「業務統計年報」

独立行政法人
独立行政法人　労働政策研究・研修機構
　　　　　　　　03-5903-6111
https://www.jil.go.jp/
「データブック国際労働比較」

独立行政法人　農業者年金基金
　　　　　　　　03-3502-3941
https://www.nounen.go.jp/

独立行政法人　農林漁業信用基金
　　　　　　　　03-3434-7812
https://www.jaffic.go.jp/

独立行政法人　農畜産業振興機構
　　　　　　　　03-3583-8196
https://www.alic.go.jp/
「でん粉の輸入実績」

団体その他
全国たばこ耕作組合中央会
　　　　　　　　03-3432-4401
http://www.jtga.or.jp/
「府県別の販売実績」

日本ハム・ソーセージ工業協同組合
　　　　　　　　03-3444-1211
https://hamukumi.or.jp/
「年次食肉加工品生産数量」

一般社団法人　全国農業会議所
　　　　　　　　03-6910-1121
https://www.nca.or.jp/
「田畑売買価格等に関する調査結果」

一般社団法人　全国米麦改良協会
　　　　　　　　03-3262-1325
https://www.zenkokubeibaku.or.jp/
「民間流通麦の入札における落札決定状況」

一般社団法人　日本自動販売システム機械工業会
　　　　　　　　03-5579-8131
https://www.jvma.or.jp/
「自販機普及台数」

一般社団法人　日本農業機械工業会
　　　　　　　　03-3433-0415
http://www.jfmma.or.jp/
「農業機械輸出実績」「農業機械輸入実績」

一般社団法人　日本フードサービス協会
　　　　　　　　03-5403-1060
http://www.jfnet.or.jp/
「外食産業市場規模推計について」

一般財団法人　日本エネルギー経済研究所
　　　　　　　　03-5547-0222
https://eneken.ieej.or.jp/
「EDMC/エネルギー・経済統計要覧」

一般財団法人　日本水産油脂協会
　　　　　　　　03-3469-6891
http://www.suisan.or.jp/
「水産油脂統計年鑑」

一般財団法人　日本不動産研究所
　　　　　　　　03-3503-5331
https://www.reinet.or.jp/
「山林素地及び山元立木価格調」

5 「ポケット農林水産統計－令和5年版－2023」府省等別資料（続き）

府省等	電話番号（代表）	ホームページアドレス・資料名

団体その他（続き）

公益社団法人 日本缶詰びん詰レトルト食品協会
03-5256-4801

https://www.jca-can.or.jp/
「缶詰時報」

株式会社 精糖工業会館
03-3511-2085

https://seitokogyokai.com/
「砂糖統計年鑑」

株式会社 農林中金総合研究所
03-6362-7700

https://www.nochuri.co.jp/
「農林漁業金融統計」

索 引

この索引は、各表のタイトルに含まれるキーワードを抽出して作成したものです。
原則として、表頭・表側の単語は含まれませんので、小さい概念については、その
上位概念で検索するなど、利用に当たっては留意願います。
右側の数値は掲載ページで、はじめの1文字（概、食、農、村、林、水、震、付）
はそれぞれの編（概況編、食料編、農業編、農山村編、林業編、水産業編、東日本大
震災からの復旧・復興状況編及び付表）を示しています。

は